ECE/TRANS/231 (Vol. II)

COMMISSION ÉCONOMIQUE POUR L'EUROPE

Comité des transports intérieurs

Accord européen relatif au transport international des marchandises dangereuses par voies de navigation intérieures (ADN)

y compris le Règlement annexé, en vigueur le 1er janvier 2013

Volume II

NATIONS UNIES
New York et Genève, 2012

NOTE

Les appellations employées dans la présente publication et la présentation des données qui y figurent n'impliquent de la part du Secrétariat de l'Organisation des Nations Unies aucune prise de position quant au statut juridique des pays, territoires, villes ou zones, ou de leurs autorités, ni quant au tracé de leurs frontières ou limites.

ECE/TRANS/231 (Vol. II)

PUBLICATION DES NATIONS UNIES
Numéro de vente : F.12.VIII.2
ISBN 978-92-1-239131-1 *(Édition complète des 2 volumes)*
e-ISBN 978-92-1-055480-0

Les volumes I et II ne peuvent être vendus séparément

TABLE DES MATIÈRES

VOLUME II

Table des matières (suite)

RÈGLEMENT ANNEXÉ

PARTIE 2

Classification

CHAPITRE 2.1

DISPOSITIONS GÉNÉRALES

2.1.1   **Introduction**

2.1.1.1   Selon l'ADN, les classes de marchandises dangereuses sont les suivantes :

Classe 1   Matières et objets explosibles
Classe 2   Gaz
Classe 3   Liquides inflammables
Classe 4.1   Matières solides inflammables, matières autoréactives et matières explosibles désensibilisées solides
Classe 4.2   Matières sujettes à l'inflammation spontanée
Classe 4.3   Matières qui, au contact de l'eau, dégagent des gaz inflammables
Classe 5.1   Matières comburantes
Classe 5.2   Peroxydes organiques
Classe 6.1   Matières toxiques
Classe 6.2   Matières infectieuses
Classe 7   Matières radioactives
Classe 8   Matières corrosives
Classe 9   Matières et objets dangereux divers

2.1.1.2   Chaque rubrique des différentes classes est affectée d'un numéro ONU. Les types de rubrique utilisés sont les suivants :

A.   Rubriques individuelles pour les matières et objets bien définis, y compris les rubriques recouvrant plusieurs isomères, par exemple :

No ONU 1090   ACÉTONE
No ONU 1104   ACÉTATES D'AMYLE
No ONU 1194   NITRITE D'ÉTHYLE EN SOLUTION

B.   Rubriques génériques pour des groupes bien définis de matières ou d'objets, qui ne sont pas des rubriques n.s.a., par exemple :

No ONU 1133   ADHÉSIFS
No ONU 1266   PRODUITS POUR PARFUMERIE
No ONU 2757   CARBAMATE PESTICIDE SOLIDE, TOXIQUE
No ONU 3101   PEROXYDE ORGANIQUE DE TYPE B, LIQUIDE.

C.   Rubriques n.s.a. spécifiques couvrant des groupes de matières ou d'objets d'une nature chimique ou technique particulière, non spécifiés par ailleurs, par exemple :

No ONU 1477   NITRATES INORGANIQUES, N.S.A.
No ONU 1987   ALCOOLS, N.S.A.

D.   Rubriques n.s.a. générales couvrant des groupes de matières ou d'objets ayant une ou plusieurs propriétés générales dangereuses, non spécifiés par ailleurs, par exemple :

No ONU 1325   SOLIDE ORGANIQUE, INFLAMMABLE, N.S.A.
No ONU 1993   LIQUIDE INFLAMMABLE, N.S.A.

Les rubriques sous B, C et D sont définies comme rubriques collectives.

2.1.1.3   Aux fins d'emballage, les matières autres que les matières des classes 1, 2, 5.2, 6.2 et 7, et autres que les matières autoréactives de la classe 4.1, sont affectées à des groupes d'emballage en fonction du degré de danger qu'elles présentent :

Groupe d'emballage I : matières très dangereuses ;
Groupe d'emballage II : matières moyennement dangereuses ;
Groupe d'emballage III : matières faiblement dangereuses.

Le ou les groupes d'emballage auxquels une matière est affectée sont indiqués au tableau A du chapitre 3.2.

2.1.1.4   Aux fins du transport en bateaux-citernes certaines matières peuvent être encore subdivisées.

2.1.2   Principes de la classification

2.1.2.1   Les marchandises dangereuses couvertes par le titre d'une classe sont définies en fonction de leurs propriétés, selon la sous-section 2.2.x.1 de la classe correspondante. L'affectation d'une marchandise dangereuse à une classe et à un groupe d'emballage s'effectue selon les critères énoncés dans la même sous-section 2.2.x.1. L'attribution d'un ou plusieurs risques subsidiaires à une matière ou à un objet dangereux s'effectue selon les critères de la ou des classes correspondant à ces risques, mentionnés dans la ou les sous-sections 2.2.x.1 appropriées.

2.1.2.2   Toutes les rubriques de marchandises dangereuses sont énumérées au tableau A du chapitre 3.2 dans l'ordre numérique de leur numéro ONU. Ce tableau contient des renseignements pertinents sur les marchandises énumérées comme le nom, la classe, le ou les groupes d'emballage, la ou les étiquettes à apposer, et les dispositions d'emballage et de transport. [1]

2.1.2.3   Une matière peut contenir des impuretés techniques (par exemple celles résultant du procédé de production) ou des additifs utilisés à des fins de stabilisation ou autres qui n'affectent pas son classement. Cependant, une matière nommément mentionnée, c'est-à-dire qui figure en tant que rubrique individuelle au tableau A du chapitre 3.2, contenant des impuretés techniques ou des additifs utilisés à des fins de stabilisation ou autres affectant son classement doit être considérée comme une solution ou un mélange (voir 2.1.3.3).

2.1.2.4   Les marchandises dangereuses énumérées ou définies dans les sous-sections 2.2.x.2 de chaque classe ne sont pas admises au transport.

2.1.2.5   Les marchandises non nommément mentionnées, c'est-à-dire celles qui ne figurent pas en tant que rubrique individuelle au tableau A du chapitre 3.2 et qui ne sont ni énumérées ni définies dans l'une des sous-sections 2.2.x.2 susmentionnées, doivent être affectées à la classe pertinente selon les procédures de la section 2.1.3. En outre, le risque subsidiaire, le cas échéant, et le groupe d'emballage, le cas échéant, doivent être déterminés. Une fois établis la classe, le risque subsidiaire, le cas échéant, et le groupe d'emballage, le cas échéant, le numéro ONU pertinent doit être déterminé. Les arbres de décision indiqués dans les sous-sections 2.2.x.3 (liste de rubriques collectives) à la fin de chaque classe indiquent les paramètres pertinents permettant de choisir la rubrique collective appropriée (No ONU). Dans tous les cas, on choisira, selon la hiérarchie indiquée en 2.1.1.2 par les lettres B, C et D, respectivement, la rubrique collective la plus spécifique couvrant les propriétés de la matière ou de l'objet. Si la matière ou l'objet ne peuvent être classés sous les rubriques de type B ou C selon 2.1.1.2, alors et alors seulement, ils seront classés sous une rubrique de type D.

---

[1]   *Note du secrétariat: Une liste alphabétique de ces rubriques a été préparée par le secrétariat et figure dans le tableau B du chapitre 3.2. Ce tableau ne fait pas officiellement partie de l'ADN.*

2.1.2.6   Sur la base des procédures d'épreuve du chapitre 2.3 et des critères présentés dans les sous-sections 2.2.x.1 des diverses classes, on peut déterminer, comme spécifié dans lesdites sous-sections, qu'une matière, solution ou mélange d'une certaine classe, nommément mentionnés au tableau A du chapitre 3.2, ne satisfont pas aux critères de cette classe. En pareil cas, la matière, solution ou mélange ne sont pas réputés appartenir à cette classe.

2.1.2.7   Aux fins de la classification, les matières ayant un point de fusion ou un point de fusion initiale inférieur ou égal à 20 °C à une pression de 101,3 kPa doivent être considérées comme des liquides. Une matière visqueuse dont le point de fusion spécifique ne peut être défini doit être soumise à l'épreuve ASTM D 4359-90 ou à l'épreuve de détermination de la fluidité (épreuve du pénétromètre) prescrite sous 2.3.4.

2.1.3   Classification des matières, y compris solutions et mélanges (tels que préparations et déchets), non nommément mentionnées

2.1.3.1   Les matières, y compris les solutions et les mélanges, non nommément mentionnées doivent être classées en fonction de leur degré de danger selon les critères indiqués dans la sous-section 2.2.x.1 des diverses classes. Le ou les dangers présentés par une matière doivent être déterminés sur la base de ses caractéristiques physiques et chimiques et de ses propriétés physiologiques. Il doit également être tenu compte de ces caractéristiques et propriétés lorsqu'une affectation plus stricte s'impose compte tenu de l'expérience.

2.1.3.2   Une matière non nommément mentionnée au tableau A du chapitre 3.2, présentant un seul danger, doit être classée dans la classe pertinente sous une rubrique collective figurant dans la sous-section 2.2.x.3 de ladite classe.

2.1.3.3   Si une solution ou un mélange répondant aux critères de classification de l'ADN est constitué d'une seule matière principale nommément mentionnée dans le tableau A du chapitre 3.2 ainsi que d'une ou plusieurs matières non visées par l'ADN ou des traces d'une ou plusieurs matières nommément mentionnées dans le tableau A du chapitre 3.2, le numéro ONU et la désignation officielle de transport de la matière principale mentionnée dans le tableau A du chapitre 3.2 doivent lui être attribués, à moins que :

a)   la solution ou le mélange ne soit nommément mentionné dans le tableau A du chapitre 3.2 ;

b)   le nom et la description de la matière nommément mentionnée dans le tableau A du chapitre 3.2 n'indiquent expressément qu'ils s'appliquent uniquement à la matière pure ;

c)   la classe, le code de classification, le groupe d'emballage ou l'état physique de la solution ou du mélange ne diffèrent de ceux de la matière nommément mentionnée dans le tableau A du chapitre 3.2 ; ou

d)   les caractéristiques de danger et les propriétés de la solution ou du mélange ne nécessitent des mesures d'intervention en cas d'urgence qui diffèrent de celles requises pour la matière nommément mentionnée dans le tableau A du chapitre 3.2.

Dans les cas ci-dessus, sauf celui décrit sous a), la solution ou le mélange doivent être classés, comme une matière non nommément mentionnée, dans la classe pertinente sous une rubrique collective figurant dans la sous-section 2.2.x.3 de ladite classe en tenant compte des risques subsidiaires éventuellement présentés, à moins qu'ils ne répondent aux critères d'aucune classe, auquel cas ils ne sont pas soumis à l'ADN.

2.1.3.4	Les solutions et mélanges contenant une matière relevant d'une des rubriques mentionnées au 2.1.3.4.1 ou au 2.1.3.4.2 doivent être classés conformément aux dispositions desdits paragraphes.

2.1.3.4.1	Les solutions et mélanges contenant l'une des matières nommément mentionnées ci-après doivent toujours être classés sous la même rubrique que la matière qu'ils contiennent, à condition qu'ils ne présentent pas les caractéristiques de danger indiquées en 2.1.3.5.3 :

– <u>Classe 3</u>

No ONU 1921 PROPYLÈNEIMINE STABILISÉE ;
No ONU 3064 NITROGLYCÉRINE EN SOLUTION ALCOOLIQUE, avec plus de 1 % mais pas plus de 5 % de nitroglycérine.

– <u>Classe 6.1</u>

No ONU 1051 CYANURE D'HYDROGÈNE STABILISÉ, avec moins de 3 % d'eau ;
No ONU 1185 ÉTHYLÈNEIMINE STABILISÉE ;
No ONU 1259 NICKEL-TÉTRACARBONYLE ;
No ONU 1613 CYANURE D'HYDROGÈNE EN SOLUTION AQUEUSE (ACIDE CYANHYDRIQUE EN SOLUTION AQUEUSE), contenant au plus 20 % de cyanure d'hydrogène ;
No ONU 1614 CYANURE D'HYDROGÈNE STABILISÉ, avec moins de 3 % d'eau et absorbé dans un matériau inerte poreux ;
No ONU 1994 FER PENTACARBONYLE ;
No ONU 2480 ISOCYANATE DE MÉTHYLE ;
No ONU 2481 ISOCYANATE D'ÉTHYLE ;
No ONU 3294 CYANURE D'HYDROGÈNE EN SOLUTION ALCOOLIQUE, contenant au plus 45 % de cyanure d'hydrogène.

– <u>Classe 8</u>

No ONU 1052 FLUORURE D'HYDROGÈNE ANHYDRE ;
No ONU 1744 BROME ou No ONU 1744 BROME EN SOLUTION ;
No ONU 1790 ACIDE FLUORHYDRIQUE, contenant plus de 85 % de fluorure d'hydrogène ;
No ONU 2576 OXYBROMURE DE PHOSPHORE FONDU.

2.1.3.4.2	Les solutions et mélanges contenant une matière relevant d'une des rubriques de la classe 9 suivantes :

No ONU 2315 DIPHÉNYLES POLYCHLORÉS LIQUIDES;

No ONU 3151 DIPHÉNYLES POLYHALOGÉNÉS LIQUIDES;

No ONU 3151 TERPHÉNYLES POLYHALOGÉNÉS LIQUIDES;

No ONU 3152 DIPHÉNYLES POLYHALOGÉNÉS SOLIDES;

No ONU 3152 TERPHÉNYLES POLYHALOGÉNÉS SOLIDES; ou

No ONU 3432 DIPHÉNYLES POLYCHLORÉS SOLIDES

doivent toujours être classés sous la même rubrique de la classe 9, à condition :

–   qu'ils ne contiennent pas en outre de composants dangereux autres que des composants du groupe d'emballage III des classes 3, 4.1, 4.2, 4.3, 5.1, 6.1 ou 8; et

–   qu'ils ne présentent pas les caractéristiques de danger indiquées en 2.1.3.5.3.

2.1.3.5   Les matières non nommément mentionnées au tableau A du chapitre 3.2, comportant plus d'une caractéristique de danger, et les solutions ou mélanges répondant aux critères de classification de l'ADN contenant plusieurs matières dangereuses doivent être classés sous une rubrique collective (voir 2.1.2.5) et un groupe d'emballage de la classe pertinente, conformément à leurs caractéristiques de danger. Ce classement selon les caractéristiques de danger doit être effectué de la manière suivante :

2.1.3.5.1   Les caractéristiques physiques et chimiques et les propriétés physiologiques doivent être déterminées par la mesure ou le calcul, et la matière, la solution ou le mélange doivent être classés selon les critères mentionnés dans les sous-sections 2.2.x.1 des diverses classes.

2.1.3.5.2   Si cette détermination n'est pas possible sans occasionner des coûts ou prestations disproportionnés (par exemple pour certains déchets), la matière, la solution ou le mélange doivent être classés dans la classe du composant présentant le danger prépondérant.

2.1.3.5.3   Si les caractéristiques de danger de la matière, de la solution ou du mélange relèvent de plusieurs classes ou groupes de matières ci-après, la matière, la solution ou le mélange doivent alors être classés dans la classe ou le groupe de matières correspondant au danger prépondérant dans l'ordre d'importance ci-après :

a)   Matières de la classe 7 (sauf les matières radioactives en colis exceptés pour lesquelles la disposition spéciale 290 du chapitre 3.3 s'applique, où les autres propriétés dangereuses doivent être considérées comme prépondérantes) ;

b)   Matières de la classe 1 ;

c)   Matières de la classe 2 ;

d)   Matières explosibles désensibilisées liquides de la classe 3 ;

e)   Matières autoréactives et matières explosibles désensibilisées solides de la classe 4.1 ;

f)   Matières pyrophoriques de la classe 4.2 ;

g)   Matières de la classe 5.2 ;

h)   Matières de la classe 6.1 qui satisfont aux critères de toxicité par inhalation du groupe d'emballage I (les matières qui satisfont aux critères de classification de la classe 8 et qui présentent une toxicité à l'inhalation de poussières et brouillards (CL_{50}) correspondant au groupe d'emballage I mais dont la toxicité à l'ingestion ou à l'absorption cutanée ne correspond qu'au groupe d'emballage III ou qui présente un degré de toxicité moins élevé, doivent être affectées à la classe 8) ;

i)   Matières infectieuses de la classe 6.2.

2.1.3.5.4   Si les caractéristiques de danger de la matière relèvent de plusieurs classes ou groupes de matières n'apparaissant pas sous 2.1.3.5.3 ci-dessus, elle doit être classée selon la même procédure mais la classe pertinente doit être choisie en fonction du tableau de prépondérance des dangers en 2.1.3.10.

Si les caractéristiques de danger de la matière sont tels que la matière peut être affectée à un numéro ONU ou à un numéro d'identification, le numéro ONU est prépondérant.

2.1.3.5.5   Si la matière à transporter est un déchet, dont la composition n'est pas exactement connue, son affectation à un numéro ONU et à un groupe d'emballage conformément au 2.1.3.5.2 peut être fondée sur les connaissances qu'a l'expéditeur du déchet, ainsi que sur toutes les données techniques et données de sécurité disponibles, telles que celles qui sont exigées par la législation en vigueur, relative à la sécurité et à l'environnement.[2]

En cas de doute, le degré de danger le plus élevé doit être choisi.

Si toutefois, sur la base des connaissances de la composition du déchet et des propriétés physiques et chimiques des composants identifiés, il est possible de démontrer que les propriétés du déchet ne correspondent pas aux propriétés du groupe d'emballage I, le déchet peut être classé par défaut sous la rubrique n.s.a. la plus appropriée de groupe d'emballage II. Cependant, s'il est connu que le déchet ne possède que des propriétés dangereuses pour l'environnement, il peut être affecté au groupe d'emballage III sous le Nos ONU 3077 ou 3082.

Cette procédure ne peut pas être employée pour les déchets contenant des matières mentionnées au 2.1.3.5.3, des matières de la division 4.3, des matières énumérées au 2.1.3.7 ou des matières qui ne sont pas admises au transport conformément au 2.2.x.2.

2.1.3.6   On doit toujours retenir la rubrique collective la plus spécifique (voir 2.1.2.5), c'est-à-dire ne faire appel à une rubrique n.s.a. générale que s'il n'est pas possible d'employer une rubrique générique ou une rubrique n.s.a. spécifique.

2.1.3.7   Les solutions et mélanges de matières comburantes ou de matières présentant un risque subsidiaire comburant peuvent avoir des propriétés explosives. En pareil cas elles ne doivent pas être admises au transport à moins de satisfaire aux prescriptions applicables à la classe 1.

2.1.3.8   Les matières des classes 1 à 6.2 et des classes 8 et 9, autres que celles affectées aux Nos ONU 3077 et 3082, satisfaisant aux critères du 2.2.9.1.10, outre qu'elles présentent les dangers liés à ces classes, sont considérées comme des matières dangereuses pour l'environnement. Les autres matières qui ne satisfont aux critères d'aucune autre classe, mais qui satisfont aux critères du 2.2.9.1.10, doivent être affectées aux Nos ONU 3077 ou 3082 ou aux numéros d'identification 9005 et 9006, selon le cas.

2.1.3.9   Les déchets ne relevant pas des classes 1 à 9 mais qui sont visés par la *Convention de Bâle sur le contrôle des mouvements transfrontières de déchets dangereux et de leur élimination*, peuvent être transportés sous les Nos ONU 3077 ou 3082.

---

[2] *Une telle législation est par exemple la décision 2000/532/CE de la Commission du 3 mai 2000 remplaçant la décision 94/3/CE, établissant une liste de déchets en application de l'article premier point a) de la Directive 75/442/CEE du Conseil relative aux déchets (remplacée par la Directive 2006/12/CE du Parlement européen et du Conseil (Journal officiel des Communautés européennes n° L 114 du 27 avril 2006, p. 9)) et la Décision 94/904/CE du Conseil, établissant une liste de déchets dangereux en application de l'article premier paragraphe 4 de la Directive 91/689/CEE relative aux déchets dangereux (Journal officiel des Communautés européennes n° L 226 du 6 septembre 2000, p. 3).*

2.1.3.10 Tableau d'ordre de prépondérance des dangers

Classe et groupe d'emballage	4.1, II	4.1, III	4.2, II	4.2, III	4.3, I	4.3, II	4.3, III	5.1, I	5.1, II	5.1, III	6.1, I DERMAL	6.1, I ORAL	6.1, II	6.1, III	8, I	8, II	8, III	9
3, I	SOL 4.1 / LIQ 3,I	SOL 4.1 / LIQ 3,I	SOL 4.2 / LIQ 3,I	SOL 4.2 / LIQ 3,I	4.3,I	4.3,I	4.3,I	SOL 5.1,I / LIQ 3,I	SOL 5.1,I / LIQ 3,I	SOL 5.1,I / LIQ 3,I	3,I	3,I	3,I	3,I	3,I	3,I	3,I	3,I
3, II	SOL 4.1 / LIQ 3,II	SOL 4.1 / LIQ 3,II	SOL 4.2 / LIQ 3,II	SOL 4.2 / LIQ 3,II	4.3,I	4.3,II	4.3,II	SOL 5.1,I / LIQ 3,I	SOL 5.1,II / LIQ 3,II	SOL 5.1,II / LIQ 3,II	3,I	3,I	3,II	3,II	8,I	3,II	3,II	3,II
3, III	SOL 4.1 / LIQ 3,II	SOL 4.1 / LIQ 3,III	SOL 4.2 / LIQ 3,II	SOL 4.2 / LIQ 3,III	4.3,I	4.3,II	4.3,III	SOL 5.1,I / LIQ 3,I	SOL 5.1,II / LIQ 3,II	SOL 5.1,III / LIQ 3,III	6.1,I	6.1,I	6.1,II	3,III *	8,I	8,II	3,III	3,III
4.1, II			4.2,II	4.2,II	4.3,I	4.3,II	4.3,II	5.1,I	4.1,II	4.1,II	6.1,I	6.1,I	SOL 4.1,II / LIQ 6.1,II	SOL 4.1,II / LIQ 6.1,II	8,I	SOL 4.1,II / LIQ 8,II	SOL 4.1,II / LIQ 8,II	4.1,II
4.1, III			4.2,II	4.2,III	4.3,I	4.3,II	4.3,III	5.1,I	4.1,III	4.1,III	6.1,I	6.1,I	6.1,II	SOL 4.1,III / LIQ 6.1,III	8,I	8,II	SOL 4.1,III / LIQ 8,III	4.1,III
4.2, II					4.3,I	4.3,II	4.3,II	5.1,I	4.2,II	4.2,II	6.1,I	6.1,I	4.2,II	4.2,II	8,I	4.2,II	4.2,II	4.2,II
4.2, III					4.3,I	4.3,II	4.3,III	5.1,I	5.1,II	4.2,III	6.1,I	6.1,I	6.1,II	4.2,III	8,I	8,II	4.2,III	4.2,III
4.3, I								5.1,I	4.3,I	4.3,I	6.1,I	4.3,I	4.3,I	4.3,I	4.3,I	4.3,I	4.3,I	4.3,I
4.3, II								5.1,I	4.3,II	4.3,II	6.1,I	4.3,II	4.3,II	4.3,II	8,I	4.3,II	4.3,II	4.3,II
4.3, III								5.1,I	5.1,II	4.3,III	6.1,I	6.1,I	6.1,II	4.3,III	8,I	8,II	4.3,III	4.3,III
5.1, I											5.1,I	5.1,I	5.1,I	5.1,I	5.1,I	5.1,I	5.1,I	5.1,I
5.1, II											6.1,I	5.1,II	5.1,II	5.1,II	8,I	5.1,II	5.1,II	5.1,II
5.1, III											6.1,I	6.1,I	6.1,II	5.1,III	8,I	8,II	5.1,III	5.1,III
6.1, I DERMAL															SOL 6.1,I / LIQ 8,I	6.1,I	6.1,I	6.1,I
6.1, I ORAL															SOL 6.1,I / LIQ 8,I	6.1,I	6.1,I	6.1,I
6.1, II INHAL															SOL 6.1,I / LIQ 8,I	6.1,II	6.1,II	6.1,II
6.1, II DERMAL															SOL 6.1,II / LIQ 8,I	SOL 6.1,II / LIQ 8,II	6.1,II	6.1,II
6.1, II ORAL															8,I	SOL 6.1,II / LIQ 8,II	6.1,II	6.1,II
6.1, III															8,I	8,II	8,III	6.1,III
8, I																		8,I
8, II																		8,II
8, III																		8,III

SOL = matières et mélanges solides
LIQ = matières, mélanges et solutions liquides
DERMAL = toxicité à l'absorption cutanée
ORAL = toxicité à l'ingestion
INHAL = toxicité à l'inhalation
*/ = Classe 6.1 pour les pesticides.

NOTA 1 : Exemples illustrant l'utilisation du tableau :

Classement d'une matière unique

Description de la matière devant être classée :

Une amine non nommément mentionnée répondant aux critères de la classe 3, groupe d'emballage II, de même qu'à ceux de la classe 8, groupe d'emballage I.

Méthode :

L'intersection de la rangée 3 II avec la colonne 8 I donne 8 I.
Cette amine doit donc être classée en classe 8 sous :

No ONU 2734 AMINES LIQUIDES, CORROSIVES, INFLAMMABES, N.S.A. ou No ONU 2734 POLYAMINES LIQUIDES, CORROSIVES, INFLAMMABLES, N.S.A., groupe d'emballage I.

Classement d'un mélange

Description du mélange devant être classé :

Mélange composé d'un liquide inflammable de la classe 3, groupe d'emballage III, d'une matière toxique de la classe 6.1, groupe d'emballage II, et d'une matière corrosive de la classe 8, groupe d'emballage I.

Méthode :

L'intersection de la rangée 3 III avec la colonne 6.1 II donne 6.1 II.
L'intersection de la rangée 6.1 II avec la colonne 8 I donne 8 I LIQ.
Ce mélange, en l'absence de définition plus précise, doit donc être classé dans la classe 8 sous :

No ONU 2922 LIQUIDE CORROSIF TOXIQUE, N.S.A., groupe d'emballage I.

2 :   Exemples de classement de solution et de mélanges dans une classe et un groupe d'emballage :

Une solution de phénol de la classe 6.1, (II), dans du benzène de la classe 3, (II), doit être classée dans la classe 3, (II) ; cette solution doit être classée sous le No ONU 1992 LIQUIDE INFLAMMABLE, TOXIQUE, N.S.A., classe 3, (II), en raison de la toxicité du phénol.

Un mélange solide d'arséniate de sodium de la classe 6.1, (II) et d'hydroxyde de sodium de la classe 8, (II), doit être classé sous le No ONU 3290 SOLIDE INORGANIQUE TOXIQUE, CORROSIF, N.S.A., dans la classe 6.1 (II).

Une solution de naphtalène brut ou raffiné de la classe 4.1, (III) dans de l'essence de la classe 3, (II), doit être classée sous le No ONU 3295 HYDROCARBURES LIQUIDES, N.S.A., dans la classe 3, (II).

Un mélange d'hydrocarbures de la classe 3, (III), et de diphényles polychlorés (PCB) de la classe 9, (II), doit être classé sous le No ONU 2315 DIPHÉNYLES POLYCHLORÉS LIQUIDES ou sous le No ONU 3432 DIPHÉNYLES POLYCHLORÉS SOLIDES dans la classe 9, (II).

Un mélange de propylèneimine de la classe 3 et de diphényles polychlorés (PCB) de la classe 9, (II), doit être classé sous le No ONU 1921 PROPYLÈNEIMINE STABILISÉE dans la classe 3.

2.1.4   **Classement des échantillons**

2.1.4.1   Lorsque la classe d'une matière n'est pas précisément connue et que cette matière fait l'objet d'un transport en vue d'être soumise à d'autres essais, une classe, une désignation officielle de transport et un numéro ONU provisoires doivent être attribués en fonction de ce que l'expéditeur sait de la matière et conformément :

a)   aux critères de classement du chapitre 2.2 ; et

b)   aux dispositions du présent chapitre.

On doit retenir le groupe d'emballage le plus rigoureux correspondant à la désignation officielle de transport choisie.

Lorsque cette disposition est appliquée, la désignation officielle de transport doit être complétée par le mot "ÉCHANTILLON" (par exemple, LIQUIDE INFLAMMABLE N.S.A., ÉCHANTILLON). Dans certains cas, lorsqu'une désignation officielle de transport spécifique existe pour un échantillon de matière qui est jugé satisfaire à certains critères de classement (par exemple, ÉCHANTILLON DE GAZ, NON COMPRIMÉ, INFLAMMABLE, No ONU 3167), cette désignation officielle de transport doit être utilisée. Lorsque l'on utilise une rubrique N.S.A. pour transporter l'échantillon, il n'est pas nécessaire d'ajouter à la désignation officielle de transport le nom technique comme le prescrit la disposition spéciale 274 du chapitre 3.3.

2.1.4.2   Les échantillons de la matière doivent être transportés selon les prescriptions applicables à la désignation officielle provisoire, sous réserve :

a)   que la matière ne soit pas considérée comme une matière non admise au transport selon les sous-sections 2.2.x.2 du chapitre 2.2 ou selon le chapitre 3.2 ;

b)   que la matière ne soit pas considérée comme répondant aux critères applicables à la classe 1 ou comme étant une matière infectieuse ou radioactive ;

c)   que la matière satisfasse aux prescriptions des 2.2.41.1.15 ou 2.2.52.1.9 selon qu'il s'agit respectivement d'une matière autoréactive ou d'un peroxyde organique ;

d)   que l'échantillon soit transporté dans un emballage combiné avec une masse nette par colis inférieure ou égale à 2,5 kg ; et

e)   que la matière ne soit pas emballée avec d'autres marchandises.

CHAPITRE 2.2

DISPOSITIONS PARTICULIÈRES AUX DIVERSES CLASSES

2.2.1   **Classe 1   Matières et objets explosibles**

2.2.1.1   *Critères*

2.2.1.1.1   Sont des matières et objets au sens de la classe 1 :

a)   les matières explosibles : matières solides ou liquides (ou mélanges de matières) qui sont susceptibles, par réaction chimique, de dégager des gaz à une température, à une pression et à une vitesse telles qu'il peut en résulter des dommages aux alentours.

Matières pyrotechniques : matières ou mélanges de matières destinés à produire un effet calorifique, lumineux, sonore, gazeux ou fumigène ou une combinaison de tels effets, à la suite de réactions chimiques exothermiques auto-entretenues non détonantes.

NOTA 1 : Les matières qui ne sont pas elles-mêmes des matières explosibles mais qui peuvent former un mélange explosif de gaz, vapeurs ou poussières, ne sont pas des matières de la classe 1.

2 : Sont également exclues de la classe 1 les matières explosibles mouillées à l'eau ou à l'alcool dont la teneur en eau ou en alcool dépasse les valeurs limites spécifiées et celles contenant des plastifiants - ces matières explosibles sont affectées aux classes 3 ou 4.1 - ainsi que les matières explosibles qui, sur la base de leur danger principal, sont affectées à la classe 5.2.

b)   les objets explosibles : objets contenant une ou plusieurs matières explosibles ou pyrotechniques.

NOTA : Les engins contenant des matières explosibles ou pyrotechniques en quantité si faible ou d'une nature telle que leur mise à feu ou leur amorçage par inadvertance ou par accident au cours du transport n'entraînerait aucune manifestation extérieure à l'engin se traduisant par des projections, un incendie, un dégagement de fumée ou de chaleur ou un bruit fort, ne sont pas soumis aux prescriptions de la classe 1.

c)   les matières et objets non mentionnés ci-dessus, qui sont fabriqués en vue de produire un effet pratique par explosion ou à des fins pyrotechniques.

Aux fins de la classe 1, on entend par:

Flegmatisé , l'état résultant de l'ajout d'une matière (ou "flegmatisant") à une matière explosible en vue d'en améliorer la sécurité lors de la manutention et du transport. Le flegmatisant rend la matière explosible insensible ou moins sensible aux phénomènes suivants : chaleur, choc, impact, percussion ou friction. Les agents de flegmatisation types comportent cire, papier, eau, polymères (chlorofluoropolymères par exemple), alcool et huiles (vaseline et paraffine par exemple), mais ne sont pas limités à ceux-ci.

2.2.1.1.2   Toute matière ou tout objet ayant, ou pouvant avoir des propriétés explosives, doit être pris en considération pour affectation à la classe 1 conformément aux épreuves, modes opératoires et critères stipulés dans la première partie du Manuel d'épreuves et de critères.

Une matière ou un objet affecté à la classe 1 n'est admis au transport que s'il a été affecté à un nom ou à une rubrique n.s.a. du tableau A du chapitre 3.2 et que si les critères du Manuel d'épreuves et de critères sont satisfaits.

2.2.1.1.3   Les matières ou objets de la classe 1 doivent être affectés à un No ONU et à un nom ou à une rubrique n.s.a. du tableau A du chapitre 3.2. L'interprétation des noms des matières ou objets du tableau A du chapitre 3.2 doit être fondée sur le glossaire figurant en 2.2.1.4.

Les échantillons de matières ou objets explosibles nouveaux ou existants transportés aux fins, entre autres, d'essai, de classification, de recherche et développement, de contrôle de qualité ou en tant qu'échantillons commerciaux, autres que les explosifs d'amorçage, peuvent être affectés au No ONU 0190 ÉCHANTILLONS D'EXPLOSIFS.

L'affectation de matières et objets explosibles non nommément mentionnés au tableau A du chapitre 3.2 à une rubrique n.s.a. ou au No ONU 0190 ÉCHANTILLONS D'EXPLOSIFS ainsi que de certaines matières dont le transport est subordonné à une autorisation spéciale de l'autorité compétente en vertu des dispositions spéciales visées dans la colonne (6) du tableau A du chapitre 3.2 sera effectuée par l'autorité compétente du pays d'origine. Cette autorité devra également approuver par écrit les conditions du transport de ces matières et objets. Si le pays d'origine n'est pas un pays Partie contractante à l'ADN, la classification et les conditions de transport doivent être reconnues par l'autorité compétente du premier pays Partie contractante à l'ADN touché par l'envoi.

2.2.1.1.4   Les matières et objets de la classe 1 doivent être affectés à une division selon le 2.2.1.1.5 et à un groupe de compatibilité selon le 2.2.1.1.6. La division doit être établie sur la base des résultats des épreuves décrites en 2.3.1 en utilisant les définitions du 2.2.1.1.5. Le groupe de compatibilité doit être déterminé d'après les définitions du 2.2.1.1.6. Le code de classification se compose du numéro de la division et de la lettre du groupe de compatibilité.

2.2.1.1.5   *Définition des divisions*

Division 1.1   Matières et objets comportant un risque d'explosion en masse (une explosion en masse est une explosion qui affecte de façon pratiquement instantanée la quasi-totalité du chargement).

Division 1.2   Matières et objets comportant un risque de projection sans risque d'explosion en masse.

Division 1.3   Matières et objets comportant un risque d'incendie avec un risque léger de souffle ou de projection ou de l'un et l'autre, mais sans risque d'explosion en masse,

a)   dont la combustion donne lieu à un rayonnement thermique considérable ; ou

b)   qui brûlent les uns après les autres avec des effets minimes de souffle ou de projection ou de l'un et l'autre.

Division 1.4   Matières et objets ne présentant qu'un danger mineur en cas de mise à feu ou d'amorçage durant le transport. Les effets sont essentiellement limités au colis et ne donnent pas lieu normalement à la projection de fragments de taille notable ou à une distance notable. Un incendie extérieur ne doit pas entraîner l'explosion pratiquement instantanée de la quasi-totalité du contenu du colis.

Division 1.5	Matières très peu sensibles comportant un risque d'explosion en masse, dont la sensibilité est telle que, dans les conditions normales de transport, il n'y a qu'une très faible probabilité d'amorçage ou de passage de la combustion à la détonation. La prescription minimale est qu'elles ne doivent pas exploser lors de l'épreuve au feu extérieur.
Division 1.6	Objets extrêmement peu sensibles ne comportant pas de risque d'explosion en masse. Ces objets ne contiennent que des matières extrêmement peu sensibles et présentent une probabilité négligeable d'amorçage ou de propagation accidentels.

NOTA : Le risque lié aux objets de la division 1.6 est limité à l'explosion d'un objet unique.

2.2.1.1.6   *Définition des groupes de compatibilité des matières et objets*

A   Matière explosible primaire.

B   Objet contenant une matière explosible primaire et ayant moins de deux dispositifs de sécurité efficaces. Quelques objets tels les détonateurs de mine (de sautage), les assemblages de détonateurs de mine (de sautage) et les amorces à percussion sont compris, bien qu'ils ne contiennent pas d'explosifs primaires.

C   Matière explosible propulsive ou autre matière explosible déflagrante ou objet contenant une telle matière explosible.

D   Matière explosible secondaire détonante ou poudre noire ou objet contenant une matière explosible secondaire détonante, dans tous les cas sans moyens d'amorçage ni charge propulsive, ou objet contenant une matière explosible primaire et ayant au moins deux dispositifs de sécurité efficaces.

E   Objet contenant une matière explosible secondaire détonante, sans moyens d'amorçage, avec charge propulsive (autre qu'une charge contenant un liquide ou un gel inflammables ou des liquides hypergoliques).

F   Objet contenant une matière explosible secondaire détonante, avec ses moyens propres d'amorçage, avec une charge propulsive (autre qu'une charge contenant un liquide ou un gel inflammables ou des liquides hypergoliques) ou sans charge propulsive.

G   Matière pyrotechnique ou objet contenant une matière pyrotechnique ou objet contenant à la fois une matière explosible et une composition éclairante, incendiaire, lacrymogène ou fumigène (autre qu'un objet hydroactif ou contenant du phosphore blanc, des phosphures, une matière pyrophorique, un liquide ou un gel inflammables ou des liquides hypergoliques).

H   Objet contenant à la fois une matière explosible et du phosphore blanc.

J   Objet contenant à la fois une matière explosible et un liquide ou un gel inflammables.

K   Objet contenant à la fois une matière explosible et un agent chimique toxique.

L   Matière explosible, ou objet contenant une matière explosible et présentant un risque particulier (par exemple en raison de son hydroactivité ou de la présence de liquides hypergoliques, de phosphures ou d'une matière pyrophorique) et exigeant l'isolement de chaque type.

N   Objets ne contenant que des matières extrêmement peu sensibles.

S   Matière ou objet emballé ou conçu de façon à limiter à l'intérieur du colis tout effet dangereux dû à un fonctionnement accidentel à moins que l'emballage n'ait été détérioré par le feu, auquel cas tous les effets de souffle ou de projection sont suffisamment réduits pour ne pas gêner de manière appréciable ou empêcher la lutte contre l'incendie et l'application d'autres mesures d'urgence au voisinage immédiat du colis.

NOTA 1 : Chaque matière ou objet emballé dans un emballage spécifié ne peut être affecté qu'à un seul groupe de compatibilité. Puisque le critère applicable au groupe de compatibilité S est empirique, l'affectation à ce groupe est forcément liée aux épreuves pour affectation d'un code de classification.

2 : Les objets des groupes de compatibilité D et E peuvent être équipés ou emballés en commun avec leurs moyens propres d'amorçage à condition que ces moyens soient munis d'au moins deux dispositifs de sécurité efficaces destinés à empêcher une explosion en cas de fonctionnement accidentel de l'amorçage. De tels objets et colis sont affectés aux groupes de compatibilité D ou E.

3 : Les objets des groupes de compatibilité D et E peuvent être emballés en commun avec leurs moyens propres d'amorçage, qui n'ont pas deux dispositifs de sécurité efficaces (c'est-à-dire des moyens d'amorçage qui sont affectés au groupe de compatibilité B) sous réserve que la disposition spéciale MP21 de la section 4.1.10 de l'ADR soit observée. De tels colis sont affectés aux groupes de compatibilité D ou E.

4 : Les objets peuvent être équipés ou emballés en commun avec leurs moyens propres d'allumage sous réserve que dans les conditions normales de transport les moyens d'allumage ne puissent pas fonctionner.

5 : Les objets des groupes de compatibilité C, D et E peuvent être emballés en commun. Les colis ainsi obtenus doivent être affectés au groupe de compatibilité E.

2.2.1.1.7   *Affectation des artifices de divertissement aux divisions*

2.2.1.1.7.1   Les artifices de divertissement doivent normalement être affectés aux divisions 1.1, 1.2, 1.3 et 1.4 sur la base des résultats des épreuves de la série 6 du Manuel d'épreuves et de critères. Toutefois, étant donné qu'il s'agit d'objets très divers et qu'on ne dispose pas toujours de laboratoires pour effectuer les essais, cette affectation peut aussi être réalisée au moyen de la procédure décrite au 2.2.1.1.7.2.

2.2.1.1.7.2   L'affectation des artifices de divertissement aux Nos ONU 0333, 0334, 0335 et 0336 peut se faire par analogie, sans qu'il soit nécessaire d'exécuter les épreuves de la série 6, à l'aide du tableau de classification par défaut des artifices de divertissement du 2.2.1.1.7.5. Cette affectation doit être faite avec l'accord de l'autorité compétente. Les objets non mentionnés dans le tableau doivent être classés d'après les résultats obtenus lors des épreuves de la série 6.

NOTA 1 :   De nouveaux types d'artifices de divertissement ne doivent être ajoutés dans la colonne 1 du tableau figurant au 2.2.1.1.7.5 que sur la base des résultats d'épreuve complets soumis pour examen au Sous-Comité d'experts du transport des marchandises dangereuses de l'ONU.

2 :   Les résultats d'épreuve obtenus par les autorités compétentes, qui valident ou contredisent l'affectation des artifices de divertissement spécifiés en colonne 4 du tableau figurant au 2.2.1.1.7.5, aux divisions de la colonne 5 de ce tableau devraient être présentés pour information au Sous-Comité d'experts du transport des marchandises dangereuses.

2.2.1.1.7.3   Lorsque des artifices de divertissement appartenant à plusieurs divisions sont emballés dans le même colis, ils doivent être classés dans la division la plus dangereuse sauf si les résultats des épreuves de la série 6 fournissent une indication contraire.

2.2.1.1.7.4   La classification figurant dans le tableau du 2.2.1.1.7.5 s'applique uniquement aux objets emballés dans des caisses en carton (4G).

2.2.1.1.7.5   *Tableau de classification par défaut des artifices de divertissement* [1]

NOTA 1:   *Sauf indication contraire, les pourcentages indiqués se rapportent à la masse totale des matières pyrotechniques (par exemple propulseurs de fusée, charge propulsive, charge d'éclatement et charge d'effet).*

2: Le terme "Composition éclair" dans ce tableau se réfère à des matières pyrotechniques, sous forme de poudre ou en tant que composant pyrotechnique élémentaire, telles que présentées dans les artifices de divertissement, qui sont utilisées pour produire un effet sonore, ou utilisées en tant que charge d'éclatement ou en tant que charge propulsive, à moins qu'il ne soit démontré que le temps de montée en pression de ces matières est supérieur à 8 ms pour 0,5 g de matière pyrotechnique dans l'"Épreuve HSL des compositions éclair" à l'appendice 7 du Manuel d'épreuves et de critères.

3: Les dimensions en mm indiquées se rapportent:

-    *pour les bombes d'artifices sphériques et les bombes cylindriques à double éclatement (peanut shells), au diamètre de la sphère de la bombe;*

-    *pour les bombes d'artifices cylindriques, à la longueur de la bombe;*

-    *pour les bombes d'artifices logées en mortier, les chandelles romaines, les chandelles monocoup ou les mortiers garnis, le diamètre intérieur du tube incluant ou contenant l'artifice de divertissement;*

-    *pour les pots-à-feu en sac ou en étuis rigides, le diamètre intérieur du mortier devant contenir le pot-à-feu.*

---

[1]   *Ce tableau contient une liste de classements des artifices de divertissement qui peuvent être employés en l'absence de données d'épreuve de la série 6 (voir 2.2.1.1.7.2).*

Type	Comprend/Synonyme de:	Définition	Caractéristiques	Classification
Bombe d'artifice, sphérique ou cylindrique	Bombe d'artifice sphérique: bombe d'artifice aérienne, bombe d'artifice couleurs, bombe d'artifice clignotante, bombe à éclatements multiples, bombe à effets multiples, bombe nautique, bombe d'artifice parachute, bombe d'artifice fumigène, bombe d'artifice à étoiles; bombes à effet sonore: marron d'air, salve, tonnerre	Dispositif avec ou sans charge propulsive, avec retard et charge d'éclatement, composant(s) pyrotechnique(s) élémentaires ou matière pyrotechnique en poudre libre, conçu pour être tiré au mortier	Tous marrons d'air	1.1G
			Bombe à effet coloré: $\geq$ 180 mm	1.1G
			Bombe à effet coloré: < 180 mm avec > 25% de composition éclair en poudre libre et/ou à effet sonore	1.1G
			Bombe à effet coloré: < 180 mm avec $\leq$ 25% de composition éclair en poudre libre et/ou à effet sonore	1.3G
			Bombe à effet coloré: $\leq$ 50 mm ou $\leq$ 60 g de matière pyrotechnique avec $\leq$ 2% de composition éclair en poudre libre et/ou à effet sonore	1.4G
	Bombe d'artifice à double éclatement (bombe cacahuète)	Ensemble de deux bombes d'artifices sphériques ou plus dans une même enveloppe propulsées par la même charge propulsive avec des retards d'allumage externes indépendants	Le classement est déterminé par la bombe d'artifice sphérique la plus dangereuse.	
	Bombe d'artifice logée dans un mortier	Assemblage comprenant une bombe cylindrique ou sphérique à l'intérieur d'un mortier à partir duquel la bombe est conçue pour être tirée	Tous marrons d'air	1.1G
			Bombes à effet coloré: $\geq$ 180 mm	1.1G
			Bombes à effet coloré: > 25% de composition éclair en poudre libre et/ou à effet sonore	1.1G
			Bombes à effet coloré: > 50 mm et < 180 mm	1.2G
			Bombes à effet coloré: $\leq$ 50 mm, ou $\leq$ 60 g de matière pyrotechnique avec $\leq$ 25% de composition éclair en poudre libre et/ou à effet sonore	1.3G

Type	Comprend/Synonyme de:	Définition	Caractéristiques	Classification
Bombe d'artifice, sphérique ou cylindrique *(suite)*	Bombe de bombes (sphérique) *(Les pourcentages indiqués se rapportent à la masse brute des artifices de divertissement)*	Dispositif sans charge propulsive, avec retard pyrotechnique et charge d'éclatement, contenant des composants destinés à produire un effet sonore et des matières inertes et conçu pour être tiré depuis un mortier	> 120 mm	1.1G
		Dispositif sans charge propulsive, avec retard pyrotechnique et charge d'éclatement, contenant ≤ 25 g de composition éclair par composant destiné à produire un effet sonore, avec ≤ 33% de composition éclair et ≥ 60% de matériaux inertes et conçu pour être tiré depuis un mortier	≤ 120 mm	1.3G
		Dispositif sans charge propulsive, avec retard pyrotechnique et charge d'éclatement, contenant des bombes à effet coloré et/ou des composants pyrotechniques élémentaires et conçu pour être tiré depuis un mortier	> 300 mm	1.1G
		Dispositif sans charge propulsive, avec retard pyrotechnique et charge d'éclatement, contenant des bombes à effet coloré ≤ 70 mm et/ou des composants pyrotechniques élémentaires, avec ≤ 25% de composition éclair et ≤ 60% de matière pyrotechnique et conçu pour être tiré depuis un mortier	> 200 mm et ≤ 300 mm	1.3G
		Dispositif avec charge propulsive, retard pyrotechnique et charge d'éclatement, contenant des bombes à effet coloré ≤ 70 mm et/ou des composants pyrotechniques élémentaires, avec ≤ 25% de composition éclair et ≤ 60% de matière pyrotechnique et conçu pour être tiré depuis un mortier	≤ 200 mm	1.3G

Type	Comprend/Synonyme de:	Définition	Caractéristiques	Classification
Batterie/ Combinaison	Barrage, bombardos, compact, bouquet final, hybride, tubes multiples, batteries d'artifices avec bombettes, batterie de pétards à mèche et batterie de pétard à mèche composition flash	Assemblage contenant plusieurs artifices de divertissement, du même type ou de types différents, parmi les types d'artifices de divertissement énumérés dans le présent tableau, avec un ou deux points d'allumage	Le classement est déterminé par le type d'artifice de divertissement le plus dangereux	
Chandelle romaine	Chandelle avec comètes, chandelle avec bombettes	Tubes contenant une série de composants pyrotechniques élémentaires constitués d'une alternance de matière pyrotechnique, de charges propulsives et de relais pyrotechniques	≥ 50 mm de diamètre intérieur contenant une composition éclair ou < 50 mm avec > 25% de composition éclair	1.1G
			≥ 50 mm de diamètre intérieur, ne contenant pas de composition éclair	1.2G
			< 50 mm de diamètre intérieur et ≤ 25% de composition éclair	1.3G
			≤ 30 mm de diamètre intérieur, chaque composant pyrotechnique élémentaire ≤ 25 g et ≤ 5% de composition éclair	1.4G
Chandelle monocoup	Chandelle monocoup	Tube contenant un composant pyrotechnique élémentaire constitué de matière pyrotechnique et de charge propulsive avec ou sans relais pyrotechnique	diamètre intérieur ≤ 30 mm et composant pyrotechnique élémentaire > 25 g, ou > 5% et ≤ 25% de composition éclair	1.3 G
			diamètre intérieur ≤ 30 mm et composant pyrotechnique élémentaire ≤ 25 g et ≤ 5% de composition éclair	1.4G
Fusée	Fusée à effet sonore, fusée de détresse, fusée sifflante, fusée à bouteille, fusée missile, fusée de table	Tube contenant une composition et/ou des composants pyrotechniques, muni d'un ou plusieurs bâtonnet(s) ou d'un autre moyen de stabilisation du vol et conçu pour être propulsé dans l'air	Uniquement effets de composition éclair	1.1G
			Composition éclair > 25% de la matière pyrotechnique	1.1G
			Matière pyrotechnique > 20 g et composition éclair ≤ 25%	1.3G
			Matière pyrotechnique ≤ 20 g, charge d'éclatement de poudre noire et ≤ 0,13 g de composition éclair par effet sonore, ≤ 1 g au total	1.4G

Type	Définition	Caractéristiques	Division
Pot-à-feu	Pot-à-feu, mine de spectacle, mortier garnis	Tube contenant une charge propulsive et des composants pyrotechniques, conçu pour être posé sur le sol ou fixé dans le sol. L'effet principal est l'éjection d'un seul coup de tous les composants pyrotechniques produisant dans l'air des effets visuels et/ou sonores largement dispersés; ou	> 25% de composition éclair en poudre libre et/ou à effet sonore	1.1G
			≥ 180 mm et ≤ 25% de composition éclair en poudre libre et/ou à effet sonore	1.1G
			< 180 mm et ≤ 25% de composition éclair en poudre libre et/ou à effet sonore	1.3G
		Sachet ou cylindre en tissu ou en papier contenant une charge propulsive et des objets pyrotechniques, destiné à être placé dans un mortier et à fonctionner comme une mine	≤ 150 g de composition pyrotechnique, contenant elle-même ≤ 5% de composition éclair en poudre libre et/ou à effet sonore. Chaque composant pyrotechnique ≤ 25 g, chaque effet sonore < 2 g; chaque sifflet (le cas échéant) ≤ 3 g	1.4G
Fontaine	Volcan, gerbe, cascade, fontaine gâteau, fontaine cylindrique, fontaine conique, torche d'embrasement	Enveloppe non métallique contenant une matière pyrotechnique comprimée ou compactée produisant des étincelles et une flamme	≥ 1 kg de matière pyrotechnique	1.3G
			< 1 kg de matière pyrotechnique	1.4G
Cierge magique	Cierge magique tenu à la main, cierge magique non tenu à la main, cierge à fil	Fils rigides en partie recouverts (sur une de leurs extrémités) d'une matière pyrotechnique à combustion lente, avec ou sans dispositif d'inflammation	Cierge à base de perchlorate: > 5 g par cierge ou > 10 cierges par paquet	1.3G
			Cierge à base de perchlorate: ≤ 5 g par cierge et ≤ 10 cierges par paquet	1.4G
			Cierge à base de nitrate: ≤ 30 g par cierge	

Baguette Bengale	Bengale, *dipped stick*	Bâtonnets non métalliques en partie recouverts (sur une de leurs extrémités) d'une matière pyrotechnique à combustion lente, conçus pour être tenus à la main	Article à base de perchlorate: > 5 g par article ou > 10 articles par paquet	1.3G
			Article à base de perchlorate: ≤ 5 g par article et ≤ 10 articles par paquet Article à base de nitrate: ≤ 30 g par article	1.4G
Petit artifice de divertissement grand public et artifice présentant un risque faible	Bombe de table, pois fulminant, crépitant, fumigène, brouillard, serpent, ver luisant, pétard à tirette, *party popper*	Dispositif conçu pour produire des effets visibles et/ou audibles très limités, contenant de petites quantités de matière pyrotechnique et/ou explosive	Les pois fulminants et les pétards à tirette peuvent contenir jusqu'à 1,6 mg de fulminate d'argent; Les pois fulminants et les *party poppers* peuvent contenir jusqu'à 16 mg d'un mélange de chlorate de potassium et de phosphore rouge; Les autres articles peuvent contenir jusqu'à 5 g de matière pyrotechnique, mais pas de composition éclair	1.4G
Tourbillon	Tourbillon, tourbillon volant, hélicoptère, *chaser*, toupie au sol	Tube ou tubes non métallique(s) contenant une matière pyrotechnique produisant du gaz ou des étincelles, avec ou sans composition produisant du bruit et avec ou sans ailettes	Matière pyrotechnique par artifice > 20 g, contenant ≤ 3% de composition éclair pour la production d'effets sonores, ou ≤ 5 g de composition à effet de sifflet	1.3G
			Matière pyrotechnique par artifice ≤ 20 g, contenant ≤ 3% de composition éclair pour la production d'effets sonores, ou ≤ 5 g de composition à effet de sifflet	1.4G
Roue, soleil	Roue de Catherine, *saxon*	Assemblage, incluant des dispositifs propulseurs contenant une matière pyrotechnique, qui peut être fixé à un axe afin d'obtenir un mouvement de rotation	> 1 kg de matière pyrotechnique totale, aucune charge d'effet sonore, chaque sifflet (le cas échéant) ≤ 25 g et ≤ 50 g de composition sifflante par roue	1.3G
			< 1 kg de matière pyrotechnique totale, aucune charge d'effet sonore, chaque sifflet (le cas échéant) ≤ 5 g et ≤ 10 g de composition sifflante par roue	1.4G
Roues aériennes	*Saxon* volant, OVNI et soucoupe volante	Tubes contenant des charges propulsives et des compositions pyrotechniques produisant étincelles et flammes et/ou bruit, les tubes étant fixés sur un anneau de support	> 200 g de matière pyrotechnique totale ou > 60 g de matière pyrotechnique par dispositif propulseur, ≤ 3% de composition éclair à effet sonore, chaque sifflet (le cas échéant) ≤ 25 g et ≤ 50 g de composition sifflante par roue	1.3G

		≤ 200 g de matière pyrotechnique totale ou ≤ 60 g de matière pyrotechnique par dispositif propulseur, ≤ 3% de composition éclair à effet sonore, chaque sifflet (le cas échéant) ≤ 5 et ≤ 10 g de composition sifflante par roue	1.4G
Assortiment choisi	Assortiment choisi pour spectacles et assortiment choisi pour particuliers (extérieur ou intérieur)	Ensemble d'artifices de divertissement de plus d'un type, dont chacun correspond à l'un des types énumérés dans le présent tableau	Le classement est déterminé par le type d'artifice de divertissement le plus dangereux
Pétard	Pétard célébration, mitraillette, pétard à tirette	Assemblage de tubes (en papier ou carton) reliés par un relais pyrotechnique, chaque tube étant destiné à produire un effet sonore	Chaque tube ≤ 140 mg de composition éclair ou ≤ 1 g de poudre noire — 1.4G
Pétard à mèche	Pétard à composition flash, *lady cracker*	Tube non métallique contenant une composition à effet sonore conçu pour produire un effet sonore	> 2 g de composition éclair par article — 1.1G
			≤ 2 g de composition éclair par article et ≤ 10 g par emballage intérieur — 1.3G
			≤ 1 g de composition éclair par article et ≤ 10 g par emballage intérieur ou ≤ 10 g de poudre noire par article — 1.4G

2.2.1.1.8   ***Exclusion de la classe 1***

2.2.1.1.8.1   Un objet ou une matière peuvent être exclus de la classe 1 sur la base de résultats d'épreuves et de la définition de cette classe avec l'approbation de l'autorité compétente d'une Partie contractante à l'ADN qui peut également reconnaitre l'approbation par l'autorité compétente d'un pays qui ne serait pas Partie contractante à l'ADN à condition que cette approbation ait été accordée conformément aux procédures applicables selon le RID, l'ADR, l'ADN, le Code IMDG ou les prescriptions techniques de l'OACI.

2.2.1.1.8.2   Avec l'approbation de l'autorité compétente conformément au 2.2.1.1.8.1, un objet peut être exclu de la classe 1 quand trois objets non emballés, que l'on fait fonctionner individuellement par leurs propres moyens d'amorçage ou d'allumage ou par des moyens externes visant à les faire fonctionner de la manière voulue, satisfont aux critères suivants :

a)   Aucune des surfaces externes ne doit atteindre une température supérieure à 65 °C. Une pointe momentanée de température atteignant 200 °C est acceptable ;

b)   Aucune rupture ou fragmentation de l'enveloppe externe ni mouvement de l'objet ou des parties individuelles de celui-ci sur une distance de plus d'un mètre dans une direction quelconque ;

NOTA : Lorsque l'intégrité de l'objet peut être affectée dans le cas d'un feu externe, ces critères doivent être examinés par une épreuve d'exposition au feu, telle que décrite dans la norme ISO 12097-3.

c)   Aucun effet audible dépassant un pic de 135 dB(C) à une distance d'un mètre ;

d)   Aucun éclair ni flamme capable d'enflammer un matériau tel qu'une feuille de papier de 80 ± 10 g/m² en contact avec l'objet ; et

e)   Aucune production de fumée, d'émanations ou de poussière dans des quantités telles que la visibilité dans une chambre d'un mètre cube comportant des évents d'explosion de dimensions appropriées pour faire face à une possible surpression, soit réduite de 50%, mesurée avec un luxmètre ou un radiomètre étalonné situé à un mètre d'une source lumineuse constante elle-même placée au centre de la paroi opposée de la chambre. Les directives générales figurant dans la norme ISO 5659-1 pour la détermination de la densité optique et les directives générales relatives au système de photométrie décrit à la section 7.5 de la norme ISO 5659-2 peuvent être utilisées, ainsi que d'autres méthodes analogues de mesure de la densité optique. Un capuchon approprié couvrant l'arrière et les côtés du luxmètre doit être utilisé pour minimiser les effets de la lumière diffusée ou répandue ne provenant pas directement de la source.

NOTA   1 : Si lors des épreuves évaluant les critères a), b), c) et d), on observe aucune ou très peu de fumée, l'épreuve décrite à l'alinéa e) peut être exemptée.

2 : L'autorité compétente à laquelle il est fait référence au 2.2.1.1.8.1 peut prescrire que les objets soient éprouvés sous une forme emballée, s'il a été déterminé que l'objet, tel qu'emballé pour le transport, peut poser un plus grand risque.

2.2.1.2   ***Matières et objets non admis au transport***

2.2.1.2.1   Les matières explosibles dont la sensibilité est excessive selon les critères de la première partie du Manuel d'épreuves et de critères, ou qui sont susceptibles de réagir spontanément, ainsi que les matières et objets explosibles qui ne peuvent être affectés à un nom ou à une rubrique n.s.a. du tableau A du chapitre 3.2, ne sont pas admis au transport.

2.2.1.2.2   Les objets du groupe de compatibilité K ne sont pas admis au transport (1.2K, No ONU 0020 et 1.3K, No ONU 0021).

2.2.1.3   *Liste des rubriques collectives*

Code de classification (voir 2.2.1.1.4)	No ONU	Nom de la matière ou de l'objet
1.1A	0473	MATIÈRES EXPLOSIVES, N.S.A.
1.1B	0461	COMPOSANTS DE CHAÎNE PYROTECHNIQUE, N.S.A.
1.1C	0474	MATIÈRES EXPLOSIVES, N.S.A.
	0497	PROPERGOL LIQUIDE
	0498	PROPERGOL SOLIDE
	0462	OBJETS EXPLOSIFS, N.S.A.
1.1D	0475	MATIÈRES EXPLOSIVES, N.S.A.
	0463	OBJETS EXPLOSIFS, N.S.A.
1.1^E	0464	OBJETS EXPLOSIFS, N.S.A.
1.1F	0465	OBJETS EXPLOSIFS, N.S.A.
1.1G	0476	MATIÈRES EXPLOSIVES, N.S.A.
1.1L	0357	MATIÈRES EXPLOSIVES, N.S.A.
	0354	OBJETS EXPLOSIFS, N.S.A.
1.2B	0382	COMPOSANTS DE CHAÎNE PYROTECHNIQUE, N.S.A.
1.2C	0466	OBJETS EXPLOSIFS, N.S.A.
1.2D	0467	OBJETS EXPLOSIFS, N.S.A.
1.2^E	0468	OBJETS EXPLOSIFS, N.S.A.
1.2F	0469	OBJETS EXPLOSIFS, N.S.A.
1.2L	0358	MATIÈRES EXPLOSIVES, N.S.A.
	0248	ENGINS HYDROACTIFS avec charge de dispersion, charge d'expulsion ou charge propulsive
	0355	OBJETS EXPLOSIFS, N.S.A.
1.3C	0132	SELS MÉTALLIQUES DÉFLAGRANTS DE DÉRIVÉS NITRÉS AROMATIQUES, N.S.A.
	0477	MATIÈRES EXPLOSIVES, N.S.A.
	0495	PROPERGOL LIQUIDE
	0499	PROPERGOL SOLIDE
	0470	OBJETS EXPLOSIFS, N.S.A.
1.3G	0478	MATIÈRES EXPLOSIVES, N.S.A.
1.3L	0359	MATIÈRES EXPLOSIVES, N.S.A.
	0249	ENGINS HYDROACTIFS avec charge de dispersion, charge d'expulsion ou charge propulsive
	0356	OBJETS EXPLOSIFS, N.S.A.
1.4B	0350	OBJETS EXPLOSIFS, N.S.A.
	0383	COMPOSANTS DE CHAÎNE PYROTECHNIQUE, N.S.A.
1.4C	0479	MATIÈRES EXPLOSIVES, N.S.A.
	0351	OBJETS EXPLOSIFS, N.S.A.
1.4D	0480	MATIÈRES EXPLOSIVES, N.S.A.
	0352	OBJETS EXPLOSIFS, N.S.A.
1.4^E	0471	OBJETS EXPLOSIFS, N.S.A.
1.4F	0472	OBJETS EXPLOSIFS, N.S.A.
1.4G	0485	MATIÈRES EXPLOSIVES, N.S.A.
	0353	OBJETS EXPLOSIFS, N.S.A.
1.4S	0481	MATIÈRES EXPLOSIVES, N.S.A.
	0349	OBJETS EXPLOSIFS, N.S.A.
	0384	COMPOSANTS DE CHAÎNE PYROTECHNIQUE, N.S.A.

Code de classification (voir 2.2.1.1.4)	No ONU	Nom de la matière ou de l'objet
1.5D	0482	MATIÈRES EXPLOSIVES TRÈS PEU SENSIBLES (MATIÈRES ETPS), N.S.A.
1.6N	0486	OBJETS EXPLOSIFS EXTRÊMEMENT PEU SENSIBLES, (OBJETS, EEPS)
	0190	ÉCHANTILLONS D'EXPLOSIFS, autres que les dispositifs d'amorçage *NOTA : La division et le groupe de compatibilité doivent être définis selon les instructions de l'autorité compétente et selon les principes indiqués en 2.2.1.1.4.*

2.2.1.4   ***Glossaire de noms***

NOTA 1 : Les descriptions dans le glossaire n'ont pas pour but de remplacer les procédures d'épreuve ni de déterminer le classement d'une matière ou d'un objet de la classe 1. L'affectation à la division correcte et la décision de savoir s'ils doivent être affectés au groupe de compatibilité S doivent résulter des épreuves qu'a subies le produit selon la première partie du Manuel d'épreuves et de critères ou être établies par analogie, avec des produits semblables déjà éprouvés et affectés selon les modes opératoires du Manuel d'épreuves et de critères.

2 : Les inscriptions chiffrées indiquées après les noms se rapportent aux numéros ONU appropriés (chapitre 3.2, tableau A, colonne (1)). En ce qui concerne le code de classification, voir 2.2.1.1.4.

ALLUMEURS POUR MÈCHE DE MINEUR : No ONU 0131

Objets de conceptions variées fonctionnant par friction, par choc ou électriquement et utilisés pour allumer la mèche de mineur.

AMORCES À PERCUSSION : Nos ONU 0377, 0378 et 0044

Objets constitués d'une capsule de métal ou en plastique contenant une petite quantité d'un mélange explosif primaire aisément mis à feu sous l'effet d'un choc. Ils servent d'éléments d'allumage pour les cartouches pour armes de petit calibre et dans les allumeurs à percussion pour les charges propulsives.

AMORCES TUBULAIRES : Nos ONU 0319, 0320 et 0376

Objets constitués d'une amorce provoquant l'allumage et d'une charge auxiliaire déflagrante, telle que poudre noire, utilisés pour l'allumage d'une charge propulsive dans une douille, etc.

ARTIFICES DE DIVERTISSEMENT : Nos ONU 0333, 0334, 0335, 0336 et 0337

Objets pyrotechniques conçus à des fins de divertissement.

ARTIFICES DE SIGNALISATION À MAIN : Nos ONU 0191 et ONU 0373

Objets portatifs contenant des matières pyrotechniques produisant des signaux ou des alarmes visuels. Les petits dispositifs éclairants de surface, tels que les feux de signaux routiers ou ferroviaires et les petits feux de détresse sont compris sous cette dénomination.

ASSEMBLAGES DE DÉTONATEURS de mine (de sautage) NON ÉLECTRIQUES :
Nos ONU 0360, 0361 et 0500

Détonateurs non électriques, assemblés avec des éléments tels que mèche de mineur, tube conducteur d'onde de choc, tube conducteur de flamme ou cordeau détonant, et amorcé par ces éléments. Ces assemblages peuvent être conçus pour détoner instantanément ou peuvent contenir des éléments retardateurs. Les relais de détonation comportant un cordeau détonant sont compris sous cette dénomination.

ATTACHES PYROTECHNIQUES EXPLOSIVES : No ONU 0173

Objets constitués d'une petite charge explosive, avec leurs moyens propres d'amorçage et des tiges ou maillons. Ils rompent les tiges ou maillons afin de libérer rapidement des équipements.

BOMBES avec charge d'éclatement : Nos ONU 0034 et 0035

Objets explosibles qui sont lâchés d'un aéronef, sans moyens propres d'amorçage ou avec moyens propres d'amorçage possédant au moins deux dispositifs de sécurité efficaces.

BOMBES avec charge d'éclatement : Nos ONU 0033 et 0291

Objets explosibles qui sont lâchés d'un aéronef, avec moyens propres d'amorçage ne possédant pas au moins deux dispositifs de sécurité efficaces.

BOMBES CONTENANT UN LIQUIDE INFLAMMABLE, avec charge d'éclatement : Nos ONU 0399 et 0400

Objets qui sont lâchés d'un aéronef et qui sont constitués d'un réservoir rempli de liquide inflammable et d'une charge d'éclatement.

BOMBES PHOTO-ÉCLAIR : No ONU 0038

Objets explosibles qui sont lâchés d'un aéronef en vue de produire un éclairage intense et de courte durée pour la prise de vue photographique. Ils contiennent une charge d'explosif détonant sans moyens propres d'amorçage ou avec moyens propres d'amorçage possédant au moins deux dispositifs de sécurité efficaces.

BOMBES PHOTO-ÉCLAIR : No ONU 0037

Objets explosibles qui sont lâchés d'un aéronef en vue de produire un éclairage intense et de courte durée pour la prise de vue photographique. Ils contiennent une charge d'explosif détonant avec moyens propres d'amorçage ne possédant pas au moins deux dispositifs de sécurité efficaces.

BOMBES PHOTO-ÉCLAIR : Nos ONU 0039 et 0299

Objets explosibles lâchés d'un aéronef en vue de produire un éclairage intense et de courte durée pour la prise de vue photographique. Ils contiennent une composition photo-éclair.

CAPSULES DE SONDAGE EXPLOSIVES : Nos ONU 0374 et 0375

Objets constitués d'une charge détonante, sans leurs moyens propres d'amorçage ou avec leurs moyens propres d'amorçage possédant au moins deux dispositifs de sécurité efficaces. Ils sont lâchés d'un navire et fonctionnent lorsqu'ils atteignent une profondeur prédéterminée ou le fond de la mer.

CAPSULES DE SONDAGE EXPLOSIVES : Nos ONU 0296 et 0204

Objets constitués d'une charge détonante avec leurs moyens propres d'amorçage ne possédant pas au moins deux dispositifs de sécurité efficaces. Ils sont lâchés d'un navire et fonctionnent lorsqu'ils atteignent une profondeur prédéterminée ou le fond de la mer.

CARTOUCHES À BLANC POUR ARMES : Nos ONU 0326, 0413, 0327, 0338 et 0014

Munitions constituées d'une douille fermée, avec amorce à percussion centrale ou annulaire, et d'une charge de poudre sans fumée ou de poudre noire, mais sans projectile. Elles produisent un fort bruit et sont utilisées pour l'entraînement, pour le salut, comme charges propulsives, dans les pistolets-starters, etc. Les munitions à blanc sont comprises sous cette dénomination.

CARTOUCHES À BLANC POUR ARMES DE PETIT CALIBRE : Nos ONU 0327, 0338 et 0014

Munitions constituées d'une douille avec amorce à percussion centrale ou annulaire et contenant une charge propulsive de poudre sans fumée ou de poudre noire. Les douilles ne contiennent pas de projectiles. Elles sont destinées à être tirées par des armes d'un calibre ne dépassant pas 19,1 mm et servent à produire un fort bruit et sont utilisées pour l'entraînement, pour le salut, comme charge propulsive, dans les pistolets-starters, etc.

CARTOUCHES À BLANC POUR OUTILS : No ONU 0014

Objets, utilisés dans les outils, constitués d'une douille fermée, avec amorce à percussion centrale ou annulaire, et avec ou sans charge de poudre sans fumée ou de poudre noire, mais sans projectile.

CARTOUCHES À PROJECTILE INERTE POUR ARMES : Nos ONU 0328, 0417, 0339 et 0012

Munitions constituées d'un projectile sans charge d'éclatement mais avec une charge propulsive et avec ou sans amorce. Elles peuvent comporter un traceur, à condition que le risque principal soit celui de la charge propulsive.

Objets, utilisés dans les outils, constitués d'une douille fermée, avec amorce à percussion centrale ou annulaire, et avec ou sans charge de poudre sans fumée ou de poudre noire, mais sans projectile.

CARTOUCHES DE SIGNALISATION : Nos ONU 0054, 0312 et 0405

Objets conçus pour lancer des signaux lumineux colorés ou d'autres signaux à l'aide de pistolets signaleurs, etc.

CARTOUCHES-ÉCLAIR : Nos ONU 0049 et 0050

Objets constitués d'une enveloppe, d'une amorce et de poudre éclair, le tout assemblé en un ensemble prêt pour le tir.

CARTOUCHES POUR ARMES avec charge d'éclatement : Nos ONU 0006, 0321 et 0412

Munitions comprenant un projectile avec une charge d'éclatement sans moyens propres d'amorçage ou avec ses moyens propres d'amorçage possédant au moins deux dispositifs de sécurité efficaces, et d'une charge propulsive avec ou sans amorce. Les munitions encartouchées, les munitions semi-encartouchées et les munitions à charge séparée, lorsque les éléments sont emballés en commun, sont comprises sous cette dénomination.

CARTOUCHES POUR ARMES avec charge d'éclatement : Nos ONU 0005, 0007 et 0348

Munitions constituées d'un projectile avec une charge d'éclatement avec ses moyens propres d'amorçage ne possédant pas au moins deux dispositifs de sécurité efficaces et d'une charge propulsive avec ou sans amorce. Les munitions encartouchées, les munitions semi-encartouchées et les munitions à charge séparée, lorsque les éléments sont emballés en commun, sont comprises sous cette dénomination.

CARTOUCHES POUR ARMES DE PETIT CALIBRE : Nos ONU 0417, 0339 et 0012

Munitions constituées d'une douille avec amorce à percussion centrale ou annulaire et contenant une charge propulsive ainsi qu'un projectile solide. Elles sont destinées à être tirées par des armes à feu d'un calibre ne dépassant pas 19,1 mm. Les cartouches de chasse de tout calibre sont comprises dans cette définition.

NOTA : Ne sont pas compris sous cette dénomination les objets suivants : CARTOUCHES À BLANC POUR ARMES DE PETIT CALIBRE. Ils figurent séparément sur la liste. De même ne sont pas comprises certaines cartouches pour armes militaires de petit calibre, qui figurent sur la liste sous CARTOUCHES À PROJECTILE INERTE POUR ARMES.

CARTOUCHES POUR PUITS DE PÉTROLE : Nos ONU 0277 et 0278

Objets constitués d'une enveloppe de faible épaisseur en carton, en métal ou en une autre matière contenant seulement une poudre propulsive qui projette un projectile durci pour perforer l'enveloppe des puits de pétrole.

NOTA : Ne sont pas compris sous cette dénomination les objets suivants : CHARGES CREUSES INDUSTRIELLES. Ils figurent séparément sur la liste.

CARTOUCHES POUR PYROMÉCANISMES : Nos ONU 0381, 0275, 0276 et 0323

Objets conçus pour exercer des actions mécaniques. Ils sont constitués d'une enveloppe avec une charge déflagrante et de moyens d'allumage. Les produits gazeux de la déflagration provoquent un gonflage, un mouvement linéaire ou rotatif, ou bien actionnent des diaphragmes, des soupapes ou des interrupteurs, ou bien lancent des attaches ou projettent des agents d'extinction.

CHARGES CREUSES sans détonateur : Nos ONU 0059, 0439, 0440 et 0441

Objets constitués d'une enveloppe contenant une charge d'explosif détonant, comportant un évidement garni d'un revêtement rigide, sans leurs moyens propres d'amorçage. Ils sont conçus pour produire un effet de jet perforant de grande puissance.

CHARGES D'ÉCLATEMENT À LIANT PLASTIQUE : Nos ONU 0457, 0458, 0459 et 0460

Objets constitués d'une charge d'explosif détonant à liant plastique, fabriquée sous une forme spécifique, sans enveloppe et sans moyens propres d'amorçage. Ils sont conçus comme composants de munitions tels que têtes militaires.

CHARGES DE DÉMOLITION : No ONU 0048

Objets contenant une charge d'explosif détonant dans une enveloppe en carton, plastique, métal ou autre matière. Les objets sont sans moyens propres d'amorçage ou avec leurs moyens propres d'amorçage possédant au moins deux dispositifs de sécurité efficaces.

NOTA : *Ne sont pas compris sous cette dénomination les objets suivants : BOMBES, MINES, PROJECTILES. Ils figurent séparément dans la liste.*

CHARGES DE DISPERSION : No ONU 0043

Objets constitués d'une faible charge d'explosif servant à ouvrir les projectiles ou autres munitions afin d'en disperser le contenu.

CHARGES DE RELAIS EXPLOSIFS : No ONU 0060

Objets constitués d'un faible renforçateur amovible placé dans la cavité d'un projectile entre la fusée et la charge d'éclatement.

CHARGES EXPLOSIVES INDUSTRIELLES sans détonateur : Nos ONU 0442, 0443, 0444 et 0445

Objets constitués d'une charge d'explosif détonant, sans leurs moyens propres d'amorçage, utilisés pour le soudage, l'assemblage, le formage et autres opérations métallurgiques effectuées à l'explosif.

CHARGES PROPULSIVES : Nos ONU 0271, 0415, 0272 et 0491

Objets constitués d'une charge de poudre propulsive se présentant sous une forme quelconque, avec ou sans enveloppe destinés à être utilisés comme composant d'un propulseur, ou pour modifier la traînée des projectiles.

CHARGES PROPULSIVES POUR CANON : Nos ONU 0279, 0414 et 0242

Charges de poudre propulsive sous quelque forme que ce soit pour les munitions à charge séparée pour canon.

CHARGES SOUS-MARINES : No ONU 0056

Objets constitués d'une charge d'explosif détonant contenue dans un fût ou un projectile sans moyens propres d'amorçage ou avec leurs moyens propres d'amorçage possédant au moins deux dispositifs de sécurité efficaces. Ils sont conçus pour détoner sous l'eau.

CISAILLES PYROTECHNIQUES EXPLOSIVES : No ONU 0070

Objets constitués d'un dispositif tranchant poussé sur une enclume par une petite charge déflagrante.

COMPOSANTS DE CHAÎNE PYROTECHNIQUE, N.S.A. : Nos ONU 0461, 0382, 0383 et 0384

Objets contenant un explosif, conçus pour transmettre la détonation ou la déflagration dans une chaîne pyrotechnique.

CORDEAU D'ALLUMAGE à enveloppe métallique : No ONU 0103

Objet constitué d'un tube de métal contenant une âme d'explosif déflagrant.

CORDEAU DÉTONANT À CHARGE RÉDUITE à enveloppe métallique : No ONU 0104

Objet constitué d'une âme d'explosif détonant enfermée dans une enveloppe en métal mou recouverte ou non d'une gaine protectrice. La quantité de matière explosible est limitée de façon à ce que seul un faible effet soit produit à l'extérieur du cordeau.

CORDEAU DÉTONANT à enveloppe métallique : Nos ONU 0290 et 0102

Objet constitué d'une âme d'explosif détonant enfermée dans une enveloppe en métal mou, recouverte ou non d'une gaine de plastique.

CORDEAU DÉTONANT À SECTION PROFILÉE : Nos ONU 0288 et 0237

Objets constitués d'une âme d'explosif détonant à section en V recouverte d'une gaine flexible.

CORDEAU DÉTONANT souple : Nos ONU 0065 et 0289

Objet constitué d'une âme d'explosif détonant enfermée dans une enveloppe textile tissée, recouverte ou non d'une gaine de plastique ou d'un autre matériau. La gaine n'est pas nécessaire si l'enveloppe textile tissée est étanche aux pulvérulents.

DÉTONATEURS de mine (de sautage) ÉLECTRIQUES : Nos ONU 0030, 0255 et 0456

Objets spécialement conçus pour l'amorçage des explosifs de mine. Ils peuvent être conçus pour détoner instantanément ou peuvent contenir un élément retardeur. Les détonateurs électriques sont amorcés par un courant électrique.

DÉTONATEURS de mine (de sautage) NON ÉLECTRIQUES : Nos ONU 0029, 0267 et 0455

Objets spécialement conçus pour l'amorçage des explosifs de mine. Ils peuvent être conçus pour détoner instantanément ou peuvent contenir un élément retardeur. Les détonateurs non électriques sont amorcés par des éléments tels que tube conducteur d'onde de choc, tube conducteur de flamme, mèche de mineur, autre dispositif d'allumage ou cordeau détonant souple. Les relais détonants sans cordeau détonant sont compris sous cette dénomination.

DÉTONATEURS POUR MUNITIONS : Nos ONU 0073, 0364, 0365 et 0366

Objets constitués d'un petit étui en métal ou en plastique contenant des explosifs tels que l'azoture de plomb, la penthrite ou des combinaisons d'explosifs. Ils sont conçus pour déclencher le fonctionnement d'une chaîne de détonation.

DISPOSITIFS ÉCLAIRANTS AÉRIENS : Nos ONU 0420, 0421, 0093, 0403 et 0404

Objets constitués de matières pyrotechniques et conçus pour être lâchés d'un aéronef pour éclairer, identifier, signaler ou avertir.

DISPOSITIFS ÉCLAIRANTS DE SURFACE : Nos ONU 0418, 0419 et 0092

Objets constitués de matières pyrotechniques et conçus pour être utilisés au sol pour éclairer, identifier, signaler ou avertir.

DOUILLES DE CARTOUCHES VIDES AMORCÉES : Nos ONU 0379 et 0055

Objets constitués d'une douille de métal, de plastique ou d'autre matière non inflammable, dans laquelle le seul composant explosif est l'amorce.

DOUILLES COMBUSTIBLES VIDES ET NON AMORCÉES : Nos ONU 0447 et 0446

Objets constitués des douilles réalisées partiellement ou entièrement à partir de nitrocellulose.

ÉCHANTILLONS D'EXPLOSIFS, autres que les explosifs d'amorçage : No ONU 0190

Matières ou objets explosibles nouveaux ou existants, non encore affectés à un nom du tableau A du chapitre 3.2 et transportés conformément aux instructions de l'autorité compétente et généralement en petites quantités, aux fins entre autres d'essai, de classement, de recherche et de développement, de contrôle de qualité ou en tant qu'échantillons commerciaux.

NOTA : Les matières ou objets explosibles déjà affectés à une autre dénomination du tableau A du chapitre 3.2 ne sont pas compris sous cette dénomination.

ENGINS AUTOPROPULSÉS À PROPERGOL LIQUIDE, avec charge d'éclatement : Nos ONU 0397 et 0398

Objets constitués d'un cylindre équipé d'une ou plusieurs tuyères contenant un combustible liquide ainsi que d'une tête militaire. Les missiles guidés sont compris sous cette dénomination.

ENGINS AUTOPROPULSÉS à tête inerte : Nos ONU 0183 et 0502

Objets constitués d'un propulseur et d'une tête inerte. Les missiles guidés sont compris sous cette dénomination.

ENGINS AUTOPROPULSÉS avec charge d'éclatement : Nos ONU 0181 et 0182

Objets constitués d'un propulseur et d'une tête militaire, sans leurs moyens propres d'amorçage ou avec leurs moyens propres d'amorçage possédant au moins deux dispositifs de sécurité efficaces. Les missiles guidés sont compris sous cette dénomination.

ENGINS AUTOPROPULSÉS avec charge d'éclatement : Nos ONU 0180 et 0295

Objets constitués d'un propulseur et d'une tête militaire, avec leurs moyens propres d'amorçage ne possédant pas au moins deux dispositifs de sécurité efficaces. Les missiles guidés sont compris sous cette dénomination.

ENGINS AUTOPROPULSÉS avec charge d'expulsion : Nos ONU 0436, 0437 et 0438

Objets constitués d'un propulseur et d'une charge servant à éjecter la charge utile de la tête de l'engin. Les missiles guidés sont compris sous cette dénomination.

ENGINS HYDROACTIFS avec charge de dispersion, charge d'expulsion ou charge propulsive : Nos ONU 0248 et 0249

Objets dont le fonctionnement est basé sur une réaction physico-chimique de leur contenu avec l'eau.

EXPLOSIF DE MINE (DE SAUTAGE) DU TYPE A : No ONU 0081

Matières constituées de nitrates organiques liquides tels que la nitroglycérine ou un mélange de ces composants avec un ou plusieurs des composants suivants : nitrocellulose, nitrate d'ammonium ou autres nitrates inorganiques, dérivés nitrés aromatiques ou matières combustibles telles que farine de bois et aluminium en poudre. Elles peuvent contenir des composants inertes tels que le kieselguhr et d'autres additifs tels que des colorants ou des stabilisants. Ces matières explosives doivent être sous la forme de poudre ou avoir une consistance gélatineuse ou élastique. Les dynamites, les dynamites-gommes et les dynamites-plastiques sont comprises sous cette dénomination.

EXPLOSIF DE MINE (DE SAUTAGE) DU TYPE B : Nos ONU 0082 et 0331

Matières constituées :

a)   soit d'un mélange de nitrate d'ammonium ou d'autres nitrates inorganiques avec un explosif tel que le trinitrotoluène, avec ou sans autre matière telle que la farine de bois et l'aluminium en poudre,

b)   soit d'un mélange de nitrate d'ammonium ou d'autres nitrates inorganiques avec d'autres matières combustibles non explosives. Dans chaque cas, elles peuvent contenir des composants inertes tels que le kieselguhr et des additifs tels que des colorants ou des stabilisants. De tels explosifs ne doivent contenir ni nitroglycérine, ni nitrates organiques liquides similaires, ni chlorates.

EXPLOSIF DE MINE (DE SAUTAGE) DU TYPE C : No ONU 0083

Matières constituées d'un mélange soit de chlorate de potassium ou de sodium, soit de perchlorate de potassium, de sodium ou d'ammonium avec des dérivés nitrés organiques ou des matières combustibles telles que la farine de bois ou l'aluminium en poudre ou un hydrocarbure.

Elles peuvent contenir des composants inertes tels que le kieselguhr et des additifs tels que des colorants ou des stabilisants. De tels explosifs ne doivent contenir ni nitroglycérine ni nitrates organiques liquides similaires.

EXPLOSIF DE MINE (DE SAUTAGE) DU TYPE D : No ONU 0084

Matières constituées d'un mélange de composés nitrés organiques et de matières combustibles telles que les hydrocarbures ou l'aluminium en poudre. Elles peuvent contenir des composants inertes tels que le kieselguhr et des additifs tels que des colorants ou des stabilisants. De tels explosifs ne doivent contenir ni nitroglycérine, ni nitrates organiques liquides similaires, ni chlorates, ni nitrate d'ammonium. Les explosifs plastiques en général sont compris sous cette dénomination.

EXPLOSIF DE MINE (DE SAUTAGE) DU TYPE E : Nos ONU 0241 et 0332

Matières constituées d'eau comme composant essentiel et de fortes proportions de nitrate d'ammonium ou d'autres comburants qui sont tout ou partie en solution. Les autres composants peuvent être des dérivés nitrés tels que le trinitrotoluène, des hydrocarbures ou l'aluminium en poudre. Elles peuvent contenir des composants inertes tels que le kieselguhr et des additifs tels que des colorants ou des stabilisants. Les bouillies explosives, les émulsions explosives et les gels explosifs aqueux sont compris sous cette dénomination.

FUSÉES-ALLUMEURS : Nos ONU 0316, 0317 et 0368

Objets qui contiennent des composants explosifs primaires et qui sont conçus pour provoquer une déflagration dans les munitions. Ils comportent des composants mécaniques, électriques, chimiques ou hydrostatiques pour déclencher la déflagration. Ils possèdent généralement des dispositifs de sécurité.

FUSÉES-DÉTONATEURS : Nos ONU 0106, 0107, 0257 et 0367

Objets qui contiennent des composants explosifs et qui sont conçus pour provoquer une détonation dans les munitions. Ils comportent des composants mécaniques, électriques, chimiques ou hydrostatiques pour amorcer la détonation. Ils contiennent généralement des dispositifs de sécurité.

FUSÉES-DÉTONATEURS avec dispositifs de sécurité : Nos ONU 0408, 0409 et 0410

Objets qui contiennent des composants explosifs et qui sont conçus pour provoquer une détonation dans les munitions. Ils comportent des composants mécaniques, électriques, chimiques ou hydrostatiques pour amorcer la détonation. La fusée-détonateur doit posséder au moins deux dispositifs de sécurité efficaces.

GALETTE HUMIDIFIÉE avec au moins 17 % (masse) d'alcool ; GALETTE HUMIDIFIÉE avec au moins 25 % (masse) d'eau : Nos ONU 0433 et 0159

Matière constituée de nitrocellulose imprégnée d'au plus de 60 % de nitroglycérine ou d'autres nitrates organiques liquides ou d'un mélange de ces liquides.

GÉNÉRATEURS DE GAZ POUR SAC GONFLABLE ou MODULES DE SACS GONFLABLES ou RÉTRACTEURS DE CEINTURE DE SÉCURITÉ : No. ONU 0503

Objets contenant des matières pyrotechniques, utilisés pour actionner les équipements de sécurité des véhicules tels que sacs gonflables ou ceintures de sécurité.

GRENADES à main ou à fusil avec charge d'éclatement : Nos ONU 0284 et 0285

Objets qui sont conçus pour être lancés à la main ou à l'aide d'un fusil. Ils sont sans leurs moyens propres d'amorçage ou avec leurs moyens propres d'amorçage possédant au moins deux dispositifs de sécurité efficaces.

GRENADES à main ou à fusil avec charge d'éclatement : Nos ONU 0292 et 0293

Objets qui sont conçus pour être lancés à la main ou à l'aide d'un fusil. Ils sont avec leurs moyens propres d'amorçage ne possédant pas plus de deux dispositifs de sécurité.

GRENADES D'EXERCICE à main ou à fusil : Nos ONU 0372, 0318, 0452 et 0110

Objets sans charge d'éclatement principale, conçus pour être lancés à la main ou à l'aide d'un fusil. Ils contiennent le système d'amorçage et peuvent contenir une charge de marquage.

HEXOTONAL : No ONU 0393

Matière constituée d'un mélange intime de cyclotriméthylène-trinitramine (RDX), de trinitrotoluène (TNT) et d'aluminium.

HEXOLITE (HEXOTOL) sèche ou humidifiée avec moins de 15 % (masse) d'eau : No ONU 0118

Matière constituée d'un mélange intime de cylcotriméthylène-trinitramine (RDX) et de trinitrotoluène (TNT). La "composition B" est comprise sous cette dénomination.

INFLAMMATEURS (ALLUMEURS) : Nos ONU 0121, 0314, 0315, 0325 et 0454

Objets contenant une ou plusieurs matières explosibles, utilisés pour déclencher une déflagration dans une chaîne pyrotechnique. Ils peuvent être actionnés chimiquement, électriquement ou mécaniquement.

NOTA : Ne sont pas compris sous cette dénomination les objets suivants : MÈCHES À COMBUSTION RAPIDE ; CORDEAU D'ALLUMAGE ; MÈCHE NON DÉTONANTE ; FUSÉES-ALLUMEURS ; ALLUMEURS POUR MÈCHE DE MINEUR ; AMORCES À PERCUSSION ; AMORCES TUBULAIRES. Ils figurent séparément dans la liste.

MATIÈRES EXPLOSIVES TRÈS PEU SENSIBLES (MATIÈRES ETPS) N.S.A. : No ONU 0482

Matières qui présentent un risque d'explosion en masse mais qui sont si peu sensibles que la probabilité d'amorçage ou de passage de la combustion à la détonation (dans les conditions normales de transport) est très faible et qui ont subi des épreuves de la série 5.

MÈCHE À COMBUSTION RAPIDE : No ONU 0066

Objet constitué de fils textiles couverts de poudre noire ou d'une autre composition pyrotechnique à combustion rapide et d'une enveloppe protectrice souple, ou constitué d'une âme de poudre noire entourée d'une toile tissée souple. Il brûle avec une flamme extérieure qui progresse le long de la mèche et sert à transmettre l'allumage d'un dispositif à une charge ou à une amorce.

MÈCHE DE MINEUR (MÈCHE LENTE ou CORDEAU BICKFORD) : No ONU 0105

Objet constitué d'une âme de poudre noire à grains fins entourée d'une enveloppe textile souple, tissée, revêtue d'une ou plusieurs gaines protectrices. Lorsqu'il est allumé, il brûle à une vitesse prédéterminée sans aucun effet explosif extérieur.

MÈCHE NON DÉTONANTE : No ONU 0101

Objets constitués de fils de coton imprégnés de pulvérin. Ils brûlent avec une flamme extérieure et sont utilisés dans les chaînes d'allumage des artifices de divertissement, etc.

MINES avec charge d'éclatement : Nos ONU 0137 et 0138

Objets constitués généralement de récipients en métal ou en matériau composite remplis d'un explosif secondaire détonant, sans leurs moyens propres d'amorçage ou avec leurs moyens propres d'amorçage possédant au moins deux dispositifs de sécurité efficaces. Ils sont conçus pour fonctionner au passage des bateaux, des véhicules ou du personnel. Les "torpilles Bangalore" sont comprises sous cette dénomination.

MINES avec charge d'éclatement : Nos ONU 0136 et 0294

Objets constitués généralement de récipients en métal ou en matériau composite remplis d'un explosif secondaire détonant, avec leurs moyens propres d'amorçage ne possédant pas au moins deux dispositifs de sécurité efficaces. Ils sont conçus pour fonctionner au passage des bateaux, des véhicules ou du personnel. Les "torpilles Bangalore" sont comprises sous cette dénomination.

MUNITIONS D'EXERCICE : Nos ONU 0362 et 0488

Munitions dépourvues de charge d'éclatement principale, mais contenant une charge de dispersion ou d'expulsion. Généralement, elles contiennent aussi une fusée et une charge propulsive.

NOTA : *Ne sont pas compris sous cette dénomination les objets suivants : GRENADES D'EXERCICE. Ils figurent séparément dans la liste.*

MUNITIONS ÉCLAIRANTES avec ou sans charge de dispersion, charge d'expulsion ou charge propulsive Nos ONU 0171, 0254 et 0297

Munitions conçues pour produire une source unique de lumière intense en vue d'éclairer un espace. Les cartouches éclairantes, les grenades éclairantes, les projectiles éclairants, les bombes éclairantes et les bombes de repérage sont compris sous cette dénomination.

NOTA : Ne sont pas compris sous cette dénomination les objets suivants : ARTIFICES DE SIGNALISATION À MAIN, CARTOUCHES DE SIGNALISATION, DISPOSITIFS ÉCLAIRANTS AÉRIENS, DISPOSITIFS ÉCLAIRANTS DE SURFACE ET SIGNAUX DE DÉTRESSE. Ils figurent séparément dans la liste.

MUNITIONS FUMIGÈNES avec ou sans charge de dispersion, charge d'expulsion ou charge propulsive Nos ONU 0015, 0016 et 0303

Munitions contenant une matière fumigène telle que mélange acide chlorosulfonique, tétrachlorure de titane ou une composition pyrotechnique produisant de la fumée à base d'hexacloroéthane ou de phosphore rouge. Sauf lorsque la matière est elle-même un explosif, les munitions contiennent également un ou plusieurs éléments suivants : charge propulsive avec amorce et charge d'allumage, fusée avec charge de dispersion ou charge d'expulsion. Les grenades fumigènes sont comprises sous cette dénomination.

NOTA : Ne sont pas compris sous cette dénomination les objets suivants : SIGNAUX FUMIGÈNES. Ils figurent séparément dans la liste.

MUNITIONS FUMIGÈNES AU PHOSPHORE BLANC avec charge de dispersion, charge d'expulsion ou charge propulsive : Nos ONU 0245 et 0246

Munitions contenant du phosphore blanc en tant que matière fumigène. Elles contiennent également un ou plusieurs des éléments suivants : charge propulsive avec amorce et charge d'allumage, fusée avec charge de dispersion ou charge d'expulsion. Les grenades fumigènes sont comprises sous cette dénomination.

MUNITIONS INCENDIAIRES à liquide ou à gel, avec charge de dispersion, charge d'expulsion ou charge propulsive : No ONU 0247

Munitions contenant une matière incendiaire liquide ou sous forme de gel. Sauf lorsque la matière incendiaire est elle-même un explosif, elles contiennent un ou plusieurs des éléments suivants : charge propulsive avec amorce et charge d'allumage, fusée avec charge de dispersion ou charge d'expulsion.

MUNITIONS INCENDIAIRES avec ou sans charge de dispersion, charge d'expulsion ou charge propulsive Nos ONU 0009, 0010 et 0300

Munitions contenant une composition incendiaire. Sauf lorsque la composition est elle-même un explosif, elles contiennent également un ou plusieurs des éléments suivants : charge propulsive avec amorce et charge d'allumage, fusée avec charge de dispersion ou charge d'expulsion.

MUNITIONS INCENDIAIRES AU PHOSPHORE BLANC avec charge de dispersion, charge d'expulsion ou charge propulsive : Nos ONU 0243 et 0244

Munitions contenant du phosphore blanc comme matière incendiaire. Elles contiennent aussi un ou plusieurs des éléments suivants : charge propulsive avec amorce et charge d'allumage, fusée avec charge de dispersion ou charge d'expulsion.

MUNITIONS LACRYMOGÈNES avec charge de dispersion, charge d'expulsion ou charge propulsive Nos ONU 0018, 0019 et 0301

Munitions contenant une matière lacrymogène. Elles contiennent aussi un ou plusieurs des éléments suivants : matière pyrotechnique, charge propulsive avec amorce et charge d'allumage, fusée avec charge de dispersion ou charge d'expulsion.

MUNITIONS POUR ESSAIS : No ONU 0363

Munitions contenant une matière pyrotechnique, utilisées pour éprouver l'efficacité ou la puissance de nouvelles munitions ou de nouveaux éléments ou ensembles d'armes.

OBJETS EXPLOSIFS, EXTRÊMEMENT PEU SENSIBLES (OBJETS EEPS) : No ONU 0486

Objets ne contenant que des matières extrêmement peu sensibles qui ne révèlent qu'une probabilité négligeable d'amorçage ou de propagation accidentels dans des conditions de transport normales et qui ont subi la série d'épreuves 7.

OBJETS PYROPHORIQUES : No ONU 0380

Objets qui contiennent une matière pyrophorique (susceptible d'inflammation spontanée lorsqu'elle est exposée à l'air) et une matière ou un composant explosif. Les objets contenant du phosphore blanc ne sont pas compris sous cette dénomination.

OBJETS PYROTECHNIQUES à usage technique : Nos ONU 0428, 0429, 0430, 0431 et 0432

Objets qui contiennent des matières pyrotechniques et qui sont destinés à des usages techniques tels que production de chaleur, production de gaz, effets scéniques, etc.

NOTA : Ne sont pas compris sous cette dénomination les objets suivants : toutes les munitions ; ARTIFICES DE DIVERTISSEMENT, ARTIFICES DE SIGNALISATION À

MAIN, ATTACHES PYROTECHNIQUES EXPLOSIVES, CARTOUCHES DE SIGNALISATION, CISAILLES PYROTECHNIQUES EXPLOSIVES, DISPOSITIFS ÉCLAIRANTS AÉRIENS, DISPOSITIFS ÉCLAIRANTS DE SURFACE, PÉTARDS DE CHEMIN DE FER, RIVETS EXPLOSIFS, SIGNAUX DE DÉTRESSE, SIGNAUX FUMIGÈNES. Ils figurent séparément dans la liste.

OCTOLITE (OCTOL) sèche ou humidifiée avec moins de 15 % (masse) d'eau : No ONU 0266

Matière constituée d'un mélange intime de cyclotétraméthylène-tétranitramine (HMX) et de trinitrotoluène (TNT)

OCTONAL : No ONU 0496

Matière constituée d'un mélange intime de cyclotétraméthylène-tétranitramine (HMX), de trinitrotoluène (TNT) et d'aluminium.

PENTOLITE (sèche) ou humidifiée avec moins de 15 % (masse) d'eau : No ONU 0151

Matière constituée d'un mélange intime de tétranitrate de pentaérythrite (PETN) et de trinitrotoluène (TNT).

PERFORATEURS À CHARGE CREUSE pour puits de pétrole, sans détonateur : Nos ONU 0124 et 0494

Objets constitués d'un tube d'acier ou d'une bande métallique sur lequel sont disposées des charges creuses reliées par cordeau détonant, sans moyens propres d'amorçage.

PÉTARDS DE CHEMIN DE FER : Nos ONU 0192, 0492, 0493 et 0193

Objets contenant une matière pyrotechnique qui explose très bruyamment lorsque l'objet est écrasé. Ils sont conçus pour être placés sur un rail.

POUDRE ÉCLAIR : Nos ONU 0094 et 0305

Matière pyrotechnique qui, lorsqu'elle est allumée, émet une lumière intense.

POUDRE NOIRE sous forme de grains ou de pulvérin : No ONU 0027

Matière constituée d'un mélange intime de charbon de bois ou autre charbon et de nitrate de potassium ou de nitrate de sodium, avec ou sans soufre.

POUDRE NOIRE COMPRIMÉE ou POUDRE NOIRE EN COMPRIMÉS : No ONU 0028

Matière constituée de poudre noire sous forme comprimée.

POUDRES SANS FUMÉE : Nos ONU 0160, 0161 et 0509

Matières à base de nitrocellulose utilisée comme poudre propulsive. Les poudres à simple base (nitrocellulose seule), celles à double base (telles que nitrocellulose et nitroglycérine) et celles à triple base (telles que nitrocellulose/nitroglycérine/nitroguanidine) sont comprises sous cette dénomination.

NOTA : *Les charges de poudre sans fumée coulée, comprimée ou en gargousse figurent sous la dénomination CHARGES PROPULSIVES ou CHARGES PROPULSIVES POUR CANON.*

PROJECTILES avec charge d'éclatement : Nos ONU 0168, 0169 et 0344

Objets tels qu'obus ou balle tirés d'un canon ou d'une autre pièce d'artillerie. Ils sont sans leurs moyens propres d'amorçage ou avec leur moyens propres d'amorçage possédant au moins deux dispositifs de sécurité efficaces.

PROJECTILES avec charge d'éclatement : Nos ONU 0167 et 0324

Objets tels qu'obus ou balle tirés d'un canon ou d'une autre pièce d'artillerie. Ils sont avec leurs moyens propres d'amorçage ne possédant pas au moins deux dispositifs de sécurité efficaces.

PROJECTILES avec charge de dispersion ou charge d'expulsion : Nos ONU 0346 et 0347

Objets tels qu'obus ou balle tirés d'un canon ou d'une autre pièce d'artillerie. Ils sont sans leurs moyens propres d'amorçage ou avec leurs moyens propres d'amorçage possédant au moins deux dispositifs de sécurité efficaces. Ils sont utilisés pour répandre des matières colorantes en vue d'un marquage, ou d'autres matières inertes.

PROJECTILES avec charge de dispersion ou charge d'expulsion : Nos ONU 0426 et 0427

Objets tels qu'obus ou balle tirés d'un canon ou d'une autre pièce d'artillerie. Ils sont avec leurs moyens propres d'amorçage ne possédant pas au moins deux dispositifs de sécurité efficaces. Ils sont utilisés pour répandre des matières colorantes en vue d'un marquage, ou d'autres matières inertes.

PROJECTILES avec charge de dispersion ou charge d'expulsion : Nos ONU 0434 et 0435

Objets tels qu'obus ou balle tirés d'un canon ou d'une autre pièce d'artillerie, d'un fusil ou d'une autre arme de petit calibre. Ils sont utilisés pour répandre des matières colorantes en vue d'un marquage, ou d'autres matières inertes.

PROJECTILES inertes avec traceur : Nos ONU 0424, 0425 et 0345

Objets tels qu'obus ou balle tirés d'un canon ou d'une autre pièce d'artillerie, d'un fusil ou d'une autre arme de petit calibre.

PROPERGOL, LIQUIDE : Nos ONU 0497 et 0495

Matière constituée d'un explosif liquide déflagrant, utilisée pour la propulsion.

PROPERGOL, SOLIDE : Nos ONU 0498, 0499 et 0501

Matière constituée d'un explosif solide déflagrant, utilisée pour la propulsion.

PROPULSEURS : Nos ONU 0280, 0281 et 0186

Objets constitués d'une charge explosive, en général un propergol solide, contenue dans un cylindre équipé d'une ou plusieurs tuyères. Ils sont conçus pour propulser un engin autopropulsé ou un missile guidé.

PROPULSEURS À PROPERGOL LIQUIDE : Nos ONU 0395 et 0396

Objets constitués d'un cylindre équipé d'une ou plusieurs tuyères et contenant un combustible liquide. Ils sont conçus pour propulser un engin autopropulsé ou un missile guidé.

PROPULSEURS CONTENANT DES LIQUIDES HYPERGOLIQUES, avec ou sans charge d'expulsion : Nos ONU 0322 et 0250

Objets constitués d'un combustible hypergolique contenu dans un cylindre équipé d'une ou plusieurs tuyères. Ils sont conçus pour propulser un engin autopropulsé ou un missile guidé.

RENFORCATEURS AVEC DÉTONATEUR : Nos ONU 0225 et 0268

Objets constitués d'une charge d'explosif détonant, avec moyens d'amorçage. Ils sont utilisés pour renforcer le pouvoir d'amorçage des détonateurs ou du cordeau détonant.

RENFORCATEURS sans détonateur : Nos ONU 0042 et 0283

Objets constitués d'une charge d'explosif détonant sans moyens d'amorçage. Ils sont utilisés pour renforcer le pouvoir d'amorçage des détonateurs ou du cordeau détonant.

RIVETS EXPLOSIFS : No ONU 0174

Objets constitués d'une petite charge explosive placée dans un rivet métallique.

ROQUETTES LANCE-AMARRES : Nos ONU 0238, 0240 et 0453

Objets constitués d'un propulseur et conçus pour lancer une amarre.

SIGNAUX DE DÉTRESSE de navires : Nos ONU 0194, 0195, 0505 et 0506

Objets contenant des matières pyrotechniques conçus pour émettre des signaux au moyen de sons, de flammes ou de fumée, ou l'une quelconque de leurs combinaisons.

SIGNAUX FUMIGÈNES : Nos ONU 0196, 0313, 0487, 0197 et 0507

Objets contenant des matières pyrotechniques qui produisent de la fumée. Ils peuvent en outre contenir des dispositifs émettant des signaux sonores.

TÊTES MILITAIRES POUR ENGINS AUTOPROPULSÉS avec charge d'éclatement : Nos ONU 0286 et 0287

Objets constitués d'explosif détonant sans leurs moyens propres d'amorçage ou avec leurs moyens propres d'amorçage contenant au moins deux dispositifs de sécurité efficaces. Ils sont conçus pour être montés sur un engin autopropulsé. Les têtes militaires pour missiles guidés sont comprises sous cette dénomination.

TÊTES MILITAIRES POUR ENGINS AUTOPROPULSÉS avec charge d'éclatement : No ONU 0369

Objets constitués d'explosif détonant avec leurs moyens propres d'amorçage ne possédant pas au moins deux dispositifs de sécurité efficaces. Ils sont conçus pour être montés sur un engin autopropulsé. Les têtes militaires pour missiles guidés sont comprises sous cette dénomination.

TÊTES MILITAIRES POUR ENGINS AUTOPROPULSÉS avec charge de dispersion ou charge d'expulsion : No ONU 0370

Objets constitués d'une charge utile inerte et d'une petite charge détonante ou déflagrante sans leurs moyens propres d'amorçage ou avec leurs moyens propres d'amorçage possédant au moins deux dispositifs de sécurité efficaces. Ils sont conçus pour être montés sur un propulseur en vue de répandre des matières inertes. Les têtes militaires pour missiles guidés sont comprises sous cette dénomination.

TÊTES MILITAIRES POUR ENGINS AUTOPROPULSÉS avec charge de dispersion ou charge d'expulsion : No ONU 0371

Objets constitués d'une charge utile inerte et d'une petite charge détonante ou déflagrante avec leurs moyens propres d'amorçage ne possédant pas au moins deux dispositifs de sécurité efficaces. Ils sont conçus pour être montés sur un propulseur en vue de répandre des matières inertes. Les têtes militaires pour missiles guidés sont comprises sous cette dénomination.

TÊTES MILITAIRES POUR TORPILLES avec charge d'éclatement : No ONU 0221

Objets constitués d'explosif détonant sans leurs moyens propres d'amorçage ou avec leurs moyens propres d'amorçage possédant au moins deux dispositifs de sécurité efficaces. Ils sont conçus pour être montés sur une torpille.

TORPILLES avec charge d'éclatement : No ONU 0451

Objets constitués d'un système non explosif destiné à propulser la torpille dans l'eau et d'une tête militaire sans ses moyens propres d'amorçage ou avec ses moyens propres d'amorçage possédant au moins deux dispositifs de sécurité efficaces.

TORPILLES avec charge d'éclatement : No ONU 0329

Objets constitués d'un système explosif destiné à propulser la torpille dans l'eau et d'une tête militaire sans ses moyens propres d'amorçage ou avec ses moyens propres d'amorçage possédant au moins deux dispositifs de sécurité efficaces.

TORPILLES avec charge d'éclatement : No ONU 0330

Objets constitués d'un système explosif ou non explosif destiné à propulser la torpille dans l'eau et d'une tête militaire avec ses moyens propres d'amorçage ne possédant pas au moins deux dispositifs de sécurité efficaces.

TORPILLES À COMBUSTIBLE LIQUIDE avec tête inerte : No ONU 0450

Objets constitués d'un système explosif liquide destiné à propulser la torpille dans l'eau, avec une tête inerte.

TORPILLES À COMBUSTIBLE LIQUIDE avec ou sans charge d'éclatement : No ONU 449

Objets constitués soit d'un système explosif liquide destiné à propulser la torpille dans l'eau, avec ou sans tête militaire, soit d'un système non explosif liquide destiné à propulser la torpille dans l'eau, avec une tête militaire.

TORPILLES DE FORAGE EXPLOSIVES sans détonateur pour puits de pétrole : No ONU 0099

Objets constitués d'une charge détonante contenue dans une enveloppe, sans leurs moyens propres d'amorçage. Ils servent à fissurer la roche autour des tiges de forage de façon à faciliter l'écoulement du pétrole brut à partir de la roche.

TRACEURS POUR MUNITIONS : Nos ONU 0212 et 0306

Objets fermés contenant des matières pyrotechniques et conçus pour suivre la trajectoire d'un projectile.

TRITONAL : No ONU 0390

Matière constituée d'un mélange de trinitrotoluène (TNT) et d'aluminium.

2.2.2 **Classe 2** **Gaz**

2.2.2.1 *Critères*

2.2.2.1.1 Le titre de la classe 2 couvre les gaz purs, les mélanges de gaz, les mélanges d'un ou plusieurs gaz avec une ou plusieurs autres matières et les objets contenant de telles matières.

Par gaz, on entend une matière qui :

a) à 50 °C a une pression de vapeur supérieure à 300 kPa (3 bar) ; ou

b) est complètement gazeuse à 20 °C à la pression standard de 101,3 kPa.

NOTA *1 : Le No ONU 1052, FLUORURE D'HYDROGÈNE ANHYDRE est néanmoins classé en classe 8.*

2 : Un gaz pur peut contenir d'autres constituants dus à son procédé de fabrication ou ajoutés pour préserver la stabilité du produit, à condition que la concentration de ces constituants n'en modifie pas le classement ou les conditions de transport, telles que le taux de remplissage, la pression de remplissage ou la pression d'épreuve.

3 : Les rubriques N.S.A. énumérées en 2.2.2.3 peuvent inclure des gaz purs ainsi que des mélanges.

2.2.2.1.2 Les matières et objets de la classe 2 sont subdivisés comme suit :

1. *Gaz comprimé* : un gaz qui, lorsqu'il est emballé sous pression pour le transport, est entièrement gazeux à -50 °C ; cette catégorie comprend tous les gaz ayant une température critique inférieure ou égale à -50 °C ;

2. *Gaz liquéfié :* un gaz qui, lorsqu'il est emballé sous pression pour le transport, est partiellement liquide aux températures supérieures à -50 °C. On distingue :

   Gaz liquéfié à haute pression : un gaz ayant une température critique supérieure à -50 °C et inférieure ou égale à +65 °C ; et

   Gaz liquéfié à basse pression : un gaz ayant une température critique supérieure à +65 °C ;

3. *Gaz liquéfié réfrigéré :* un gaz qui, lorsqu'il est emballé pour le transport, est partiellement liquide du fait de sa basse température ;

4. *Gaz dissous* : un gaz qui, lorsqu'il est emballé sous pression pour le transport, est dissous dans un solvant en phase liquide ;

5. Générateurs d'aérosols et récipients de faible capacité contenant du gaz (cartouches à gaz) ;

6. Autres objets contenant un gaz sous pression ;

7. Gaz non comprimés soumis à des prescriptions particulières (échantillons de gaz).

8. Produits chimiques sous pression : matières liquides, pâteuses ou pulvérulentes sous pression auxquelles est ajouté un gaz propulseur qui répond à la définition d'un gaz comprimé ou liquéfié et les mélanges de ces matières.

2.2.2.1.3   Les matières et objets de la classe 2, à l'exception des aérosols et des produits chimiques sous pression, sont affectés à l'un des groupes ci-dessous, en fonction des propriétés dangereuses qu'ils présentent :

A   asphyxiant ;

O   comburant ;

F   inflammable ;

T   toxique ;

TF   toxique, inflammable ;

TC   toxique, corrosif ;

TO   toxique, comburant ;

TFC   toxique, inflammable, corrosif ;

TOC   toxique, comburant, corrosif.

Pour les gaz et mélanges de gaz présentant, d'après ces critères, des propriétés dangereuses relevant de plus d'un groupe, les groupes portant la lettre T ont prépondérance sur tous les autres groupes. Les groupes portant la lettre F ont prépondérance sur les groupes désignés par les lettres A ou O.

NOTA   1 : Dans le Règlement type de l'ONU, dans le Code IMDG et dans les Instructions techniques de l'OACI, les gaz sont affectés à l'une des trois divisions ci-dessous, en fonction du danger principal qu'ils présentent :

Division 2.1 :   gaz inflammables (correspond aux groupes désignés par un F majuscule) ;

Division 2.2 :   gaz ininflammables, non toxiques (correspond aux groupes désignés par un A ou un O majuscule) ;

Division 2.3 :   gaz toxiques (correspond aux groupes désignés par un T majuscule, c'est-à-dire T, TF, TC, TO, TFC et TOC).

2 : Les récipients de faible capacité contenant du gaz (No ONU 2037) sont affectés aux groupes A à TOC en fonction du danger présenté par leur contenu. Pour les aérosols (No ONU 1950), voir 2.2.2.1.6. Pour les produits chimiques sous pression (Nos ONU 3500 à 3505), voir 2.2.2.1.7.

3 : Les gaz corrosifs sont considérés comme toxiques, et sont donc affectés au groupe TC, TFC ou TOC.

2.2.2.1.4   Lorsqu'un mélange de la classe 2, nommément mentionné au tableau A du chapitre 3.2 répond à différents critères énoncés aux 2.2.2.1.2 et 2.2.2.1.5, ce mélange doit être classé selon ces critères et affecté à une rubrique N.S.A. appropriée.

2.2.2.1.5   Les matières et objets de la classe 2, à l'exception des aérosols et des produits chimiques sous pression, non nommément mentionnés au tableau A du chapitre 3.2 sont classés sous une rubrique collective énumérée sous 2.2.2.3 conformément aux 2.2.2.1.2 et 2.2.2.1.3. Les critères ci-après s'appliquent :

Gaz asphyxiants

Gaz non comburants, ininflammables et non toxiques et qui diluent ou remplacent l'oxygène normalement présent dans l'atmosphère.

Gaz inflammables

Gaz qui, à une température de 20 °C et à la pression standard de 101,3 kPa :

a)   sont inflammables en mélange à 13 % au plus (volume) avec l'air ; ou

b)   ont une plage d'inflammabilité avec l'air d'au moins 12 points de pourcentage quelle que soit leur limite inférieure d'inflammabilité.

L'inflammabilité doit être déterminée soit au moyen d'épreuves, soit par calcul, selon les méthodes approuvées par l'ISO (voir la norme ISO 10156:2010).

Lorsque les données disponibles sont insuffisantes pour que l'on puisse utiliser ces méthodes, on peut appliquer des méthodes d'épreuves équivalentes reconnues par l'autorité compétente du pays d'origine.

Si le pays d'origine n'est pas Partie contractante à l'ADN, ces méthodes doivent être reconnues par l'autorité compétente du premier pays Partie contractante à l'ADN touché par l'envoi.

Gaz comburants

Gaz qui peuvent, en général par apport d'oxygène, causer ou favoriser plus que l'air la combustion d'autres matières. Ce sont des gaz purs ou des mélanges de gaz dont le pouvoir comburant, déterminé suivant une méthode définie dans la norme ISO 10156:2010, est supérieur à 23,5 %.

Gaz toxiques

NOTA : *Les gaz qui répondent partiellement ou totalement aux critères de toxicité du fait de leur corrosivité doivent être classés comme toxiques. Voir aussi les critères sous le titre "Gaz corrosifs" pour un éventuel risque subsidiaire de corrosivité.*

Gaz qui :

a)   sont connus pour être toxiques ou corrosifs pour l'homme au point de présenter un danger pour la santé ; ou

b)   sont présumés toxiques ou corrosifs pour l'homme parce que leur CL_{50} pour la toxicité aiguë est inférieure ou égale à 5 000 ml/m^3 (ppm) lorsqu'ils sont soumis à des essais exécutés conformément au 2.2.61.1.

Pour le classement des mélanges de gaz (y compris les vapeurs de matières d'autres classes), on peut utiliser la formule de calcul ci-dessous :

$$CL_{50} \text{ (Mélange) toxique} = \frac{1}{\sum\limits_{i=1}^{n} \dfrac{f_i}{T_i}}$$

où

f_i = fraction molaire du $i^{\text{ème}}$ constituant du mélange ;

T_i = indice de toxicité du $i^{\text{ème}}$ constituant du mélange.
T_i est égal à la CL_{50} indiquée dans l'instruction d'emballage P200 du 4.1.4.1 de l'ADR.
Lorsque la valeur CL_{50} n'est pas indiquée dans l'instruction d'emballage P200 du 4.1.4.1 de l'ADR, il faut utiliser la CL_{50} disponible dans la littérature scientifique.

Lorsque la valeur CL_{50} est inconnue, l'indice de toxicité est calculé à partir de la valeur CL_{50} la plus basse de matières ayant des effets physiologiques et chimiques semblables, ou en procédant à des essais si telle est la seule possibilité pratique.

Gaz corrosifs

Les gaz ou mélanges de gaz répondant entièrement aux critères de toxicité du fait de leur corrosivité doivent être classés comme toxiques avec un risque subsidiaire de corrosivité.

Un mélange de gaz qui est considéré comme toxique à cause de ses effets combinés de corrosivité et de toxicité présente un risque subsidiaire de corrosivité lorsqu'on sait par expérience humaine qu'il exerce un effet destructeur sur la peau, les yeux ou les muqueuses, ou lorsque la valeur CL_{50} des constituants corrosifs du mélange est inférieure ou égale à 5 000 ml/m^3 (ppm) quand elle est calculée selon la formule :

$$CL_{50} \text{ (Mélange) corrosif} = \frac{1}{\sum\limits_{i=1}^{n} \dfrac{fc_i}{Tc_i}}$$

où

fc_i = fraction molaire du $i^{\text{ème}}$ constituant corrosif du mélange ;

Tc_i = indice de toxicité de la matière corrosive constituant le mélange.
Tc_i est égal à la CL_{50} indiquée dans l'instruction d'emballage P200 du 4.1.4.1 de l'ADR.
Lorsque la valeur CL_{50} n'est pas indiquée dans l'instruction d'emballage P200 du 4.1.4.1 de l'ADR, il faut utiliser la CL_{50} disponible dans la littérature scientifique.
Lorsque la valeur CL_{50} est inconnue, l'indice de toxicité est calculé à partir de la valeur CL_{50} la plus basse de matières ayant des effets physiologiques et chimiques semblables, ou en procédant à des essais si telle est la seule possibilité pratique.

2.2.2.1.6 *Aérosols*

Les aérosols (No ONU 1950) sont affectés à l'un des groupes ci-dessous en fonction des propriétés dangereuses qu'ils présentent :

A   asphyxiant ;

O comburant ;

F inflammable ;

T toxique ;

C corrosif ;

CO corrosif, comburant ;

FC inflammable, corrosif ;

TF toxique, inflammable ;

TC toxique, corrosif ;

TO toxique, comburant ;

TFC toxique, inflammable, corrosif ;

TOC toxique, comburant, corrosif.

La classification dépend de la nature du contenu du générateur d'aérosol.

NOTA : Les gaz qui répondent à la définition des gaz toxiques selon 2.2.2.1.5 et les gaz identifiés comme "Considéré comme un gaz pyrophorique" par la note de bas de tableau c du tableau 2 de l'instruction d'emballage P200 du 4.1.4.1 de l'ADR ne doivent pas être utilisés comme gaz propulseurs dans les générateurs d'aérosol. Les aérosols dont le contenu répond aux critères du groupe d'emballage I pour la toxicité ou la corrosivité ne sont pas admis au transport (voir aussi 2.2.2.2.2).

Les critères ci-dessous s'appliquent :

a) L'affectation au groupe A se fait lorsque le contenu ne répond pas aux critères d'affectation à tout autre groupe selon les alinéas b) à f) ci-dessous ;

b) L'affectation au groupe O se fait lorsque l'aérosol contient un gaz comburant selon 2.2.2.1.5 ;

c) L'aérosol doit être affecté au groupe F si le contenu renferme au moins 85 %, en masse, de composants inflammables et si la chaleur chimique de combustion est égale ou supérieure à 30 kJ/g.

 Il ne doit pas être affecté au groupe F si le contenu renferme, au plus, 1%, en masse, de composants inflammables et si la chaleur de combustion est inférieure à 20 kJ/g.

 Autrement l'aérosol doit subir l'épreuve d'inflammation conformément aux épreuves décrites dans le Manuel d'épreuves et de critères, Partie III, section 31. Les aérosols extrêmement inflammables et les aérosols inflammables doivent être affectés au groupe F ;

 NOTA: Les composants inflammables sont des liquides inflammables, solides inflammables ou gaz ou mélanges de gaz inflammables tels que définis dans le Manuel d'épreuves et de critères, Partie III, sous-section 31.1.3, Notas 1 à 3. Cette désignation ne comprend pas les matières pyrophoriques, les matières auto-

échauffantes et les matières qui réagissent au contact de l'eau. La chaleur chimique de combustion doit être déterminée avec une des méthodes suivantes ASTM D 240, ISO/FDIS 13943: 1999 (E/F) 86.1 à 86.3 ou NFPA 30B.

d)   L'affectation au groupe T se fait lorsque le contenu, autre que le gaz propulseur à éjecter du générateur d'aérosol, est classé dans la classe 6.1, groupes d'emballage II ou III ;

e)   L'affectation au groupe C se fait lorsque le contenu, autre que le gaz propulseur à éjecter du générateur d'aérosol, répond aux critères de la classe 8, groupes d'emballage II ou III ;

f)   Lorsque les critères correspondant à plus d'un des groupes O, F, T et C sont satisfaits, l'affectation se fait, selon le cas, aux groupes CO, FC, TF, TC, TO, TFC ou TOC.

2.2.2.1.7   *Produits chimiques sous pression*

Les produits chimiques sous pression (Nos ONU 3500 à 3505) sont affectés à l'un des groupes ci-dessous en fonction des propriétés dangereuses qu'ils présentent :

A   asphyxiant ;

F   inflammable ;

T   toxique ;

C   corrosif ;

FC   inflammable, corrosif ;

TF   toxique, inflammable.

La classification dépend des caractéristiques de danger des composants dans les différents états :

Agent de dispersion ;

Liquide ; ou

Solide.

NOTA   1 : Les gaz qui répondent à la définition des gaz toxiques ou des gaz comburants selon 2.2.2.1.5 et les gaz identifiés comme "Considéré comme un gaz pyrophorique" par la note de bas de tableau c du tableau 2 de l'instruction d'emballage P200 du 4.1.4.1 de l'ADR ne doivent pas être utilisés comme gaz propulseurs dans les produits chimiques sous pression.

2 : Les produits chimiques sous pression dont le contenu répond aux critères du groupe d'emballage I pour la toxicité ou la corrosivité ou dont le contenu répond à la fois aux critères des groupes d'emballages II ou III pour la toxicité et aux critères des groupes d'emballages II ou III pour la corrosivité ne sont pas admis au transport sous ces Nos ONU.

3 : Les produits chimiques sous pression dont les composants satisfont aux propriétés de la classe 1, des explosifs désensibilisés liquides de la classe 3, des matières autoréactives et des explosifs désensibilisés solides de la classe 4.1, de la classe 4.2, de la classe 4.3, de la classe 5.1, de la classe 5.2, de la classe 6.2 ou de la classe 7, ne doivent pas être utilisés pour le transport sous ces Nos ONU.

> *4 : Un produit chimique sous pression dans un générateur d'aérosol doit être transporté sous le No ONU 1950.*

Les critères ci-dessous s'appliquent :

a) L'affectation au groupe A se fait lorsque le contenu ne répond pas aux critères d'affectation à tout autre groupe selon les alinéas b) à e) ci-dessous ;

b) L'affectation au groupe F se fait si l'un des composants, qui peut être une matière pure ou un mélange, doit être classé comme composant inflammable. Les composants inflammables sont des liquides et des mélanges de liquides inflammables, des matières solides et des mélanges de matières solides inflammables, des gaz et des mélanges de gaz inflammables, qui répondent aux critères suivants :

   i)   Par liquide inflammable, on entend un liquide dont le point d'éclair est inférieur ou égal à 93 °C ;

   ii) Par matière solide inflammable, on entend une matière solide qui répond aux critères du 2.2.41.1 ;

   iii) Par gaz inflammable, on entend un gaz qui répond aux critères du 2.2.2.1.5 ;

c) L'affectation au groupe T se fait lorsque le contenu, autre que le gaz propulseur, est classé en tant que marchandise de classe 6.1, groupes d'emballage II ou III ;

d) L'affectation au groupe C se fait lorsque le contenu, autre que le gaz propulseur, est classé en tant que marchandise de classe 8, groupes d'emballage II ou III ;

e) Lorsque les critères correspondant à deux des groupes F, T et C sont satisfaits, l'affectation se fait, selon le cas, aux groupes FC ou TF.

2.2.2.2   *Gaz non admis au transport*

2.2.2.2.1   Les matières chimiquement instables de la classe 2 ne sont pas admises au transport à moins que les mesures nécessaires pour empêcher tout risque de réaction dangereuse, par exemple leur décomposition, leur dismutation ou leur polymérisation dans les conditions normales de transport, aient été prises. À cette fin, il y a lieu notamment de s'assurer que les récipients et les citernes ne contiennent pas de matières pouvant favoriser ces réactions.

2.2.2.2.2   Les matières et mélanges ci-après ne sont pas admis au transport :

   –   No ONU 2186 CHLORURE D'HYDROGÈNE LIQUIDE RÉFRIGÉRÉ ;

   –   No ONU 2421 TRIOXYDE D'AZOTE ;

   –   No ONU 2455 NITRITE DE MÉTHYLE ;

   –   Gaz liquéfiés réfrigérés auxquels ne peuvent pas être attribués les codes de classification 3A, 3O ou 3F, à l'exception du numéro d'identification 9000 AMMONIAC ANHYDRE, FORTEMENT RÉFRIGÉRÉ du code de classification 3TC en bateaux citernes;

   –   Gaz dissous ne pouvant être classés sous les Nos ONU 1001, 2073 ou 3318 ;

–   Aérosols pour lesquels les gaz qui sont toxiques selon 2.2.2.1.5 ou pyrophoriques selon l'instruction d'emballage P200 du 4.1.4.1 de l'ADR sont utilisés comme gaz propulseurs ;

–   Aérosols dont le contenu répond aux critères d'affectation au groupe d'emballage I pour la toxicité ou la corrosivité (voir 2.2.61 et 2.2.8) ;

–   Récipients de faible capacité contenant des gaz très toxiques (CL_{50} inférieure à 200 ppm) ou pyrophoriques selon l'instruction d'emballage P200 du 4.1.4.1 de l'ADR.

2.2.2.3   Liste des rubriques collectives

Gaz comprimés		
Code de classifi-cation	No ONU	Nom et description
1 A	1956	GAZ COMPRIMÉ, N.S.A.
1 O	3156	GAZ COMPRIMÉ COMBURANT, N.S.A.
1 F	1964	HYDROCARBURES GAZEUX EN MÉLANGE COMPRIMÉ, N.S.A.
	1954	GAZ COMPRIMÉ INFLAMMABLE, N.S.A.
1 T	1955	GAZ COMPRIMÉ TOXIQUE, N.S.A.
1 TF	1953	GAZ COMPRIMÉ TOXIQUE, INFLAMMABLE, N.S.A.
1 TC	3304	GAZ COMPRIMÉ TOXIQUE, CORROSIF, N.S.A.
1 TO	3303	GAZ COMPRIMÉ TOXIQUE, COMBURANT, N.S.A.
1 TFC	3305	GAZ COMPRIMÉ TOXIQUE, INFLAMMABLE, CORROSIF, N.S.A.
1 TOC	3306	GAZ COMPRIMÉ TOXIQUE, COMBURANT, CORROSIF, N.S.A.

Gaz liquéfiés		
Code de classifi-cation	No ONU	Nom et description
2 A	1058	GAZ LIQUÉFIÉS ininflammables, additionnés d'azote, de dioxyde de carbone ou d'air
	1078	GAZ FRIGORIFIQUE, N.S.A. (GAZ RÉFRIGÉRANT, N.S.A.) tel que les mélanges de gaz, indiqués par la lettre R..., qui, en tant que : Mélange F1, ont une pression de vapeur à 70 °C de 1,3 MPa (13 bar) au plus et une masse volumique à 50 °C non inférieure à celle du dichlorofluorométhane (1,30 kg/l) ; Mélange F2, ont une pression de vapeur à 70 °C de 1,9 MPa (19 bar) au plus et une masse volumique à 50 °C non inférieure à celle du dichlorodifluorométhane (1,21 kg/l) ; Mélange F3, ont une pression de vapeur à 70 °C de 3 MPa (30 bar) au plus et une masse volumique à 50 °C non inférieure à celle du chlorodifluorométhane (1,09 kg/l) ; *NOTA : Le trichlorofluorométhane (réfrigérant R 11), le 1,1,2-trichloro-1,2,2-trifluoroéthane (réfrigérant R 113), le 1,1,1-trichloro-2,2,2- trifluoroéthane (réfrigérant R 113a), le 1-chloro-1,2,2-trifluoroéthane (réfrigérant R 133) et le 1-chloro-1,1,2-trifluoroéthane (réfrigérant R 133b) ne sont pas des matières de la classe 2. Elles peuvent, toutefois, entrer dans la composition des mélanges F1 à F3.*
	1968	GAZ INSECTICIDE, N.S.A.
	3163	GAZ LIQUÉFIÉ, N.S.A.
2 O	3157	GAZ LIQUÉFIÉ COMBURANT, N.S.A.

Gaz liquéfiés (suite)		
Code de classifi-cation	No ONU	Nom et description
2 F	1010	BUTADIÈNES ET HYDROCARBURES EN MÉLANGE STABILISÉ qui, à 70 °C a une pression de vapeur ne dépassant pas 1,1 MPa (11 bar) et dont la masse volumique à 50 °C n'est pas inférieure à 0,525 kg/l. ***NOTA** : Les butadiènes stabilisés sont aussi classés sous le No ONU 1010, voir tableau A du chapitre 3.2.*
	1060	MÉTHYLACÉTYLÈNE ET PROPADIÈNE EN MÉLANGE STABILISÉ tels les mélanges de méthylacétylène et de propadiène avec hydrocarbures qui, en tant que : Mélange P1, contiennent au plus 63 % de méthylacétylène et de propadiène en volume et au plus 24 % de propane et de propylène en volume, le pourcentage d'hydrocarbures saturés - C_4 étant de 14 % en volume au moins ; et Mélange P2, contiennent au plus 48 % de méthylacétylène et de propadiène en volume et au plus 50 % de propane et de propylène en volume, le pourcentage d'hydrocarbures saturés - C_4 étant au moins de 5 % en volume, ainsi que les mélanges de propadiène avec de 1 à 4 % de méthylacétylène.
	1965	HYDROCARBURES GAZEUX EN MÉLANGE LIQUÉFIÉ, N.S.A. tels que les mélanges qui en tant que : Mélange A, ont une pression de vapeur à 70 °C de 1,1 MPa (11 bar) au plus et une masse volumique à 50 °C de 0,525 kg/l au moins ; Mélange A01, ont une pression de vapeur à 70 °C de 1,6 MPa (16 bar) au plus et une masse volumique à 50 °C de 0,516 kg/l au moins ; Mélange A02, ont une pression de vapeur à 70 °C de 1,6 MPa (16 bar) au plus et une masse volumique à 50 °C de 0,505 kg/l au moins ; Mélange A0 ont une pression de vapeur à 70 °C de 1,6 MPa (16 bar) au plus et une masse volumique à 50 °C de 0,495 kg/l au moins ; Mélange A1, ont une pression de vapeur à 70 °C de 2,1 MPa (21 bar) au plus et une masse volumique à 50 °C de 0,485 kg/l au moins ; Mélange B1, ont une pression de vapeur à 70 °C de 2,6 MPa (26 bar) au moins et une masse volumique à 50 °C de 0,474 kg/l au moins ; Mélange B2, ont une pression de vapeur à 70 °C de 2,6 MPa (26 bar) au plus et une masse volumique à 50 °C de 0,463 kg/l au moins ; Mélange B, ont une pression de vapeur à 70 °C de 2,6 MPa (26 bar) au plus et une masse volumique à 50 °C de 0,450 kg/l au moins ; Mélange C, ont une pression de vapeur à 70 °C de 3,1 MPa (31 bar) au plus et une masse volumique à 50 °C de 0,440 kg/l au moins ; ***NOTA 1** : Dans le cas des mélanges susmentionnés, l'emploi des noms ci-après, communément utilisés dans le commerce, est autorisé pour décrire ces matières : pour les mélanges A, A01, A02 et A0 : BUTANE ; pour le mélange C : PROPANE.* ***2** : Le No ONU 1075 GAZ DE PÉTROLE LIQUÉFIÉS peut aussi être utilisé au lieu du No ONU 1965 HYDROCARBURES GAZEUX EN MÉLANGE LIQUÉFIÉ, N.S.A. en cas de transport précédant ou suivant un transport maritime ou aérien.*
	3354	GAZ INSECTICIDE INFLAMMABLE, N.S.A.
	3161	GAZ LIQUÉFIÉ INFLAMMABLE, N.S.A.
2 T	1967	GAZ INSECTICIDE TOXIQUE, N.S.A.
	3162	GAZ LIQUÉFIÉ TOXIQUE, N.S.A.
2 TF	3355	GAZ INSECTICIDE TOXIQUE, INFLAMMABLE, N.S.A.
	3160	GAZ LIQUÉFIÉ TOXIQUE, INFLAMMABLE, N.S.A.
2 TC	3308	GAZ LIQUÉFIÉ TOXIQUE, CORROSIF, N.S.A.
2 TO	3307	GAZ LIQUÉFIÉ TOXIQUE, COMBURANT, N.S.A.
2 TFC	3309	GAZ LIQUÉFIÉ TOXIQUE, INFLAMMABLE, CORROSIF, N.S.A.
2 TOC	3310	GAZ LIQUÉFIÉ TOXIQUE, COMBURANT, CORROSIF, N.S.A.

Gaz liquéfiés réfrigérés		
Code de classifi-cation	No ONU	Nom et description
3 A	3158	GAZ LIQUIDE RÉFRIGÉRÉ, N.S.A.
3 O	3311	GAZ LIQUIDE RÉFRIGÉRÉ, COMBURANT, N.S.A.
3 F	3312	GAZ LIQUIDE RÉFRIGÉRÉ, INFLAMMABLE, N.S.A.

Gaz dissous		
Code de classifi-cation	No ONU	Nom et description
4		Seuls ceux énumérés au tableau A du chapitre 3.2 sont admis au transport.

Générateurs d'aérosols et récipients de faible capacité, contenant du gaz		
Code de classifi-cation	No ONU	Nom et description
5	1950	AÉROSOLS
	2037	RÉCIPIENTS DE FAIBLE CAPACITÉ CONTENANT DU GAZ (CARTOUCHES À GAZ), sans dispositif de détente, non rechargeables

Autres objets contenant du gaz sous pression		
Code de classifi-cation	No ONU	Nom et description
6A	2857	MACHINES FRIGORIFIQUES contenant des gaz non inflammables et non toxiques ou des solutions d'ammoniac (No ONU 2672)
	3164	OBJETS SOUS PRESSION PNEUMATIQUE (contenant un gaz non inflammable) ou
	3164	OBJETS SOUS PRESSION HYDRAULIQUE (contenant un gaz non inflammable)
6F	3150	PETITS APPAREILS À HYDROCARBURES GAZEUX, ou
	3150	RECHARGES D'HYDROCARBURES GAZEUX POUR PETITS APPAREILS, avec dispositif de décharge
	3478	CARTOUCHES POUR PILE À COMBUSTIBLE, contenant un gaz liquéfié inflammable, ou
	3478	CARTOUCHES POUR PILE À COMBUSTIBLE CONTENUES DANS UN ÉQUIPEMENT, contenant un gaz liquéfié inflammable, ou
	3478	CARTOUCHES POUR PILE À COMBUSTIBLE EMBALLÉES AVEC UN ÉQUIPEMENT, contenant un gaz liquéfié inflammable
	3479	CARTOUCHES POUR PILE À COMBUSTIBLE, contenant de l'hydrogène dans un hydrure métallique, ou
	3479	CARTOUCHES POUR PILE À COMBUSTIBLE CONTENUES DANS UN ÉQUIPEMENT, contenant de l'hydrogène dans un hydrure métallique, ou
	3479	CARTOUCHES POUR PILE À COMBUSTIBLE EMBALLÉES AVEC UN ÉQUIPEMENT, contenant de l'hydrogène dans un hydrure métallique

Échantillons de gaz		
Code de classifi-cation	**No ONU**	**Nom et description**
7 F	3167	ÉCHANTILLON DE GAZ, NON COMPRIMÉ, INFLAMMABLE, N.S.A., sous une forme autre qu'un liquide réfrigéré
7 T	3169	ÉCHANTILLON DE GAZ, NON COMPRIMÉ, TOXIQUE, N.S.A., sous une forme autre qu'un liquide réfrigéré
7 TF	3168	ÉCHANTILLON DE GAZ, NON COMPRIMÉ, TOXIQUE, INFLAMMABLE, N.S.A., sous une forme autre qu'un liquide réfrigéré

Produits chimiques sous pression		
Code de classifi-cation	**No ONU**	**Nom et description**
8A	3500	PRODUIT CHIMIQUE SOUS PRESSION, N.S.A.
8F	3501	PRODUIT CHIMIQUE SOUS PRESSION, INFLAMMABLE, N.S.A.
8T	3502	PRODUIT CHIMIQUE SOUS PRESSION, TOXIQUE, N.S.A.
8C	3503	PRODUIT CHIMIQUE SOUS PRESSION, CORROSIF, N.S.A.
8TF	3504	PRODUIT CHIMIQUE SOUS PRESSION, INFLAMMABLE, TOXIQUE, N.S.A.
8FC	3505	PRODUIT CHIMIQUE SOUS PRESSION, INFLAMMABLE, CORROSIF, N.S.A.

2.2.3   **Classe 3**   **Liquides inflammables**

2.2.3.1   *Critères*

2.2.3.1.1   Le titre de la classe 3 couvre les matières et objets contenant des matières de cette classe, qui :

–   sont liquides selon l'alinéa a) de la définition "liquide" du 1.2.1 ;

–   ont, à 50 °C, une tension de vapeur d'au plus 300 kPa (3 bar) et ne sont pas complètement gazeuses à 20 °C et à la pression standard de 101,3 kPa ; et

–   ont un point d'éclair d'au plus 60 °C (voir 2.3.3.1 pour l'épreuve pertinente).

Le titre de la classe 3 couvre également les matières liquides et les matières solides à l'état fondu dont le point d'éclair est supérieur à 60 °C et qui sont remises au transport ou transportées à chaud à une température égale ou supérieure à leur point d'éclair. Ces matières sont affectées au No ONU 3256.

Le titre de la classe 3 couvre également les matières explosibles désensibilisées liquides. Les matières explosibles désensibilisées liquides sont des matières explosibles liquides qui sont mises en solution ou en suspension dans l'eau ou dans d'autres liquides de manière à former un mélange liquide homogène n'ayant plus de propriétés explosives. Ces rubriques, au tableau A du chapitre 3.2, sont désignées par les Nos ONU suivants : 1204, 2059, 3064, 3343, 3357 et 3379.

Aux fins du transport en bateaux-citernes le titre de la classe 3 couvre également les matières suivantes :

–   matières ayant un point d'éclair supérieur à 60 °C remises au transport ou transportées à une température située dans la plage de 15 K sous le point d'éclair ;

–   matières ayant une température d'auto-inflammation inférieure ou égale à 200 °C et non mentionnées par ailleurs.

NOTA 1 : Les matières ayant un point d'éclair supérieur à 35 °C qui, dans les conditions d'épreuve de combustion entretenue définies dans la sous-section 32.5.2 de la troisième Partie du Manuel d'épreuves et de critères, n'entretiennent pas la combustion ne sont pas des matières de la classe 3 ; si ces matières sont cependant remises au transport et transportées à chaud à des températures égales ou supérieures à leur point d'éclair, elles sont des matières de la présente classe.

2 : Par dérogation au paragraphe 2.2.3.1.1 ci-dessus, le carburant diesel, le gazole et l'huile de chauffe (légère) y compris les produits obtenus par synthèse ayant un point d'éclair supérieur à 60 °C, sans dépasser 100 °C, sont considérés comme des matières de la classe 3, No ONU 1202.

3 : Les matières liquides très toxiques à l'inhalation, dont le point d'éclair est inférieur à 23 °C et les matières toxiques dont le point d'éclair est égal ou supérieur à 23 °C sont des matières de la classe 6.1 (voir 2.2.61.1).

4 : Les matières et préparations liquides inflammables, employées comme pesticides, qui sont très toxiques, toxiques ou faiblement toxiques et dont le point d'éclair est égal ou supérieur à 23 °C, sont des matières de la classe 6.1 (voir 2.2.61.1).

5 : Aux fins du transport en bateaux-citernes, les matières ayant un point d'éclair supérieur à 60 °C et inférieur ou égal à 100 °C sont des matières de la classe 9 (No d'identification 9003).

2.2.3.1.2   Les matières et objets de la classe 3 sont subdivisés comme suit :

F   Liquides inflammables, sans risque subsidiaire et objets contenant de telles matières:

        F1   Liquides inflammables ayant un point d'éclair inférieur ou égal à 60 °C ;

        F2   Liquides inflammables ayant un point d'éclair supérieur à 60 °C, transportés ou remis au transport à une température égale ou supérieure à leur point d'éclair (matières transportées à chaud) ;

        F3   Objets contenant des liquides inflammables

        F4   matières ayant un point d'éclair supérieur à 60 °C remises au transport ou transportées à une température située dans la plage de 15 K sous le point d'éclair ;

        F5   matières ayant une température d'auto-inflammation inférieure ou égale à 200 °C et non mentionnées par ailleurs.

FT   Liquides inflammables, toxiques :

        FT1   Liquides inflammables, toxiques ;

        FT2   Pesticides ;

FC   Liquides inflammables, corrosifs ;

FTC   Liquides inflammables, toxiques, corrosifs ;

D   Liquides explosibles désensibilisés.

2.2.3.1.3   Les matières et objets classés dans la classe 3 sont énumérés au tableau A du chapitre 3.2. Les matières qui ne sont pas nommément mentionnées au tableau A du chapitre 3.2 doivent être affectées à la rubrique pertinente du 2.2.3.3 et au groupe d'emballage approprié conformément aux dispositions de la présente section. Les liquides inflammables doivent être affectés aux groupes d'emballage suivants selon le degré de danger qu'ils présentent pour le transport :

Groupe d'emballage	Point d'éclair (en creuset fermé)	Point initial d'ébullition
I	--	≤ 35 °C
II [a]	< 23 °C	> 35 °C
III [a]	≥ 23 °C et ≤ 60 °C	> 35 °C

a   *Voir aussi 2.2.3.1.4*

Pour un liquide ayant un (des) risque(s) subsidiaire(s), il faut prendre en compte le groupe d'emballage défini conformément au tableau ci-dessus et le groupe d'emballage lié à la gravité du (des) risque(s) subsidiaire(s) ; le classement et le groupe d'emballage découlent alors des dispositions du tableau d'ordre de prépondérance des dangers du 2.1.3.10.

2.2.3.1.4   Les mélanges et préparations liquides ou visqueux, y compris ceux contenant au plus 20 % de nitrocellulose à teneur en azote ne dépassant pas 12,6 % (masse sèche), ne doivent être affectés au groupe d'emballage III que si les conditions suivantes sont réunies :

a)   la hauteur de la couche séparée de solvant est inférieure à 3 % de la hauteur totale de l'échantillon dans l'épreuve de séparation du solvant (voir Manuel d'épreuves et de critères, troisième partie, sous-section 32.5.1) ; et

b)   la viscosité[2] et le point d'éclair sont conformes au tableau suivant :

Viscosité cinématique v extrapolée (à un taux de cisaillement proche de 0) mm²/s à 23 °C	Temps d'écoulement t selon ISO 2431:1993		Point d'éclair en °C
	en s	avec un ajutage d'un diamètre en mm	
20 < v ≤ 80	20 < t ≤ 60	4	supérieur à 17
80 < v ≤ 135	60 < t ≤ 100	4	à 10
135 < v ≤ 220	20 < t ≤ 32	6	à 5
220 < v ≤ 300	32 < t ≤ 44	6	à -1
300 < v ≤ 700	44 < t ≤ 100	6	à -5
700 < v	100 < t	6	- 5 et en dessous

NOTA : *Les mélanges contenant plus de 20 % et 55 % au plus de nitrocellulose à taux d'azote ne dépassant pas 12,6 % (masse sèche) sont des matières affectées au No ONU 2059.*

Les mélanges ayant un point d'éclair inférieur à 23 °C :

–   *avec plus de 55 % de nitrocellulose quel que soit leur taux d'azote ; ou*

–   *avec 55 % au plus de nitrocellulose à taux d'azote supérieur à 12,6 % (masse sèche) ;*

sont des matières de la classe 1 (Nos ONU 0340 ou 0342) ou de la classe 4.1 (Nos ONU 2555, 2556 ou 2557).

2.2.3.1.5   Les solutions et mélanges homogènes non toxiques et non corrosifs et non dangereux pour l'environnement ayant un point d'éclair égal ou supérieur à 23 °C (matières visqueuses, telles que peintures et vernis, à l'exclusion des matières contenant plus de 20 % de nitrocellulose) emballés dans des récipients de capacité inférieure à 450 litres ne sont pas soumis aux prescriptions de l'ADN si, lors de l'épreuve de séparation du solvant (voir Manuel d'épreuves et de critères, troisième partie, sous-section 32.5.1), la hauteur de la couche séparée de solvant est inférieure à 3 % de la hauteur totale, et si les matières à 23 °C ont, dans la coupe d'écoulement selon la norme ISO 2431:1993, avec un ajutage de 6 mm de diamètre, un temps d'écoulement :

a)   d'au moins 60 secondes ; ou

b)   d'au moins 40 secondes et ne contiennent pas plus de 60 % de matières de la classe 3.

---

[2]   *Détermination de la viscosité : Lorsque la matière en question est non newtonienne ou que la méthode de détermination de la viscosité à l'aide d'une coupe d'écoulement est, par ailleurs, inappropriée, on devra utiliser un viscosimètre à taux de cisaillement variable pour déterminer le coefficient de viscosité dynamique de la matière à 23 °C pour plusieurs taux de cisaillement, puis rapporter les valeurs obtenues au taux de cisaillement et les extrapoler à un taux de cisaillement 0. La valeur de viscosité dynamique ainsi obtenue, divisée par la masse volumique, donne la viscosité cinématique apparente à un taux de cisaillement proche de 0.*

2.2.3.1.6   Lorsque les matières de la classe 3, par suite d'adjonctions, passent dans d'autres catégories de danger que celles auxquelles appartiennent les matières nommément mentionnées au tableau A du chapitre 3.2, ces mélanges ou solutions doivent être affectés aux rubriques dont ils relèvent sur la base de leur danger réel.

> *NOTA : Pour classer les solutions et mélanges (tels que préparations et déchets), voir également 2.1.3.*

2.2.3.1.7   Sur la base des procédures d'épreuve de 2.3.3.1 et 2.3.4 et des critères du 2.2.3.1.1, l'on peut également déterminer si la nature d'une solution ou d'un mélange nommément mentionnés ou contenant une matière nommément mentionnée est telle que cette solution ou ce mélange ne sont pas soumis aux prescriptions relatives à la présente classe (voir aussi 2.1.3).

2.2.3.2   *Matières non admises au transport*

2.2.3.2.1   Les matières de la classe 3 susceptibles de se peroxyder facilement (comme les éthers ou certaines matières hétérocycliques oxygénées), ne sont pas admises au transport si leur taux de peroxyde compté en peroxyde d'hydrogène (H_2O_2) dépasse 0,3 %. Le taux de peroxyde doit être déterminé comme indiqué en 2.3.3.3.

2.2.3.2.2   Les matières chimiquement instables de la classe 3 ne sont pas admises au transport à moins que les mesures nécessaires pour empêcher leur décomposition ou leur polymérisation dangereuses pendant le transport aient été prises. A cette fin, il y a lieu notamment de s'assurer que les récipients et citernes ne contiennent pas de matières pouvant favoriser ces réactions.

2.2.3.2.3   Les matières explosibles désensibilisées liquides, autres que celles énumérées au tableau A du chapitre 3.2, ne sont pas admises au transport en tant que matières de la classe 3.

2.2.3.3 *Liste des rubriques collectives*

Liquides inflammables et objets contenant de telles matières		

	F1	1133 ADHÉSIFS contenant un liquide inflammable
		1136 DISTILLATS DE GOUDRON DE HOUILLE, INFLAMMABLES
		1139 SOLUTION D'ENROBAGE (traitements de surface ou enrobages utilisés dans l'industrie ou à d'autres fins, tels que sous-couche pour carrosserie de véhicules, revêtement pour fûts et tonneaux)
		1169 EXTRAITS AROMATIQUES LIQUIDES
		1197 EXTRAITS LIQUIDES POUR AROMATISER
		1210 ENCRES D'IMPRIMERIE, inflammables ou
		1210 MATIÈRES APPARENTÉES AUX ENCRES D'IMPRIMERIE (y compris solvants et diluants pour encres d'imprimerie), inflammables
		1263 PEINTURES (y compris peintures, laques, émaux, couleurs, shellac, vernis, cirages, encaustiques, enduits d'apprêt et bases liquides par laques), ou
		1263 MATIÈRES APPARENTÉES AUX PEINTURES (y compris solvants et diluants pour peintures)
		1266 PRODUITS POUR PARFUMERIE contenant des solvants inflammables
		1293 TEINTURES MÉDICINALES
		1306 PRODUITS DE PRÉSERVATION DES BOIS, LIQUIDES
		1866 RÉSINES EN SOLUTION, inflammables
		1999 GOUDRONS LIQUIDES, y compris les liants routiers et les cut backs bitumineux
		3065 BOISSONS ALCOOLISÉES
		1224 CÉTONES LIQUIDES, N.S.A.
		1268 DISTILLATS DE PÉTROLE, N.S.A. ou
		1268 PRODUITS PÉTROLIERS, N.S.A.
		1987 ALCOOLS, N.S.A.
		1989 ALDÉHYDES, N.S.A.
		2319 HYDROCARBURES TERPÉNIQUES, N.S.A.
		3271 ÉTHERS, N.S.A.
		3272 ESTERS, N.S.A.
		3295 HYDROCARBURES LIQUIDES, N.S.A.
		3336 MERCAPTANS LIQUIDES INFLAMMABLES, N.S.A. ou
		3336 MERCAPTANS EN MÉLANGE LIQUIDE INFLAMMABLE, N.S.A.
		1993 LIQUIDE INFLAMMABLE, N.S.A.

Sans risque subsidiaire

matières transportées à chaud

	F2	3256 LIQUIDE TRANSPORTÉ A CHAUD, INFLAMMABLE, N.S.A., ayant un point d'éclair supérieur à 60 °C, à une température égale ou supérieure à son point d'éclair

	F3	3269 TROUSSES DE RÉSINE POLYESTER
		3473 CARTOUCHES POUR PILE À COMBUSTIBLE ou
		3473 CARTOUCHES POUR PILE À COMBUSTIBLE CONTENUES DANS UN ÉQUIPEMENT ou
		3473 CARTOUCHES POUR PILE À COMBUSTIBLE EMBALLÉES AVEC UN ÉQUIPEMENT

	F4	9001 MATIÈRES DONT LE POINT D'ÉCLAIR EST SUPÉRIEUR À 60°C, transportées à chaud à une température PLUS PRÈS QUE 15 K DU POINT D'ÉCLAIR

	F5	9002 MATIÈRES AYANT UNE TEMPÉRATURE D'AUTO-INFLAMMATION $\leq$ 200 °C, n.s.a.

	FT1	1228 MERCAPTANS LIQUIDES INFLAMMABLES, N.S.A. ou
		1228 MERCAPTANS EN MÉLANGE LIQUIDE INFLAMMABLE, TOXIQUE, N.S.A.
		1986 ALCOOLS INFLAMMABLES, TOXIQUES, N.S.A.
		1988 ALDÉHYDES INFLAMMABLES, TOXIQUES, N.S.A.
		2478 ISOCYANATES INFLAMMABLES, TOXIQUES, N.S.A. ou
		2478 ISOCYANATE EN SOLUTION, INFLAMMABLE, TOXIQUES, N.S.A.
		3248 MÉDICAMENT LIQUIDE INFLAMMABLE, TOXIQUE, N.S.A.
		3273 NITRILES INFLAMMABLES, TOXIQUES, N.S.A.
		1992 LIQUIDE INFLAMMABLE, TOXIQUE, N.S.A.

(*suite page suivante*)

2.2.3.3   *Liste des rubriques collectives (suite)*

Toxiques FT			

Pesticides (point d'éclair < 23 °C) — **FT2**

2758	CARBAMATE PESTICIDE LIQUIDE, INFLAMMABLE, TOXIQUE
2760	PESTICIDE ARSENICAL LIQUIDE INFLAMMABLE, TOXIQUE
2762	PESTICIDE ORGANOCHLORÉ LIQUIDE INFLAMMABLE, TOXIQUE
2764	TRIAZINE PESTICIDE LIQUIDE INFLAMMABLE, TOXIQUE
2772	THIOCARBAMATE PESTICIDE LIQUIDE INFLAMMABLE, TOXIQUE
2776	PESTICIDE CUIVRIQUE LIQUIDE INFLAMMABLE, TOXIQUE
2778	PESTICIDE MERCURIEL LIQUIDE INFLAMMABLE, TOXIQUE
2780	NITROPHÉNOL SUBSTITUÉ PESTICIDE LIQUIDE INFLAMMABLE, TOXIQUE
2782	PESTICIDE BIPYRIDILIQUE LIQUIDE INFLAMMABLE, TOXIQUE
2784	PESTICIDE ORGANOPHOSPHORÉ LIQUIDE INFLAMMABLE, TOXIQUE
2787	PESTICIDE ORGANOSTANNIQUE LIQUIDE INFLAMMABLE, TOXIQUE
3024	PESTICIDE COUMARINIQUE LIQUIDE INFLAMMABLE, TOXIQUE
3346	ACIDE PHÉNOXYACÉTIQUE, DÉRIVÉ PESTICIDE SOLIDE, TOXIQUE
3350	PYRÉTHROÏDE PESTICIDE LIQUIDE INFLAMMABLE, TOXIQUE
3021	PESTICIDE LIQUIDE INFLAMMABLE, TOXIQUE, N.S.A.

NOTA : La classification d'un pesticide doit être fonction de l'ingrédient actif, de l'état physique du pesticide et de tout risque subsidiaire que celui-ci est susceptible de présenter.

Corrosifs — **FC**

3469	PEINTURES, INFLAMMABLES, CORROSIVES (y compris peintures, laques, émaux, couleurs, shellac, vernis, cirages, encaustiques, enduits d'apprêt et bases liquides pour laques) ou
3469	MATIÈRES APPARENTÉES AUX PEINTURES, INFLAMMABLES, CORROSIVES (y compris solvants et diluants pour peintures)
2733	AMINES INFLAMMABLES, CORROSIVES, N.S.A., ou
2733	POLYAMINES INFLAMMABLES, CORROSIVES, N.S.A.
2985	CHLOROSILANES INFLAMMABLES, CORROSIFS, N.S.A.
3274	ALCOOLATES EN SOLUTION dans l'alcool, N.S.A.
2924	LIQUIDE INFLAMMABLE, CORROSIF, N.S.A.

Toxiques, corrosifs — **FTC**

3286	LIQUIDE INFLAMMABLE, TOXIQUE, CORROSIF, N.S.A.

Liquides explosibles désensibilisés — **D**

3343	NITROGLYCÉRINE EN MÉLANGE, DÉSENSIBILISÉE, LIQUIDE, INFLAMMABLE, N.S.A., avec au plus 30% (masse) de nitroglycérine
3357	NITROGLYCÉRINE EN MÉLANGE, DÉSENSIBILISÉE, LIQUIDE, N.S.A., avec au plus 30% (masse) de nitroglycérine
3379	LIQUIDE EXPLOSIBLE DÉSENSIBILISÉ, N.S.A.

2.2.41   **Classe 4.1   Matières solides inflammables, matières autoréactives et matières solides explosibles désensibilisées**

2.2.41.1   *Critères*

2.2.41.1.1   Le titre de la classe 4.1 couvre les matières et objets inflammables et les matières explosibles désensibilisées qui sont des matières solides selon l'alinéa a) de la définition "solide" à la section 1.2.1 ainsi que les matières autoréactives liquides ou solides.

Sont affectées à la classe 4.1 :

–   les matières et objets solides facilement inflammables (voir 2.2.41.1.3 à 2.2.41.1.8) ;

–   les matières solides ou liquides autoréactives (voir 2.2.41.1.9 à 2.2.41.1.17) ;

–   les matières solides explosibles désensibilisées (voir 2.2.41.1.18) ;

–   les matières apparentées aux matières autoréactives (voir 2.2.41.1.19).

2.2.41.1.2   Les matières et objets de la classe 4.1 sont subdivisés comme suit :

F   Matières solides inflammables, sans risque subsidiaire :

    F1   Organiques ;
    F2   Organiques, fondues ;
    F3   Inorganiques ;

FO   Matières solides inflammables, comburantes ;

FT   Matières solides inflammables, toxiques :

    FT1   Organiques, toxiques ;
    FT2   Inorganiques, toxiques ;

FC   Matières solides inflammables, corrosives :

    FC1   Organiques, corrosives ;
    FC2   Inorganiques, corrosives ;

D   Matières explosibles désensibilisées solides, sans risque subsidiaire ;

DT   Matières explosibles désensibilisées solides, toxiques ;

SR   Matières autoréactives :

    SR1   Ne nécessitant pas de régulation de température ;
    SR2   Nécessitant une régulation de température.

Matières solides inflammables

Définitions et propriétés

2.2.41.1.3   Les *matières solides inflammables* sont des matières solides facilement inflammables et des matières solides qui peuvent s'enflammer par frottement.

Les *matières solides facilement inflammables* sont des matières pulvérulentes, granulaires ou pâteuses, qui sont dangereuses si elles prennent feu facilement au contact bref d'une source d'inflammation, telle qu'une allumette qui brûle, et si la flamme se propage rapidement. Le danger peut provenir non seulement du feu mais aussi des produits de combustion toxiques. Les poudres de métal sont particulièrement dangereuses car elles sont difficiles à éteindre une fois enflammées - les agents extincteurs normaux, tels que le dioxyde de carbone et l'eau pouvant accroître le danger.

Classification

2.2.41.1.4   Les matières et objets classés comme matières solides inflammables de la classe 4.1 sont énumérés au tableau A du chapitre 3.2. L'affectation des matières et objets organiques non nommément mentionnés au tableau A du chapitre 3.2 à la rubrique pertinente du 2.2.41.3, conformément aux dispositions du chapitre 2.1, peut se faire sur la base de l'expérience ou des résultats des procédures d'épreuve selon la sous-section 33.2.1 de la troisième partie du Manuel d'épreuves et de critères. L'affectation des matières inorganiques non nommément mentionnées doit se faire sur la base des résultats des procédures d'épreuve selon la sous-section 33.2.1 de la troisième partie du Manuel d'épreuves et de critères ; l'expérience doit être également prise en considération lorsqu'elle conduit à une affectation plus sévère.

2.2.41.1.5   Lorsque des matières non nommément mentionnées sont affectées à l'une des rubriques énumérées en 2.2.41.3 sur la base des procédures d'épreuve selon la sous-section 33.2.1 de la troisième partie du Manuel d'épreuves et de critères, les critères suivants doivent être appliqués :

a)   A l'exception des poudres de métaux et des poudres d'alliages de métaux, les matières pulvérulentes, granulaires ou pâteuses doivent être classées comme matières facilement inflammables de la classe 4.1 lorsqu'elles peuvent s'enflammer facilement au contact bref d'une source d'inflammation (par exemple une allumette en feu), ou lorsque, en cas d'inflammation, la flamme se propage rapidement, la durée de combustion est inférieure à 45 secondes pour une distance mesurée de 100 mm où la vitesse de combustion est supérieure à 2,2 mm/s ;

b)   Les poudres de métaux ou les poudres d'alliages de métaux doivent être affectées à la classe 4.1 lorsqu'elles peuvent s'enflammer au contact d'une flamme et que la réaction se propage en 10 minutes ou moins sur toute la longueur de l'échantillon.

Les matières solides qui peuvent s'enflammer par frottement doivent être classées en classe 4.1 par analogie avec des rubriques existantes (par exemple allumettes) ou conformément à une disposition spéciale pertinente.

2.2.41.1.6   Sur la base de la procédure d'épreuve selon la sous-section 33.2.1 de la troisième partie du Manuel d'épreuves et de critères et des critères des 2.2.41.1.4 et 2.2.41.1.5, on peut également déterminer si la nature d'une matière nommément mentionnée est telle que cette matière n'est pas soumise aux prescriptions relatives à la présente classe.

2.2.41.1.7   Lorsque les matières de la classe 4.1, par suite d'adjonctions, passent dans d'autres catégories de danger que celles auxquelles appartiennent les matières nommément mentionnées au tableau A du chapitre 3.2, ces mélanges doivent être affectés aux rubriques dont ils relèvent sur la base de leur danger réel.

NOTA : Pour classer les solutions et mélanges (tels que préparations et déchets), voir également 2.1.3.

Affectation aux groupes d'emballage

2.2.41.1.8   Les matières solides inflammables classées sous les diverses rubriques du tableau A du chapitre 3.2 sont affectées aux groupes d'emballage II ou III sur la base des procédures d'épreuve de la sous-section 33.2.1 de la troisième partie du Manuel d'épreuves et de critères, selon les critères suivants :

a)   Les matières solides facilement inflammables qui, lors de l'épreuve, présentent une durée de combustion inférieure à 45 secondes pour une distance mesurée de 100 mm doivent être affectées au :

Groupe d'emballage II :   si la flamme se propage au-delà de la zone humidifiée ;

Groupe d'emballage III : si la zone humidifiée arrête la propagation de la flamme pendant au moins quatre minutes ;

b)   Les poudres de métaux et les poudres d'alliages de métaux doivent être affectées au :

Groupe d'emballage II :   si, lors de l'épreuve, la réaction se propage sur toute la longueur de l'échantillon en cinq minutes ou moins ;

Groupe d'emballage III : si, lors de l'épreuve, la réaction se propage sur toute la longueur de l'échantillon en plus de cinq minutes.

Pour ce qui est des matières solides qui peuvent s'enflammer par frottement, leur affectation à un groupe d'emballage doit se faire par analogie avec les rubriques existantes ou conformément à une disposition spéciale pertinente.

Matières autoréactives

Définitions

2.2.41.1.9   Aux fins de l'ADN, *les matières autoréactives* sont des matières thermiquement instables susceptibles de subir une décomposition fortement exothermique, même en l'absence d'oxygène (air). Les matières ne sont pas considérées comme des matières autoréactives de la classe 4.1 si :

a)   elles sont explosibles selon les critères relatifs à la classe 1 ;

b)   elles sont des matières comburantes selon la procédure de classement relative à la classe 5.1 (voir 2.2.51.1), à l'exception des mélanges de matières comburantes contenant au moins 5 % de matières organiques combustibles qui relèvent de la procédure de classement définie au Nota 2 ;

c)   ce sont des peroxydes organiques selon les critères relatifs à la classe 5.2 (voir 2.2.52.1) ;

d)   elles ont une chaleur de décomposition inférieure à 300 J/g ; ou

e) leur température de décomposition autoaccélérée (TDAA) (voir NOTA 3 ci-après) est supérieure à 75 °C pour un colis de 50 kg.

NOTA 1 : La chaleur de décomposition peut être déterminée au moyen de toute méthode reconnue sur le plan international, telle que l'analyse calorimétrique différentielle et la calorimétrie adiabatique.

2 : Les mélanges de matières comburantes satisfaisant aux critères de la classe 5.1 qui contiennent au moins 5 % de matières organiques combustibles mais qui ne satisfont pas aux critères définis aux paragraphes a), c), d) ou e) ci-dessus doivent être soumis à la procédure de classement des matières autoréactives.

Les mélanges ayant les propriétés des matières autoréactives de type B à F doivent être classés comme matières autoréactives de la classe 4.1.

Les mélanges ayant les propriétés des matières autoréactives du type G conformément à la procédure définie à la sous-section 20.4.3 g), Partie II du Manuel d'épreuves et de critères, doivent être considérés aux fins de classement comme des matières de la classe 5.1 (voir 2.2.51.1).

3 : La température de décomposition autoaccélérée (TDAA) est la température la plus basse à laquelle une matière placée dans l'emballage utilisé au cours du transport peut subir une décomposition exothermique. Les conditions nécessaires pour la détermination de cette température figurent dans le Manuel d'épreuves et de critères, deuxième partie, chapitre 20 et section 28.4.

4 : Toute matière qui a les propriétés d'une matière autoréactive doit être classée comme telle, même si elle a eu une réaction positive lors de l'épreuve décrite en 2.2.42.1.5 pour l'inclusion dans la classe 4.2.

Propriétés

2.2.41.1.10 La décomposition des matières autoréactives peut être déclenchée par la chaleur, le contact avec des impuretés catalytiques (par exemple acides, composés de métaux lourds, bases), le frottement ou le choc. La vitesse de décomposition s'accroît avec la température et varie selon la matière. La décomposition, particulièrement en l'absence d'inflammation, peut entraîner le dégagement de gaz ou de vapeurs toxiques. Pour certaines matières autoréactives, la température doit être régulée. Certaines matières autoréactives peuvent se décomposer en produisant une explosion surtout sous confinement. Cette caractéristique peut être modifiée par l'adjonction de diluants ou en utilisant des emballages appropriés. Certaines matières autoréactives brûlent vigoureusement. Sont par exemple des matières autoréactives certains composés des types indiqués ci-dessous :

azoïques aliphatiques (-C-N=N-C-) ;
azides organiques (-C-N$_3$) ;
sels de diazonium (-CN$_2$$^+Z^-$) ;
composés N-nitrosés (-N-N=O) ;
sulfohydrazides aromatiques (-SO$_2$-NH-NH$_2$).

Cette liste n'est pas exhaustive et des matières présentant d'autres groupes réactifs et certains mélanges de matières peuvent parfois avoir des propriétés comparables.

Classification

2.2.41.1.11 Les matières autoréactives sont réparties en sept types selon le degré de danger qu'elles présentent. Les types varient du type A, qui n'est pas admis au transport dans l'emballage dans lequel il a été soumis aux épreuves, au type G, qui n'est pas soumis aux prescriptions s'appliquant aux matières autoréactives de la classe 4.1. La classification des matières autoréactives des types B à F est directement fonction de la quantité maximale admissible dans un emballage. On trouvera dans la deuxième partie du Manuel d'épreuves et de critères les principes à appliquer pour le classement ainsi que les procédures de classement applicables, les modes opératoires et les critères et un modèle de procès-verbal d'épreuve approprié.

2.2.41.1.12   Les matières autoréactives déjà classées dont le transport en emballage est déjà autorisé sont énumérées au 2.2.41.4, celles dont le transport en GRV est déjà autorisé sont énumérées au 4.1.4.2 de l'ADR, instruction d'emballage IBC520 et celles dont le transport en citernes mobiles est déjà autorisé sont énumérées au 4.2.5.2 de l'ADR, instruction de transport en citernes mobiles T23. Chaque matière autorisée énumérée est affectée à une rubrique générique du tableau A du chapitre 3.2 (Nos ONU 3221 à 3240), avec indication des risques subsidiaires et des observations utiles pour le transport de ces matières.

Les rubriques collectives précisent :

–   les types de matières autoréactives B à F, voir 2.2.41.1.11 ci-dessus ;

–   l'état physique (liquide/solide) ; et

–   la régulation de température, le cas échéant, voir 2.2.41.1.17 ci-dessous.

Le classement des matières autoréactives énumérées en 2.2.41.4 est établi sur la base de la matière techniquement pure (sauf lorsqu'une concentration inférieure à 100 % est spécifiée).

2.2.41.1.13   Le classement des matières autoréactives non énumérées au 2.2.41.4, au 4.1.4.2 de l'ADR, instruction d'emballage IBC520 ou au 4.2.5.2 de l'ADR, instruction de transport en citernes mobiles T23 et leur affectation à une rubrique collective doivent être faits par l'autorité compétente du pays d'origine sur la base d'un procès verbal d'épreuve. La déclaration d'agrément doit indiquer le classement et les conditions de transport applicables. Si le pays d'origine n'est pas Partie contractante à l'ADN, le classement et les conditions de transport doivent être reconnus par l'autorité compétente du premier pays Partie contractante à l'ADN touché par l'envoi.

2.2.41.1.14   Pour modifier la réactivité de certaines matières autoréactives, on additionne parfois à celles-ci des activateurs tels que des composés de zinc. Selon le type et la concentration de l'activateur, le résultat peut en être une diminution de la stabilité thermique et une modification des propriétés explosives. Si l'une ou l'autre de ces propriétés est modifiée, la nouvelle préparation doit être évaluée conformément à la méthode de classement.

2.2.41.1.15   Les échantillons de matières autoréactives ou de préparations de matières autoréactives non énumérés en 2.2.41.4, pour lesquels on ne dispose pas de données d'épreuves complètes et qui sont à transporter pour subir des épreuves ou des évaluations supplémentaires, doivent être affectés à l'une des rubriques relatives aux matières autoréactives du type C, à condition que :

–   d'après les données disponibles, l'échantillon ne soit pas plus dangereux qu'une matière autoréactive du type B ;

–   l'échantillon soit emballé conformément à la méthode d'emballage OP2 du 4.1.4.1 de l'ADR et la quantité par engin de transport et par unité de transport soit limitée à 10 kg ;

–   d'après les données disponibles, la température de régulation, le cas échéant, soit suffisamment basse pour empêcher toute décomposition dangereuse, et suffisamment élevée pour empêcher toute séparation dangereuse des phases.

Désensibilisation

2.2.41.1.16   Pour assurer la sécurité pendant le transport de matières autoréactives, on les désensibilise souvent en y ajoutant un diluant. Lorsqu'un pourcentage d'une matière est stipulé, il s'agit du pourcentage en masse, arrondi à l'unité la plus proche. Si un diluant est utilisé, la matière autoréactive doit être éprouvée en présence du diluant, dans la concentration et sous la forme utilisées pour le transport. Les diluants qui peuvent permettre à une matière autoréactive de se concentrer à un degré dangereux en cas de fuite d'un emballage ne doivent pas être utilisés. Tout diluant utilisé doit être compatible avec la matière autoréactive. A cet égard, sont compatibles les diluants solides ou liquides qui n'ont pas d'effet négatif sur la stabilité thermique et le type de danger de la matière autoréactive. Les diluants liquides, dans les préparations nécessitant une régulation de température (voir 2.2.41.1.14), doivent avoir un point d'ébullition d'au moins 60 °C et un point d'éclair d'au moins 5 °C. Le point d'ébullition du liquide doit être supérieur d'au moins 50 °C à la température de régulation de la matière autoréactive.

Prescriptions en matière de régulation de la température

2.2.41.1.17   Certaines matières autoréactives ne peuvent être transportées que sous température régulée. La température de régulation est la température maximale à laquelle une matière autoréactive peut être transportée en sécurité. On part de l'hypothèse que la température au voisinage immédiat du colis pendant le transport ne dépasse 55 °C que pendant une durée relativement courte par période de 24 heures. En cas de défaillance du système de régulation, il pourra être nécessaire d'appliquer les procédures d'urgence. La température critique est la température à laquelle ces procédures doivent être mises en oeuvre.

La température critique et la température de régulation sont calculées à partir de la TDAA (voir tableau 1). La TDAA doit être déterminée afin de décider si une matière doit faire l'objet d'une régulation de température au cours du transport. Les prescriptions relatives à la détermination de la TDAA figurent dans le Manuel d'épreuves et de critères, deuxième partie, chapitre 20 et section 28.4.

Tableau 1

Calcul de la température critique et de la température de régulation

Type de récipient	TDAA [a]	Température de régulation	Température critique
Emballages simples et GRV	≤ 20 °C	20 °C au-dessous de la TDAA	10 °C au-dessous de la TDAA
	> 20 °C ≤ 35 °C	15 °C au-dessous de la TDAA	10 °C au-dessous de la TDAA
	> 35 °C	10 °C au-dessous de la TDAA	5 °C au-dessous de la TDAA
Citernes	≤ 50 °C	10 °C au-dessous de la TDAA	5 °C au-dessous de la TDAA

[a]   *TDAA de la matière telle qu'emballée pour le transport.*

Les matières autoréactives dont la TDAA ne dépasse pas 55 °C doivent faire l'objet d'une régulation de température au cours du transport. La température critique et la température de régulation sont indiquées, le cas échéant, au 2.2.41.4. La température effective en cours de transport peut être inférieure à la température de régulation, mais doit être fixée de manière à éviter une séparation dangereuse des phases.

Matières explosibles désensibilisées solides

2.2.41.1.18   Les matières explosibles désensibilisées solides sont des matières qui sont humidifiées avec de l'eau ou de l'alcool, ou encore diluées avec d'autres matières afin d'en éliminer les propriétés explosives. Ces rubriques, dans le tableau A du chapitre 3.2, sont désignées par les Nos ONU suivants : 1310, 1320, 1321, 1322, 1336, 1337, 1344, 1347, 1348, 1349, 1354, 1355, 1356, 1357, 1517, 1571, 2555, 2556, 2557, 2852, 2907, 3317, 3319, 3344, 3364, 3365, 3366, 3367, 3368, 3369, 3370, 3376, 3380 et 3474.

Matières apparentées aux matières autoréactives

2.2.41.1.19   Les matières :

a)   qui ont été provisoirement acceptées dans la classe 1 selon les résultats des séries d'épreuves 1 et 2 mais sont exemptées de la classe 1 par les résultats de la série d'épreuves 6 ;

b)   qui ne sont pas des matières autoréactives de la classe 4.1 ; et

c)   qui ne sont pas des matières des classes 5.1 et 5.2,

sont aussi affectées à la classe 4.1. Les Nos ONU 2956, 3241, 3242 et 3251 appartiennent à cette catégorie.

2.2.41.2   *Matières non admises au transport*

2.2.41.2.1   Les matières chimiquement instables de la classe 4.1 ne sont pas admises au transport à moins que les mesures nécessaires pour empêcher leur décomposition ou leur polymérisation dangereuses en cours de transport aient été prises. A cette fin, il y a lieu notamment de prendre soin que les récipients et citernes ne contiennent pas de substances pouvant favoriser ces réactions.

2.2.41.2.2   Les matières solides, inflammables, comburantes affectées au No ONU 3097 ne sont admises au transport que si elles satisfont aux prescriptions relatives à la classe 1 (voir également 2.1.3.7).

2.2.41.2.3   Les matières suivantes ne sont pas admises au transport :

–   Les matières autoréactives du type A (voir le Manuel d'épreuves et de critères, deuxième partie, 20.4.2 a)) ;

–   Les sulfures de phosphore qui ne sont pas exempts de phosphore blanc ou jaune ;

–   Les matières explosibles désensibilisées solides, autres que celles qui sont énumérées au tableau A du chapitre 3.2 ;

–   Les matières inorganiques inflammables à l'état fondu, autres que le No ONU 2448 SOUFRE FONDU ;

–   L'azoture de baryum humidifié avec moins de 50 % (masse) d'eau.

2.2.41.3   *Liste des rubriques collectives*

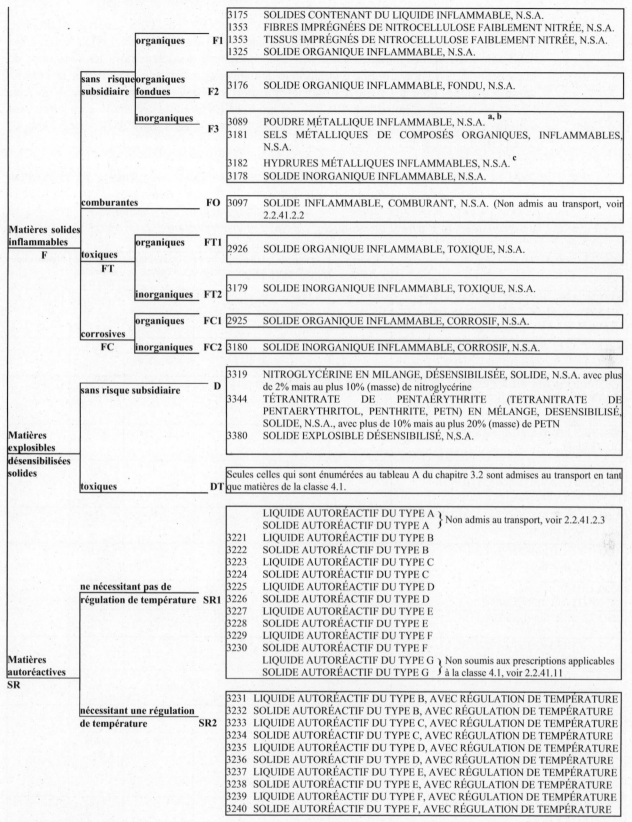

Matières solides inflammables **F**	**sans risque subsidiaire**	organiques	**F1**	3175 1353 1353 1325	SOLIDES CONTENANT DU LIQUIDE INFLAMMABLE, N.S.A. FIBRES IMPRÉGNÉES DE NITROCELLULOSE FAIBLEMENT NITRÉE, N.S.A. TISSUS IMPRÉGNÉS DE NITROCELLULOSE FAIBLEMENT NITRÉE, N.S.A. SOLIDE ORGANIQUE INFLAMMABLE, N.S.A.
		organiques fondues	**F2**	3176	SOLIDE ORGANIQUE INFLAMMABLE, FONDU, N.S.A.
		inorganiques	**F3**	3089 3181 3182 3178	POUDRE MÉTALLIQUE INFLAMMABLE, N.S.A. [a, b] SELS MÉTALLIQUES DE COMPOSÉS ORGANIQUES, INFLAMMABLES, N.S.A. HYDRURES MÉTALLIQUES INFLAMMABLES, N.S.A. [c] SOLIDE INORGANIQUE INFLAMMABLE, N.S.A.
	comburantes		**FO**	3097	SOLIDE INFLAMMABLE, COMBURANT, N.S.A. (Non admis au transport, voir 2.2.41.2.2
	toxiques **FT**	organiques	**FT1**	2926	SOLIDE ORGANIQUE INFLAMMABLE, TOXIQUE, N.S.A.
		inorganiques	**FT2**	3179	SOLIDE INORGANIQUE INFLAMMABLE, TOXIQUE, N.S.A.
	corrosives **FC**	organiques	**FC1**	2925	SOLIDE ORGANIQUE INFLAMMABLE, CORROSIF, N.S.A.
		inorganiques	**FC2**	3180	SOLIDE INORGANIQUE INFLAMMABLE, CORROSIF, N.S.A.
Matières explosibles désensibilisées solides	**sans risque subsidiaire**		**D**	3319 3344 3380	NITROGLYCÉRINE EN MILANGE, DÉSENSIBILISÉE, SOLIDE, N.S.A. avec plus de 2% mais au plus 10% (masse) de nitroglycérine TÉTRANITRATE DE PENTAÉRYTHRITE (TETRANITRATE DE PENTAERYTHRITOL, PENTHRITE, PETN) EN MÉLANGE, DESENSIBILISÉ, SOLIDE, N.S.A., avec plus de 10% mais au plus 20% (masse) de PETN SOLIDE EXPLOSIBLE DÉSENSIBILISÉ, N,S.A.
	toxiques		**DT**		Seules celles qui sont énumérées au tableau A du chapitre 3.2 sont admises au transport en tant que matières de la classe 4.1.
Matières autoréactives **SR**	**ne nécessitant pas de régulation de température**		**SR1**	 3221 3222 3223 3224 3225 3226 3227 3228 3229 3230	LIQUIDE AUTORÉACTIF DU TYPE A ⎱ Non admis au transport, voir 2.2.41.2.3 SOLIDE AUTORÉACTIF DU TYPE A ⎰ LIQUIDE AUTORÉACTIF DU TYPE B SOLIDE AUTORÉACTIF DU TYPE B LIQUIDE AUTORÉACTIF DU TYPE C SOLIDE AUTORÉACTIF DU TYPE C LIQUIDE AUTORÉACTIF DU TYPE D SOLIDE AUTORÉACTIF DU TYPE D LIQUIDE AUTORÉACTIF DU TYPE E SOLIDE AUTORÉACTIF DU TYPE E LIQUIDE AUTORÉACTIF DU TYPE F SOLIDE AUTORÉACTIF DU TYPE F LIQUIDE AUTORÉACTIF DU TYPE G ⎱ Non soumis aux prescriptions applicables SOLIDE AUTORÉACTIF DU TYPE G ⎰ à la classe 4.1, voir 2.2.41.11
	nécessitant une régulation de température		**SR2**	3231 3232 3233 3234 3235 3236 3237 3238 3239 3240	LIQUIDE AUTORÉACTIF DU TYPE B, AVEC RÉGULATION DE TEMPÉRATURE SOLIDE AUTORÉACTIF DU TYPE B, AVEC RÉGULATION DE TEMPÉRATURE LIQUIDE AUTORÉACTIF DU TYPE C, AVEC RÉGULATION DE TEMPÉRATURE SOLIDE AUTORÉACTIF DU TYPE C, AVEC RÉGULATION DE TEMPÉRATURE LIQUIDE AUTORÉACTIF DU TYPE D, AVEC RÉGULATION DE TEMPÉRATURE SOLIDE AUTORÉACTIF DU TYPE D, AVEC RÉGULATION DE TEMPÉRATURE LIQUIDE AUTORÉACTIF DU TYPE E, AVEC RÉGULATION DE TEMPÉRATURE SOLIDE AUTORÉACTIF DU TYPE E, AVEC RÉGULATION DE TEMPÉRATURE LIQUIDE AUTORÉACTIF DU TYPE F, AVEC RÉGULATION DE TEMPÉRATURE SOLIDE AUTORÉACTIF DU TYPE F, AVEC RÉGULATION DE TEMPÉRATURE

---

[a]   *Les métaux et les alliages en poudre ou sous une autre forme inflammable qui sont sujets à l'inflammation spontanée sont des matières de la classe 4.2.*

[b]   *Les métaux et les alliages en poudre ou sous une autre forme inflammable qui, au contact de l'eau, dégagent des gaz inflammables sont des matières de la classe 4.3.*

[c]   *Les hydrures de métaux qui, au contact de l'eau, dégagent des gaz inflammables sont des matières de la classe 4.3. Le borohydrure d'aluminium ou le borohydrure d'alluminium contenu dans des engins est un matière de la classe 4.2, No ONU 2870.*

2.2.41.4   *Liste des matières autoréactives déjà classées transportées en emballage*

Dans la colonne "Méthode d'emballage", les codes "OP1" à "OP8" se rapportent aux, méthodes d'emballage de l'instruction d'emballage P520 du 4.1.4.1 de l'ADR (voir aussi 4.1.7.1 de l'ADR). Les matières autoréactives à transporter doivent remplir les conditions de classification, de température de régulation et de température critique (déduites de la TDAA) comme indiqué. Pour les matières dont le transport en GRV est autorisé, voir 4.1.4.2 de l'ADR, instruction d'emballage IBC520, et pour celles dont le transport en citernes est autorisé conformément au chapitre 4.2 de l'ADR, voir 4.2.5.2 de l'ADR, instruction de transport en citernes mobiles T23.

NOTA : La classification donnée dans ce tableau s'applique à la matière techniquement pure (sauf si une concentration inférieure à 100% est indiquée). Pour les autres concentrations, la matière peut être classée différemment, compte tenu des procédures énoncées dans la Partie II du Manuel d'épreuves et critères et au 2.2.41.1.17.

MATIÈRES AUTORÉACTIVES	Concen-tration (%)	Méthode d'emballage	Température de régulation (°C)	Température critique (°C)	Rubrique générique No ONU	Remarques
AZODICARBONAMIDE, PRÉPARATION DU TYPE B, AVEC RÉGULATION DE TEMPÉRATURE	< 100	OP5			3232	1) 2)
AZODICARBONAMIDE, PRÉPARATION DU TYPE C	< 100	OP6			3224	3)
AZODICARBONAMIDE, PRÉPARATION DU TYPE C, AVEC RÉGULATION DE TEMPÉRATURE	< 100	OP6			3234	4)
AZODICARBONAMIDE, PRÉPARATION DU TYPE D	< 100	OP7			3226	5)
AZODICARBONAMIDE, PRÉPARATION DU TYPE D, AVEC RÉGULATION DE TEMPÉRATURE	< 100	OP7			3236	6)
AZO-2,2' BIS(DIMÉTHYL-2,4 MÉTHOXY-4 VALÉRONITRILE)	100	OP7	- 5	+ 5	3236	
AZO-2,2' BIS(DIMÉTHYL-2,4 VALÉRONITRILE)	100	OP7	+ 10	+ 15	3236	
AZO-1,1' BIS (HEXAHYDROBENZONITRILE)	100	OP7			3226	
AZO-2,2' BIS(ISOBUTYRONITRILE)	100	OP6	+ 40	+ 45	3234	
AZO-2,2' BIS(ISOBUTYRONITRILE) sous forme de pâte avec l'eau	#50	0P6			3224	
AZO-2,2' BIS(MÉTHYL-2 PROPIONATE D'ÉTHYLE)	100	OP7	+ 20	+ 25	3235	
AZO-2,2' BIS(MÉTHYL-2 BUTYRONITRILE)	100	OP7	+ 35	+ 40	3236	
BIS(ALLYLCARBONATE) DE DIÉTHYLÈNEGLYCOL + PEROXYDICARBONATE DE DI-ISOPROPYLE	∃ 88 + # 12	OP8	- 10	0	3237	
CHLORURE DE DIAZO-2 NAPHTOL-1 SULFONYLE-4	100	OP5			3222	2)
CHLORURE DE DIAZO-2 NAPHTOL-1 SULFONYLE-5	100	OP5			3222	2)
CHLORURE DOUBLE DE ZINC ET DE BENZYLÉTHYLAMINO-4 ÉTHOXY-3 BENZÈNEDIAZONIUM	100	OP7			3226	

MATIÈRES AUTORÉACTIVES	Concen-tration (%)	Méthode d'emballage	Température de régulation (°C)	Température critique (°C)	Rubrique générique No ONU	Remarques
CHLORURE DOUBLE DE ZINC ET DE BENZYLMÉTHYLAMINO-4 ÉTHOXY-3 BENZÈNEDIAZONIUM	100	OP7	+ 40	+ 45	3236	
CHLORURE DOUBLE DE ZINC ET DE CHLORO-3 DIÉTHYLAMINO-4 BENZÈNEDIAZONIUM	100	OP7			3226	
CHLORURE DOUBLE DE ZINC ET DE DIÉTHOXY-2,5 MORPHOLINO-4 BENZÈNEDIAZONIUM	67-100	OP7	+ 35	+ 40	3236	
CHLORURE DOUBLE DE ZINC ET DE DIÉTHOXY-2,5 MORPHOLINO-4 BENZÈNEDIAZONIUM	66	OP7	+ 40	+ 45	3236	
CHLORURE DOUBLE DE ZINC ET DE DIÉTHOXY-2,5 (PHÉNYLSULFONYL)-4 BENZÈNEDIAZONIUM	67	OP7	+ 40	+ 45	3236	
CHLORURE DOUBLE DE ZINC ET DE DIMÉTHOXY-2,5 (MÉTHYL-4 PHÉNYLSULFONYL)-4 BENZÈNEDIAZONIUM	79	OP7	+ 40	+ 45	3236	
CHLORURE DOUBLE DE ZINC ET DE DIMÉTHYLAMINO-4 (DIMÉTHYLAMINO-2 ÉTHOXY)-6 TOLUÈNE-2 DIAZONIUM	100	OP7	+ 40	+ 45	3236	
CHLORURE DOUBLE DE ZINC ET DE DIPROPYLAMINO-4 BENZÈNEDIAZONIUM	100	OP7			3226	
CHLORURE DOUBLE DE ZINC ET DE (N,N-ÉTHOXYCARBONYLPHÉNYLAMINO)-2 MÉTHOXY-3 (N-MÉTHYL N-CYCLO-HEXYLAMINO)-4 BENZÈNEDIAZONIUM	63-92	OP7	+ 40	+ 45	3236	
CHLORURE DOUBLE DE ZINC ET DE (N,N-ÉTHOXYCARBONYL-PHÉNYLAMINO)-2 MÉTHOXY-3 (N-MÉTHYL N-CYCLOHEXYLAMINO)-4 BENZÈNEDIAZONIUM	62	OP7	+ 35	+ 40	3236	
CHLORURE DOUBLE DE ZINC ET DE (HYDROXY-2 ÉTHOXY)-2 PYRROLIDINYL-1)-1 BENZÈNEDIAZONIUM	100	OP7	+ 45	+ 50	3236	
CHLORURE DOUBLE DE ZINC ET DE (HYDROXY-2 ÉTHOXY)-3 PYRROLIDINYL-1)-4 BENZÈNEDIAZONIUM	100	OP7	+ 40	+ 45	3236	
DIAZO-2 NAPHTOL-1 SULFONATE-4 DE SODIUM	100	OP7			3226	
DIAZO-2 NAPHTOL-1 SULFONATE-5 DE SODIUM	100	OP7			3226	
DIAZO-2 NAPHTOL-1 SULFONATE-5 DU COPOLYMÈRE ACÉTONE-PYROGALLOL	100	OP8			3228	
N,N'-DINITROSO-N,N'-DIMÉTHYLTÉREPHTALIMIDE, en pâte	72	OP6			3224	
N,N'-DINITROSOPENTAMÉTHYLÈNE-TÉTRAMINE, avec diluant du type A	82	OP6			3224	7)

2.2.41.4 *Liste des matières autoréactives déjà classées transportées en emballage (suite)*

MATIÈRES AUTORÉACTIVES	Concentration (%)	Méthode d'emballage	Température de régulation (°C)	Température critique (°C)	Rubrique générique No ONU	Remarques
ESTER DE L'ACIDE DIAZO-2 NAPHTOL-1 SULFONIQUE, PRÉPARATION DU TYPE D	< 100	OP7			3226	9)
N-FORMYL (NITROMÉTHYLÈNE)-2 PERHYDROTHIAZINE-1,3	100	OP7	+ 45	+ 50	3236	
HYDRAZIDE DE BENZÈNE-1,3-DISULFONYLE, en pâte	52	OP7			3226	
HYDRAZIDE DE BENZÈNESULFONYLE	100	OP7			3226	
HYDRAZIDE DE DIPHENYLOXYDE-4,4'-DISULFONYLE	100	OP7			3226	
HYDROGÉNOSULFATE DE (N,N-MÉTHYLAMINOÉTHYLCARBONYL)-2 (DIMÉTHYL-3,4 PHÉNYLSULFONYL)-4 BENZÈNEDIAZONIUM	96	OP7	+ 45	+ 50	3236	
ÉCHANTILLON DE LIQUIDE AUTORÉACTIF		OP2			3223	8)
ÉCHANTILLON DE LIQUIDE AUTORÉACTIF, AVEC RÉGULATION DE TEMPÉRATURE		OP2			3233	8)
ÉCHANTILLON DE SOLIDE AUTORÉACTIF		OP2			3224	8)
ÉCHANTILLON DE SOLIDE AUTORÉACTIF, AVEC RÉGULATION DE TEMPÉRATURE		OP2			3234	8)
MÉTHYL-4 BENZÈNESULFONYL-HYDRAZIDE	100	OP7			3226	
NITRATE DE TÉTRAMINEPALLADIUM (II)	100	OP6	+ 30	+ 35	3234	
4-NITROSOPHÉNOL	100	OP7	+ 35	+ 40	3236	
SULFATE DE DIÉTHOXY-2,5 (MORPHOLINYL-4)-4 BENZÈNEDIAZONIUM	100	OP7			3226	
TÉTRACHLOROZINCATE DE DIBUTOXY-2,5 (MORPHOLINYL-4)-4 BENZÈNEDIAZONIUM (2 :1)	100	OP8			3228	
TÉTRAFLUOROBORATE DE DIÉTHOXY-2,5 MORPHOLINO-4 BENZÈNEDIAZONIUM	100	OP7	+ 30	+ 35	3236	
TÉTRAFLUOROBORATE DE MÉTHYL-3 (PYRROLIDINYL-1)-4 BENZÈNEDIAZONIUM	95	OP6	+ 45	+ 50	3234	
TRICHLOROZINCATE DE DIMÉTHYLAMINO-4 BENZÈNEDIAZONIUM(-1)	100	OP8			3228	

Remarques

1) Préparations d'azodicarbonamide qui satisfont aux critères du 20.4.2 b) du Manuel d'épreuves et de critères. La température de régulation et la température critique doivent être déterminées par la méthode indiquée au 2.2.41.1.17.

2) Étiquette de risque subsidiaire de "MATIÈRE EXPLOSIBLE" requise (Modèle No 1, voir 5.2.2.2.2).

3) Préparations d'azodicarbonamide satisfaisant aux critères du 20.4.2 c) du Manuel d'épreuves et de critères.

4) Préparations d'azodicarbonamide qui satisfont aux critères du 20.4.2 c) du Manuel d'épreuves et de critères. La température de régulation et la température critique doivent être déterminées par la méthode indiquée au 2.2.41.1.17.

5) Préparations d'azodicarbonamide satisfaisant aux critères du 20.4.2 d) du Manuel d'épreuves et de critères.

6) Préparations d'azodicarbonamide qui satisfont aux critères du 20.4.2 d) du Manuel d'épreuves et de critères. La température de régulation et la température critique doivent être déterminées par la méthode indiquée au 2.2.41.1.17.

7) Avec un diluant compatible dont le point d'ébullition est d'au moins 150 °C.

8) Voir 2.2.41.1.15.

9) Cette rubrique s'applique aux préparations des esters de l'acide diazo-2 naphtol-1 sulfonique-4 et de l'acide diazo-2 naphtol-1 sulfonique-5 qui satisfont aux critères du paragraphe 20.4.2 d) du Manuel d'épreuves et de critères.

2.2.42   **Classe 4.2   Matières sujettes à l'inflammation spontanée**

2.2.42.1   *Critères*

2.2.42.1.1   Le titre de la classe 4.2 couvre :

–   les *matières pyrophoriques* qui sont des matières, y compris mélanges et solutions ; liquides ou solides, qui, au contact de l'air, même en petites quantités, s'enflamment en l'espace de 5 minutes. Ces matières sont celles de la classe 4.2 qui sont les plus sujettes à l'inflammation spontanée ; et

–   les *matières et objets auto-échauffants* qui sont des matières et objets, y compris mélanges et solutions, qui, au contact de l'air, sans apport d'énergie, sont susceptibles de s'échauffer. Ces matières ne peuvent s'enflammer qu'en grande quantité (plusieurs kilogrammes) et après un long laps de temps (heures ou jours).

2.2.42.1.2   Les matières et objets de la classe 4.2 sont subdivisés comme suit :

S   Matières sujettes à l'inflammation spontanée sans risque subsidiaire :

     S1   Organiques, liquides ;
     S2   Organiques, solides ;
     S3   Inorganiques, liquides ;
     S4   Inorganiques, solides ;
     S5   Organométalliques;

SW   Matières sujettes à l'inflammation spontanée, qui, au contact de l'eau, dégagent des gaz inflammables ;

SO   Matières sujettes à l'inflammation spontanée, comburantes ;

ST   Matières sujettes à l'inflammation spontanée, toxiques :

     ST1   Organiques, toxiques, liquides ;
     ST2   Organiques, toxiques, solides ;
     ST3   Inorganiques, toxiques, liquides ;
     ST4   Inorganiques, toxiques, solides ;

SC   Matières sujettes à l'inflammation spontanée, corrosives :

     SC1   Organiques, corrosives, liquides ;
     SC2   Organiques, corrosives, solides ;
     SC3   Inorganiques, corrosives, liquides ;
     SC4   Inorganiques, corrosives, solides.

Propriétés

2.2.42.1.3   L'auto-échauffement d'une matière est un procédé où la réaction graduelle de cette matière avec l'oxygène (de l'air) produit de la chaleur. Si le taux de production de chaleur est supérieur au taux de perte de chaleur alors la température de la matière augmente, ce qui, après un temps d'induction, peut entrainer l'auto-inflammation et la combustion.

Classification

2.2.42.1.4   Les matières et objets classés dans la classe 4.2 sont énumérés au tableau A du chapitre 3.2. L'affectation des matières et objets non nommément mentionnés au tableau A du chapitre 3.2 à la rubrique N.S.A. spécifique pertinente de la sous-section 2.2.42.3, selon les dispositions du chapitre 2.1, peut se faire sur la base de l'expérience ou des résultats de la procédure d'épreuve selon la section 33.3 de la troisième partie du Manuel d'épreuves et de critères. L'affectation aux rubriques N.S.A. générales de la classe 4.2 doit se faire sur la base des résultats de la procédure d'épreuve selon la section 33.3 de la troisième partie du Manuel d'épreuves et de critères ; l'expérience doit également être prise en considération lorsqu'elle conduit à une affectation plus sévère.

2.2.42.1.5   Lorsque les matières ou objets non nommément mentionnés sont affectés à l'une des rubriques énumérées en 2.2.42.3 sur la base des procédures d'épreuve selon la section 33.3 de la troisième partie du Manuel d'épreuves et de critères, les critères suivants doivent être appliqués :

a)   Les matières solides spontanément inflammables (pyrophoriques) doivent être affectées à la classe 4.2 lorsqu'elles s'enflamment au cours de la chute d'une hauteur de 1 m ou dans les 5 minutes qui suivent ;

b)   Les matières liquides spontanément inflammables (pyrophoriques) doivent être affectées à la classe 4.2 lorsque :

i)   versées sur un porteur inerte, elles s'enflamment en l'espace de 5 minutes, ou

ii)   en cas de résultat négatif de l'épreuve selon i), versées sur un papier filtre sec, plissé (filtre Whatman No 3), elles enflament ou charbonnent celui-ci en l'espace de 5 minutes ;

c)   Les matières pour lesquelles, en l'espace de 24 heures, une inflammation spontanée ou une élévation de la température à plus de 200 °C est observée dans un échantillon cubique de 10 cm de côté à une température d'essai de 140 °C, doivent être affectées à la classe 4.2. Ce critère est basé sur la température d'inflammation spontanée du charbon de bois, qui est de 50 °C pour un échantillon cubique de 27 m^3. Les matières ayant une température d'inflammation spontanée supérieure à 50 °C pour un volume de 27 m^3 ne doivent pas être classées dans la classe 4.2.

NOTA 1 : Les matières transportées dans des colis d'un volume ne dépassant pas 3 m^3 sont exemptées de la classe 4.2 si, après une épreuve exécutée au moyen d'un échantillon cubique de 10 cm de côté à 120 °C, aucune inflammation spontanée ni augmentation de la température à plus de 180 °C n'est observée pendant 24 heures.

2 : Les matières transportées dans des colis d'un volume ne dépassant pas 450 litres sont exemptées de la classe 4.2 si, après une épreuve exécutée au moyen d'un échantillon cubique de 10 cm de côté à 100 °C, aucune inflammation spontanée ni augmentation de la température à plus de 160 °C n'est observée pendant 24 heures.

3 : Étant donné que les matières organométalliques peuvent être classées dans les classes 4.2 ou 4.3 avec des risques subsidiaires supplémentaires en fonction de leurs propriétés, un diagramme de décision spécifique pour ces matières est présenté au 2.3.5.

2.2.42.1.6   Lorsque des matières de la classe 4.2, par suite d'adjonctions, passent dans d'autres catégories de danger que celles auxquelles appartiennent les matières nommément mentionnées au tableau A du chapitre 3.2, ces mélanges doivent être affectés aux rubriques dont ils relèvent sur la base de leur danger réel.

NOTA : Pour classer les solutions et mélanges (tels que préparations et déchets), voir également 2.1.3.

2.2.42.1.7 Sur la base de la procédure d'épreuve selon la section 33.3 de la troisième partie du Manuel d'épreuves et de critères et des critères du 2.2.42.1.5, on peut également déterminer si la nature d'une matière nommément mentionnée est telle que cette matière n'est pas soumise aux prescriptions relatives à la présente classe.

Affectation aux groupes d'emballage

2.2.42.1.8 Les matières et objets classés sous les diverses rubriques du tableau A du chapitre 3.2 doivent être affectés aux groupes d'emballage I, II ou III sur la base des procédures d'épreuves de la section 33.3 de la troisième partie du Manuel d'épreuves et de critères, selon les critères suivants :

a) Les matières spontanément inflammables (pyrophoriques) doivent être affectées au groupe d'emballage I ;

b) Les matières et objets auto-échauffants pour lesquels, sur un échantillon cubique de 2,5 cm de côté, à 140 °C de température d'essai, en l'espace de 24 heures, une inflammation spontanée ou une élévation de la température à plus de 200 °C est observée, doivent être affectés au groupe d'emballage II ;
Les matières ayant une température d'inflammation spontanée supérieure à 50 °C pour un volume de 450 litres ne doivent pas être affectées au groupe d'emballage II ;

c) Les matières peu auto-échauffantes pour lesquelles, sur un échantillon cubique de 2,5 cm de côté, les phénomènes cités sous b) dans les conditions données ne sont pas observés, mais sur un échantillon cubique de 10 cm de côté, à 140 °C de température d'essai, en l'espace de 24 heures, une inflammation spontanée ou une élévation de la température à plus de 200 °C est observée, doivent être affectées au groupe d'emballage III.

2.2.42.2 **Matières non admises au transport**

Les matières suivantes ne sont pas admises au transport :

– No ONU 3255 HYPOCHLORITE DE tert-BUTYLE ; et

– les matières solides auto-échauffantes, comburantes, affectées au No ONU 3127, sauf si elles satisfont aux prescriptions relatives à la classe 1 (voir également 2.1.3.7).

2.2.42.3   *Liste des rubriques collectives*

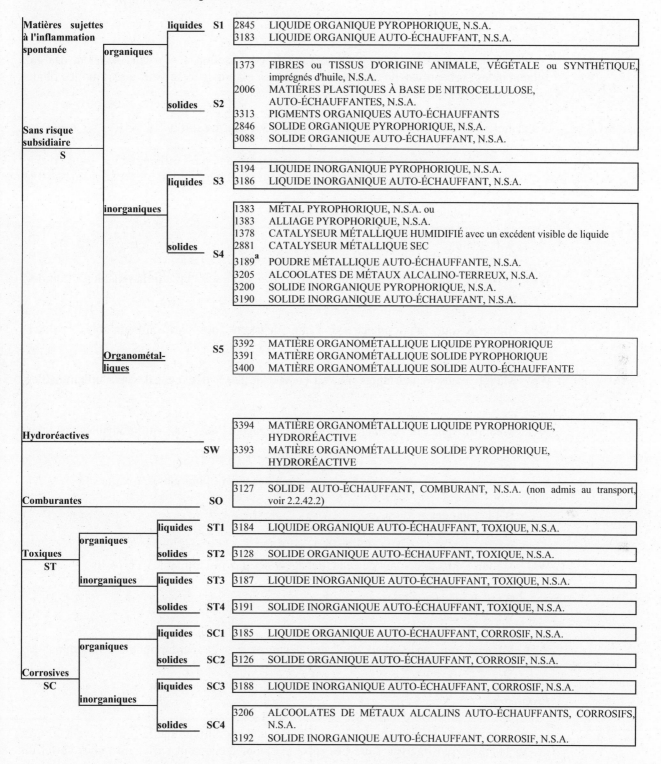

Matières sujettes à l'inflammation spontanée	organiques	liquides	S1	2845	LIQUIDE ORGANIQUE PYROPHORIQUE, N.S.A.
				3183	LIQUIDE ORGANIQUE AUTO-ÉCHAUFFANT, N.S.A.
		solides	S2	1373	FIBRES ou TISSUS D'ORIGINE ANIMALE, VÉGÉTALE ou SYNTHÉTIQUE, imprégnés d'huile, N.S.A.
				2006	MATIÈRES PLASTIQUES À BASE DE NITROCELLULOSE, AUTO-ÉCHAUFFANTES, N.S.A.
				3313	PIGMENTS ORGANIQUES AUTO-ÉCHAUFFANTS
				2846	SOLIDE ORGANIQUE PYROPHORIQUE, N.S.A.
				3088	SOLIDE ORGANIQUE AUTO-ÉCHAUFFANT, N.S.A.
Sans risque subsidiaire S	inorganiques	liquides	S3	3194	LIQUIDE INORGANIQUE PYROPHORIQUE, N.S.A.
				3186	LIQUIDE INORGANIQUE AUTO-ÉCHAUFFANT, N.S.A.
		solides	S4	1383	MÉTAL PYROPHORIQUE, N.S.A. ou
				1383	ALLIAGE PYROPHORIQUE, N.S.A.
				1378	CATALYSEUR MÉTALLIQUE HUMIDIFIÉ avec un excédent visible de liquide
				2881	CATALYSEUR MÉTALLIQUE SEC
				3189[a]	POUDRE MÉTALLIQUE AUTO-ÉCHAUFFANTE, N.S.A.
				3205	ALCOOLATES DE MÉTAUX ALCALINO-TERREUX, N.S.A.
				3200	SOLIDE INORGANIQUE PYROPHORIQUE, N.S.A.
				3190	SOLIDE INORGANIQUE AUTO-ÉCHAUFFANT, N.S.A.
	Organométalliques		S5	3392	MATIÈRE ORGANOMÉTALLIQUE LIQUIDE PYROPHORIQUE
				3391	MATIÈRE ORGANOMÉTALLIQUE SOLIDE PYROPHORIQUE
				3400	MATIÈRE ORGANOMÉTALLIQUE SOLIDE AUTO-ÉCHAUFFANTE
Hydroréactives			SW	3394	MATIÈRE ORGANOMÉTALLIQUE LIQUIDE PYROPHORIQUE, HYDRORÉACTIVE
				3393	MATIÈRE ORGANOMÉTALLIQUE SOLIDE PYROPHORIQUE, HYDRORÉACTIVE
Comburantes			SO	3127	SOLIDE AUTO-ÉCHAUFFANT, COMBURANT, N.S.A. (non admis au transport, voir 2.2.42.2)
Toxiques ST	organiques	liquides	ST1	3184	LIQUIDE ORGANIQUE AUTO-ÉCHAUFFANT, TOXIQUE, N.S.A.
		solides	ST2	3128	SOLIDE ORGANIQUE AUTO-ÉCHAUFFANT, TOXIQUE, N.S.A.
	inorganiques	liquides	ST3	3187	LIQUIDE INORGANIQUE AUTO-ÉCHAUFFANT, TOXIQUE, N.S.A.
		solides	ST4	3191	SOLIDE INORGANIQUE AUTO-ÉCHAUFFANT, TOXIQUE, N.S.A.
Corrosives SC	organiques	liquides	SC1	3185	LIQUIDE ORGANIQUE AUTO-ÉCHAUFFANT, CORROSIF, N.S.A.
		solides	SC2	3126	SOLIDE ORGANIQUE AUTO-ÉCHAUFFANT, CORROSIF, N.S.A.
	inorganiques	liquides	SC3	3188	LIQUIDE INORGANIQUE AUTO-ÉCHAUFFANT, CORROSIF, N.S.A.
		solides	SC4	3206	ALCOOLATES DE MÉTAUX ALCALINS AUTO-ÉCHAUFFANTS, CORROSIFS, N.S.A.
				3192	SOLIDE INORGANIQUE AUTO-ÉCHAUFFANT, CORROSIF, N.S.A.

---

[a]   *La poussière et la poudre de métaux non toxiques sous forme non spontanément inflammable mais, qui, cependant, au contact de l'eau, dégagent des gaz inflammables, sont des matières de la classe 4.3.*

2.2.43 **Classe 4.3 Matières qui, au contact de l'eau, dégagent des gaz inflammables**

2.2.43.1 *Critères*

2.2.43.1.1 Le titre de la classe 4.3 couvre les matières qui, par réaction avec l'eau, dégagent des gaz inflammables susceptibles de former des mélanges explosifs avec l'air, ainsi que les objets contenant de telles matières.

2.2.43.1.2 Les matières et objets de la classe 4.3 sont subdivisés comme suit :

W   Matières qui, au contact de l'eau, dégagent des gaz inflammables, sans risque subsidiaire, et objets contenant de telles matières :

    W1   Liquides ;
    W2   Solides ;
    W3   Objets ;

WF1 Matières qui, au contact de l'eau, dégagent des gaz inflammables, liquides, inflammables ;

WF2 Matières qui, au contact de l'eau, dégagent des gaz inflammables, solides, inflammables ;

WS   Matières auto-échauffantes qui, au contact de l'eau, dégagent des gaz inflammables, solides ;

WO   Matières qui, au contact de l'eau, dégagent des gaz inflammables, solides, comburants ;

WT   Matières qui, au contact de l'eau, dégagent des gaz inflammables, toxiques :

    WT1 Liquides ;
    WT2 Solides ;

WC   Matières qui, au contact de l'eau, dégagent des gaz inflammables, corrosifs :

    WC1 Liquides ;
    WC2 Solides ;

WFC Matières qui, au contact de l'eau, dégagent des gaz inflammables, inflammables, corrosives.

Propriétés

2.2.43.1.3 Certaines matières, au contact de l'eau, dégagent des gaz inflammables qui peuvent former des mélanges explosifs avec l'air. Ces mélanges sont facilement enflammés sous l'effet de tout agent ordinaire d'allumage, notamment par une flamme nue, des étincelles causées par un outil, des ampoules électriques non protégées, etc. Les effets résultant de souffle et d'incendie peuvent être dangereux pour les personnes et l'environnement. On doit utiliser la méthode d'épreuve décrite au 2.2.43.1.4 ci-dessous pour déterminer si une matière réagit avec l'eau de manière telle qu'il y ait production d'une quantité dangereuse de gaz éventuellement inflammable. Cette méthode n'est pas applicable aux matières pyrophoriques.

Classification

2.2.43.1.4　Les matières et objets classés dans la classe 4.3 sont énumérés au tableau A du chapitre 3.2. L'affectation des matières et objets non nommément mentionnés au tableau A du chapitre 3.2 à la rubrique pertinente de 2.2.43.3 selon les dispositions du chapitre 2.1 doit se faire sur la base des résultats de la procédure d'épreuve conformément à la section 33.4 de la troisième partie du Manuel d'épreuves et de critères ; l'expérience doit également être prise en considération lorsqu'elle conduit à une affectation plus sévère.

2.2.43.1.5　Lorsque des matières non nommément mentionnées sont affectées à l'une des rubriques énumérées en 2.2.43.3 sur la base de la procédure d'épreuve selon la section 33.4 de la troisième partie du Manuel d'épreuves et de critères, les critères suivants doivent être appliqués :

Une matière doit être affectée à la classe 4.3 lorsque :

a)　le gaz dégagé s'enflamme spontanément à un stade quelconque de l'épreuve ; ou

b)　il y a dégagement de gaz inflammable à un taux supérieur à 1 litre par kilogramme de matière et par heure.

NOTA : Étant donné que les matières organométalliques peuvent être classées dans les classes 4.2 ou 4.3 avec des risques subsidiaires supplémentaires en fonction de leurs propriétés, un diagramme de décision spécifique pour ces matières est présenté au 2.3.5.

2.2.43.1.6　Lorsque des matières de la classe 4.3, par suite d'adjonctions, passent dans d'autres catégories de danger que celles auxquelles appartiennent les matières nommément mentionnées au tableau A du chapitre 3.2, ces mélanges doivent être affectés aux rubriques dont ils relèvent sur la base de leur danger réel.

NOTA : Pour classer les solutions et mélanges (tels que préparations et déchets), voir également 2.1.3.

2.2.43.1.7　Sur la base des procédures d'épreuve selon la section 33.4 de la troisième partie du Manuel d'épreuves et de critères et des critères du 2.2.43.1.5, on peut également déterminer si la nature d'une matière nommément mentionnée est telle que cette matière n'est pas soumise aux prescriptions relatives à la présente classe.

Affectation aux groupes d'emballage

2.2.43.1.8　Les matières et objets classés sous les diverses rubriques du tableau A du chapitre 3.2 doivent être affectés aux groupes d'emballage I, II ou III sur la base des procédures d'épreuve de la section 33.4 de la troisième partie du Manuel d'épreuves et de critères, selon les critères suivants :

a)　Est affectée au groupe d'emballage I toute matière qui réagit vivement avec l'eau à la température ambiante en dégageant de manière générale un gaz susceptible de s'enflammer spontanément, ou qui réagit assez vivement avec l'eau à la température ambiante en dégageant un gaz inflammable au taux de 10 litres ou plus par kilogramme de matière et par minute ;

b)　Est affectée au groupe d'emballage II toute matière qui réagit assez vivement avec l'eau à la température ambiante en dégageant un gaz inflammable au taux maximal de 20 litres ou plus par kilogramme de matière et par heure, sans toutefois satisfaire aux critères de classement dans le groupe d'emballage I ;

c) Est affectée au groupe d'emballage III toute matière qui réagit lentement avec l'eau à la température ambiante en dégageant un gaz inflammable au taux maximal d'un litre ou plus par kilogramme de matière et par heure, sans toutefois satisfaire aux critères du classement dans les groupes d'emballage I ou II.

2.2.43.2 *Matières non admises au transport*

Les matières solides, hydroréactives, comburantes, affectées au No ONU 3133 ne sont pas admises au transport, sauf si elles répondent aux prescriptions relatives à la classe 1 (voir également 2.1.3.7).

2.2.43.3 *Liste des rubriques collectives*

Matières qui, au contact de l'eau, dégagent des gaz inflammables			1389 AMALGAME DE MÉTAUX ALCALINS, LIQUIDE
	liquides	**W1**	1391 DISPERSION DE MÉTAUX ALCALINS ou
			1391 DISPERSION DE MÉTAUX ALCALINO-TERREUX
			1392 AMALGAME DE MÉTAUX ALCALINO-TERREUX, LIQUIDE
			1420 ALLIAGES MÉTALLIQUES DE POTASSIUM, LIQUIDES
			1421 ALLIAGE LIQUIDE DE MÉTAUX ALCALINS, N.S.A.
			1422 ALLIAGES LIQUIDES DE POTASSIUM ET SODIUM
			3398 MATIÈRE ORGANOMÉTALLIQUE LIQUIDE HYDRORÉACTIVE
			3148 LIQUIDE HYDRORÉACTIF, N.S.A.
Sans risque subsidiaire **W**	solides	**W2** [a]	1390 AMIDURES DE MÉTAUX ALCALINS
			3401 AMALGAME DE MÉTAUX ALCALINS, SOLIDE
			3402 AMALGAME DE MÉTAUX ALCALINO-TERREUX, SOLIDE
			3170 SOUS-PRODUITS DE LA FABRICATION DE L'ALUMINIUM ou
			3170 SOUS-PRODUITS DE LA REFUSION DE L'ALUMINIUM
			3403 ALLIAGES MÉTALLIQUES DE POTASSIUM, SOLIDES
			3404 ALLIAGES DE POTASSIUM ET SODIUM, SOLIDES
			1393 ALLIAGE DE MÉTAUX ALCALINO-TERREUX, N.S.A.
			1409 HYDRURES MÉTALLIQUES HYDRORÉACTIFS, N.S.A.
			3208 MATIÈRE MÉTALLIQUE HYDRORÉACTIVE, N.S.A.
			3395 MATIÈRE ORGANOMÉTALLIQUE SOLIDE HYDRORÉACTIVE
			2813 SOLIDE HYDRORÉACTIF, N.S.A.
	objets	**W3**	3292 ACCUMULATEURS AU SODIUM ou
			3292 ÉLÉMENTS D'ACCUMULATEUR AU SODIUM
Liquides, inflammables		**WF1**	3482 DISPERSION DE MÉTAUX ALCALINS, INFLAMMABLE ou
			3482 DISPERSION DE MÉTAUX ALCALINO-TERREUX, INFLAMMABLE
			3399 MATIÈRE ORGANOMÉTALLIQUE LIQUIDE HYDRORÉACTIVE, INFLAMMABLE
Solides, inflammables		**WF2**	3396 MATIÈRE ORGANOMÉTALLIQUE SOLIDE HYDRORÉACTIVE, INFLAMMABLE
			3132 SOLIDE HYDRORÉACTIF, INFLAMMABLE, N.S.A.
Solides, auto-échauffantes		**WS** [b]	3397 MATIÈRE ORGANOMÉTALLIQUE SOLIDE HYDRORÉACTIVE, AUTO-ÉCHAUFFANTE
			3209 MATIÈRE MÉTALLIQUE HYDRORÉACTIVE, AUTO-ÉCHAUFFANTE, N.S.A.
			3135 SOLIDE HYDRORÉACTIF, AUTO-ÉCHAUFFANT, N.S.A.
Solides, comburantes		**WO**	3133 SOLIDE HYDRORÉACTIF, COMBURANT, N.S.A. (Non admis au transport, voir 2.2.43.2)
Toxiques **WT**	liquides	**WT1**	3130 LIQUIDE HYDRORÉACTIF, TOXIQUE, N.S.A.
	solides	**WT2**	3134 SOLIDE HYDRORÉACTIF, TOXIQUE, N.S.A.
Corrosives **WC**	liquides	**WC1**	3129 LIQUIDE HYDRORÉACTIF, CORROSIF, N.S.A.
	solides	**WC2**	3131 SOLIDE HYDRORÉACTIF, CORROSIF, N.S.A.
Inflammables, corrosives		**WFC** [c]	2988 CHLOROSILANES HYDRORÉACTIFS, INFLAMMABLES, CORROSIFS, N.S.A. (Pas d'autre rubrique collective portant ce code de classification ; le cas échéant, classement sous une rubrique collective portant un code de classification à déterminer d'après le tableau d'ordre de prépondérance des caractéristiques de danger du 2.1.3.10.)

---

[a]   *Les métaux et alliages de métaux, qui au contact de l'eau, ne dégagent pas de gaz inflammables, ne sont pas pyrophoriques ou auto-échauffants, mais qui sont facilement inflammables, sont des matières de la classe 4.1. Les métaux alcalino-terreux et les alliages de métaux alcalino-terreux sous forme pyrophorique sont des matières de la classe 4.2. La poussière et la poudre de métaux à l'état pyrophorique sont des matières de la classe 4.2. Les métaux et alliages de métaux à l'état pyrophorique sont des matières de la classe 4.2. Les combinaisons de phosphore avec des métaux lourds, tels que le fer, le cuivre, etc., ne sont pas soumises aux prescriptions de l'ADN.*

[b]   *Les métaux et alliages de métaux à l'état pyrophorique sont des matières de la classe 4.2.*

[c]   *Les chlorosilanes ayant un point d'éclair inférieur à 23 °C qui, au contact de l'eau, ne dégagent pas de gaz inflammables sont des matières de la classe 3. Les chlorosilanes ayant un point d'éclair égal ou supérieur à 23 °C qui, au contact de l'eau, ne dégagent pas de gaz inflammables sont des matières de la classe 8.*

2.2.51   **Classe 5.1   Matières comburantes**

2.2.51.1   *Critères*

2.2.51.1.1   Le titre de la classe 5.1 couvre les matières qui, sans être nécessairement combustibles elles-mêmes, peuvent, en général, en cédant de l'oxygène, provoquer ou favoriser la combustion d'autres matières, et les objets contenant de telles matières.

2.2.51.1.2   Les matières de la classe 5.1 et les objets contenant de telles matières sont subdivisés comme suit :

O   Matières comburantes sans risque subsidiaire ou objets contenant de telles matières :

O1   Liquides ;
O2   Solides ;
O3   Objets ;

OF   Matières solides comburantes, inflammables ;

OS   Matières solides comburantes, sujettes à l'inflammation spontanée ;

OW   Matières solides comburantes, qui, au contact de l'eau, dégagent des gaz inflammables ;

OT   Matières comburantes toxiques :

OT1   Liquides ;
OT2   Solides ;

OC   Matières comburantes corrosives :

OC1   Liquides ;
OC2   Solides ;

OTC   Matières comburantes toxiques, corrosives.

2.2.51.1.3   Les matières et objets classés dans la classe 5.1 sont énumérés au tableau A du chapitre 3.2. Ceux qui ne sont pas nommément mentionnés audit tableau peuvent être affectés à la rubrique correspondante du 2.2.51.3 conformément aux dispositions du chapitre 2.1 sur la base des épreuves, modes opératoires et critères des 2.2.51.1.6 à 2.2.51.1.9 ci-après et de la section 34.4 de la troisième partie du Manuel d'épreuves et de critères. En cas de divergence entre les résultats des épreuves et l'expérience acquise, le jugement fondé sur cette dernière doit prévaloir sur les résultats des épreuves.

2.2.51.1.4   Lorsque des matières de la classe 5.1, par suite d'adjonctions, passent dans d'autres catégories de danger que celles auxquelles appartiennent les matières nommément mentionnées au tableau A du chapitre 3.2, ces mélanges ou solutions doivent être affectés aux rubriques dont elles relèvent sur la base de leur danger réel.

NOTA : Pour classer les solutions et mélanges (tels que préparations et déchets), voir également 2.1.3.

2.2.51.1.5 Sur la base des procédures d'épreuve selon la section 34.4 de la troisième partie du Manuel d'épreuves et de critères et des critères des 2.2.51.1.6 à 2.2.51.1.9, on peut également déterminer si la nature d'une matière nommément mentionnée est telle que cette matière n'est pas soumise aux prescriptions relatives à la présente classe.

Matières solides comburantes

Classification

2.2.51.1.6 Lorsque des matières solides comburantes non nommément mentionnées au tableau A du chapitre 3.2 sont affectées à l'une des rubriques du 2.2.51.3 sur la base de la procédure d'épreuve selon la sous-section 34.4.1 de la troisième partie du Manuel d'épreuves et de critères, les critères suivants doivent être appliqués :

Une matière solide doit être affectée à la classe 5.1 si, en mélange de 4/1 ou de 1/1 avec la cellulose (en masse), elle s'enflamme ou brûle, ou a une durée de combustion moyenne égale ou inférieure à celle d'un mélange bromate de potassium/cellulose de 3/7 (en masse).

Affectation aux groupes d'emballage

2.2.51.1.7 Les matières solides comburantes classées sous les diverses rubriques du tableau A du chapitre 3.2 doivent être affectées aux groupes d'emballage I, II ou III sur la base de la procédure d'épreuve de la sous-section 34.4.1 de la troisième partie du Manuel d'épreuves et de critères, selon les critères suivants :

a) Groupe d'emballage I : toute matière qui, en mélange de 4/1 ou de 1/1 avec la cellulose (en masse) a une durée de combustion moyenne inférieure à la durée de combustion moyenne d'un mélange bromate de potassium/cellulose de 3/2 (en masse) ;

b) Groupe d'emballage II : toute matière qui, en mélange de 4/1 ou de 1/1 avec la cellulose (en masse) a une durée de combustion moyenne égale ou inférieure à la durée de combustion moyenne d'un mélange bromate de potassium/cellulose de 2/3 (en masse) et qui ne remplit pas les critères de classement dans le groupe d'emballage I ;

c) Groupe d'emballage III : toute matière qui, en mélange de 4/1 ou de 1/1 avec la cellulose (en masse) a une durée de combustion moyenne égale ou inférieure à la durée de combustion moyenne d'un mélange bromate de potassium/cellulose de 3/7 (en masse) et qui ne remplit pas les critères de classement dans les groupes d'emballage I et II.

Matières liquides comburantes

Classification

2.2.51.1.8 Lorsque des matières liquides comburantes non nommément mentionnées au tableau A du chapitre 3.2 sont affectées à l'une des rubriques du 2.2.51.3 sur la base de la procédure d'épreuve de la sous-section 34.4.2 de la troisième partie du Manuel d'épreuves et de critères, les critères suivants doivent être appliqués :

Une matière liquide doit être affectée à la classe 5.1 si, le mélange 1/1 de la masse et de la cellulose, elle a une montée en pression de 2 070 kPa (pression manométrique) au moins et un temps moyen de montée en pression égal ou inférieur à celui d'un mélange acide nitrique en solution aqueuse à 65 %/cellulose de 1/1 (en masse).

Affectation aux groupes d'emballage

2.2.51.1.9 Les liquides comburants classés sous les diverses rubriques du tableau A du chapitre 3.2 doivent être affectés aux groupes d'emballage I, II ou III sur la base des procédures d'épreuve de la sous-section 34.4.2 de la troisième partie du Manuel d'épreuves et de critères, selon les critères suivants :

a) Groupe d'emballage I : toute matière qui, en mélange de 1/1 (en masse) avec la cellulose, s'enflamme spontanément ; ou a un temps moyen de montée en pression inférieur à celui d'un mélange acide perchlorique à 50 %/cellulose de 1/1 (en masse) ;

b) Groupe d'emballage II : toute matière qui, en mélange de 1/1 (en masse) avec la cellulose, a un temps moyen de montée en pression inférieur ou égal à celui d'un mélange chlorate de sodium en solution aqueuse à 40 %/cellulose de 1/1 (en masse), et qui ne remplit pas les critères de classement dans le groupe d'emballage I ;

c) Groupe d'emballage III : toute matière qui, en mélange de 1/1 (en masse) avec la cellulose, a un temps moyen de montée en pression inférieur ou égal à celui d'un mélange acide nitrique en solution aqueuse à 65 %/cellulose de 1/1 (en masse), et qui ne remplit pas les critères de classement dans les groupes d'emballage I et II.

2.2.51.2 **_Matières non admises au transport_**

2.2.51.2.1 Les matières chimiquement instables de la classe 5.1 ne sont pas admises au transport à moins que les mesures nécessaires pour empêcher leur décomposition ou leur polymérisation dangereuses en cours de transport aient été prises. A cette fin, il y a lieu notamment de prendre soin que les récipients et citernes ne contiennent pas de substances pouvant favoriser ces réactions.

2.2.51.2.2 Les matières et mélanges suivants ne sont pas admis au transport :

– Les matières solides comburantes, auto-échauffantes, affectées au No ONU 3100, les matières solides comburantes, hydroréactives, affectées au No ONU 3121 et les matières solides comburantes, inflammables, affectées au No ONU 3137, sauf si elles répondent aux prescriptions relatives à la classe 1 (voir également 2.1.3.7) ;

– Le peroxyde d'hydrogène non stabilisé ou le peroxyde d'hydrogène en solution aqueuse, non stabilisé, contenant plus de 60 % de peroxyde d'hydrogène ;

– Le tétranitrométhane non exempt d'impuretés combustibles ;

– Les solutions d'acide perchlorique contenant plus de 72 % (masse) d'acide ou les mélanges d'acide perchlorique avec tout liquide autre que l'eau ;

– L'acide chlorique en solution contenant plus de 10 % d'acide chlorique ou les mélanges d'acide chlorique avec tout liquide autre que l'eau ;

– Les composés halogénés du fluor autres que les Nos ONU 1745 PENTAFLUORURE DE BROME, 1746 TRIFLUORURE DE BROME et 2495 PENTAFLUORURE D'IODE de la classe 5.1 ainsi que les Nos ONU 1749 TRIFLUORURE DE CHLORE et 2548 PENTAFLUORURE DE CHLORE de la classe 2 ;

– Le chlorate d'ammonium et ses solutions aqueuses et les mélanges d'un chlorate avec un sel d'ammonium ;

–   Le chlorite d'ammonium et ses solutions aqueuses et les mélanges d'un chlorite avec un sel d'ammonium ;

–   Les mélanges d'un hypochlorite avec un sel d'ammonium ;

–   Le bromate d'ammonium et ses solutions aqueuses et les mélanges d'un bromate avec un sel d'ammonium ;

–   Le permanganate d'ammonium et ses solutions aqueuses et les mélanges d'un permanganate avec un sel d'ammonium ;

–   Le nitrate d'ammonium contenant plus de 0,2 % de matières combustibles (y compris toute matière organique exprimée en équivalent carbone) sauf s'il entre dans la composition d'une matière ou d'un objet de la classe 1 ;

–   Les engrais d'une teneur en nitrate d'ammonium (pour déterminer la teneur en nitrate d'ammonium, tous les ions de nitrate pour lesquels un équivalent moléculaire d'ions d'ammonium est présent dans le mélange doivent être calculés comme nitrate d'ammonium) ou en matières combustibles supérieures aux valeurs indiquées dans la disposition spéciale 307 sauf dans les conditions applicables à la classe 1 ;

–   Le nitrite d'ammonium et ses solutions aqueuses et les mélanges d'un nitrite inorganique avec un sel d'ammonium ;

–   Les mélanges de nitrate de potassium, de nitrite de sodium et d'un sel d'ammonium.

2.2.51.3 *Liste des rubriques collectives*

Matières comburantes et objets contenant de telles matières	**liquides**	**O1**	3210 CHLORATES INORGANIQUES EN SOLUTION AQUEUSE, N.S.A. 3211 PERCHLORATES INORGANIQUES EN SOLUTION AQUEUSE, N.S.A. 3213 BROMATES INORGANIQUES EN SOLUTION AQUEUSE, N.S.A. 3214 PERMANGANATES INORGANIQUES EN SOLUTION AQUEUSE, N.S.A. 3216 PERSULFATES INORGANIQUES EN SOLUTION AQUEUSE, N.S.A. 3218 NITRATES INORGANIQUES EN SOLUTION AQUEUSE, N.S.A. 3219 NITRITES INORGANIQUES EN SOLUTION AQUEUSE, N.S.A. 3139 LIQUIDE COMBURANT, N.S.A.
Sans risque subsidiaire **O**	**solides**	**O2**	1450 BROMATES INORGANIQUES, N.S.A. 1461 CHLORATES INORGANIQUES, N.S.A. 1462 CHLORITES INORGANIQUES, N.S.A. 1477 NITRATES INORGANIQUES, N.S.A. 1481 PERCHLORATES INORGANIQUES, N.S.A. 1482 PERMANGANATES INORGANIQUES, N.S.A. 1483 PEROXYDES INORGANIQUES, N.S.A. 2627 NITRITES INORGANIQUES, N.S.A. 3212 HYPOCHLORITES INORGANIQUES, N.S.A. 3215 PERSULFATES INORGANIQUES, N.S.A. 1479 SOLIDE COMBURANT, N.S.A.
	objets	**O3**	3356 GÉNÉRATEUR CHIMIQUE D'OXYGÈNE
Solides, inflammables		**OF**	3137 SOLIDE COMBURANT, INFLAMMABLE, N.S.A. (non admis au transport, voir 2.2.51.2)
Solides, auto-échauffantes		**OS**	3100 SOLIDE COMBURANT, AUTO-ÉCHAUFFANT, N.S.A. (non admis au transport, voir 2.2.51.2)
Solides, auto-réactives		**OW**	3121 SOLIDE COMBURANT, HYDRORÉACTIF, N.S.A. (non admis au transport, voir 2.2.51.2)
Toxiques **OT**	**liquides**	**OT1**	3099 LIQUIDE COMBURANT, TOXIQUE, N.S.A.
	solides	**OT2**	3087 SOLIDE COMBURANT, TOXIQUE, N.S.A.
Corrosives **OC**	**liquides**	**OC1**	3098 LIQUIDE COMBURANT, CORROSIF, N.S.A.
	solides	**OC2**	3085 SOLIDE COMBURANT, CORROSIF, N.S.A.
Toxiques, corrosives		**OTC**	(Pas de rubrique collective portant ce code de classification ; le cas échéant, classement sous une rubrique collective portant un code de classification à déterminer d'après le tableau d'ordre de prépondérance des caractéristiques de danger du 2.1.3.10)

2.2.52   Classe 5.2   Peroxydes organiques

2.2.52.1   *Critères*

2.2.52.1.1   Le titre de la classe 5.2 couvre les peroxydes organiques et les préparations de peroxydes organiques.

2.2.52.1.2   Les matières de la classe 5.2 sont subdivisées comme suit :

P1   Peroxydes organiques, ne nécessitant pas de régulation de température ;
P2   Peroxydes organiques, nécessitant une régulation de température.

Définition

2.2.52.1.3   Les *peroxydes organiques* sont des matières organiques contenant la structure bivalente -O-O- et pouvant être considérées comme des dérivés du peroxyde d'hydrogène, dans lequel un ou deux des atomes d'hydrogène sont remplacés par des radicaux organiques.

Propriétés

2.2.52.1.4   Les peroxydes organiques sont sujets à décomposition exothermique à température normale ou élevée. La décomposition peut s'amorcer sous l'effet de la chaleur, du frottement, du choc, ou du contact avec des impuretés (acides, composés de métaux lourds, amines, etc.). La vitesse de décomposition croît avec la température et varie selon la composition du peroxyde. La décomposition peut entraîner un dégagement de vapeurs ou de gaz inflammables ou nocifs. Pour certains peroxydes organiques, une régulation de température est obligatoire pendant le transport. Certains peuvent se décomposer en produisant une explosion, surtout sous confinement. Cette caractéristique peut être modifiée par l'adjonction de diluants ou l'emploi d'emballages appropriés. De nombreux peroxydes organiques brûlent vigoureusement. On doit éviter tout contact des peroxydes organiques avec les yeux. Certains peuvent gravement endommager la cornée, même après un contact très bref, ou avoir des effets corrosifs pour la peau.

NOTA : Les méthodes d'épreuve pour déterminer l'inflammabilité des peroxydes organiques sont décrites à la sous-section 32.4 de la troisième partie du Manuel d'épreuves et de critères. Les peroxydes organiques pouvant réagir violemment lorsqu'ils sont chauffés, il est recommandé de déterminer leur point d'éclair en utilisant des échantillons de petites dimensions, selon la description de la norme ISO 3679:1983.

Classification

2.2.52.1.5   Tout peroxyde organique est censé être classé dans la classe 5.2, sauf si la préparation de peroxyde organique :

a)   ne contient pas plus de 1 % d'oxygène actif pour 1 % au maximum de peroxyde d'hydrogène ;

b)   ne contient pas plus de 0,5 % d'oxygène actif pour plus de 1 % mais 7 % au maximum de peroxyde d'hydrogène.

NOTA : La teneur en oxygène actif (en %) d'une préparation de peroxyde organique est donnée par la formule :

$$16 \times \Sigma \; (n_i \times c_i/m_i)$$

où :

n_i	=	*nombre de groupes peroxy par molécule du peroxyde organique i ;*
c_i	=	*concentration (% en masse) du peroxyde organique i ; et*
m_i	=	*masse moléculaire du peroxyde organique i.*

2.2.52.1.6   Les peroxydes organiques sont classés en sept types selon le degré de danger qu'ils présentent. Les types varient du type A qui n'est pas admis au transport dans l'emballage dans lequel il a été soumis à l'épreuve, au type G, qui n'est pas soumis aux prescriptions s'appliquant aux peroxydes organiques de la classe 5.2. La classification des types B à F est directement liée à la quantité maximale de matière autorisée par colis. Les principes à appliquer pour classer les matières qui ne figurent pas en 2.2.52.4 sont exposés dans la deuxième partie du Manuel d'épreuves et de critères.

2.2.52.1.7   Les peroxydes organiques déjà classés dont le transport en emballage est déjà autorisé sont énumérés au 2.2.52.4, ceux dont le transport en GRV est déjà autorisé sont énumérés au 4.1.4.2 de l'ADR, instruction d'emballage IBC520, et ceux dont le transport est déjà autorisé en citernes conformément aux chapitres 4.2 et 4.3 de l'ADR sont énumérés au 4.2.5.2 de l'ADR instruction de transport en citernes mobiles T23. Chaque matière autorisée énumérée est affectée à une rubrique générique du tableau A du chapitre 3.2 (Nos ONU 3101 à 3120), avec indication des risques subsidiaires et des observations utiles pour le transport de ces matières.

Ces rubriques collectives précisent :

–   le type (B à F) du peroxyde organique, (voir 2.2.52.1.6 ci-dessus) ;

–   l'état physique (liquide/solide) ; et

–   la régulation de température le cas échéant, voir 2.2.52.1.15 à 2.2.52.1.18 ci-après.

Les mélanges de ces préparations peuvent être assimilés au type de peroxyde organique le plus dangereux qui entre dans leur composition et être transportés sous les conditions prévues pour ce type. Toutefois, comme deux composants stables peuvent former un mélange moins stable à la chaleur, il faut déterminer la température de décomposition auto-accélérée (TDAA) du mélange et, si nécessaire, la température de régulation et la température critique calculées à partir de la TDAA, conformément au 2.2.52.1.16.

2.2.52.1.8   Le classement des peroxydes organiques non énumérés au 2.2.52.4, au 4.1.4.2 de l'ADR, instruction d'emballage IBC520, ou au 4.2.5.2 de l'ADR instruction de transport en citernes mobiles T23 et leur affectation à une rubrique collective doivent être faits par l'autorité compétente du pays d'origine. La déclaration d'agrément doit indiquer le classement et les conditions de transport applicables. Si le pays d'origine n'est pas Partie contractante à l'ADN, le classement et les conditions de transport doivent être reconnus par l'autorité compétente du premier pays Partie contractante à l'ADN touché par l'envoi.

2.2.52.1.9   Les échantillons de peroxydes organiques ou de préparations de peroxydes organiques non énumérés au 2.2.52.4, pour lesquels on ne dispose pas de données d'épreuves complètes et qui sont à transporter pour des épreuves ou des évaluations supplémentaires, doivent être affectés à l'une des rubriques relatives aux peroxydes organiques de type C, à condition que :

–   d'après les données disponibles, l'échantillon ne soit pas plus dangereux que les peroxydes organique de type B ;

–   l'échantillon soit emballé conformément à la méthode d'emballage OP2 du 4.1.4.1 de l'ADR et que la quantité par engin de transport soit limitée à 10 kg ;

–   d'après les données disponibles, la température de régulation, le cas échéant, soit suffisamment basse pour empêcher toute décomposition dangereuse et suffisamment élevée pour empêcher toute séparation dangereuse des phases.

Désensibilisation des peroxydes organiques

2.2.52.1.10   Pour assurer la sécurité pendant le transport des peroxydes organiques, on les désensibilise souvent en y ajoutant des matières organiques liquides ou solides, des matières inorganiques solides ou de l'eau. Lorsqu'un pourcentage de matière est stipulé, il s'agit de pourcentage en masse, arrondi à l'unité la plus proche. En général, la désensibilisation doit être telle qu'en cas de fuite, le peroxyde organique ne puisse pas se concentrer dans une mesure dangereuse.

2.2.52.1.11   Sauf indication contraire pour une préparation particulière de peroxyde organique, les définitions suivantes s'appliquent aux diluants utilisés pour la désensibilisation :

–   les diluants de type A sont des liquides organiques qui sont compatibles avec le peroxyde organique et qui ont un point d'ébullition d'au moins 150 °C. Les diluants de type A peuvent être utilisés pour désensibiliser tous les peroxydes organiques ;

–   les diluants de type B sont des liquides organiques qui sont compatibles avec le peroxyde organique et qui ont un point d'ébullition inférieur à 150 °C mais au moins égal à 60 °C et un point d'éclair d'au moins 5 °C.

Les diluants du type B peuvent être utilisés pour désensibiliser tout peroxyde organique à condition que le point d'ébullition du liquide soit d'au moins 60 °C plus élevé que la TDAA dans un colis de 50 kg.

2.2.52.1.12   Des diluants autres que ceux des types A ou B peuvent être ajoutés aux préparations de peroxydes organiques énumérées en 2.2.52.4 à condition d'être compatibles. Toutefois, le remplacement, en partie ou en totalité, d'un diluant du type A ou B par un autre diluant ayant des propriétés différentes oblige à une nouvelle évaluation de la préparation selon la procédure normale de classement pour la classe 5.2.

2.2.52.1.13   L'eau ne peut être utilisée que pour désensibiliser les peroxydes organiques dont la mention, en 2.2.52.4 ou dans la décision de l'autorité compétente selon le 2.2.52.1.8 ci-dessus, précise "avec de l'eau" ou "dispersion stable dans l'eau". Les échantillons et les préparations de peroxydes organiques qui ne sont pas énumérés en 2.2.52.4 peuvent également être désensibilisés avec de l'eau, à condition d'être conformes aux prescriptions du 2.2.52.1.9 ci-dessus.

2.2.52.1.14   Des matières solides organiques et inorganiques peuvent être utilisées pour désensibiliser les peroxydes organiques à condition d'être compatibles. Par matières compatibles liquides ou solides, on entend celles qui n'altèrent ni la stabilité thermique, ni le type de danger de la préparation.

2.2.52.1.15   Certains peroxydes organiques ne peuvent être transportés que dans des conditions de régulation de température. La température de régulation est la température maximale à laquelle le peroxyde organique peut être transporté en sécurité. On part de l'hypothèse que la température au voisinage immédiat du colis pendant le transport ne dépasse 55 °C que pendant une durée relativement courte par période de 24 heures. En cas de défaillance du système de régulation, il pourra être nécessaire d'appliquer les procédures d'urgence. La température critique est la température à laquelle ces procédures doivent être mises en oeuvre.

2.2.52.1.16   La température de régulation et la température critique sont calculées (voir le tableau 1) à partir de la TDAA, qui est la température la plus basse à laquelle une décomposition auto-accélérée peut se produire pour une matière dans l'emballage tel qu'utilisé pendant le transport. La TDAA doit être déterminée afin de décider si une matière doit être soumise à régulation de température pendant le transport. Les prescriptions pour la détermination de la TDAA se trouvent dans le Manuel d'épreuves et de critères, deuxième partie, section 20 et sous-section 28.4.

Tableau 1

Détermination de la température de régulation et de la température critique

Type de récipient	TDAA [a]	Température de régulation	Température critique
Emballages simples et GRV	≤ 20 °C	20 °C au-dessous de la TDAA	10 °C au-dessous de la TDAA
	> 20 °C ≤ 35 °C	15 °C au-dessous de la TDAA	10 °C au-dessous de la TDAA
	> 35 °C	10 °C au-dessous de la TDAA	5 °C au-dessous de la TDAA
Citernes	≤ 50 °C	10 °C au-dessous de la TDAA	5 °C au-dessous de la TDAA

[a]   *TDAA de la matière telle qu'emballée pour le transport.*

2.2.52.1.17   Les peroxydes organiques suivants sont soumis à régulation de température pendant le transport :

–   les peroxydes organiques des types B et C ayant une TDAA ≤ 50 °C ;

–   les peroxydes organiques de type D manifestant un effet moyen lors de chauffage sous confinement et ayant une TDAA ≤ 50 °C, ou manifestant un faible ou aucun effet lors de chauffage sous confinement et ayant une TDAA ≤ 45 °C ; et

–   les peroxydes organiques des types E et F ayant une TDAA ≤ 45 °C.

NOTA *: Les prescriptions pour déterminer les effets de chauffage sous confinement se trouvent dans le Manuel d'épreuves et de critères, Partie II, section 20 et sous-section 28.4.*

2.2.52.1.18   La température de régulation ainsi que la température critique, le cas échéant, sont indiquées en 2.2.52.4. La température réelle de transport peut être inférieure à la température de régulation, mais elle doit être fixée de manière à éviter une séparation dangereuse des phases.

2.2.52.2 *Matières non admises au transport*

Les peroxydes organiques du type A ne sont pas admis au transport aux conditions de la classe 5.2 (voir le 20.4.3 a) de la deuxième partie du Manuel d'épreuves et de critères).

2.2.52.3 **Liste des rubriques collectives**

Peroxydes organiques			
		PEROXYDE ORGANIQUE DU TYPE A, LIQUIDE	} non admis au transport, voir 2.2.52.2
		PEROXYDE ORGANIQUE DU TYPE A, SOLIDE	
	3101	PEROXYDE ORGANIQUE DU TYPE B, LIQUIDE	
	3102	PEROXYDE ORGANIQUE DU TYPE B, SOLIDE	
	3103	PEROXYDE ORGANIQUE DU TYPE C, LIQUIDE	
Ne nécessitant pas de	3104	PEROXYDE ORGANIQUE DU TYPE C, SOLIDE	
régulation de température **P1**	3105	PEROXYDE ORGANIQUE DU TYPE D, LIQUIDE	
	3106	PEROXYDE ORGANIQUE DU TYPE D, SOLIDE	
	3107	PEROXYDE ORGANIQUE DU TYPE E, LIQUIDE	
	3108	PEROXYDE ORGANIQUE DU TYPE E, SOLIDE	
	3109	PEROXYDE ORGANIQUE DU TYPE F, LIQUIDE	
	3110	PEROXYDE ORGANIQUE DU TYPE F, SOLIDE	
		PEROXYDE ORGANIQUE DU TYPE G, LIQUIDE	} non soumis aux prescriptions applicables à
		PEROXYDE ORGANIQUE DU TYPE G, SOLIDE	la classe 5.2, voir 2.2.52.1.6
	3111	PEROXYDE ORGANIQUE DU TYPE B, LIQUIDE, AVEC RÉGULATION DE TEMPÉRATURE	
	3112	PEROXYDE ORGANIQUE DU TYPE B, SOLIDE, AVEC RÉGULATION DE TEMPÉRATURE	
	3113	PEROXYDE ORGANIQUE DU TYPE C, LIQUIDE, AVEC RÉGULATION DE TEMPÉRATURE	
	3114	PEROXYDE ORGANIQUE DU TYPE C, SOLIDE, AVEC RÉGULATION DE TEMPÉRATURE	
Nécessitant une régulation	3115	PEROXYDE ORGANIQUE DU TYPE D, LIQUIDE, AVEC RÉGULATION DE TEMPÉRATURE	
de température **P2**	3116	PEROXYDE ORGANIQUE DU TYPE D, SOLIDE, AVEC RÉGULATION DE TEMPÉRATURE	
	3117	PEROXYDE ORGANIQUE DU TYPE E, LIQUIDE, AVEC RÉGULATION DE TEMPÉRATURE	
	3118	PEROXYDE ORGANIQUE DU TYPE E, SOLIDE, AVEC RÉGULATION DE TEMPÉRATURE	
	3119	PEROXYDE ORGANIQUE DU TYPE F, LIQUIDE, AVEC RÉGULATION DE TEMPÉRATURE	
	3120	PEROXYDE ORGANIQUE DU TYPE F, SOLIDE, AVEC RÉGULATION DE TEMPÉRATURE	

2.2.52.4 *Liste des peroxydes organiques déjà classés transportés en emballages*

Dans la colonne "Méthode d'emballage", les codes "OP1" à "OP8" se rapportent aux, méthodes d'emballage de l'instruction d'emballage P520, au 4.1.4.1 de l'ADR (voir aussi le 4.1.7.1 de l'ADR). Les peroxydes organiques à transporter doivent remplir les conditions de classification, de température de régulation et de température critique (déduites de la TDAA), comme indiqué. Pour les matières dont le transport en GRV est autorisé, voir 4.1.4.2 de l'ADR, instruction d'emballage IBC520, et pour celles dont le transport en citernes est autorisé conformément aux chapitres 4.2 et 4.3 de l'ADR, voir 4.2.5.2 de l'ADR, instruction de transport en citernes mobiles T23.

PEROXYDE ORGANIQUE	Concentration (%)	Diluant type A (%)	Diluant type B (%) 1)	Matières solides inertes (%)	Eau (%)	Méthode d'emballage	Température de régulation (°C)	Température critique (°C)	No ONU (rubrique générique)	Observations (voir fin du tableau)
ACIDE CHLORO-3 PEROXYBENZOÏQUE	> 57 - 86			≥ 14		OP1			3102	3)
"	≤ 57			≥ 3	≥ 40	OP7			3106	
"	≤ 77			≥ 6	≥ 17	OP7			3106	
ACIDE PEROXYACÉTIQUE, TYPE D, stabilisé	≤ 43					OP7			3105	13), 14), 19)
ACIDE PEROXYACÉTIQUE, TYPE E, stabilisé	≤ 43					OP8			3107	13), 15), 19)
ACIDE PEROXYACÉTIQUE, TYPE F, stabilisé	≤ 43					OP8			3109	13), 16), 19)
ACIDE PEROXYLAURIQUE	≤ 100					OP8	+35	+40	3118	
BIS (tert-AMYLPEROXY)-2,2 BUTANE	≤ 57	≥ 43				OP7			3105	
BIS (tert-AMYLPEROXY)-3,3 BUTYRATE D'ÉTHYLE	≤ 67	≥ 33				OP7			3105	
BIS (tert-AMYLPEROXY)-1,1 CYCLOHEXANE	≤ 82	≥ 18				OP6			3103	
BIS (tert-BUTYLPEROXY)-2,2 BUTANE	≤ 52	≥ 48				OP6			3103	
BIS (tert-BUTYLPEROXY)-3,3 BUTYRATE D'ÉTHYLE	> 77 – 100	≥ 23				OP5			3103	
"	≤ 77					OP7			3105	
"	≤ 52			≥ 48		OP7			3106	
BIS (tert-BUTYLPEROXY)-1,1 CYCLOHEXANE	> 80 – 100					OP5			3101	3)
"	≤ 72		≥ 28			OP5			3103	30)
"	> 52 – 80	≥ 20				OP5			3103	
"	> 42 – 52	≥ 48				OP7			3105	
"	≤ 42	≥ 13		≥ 45		OP7			3106	
"	≤ 42	≥ 58				OP8			3109	
"	≤ 27	≥ 25				OP8			3107	21)
"	≤ 13	≥ 13	≥ 74			OP8			3109	
BIS (tert-BUTYLPEROXY)-1,1 CYCLOHEXANE + ÉTHYL-2 PEROXYHEXANOATE DE tert-BUTYLE	≤ 43 + ≤ 16	≥ 41				OP7			3105	
BIS (tert- BUTYLPEROXYISOPROPYL) BENZÈNE(S)	> 42 – 100			≤ 57		OP7			3106	
"	≤ 42			≥ 58					exempt	29)
BIS (tert-BUTYLPEROXY)-2,2 PROPANE	≤ 52	≥ 48				OP7			3105	
"	≤ 42	≥ 13		≥ 45		OP7			3106	
BIS (tert-BUTYLPEROXY)-1,1 TRIMÉTHYL-3,3,5 CYCLOHEXANE	> 90 - 100					OP5			3101	3)
"	≤ 90		≥ 10			OP5			3103	30)
"	> 57 – 90	≥ 10				OP5			3103	
"	≤ 77		≥ 23			OP8			3103	
"	≤ 57	≥ 43		≥ 43		OP8			3110	
"	≤ 57					OP8			3107	
"	≤ 32	≥ 26	≥ 42			OP8			3107	

PEROXYDE ORGANIQUE	Concentration (%)	Diluant type A (%)	Diluant type B (%) 1)	Matières solides inertes (%)	Eau (%)	Méthode d'emballage	Température de régulation (°C)	Température critique (°C)	No ONU (rubrique générique)	Observations (voir fin du tableau)
BIS (tert-BUTYLPEROXY)-4,4 VALÉRATE DE n-BUTYLE	>52 – 100					OP5			3103	
"	≤ 52			≥ 48		OP8			3108	
BIS (DI-tert-BUTYLPEROXY-4,4 CYCLOHEXYL)-2,2 PROPANE	≤ 42			≥ 58		OP7			3106	
"	≤ 22		≥ 78			OP8			3107	
BIS (HYDROPEROXY)-2,2 PROPANE	≤ 27			≥ 73		OP5			3102	3)
BIS (NÉODÉCANOYL-2 PEROXYISOPROPYL) BENZÈNE	≤ 52	≥ 48				OP7	-10	0	3115	
tert-BUTYLPEROXYCARBONATE DE STÉARYLE	≤ 100					OP7			3106	
(tert-BUTYL-2 PEROXYISOPROPYL)-1 ISOPROPENYL-3 BENZÈNE	≤ 77	≥ 23				OP7			3105	
"	≤ 42			≥ 58		OP8			3108	
CARBONATE D'ISOPROPYLE ET DE PEROXY tert-AMYLE	≤ 77	≥ 23				OP5			3103	
CARBONATE D'ISOPROPYLE ET DE PEROXY tert-BUTYLE	≤ 77	≥ 23				OP5			3103	
([3R-(3R,5aS,6S,8aS,9R,10R,12S,12aR**)]-DÉCAHYDRO-10-MÉTHOXY-3,6,9-TRIMÉTHYL-3,12-ÉPOXY-12H-PYRANO[4.3-j]-1,2-BENZODIOXÉPINE)	≤ 100					OP7			3106	
DI-(tert-BUTYLPEROXY-CARBONYLOXY)-1,6 HEXANE	≤ 72	≥ 28				OP5			3103	
DIHYDROPEROXYDE DE DIISOPROPYLBENZÈNE	≤ 82	≥ 5			≥ 5	OP7			3106	24)
DIMÉTHYL-2,5 BIS (BENZOYLPEROXY)-2,5 HEXANE	> 82 - 100					OP5			3102	3)
"	≤ 82			≥ 18		OP7			3106	
"	≤ 82				≥ 18	OP5			3104	
DIMÉTHYL-2,5 BIS (tert-BUTYLPEROXY)-2,5 HEXANE	> 90 - 100					OP5			3103	
"	≤ 77			≥ 23		OP8			3108	
"	>52-90	≥10				OP7			3105	
"	≤ 52	≥ 48				OP8			3109	
"	≤ 47 (pâte)					OP8			3108	
DIMÉTHYL-2,5 BIS (tert-BUTYLPEROXY)-2,5 HEXYNE-3	> 86 – 100					OP5			3101	3)
"	> 52 – 86	≥ 14				OP5			3103	26)
"	≤ 52			≥ 48		OP7			3106	
DIMÉTHYL-2,5 BIS (ÉTHYL-2 HEXANOYLPEROXY)- 2,5 HEXANE	≤ 100					OP5	+ 20	+ 25	3113	
DIMÉTHYL-2,5 BIS (TRIMÉTHYL-3,5,5 HEXANOYLPEROXY)-2,5 HEXANE	≤ 77	≥ 23				OP7			3105	
DIMÉTHYL-2,5 (DIHYDROPEROXY)-2,5 HEXANE	≤ 82				≥ 18	OP6			3104	

PEROXYDE ORGANIQUE	Concentration (%)	Diluant type A (%)	Diluant type B (%) 1	Matières solides inertes (%)	Eau (%)	Méthode d'emballage	Température de régulation (°C)	Température critique (°C)	No ONU (rubrique générique)	Observations (voir fin du tableau)
DIPEROXYAZÉLATE DE tert-BUTYLE	≤ 52	≥ 48				OP7			3105	
DIPEROXYPHTALATE DE tert-BUTYLE	> 42 - 52	≥ 48				OP7			3105	
"	≤ 52 (pâte)					OP7		-	3106	20)
"	≤ 42	≥ 58				OP8			3107	
ÉTHYLHEXYL-2 PEROXYCARBONATE DE tert-AMYLE	≤ 100					OP7			3105	
ÉTHYL-2 PEROXYHEXANOATE DE tert-AMYLE	≤ 100					OP7	+ 20	+ 25	3115	
ÉTHYL-2 PEROXYHEXANOATE DE tert-BUTYLE	> 52 - 100					OP6	+ 20	+ 25	3113	
"	> 32 - 52		≥ 48			OP8	+ 30	+ 35	3117	
"	≤ 52			≥ 48		OP8	+ 20	+ 25	3118	
"	≤ 32		≥ 68			OP8	+ 40	+ 45	3119	
ÉTHYL-2 PEROXYHEXANOATE DE tert-BUTYLE + BIS(tert-BUTYLPEROXY)-2,2 BUTANE	≤ 12 + ≤ 14	≥ 14		≥ 60		OP7			3106	
"	≤ 31 + ≤ 36		≥ 33			OP7	+ 35	+ 40	3115	
ÉTHYL-2 PEROXYHEXANOATE DE TÉTRAMÉTHYL-1,1,3,3 BUTYLE	≤ 100					OP7	+ 15	+ 20	3115	
ÉTHYL-2 PEROXYHEXYLCARBONATE DE tert-BUTYLE	≤ 100					OP7			3105	
HYDROPEROXYDE DE tert-AMYLE	≤ 88	≥ 6			≥ 6	OP8			3107	
HYDROPEROXYDE DE tert-BUTYLE	> 79 - 90				≥ 10	OP5			3103	13)
"	≤ 80	≥ 20				OP7			3105	4), 13)
"	≤ 79				> 14	OP8			3107	13), 23)
"	≤ 72				≥ 28	OP8			3109	13)
HYDROPEROXYDE DE tert-BUTYLE + PEROXYDE DE DI-tert-BUTYLE	< 82 + > 9				≥ 7	OP5			3103	13)
HYDROPEROXYDE DE CUMYLE	> 90 - 98	≤ 10				OP8			3107	13)
"	≤ 90	≥ 10				OP8			3109	13), 18)
HYDROPEROXYDE D'ISOPROPYLCUMYLE	≤ 72	≥ 28				OP8			3109	13)
HYDROPEROXYDE DE p-MENTHYLE	> 72 - 100					OP7			3105	13)
"	≤ 72	≥ 28				OP8			3109	27)
HYDROPEROXYDE DE PINANYLE	> 56 - 100					OP7			3105	13)
"	≤ 56	≥ 44				OP8			3109	
HYDROPEROXYDE DE TÉTRAMÉTHYL-1,3,3,3 BUTYLE	≤ 100					OP7			3105	
MÉTHYL-2 PEROXYBENZOATE DE tert-BUTYLE	≤ 100					OP5			3103	
MONOPEROXYMALÉATE DE tert-BUTYLE	> 52 - 100					OP5			3102	3)
"	≤ 52	≥ 48				OP6			3103	
"	≤ 52			≥ 48		OP8			3108	
"	≤ 52 (pâte)					OP8			3108	
PENTAMÉTHYL-3,3,5,7,7 TRIOXEPANE-1,2,4	≤ 100					OP8			3107	

PEROXYDE ORGANIQUE	Concentration (%)	Diluant type A (%)	Diluant type B (%) 1)	Matières solides inertes (%)	Eau (%)	Méthode d'emballage	Température de régulation (°C)	Température critique (°C)	No ONU (rubrique générique)	Observations (voir fin du tableau)
PEROXYACÉTATE DE tert-AMYLE	≤ 62	≥ 38				OP7			3105	
PEROXYACÉTATE DE tert-BUTYLE	> 52 - 77	≥ 23				OP5			3101	3)
"	> 32 – 52	≥ 48				OP6			3103	
"	≤ 32		≥ 68			OP8			3109	
PEROXYBENZOATE DE tert-AMYLE	≤ 100					OP5			3103	
PEROXYBENZOATE DE tert-BUTYLE	> 77 - 100					OP5			3103	
"	> 52 - 77	≥ 23				OP7			3105	
"	≤ 52			≥ 48		OP7			3106	
PEROXYBUTYLFUMARATE DE tert-BUTYLE	≤ 52	≥ 48				OP7			3105	
PEROXYCARBONATE DE POLY-tert-BUTYLE ET DE POLYÉTHER	≤ 52		≥ 48			OP8			3107	
PEROXYCROTONATE DE tert-BUTYLE	≤ 77	≥ 23				OP7			3105	
PEROXYDE D'ACÉTYLACÉTONE	≤ 42	≥ 48			≥ 8	OP7			3105	2)
"	≤ 32 (pâte)					OP7			3106	20)
PEROXYDE D'ACÉTYLE ET DE CYCLOHEXANE SULFONYLE	≤ 82				≥ 12	OP4	-10	0	3112	3)
"	≤ 32		≥ 68			OP7	-10	0	3115	
PEROXYDE DE tert-AMYLE	≤ 100					OP8			3107	
PEROXYDE DE BIS (CHLORO-4 BENZOYLE)	≤ 77				≥ 23	OP5			3102	3)
"	≤ 52 (pâte)					OP7			3106	20)
"	≤ 32			≥ 68					exempt	29)
PEROXYDE DE BIS (DICHLORO-2,4 BENZOYLE)	≤ 77				≥ 23	OP5			3102	3)
"	≤ 52 (pâte)					OP8	+ 20	+ 25	3118	
"	≤ 52 (pâte avec huile de silicone)					OP7			3106	
PEROXYDE DE BIS (HYDROXY-1 CYCLOHEXYLE)	≤ 100					OP7			3106	
PEROXYDE DE BIS (MÉTHYL-2 BENZOYLE)	≤ 87				≥ 13	OP5	+ 30	+ 35	3112	3)
PEROXYDE DE BIS (MÉTHYL-3 BENZOYLE)+PEROXYDE DE BENZOYLE ET DE MÉTHYL-3 BENZOYLE+ PEROXYDE DE DIBENZOYLE	≤ 20+ ≤ 18+ ≤ 4		≥ 58			OP7	+35	+40	3115	
PEROXYDE DE BIS (MÉTHYL-4 BENZOYLE)	≤ 52 (pâte avec huile de silicone)					OP7			3106	
PEROXYDE DE BIS (TRIMÉTHYL-3,5,5 HEXANOYLE)	> 38-52	≥ 48				OP8	+10	+15	3119	
"	> 52-82	≥ 18				OP7	0	+ 10	3115	
"	≤ 52 (dispersion stable dans l'eau)					OP8	+ 10	+ 15	3119	
"	≤ 38	≥ 62				OP8	+ 20	+ 25	3119	
PEROXYDE DE tert-BUTYLE ET DE CUMYLE	> 42 – 100					OP8			3107	

PEROXYDE ORGANIQUE	Concentration (%)	Diluant type A (%)	Diluant type B (%) 1)	Matières solides inertes (%)	Eau (%)	Méthode d'emballage	Température de régulation (°C)	Température critique (°C)	No ONU (rubrique générique)	Observations (voir fin du tableau)
"	≤ 52			≥ 48		OP8			3108	
PEROXYDE(S) DE CYCLOHEXANONE	≤ 91				≥ 9	OP6			3104	13)
"	≤ 72	≥ 28				OP7			3105	5)
"	≤ 72 (pâte)					OP7			3106	5), 20)
"	≤ 32			≥ 68					exempt	29)
PEROXYDES DE DIACÉTONE-ALCOOL	≤ 57		≥ 26		≥ 8	OP7	+ 40	+ 45	3115	6)
PEROXYDE DE DIACÉTYLE	≤ 27		≥ 73			OP7	+ 20	+ 25	3115	7), 13)
PEROXYDE DE DIBENZOYLE	> 51 - 100			≤ 48		OP2			3102	3)
"	> 77 - 94				≥ 6	OP4			3102	3)
"	≤ 77				≥ 23	OP6			3104	
"	≤ 62			≥ 28	≥ 10	OP7			3106	20)
"	> 52 - 62 (pâte)					OP7			3106	
"	> 35 - 52			≥ 48		OP7			3106	
"	> 36 - 42	≥ 18				OP8			3107	
"	≤ 56,5 (pâte)				≤ 40	OP8			3108	
"	≤ 52 (pâte)				≥ 15	OP8			3108	20)
"	≤ 42 (dispersion stable dans l'eau)					OP8			3109	
PEROXYDE DE DI-tert-BUTYLE	≤ 35			≥ 65					exempt	29)
"	> 52 - 100					OP8			3107	25)
PEROXYDE DE DICUMYLE	≤ 52		≥ 48			OP8			3109	12)
"	> 52 - 100					OP8			3110	
"	≤ 52			≥ 48					exempt	29)
PEROXYDE DE DIDÉCANOYLE	≤ 100					OP6	+ 30	+ 35	3114	
PEROXYDE DE DIISOBUTYRYLE	> 32 - 52		≥ 48			OP5	- 20	- 10	3111	3)
"	≤ 32		≥ 68			OP7	- 20	- 10	3115	
PEROXYDE DE DILAUROYLE	≤ 100					OP7			3106	
"	≤ 42 (dispersion stable dans l'eau)					OP8			3109	
PEROXYDE DE DI-n-NONANOYLE	≤ 100					OP7	0	+ 10	3116	
PEROXYDE DE DI-n-OCTANOYLE	≤ 100					OP5	+ 10	+ 15	3114	
PEROXYDE DE DIPROPIONYLE	≤ 27		≥ 73			OP8	+ 15	+ 20	3117	
PEROXYDE DE DISUCCINYLE	> 72 - 100					OP4			3102	3), 17)
"	≤ 72				≥ 28	OP7	+ 10	+ 15	3116	
PEROXYDE(S) DE MÉTHYLCYCLOHEXANONE	≤ 67		≥ 33			OP7	+ 35	+ 40	3115	
PEROXYDE(S) DE MÉTHYLÉTHYLCÉTONE	voir observation 8)	≥ 48				OP5			3101	3), 8), 13)
"	voir observation 9)	≥ 55				OP7			3105	9)
"	voir observation 10)	≥ 60				OP8			3107	10)
PEROXYDE(S) DE MÉTHYLISOBUTYLCÉTONE	≤ 62	≥ 19				OP7			3105	22)

PEROXYDE ORGANIQUE	Concentration (%)	Diluant type A (%)	Diluant type B (%) 1	Matières solides inertes (%)	Eau (%)	Méthode d'emballage	Température de régulation (°C)	Température critique (°C)	No ONU (rubrique générique)	Observations (voir fin du tableau)
PEROXYDE(S) DE MÉTHYLISOPROPYLCÉTONE	voir observation 31)	≥ 70				OP8			3109	31)
PEROXYDE ORGANIQUE, LIQUIDE, ÉCHANTILLON DE						OP2			3103	11)
PEROXYDE ORGANIQUE, LIQUIDE, ÉCHANTILLON DE, AVEC RÉGULATION DE TEMPÉRATURE						OP2			3113	11)
PEROXYDE ORGANIQUE, SOLIDE, ÉCHANTILLON DE						OP2			3104	11)
PEROXYDE ORGANIQUE, SOLIDE, ÉCHANTILLON DE, AVEC RÉGULATION DE TEMPÉRATURE						OP2			3114	11)
PEROXYDICARBONATE DE BIS (tert-BUTYL-4 CYCLOHEXYLE)	≤ 100					OP6	+ 30	+ 35	3114	
"	≤ 42 (dispersion stable dans l'eau)					OP8	+ 30	+ 35	3119	
PEROXYDICARBONATE DE BIS (sec-BUTYLE)	> 52 - 100					OP4	-20	-10	3113	
"	≤ 52		≥ 48			OP7	-15	-5	3115	
PEROXYDICARBONATE DE BIS (ÉTHOXY-2 ÉTHYLE)	≤ 52		≥ 48			OP7	-10	0	3115	
PEROXYDICARBONATE DE BIS (MÉTHOXY-3 BUTYLE)	≤ 52		≥ 48			OP7	-5	+5	3115	
PEROXYDICARBONATE DE BIS (PHÉNOXY-2 ÉTHYLE)	> 85 - 100					OP5			3102	3)
"	≤ 85				≥ 15	OP7			3106	
PEROXYDICARBONATE DE DI-n-BUTYLE	> 27 - 52		≥ 48			OP7	-15	-5	3115	
"	≤ 27		≥ 73			OP8	-10	0	3117	
"	≤ 42 (dispersion stable dans l'eau (congelée))					OP8	-15	-5	3118	
PEROXYDICARBONATE DE DICÉTYLE	≤ 100					OP7	+ 30	+ 35	3116	
"	≤ 42 (dispersion stable dans l'eau)					OP8	+ 30	+ 35	3119	
PEROXYDICARBONATE DE DICYCLOHEXYLE	> 91 - 100					OP3	+ 10	+ 15	3112	3)
"	≤ 91				≥ 9	OP5	+ 10	+ 15	3114	
PEROXYDICARBONATE DE DIISOPROPYLE	≤ 42 (dispersion stable dans l'eau)					OP8	+ 15	+ 20	3119	
"	> 52 - 100					OP2	-15	-5	3112	3)
"	≤ 52		≥ 48			OP7	-20	-10	3115	
"	≤ 32	≥ 68				OP7	-15	-5	3115	
PEROXYDICARBONATE DE DIMYRISTYLE	≤ 100					OP7	+ 20	+ 25	3116	
"	≤ 42 (dispersion stable dans l'eau)					OP8	+ 20	+ 25	3119	
PEROXYDICARBONATE DE DI-n-PROPYLE	≤ 100					OP3	-25	-15	3113	
"	≤ 77		≥ 23			OP5	-20	-10	3113	

PEROXYDE ORGANIQUE	Concentration (%)	Diluant type A (%)	Diluant type B (%) 1)	Matières solides inertes (%)	Eau (%)	Méthode d'emballage	Température de régulation (°C)	Température critique (°C)	No ONU (rubrique générique)	Observations (voir fin du tableau)
PEROXYDICARBONATE D'ÉTHYL-2 HEXYLE	>77 – 100					OP5	-20	-10	3113	
"	≤ 77		≥ 23			OP7	-15	-5	3115	
	≤ 62 (dispersion stable dans l'eau)					OP8	-15	-5	3119	
"	≤ 52 (dispersion stable dans l'eau, congelé)					OP8	-15	-5	3120	
PEROXYDICARBONATE D'ISOPROPYLE ET DE sec-BUTYLE + PEROXYDICARBONATE DE BIS (sec-BUTYLE) + PEROXYDICARBONATE DE DIISOPROPYLE	≤ 32 + ≤ 15-18 + ≤ 12-15	≥ 38				OP7	-20	-10	3115	
"	≤ 52 + ≤ 28 + ≤ 22					OP5	-20	-10	3111	3)
PEROXYDIÉTHYLACÉTATE DE tert-BUTYLE	≤ 100					OP5	+20	+25	3113	
PEROXYISOBUTYRATE DE tert-BUTYLE	>52 - 77		≥ 23			OP5	+15	+20	3111	3)
	≤ 52		≥ 48			OP7	+15	+20	3115	
PEROXYNÉODÉCANOATE DE tert-AMYLE	≤ 77		≥ 23			OP7	0	+10	3115	
	≤ 47	≥ 53				OP8	0	+10	3119	
PEROXYNÉODÉCANOATE DE tert-BUTYLE	>77 - 100					OP7	-5	+5	3115	
	≤ 77		≥ 23			OP7	0	+10	3115	
	≤ 52 (dispersion stable dans l'eau)					OP8	0	+10	3119	
	≤ 42 (dispersion stable dans l'eau, congelé)					OP8	0	+10	3118	
PEROXYNÉODÉCANOATE DE CUMYLE	≤ 32	≥ 68				OP8	0	+10	3119	
	≤ 87	≥ 13				OP7	- 10	0	3115	
	≤ 77		≥ 23			OP7	-10	0	3115	
"	≤ 52 (dispersion stable dans l'eau)					OP8	-10	0	3119	.
PEROXYNÉODÉCANOATE DE DIMÉTHYL-1,1 HYDROXY-3 BUTYLE	≤ 77	≥ 23				OP7	- 5	+ 5	3115	
"	≤ 52	≥ 48				OP8	- 5	+ 5	3117	
	≤ 52 (dispersion stable dans l'eau)					OP8	- 5	+ 5	3119	
PEROXYNÉODÉCANOATE DE tert-HEXYLE	≤ 71	≥ 29				OP7	0	+10	3115	
PEROXYNÉODÉCANOATE DE TÉTRAMÉTHYL-1,1,3,3 BUTYLE	≤ 72		≥ 28			OP7	-5	+ 5	3115	
"	≤ 52 (dispersion stable dans l'eau)					OP8	-5	+ 5	3119	
PEROXYNÉOHEPTANOATE DE tert-BUTYLE	≤ 77	≥ 23				OP7	0	+10	3115	
"	≤ 42 (dispersion stable dans l'eau)					OP8	0	+10	3117	
PEROXYNÉOHEPTANOATE DE CUMYLE	≤ 77	≥ 23				OP7	-10	+ 0	3115	

PEROXYDE ORGANIQUE	Concentration (%)	Diluant type A (%)	Diluant type B (%) 1)	Matières solides inertes (%)	Eau (%)	Méthode d'emballage	Température de régulation (°C)	Température critique (°C)	No ONU (rubrique générique)	Observations (voir fin du tableau)
PEROXYNÉOHEPTANOATE DE DIMÉTHYL-1,1 HYDROXY-3 BUTYLE	≤ 52	≥ 48				OP8	0	+ 10	3117	
PEROXYPIVALATE DE tert-AMYLE	≤ 77		≥ 23			OP5	+ 10	+ 15	3113	
PEROXYPIVALATE DE tert-BUTYLE	> 67 – 77	≥ 23				OP5	0	+ 10	3113	
"	> 27 – 67		≥ 33			OP7	0	+ 10	3115	
"	≤ 27		≥ 73			OP8	+ 30	+ 35	3119	
PEROXYPIVALATE DE CUMYLE	≤ 77		≥ 23			OP7	-5	+ 5	3115	
PEROXYPIVALATE D(ÉTHYL-2 HEXANOYLPEROXY)-1 DIMÉTHYL-1,3 BUTYLE	≤ 52	≥ 45	≥ 10			OP7	-20	-10	3115	
PEROXYPIVALATE DE tert-HEXYLE	≤ 72		≥ 28			OP7	+ 10	+ 15	3115	
PEROXYPIVALATE DE TÉTRAMÉTHYL-1,1,3,3 BUTYLE	≤ 77	≥ 23				OP7	0	+ 10	3115	
TRIÉTHYL-3,6,9 TRIMÉTHYL-3,6,9 TRIPEROXONANNE-1,4,7	≤ 17	≥ 18		≥ 65		OP8			3110	
"	≤ 42	≥ 58				OP7			3105	28)
TRIMÉTHYL-3,5,5 PEROXYHEXANOATE DE tert-AMYLE	≤ 100					OP7			3105	
TRIMÉTHYL-3,5,5 PEROXYHEXANOATE DE tert-BUTYLE	> 32 – 100					OP7			3105	
"	≤ 42			≥ 58		OP7			3106	
"	≤ 32		≥ 68			OP8			3109	

Observations (référant à la dernière colonne du tableau au 2.2.52.4)

1) Un diluant du type B peut toujours être remplacé par un diluant du type A. Le point d'ébullition du diluant type B doit être supérieur d'au moins 60° C à la TDAA du peroxyde organique.

2) Oxygène actif ≤ 4,7 %.

3) Étiquette de risque subsidiaire de "MATIÈRE EXPLOSIBLE" requise (Modèle No.1, voir 5.2.2.2.2.).

4) Le diluant peut être remplacé par du peroxyde de di-tert-butyle.

5) Oxygène actif ≤ 9 %.

6) Jusqu'à 9 % de peroxyde d'hydrogène : oxygène actif ≤ 10 %.

7) Seuls les emballages non métalliques sont admis.

8) Oxygène actif > 10% et ≤ 10,7% avec ou sans eau.

9) Oxygène actif ≤ 10%, avec ou sans eau.

10) Oxygène actif ≤ 8,2%, avec ou sans eau.

11) Voir 2.2.52.1.9.

12) La quantité par récipient, pour les PEROXYDES ORGANIQUES DU TYPE F, peut aller jusqu'à 2000 kg, en fonction des résultats des essais à grande échelle.

13) Étiquette de risque subsidiaire de "MATIÈRE CORROSIVE" requise (Modèle No. 8, voir 5.2.2.2.2).

14) Préparations d'acide peroxyacétique qui satisfont aux critères du 20.4.3 d) du Manuel d'épreuves et de critères.

15) Préparations d'acide peroxyacétique qui satisfont aux critères du 20.4.3 e) du Manuel d'épreuves et de critères.

16) Préparations d'acide peroxyacétique qui satisfont aux critères du 20.4.3 f) du Manuel d'épreuves et de critères.

17) L'adjonction d'eau à ce peroxyde organique réduit sa stabilité thermique.

18) Une étiquette de risque subsidiaire de "MATIÈRE CORROSIVE" (Modèle No. 8, voir 5.2.2.2.2) n'est pas nécessaire pour les concentrations inférieures à 80 %.

19) Mélange avec du peroxyde d'hydrogène, de l'eau et un (des) acide(s).

20) Avec un diluant du type A, avec ou sans eau.

21) Avec au moins 25% (masse) du diluant du type A, et en plus, de l'éthylbenzène.

22) Avec au moins 19% (masse) du diluant du type A, et en plus, de la méthylisobutylcétone.

23) Avec moins de 6 % de peroxyde de di-tert-butyle.

24) Jusqu'à 8 % d'isopropyl-1 hydroperoxy isopropyl-4 hydroxybenzène.

25) Diluant de type B dont le point d'ébullition est supérieur à 110 °C.

26) Avec moins de 0,5 % d'hydroperoxydes.

27) Pour les concentrations supérieures à 56 %, l'étiquette de risque subsidiaire "MATIÈRE CORROSIVE" est requise (Modèle No. 8, voir 5.2.2.2.2).

28) Oxygène actif ≤ 7,6 % dans un diluant du type A ayant un point d'ébullition compris entre 200 °C et 260 °C.

29) Non soumis aux prescriptions applicables à la classe 5.2 de l'ADN.

30) Diluant de type B dont le point d'ébullition est supérieur à 130 °C.

31) Oxygène actif ≤ 6,7%.

2.2.61   **Classe 6.1   Matières toxiques**

2.2.61.1   *Critères*

2.2.61.1.1   Le titre de la classe 6.1 couvre les matières dont on sait, par expérience, ou dont on peut admettre, d'après les expérimentations faites sur les animaux, qu'elles peuvent, en quantité relativement faible, par une action unique ou de courte durée, nuire à la santé de l'homme ou causer la mort par inhalation, par absorption cutanée ou par ingestion.

> **NOTA :** *Les micro-organismes et les organismes génétiquement modifiés doivent être affectés à cette classe s'ils en remplissent les conditions.*

2.2.61.1.2   Les matières de la classe 6.1 sont subdivisées comme suit :

T   Matières toxiques sans risque subsidiaire :

    T1   Organiques, liquides ;
    T2   Organiques, solides ;
    T3   Organométalliques ;
    T4   Inorganiques, liquides ;
    T5   Inorganiques, solides ;
    T6   Pesticides, liquides ;
    T7   Pesticides, solides ;
    T8   Échantillons ;
    T9   Autres matières toxiques ;

TF   Matières toxiques inflammables :

    TF1   Liquides ;
    TF2   Liquides, pesticides ;
    TF3   Solides ;

TS   Matières toxiques auto-échauffantes, solides ;

TW   Matières toxiques qui, au contact de l'eau, dégagent des gaz inflammables :

    TW1   Liquides ;
    TW2   Solides ;

TO   Matières toxiques comburantes :

    TO1   Liquides ;
    TO2   Solides ;

TC   Matières toxiques corrosives :

    TC1   Organiques, liquides ;
    TC2   Organiques, solides ;
    TC3   Inorganiques, liquides ;
    TC4   Inorganiques, solides ;

TFC   Matières toxiques inflammables corrosives.

TFW   Matières toxiques inflammables qui, au contact de l'eau, dégagent des gaz inflammables.

Définitions

2.2.61.1.3   Aux fins de l'ADN, on entend :

Par *DL$_{50}$ (dose létale moyenne) pour la toxicité aiguë à l'ingestion*, la dose statistiquement établie d'une substance qui, administrée en une seule fois et par voie orale, est susceptible de provoquer dans un délai de 14 jours la mort de la moitié d'un groupe de jeunes rats albinos adultes. La DL$_{50}$ est exprimée en masse de substance étudiée par unité de masse corporelle de l'animal soumis à l'expérimentation (mg/kg) ;

Par *DL$_{50}$ pour la toxicité aiguë à l'absorption cutanée*, la dose de matière appliquée pendant 24 heures par contact continu sur la peau nue du lapin albinos, qui risque le plus de provoquer la mort dans un délai de 14 jours de la moitié des animaux du groupe. Le nombre d'animaux soumis à cette épreuve doit être suffisant pour que le résultat soit statistiquement significatif et être conforme aux bonnes pratiques pharmacologiques. Le résultat est exprimé en milligrammes par kilogramme de masse du corps ;

Par *CL$_{50}$ pour la toxicité aiguë à l'inhalation*, la concentration de vapeur, de brouillard ou de poussière administrée par inhalation continue, pendant une heure, à un groupe de jeunes rats albinos adultes mâles et femelles, qui risque le plus de provoquer la mort, dans un délai de 14 jours, de la moitié des animaux du groupe. Une matière solide doit être soumise à une épreuve si 10 % (masse) au moins de sa masse totale risquent d'être constitués de poussières susceptibles d'être inhalées, par exemple si le diamètre aérodynamique de cette fraction-particules est au plus de 10 microns. Une matière liquide doit être soumise à une épreuve si un brouillard risque de se produire lors d'une fuite dans l'enceinte étanche utilisée pour le transport. Pour les matières solides comme pour les liquides, plus de 90 % (masse) d'un échantillon préparé pour l'épreuve doivent être constitués de particules susceptibles d'être inhalées comme défini ci-dessus. Le résultat est exprimé en milligrammes par litre d'air pour les poussières et brouillards et en millilitres par mètre cube d'air (ppm) pour les vapeurs.

Classification et affectation aux groupes d'emballages

2.2.61.1.4   Les matières de la classe 6.1 doivent être classées dans trois groupes d'emballage, selon le degré de danger qu'elles présentent pour le transport, comme suit :

Groupe d'emballage I :   Matières très toxiques
Groupe d'emballage II :   Matières toxiques
Groupe d'emballage III :   Matières faiblement toxiques

2.2.61.1.5   Les matières, mélanges, solutions et objets classés dans la classe 6.1 sont énumérés au tableau A du chapitre 3.2. L'affectation des matières, mélanges et solutions non nommément mentionnés au tableau A du chapitre 3.2 à la rubrique appropriée de la sous-section 2.2.61.3 et au groupe d'emballage pertinent conformément aux dispositions du chapitre 2.1 doit être faite selon les critères suivants des 2.2.61.1.6 à 2.2.61.1.11.

2.2.61.1.6   Pour juger du degré de toxicité on devra tenir compte des effets constatés sur l'homme dans certains cas d'intoxication accidentelle, ainsi que des propriétés particulières à telle ou telle matière : état liquide, grande volatilité, propriétés particulières d'absorption cutanée, effets biologiques spéciaux.

2.2.61.1.7   En l'absence d'observations faites sur l'homme, le degré de toxicité est établi en recourant aux informations disponibles provenant d'essais sur l'animal, conformément au tableau suivant :

	Groupe d'emballage	Toxicité à l'ingestion DL_{50} (mg/kg)	Toxicité à l'absorption cutanée DL_{50} (mg/kg)	Toxicité à l'inhalation de poussières et de brouillards CL_{50} (mg/l)
Très toxiques	I	$\leq 5,0$	≤ 50	$\leq 0,2$
Toxiques	II	$> 5,0$ et ≤ 50	> 50 et ≤ 200	$> 0,2$ et $\leq 2,0$
Faiblement toxiques	III[a]	> 50 et ≤ 300	> 200 et ≤ 1000	$> 2,0$ et $\leq 4,0$

[a]   *Les matières servant à la production de gaz lacrymogènes doivent être incluses dans le groupe d'emballage II même si les données sur leur toxicité correspondent aux critères du groupe d'emballage III.*

2.2.61.1.7.1   Lorsqu'une matière présente des degrés différents de toxicité pour deux ou plusieurs modes d'exposition, on retiendra pour le classement la toxicité la plus élevée.

2.2.61.1.7.2   Les matières répondant aux critères de la classe 8 dont la toxicité à l'inhalation de poussières et brouillards (CL_{50}) correspond au groupe d'emballage I, ne doivent être affectées à la classe 6.1 que si simultanément la toxicité à l'ingestion ou à l'absorption cutanée correspond au moins aux groupes d'emballage I ou II. Dans le cas contraire, la matière doit être affectée à la classe 8 si nécessaire (voir note de bas de page 6 du 2.2.8.1.4).

2.2.61.1.7.3   Les critères de toxicité à l'inhalation de poussières et brouillards ont pour base les données sur la CL_{50} pour une exposition d'une heure et ces renseignements doivent être utilisés lorsqu'ils sont disponibles. Cependant, lorsque seules les données sur la CL_{50} pour une exposition de 4 heures sont disponibles, les valeurs correspondantes peuvent être multipliées par quatre, et le résultat substitué à celui du critère ci-dessus, c'est-à-dire que la valeur quadruplée de la CL_{50} (4 heures) est considérée comme l'équivalent de la CL_{50} (1 heure).

Toxicité à l'inhalation de vapeurs

2.2.61.1.8   Les liquides dégageant des vapeurs toxiques doivent être classés dans les groupes suivants, la lettre "V" représentant la concentration (en ml/m^3 d'air) de vapeur (volatilité) saturée dans l'air à 20 °C et à la pression atmosphérique normale :

	Groupe d'emballage	
Très toxiques	I	Si $V \geq 10$ CL_{50} et $CL_{50} \leq 1\ 000$ ml/m^3
Toxiques	II	Si $V \geq CL_{50}$ et $CL_{50} \leq 3\ 000$ ml/m^3 et si les critères pour le groupe d'emballage I ne sont pas satisfaits
Faiblement toxiques	III[a]	Si $V \geq 1/5$ CL_{50} et $CL_{50} \leq 5\ 000$ ml/m^3 et si les critères pour les groupes d'emballage I et II ne sont pas satisfaits

[a]   *Les matières servant à la production de gaz lacrymogènes doivent être incluses dans le groupe d'emballage II même si les données sur leur toxicité correspondent aux critères du groupe d'emballage III.*

Ces critères de toxicité à l'inhalation de vapeurs ont pour base les données sur la CL_{50} pour une exposition d'une heure, et ces renseignements doivent être utilisés lorsqu'ils sont disponibles.

LIGNES DE SÉPARATION ENTRE LES GROUPES D'EMBALLAGE
TOXICITÉ À L'INHALATION

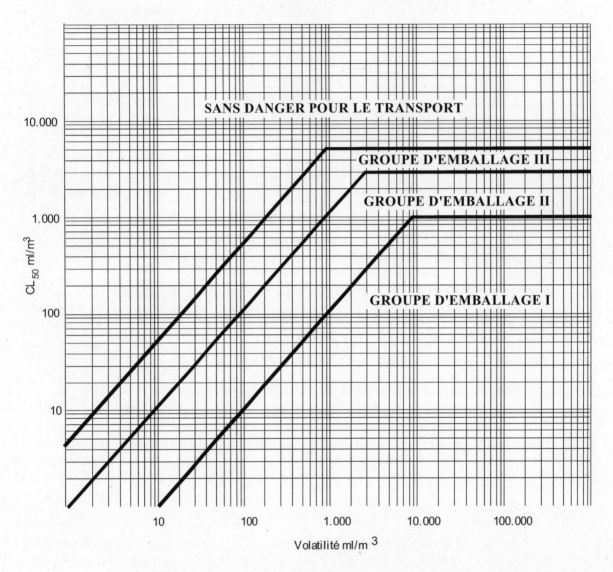

Cependant, lorsque seules les données sur la CL_{50} pour une exposition de 4 heures aux vapeurs sont disponibles, les valeurs correspondantes peuvent être multipliées par deux et le résultat substitué aux critères ci-dessus ; c'est-à-dire que la double valeur de la CL_{50} (4 heures) est considérée comme l'équivalent de la valeur de la CL_{50} (1 heure).

Sur cette figure, les critères sont représentés sous forme graphique, afin de faciliter le classement. Cependant, à cause des approximations inhérentes à l'usage des graphes, la toxicité des matières dont la représentation graphique des coordonnées se trouve à proximité ou juste sur les lignes de séparation doit être vérifiée à l'aide des critères numériques.

Mélanges de liquides

2.2.61.1.9 Les mélanges de liquides qui sont toxiques par inhalation doivent être affectés à des groupes d'emballage selon les critères ci-après :

2.2.61.1.9.1 Si la CL_{50} est connue pour chacune des matières toxiques entrant dans le mélange, le groupe d'emballage peut être déterminé comme suit :

a) Calcul de la CL_{50} du mélange :

$$CL_{50} \text{ (mélange)} = \frac{1}{\sum\limits_{i=1}^{n} \dfrac{f_i}{CL_{50i}}}$$

où f_i =   fraction molaire du ième constituant du mélange
  CL_{50i} =   concentration létale moyenne du ième constituant en ml/m^3

b) Calcul de la volatilité de chaque constituant du mélange :

$$V_i = P_i \times \frac{10^6}{101,3} \text{ en ml/m}^3$$

où P_i =   pression partielle du ième constituant en kPa à 20 °C et à la pression atmosphérique normale

c) Calcul du rapport de la volatilité à la CL_{50} :

$$R = \sum\limits_{i=1}^{n} \left(\frac{V_i}{CL_{50i}} \right)$$

d) Les valeurs calculées pour la CL_{50} (mélange) et R servent alors à déterminer le groupe d'emballage du mélange :

Groupe d'emballage I   : $R \geq 10$ et CL_{50} (mélange) $\leq 1\,000$ ml/m^3 ;

Groupe d'emballage II   : $R \geq 1$ et CL_{50} (mélange) $\leq 3\,000$ ml/m^3 et si le mélange ne répond pas aux critères du groupe d'emballage I ;

Groupe d'emballage III   : $R \geq 1/5$ et CL_{50} (mélange) $\leq 5\,000$ ml/m^3 et si le mélange ne répond pas aux critères des groupes d'emballage I ou II.

2.2.61.1.9.2 Si la CL_{50} des constituants toxiques n'est pas connue, le mélange peut être affecté à un groupe au moyen des essais simplifiés de seuils de toxicité ci-après. Dans ce cas, c'est le groupe d'emballage le plus restrictif qui doit être déterminé et utilisé pour le transport du mélange.

2.2.61.1.9.3 Un mélange n'est affecté au groupe d'emballage I que s'il répond aux deux critères suivants :

a) Un échantillon du mélange liquide est vaporisé et dilué avec de l'air de manière à obtenir une atmosphère d'essai à 1 000 ml/m^3 de mélange vaporisé dans l'air. Dix rats albinos (cinq mâles et cinq femelles) sont exposés une heure à cette atmosphère et ensuite observés pendant 14 jours. Si au moins cinq des animaux meurent pendant cette période d'observation, on admet que la CL_{50} du mélange est égale ou inférieure à 1 000 ml/m^3 ;

b)   Un échantillon de la vapeur en équilibre avec le mélange liquide est dilué avec neuf volumes égaux d'air de façon à former une atmosphère d'essai. Dix rats albinos (cinq mâles et cinq femelles) sont exposés une heure à cette atmosphère et ensuite observés pendant 14 jours. Si au moins cinq des animaux meurent pendant cette période d'observation, on admet que le mélange a une volatilité égale ou supérieure à 10 fois la CL_{50} du mélange.

2.2.61.1.9.4   Un mélange n'est affecté au groupe d'emballage II que s'il répond aux deux critères ci-après, et s'il ne satisfait pas aux critères du groupe d'emballage I :

a)   Un échantillon du mélange liquide est vaporisé et dilué avec de l'air de façon à obtenir une atmosphère d'essai à 3 000 ml/m^3 de mélange vaporisé dans l'air. Dix rats albinos (cinq mâles et cinq femelles) sont exposés une heure à l'atmosphère d'essai et ensuite observés pendant 14 jours. Si au moins cinq des animaux meurent au cours de cette période d'observation, on admet que la CL_{50} du mélange est égale ou inférieure à 3 000 ml/m^3 ;

b)   Un échantillon de la vapeur en équilibre avec le mélange liquide est utilisé pour constituer une atmosphère d'essai. Dix rats albinos (cinq mâles et cinq femelles) sont exposés une heure à l'atmosphère d'essai et ensuite observés pendant 14 jours. Si au moins cinq des animaux meurent pendant cette période d'observation, on admet que le mélange a une volatilité égale ou supérieure à la CL_{50} du mélange.

2.2.61.1.9.5   Un mélange n'est affecté au groupe d'emballage III que s'il répond aux deux critères ci-après, et s'il ne satisfait pas aux critères des groupes d'emballage I ou II :

a)   Un échantillon du mélange liquide est vaporisé et dilué avec de l'air de façon à obtenir une atmosphère d'essai à 5 000 ml/m^3 de mélange vaporisé dans l'air. Dix rats albinos (cinq mâles et cinq femelles) sont exposés une heure à l'atmosphère d'essai et ensuite observés pendant 14 jours. Si au moins cinq des animaux meurent au cours de cette période d'observation, on admet que la CL_{50} du mélange est égale ou inférieure à 5 000 ml/m^3 ;

b)   La concentration de vapeur (volatilité) du mélange liquide est mesurée ; si elle est égale ou supérieure à 1 000 ml/m^3, on admet que le mélange a une volatilité égale ou supérieure à 1/5 de la CL_{50} du mélange.

Méthodes de calcul de la toxicité des mélanges à l'ingestion et à l'absorption cutanée

2.2.61.1.10   Pour classer les mélanges de la classe 6.1 et les affecter au groupe d'emballage approprié conformément aux critères de toxicité à l'ingestion et à l'absorption cutanée (voir 2.2.61.1.3), il convient de calculer la DL_{50} aiguë du mélange.

2.2.61.1.10.1   Si un mélange ne contient qu'une substance active dont la DL_{50} est connue, à défaut de données fiables sur la toxicité aiguë à l'ingestion et à l'absorption cutanée du mélange à transporter, on peut obtenir la DL_{50} à l'ingestion ou à l'absorption cutanée par la méthode suivante :

$$DL_{50} \text{ de la préparation} = \frac{DL_{50} \text{ de la substance active} \times 100}{\text{pourcentage de substance active (masse)}}$$

2.2.61.1.10.2 Si un mélange contient plus d'une substance active, on peut recourir à trois méthodes possibles pour calculer sa DL$_{50}$ à l'ingestion ou à l'absorption cutanée. La méthode recommandée consiste à obtenir des données fiables sur la toxicité aiguë à l'ingestion et à l'absorption cutanée concernant le mélange réel à transporter. S'il n'existe pas de données précises fiables, on aura recours à l'une des méthodes suivantes :

a) Classer la préparation en fonction du constituant le plus dangereux du mélange comme s'il était présent dans la même concentration que la concentration totale de tous les constituants actifs ;

b) Appliquer la formule :

$$\frac{C_A}{T_A} + \frac{C_B}{T_B} + ... + \frac{C_Z}{T_Z} = \frac{100}{T_M}$$

dans laquelle :

C = la concentration en pourcentage du constituant A, B, ... Z du mélange ;
T = la DL$_{50}$ à l'ingestion du constituant A, B, ... Z ;
T$_M$ = la DL$_{50}$ à l'ingestion du mélange.

NOTA : Cette formule peut aussi servir pour les toxicités à l'absorption cutanée, à condition que ce renseignement existe pour les mêmes espèces en ce qui concerne tous les constituants. L'utilisation de cette formule ne tient pas compte des phénomènes éventuels de potentialisation ou de protection.

Classement des pesticides

2.2.61.1.11 Toutes les substances actives des pesticides et leurs préparations pour lesquelles la CL$_{50}$ ou la DL$_{50}$ sont connues et qui sont classées dans la classe 6.1 doivent être affectées aux groupes d'emballage appropriés, conformément aux 2.2.61.1.6 à 2.2.61.1.9 ci-dessus. Les substances et les préparations qui présentent des risques subsidiaires doivent être classées selon le tableau d'ordre de prépondérance des caractéristiques de danger du 2.1.3.10 et relever du groupe d'emballage approprié.

2.2.61.1.11.1 Si la DL$_{50}$ à l'ingestion ou à l'absorption cutanée d'une préparation de pesticides n'est pas connue, mais que l'on connaît la DL$_{50}$ de son ingrédient ou de ses ingrédients actifs, la DL$_{50}$ de la préparation peut être obtenue en suivant la méthode exposée en 2.2.61.1.10.

NOTA : Les données de toxicité concernant la DL$_{50}$ d'un certain nombre de pesticides courants peuvent être trouvées dans l'édition la plus récente de la publication "The WHO Recommended Classification of Pesticides by hazard and guidelines to classification" que l'on peut se procurer auprès du Programme international sur la sécurité des substances chimiques, Organisation mondiale de la santé (OMS), CH-1211 Genève 27, Suisse. Si ce document peut être utilisé comme source de données sur la DL$_{50}$ des pesticides, son système de classification ne doit pas être utilisé aux fins du classement des pesticides pour le transport, ou de leur affectation à un groupe d'emballage, lesquels doivent être conformes à l'ADN.

2.2.61.1.11.2 La désignation officielle utilisée pour le transport du pesticide doit être choisie en fonction de l'ingrédient actif, de l'état physique du pesticide et de tout risque subsidiaire que celui-ci est susceptible de présenter (voir 3.1.2).

2.2.61.1.12   Lorsque les matières de la classe 6.1, par suite d'adjonctions, passent dans d'autres catégories de danger que celles auxquelles appartiennent les matières nommément mentionnées au tableau A du chapitre 3.2, ces mélanges ou solutions doivent être affectés aux rubriques dont ils relèvent sur la base de leur danger réel.

> **NOTA** : *Pour classer les solutions et les mélanges (tels que préparations et déchets), voir également 2.1.3).*

2.2.61.1.13   Sur la base des critères des 2.2.61.1.6 à 2.2.61.1.11, on peut également déterminer si la nature d'une solution ou d'un mélange nommément mentionnés ou contenant une matière nommément mentionnée est telle que cette solution ou ce mélange ne sont pas soumis aux prescriptions relatives à la présente classe.

2.2.61.1.14   Les matières, solutions et mélanges, à l'exception des matières et préparations servant de pesticides, qui ne répondent pas aux critères des Directives 67/548/CEE[3] ou 1999/45/CE[4] telles que modifiées et ne sont donc pas classés comme très toxiques, toxiques ou nocives selon ces directives telles que modifiées, peuvent être considérés comme des matières n'appartenant pas à la classe 6.1.

2.2.61.2   *Matières non admises au transport*

2.2.61.2.1   Les matières chimiquement instables de la classe 6.1 ne sont pas admises au transport à moins que des mesures nécessaires pour empêcher leur décomposition ou leur polymérisation dangereuse pendant le transport aient été prises. A cette fin, il y a lieu notamment de veiller à ce que les récipients et citernes ne contiennent pas de matières pouvant provoquer ces réactions.

2.2.61.2.2   Les matières et mélanges suivants ne sont pas admis au transport :

–   Le cyanure d'hydrogène (anhydre ou en solution), ne répondant pas aux descriptions des Nos ONU 1051, 1613, 1614 et 3294 ;

–   Les métaux carbonyles ayant un point d'éclair inférieur à 23 °C, autres que les Nos ONU 1259 NICKEL TÉTRACARBONYLE et 1994 FER PENTACARBONYLE;

–   Le TÉTRACHLORO-2,3,7,8 DIBENZO-p-DIOXINE (TCDD) en concentrations considérées comme très toxiques selon les critères du 2.2.61.1.7 ;

–   Le No ONU 2249 ÉTHER DICHLORODIMÉTHYLIQUE SYMÉTRIQUE ;

–   Les préparations de phosphures sans additif pour retarder le dégagement de gaz toxiques inflammables.

---

[3]   *Directive du Conseil 67/548/CEE du 27 juin 1967 concernant le rapprochement des dispositions législatives, réglementaires et administratives relatives à la classification, à l'emballage et à l'étiquetage des matières dangereuses (Journal officiel des Communautés européennes No L 196 du 16 août 1967, p 1).*
[4]   *Directive 1999/45/CE du Parlement européen et du Conseil du 31 mai 1999 concernant le rapprochement des dispositions législatives, réglementaires et administratives des États membres relatives à la classification, à l'emballage et à l'étiquetage des préparations dangereuses (Journal officiel des Communautés européennes No L 200 du 30 juillet 1999, p. 1 à 68).*

2.2.61.3 *Liste des rubriques collectives*

Matières toxiques sans risque subsidiaire

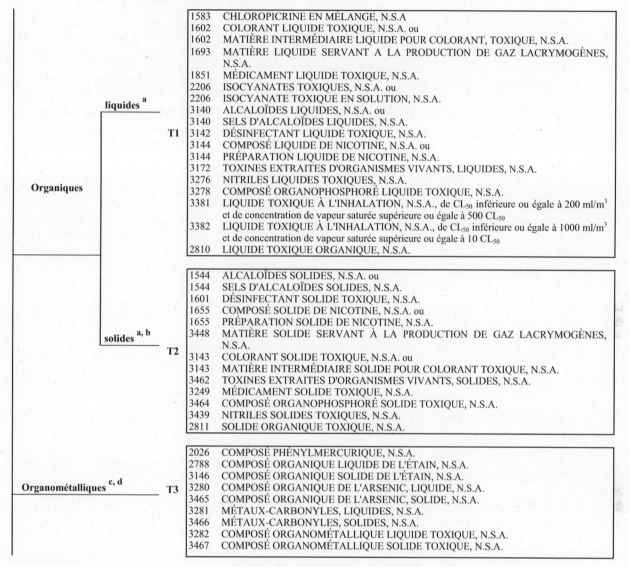

Organiques – **liquides** [a] – **T1**

1583	CHLOROPICRINE EN MÉLANGE, N.S.A
1602	COLORANT LIQUIDE TOXIQUE, N.S.A. ou
1602	MATIÈRE INTERMÉDIAIRE LIQUIDE POUR COLORANT, TOXIQUE, N.S.A.
1693	MATIÈRE LIQUIDE SERVANT A LA PRODUCTION DE GAZ LACRYMOGÈNES, N.S.A.
1851	MÉDICAMENT LIQUIDE TOXIQUE, N.S.A.
2206	ISOCYANATES TOXIQUES, N.S.A. ou
2206	ISOCYANATE TOXIQUE EN SOLUTION, N.S.A.
3140	ALCALOÏDES LIQUIDES, N.S.A. ou
3140	SELS D'ALCALOÏDES LIQUIDES, N.S.A.
3142	DÉSINFECTANT LIQUIDE TOXIQUE, N.S.A.
3144	COMPOSÉ LIQUIDE DE NICOTINE, N.S.A. ou
3144	PRÉPARATION LIQUIDE DE NICOTINE, N.S.A.
3172	TOXINES EXTRAITES D'ORGANISMES VIVANTS, LIQUIDES, N.S.A.
3276	NITRILES LIQUIDES TOXIQUES, N.S.A.
3278	COMPOSÉ ORGANOPHOSPHORÉ LIQUIDE TOXIQUE, N.S.A.
3381	LIQUIDE TOXIQUE À L'INHALATION, N.S.A., de CL_{50} inférieure ou égale à 200 ml/m^3 et de concentration de vapeur saturée supérieure ou égale à 500 CL_{50}
3382	LIQUIDE TOXIQUE À L'INHALATION, N.S.A., de CL_{50} inférieure ou égale à 1000 ml/m^3 et de concentration de vapeur saturée supérieure ou égale à 10 CL_{50}
2810	LIQUIDE TOXIQUE ORGANIQUE, N.S.A.

Organiques – **solides** [a, b] – **T2**

1544	ALCALOÏDES SOLIDES, N.S.A. ou
1544	SELS D'ALCALOÏDES SOLIDES, N.S.A.
1601	DÉSINFECTANT SOLIDE TOXIQUE, N.S.A.
1655	COMPOSÉ SOLIDE DE NICOTINE, N.S.A. ou
1655	PRÉPARATION SOLIDE DE NICOTINE, N.S.A.
3448	MATIÈRE SOLIDE SERVANT À LA PRODUCTION DE GAZ LACRYMOGÈNES, N.S.A.
3143	COLORANT SOLIDE TOXIQUE, N.S.A. ou
3143	MATIÈRE INTERMÉDIAIRE SOLIDE POUR COLORANT TOXIQUE, N.S.A.
3462	TOXINES EXTRAITES D'ORGANISMES VIVANTS, SOLIDES, N.S.A.
3249	MÉDICAMENT SOLIDE TOXIQUE, N.S.A.
3464	COMPOSÉ ORGANOPHOSPHORÉ SOLIDE TOXIQUE, N.S.A.
3439	NITRILES SOLIDES TOXIQUES, N.S.A.
2811	SOLIDE ORGANIQUE TOXIQUE, N.S.A.

Organométalliques [c, d] – **T3**

2026	COMPOSÉ PHÉNYLMERCURIQUE, N.S.A.
2788	COMPOSÉ ORGANIQUE LIQUIDE DE L'ÉTAIN, N.S.A.
3146	COMPOSÉ ORGANIQUE SOLIDE DE L'ÉTAIN, N.S.A.
3280	COMPOSÉ ORGANIQUE DE L'ARSENIC, LIQUIDE, N.S.A.
3465	COMPOSÉ ORGANIQUE DE L'ARSENIC, SOLIDE, N.S.A.
3281	MÉTAUX-CARBONYLES, LIQUIDES, N.S.A.
3466	MÉTAUX-CARBONYLES, SOLIDES, N.S.A.
3282	COMPOSÉ ORGANOMÉTALLIQUE LIQUIDE TOXIQUE, N.S.A.
3467	COMPOSÉ ORGANOMÉTALLIQUE SOLIDE TOXIQUE, N.S.A.

(suite page suivante)

[a] *Les matières et préparations contenant des alcaloïdes ou de la nicotine utilisées comme pesticides doivent être classées sous les Nos ONU 2588 PESTICIDE SOLIDE TOXIQUE, N.S.A., 2902 PESTICIDE LIQUIDE TOXIQUE, N.S.A., ou 2903 PESTICIDE LIQUIDE TOXIQUE, INFLAMMABLE, N.S.A.*

[b] *Les matières actives ainsi que les triturations ou les mélanges de matières destinées aux laboratoires et aux expériences ainsi qu'à la fabrication de produits pharmaceutiques avec d'autres matières doivent être classées selon leur toxicité (voir 2.2.61.1.7 à 2.2.61.1.11).*

[c] *Les matières auto-échauffantes faiblement toxiques et les composés organométalliques spontanément inflammables sont des matières de la classe 4.2.*

[d] *Les matières hydroréactives faiblement toxiques et les composés organométalliques hydroréactifs sont des matières de la classe 4.3.*

2.2.61.3 *Liste des rubriques collectives (suite)*
Matières toxiques <u>sans</u> risque subsidiaire

Inorganiques	liquides [e]	**T4**	1556 COMPOSÉ LIQUIDE DE L'ARSENIC, N.S.A., inorganique, notamment : arséniates n.s.a., arsénites n.s.a. et sulfures d'arsenic n.s.a. 1935 CYANURE EN SOLUTION, N.S.A. 2024 COMPOSÉ DU MERCURE, LIQUIDE, N.S.A. 3141 COMPOSÉ INORGANIQUE LIQUIDE DE L'ANTIMOINE, N.S.A. 3440 COMPOSÉ DU SÉLÉNIUM, LIQUIDE, N.S.A. 3381 LIQUIDE TOXIQUE À L'INHALATION, N.S.A., de CL_{50} inférieure ou égale à 200 ml/m^3 et de concentration de vapeur saturée supérieure ou égale à 500 CL_{50} 3382 LIQUIDE TOXIQUE À L'INHALATION, N.S.A., de CL_{50} inférieure ou égale à 1000 ml/m^3 et de concentration de vapeur saturée supérieure ou égale à 10 CL_{50} 3287 LIQUIDE INORGANIQUE TOXIQUE, N.S.A.
	solides [f, g]	**T5**	1549 COMPOSÉ INORGANIQUE SOLIDE DE L'ANTIMOINE, N.S.A. 1557 COMPOSÉ SOLIDE DE L'ARSENIC, N.S.A., inorganique, notamment : arséniates n.s.a., arsénites n.s.a. et sulfures d'arsenic n.s.a. 1564 COMPOSÉ DU BARYUM, N.S.A. 1566 COMPOSÉ DU BÉRYLLIUM, N.S.A. 1588 CYANURES INORGANIQUES SOLIDES, N.S.A. 1707 COMPOSÉ DU THALLIUM, N.S.A. 2025 COMPOSÉ SOLIDE DU MERCURE, N.S.A. 2291 COMPOSÉ SOLUBLE DU PLOMB, N.S.A. 2570 COMPOSÉ DU CADMIUM 2630 SÉLÉNIATES ou 2630 SÉLÉNITES 2856 FLUOROSILICATES, N.S.A. 3283 COMPOSÉ DU SÉLÉNIUM, SOLIDE, N.S.A. 3284 COMPOSÉ DU TELLURE, N.S.A. 3285 COMPOSÉ DU VANADIUM, N.S.A. 3288 SOLIDE INORGANIQUE TOXIQUE, N.S.A.
Pesticides	liquides [h]	**T6**	2992 CARBAMATE PESTICIDE LIQUIDE TOXIQUE 2994 PESTICIDE ARSENICAL LIQUIDE TOXIQUE 2996 PESTICIDE ORGANOCHLORÉ LIQUIDE TOXIQUE 2998 TRIAZINE PESTICIDE LIQUIDE TOXIQUE 3006 THIOCARBAMATE PESTICIDE LIQUIDE TOXIQUE 3010 PESTICIDE CUIVRIQUE LIQUIDE TOXIQUE 3012 PESTICIDE MERCURIEL LIQUIDE TOXIQUE 3014 NITROPHÉNOL SUBSTITUÉ PESTICIDE LIQUIDE TOXIQUE 3016 PESTICIDE BIPYRIDYLIQUE LIQUIDE TOXIQUE 3018 PESTICIDE ORGANOPHOSPHORÉ LIQUIDE TOXIQUE 3020 PESTICIDE ORGANOSTANNIQUE LIQUIDE TOXIQUE 3026 PESTICIDE COUMARINIQUE LIQUIDE TOXIQUE 3348 ACIDE PHÉNOXYACÉTIQUE, DÉRIVÉ PESTICIDE LIQUIDE, TOXIQUE 3352 PYRÉTHROÏDE PESTICIDE LIQUIDE TOXIQUE 2902 PESTICIDE LIQUIDE TOXIQUE, N.S.A.
	solides [h]	**T7**	2757 CARBAMATE PESTICIDE SOLIDE TOXIQUE 2759 PESTICIDE ARSENICAL SOLIDE TOXIQUE 2761 PESTICIDE ORGANOCHLORÉ SOLIDE TOXIQUE 2763 TRIAZINE PESTICIDE SOLIDE TOXIQUE 2771 THIOCARBAMATE PESTICIDE SOLIDE TOXIQUE 2775 PESTICIDE CUIVRIQUE SOLIDE TOXIQUE 2777 PESTICIDE MERCURIEL SOLIDE TOXIQUE 2779 NITROPHENOL SUBSTITUÉ PESTICIDE SOLIDE TOXIQUE 2781 PESTICIDE BIPYRIDYLIQUE SOLIDE TOXIQUE 2783 PESTICIDE ORGANOPHOSPHORÉ SOLIDE TOXIQUE 2786 PESTICIDE ORGANOSTANNIQUE SOLIDE TOXIQUE 3027 PESTICIDE COUMARINIQUE SOLIDE TOXIQUE 3048 PESTICIDE AU PHOSPHURE D'ALUMINIUM 3345 ACIDE PHÉNOXYACÉTIQUE, DÉRIVÉ PESTICIDE SOLIDE, TOXIQUE 3349 PYRETROÏDE PESTICIDE SOLIDE TOXIQUE 2588 PESTICIDE SOLIDE TOXIQUE, N.S.A.

(suite à la page suivante)

[e]   *Le fulminate de mercure humidifié avec au moins 20% (masse) d'eau ou d'un mélange d'alcool et d'eau est une matière de la classe 1, No ONU 0135.*

[f]   *Les ferricyanures, les ferrocyanures et les sulfocyanures alcalins et d'ammonium ne sont pas soumis aux prescriptions de l'ADN.*

[g]   *Les sels de plomb et les pigments de plomb qui, mélangés à 1 pour 1 000 avec l'acide chlorhydrique 0,07 M et agités pendant une heure à 23 °C ± 2 °C, ne sont solubles qu'à 5 % au plus, ne sont pas soumis aux prescriptions de l'ADN.*

[h]   *Les objets imprégnés de ce pesticide, tels que les assiettes en carton, les bandes de papier, les boules d'ouate, les plaques de matière plastique, dans des enveloppes hermétiquement fermées, ne sont pas soumis aux prescriptions de l'ADN.*

2.2.61.3 *Liste des rubriques collectives (suite)*

Matières toxiques <u>sans</u> risque subsidiaire

Échantillons	T8	3315	ÉCHANTILLON CHIMIQUE TOXIQUE

Autres matières toxiques [i]	T9	3243	SOLIDES CONTENANT DU LIQUIDE TOXIQUE, N.S.A.

Matières toxiques <u>avec</u> risque(s) subsidiaire(s)

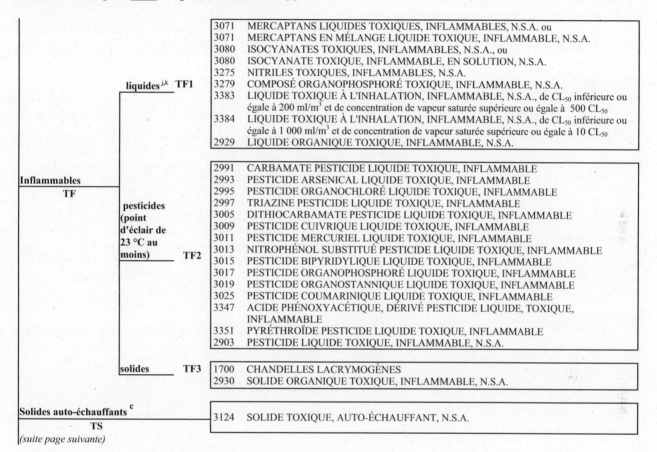

			3071	MERCAPTANS LIQUIDES TOXIQUES, INFLAMMABLES, N.S.A. ou
			3071	MERCAPTANS EN MÉLANGE LIQUIDE TOXIQUE, INFLAMMABLE, N.S.A.
			3080	ISOCYANATES TOXIQUES, INFLAMMABLES, N.S.A., ou
			3080	ISOCYANATE TOXIQUE, INFLAMMABLE, EN SOLUTION, N.S.A.
			3275	NITRILES TOXIQUES, INFLAMMABLES, N.S.A.
	liquides [j,k]	TF1	3279	COMPOSÉ ORGANOPHOSPHORÉ TOXIQUE, INFLAMMABLE, N.S.A.
			3383	LIQUIDE TOXIQUE À L'INHALATION, INFLAMMABLE, N.S.A., de CL_{50} inférieure ou égale à 200 ml/m^3 et de concentration de vapeur saturée supérieure ou égale à 500 CL_{50}
			3384	LIQUIDE TOXIQUE À L'INHALATION, INFLAMMABLE, N.S.A., de CL_{50} inférieure ou égale à 1 000 ml/m^3 et de concentration de vapeur saturée supérieure ou égale à 10 CL_{50}
			2929	LIQUIDE ORGANIQUE TOXIQUE, INFLAMMABLE, N.S.A.

Inflammables TF	pesticides (point d'éclair de 23 °C au moins)	TF2	2991	CARBAMATE PESTICIDE LIQUIDE TOXIQUE, INFLAMMABLE
			2993	PESTICIDE ARSENICAL LIQUIDE TOXIQUE, INFLAMMABLE
			2995	PESTICIDE ORGANOCHLORÉ LIQUIDE TOXIQUE, INFLAMMABLE
			2997	TRIAZINE PESTICIDE LIQUIDE TOXIQUE, INFLAMMABLE
			3005	DITHIOCARBAMATE PESTICIDE LIQUIDE TOXIQUE, INFLAMMABLE
			3009	PESTICIDE CUIVRIQUE LIQUIDE TOXIQUE, INFLAMMABLE
			3011	PESTICIDE MERCURIEL LIQUIDE TOXIQUE, INFLAMMABLE
			3013	NITROPHÉNOL SUBSTITUÉ PESTICIDE LIQUIDE TOXIQUE, INFLAMMABLE
			3015	PESTICIDE BIPYRIDYLIQUE LIQUIDE TOXIQUE, INFLAMMABLE
			3017	PESTICIDE ORGANOPHOSPHORÉ LIQUIDE TOXIQUE, INFLAMMABLE
			3019	PESTICIDE ORGANOSTANNIQUE LIQUIDE TOXIQUE, INFLAMMABLE
			3025	PESTICIDE COUMARINIQUE LIQUIDE TOXIQUE, INFLAMMABLE
			3347	ACIDE PHÉNOXYACÉTIQUE, DÉRIVÉ PESTICIDE LIQUIDE, TOXIQUE, INFLAMMABLE
			3351	PYRÉTHROÏDE PESTICIDE LIQUIDE TOXIQUE, INFLAMMABLE
			2903	PESTICIDE LIQUIDE TOXIQUE, INFLAMMABLE, N.S.A.

	solides	TF3	1700	CHANDELLES LACRYMOGÈNES
			2930	SOLIDE ORGANIQUE TOXIQUE, INFLAMMABLE, N.S.A.

Solides auto-échauffants [c] TS			3124	SOLIDE TOXIQUE, AUTO-ÉCHAUFFANT, N.S.A.

(suite page suivante)

---

[c]   *Les matières auto-échauffantes faiblement toxiques et les composés organométalliques spontanément inflammables sont des matières de la classe 4.2.*

[i]   *Les mélanges de matières solides qui ne sont pas soumises aux prescriptions de l'ADR et de liquides toxiques peuvent être transportés sous le No ONU 3243 sans que les critères de classement de la classe 6.1 leur soient d'abord appliqués, à condition qu'aucun liquide excédent ne soit visible au moment du chargement de la marchandise ou de la fermeture de l'emballage de l'engin de transport. Chaque emballage doit correspondre à un type de construction qui a passé avec succès l'épreuve d'étanchéité pour le groupe d'emballage II. Ce numéro ne doit pas être utilisé pour les matières solides contenant un liquide du groupe d'emballage I.*

[j]   *Les matières liquides inflammables très toxiques ou toxiques dont le point d'éclair est inférieur à 23 °C - à l'exclusion des matières très toxiques à l'inhalation, c'est-à-dire les Nos ONU 1051, 1092, 1098, 1143, 1163, 1182, 1185, 1238, 1239, 1244, 1251, 1259, 1613, 1614, 1695, 1994, 2334, 2382, 2407, 2438, 2480, 2482, 2484, 2485, 2606, 2929, 3279 et 3294 - sont des matières de la classe 3.*

[k]   *Les matières liquides inflammables faiblement toxiques, à l'exception des matières et préparations servant de pesticides, ayant un point d'éclair compris entre 23 °C et 60 °C, valeurs limites comprises, sont des matières de la classe 3.*

2.2.61.3 *Liste des rubriques collectives (suite)*

Matières toxiques <u>avec</u> risque(s) subsidiaire(s)

Hydroréactifs[d] **TW**		liquides	**TW1**	3385 LIQUIDE TOXIQUE À L'INHALATION, HYDRORÉACTIF, N.S.A., de CL_{50} inférieure ou égale à 200 ml/m³ et de concentration de vapeur saturée supérieure ou égale à 500 CL_{50} 3386 LIQUIDE TOXIQUE À L'INHALATION, HYDRORÉACTIF, N.S.A., de CL_{50} inférieure ou égale à 1000 ml/m³ et de concentration de vapeur saturée supérieure ou égale à 10 CL_{50} 3123 LIQUIDE TOXIQUE, HYDRORÉACTIF, N.S.A.
		solides[n]	**TW2**	3125 SOLIDE TOXIQUE, HYDRORÉACTIF, N.S.A.
Comburants[l] **TO**		liquides	**TO1**	3387 LIQUIDE TOXIQUE À L'INHALATION, COMBURANT, N.S.A., de CL_{50} inférieure ou égale à 200 ml/m³ et de concentration de vapeur saturée supérieure ou égale à 500 CL_{50} 3388 LIQUIDE TOXIQUE À L'INHALATION, COMBURANT, N.S.A., de CL_{50} inférieure ou égale à 1000 ml/m³ et de concentration de vapeur saturée supérieure ou égale à 10 CL_{50} 3122 LIQUIDE TOXIQUE, COMBURANT, N.S.A.
		solides	**TO2**	3086 SOLIDE TOXIQUE, COMBURANT, N.S.A.
Corrosifs[m] **TC**	organiques	liquides	**TC1**	3277 CHLOROFORMIATES TOXIQUES, CORROSIFS, N.S.A. 3361 CHLOROSILANES TOXIQUES, CORROSIFS, N.S.A. 3389 LIQUIDE TOXIQUE À L'INHALATION, CORROSIF, N.S.A., de CL_{50} inférieure ou égale à 200 ml/m³ et de concentration de vapeur saturée supérieure ou égale à 500 CL_{50} 3390 LIQUIDE TOXIQUE À L'INHALATION, CORROSIF, N.S.A., de CL_{50} inférieure ou égale à 1000 ml/m³ et de concentration de vapeur saturée supérieure ou égale à 10 CL_{50} 2927 LIQUIDE ORGANIQUE TOXIQUE, CORROSIF, N.S.A.
		solides	**TC2**	2928 SOLIDE ORGANIQUE TOXIQUE, CORROSIF, N.S.A.
	inorganiques	liquides	**TC3**	3389 LIQUIDE TOXIQUE À L'INHALATION, CORROSIF, N.S.A., de CL_{50} inférieure ou égale à 200 ml/m³ et de concentration de vapeur saturée supérieure ou égale à 500 CL_{50} 3390 LIQUIDE TOXIQUE À L'INHALATION, CORROSIF, N.S.A., de CL_{50} inférieure ou égale à 1000 ml/m³ et de concentration de vapeur saturée supérieure ou égale à 10 CL_{50} 3289 LIQUIDE INORGANIQUE TOXIQUE, CORROSIF, N.S.A.
		solides	**TC4**	3290 SOLIDE INORGANIQUE TOXIQUE, CORROSIF, N.S.A.
Inflammables, corrosifs **TFC**				2742 CHLOROFORMIATES TOXIQUES, CORROSIFS, INFLAMMABLES, N.S.A. 3362 CHLOROSILANES TOXIQUES, CORROSIFS, INFLAMMABLES, N.S.A. 3488 LIQUIDE TOXIQUE À L'INHALATION, INFLAMMABLE, CORROSIF, N.S.A., de CL_{50} inférieure ou égale à 200 ml/m³ et de concentration de vapeur saturée supérieure ou égale à 500 CL_{50} 3489 LIQUIDE TOXIQUE À L'INHALATION, INFLAMMABLE, CORROSIF, N.S.A., de CL_{50} inférieure ou égale à 1 000 ml/m³ et de concentration de vapeur saturée supérieure ou égale à 10 CL_{50}
Inflammables, hydroréactives **TFW**				3490 LIQUIDE TOXIQUE À L'INHALATION, HYDRORÉACTIF, INFLAMMABLE, N.S.A., de CL_{50} inférieure ou égale à 200 ml/m³ et de concentration de vapeur saturée supérieure ou égale à 500 CL_{50} 3491 LIQUIDE TOXIQUE À L'INHALATION, HYDRORÉACTIF, INFLAMMABLE, N.S.A., de CL_{50} inférieure ou égale à 1 000 ml/m³ et de concentration de vapeur saturée supérieure ou égale à 10 CL_{50}

---

[d] *Les matières hydroréactives faiblement toxiques et les composés organométalliques hydroréactifs sont des matières de la classe 4.3.*

[l] *Les matières comburantes faiblement toxiques sont des matières de la classe 5.1.*

[m] *Les matières faiblement toxiques et faiblement corrosives sont des matières de la classe 8.*

[n] *Les phosphures de métaux affectés au Nos ONU 1360, 1397, 1432, 1714, 2011 et 2013 sont des matières de la classe 4.3.*

2.2.62 **Classe 6.2** **Matières infectieuses**

2.2.62.1 *Critères*

2.2.62.1.1 Le titre de la classe 6.2 couvre les matières infectieuses. Aux fins de l'ADN, les "*matières infectieuses*" sont les matières dont on sait ou dont on a des raisons de penser qu'elles contiennent des agents pathogènes. Les agents pathogènes sont définis comme des micro-organismes (y compris les bactéries, les virus, les rickettsies, les parasites et les champignons) et d'autres agents tels que les prions, qui peuvent provoquer des maladies chez l'homme ou chez l'animal.

NOTA 1 : Les micro-organismes et les organismes génétiquement modifiés, les produits biologiques, les échantillons de diagnostic et les animaux vivants infectés doivent être affectés à cette classe s'ils en remplissent les conditions.

2 : Les toxines d'origine végétale, animale ou bactérienne qui ne contiennent aucune matière ou aucun organisme infectieux ou qui ne sont pas contenues dans des matières ou organismes infectieux sont des matières de la classe 6.1, Nos ONU 3172 ou 3462.

2.2.62.1.2 Les matières de la classe 6.2 sont subdivisées comme suit :

I1 Matières infectieuses pour l'homme ;

I2 Matières infectieuses pour les animaux uniquement ;

I3 Déchets d'hôpital ;

I4 Matières biologiques, catégorie B.

Définitions

2.2.62.1.3 Aux fins de l'ADN, on entend par :

"*Produits biologiques*", des produits dérivés d'organismes vivants et qui sont fabriqués et distribués conformément aux prescriptions des autorités nationales compétentes qui peuvent imposer des conditions d'autorisation spéciales et sont utilisés pour prévenir, traiter ou diagnostiquer des maladies chez l'homme ou l'animal, ou à des fins de mise au point, d'expérimentation ou de recherche. Ils englobent des produits finis ou non finis tels que vaccins, mais ne sont pas limités à ceux-ci ;

"*Cultures*" , le résultat d'opérations ayant pour objet la reproduction d'agents pathogènes. Cette définition n'inclut pas les échantillons prélevés sur des patients humains ou animaux tels qu'ils sont définis dans le présent paragraphe ;

"*Déchets médicaux ou déchets d'hôpital*", des déchets provenant de traitements médicaux administrés à des animaux ou à des êtres humains ou de la recherche biologique ;

"*Échantillons prélevés sur des patients*", des matériaux humains ou animaux recueillis directement à partir de patients humains ou animaux, y compris, mais non limitativement, les excrétas, les sécrétions, le sang et ses composants, les prélèvements de tissus et de liquides tissulaires et les organes transportés à des fins de recherche, de diagnostic, d'enquête, de traitement ou de prévention.

Classification

2.2.62.1.4   Les matières infectieuses doivent être classées dans la classe 6.2 et affectées aux Nos ONU 2814, 2900, 3291 ou 3373, selon le cas.

Les matières infectieuses sont réparties dans les catégories définies ci-après:

2.2.62.1.4.1   <u>Catégorie A</u>: Matière infectieuse qui, de la manière dont elle est transportée, peut, lorsqu'une exposition se produit, provoquer une invalidité permanente ou une maladie mortelle ou potentiellement mortelle chez l'homme ou l'animal, jusque-là en bonne santé. Des exemples de matières répondant à ces critères figurent dans le tableau accompagnant le présent paragraphe.

NOTA: Une exposition a lieu lorsqu'une matière infectieuse s'échappe de l'emballage de protection et entre en contact avec un être humain ou un animal.

a)   Les matières infectieuses répondant à ces critères qui provoquent des maladies chez l'homme ou à la fois chez l'homme et chez l'animal sont affectées au No ONU 2814. Celles qui ne provoquent des maladies que chez l'animal sont affectées au No ONU 2900 ;

b)   L'affectation aux Nos ONU 2814 ou 2900 est fondée sur les antécédents médicaux et symptômes connus de l'être humain ou animal source, les conditions endémiques locales ou le jugement du spécialiste concernant l'état individuel de l'être humain ou animal source.

NOTA 1:   La désignation officielle de transport pour le No ONU 2814 est "MATIÈRE INFECTIEUSE POUR L'HOMME". La désignation officielle de transport pour le No ONU 2900 est "MATIÈRE INFECTIEUSE POUR LES ANIMAUX uniquement".

2:   Le tableau ci-après n'est pas exhaustif. Les matières infectieuses, y compris les agents pathogènes nouveaux ou émergents, qui n'y figurent pas mais répondent aux mêmes critères doivent être classées dans la catégorie A. En outre, une matière dont on ne peut déterminer si elle répond ou non aux critères doit être incluse dans la catégorie A.

3:   Dans le tableau ci-après, les micro-organismes mentionnés en italiques sont des bactéries, des mycoplasmes, des rickettsies ou des champignons.

EXEMPLES DE MATIÈRES INFECTIEUSES CLASSÉES DANS LA CATÉGORIE A SOUS QUELQUE FORME QUE CE SOIT, SAUF INDICATION CONTRAIRE (2.2.62.1.4.1)	
No ONU et désignation	**Micro-organisme**
2814 Matière infectieuse pour l'homme	*Bacillus anthracis* (cultures seulement) *Brucella abortus* (cultures seulement) *Brucella melitensis* (cultures seulement) *Brucella suis* (cultures seulement) *Burkholderia mallei – Pseudomonas mallei –* Morve (cultures seulement) *Burkholderia pseudomallei – Pseudomonas pseudomallei* (cultures seulement) *Chlamydia psittaci* (cultures seulement) *Clostridium botulinum* (cultures seulement) *Coccidioides immitis* (cultures seulement) *Coxiellla burnetii* (cultures seulement) Virus de la fièvre hémorragique de Crimée et du Congo

EXEMPLES DE MATIÈRES INFECTIEUSES CLASSÉES DANS LA CATÉGORIE A SOUS QUELQUE FORME QUE CE SOIT, SAUF INDICATION CONTRAIRE (2.2.62.1.4.1)	
No ONU et désignation	**Micro-organisme**
	Virus de la dengue (cultures seulement)
	Virus de l'encéphalite équine orientale (cultures seulement)
	Escherichia coli, verotoxinogène (cultures seulement)*/
	Virus d'Ebola
	Virus flexal
	Francisella tularensis (cultures seulement) .
	Virus de Guanarito
	Virus Hantaan
	Hantavirus causant la fièvre hémorragique avec syndrome rénal
	Virus Hendra
	Virus de l'hépatite B (cultures seulement)
	Virus de l'herpès B (cultures seulement)
	Virus de l'immunodéficience humaine (cultures seulement)
	Virus hautement pathogène de la grippe aviaire (cultures seulement)
	Virus de l'encéphalite japonaise (cultures seulement)
	Virus de Junin
	Virus de la maladie de la forêt de Kyasanur
	Virus de la fièvre de Lassa
	Virus de Machupo
	Virus de Marbourg
	Virus de la variole du singe
	Mycobacterium tuberculosis (cultures seulement)*/
	Virus de Nipah
	Virus de la fièvre hémorragique d'Omsk
	Virus de la polio (cultures seulement)
	Virus de la rage(cultures seulement)
	Rickettsia prowazekii (cultures seulement)
	Rickettsia rickettsii (cultures seulement)
	Virus de la fièvre de la vallée du Rift(cultures seulement)
	Virus de l'encéphalite vernoestivale russe (cultures seulement)
	Virus de Sabia
	Shigella dysenteriae type 1 (cultures seulement)*/
	Virus de l'encéphalite à tiques (cultures seulement)
	Virus de la variole
	Virus de l'encéphalite équine du Venezuela (cultures seulement)
	Virus du Nil occidental (cultures seulement)
	Virus de la fièvre jaune (cultures seulement)
	Yersinia pestis (cultures seulement)
2900 Matière infectieuse pour les animaux uniquement	Virus de la fièvre porcine africaine (cultures seulement)
	Paramyxovirus aviaire type 1 – virus de la maladie de Newcastle vélogénique (cultures seulement)
	Virus de la peste porcine classique (cultures seulement)
	Virus de la fièvre aphteuse (cultures seulement)
	Virus de la dermatose nodulaire (cultures seulement)
	Mycoplasma mycoides – Péripneumonie contagieuse bovine (cultures seulement)
	Virus de la peste des petits ruminants (cultures seulement)
	Virus de la peste bovine (cultures seulement)
	Virus de la variole ovine (cultures seulement)
	Virus de la variole caprine (cultures seulement)

EXEMPLES DE MATIÈRES INFECTIEUSES CLASSÉES DANS LA CATÉGORIE A SOUS QUELQUE FORME QUE CE SOIT, SAUF INDICATION CONTRAIRE (2.2.62.1.4.1)	
No ONU et désignation	**Micro-organisme**
	Virus de la maladie vésiculeuse du porc (cultures seulement)
	Virus de la stomatite vésiculaire (cultures seulement)

*/ *Cependant, lorsque les cultures sont destinées à des fins diagnostiques ou cliniques, elles peuvent être classées comme matières infectieuses de catégorie B.*

2.2.62.1.4.2 Catégorie B: Matière infectieuse qui ne répond pas aux critères de classification dans la catégorie A. Les matières infectieuses de la catégorie B doivent être affectées au No ONU 3373.

NOTA: La désignation officielle de transport pour le No ONU 3373 est"MATIÈRE BIOLOGIQUE, CATÉGORIE B".

2.2.62.1.5 *Exemptions*

2.2.62.1.5.1 Les matières qui ne contiennent pas de matières infectieuses ou qui ne sont pas susceptibles de provoquer une maladie chez l'homme ou l'animal ne sont pas soumises à l'ADN sauf si elles répondent aux critères d'inclusion dans une autre classe.

2.2.62.1.5.2 Les matières contenant des micro-organismes qui ne sont pas pathogènes pour l'homme ou pour l'animal ne sont pas soumises à l'ADN, sauf si elles répondent aux critères d'inclusion dans une autre classe.

2.2.62.1.5.3 Les matières sous une forme sous laquelle les pathogènes éventuellement présents ont été neutralisés ou inactivés de telle manière qu'ils ne présentent plus de risque pour la santé ne sont pas soumises à l'ADN, sauf si elles répondent aux critères d'inclusion dans une autre classe.

NOTA : Le matériel médical qui a été purgé de tout liquide libre est réputé satisfaire aux prescriptions de ce paragraphe et n'est pas soumis aux dispositions de l'ADN.

2.2.62.1.5.4 Les matières dans lesquelles la concentration des pathogènes est à un niveau identique à celui que l'on observe dans la nature (y compris les denrées alimentaires et les échantillons d'eau) et qui ne sont pas considérées comme présentant un risque notable d'infection ne sont pas soumises aux prescriptions de l'ADN, sauf si elles répondent aux critères d'inclusion dans une autre classe.".

2.2.62.5.5 Les gouttes de sang séché, recueillies par dépôt d'une goutte de sang sur un matériau absorbant, ou les échantillons de dépistage du sang dans les matières fécales, et le sang et les composants sanguins qui ont été recueillis aux fins de la transfusion ou de la préparation de produits sanguins à utiliser pour la transfusion ou la transplantation et tous tissus ou organes destinés à la transplantation ne sont pas soumis à l'ADN.

2.2.62.1.5.6 Les échantillons humains ou animaux qui présentent un risque minimal de contenir des agents pathogènes ne sont pas soumis à l'ADN s'ils sont transportés dans un emballage conçu pour éviter toute fuite et portant la mention "Échantillon humain exempté" ou "Échantillon animal exempté", selon le cas.

L'emballage est réputé conforme aux présentes dispositions s'il satisfait aux conditions ci-dessous:

a) Il est constitué de trois éléments:

   i) Un ou plusieurs récipients primaires étanches;

   ii) Un emballage secondaire étanche; et

   iii) Un emballage extérieur suffisamment robuste compte tenu de sa contenance, de sa masse et de l'utilisation à laquelle il est destiné, et dont un côté au moins mesure au minimum 100 mm × 100 mm;

b) Dans le cas de liquides, du matériau absorbant en quantité suffisante pour pouvoir absorber la totalité du contenu est placé entre le ou les récipients primaires et l'emballage secondaire, de sorte que, pendant le transport, tout écoulement ou fuite de liquide n'atteigne pas l'emballage extérieur et ne nuise à l'intégrité du matériau de rembourrage;

c) Dans le cas de récipients primaires fragiles multiples placés dans un emballage secondaire simple, ceux-ci sont soit emballés individuellement, soit séparés pour éviter tout contact entre eux.

NOTA 1:   Toute exemption au titre du présent paragraphe doit reposer sur un jugement de spécialiste. Cet avis devrait être fondé sur les antécédents médicaux, les symptômes et la situation particulière de la source, humaine ou animale, et les conditions locales endémiques. Parmi les échantillons qui peuvent être transportés au titre du présent paragraphe, l'on trouve, par exemple, les prélèvements de sang ou d'urine pour mesurer le taux de cholestérol, la glycémie, les taux d'hormones ou les anticorps spécifiques de la prostate (PSA); les prélèvements destinés à vérifier le fonctionnement d'un organe comme le cœur, le foie ou les reins sur des êtres humains ou des animaux atteints de maladies non infectieuses, ou pour la pharmacovigilance thérapeutique; les prélèvements effectués à la demande de compagnies d'assurance ou d'employeurs pour déterminer la présence de stupéfiants ou d'alcool; les prélèvements effectués pour des tests de grossesse, des biopsies pour le dépistage du cancer; et la recherche d'anticorps chez des êtres humains ou des animaux en l'absence de toute crainte d'infection (par exemple l'évaluation d'une immunité conférée par la vaccination, le diagnostic d'une maladie auto-immune, etc.).

NOTA 2: Pour le transport aérien, les emballages des échantillons exemptés au titre du présent paragraphe doivent répondre aux conditions indiquées aux alinéas a) à c).

2.2.62.1.5.7   À l'exception :

a) des déchets médicaux (No ONU 3291) ;

b) du matériel ou des équipements médicaux contaminés par ou contenant des matières infectieuses de la catégorie A (No ONU 2814 ou No ONU 2900) ; et

c) du matériel ou des équipements médicaux contaminés par ou contenant d'autres marchandises dangereuses répondant à la définition d'une autre classe de danger;

le matériel ou les équipements médicaux potentiellement contaminés par ou contenant des matières infectieuses qui sont transportés en vue de leur désinfection, de leur nettoyage, de leur stérilisation, de leur réparation ou de l'évaluation de l'équipement ne sont pas soumis aux dispositions de l'ADN autres que celles du présent paragraphe s'ils sont emballés dans des emballages conçus et construits de telle façon que, dans des conditions normales de transport, ils ne puissent ni se casser, ni se percer, ni laisser échapper leur contenu. Les emballages doivent être conçus de façon à satisfaire aux prescriptions relatives à la construction énoncées au 6.1.4 ou au 6.6.5 de l'ADR.

Ces emballages doivent satisfaire aux prescriptions générales d'emballage des 4.1.1.1 et 4.1.1.2 de l'ADR et doivent pouvoir retenir le matériel et les équipements médicaux lorsqu'ils chutent d'une hauteur de 1,20 m.

Les emballages doivent porter la mention "MATÉRIEL MÉDICAL USAGÉ" ou "ÉQUIPEMENT MÉDICAL USAGÉ". Lors de l'utilisation de suremballages, ceux-ci doivent être marqués de la même façon, excepté lorsque la mention reste visible.

2.2.62.1.6-
2.2.62.1.8   *(Réservés)*

2.2.62.1.9   *Produits biologiques*

Aux fins de l'ADN, les produits biologiques sont répartis dans les groupes suivants:

a)   Les produits fabriqués et emballés conformément aux prescriptions des autorités nationales compétentes et transportés à des fins d'emballage final ou de distribution, à l'usage de la profession médicale ou de particuliers pour les soins de santé. Les matières de ce groupe ne sont pas soumises aux prescriptions de l'ADN;

b)   Les produits qui ne relèvent pas de l'alinéa a) et dont on sait ou dont on a des raisons de croire qu'ils contiennent des matières infectieuses et qui satisfont aux critères de classification dans les catégories A ou B. Les matières de ce groupe sont affectées au No ONU 2814, 2900 ou 3373, selon qu'il convient.

NOTA: Certains produits biologiques autorisés à la mise sur le marché peuvent ne présenter un danger biologique que dans certaines parties du monde. Dans ce cas, les autorités compétentes peuvent exiger que ces produits biologiques satisfassent aux prescriptions locales applicables aux matières infectieuses ou imposer d'autres restrictions.

2.2.62.1.10   *Micro-organismes et organismes génétiquement modifiés*

Les micro-organismes génétiquement modifiés ne répondant pas à la définition d'une matière infectieuse doivent être classés conformément à la section 2.2.9.

2.2.62.1.11   *Déchets médicaux ou déchets d'hôpital*

2.2.62.1.11.1 Les déchets médicaux ou déchets d'hôpital contenant des matières infectieuses de la catégorie A sont affectés aux Nos ONU 2814 ou 2900, selon le cas. Les déchets médicaux ou déchets d'hôpital contenant des matières infectieuses de la catégorie B sont affectés au No ONU 3291.

NOTA: Les déchets médicaux ou d'hôpital affectés au numéro 18 01 03 (Déchets provenant des soins médicaux ou vétérinaires et/ou de la recherche associée – déchets provenant des maternités, du diagnostic, du traitement ou de la prévention des maladies de l'homme – déchets dont la collecte et l'élimination font l'objet de prescriptions particulières vis-à-vis des risques d'infection) ou 18 02 02 (Déchets provenant des soins médicaux ou vétérinaires et/ou de la recherche associée – déchets provenant de la recherche, du diagnostic, du traitement ou de la prévention des maladies des animaux – déchets dont la collecte et l'élimination font l'objet de prescriptions particulières vis-à-vis des risques d'infection) suivant la liste des déchets annexée à la Décision de la Commission européenne n° 2000/532/CE[5], telle que modifiée, doivent être classés suivant les dispositions du présent paragraphe, sur la base du diagnostic médical ou vétérinaire concernant le patient ou l'animal.

2.2.62.1.11.2   Les déchets médicaux ou déchets d'hôpital dont on a des raisons de croire qu'ils présentent une probabilité relativement faible de contenir des matières infectieuses sont affectés au No ONU 3291. Pour l'affectation, on peut tenir compte des catalogues de déchets établis à l'échelle internationale, régionale ou nationale.

NOTA 1 :   La désignation officielle de transport pour le No ONU 3291 est "DÉCHET D'HÔPITAL, NON SPÉCIFIÉ, N.S.A". ou "DÉCHET (BIO)MÉDICAL, N.S A." ou "DÉCHET MÉDICAL RÉGLEMENTÉ, N.S.A.".

2: Nonobstant les critères de classification ci-dessus, les déchets médicaux ou d'hôpital affectés au numéro 18 01 04 (Déchets provenant des soins médicaux ou vétérinaires et/ou de la recherche associée – déchets provenant des maternités, du diagnostic, du traitement ou de la prévention des maladies de l'homme – déchets dont la collecte et l'élimination ne font pas l'objet de prescriptions particulières vis-à-vis des risques d'infection) ou 18 02 03 (Déchets provenant des soins médicaux ou vétérinaires et/ou de la recherche associée – déchets provenant de la recherche, du diagnostic, du traitement ou de la prévention des maladies des animaux – déchets dont la collecte et l'élimination ne font pas l'objet de prescriptions particulières vis-à-vis des risques d'infection) suivant la liste des déchets annexée à la Décision de la Commission européenne n° 2000/532/CE[5], telle que modifiée, ne sont pas soumis au dispositions de l'ADN.

2.2.62.1.11.3   Les déchets médicaux ou déchets d'hôpital décontaminés qui contenaient auparavant des matières infectieuses ne sont pas soumis aux prescriptions de l'ADN sauf s'ils répondent aux critères d'inclusion dans une autre classe.

2.2.62.1.11.4   Les déchets médicaux ou déchets d'hôpital affectés au No ONU 3291 relèvent du groupe d'emballage II

2.2.62.1.12   *Animaux infectés*

2.2.62.1.12.1   À moins qu'une matière infectieuse ne puisse être transportée par aucun autre moyen, les animaux vivants ne doivent pas être utilisés pour le transport d'une telle matière. Tout animal vivant qui a été volontairement infecté et dont on sait ou soupçonne qu'il contient des matières infectieuses doit être transporté seulement dans les conditions approuvées par l'autorité compétente.[6]

2.2.62.1.12.2   Le matériel animal contenant des agents pathogènes relevant de la catégorie A ou des agents pathogènes qui relèveraient de la catégorie A en cultures seulement, doit être affecté aux Nos ONU 2814 ou 2900 selon le cas. Le matériel animal contenant des agents pathogènes relevant de la catégorie B, autres que ceux qui relèveraient de la catégorie A s'ils étaient en culture, doit être affecté au No ONU 3373.

---

[5]   *Décision de la Commission européenne n° 2000/532/CE du 3 mai 2000 remplaçant la décision 94/3/CE établissant une liste de déchets en application de l'article 1er, point a), de la directive 75/442/CEE du Conseil relative aux déchets (remplacée par la directive 2006/12/CE du Parlement européen et du Conseil (Journal officiel des Communautés européennes No. L 114 du 27 avril 2006, p. 9)) et à la décision 94/904/CE du Conseil établissant une liste de déchets dangereux en application de l'article 1er, paragraphe 4, de la directive 91/689/CEE du Conseil relative aux déchets dangereux (Journal Officiel des Communautés européennes L 226 du 6 septembre 2000, page 3).*

[6]   *Des réglementations existent en l'occurrence, par exemple dans la Directive 91/628/CEE (Journal officiel des Communautés européennes, No L 340 du 11 décembre 1991, p. 17) et dans les Recommandations du Conseil européen (Comité ministériel) pour le transport de certaines espèces d'animaux.*

2.2.62.2   *Matières non admises au transport*

Les animaux vertébrés ou invertébrés vivants ne doivent pas être utilisés pour expédier un agent infectieux à moins qu'il ne soit impossible de transporter celui-ci d'un autre manière ou que ce transport soit autorisé par l'autorité compétent (voir 2.2.62.1.12.1).

2.2.62.3   **Liste des rubriques collectives**

Matières infectieuses pour l'homme	I1

2814	MATIÈRES INFECTIEUSES POUR L'HOMME

Matières infectieuses pour les animaux uniquement	I2

2900	MATIÈRES INFECTIEUSES POUR LES ANIMAUX uniquement

Déchets d'hôpitaux	I3

3291	DÉCHET D'HÔPITAL, NON SPÉCIFIÉ, N.S.A. ou
3291	DÉCHET (BIO)MÉDICAL, N.S.A ou
3291	DÉCHET MÉDICAL RÉGLEMENTÉ, N.S.A

Matières biologiques	I4

3373	MATIÈRE BIOLOGIQUE, CATÉGORIE B

| 2.2.7 | **Classe 7** | **Matières radioactives** |

2.2.7.1 *Définitions*

2.2.7.1.1 Par *matières radioactives*, on entend toute matière contenant des radionucléides pour laquelle à la fois l'activité massique et l'activité totale dans l'envoi dépassent les valeurs indiquées aux 2.2.7.2.2.1 à 2.2.7.2.2.6.

2.2.7.1.2 *Contamination*

Par *contamination*, on entend la présence sur une surface de substances radioactives en quantité dépassant $0,4$ Bq/cm^2 pour les émetteurs bêta et gamma et les émetteurs alpha de faible toxicité ou $0,04$ Bq/cm^2 pour tous les autres émetteurs alpha.

Par *contamination non fixée*, on entend la contamination qui peut être enlevée d'une surface dans les conditions de transport de routine.

Par *contamination fixée*, on entend la contamination autre que la contamination non fixée.

2.2.7.1.3 *Définition de termes particuliers*

On entend par :

A_1 et A_2

A_1, la valeur de l'activité de matières radioactives sous forme spéciale qui figure au tableau 2.2.7.2.2.1 ou qui est calculée comme indiqué en 2.2.7.2.2.2 et qui est utilisée pour déterminer les limites d'activité aux fins des prescriptions de l'ADN;

A_2, la valeur de l'activité de matières radioactives, autres que des matières radioactives sous forme spéciale, qui figure au tableau 2.2.7.2.2.1 ou qui est calculée comme indiqué en 2.2.7.2.2.2 et qui est utilisée pour déterminer les limites d'activité aux fins des prescriptions de l'ADN;

Nucléide fissile, l'uranium 233, l'uranium 235, le plutonium 239 et le plutonium 241, et *matière fissile,* une matière contenant au moins l'un des nucléides fissiles. Sont exclus de la définition de matière fissile :

a)   L'uranium naturel ou l'uranium appauvri non irradiés; et

b)   L'uranium naturel ou l'uranium appauvri qui n'ont été irradiés que dans des réacteurs thermiques;

Matières radioactives faiblement dispersables, soit des matières radioactives solides soit des matières radioactives solides conditionnées en capsule scellée, qui se dispersent peu et qui ne sont pas sous forme de poudre;

Matières de faible activité spécifique (LSA*), les matières radioactives qui par nature ont une activité spécifique limitée ou les matières radioactives pour lesquelles des limites d'activité spécifique moyenne estimée s'appliquent. Il n'est pas tenu compte des matériaux extérieurs de protection entourant les matières LSA pour déterminer l'activité spécifique moyenne estimée;

---

*   *L'acronyme "LSA" correspond au terme anglais "Low Specify Activity".*

Émetteurs alpha de faible toxicité, ce sont: l'uranium naturel; l'uranium appauvri; le thorium naturel; l'uranium 235 ou l'uranium 238; le thorium 232; le thorium 228 et le thorium 230 lorsqu'ils sont contenus dans des minerais ou des concentrés physiques et chimiques; ou les émetteurs alpha dont la période est inférieure à dix jours;

Activité spécifique d'un radionucléide, l'activité par unité de masse de ce radionucléide. Par activité spécifique d'une matière, on entend l'activité par unité de masse de la matière dans laquelle les radionucléides sont pour l'essentiel répartis uniformément;

Matière radioactive sous forme spéciale, soit:

a)   Une matière radioactive solide non dispersable; soit

b)   Une capsule scellée contenant une matière radioactive;

Objet contaminé superficiellement (SCO[**]), un objet solide qui n'est pas lui-même radioactif, mais sur les surfaces duquel est répartie une matière radioactive;

Thorium non irradié, le thorium ne contenant pas plus de 10^{-7} g d'uranium 233 par gramme de thorium 232;

Uranium non irradié, l'uranium ne contenant pas plus de 2×10^{3} Bq de plutonium par gramme d'uranium 235, pas plus de 9×10^{6} Bq de produits de fission par gramme d'uranium 235 et pas plus de 5×10^{-3} g d'uranium 236 par gramme d'uranium 235;

Uranium naturel, appauvri, enrichi
   Uranium naturel, l'uranium (qui peut être isolé chimiquement) dans lequel les isotopes se trouvent dans la même proportion qu'à l'état naturel (environ 99,28% en masse d'uranium 238 et 0,72% en masse d'uranium 235);

   Uranium appauvri, l'uranium contenant un pourcentage en masse d'uranium 235 inférieur à celui de l'uranium naturel;

   Uranium enrichi, l'uranium contenant un pourcentage en masse d'uranium 235 supérieur à 0,72%.

Dans tous les cas, un très faible pourcentage en masse d'uranium 234 est présent.

2.2.7.2   ***Classification***

2.2.7.2.1   *Dispositions générales*

2.2.7.2.1.1   Les matières radioactives doivent être affectées à l'un des numéros ONU spécifiés au tableau 2.2.7.2.1.1 en fonction du niveau d'activité des radionucléides contenus dans le colis, du caractère fissile ou non-fissile de ces radionucléides, du type de colis à présenter au transport, et de la nature ou de la forme du contenu du colis, ou d'arrangements spéciaux s'appliquant à l'opération de transport, conformément aux dispositions reprises aux 2.2.7.2.2 à 2.2.7.2.5.

[**]   *L'acronyme "SCO" correspond au terme anglais "Surface Contaminated Object".*

Tableau 2.2.7.2.1.1: Affectation des Nos ONU

Colis exceptés (1.7.1.5)	
No ONU 2908	MATIÈRES RADIOACTIVES, EMBALLAGES VIDES COMME COLIS EXCEPTÉS
No ONU 2909	MATIÈRES RADIOACTIVES, OBJETS MANUFACTURÉS EN URANIUM NATUREL ou EN URANIUM APPAUVRI ou EN THORIUM NATUREL, COMME COLIS EXCEPTÉS
No ONU 2910	MATIÈRES RADIOACTIVES, QUANTITÉS LIMITÉES EN COLIS EXCEPTÉS
No ONU 2911	MATIÈRES RADIOACTIVES, APPAREILS ou OBJETS EN COLIS EXCEPTÉS
Matières radioactives de faible activité spécifique (2.2.7.2.3.1)	
No ONU 2912	MATIÈRES RADIOACTIVES DE FAIBLE ACTIVITÉ SPÉCIFIQUE (LSA-1) non fissiles ou fissiles exceptées
No ONU 3321	MATIÈRES RADIOACTIVES DE FAIBLE ACTIVITÉ SPÉCIFIQUE (LSA-II), non fissiles ou fissiles exceptées
No ONU 3322	MATIÈRES RADIOACTIVES DE FAIBLE ACTIVITÉ SPÉCIFIQUE (LSA-III), non fissiles ou fissiles exceptées
No ONU 3324	MATIÈRES RADIOACTIVES DE FAIBLE ACTIVITÉ SPÉCIFIQUE (LSA-II), FISSILES
No ONU 3325	MATIÈRES RADIOACTIVES DE FAIBLE ACTIVITÉ SPÉCIFIQUE (LSA-III), FISSILES
Objets contaminés superficiellement (2.2.7.2.3.2)	
No ONU 2913	MATIÈRES RADIOACTIVES, OBJETS CONTAMINÉS SUPERFICIELLEMENT (SCO-I ou SCO-II), non fissiles ou fissiles exceptées
No ONU 3326	MATIÈRES RADIOACTIVES, OBJETS CONTAMINÉS SUPERFICIELLEMENT (SCO-I ou SCO-II), FISSILES
Colis de type A (2.2.7.2.4.4)	
No ONU 2915	MATIÈRES RADIOACTIVES EN COLIS DE TYPE A, qui ne sont pas sous forme spéciale, non fissiles ou fissiles exceptées
No ONU 3327	MATIÈRES RADIOACTIVES EN COLIS DE TYPE A, FISSILES qui ne sont pas sous forme spéciale
No ONU 3332	MATIÈRES RADIOACTIVES EN COLIS DE TYPE A, SOUS FORME SPÉCIALE, non fissiles ou fissiles exceptées
No ONU 3333	MATIÈRES RADIOACTIVES EN COLIS DE TYPE A, SOUS FORME SPÉCIALE, FISSILES
Colis de type B(U) (2.2.7.2.4.6)	
No ONU 2916	MATIÈRES RADIOACTIVES EN COLIS DE TYPE B(U), non fissiles ou fissiles exceptées
No ONU 3328	MATIÈRES RADIOACTIVES EN COLIS DE TYPE B(U), FISSILES
Colis de type B(M) (2.2.7.2.4.6)	
No ONU 2917	MATIÈRES RADIOACTIVES EN COLIS DE TYPE B(M), non fissiles ou fissiles exceptées
No ONU 3329	MATIÈRES RADIOACTIVES EN COLIS DE TYPE B(M), FISSILES
Colis de type C (2.2.7.2.4.6)	
No ONU 3323	MATIÈRES RADIOACTIVES EN COLIS DE TYPE C, non fissiles ou fissiles exceptées
No ONU 3330	MATIÈRES RADIOACTIVES EN COLIS DE TYPE C, FISSILES

Arrangement spécial
(2.2.7.2.5)
No ONU 2919   MATIÈRES RADIOACTIVES TRANSPORTÉES SOUS ARRANGEMENT SPÉCIAL, non fissiles ou fissiles exceptées
No ONU 3331   MATIÈRES RADIOACTIVES TRANSPORTÉES SOUS ARRANGEMENT SPÉCIAL, FISSILES
Hexafluorure d'uranium
(2.2.7.2.4.5)
No ONU 2977   MATIÈRES RADIOACTIVES, HEXAFLUORURE D'URANIUM, FISSILES
No ONU 2978   MATIÈRES RADIOACTIVES, HEXAFLUORURE D'URANIUM, non fissiles ou fissiles exceptées

2.2.7.2.2   *Détermination de la limite d'activité*

2.2.7.2.2.1   Les valeurs de base suivantes pour les différents radionucléides sont données au tableau 2.2.7.2.2.1:

a) A_1 et A_2 en TBq;

b)   Activité massique pour les matières exemptées en Bq/g; et

c)   Limites d'activité pour les envois exemptés en Bq.

Tableau 2.2.7.2.2.1: Valeurs de base pour les radionucléides

Radionucléide (numéro atomique)	A_1	A_2	Activité massique pour les matières exemptées	Limite d'activité pour un envoi exempté
	(TBq)	(TBq)	(Bq/g)	(Bq)
Actinium (89)				
Ac-225 (a)	8×10^{-1}	6×10^{-3}	1×10^{1}	1×10^{4}
Ac-227 (a)	9×10^{-1}	9×10^{-5}	1×10^{-1}	1×10^{3}
Ac-228	6×10^{-1}	5×10^{-1}	1×10^{1}	1×10^{6}
Argent (47)				
Ag-105	2×10^{0}	2×10^{0}	1×10^{2}	1×10^{6}
Ag-108m (a)	7×10^{-1}	7×10^{-1}	1×10^{1} (b)	1×10^{6} (b)
Ag-110m (a)	4×10^{-1}	4×10^{-1}	1×10^{1}	1×10^{6}
Ag-111	2×10^{0}	6×10^{-1}	1×10^{3}	1×10^{6}
Aluminium (13)				
Al-26	1×10^{-1}	1×10^{-1}	1×10^{1}	1×10^{5}
Américium (95)				
Am-241	1×10^{1}	1×10^{-3}	1×10^{0}	1×10^{4}
Am-242m (a)	1×10^{1}	1×10^{-3}	1×10^{0} (b)	1×10^{4} (b)
Am-243 (a)	5×10^{0}	1×10^{-3}	1×10^{0} (b)	1×10^{3} (b)
Argon (18)				
Ar-37	4×10^{1}	4×10^{1}	1×10^{6}	1×10^{8}
Ar-39	4×10^{1}	2×10^{1}	1×10^{7}	1×10^{4}
Ar-41	3×10^{-1}	3×10^{-1}	1×10^{2}	1×10^{9}
Arsenic (33)				
As-72	3×10^{-1}	3×10^{-1}	1×10^{1}	1×10^{5}
As-73	4×10^{1}	4×10^{1}	1×10^{3}	1×10^{7}
As-74	1×10^{0}	9×10^{-1}	1×10^{1}	1×10^{6}
As-76	3×10^{-1}	3×10^{-1}	1×10^{2}	1×10^{5}
As-77	2×10^{1}	7×10^{-1}	1×10^{3}	1×10^{6}

Radionucléide (numéro atomique)	A_1	A_2	Activité massique pour les matières exemptées	Limite d'activité pour un envoi exempté
	(TBq)	(TBq)	(Bq/g)	(Bq)
Astate (85)				
At-211 (a)	2×10^1	5×10^{-1}	1×10^3	1×10^7
Or (79)				
Au-193	7×10^0	2×10^0	1×10^2	1×10^7
Au-194	1×10^0	1×10^0	1×10^1	1×10^6
Au-195	1×10^1	6×10^0	1×10^2	1×10^7
Au-198	1×10^0	6×10^{-1}	1×10^2	1×10^6
Au-199	1×10^1	6×10^{-1}	1×10^2	1×10^6
Baryum (56)				
Ba-131 (a)	2×10^0	2×10^0	1×10^2	1×10^6
Ba-133	3×10^0	3×10^0	1×10^2	1×10^6
Ba-133m	2×10^1	6×10^{-1}	1×10^2	1×10^6
Ba-140 (a)	5×10^{-1}	3×10^{-1}	1×10^1 (b)	1×10^5 (b)
Béryllium (4)				
Be-7	2×10^1	2×10^1	1×10^3	1×10^7
Be-10	4×10^1	6×10^{-1}	1×10^4	1×10^6
Bismuth (83)				
Bi-205	7×10^{-1}	7×10^{-1}	1×10^1	1×10^6
Bi-206	3×10^{-1}	3×10^{-1}	1×10^1	1×10^5
Bi-207	7×10^{-1}	7×10^{-1}	1×10^1	1×10^6
Bi-210	1×10^0	6×10^{-1}	1×10^3	1×10^6
Bi-210m (a)	6×10^{-1}	2×10^{-2}	1×10^1	1×10^5
Bi-212 (a)	7×10^{-1}	6×10^{-1}	1×10^1 (b)	1×10^5 (b)
Berkélium (97)				
Bk-247	8×10^0	8×10^{-4}	1×10^0	1×10^4
Bk-249 (a)	4×10^1	3×10^{-1}	1×10^3	1×10^6
Brome (35)				
Br-76	4×10^{-1}	4×10^{-1}	1×10^1	1×10^5
Br-77	3×10^0	3×10^0	1×10^2	1×10^6
Br-82	4×10^{-1}	4×10^{-1}	1×10^1	1×10^6
Carbone (6)				
C-11	1×10^0	6×10^{-1}	1×10^1	1×10^6
C-14	4×10^1	3×10^0	1×10^4	1×10^7
Calcium (20)				
Ca-41	Illimitée	Illimitée	1×10^5	1×10^7
Ca-45	4×10^1	1×10^0	1×10^4	1×10^7
Ca-47 (a)	3×10^0	3×10^{-1}	1×10^1	1×10^6
Cadmium (48)				
Cd-109	3×10^1	2×10^0	1×10^4	1×10^6
Cd-113m	4×10^1	5×10^{-1}	1×10^3	1×10^6
Cd-115 (a)	3×10^0	4×10^{-1}	1×10^2	1×10^6
Cd-115m	5×10^{-1}	5×10^{-1}	1×10^3	1×10^6
Cérium (58)				
Ce-139	7×10^0	2×10^0	1×10^2	1×10^6
Ce-141	2×10^1	6×10^{-1}	1×10^2	1×10^7
Ce-143	9×10^{-1}	6×10^{-1}	1×10^2	1×10^6
Ce-144 (a)	2×10^{-1}	2×10^{-1}	1×10^2 (b)	1×10^5 (b)
Californium (98)				

Radionucléide (numéro atomique)	A_1	A_2	Activité massique pour les matières exemptées	Limite d'activité pour un envoi exempté
	(TBq)	(TBq)	(Bq/g)	(Bq)
Cf-248	4×10^1	6×10^{-3}	1×10^1	1×10^4
Cf-249	3×10^0	8×10^{-4}	1×10^0	1×10^3
Cf-250	2×10^1	2×10^{-3}	1×10^1	1×10^4
Cf-251	7×10^0	7×10^{-4}	1×10^0	1×10^3
Cf-252	1×10^{-1}	3×10^{-3}	1×10^1	1×10^4
Cf-253 (a)	4×10^1	4×10^{-2}	1×10^2	1×10^5
Cf-254	1×10^{-3}	1×10^{-3}	1×10^0	1×10^3
Chlore (17)				
Cl-36	1×10^1	6×10^{-1}	1×10^4	1×10^6
Cl-38	2×10^{-1}	2×10^{-1}	1×10^1	1×10^5
Curium (96)				
Cm-240	4×10^1	2×10^{-2}	1×10^2	1×10^5
Cm-241	2×10^0	1×10^0	1×10^2	1×10^6
Cm-242	4×10^1	1×10^{-2}	1×10^2	1×10^5
Cm-243	9×10^0	1×10^{-3}	1×10^0	1×10^4
Cm-244	2×10^1	2×10^{-3}	1×10^1	1×10^4
Cm-245	9×10^0	9×10^{-4}	1×10^0	1×10^3
Cm-246	9×10^0	9×10^{-4}	1×10^0	1×10^3
Cm-247 (a)	3×10^0	1×10^{-3}	1×10^0	1×10^4
Cm-248	2×10^{-2}	3×10^{-4}	1×10^0	1×10^3
Cobalt (27)				
Co-55	5×10^{-1}	5×10^{-1}	1×10^1	1×10^6
Co-56	3×10^{-1}	3×10^{-1}	1×10^1	1×10^5
Co-57	1×10^1	1×10^1	1×10^2	1×10^6
Co-58	1×10^0	1×10^0	1×10^1	1×10^6
Co-58m	4×10^1	4×10^1	1×10^4	1×10^7
Co-60	4×10^{-1}	4×10^{-1}	1×10^1	1×10^5
Chrome (24)				
Cr-51	3×10^1	3×10^1	1×10^3	1×10^7
Césium (55)				
Cs-129	4×10^0	4×10^0	1×10^2	1×10^5
Cs-131	3×10^1	3×10^1	1×10^3	1×10^6
Cs-132	1×10^0	1×10^0	1×10^1	1×10^5
Cs-134	7×10^{-1}	7×10^{-1}	1×10^1	1×10^4
Cs-134m	4×10^1	6×10^{-1}	1×10^3	1×10^5
Cs-135	4×10^1	1×10^0	1×10^4	1×10^7
Cs-136	5×10^{-1}	5×10^{-1}	1×10^1	1×10^5
Cs-137 (a)	2×10^0	6×10^{-1}	1×10^1 (b)	1×10^4 (b)
Cuivre (29)				
Cu-64	6×10^0	1×10^0	1×10^2	1×10^6
Cu-67	1×10^1	7×10^{-1}	1×10^2	1×10^6
Dysprosium (66)				
Dy-159	2×10^1	2×10^1	1×10^3	1×10^7
Dy-165	9×10^{-1}	6×10^{-1}	1×10^3	1×10^6
Dy-166 (a)	9×10^{-1}	3×10^{-1}	1×10^3	1×10^6
Erbium (68)				
Er-169	4×10^1	1×10^0	1×10^4	1×10^7
Er-171	8×10^{-1}	5×10^{-1}	1×10^2	1×10^6

Radionucléide (numéro atomique)	A₁	A₂	Activité massique pour les matières exemptées	Limite d'activité pour un envoi exempté
	(TBq)	(TBq)	(Bq/g)	(Bq)
Europium (63)				
Eu-147	2×10^0	2×10^0	1×10^2	1×10^6
Eu-148	5×10^{-1}	5×10^{-1}	1×10^1	1×10^6
Eu-149	2×10^1	2×10^1	1×10^2	1×10^7
Eu-150 (à courte période)	2×10^0	7×10^{-1}	1×10^3	1×10^6
Eu-150 (à longue période)	7×10^{-1}	7×10^{-1}	1×10^1	1×10^6
Eu-152	1×10^0	1×10^0	1×10^1	1×10^6
Eu-152m	8×10^{-1}	8×10^{-1}	1×10^2	1×10^6
Eu-154	9×10^{-1}	6×10^{-1}	1×10^1	1×10^6
Eu-155	2×10^1	3×10^0	1×10^2	1×10^7
Eu-156	7×10^{-1}	7×10^{-1}	1×10^1	1×10^6
Fluore (9)				
F-18	1×10^0	6×10^{-1}	1×10^1	1×10^6
Fer (26)				
Fe-52 (a)	3×10^{-1}	3×10^{-1}	1×10^1	1×10^6
Fe-55	4×10^1	4×10^1	1×10^4	1×10^6
Fe-59	9×10^{-1}	9×10^{-1}	1×10^1	1×10^6
Fe-60 (a)	4×10^1	2×10^{-1}	1×10^2	1×10^5
Gallium (31)				
Ga-67	7×10^0	3×10^0	1×10^2	1×10^6
Ga-68	5×10^{-1}	5×10^{-1}	1×10^1	1×10^5
Ga-72	4×10^{-1}	4×10^{-1}	1×10^1	1×10^5
Gadolinium (64)				
Gd-146 (a)	5×10^{-1}	5×10^{-1}	1×10^1	1×10^6
Gd-148	2×10^1	2×10^{-3}	1×10^1	1×10^4
Gd-153	1×10^1	9×10^0	1×10^2	1×10^7
Gd-159	3×10^0	6×10^{-1}	1×10^3	1×10^6
Germanium (32)				
Ge-68 (a)	5×10^{-1}	5×10^{-1}	1×10^1	1×10^5
Ge-71	4×10^1	4×10^1	1×10^4	1×10^8
Ge-77	3×10^{-1}	3×10^{-1}	1×10^1	1×10^5
Hafnium (72)				
Hf-172 (a)	6×10^{-1}	6×10^{-1}	1×10^1	1×10^6
Hf-175	3×10^0	3×10^0	1×10^2	1×10^6
Hf-181	2×10^0	5×10^{-1}	1×10^1	1×10^6
Hf-182	Illimitée	Illimitée	1×10^2	1×10^6
Mercure (80)				
Hg-194 (a)	1×10^0	1×10^0	1×10^1	1×10^6
Hg-195m (a)	3×10^0	7×10^{-1}	1×10^2	1×10^6
Hg-197	2×10^1	1×10^1	1×10^2	1×10^7
Hg-197m	1×10^1	4×10^{-1}	1×10^2	1×10^6
Hg-203	5×10^0	1×10^0	1×10^2	1×10^5
Holmium (67)				
Ho-166	4×10^{-1}	4×10^{-1}	1×10^3	1×10^5
Ho-166m	6×10^{-1}	5×10^{-1}	1×10^1	1×10^6
Iode (53)				
I-123	6×10^0	3×10^0	1×10^2	1×10^7
I-124	1×10^0	1×10^0	1×10^1	1×10^6

Radionucléide (numéro atomique)	A_1	A_2	Activité massique pour les matières exemptées	Limite d'activité pour un envoi exempté
	(TBq)	(TBq)	(Bq/g)	(Bq)
I-125	2×10^1	3×10^0	1×10^3	1×10^6
I-126	2×10^0	1×10^0	1×10^2	1×10^6
I-129	Illimitée	Illimitée	1×10^2	1×10^5
I-131	3×10^0	7×10^{-1}	1×10^2	1×10^6
I-132	4×10^{-1}	4×10^{-1}	1×10^1	1×10^5
I-133	7×10^{-1}	6×10^{-1}	1×10^1	1×10^6
I-134	3×10^{-1}	3×10^{-1}	1×10^1	1×10^5
I-135 (a)	6×10^{-1}	6×10^{-1}	1×10^1	1×10^6
Indium (49)				
In-111	3×10^0	3×10^0	1×10^2	1×10^6
In-113m	4×10^0	2×10^0	1×10^2	1×10^6
In-114m (a)	1×10^1	5×10^{-1}	1×10^2	1×10^6
In-115m	7×10^0	1×10^0	1×10^2	1×10^6
Iridium (77)				
Ir-189 (a)	1×10^1	1×10^1	1×10^2	1×10^7
Ir-190	7×10^{-1}	7×10^{-1}	1×10^1	1×10^6
Ir-192	1×10^0 (c)	6×10^{-1}	1×10^1	1×10^4
Ir-194	3×10^{-1}	3×10^{-1}	1×10^2	1×10^5
Potassium (19)				
K-40	9×10^{-1}	9×10^{-1}	1×10^2	1×10^6
K-42	2×10^{-1}	2×10^{-1}	1×10^2	1×10^6
K-43	7×10^{-1}	6×10^{-1}	1×10^1	1×10^6
Krypton (36)				
Kr-79	4×10^0	2×10^0	1×10^3	1×10^5
Kr-81	4×10^1	4×10^1	1×10^4	1×10^7
Kr-85	1×10^1	1×10^1	1×10^5	1×10^4
Kr-85m	8×10^0	3×10^0	1×10^3	1×10^{10}
Kr-87	2×10^{-1}	2×10^{-1}	1×10^2	1×10^9
Lanthane (57)				
La-137	3×10^1	6×10^0	1×10^3	1×10^7
La-140	4×10^{-1}	4×10^{-1}	1×10^1	1×10^5
Lutétium (71)				
Lu-172	6×10^{-1}	6×10^{-1}	1×10^1	1×10^6
Lu-173	8×10^0	8×10^0	1×10^2	1×10^7
Lu-174	9×10^0	9×10^0	1×10^2	1×10^7
Lu-174m	2×10^1	1×10^1	1×10^2	1×10^7
Lu-177	3×10^1	7×10^{-1}	1×10^3	1×10^7
Magnésium (12)				
Mg-28 (a)	3×10^{-1}	3×10^{-1}	1×10^1	1×10^5
Manganèse (25)				
Mn-52	3×10^{-1}	3×10^{-1}	1×10^1	1×10^5
Mn-53	Illimitée	Illimitée	1×10^4	1×10^9
Mn-54	1×10^0	1×10^0	1×10^1	1×10^6
Mn-56	3×10^{-1}	3×10^{-1}	1×10^1	1×10^5
Molybdène (42)				
Mo-93	4×10^1	2×10^1	1×10^3	1×10^8
Mo-99 (a)	1×10^0	6×10^{-1}	1×10^2	1×10^6
Azote (7)				

Radionucléide (numéro atomique)	A_1	A_2	Activité massique pour les matières exemptées	Limite d'activité pour un envoi exempté
	(TBq)	(TBq)	(Bq/g)	(Bq)
N-13	9×10^{-1}	6×10^{-1}	1×10^2	1×10^9
Sodium (11)				
Na-22	5×10^{-1}	5×10^{-1}	1×10^1	1×10^6
Na-24	2×10^{-1}	2×10^{-1}	1×10^1	1×10^5
Niobium (41)				
Nb-93m	4×10^1	3×10^1	1×10^4	1×10^7
Nb-94	7×10^{-1}	7×10^{-1}	1×10^1	1×10^6
Nb-95	1×10^0	1×10^0	1×10^1	1×10^6
Nb-97	9×10^{-1}	6×10^{-1}	1×10^1	1×10^6
Néodyme (60)				
Nd-147	6×10^0	6×10^{-1}	1×10^2	1×10^6
Nd-149	6×10^{-1}	5×10^{-1}	1×10^2	1×10^6
Nickel (28)				
Ni-59	Illimitée	Illimitée	1×10^4	1×10^8
Ni-63	4×10^1	3×10^1	1×10^5	1×10^8
Ni-65	4×10^{-1}	4×10^{-1}	1×10^1	1×10^6
Neptunium (93)				
Np-235	4×10^1	4×10^1	1×10^3	1×10^7
Np-236 (à courte période)	2×10^1	2×10^0	1×10^3	1×10^7
Np-236 (à longue période)	9×10^0	2×10^{-2}	1×10^2	1×10^5
Np-237	2×10^1	2×10^{-3}	1×10^0 (b)	1×10^3 (b)
Np-239	7×10^0	4×10^{-1}	1×10^2	1×10^7
Osmium (76)				
Os-185	1×10^0	1×10^0	1×10^1	1×10^6
Os-191	1×10^1	2×10^0	1×10^2	1×10^7
Os-191m	4×10^1	3×10^1	1×10^3	1×10^7
Os-193	2×10^0	6×10^{-1}	1×10^2	1×10^6
Os-194 (a)	3×10^{-1}	3×10^{-1}	1×10^2	1×10^5
Phosphore (15)				
P-32	5×10^{-1}	5×10^{-1}	1×10^3	1×10^5
P-33	4×10^1	1×10^0	1×10^5	1×10^8
Protactinium (91)				
Pa-230 (a)	2×10^0	7×10^{-2}	1×10^1	1×10^6
Pa-231	4×10^0	4×10^{-4}	1×10^0	1×10^3
Pa-233	5×10^0	7×10^{-1}	1×10^2	1×10^7
Plomb (82)				
Pb-201	1×10^0	1×10^0	1×10^1	1×10^6
Pb-202	4×10^1	2×10^1	1×10^3	1×10^6
Pb-203	4×10^0	3×10^0	1×10^2	1×10^6
Pb-205	Illimitée	Illimitée	1×10^4	1×10^7
Pb-210 (a)	1×10^0	5×10^{-2}	1×10^1 (b)	1×10^4 (b)
Pb-212 (a)	7×10^{-1}	2×10^{-1}	1×10^1 (b)	1×10^5 (b)
Palladium (46)				
Pd-103 (a)	4×10^1	4×10^1	1×10^3	1×10^8
Pd-107	Illimitée	Illimitée	1×10^5	1×10^8
Pd-109	2×10^0	5×10^{-1}	1×10^3	1×10^6
Prométhium (61)				
Pm-143	3×10^0	3×10^0	1×10^2	1×10^6

Radionucléide (numéro atomique)	A_1	A_2	Activité massique pour les matières exemptées	Limite d'activité pour un envoi exempté
	(TBq)	(TBq)	(Bq/g)	(Bq)
Pm-144	7×10^{-1}	7×10^{-1}	1×10^1	1×10^6
Pm-145	3×10^1	1×10^1	1×10^3	1×10^7
Pm-147	4×10^1	2×10^0	1×10^4	1×10^7
Pm-148m (a)	8×10^{-1}	7×10^{-1}	1×10^1	1×10^6
Pm-149	2×10^0	6×10^{-1}	1×10^3	1×10^6
Pm-151	2×10^0	6×10^{-1}	1×10^2	1×10^6
Polonium (84)				
Po-210	4×10^1	2×10^{-2}	1×10^1	1×10^4
Praséodyme (59)				
Pr-142	4×10^{-1}	4×10^{-1}	1×10^2	1×10^5
Pr-143	3×10^0	6×10^{-1}	1×10^4	1×10^6
Platine (78)				
Pt-188 (a)	1×10^0	8×10^{-1}	1×10^1	1×10^6
Pt-191	4×10^0	3×10^0	1×10^2	1×10^6
Pt-193	4×10^1	4×10^1	1×10^4	1×10^7
Pt-193m	4×10^1	5×10^{-1}	1×10^3	1×10^7
Pt-195m	1×10^1	5×10^{-1}	1×10^2	1×10^6
Pt-197	2×10^1	6×10^{-1}	1×10^3	1×10^6
Pt-197m	1×10^1	6×10^{-1}	1×10^2	1×10^6
Plutonium (94)				
Pu-236	3×10^1	3×10^{-3}	1×10^1	1×10^4
Pu-237	2×10^1	2×10^1	1×10^3	1×10^7
Pu-238	1×10^1	1×10^{-3}	1×10^0	1×10^4
Pu-239	1×10^1	1×10^{-3}	1×10^0	1×10^4
Pu-240	1×10^1	1×10^{-3}	1×10^0	1×10^3
Pu-241 (a)	4×10^1	6×10^{-2}	1×10^2	1×10^5
Pu-242	1×10^1	1×10^{-3}	1×10^0	1×10^4
Pu-244 (a)	4×10^{-1}	1×10^{-3}	1×10^0	1×10^4
Radium (88)				
Ra-223 (a)	4×10^{-1}	7×10^{-3}	1×10^2 (b)	1×10^5 (b)
Ra-224 (a)	4×10^{-1}	2×10^{-2}	1×10^1 (b)	1×10^5 (b)
Ra-225 (a)	2×10^{-1}	4×10^{-3}	1×10^2	1×10^5
Ra-226 (a)	2×10^{-1}	3×10^{-3}	1×10^1 (b)	1×10^4 (b)
Ra-228 (a)	6×10^{-1}	2×10^{-2}	1×10^1 (b)	1×10^5 (b)
Rubidium (37)				
Rb-81	2×10^0	8×10^{-1}	1×10^1	1×10^6
Rb-83 (a)	2×10^0	2×10^0	1×10^2	1×10^6
Rb-84	1×10^0	1×10^0	1×10^1	1×10^6
Rb-86	5×10^{-1}	5×10^{-1}	1×10^2	1×10^5
Rb-87	Illimitée	Illimitée	1×10^4	1×10^7
Rb (naturel)	Illimitée	Illimitée	1×10^4	1×10^7
Rhénium (75)				
Re-184	1×10^0	1×10^0	1×10^1	1×10^6
Re-184m	3×10^0	1×10^0	1×10^2	1×10^6
Re-186	2×10^0	6×10^{-1}	1×10^3	1×10^6
Re-187	Illimitée	Illimitée	1×10^6	1×10^9
Re-188	4×10^{-1}	4×10^{-1}	1×10^2	1×10^5
Re-189 (a)	3×10^0	6×10^{-1}	1×10^2	1×10^6

Radionucléide (numéro atomique)	A_1	A_2	Activité massique pour les matières exemptées	Limite d'activité pour un envoi exempté
	(TBq)	(TBq)	(Bq/g)	(Bq)
Re (naturel)	Illimitée	illimitée	1×10^6	1×10^9
Rhodium (45)				
Rh-99	2×10^0	2×10^0	1×10^1	1×10^6
Rh-101	4×10^0	3×10^0	1×10^2	1×10^7
Rh-102	5×10^{-1}	5×10^{-1}	1×10^1	1×10^6
Rh-102m	2×10^0	2×10^0	1×10^2	1×10^6
Rh-103m	4×10^1	4×10^1	1×10^4	1×10^8
Rh-105	1×10^1	8×10^{-1}	1×10^2	1×10^7
Radon (86)				
Rn-222 (a)	3×10^{-1}	4×10^{-3}	1×10^1 (b)	1×10^8 (b)
Ruthénium (44)				
Ru-97	5×10^0	5×10^0	1×10^2	1×10^7
Ru-103 (a)	2×10^0	2×10^0	1×10^2	1×10^6
Ru-105	1×10^0	6×10^{-1}	1×10^1	1×10^6
Ru-106 (a)	2×10^{-1}	2×10^{-1}	1×10^2 (b)	1×10^5 (b)
Soufre (16)				
S-35	4×10^1	3×10^0	1×10^5	1×10^8
Antimoine (51)				
Sb-122	4×10^{-1}	4×10^{-1}	1×10^2	1×10^4
Sb-124	6×10^{-1}	6×10^{-1}	1×10^1	1×10^6
Sb-125	2×10^0	1×10^0	1×10^2	1×10^6
Sb-126	4×10^{-1}	4×10^{-1}	1×10^1	1×10^5
Scandium (21)				
Sc-44	5×10^{-1}	5×10^{-1}	1×10^1	1×10^5
Sc-46	5×10^{-1}	5×10^{-1}	1×10^1	1×10^6
Sc-47	1×10^1	7×10^{-1}	1×10^2	1×10^6
Sc-48	3×10^{-1}	3×10^{-1}	1×10^1	1×10^5
Sélénium (34)				
Se-75	3×10^0	3×10^0	1×10^2	1×10^6
Se-79	4×10^1	2×10^0	1×10^4	1×10^7
Silicium (14)				
Si-31	6×10^{-1}	6×10^{-1}	1×10^3	1×10^6
Si-32	4×10^1	5×10^{-1}	1×10^3	1×10^6
Samarium (62)				
Sm-145	1×10^1	1×10^1	1×10^2	1×10^7
Sm-147	Illimitée	Illimitée	1×10^1	1×10^4
Sm-151	4×10^1	1×10^1	1×10^4	1×10^8
Sm-153	9×10^0	6×10^{-1}	1×10^2	1×10^6
Étain (50)				
Sn-113 (a)	4×10^0	2×10^0	1×10^3	1×10^7
Sn-117m	7×10^0	4×10^{-1}	1×10^2	1×10^6
Sn-119m	4×10^1	3×10^1	1×10^3	1×10^7
Sn-121m (a)	4×10^1	9×10^{-1}	1×10^3	1×10^7
Sn-123	8×10^{-1}	6×10^{-1}	1×10^3	1×10^6
Sn-125	4×10^{-1}	4×10^{-1}	1×10^2	1×10^5
Sn-126 (a)	6×10^{-1}	4×10^{-1}	1×10^1	1×10^5
Strontium (38)				
Sr-82 (a)	2×10^{-1}	2×10^{-1}	1×10^1	1×10^5

Radionucléide (numéro atomique)	A_1	A_2	Activité massique pour les matières exemptées	Limite d'activité pour un envoi exempté
	(TBq)	(TBq)	(Bq/g)	(Bq)
Sr-85	2×10^0	2×10^0	1×10^2	1×10^6
Sr-85m	5×10^0	5×10^0	1×10^2	1×10^7
Sr-87m	3×10^0	3×10^0	1×10^2	1×10^6
Sr-89	6×10^{-1}	6×10^{-1}	1×10^3	1×10^6
Sr-90 (a)	3×10^{-1}	3×10^{-1}	1×10^2 (b)	1×10^4 (b)
Sr-91 (a)	3×10^{-1}	3×10^{-1}	1×10^1	1×10^5
Sr-92 (a)	1×10^0	3×10^{-1}	1×10^1	1×10^6
Tritium (1)				
T(H-3)	4×10^1	4×10^1	1×10^6	1×10^9
Tantale (73)				
Ta-178 (à longue période)	1×10^0	8×10^{-1}	1×10^1	1×10^6
Ta-179	3×10^1	3×10^1	1×10^3	1×10^7
Ta-182	9×10^{-1}	5×10^{-1}	1×10^1	1×10^4
Terbium (65)				
Tb-157	4×10^1	4×10^1	1×10^4	1×10^7
Tb-158	1×10^0	1×10^0	1×10^1	1×10^6
Tb-160	1×10^0	6×10^{-1}	1×10^1	1×10^6
Technétium (43)				
Tc-95m (a)	2×10^0	2×10^0	1×10^1	1×10^6
Tc-96	4×10^{-1}	4×10^{-1}	1×10^1	1×10^6
Tc-96m (a)	4×10^{-1}	4×10^{-1}	1×10^3	1×10^7
Tc-97	Illimitée	Illimitée	1×10^3	1×10^8
Tc-97m	4×10^1	1×10^0	1×10^3	1×10^7
Tc-98	8×10^{-1}	7×10^{-1}	1×10^1	1×10^6
Tc-99	4×10^1	9×10^{-1}	1×10^4	1×10^7
Tc-99m	1×10^1	4×10^0	1×10^2	1×10^7
Tellure (52)				
Te-121	2×10^0	2×10^0	1×10^1	1×10^6
Te-121m	5×10^0	3×10^0	1×10^2	1×10^6
Te-123m	8×10^0	1×10^0	1×10^2	1×10^7
Te-125m	2×10^1	9×10^{-1}	1×10^3	1×10^7
Te-127	2×10^1	7×10^{-1}	1×10^3	1×10^6
Te-127m (a)	2×10^1	5×10^{-1}	1×10^3	1×10^7
Te-129	7×10^{-1}	6×10^{-1}	1×10^2	1×10^6
Te-129m (a)	8×10^{-1}	4×10^{-1}	1×10^3	1×10^6
Te-131m (a)	7×10^{-1}	5×10^{-1}	1×10^1	1×10^6
Te-132 (a)	5×10^{-1}	4×10^{-1}	1×10^2	1×10^7
Thorium (90)				
Th-227	1×10^1	5×10^{-3}	1×10^1	1×10^4
Th-228 (a)	5×10^{-1}	1×10^{-3}	1×10^0 (b)	1×10^4 (b)
Th-229	5×10^0	5×10^{-4}	1×10^0 (b)	1×10^3 (b)
Th-230	1×10^1	1×10^{-3}	1×10^0	1×10^4
Th-231	4×10^1	2×10^{-2}	1×10^3	1×10^7
Th-232	Illimitée	Illimitée	1×10^1	1×10^4
Th-234 (a)	3×10^{-1}	3×10^{-1}	1×10^3 (b)	1×10^5 (b)
Th (naturel)	Illimitée	Illimitée	1×10^0 (b)	1×10^3 (b)
Titane (22)				
Ti-44 (a)	5×10^{-1}	4×10^{-1}	1×10^1	1×10^5

Radionucléide (numéro atomique)	A_1 (TBq)	A_2 (TBq)	Activité massique pour les matières exemptées (Bq/g)	Limite d'activité pour un envoi exempté (Bq)
Thallium (81)				
Tl-200	9×10^{-1}	9×10^{-1}	1×10^1	1×10^6
Tl-201	1×10^1	4×10^0	1×10^2	1×10^6
Tl-202	2×10^0	2×10^0	1×10^2	1×10^6
Tl-204	1×10^1	7×10^{-1}	1×10^4	1×10^4
Thulium (69)				
Tm-167	7×10^0	8×10^{-1}	1×10^2	1×10^6
Tm-170	3×10^0	6×10^{-1}	1×10^3	1×10^6
Tm-171	4×10^1	4×10^1	1×10^4	1×10^8
Uranium (92)				
U-230 (absorption pulmonaire rapide) (a) (d)	4×10^1	1×10^{-1}	1×10^1 (b)	1×10^5 (b)
U-230 (absorption pulmonaire moyenne) (a) (e)	4×10^1	4×10^{-3}	1×10^1	1×10^4
U-230 (absorption pulmonaire lente) (a) (f)	3×10^1	3×10^{-3}	1×10^1	1×10^4
U-232 (absorption pulmonaire rapide) (d)	4×10^1	1×10^{-2}	1×10^0 (b)	1×10^3 (b)
U-232 (absorption pulmonaire moyenne) (e)	4×10^1	7×10^{-3}	1×10^1	1×10^4
U-232 (absorption pulmonaire lente) (f)	1×10^1	1×10^{-3}	1×10^1	1×10^4
U-233 (absorption pulmonaire rapide) (d)	4×10^1	9×10^{-2}	1×10^1	1×10^4
U-233 (absorption pulmonaire moyenne) (e)	4×10^1	2×10^{-2}	1×10^2	1×10^5
U-233 (absorption pulmonaire lente) (f)	4×10^1	6×10^{-3}	1×10^1	1×10^5
U-234 (absorption pulmonaire rapide) (d)	4×10^1	9×10^{-2}	1×10^1	1×10^4
U-234 (absorption pulmonaire moyenne) (e)	4×10^1	2×10^{-2}	1×10^2	1×10^5
U-234 (absorption pulmonaire lente) (f)	4×10^1	6×10^{-3}	1×10^1	1×10^5
U-235 (tous types d'absorption pulmonaire) (a), (d), (e), (f)	Illimitée	Illimitée	1×10^1 (b)	1×10^4 (b)
U-236 (absorption pulmonaire rapide) (d)	Illimitée	Illimitée	1×10^1	1×10^4
U-236 (absorption pulmonaire moyenne) (e)	4×10^1	2×10^{-2}	1×10^2	1×10^5
U-236 (absorption pulmonaire lente) (f)	4×10^1	6×10^{-3}	1×10^1	1×10^4
U-238 (tous types d'absorption pulmonaire) (d), (e), (f)	Illimitée	Illimitée	1×10^1 (b)	1×10^4 (b)
U (naturel)	Illimitée	Illimitée	1×10^0 (b)	1×10^3 (b)
U (enrichi à 20 % ou moins) (g)	Illimitée	Illimitée	1×10^0	1×10^3

Radionucléide (numéro atomique)	A_1	A_2	Activité massique pour les matières exemptées	Limite d'activité pour un envoi exempté
	(TBq)	(TBq)	(Bq/g)	(Bq)
U (appauvri)	Illimitée	Illimitée	1×10^0	1×10^3
Vanadium (23)				
V-48	4×10^{-1}	4×10^{-1}	1×10^1	1×10^5
V-49	4×10^1	4×10^1	1×10^4	1×10^7
Tungstène (74)				
W-178 (a)	9×10^0	5×10^0	1×10^1	1×10^6
W-181	3×10^1	3×10^1	1×10^3	1×10^7
W-185	4×10^1	8×10^{-1}	1×10^4	1×10^7
W-187	2×10^0	6×10^{-1}	1×10^2	1×10^6
W-188 (a)	4×10^{-1}	3×10^{-1}	1×10^2	1×10^5
Xénon (54)				
Xe-122 (a)	4×10^{-1}	4×10^{-1}	1×10^2	1×10^9
Xe-123	2×10^0	7×10^{-1}	1×10^2	1×10^9
Xe-127	4×10^0	2×10^0	1×10^3	1×10^5
Xe-131m	4×10^1	4×10^1	1×10^4	1×10^4
Xe-133	2×10^1	1×10^1	1×10^3	1×10^4
Xe-135	3×10^0	2×10^0	1×10^3	1×10^{10}
Yttrium (39)				
Y-87 (a)	1×10^0	1×10^0	1×10^1	1×10^6
Y-88	4×10^{-1}	4×10^{-1}	1×10^1	1×10^6
Y-90	3×10^{-1}	3×10^{-1}	1×10^3	1×10^5
Y-91	6×10^{-1}	6×10^{-1}	1×10^3	1×10^6
Y-91m	2×10^0	2×10^0	1×10^2	1×10^6
Y-92	2×10^{-1}	2×10^{-1}	1×10^2	1×10^5
Y-93	3×10^{-1}	3×10^{-1}	1×10^2	1×10^5
Ytterbium (70)				
Yb-169	4×10^0	1×10^0	1×10^2	1×10^7
Yb-175	3×10^1	9×10^{-1}	1×10^3	1×10^7
Zinc (30)				
Zn-65	2×10^0	2×10^0	1×10^1	1×10^6
Zn-69	3×10^0	6×10^{-1}	1×10^4	1×10^6
Zn-69m (a)	3×10^0	6×10^{-1}	1×10^2	1×10^6
Zirconium (40)				
Zr-88	3×10^0	3×10^0	1×10^2	1×10^6
Zr-93	Illimitée	Illimitée	1×10^3 (b)	1×10^7 (b)
Zr-95 (a)	2×10^0	8×10^{-1}	1×10^1	1×10^6
Zr-97 (a)	4×10^{-1}	4×10^{-1}	1×10^1 (b)	1×10^5 (b)

a)   La valeur de A_1 et/ou de A_2 pour ces radionucléides précurseurs tient compte de la contribution des produits de filiation dont la période est inférieure à 10 jours selon la liste suivante:

Mg–28	Al–28
Ar–42	K–42
Ca–47	Sc–47
Ti–44	Sc–44
Fe–52	Mn–52m
Fe–60	Co–60m
Zn–69m	Zn–69

Ge–68	Ga–68
Rb–83	Kr–83m
Sr–82	Rb–82
Sr–90	Y–90
Sr–91	Y–91m
Sr–92	Y–92
Y–87	Sr–87m
Zr–95	Nb–95m
Zr–97	Nb–97m, Nb–97
Mo–99	Tc–99m
Tc –95m	Tc –95
Tc–96m	Tc–96
Ru–103	Rh–103m
Ru–106	Rh–106
Pd–103	Rh–103m
Ag–108m	Ag–108
Ag–110m	Ag–110
Cd–115	In–115m
In–114m	In–114
Sn–113	In–113m
Sn–121m	Sn–121
Sn–126	Sb–126m
Te–118	Sb–118
Te–127m	Te–127
Te–129m	Te–129
Te–131m	Te–131
Te–132	I–132
I–135	Xe–135m
Xe–122	I–122
Cs–137	Ba–137m
Ba–131	Cs–131
Ba–140	La–140
Ce–144	Pr–144m, Pr–144
Pm–148m	Pm–148
Gd–146	Eu–146
Dy–166	Ho–166
Hf–172	Lu–172
W–178	Ta–178
W–188	Re–188
Re–189	Os–189m
Os–194	Ir–194
Ir–189	Os–189m
Pt–188	Ir–188
Hg–194	Au–194
Hg–195m	Hg–195
Pb–210	Bi–210
Pb–212	Bi–212, Tl–208, Po–212
Bi–210m	Tl–206
Bi–212	Tl–208, Po–212
At–211	Po–211
Rn–222	Po–218, Pb–214, At–218, Bi–214, Po–214
Ra–223	Rn–219, Po–215, Pb–211, Bi–211, Po–211, Tl–207
Ra –224	Rn –220, Po –216, Pb –212, Bi –212, Tl –208, Po –212
Ra–225	Ac–225, Fr–221, At–217, Bi–213, Tl–209, Po–213, Pb–209
Ra–226	Rn–222, Po–218, Pb–214, At–218, Bi–214, Po–214

Ra–228	Ac–228
Ac–225	Fr–221, At–217, Bi–213, Tl–209, Po–213, Pb–209
Ac–227	Fr–223
Th–228	Ra–224, Rn–220, Po–216, Pb–212, Bi–212, Tl–208,Po–212
Th–234	Pa–234m, Pa–234
Pa–230	Ac–226, Th–226, Fr–222, Ra–222, Rn–218, Po–214
U–230	Th–226, Ra–222, Rn–218, Po–214
U–235	Th–231
Pu–241	U–237
Pu–244	U240, Np–240m
Am–242m	Am–242, Np–238
Am–243	Np–239
Cm–247	Pu–243
Bk–249	Am–245
Cf–253	Cm–249

b) Nucléides précurseurs et produits de filiation inclus dans l'équilibre séculaire :

Sr-90	Y-90
Zr-93	Nb-93m
Zr-97	Nb-97
Ru-106	Rh-106
Ag-108m	Ag-108
Cs-137	Ba-137m
	Ce-144 Pr-144
Ba-140	La-140
Bi-212	Tl-208 (0,36), Po-212 (0,64)
Pb-210	Bi-210, Po-210
Pb-212	Bi-212, Tl-208 (0,36), Po-212 (0,64)
	Rn-222 Po-218, Pb-214, Bi-214, Po-214
Ra-223	Rn-219, Po-215, Pb-211, Bi-211, Tl-207
Ra-224	Rn-220, Po-216, Pb-212, Bi-212, Tl-208 (0,36), Po-212 (0,64)
Ra-226	Rn-222, Po-218, Pb-214, Bi-214, Po-214, Pb-210, Bi-210, Po-210
Ra-228	Ac-228
	Th-228 Ra-224, Rn-220, Po-216, Pb-212, Bi-212, Tl-208 (0,36), Po-212 (0,64)
Th-229	Ra-225, Ac-225, Fr-221, At-217, Bi-213, Po-213, Pb-209
Th-nat	Ra-228, Ac-228, Th-228, Ra-224, Rn-220, Po-216, Pb-212, Bi-212, Tl-208 (0,36), Po-212 (0,64)
Th-234	Pa-234m
U-230	Th-226, Ra-222, Rn-218, Po-214
U-232	Th-228, Ra-224, Rn-220, Po-216, Pb-212, Bi-212, Tl-208 (0,36), Po-212 (0,64)
U-235	Th-231
U-238	Th-234, Pa-234m
U-nat	Th-234, Pa-234m, U-234, Th-230, Ra-226, Rn-222, Po-218, Pb-214, Bi-214, Po-214, Pb-210, Bi-210, Po-210
	Np-237 Pa-233
Am-242m	Am-242
Am-243	Np-239

(c)   La quantité peut être déterminée d'après une mesure du taux de désintégration ou une mesure de l'intensité de rayonnement à une distance prescrite de la source ;

(d)   Ces valeurs ne s'appliquent qu'aux composés de l'uranium qui se présentent sous la forme chimique de UF_6, UO_2F_2 et $UO_2(NO_3)_2$ tant dans les conditions normales que dans les conditions accidentelles de transport ;

(e)   Ces valeurs ne s'appliquent qu'aux composés de l'uranium qui se présentent sous la forme chimique de UO_3, UF_4 et UCl_4 et aux composés hexavalents tant dans les conditions normales que dans les conditions accidentelles de transport ;

(f)   Ces valeurs s'appliquent à tous les composés de l'uranium autres que ceux qui sont indiqués sous d) et e) ;

(g)   Ces valeurs ne s'appliquent qu'à l'uranium non irradié.

2.2.7.2.2.2   Pour les radionucléides qui ne figurent pas dans la liste du tableau 2.2.7.2.2.1, la détermination des valeurs de base pour les radionucléides visées au 2.2.7.2.2.1 requiert une approbation multilatérale. Il est admissible d'employer une valeur de A_2 calculée au moyen d'un coefficient pour la dose correspondant au type d'absorption pulmonaire approprié, comme l'a recommandé la Commission internationale de radioprotection, si les formes chimiques de chaque radionucléide tant dans les conditions normales que dans les conditions accidentelles de transport sont prises en considération. On peut aussi employer les valeurs figurant au tableau 2.2.7.2.2.2 pour les radionucléides sans obtenir l'approbation de l'autorité compétente.

Tableau 2.2.7.2.2.2: Valeurs fondamentales pour les radionucléides non connus ou les mélanges

Contenu radioactif	A_1	A_2	Activité massique pour les matières exemptées	Limite d'activité pour les envois exemptés
	(TBq)	(TBq)	(Bq/g)	(Bq)
Présence avérée de nucléides émetteurs bêta ou gamma uniquement	0,1	0,02	1×10^1	1×10^4
Présence avérée de nucléides émetteurs de particules alpha mais non émetteurs de neutrons	0,2	9×10^{-5}	1×10^{-1}	1×10^3
Présence avérée de nucléides émetteurs de neutrons, ou pas de données disponibles	0,001	9×10^{-5}	1×10^{-1}	1×10^3

2.2.7.2.2.3   Dans le calcul de A_1 et A_2 pour un radionucléide ne figurant pas au tableau 2.2.7.2.2.1, une seule chaîne de désintégration radioactive où les radionucléides se trouvent dans les mêmes proportions qu'à l'état naturel et où aucun descendant n'a une période supérieure à dix jours ou supérieure à celle du père nucléaire doit être considérée comme un radionucléide pur; l'activité à prendre en considération et les valeurs de A_1 ou de A_2 à appliquer sont alors celles qui correspondent au père nucléaire de cette chaîne. Dans le cas de chaînes de désintégration radioactive où un ou plusieurs descendants ont une période qui est soit supérieure à dix jours, soit supérieure à celle du père nucléaire, le père nucléaire et ce ou ces descendants doivent être considérés comme un mélange de nucléides.

2.2.7.2.2.4   Dans le cas d'un mélange de radionucléides, les valeurs de base pour les radionucléides visées au 2.2.7.2.2.1 peuvent être déterminées comme suit:

$$X_m = \frac{1}{\sum_i \frac{f(i)}{X(i)}}$$

où

f(i)   est la fraction d'activité ou la fraction d'activité massique du radionucléide i dans le mélange;

X(i)   est la valeur appropriée de A_1 ou de A_2 ou l'activité massique pour les matières exemptées ou la limite d'activité pour un envoi exempté, selon qu'il convient, dans le cas du radionucléide i; et

X_m est la valeur calculée de A_1 ou de A_2 ou l'activité massique pour les matières exemptées ou la limite d'activité pour un envoi exempté dans le cas d'un mélange.

2.2.7.2.2.5   Lorsqu'on connaît l'identité de chaque radionucléide, mais que l'on ignore l'activité de certains des radionucléides, on peut regrouper les radionucléides et utiliser, en appliquant les formules données aux 2.2.7.2.2.4 et 2.2.7.2.4.4, la valeur la plus faible qui convient pour les radionucléides de chaque groupe. Les groupes peuvent être constitués d'après l'activité alpha totale et l'activité bêta/gamma totale lorsqu'elles sont connues, la valeur la plus faible pour les émetteurs alpha ou pour les émetteurs bêta/gamma respectivement étant retenue.

2.2.7.2.2.6   Pour les radionucléides ou les mélanges de radionucléides pour lesquels on ne dispose pas de données, les valeurs figurant au tableau 2.2.7.2.2.2 doivent être utilisées.

2.2.7.2.3   *Détermination des autres caractéristiques des matières*

2.2.7.2.3.1   Matières de faible activité spécifique (LSA)

2.2.7.2.3.1.1   *(Réservé)*

2.2.7.2.3.1.2   Les matières LSA se répartissent en trois groupes:

a)   LSA-I

i)   Minerais d'uranium et de thorium et concentrés de ces minerais, et autres minerais contenant des radionucléides naturels qui sont destinés à être traités en vue de l'utilisation de ces radionucléides;

ii)   Uranium naturel, uranium appauvri, thorium naturel ou leurs composés ou mélanges, qui ne sont pas irradiés et sont sous la forme solide ou liquide;

iii)   Matières radioactives pour lesquelles la valeur de A_2 n'est pas limitée, à l'exclusion des matières fissiles non exemptées au titre du 2.2.7.2.3.5; ou

iv)   Autres matières radioactives dans lesquelles l'activité est répartie dans l'ensemble de la matière et l'activité spécifique moyenne estimée ne dépasse pas 30 fois les valeurs d'activité massique indiquées aux 2.2.7.2.2.1 à 2.2.7.2.2.6, à l'exclusion des matières fissiles non exemptées au titre du 2.2.7.2.3.5;

b) LSA-II

    i) Eau d'une teneur maximale en tritium de 0,8 TBq/l; ou

    ii) Autres matières dans lesquelles l'activité est répartie dans l'ensemble de la matière et l'activité spécifique moyenne estimée ne dépasse pas 10^{-4} A_2/g pour les solides et les gaz et 10^{-5} A_2/g pour les liquides;

c) LSA-III - Solides (par exemple déchets conditionnés ou matériaux activés), à l'exclusion des poudres, satisfaisant aux prescriptions du 2.2.7.2.3.1.3 dans lesquels:

    i) Les matières radioactives sont réparties dans tout le solide ou l'ensemble d'objets solides, ou sont pour l'essentiel réparties uniformément dans un aggloméré compact solide (comme le béton, le bitume ou la céramique);

    ii) Les matières radioactives sont relativement insolubles, ou sont incorporées à une matrice relativement insoluble, de sorte que, même en cas de perte de l'emballage, la perte de matières radioactives par colis du fait de la lixiviation ne dépasserait pas 0,1 A_2, si le colis se trouvait dans l'eau pendant sept jours; et

    iii) L'activité spécifique moyenne estimée du solide, à l'exclusion du matériau de protection, ne dépasse pas 2×10^{-3} A_2/g.

2.2.7.2.3.1.3 Les matières LSA-III doivent se présenter sous la forme d'un solide de nature telle que, si la totalité du contenu du colis était soumise à l'épreuve décrite au 2.2.7.2.3.1.4, l'activité de l'eau ne dépasserait pas 0,1 A_2.

2.2.7.2.3.1.4 Les matières du groupe LSA-III sont soumises à l'épreuve suivante:

Un échantillon de matière solide représentant le contenu total du colis est immergé dans l'eau pendant sept jours à la température ambiante. Le volume d'eau doit être suffisant pour qu'à la fin de la période d'épreuve de sept jours le volume libre de l'eau restante non absorbée et n'ayant pas réagi soit au moins égal à 10% du volume de l'échantillon solide utilisé pour l'épreuve. L'eau doit avoir un pH initial de 6-8 et une conductivité maximale de 1 mS/m à 20 °C. L'activité totale du volume libre d'eau doit être mesurée après immersion de l'échantillon pendant sept jours.

2.2.7.2.3.1.5 On peut prouver la conformité aux normes de performance énoncées au 2.2.7.2.3.1.4 par l'un des moyens indiqués aux 6.4.12.1 et 6.4.12.2 de l'ADR.

2.2.7.2.3.2 Objet contaminé superficiellement (SCO)

Les objets SCO sont classés en deux groupes:

a) SCO-I: Objet solide sur lequel:

    i) pour la surface accessible, la moyenne de la contamination non fixée sur 300 cm^2 (ou sur l'aire de la surface si elle est inférieure à 300 cm^2) ne dépasse pas 4 Bq/cm^2 pour les émetteurs bêta et gamma et les émetteurs alpha de faible toxicité ou 0,4 Bq/cm^2 pour tous les autres émetteurs alpha; et

    ii) pour la surface accessible, la moyenne de la contamination fixée sur 300 cm^2 (ou sur l'aire de la surface si elle est inférieure à 300 cm^2) ne dépasse pas

4×10^4 Bq/cm^2 pour les émetteurs bêta et gamma et les émetteurs alpha de faible toxicité ou 4×10^3 Bq/cm^2 pour tous les autres émetteurs alpha; et

iii) pour la surface inaccessible, la moyenne de la contamination non fixée et de la contamination fixée sur 300 cm^2 (ou sur l'aire de la surface si elle est inférieure à 300 cm^2) ne dépasse pas 4×10^4 Bq/cm^2 pour les émetteurs bêta et gamma et les émetteurs alpha de faible toxicité ou 4×10^3 Bq/cm^2 pour tous les autres émetteurs alpha;

b) SCO-II: Objet solide sur lequel la contamination fixée ou la contamination non fixée sur la surface dépasse les limites applicables spécifiées pour un objet SCO-I sous a) ci-dessus et sur lequel:

i) pour la surface accessible, la moyenne de la contamination non fixée sur 300 cm^2 (ou sur l'aire de la surface si elle est inférieure à 300 cm^2) ne dépasse pas 400 Bq/cm^2 pour les émetteurs bêta et gamma et les émetteurs alpha de faible toxicité ou 40 Bq/cm^2 pour tous les autres émetteurs alpha; et

ii) pour la surface accessible, la moyenne de la contamination fixée sur 300 cm^2 (ou sur l'aire de la surface si elle est inférieure à 300 cm^2) ne dépasse pas 8×10^5 Bq/cm^2 pour les émetteurs bêta et gamma et les émetteurs alpha de faible toxicité ou 8×10^4 Bq/cm^2 pour tous les autres émetteurs alpha; et

iii) pour la surface inaccessible, la moyenne de la contamination non fixée et de la contamination fixée sur 300 cm^2 (ou sur l'aire de la surface si elle est inférieure à 300 cm^2) ne dépasse pas 8×10^5 Bq/cm^2 pour les émetteurs bêta et gamma et les émetteurs alpha de faible toxicité ou 8×10^4 Bq/cm^2 pour tous les autres émetteurs alpha.

2.2.7.2.3.3   Matières radioactives sous forme spéciale

2.2.7.2.3.3.1   Les matières radioactives sous forme spéciale doivent avoir au moins une de leurs dimensions égale ou supérieure à 5 mm. Lorsqu'une capsule scellée forme une partie de la matière radioactive sous forme spéciale, la capsule doit être construite de façon qu'on ne puisse l'ouvrir qu'en la détruisant. Le modèle pour les matières radioactives sous forme spéciale requiert un agrément unilatéral.

2.2.7.2.3.3.2   Les matières radioactives sous forme spéciale doivent être de nature ou de conception telle que, si elles étaient soumises aux épreuves spécifiées aux 2.2.7.2.3.3.4 à 2.2.7.2.3.3.8, elles satisferaient aux prescriptions ci-après:

a) Elles ne se briseraient pas lors des épreuves de résistance au choc, de percussion ou de pliage décrites aux 2.2.7.2.3.3.5 a), b), c) et au 2.2.7.2.3.3.6 a), suivant le cas;

b) Elles ne fondraient pas ni ne se disperseraient lors de l'épreuve thermique décrite aux 2.2.7.2.3.3.5 d) ou 2.2.7.2.3.3.6 b), suivant le cas; et

c) L'activité de l'eau à la suite des épreuves de lixiviation décrites aux 2.2.7.2.3.3.7 et 2.2.7.2.3.3.8 ne dépasserait pas 2 kBq; ou encore, pour les sources scellées, le taux de fuite volumétrique dans l'épreuve de contrôle de l'étanchéité spécifiée dans la norme ISO 9978:1992, "Radioprotection – Sources radioactives scellées – Méthodes d'essai d'étanchéité", ne dépasserait pas le seuil d'acceptation applicable et acceptable pour l'autorité compétente.

2.2.7.2.3.3.3   On peut prouver la conformité aux normes de performance énoncées au 2.2.7.2.3.3.2 par l'un des moyens indiqués aux 6.4.12.1 et 6.4.12.2 del'ADR.

2.2.7.2.3.3.4 Les échantillons qui comprennent ou simulent des matières radioactives sous forme spéciale doivent être soumis à l'épreuve de résistance au choc, l'épreuve de percussion, l'épreuve de pliage et l'épreuve thermique spécifiées au 2.2.7.2.3.3.5 ou aux épreuves admises au 2.2.7.2.3.3.6. Un échantillon différent peut être utilisé pour chacune des épreuves. Après chacune des épreuves, il faut soumettre l'échantillon à une épreuve de détermination de la lixiviation ou de contrôle volumétrique de l'étanchéité par une méthode qui ne doit pas être moins sensible que les méthodes décrites au 2.2.7.2.3.3.7 en ce qui concerne les matières solides non dispersables et au 2.2.7.2.3.3.8 en ce qui concerne les matières en capsules.

2.2.7.2.3.3.5 Les méthodes d'épreuve à utiliser sont les suivantes:

a) Épreuve de résistance au choc: l'échantillon doit tomber sur une cible, d'une hauteur de 9 m. La cible doit être telle que définie au 6.4.14 de l'ADR;

b) Épreuve de percussion: l'échantillon est posé sur une feuille de plomb reposant sur une surface dure et lisse; on le frappe avec la face plane d'une barre d'acier doux, de manière à produire un choc équivalent à celui que provoquerait un poids de 1,4 kg tombant en chute libre d'une hauteur de 1 m. La face plane de la barre doit avoir 25 mm de diamètre, son arête ayant un arrondi de 3 mm ± 0,3 mm. Le plomb, d'une dureté Vickers de 3,5 à 4,5, doit avoir une épaisseur maximale de 25 mm et couvrir une surface plus grande que celle que couvre l'échantillon. Pour chaque épreuve, il faut placer l'échantillon sur une partie intacte du plomb. La barre doit frapper l'échantillon de manière à provoquer le dommage maximal;

c) Épreuve de pliage: cette épreuve n'est applicable qu'aux sources minces et longues dont la longueur minimale est de 10 cm et dont le rapport entre la longueur et la largeur minimale n'est pas inférieur à 10. L'échantillon doit être serré rigidement dans un étau, en position horizontale, de manière que la moitié de sa longueur dépasse des mors de l'étau. Il doit être orienté de telle manière qu'il subisse le dommage maximal lorsque son extrémité libre est frappée avec la face plane d'une barre d'acier. La barre doit frapper l'échantillon de manière à produire un choc équivalent à celui que provoquerait un poids de 1,4 kg tombant en chute libre d'une hauteur de 1 m. La face plane de la barre doit avoir 25 mm de diamètre, son arête ayant un arrondi de 3 mm ± 0,3 mm;

d) Épreuve thermique: l'échantillon est chauffé dans l'air porté à la température de 800 °C; il est maintenu à cette température pendant 10 minutes, après quoi on le laisse refroidir.

2.2.7.2.3.3.6 Les échantillons qui comprennent ou simulent des matières radioactives enfermées dans une capsule scellée peuvent être exceptés:

a) Des épreuves spécifiées aux 2.2.7.2.3.3.5 a) et b), à condition que la masse des matières radioactives sous forme spéciale:

i) soit inférieure à 200 g et qu'elles soient soumises à l'épreuve de résistance au choc pour la classe 4 prescrite dans la norme ISO 2919:1999 "Radioprotection – Sources radioactives scellées – Prescriptions générales et classification"; ou

ii) soit inférieure à 500 g et qu'elles soient soumises à l'épreuve de résistance au choc pour la classe 5 prescrite dans la norme ISO 2919:1999 "Radioprotection – Sources radioactives scellées – Prescriptions générales et classification";

b)   De l'épreuve spécifiée au 2.2.7.2.3.3.5 d), à condition qu'ils soient soumis à l'épreuve thermique pour la classe 6 prescrite dans la norme ISO 2919:1999 "Radioprotection – Sources radioactives scellées – Prescriptions générales et classification".

2.2.7.2.3.3.7   Pour les échantillons qui comprennent ou simulent des matières solides non dispersables, il faut déterminer la lixiviation de la façon suivante:

a)   L'échantillon doit être immergé pendant sept jours dans l'eau à la température ambiante. Le volume d'eau doit être suffisant pour qu'à la fin de la période d'épreuve de sept jours le volume libre de l'eau restante non absorbée et n'ayant pas réagi soit au moins égal à 10% du volume de l'échantillon solide utilisé pour l'épreuve. L'eau doit avoir un pH initial de 6-8 et une conductivité maximale de 1 mS/m à 20 °C;

b)   L'eau et l'échantillon doivent ensuite être portés à une température de 50 °C ± 5 °C et maintenus à cette température pendant 4 heures;

c)   L'activité de l'eau doit alors être déterminée;

d)   L'échantillon doit ensuite être conservé pendant au moins sept jours dans de l'air immobile dont l'état hygrométrique n'est pas inférieur à 90% à une température au moins égale à 30 °C;

e)   L'échantillon doit ensuite être immergé dans de l'eau ayant les mêmes caractéristiques que sous a) ci-dessus; puis l'eau et l'échantillon doivent être portés à une température de 50 °C ± 5 °C et maintenus à cette température pendant 4 heures;

f)   L'activité de l'eau doit alors être déterminée.

2.2.7.2.3.3.8   Pour les échantillons qui comprennent ou simulent des matières radioactives en capsule scellée, il faut procéder soit à une détermination de la lixiviation soit à un contrôle volumétrique de l'étanchéité comme suit:

a)   La détermination de la lixiviation comprend les opérations suivantes:

i)   l'échantillon doit être immergé dans l'eau à la température ambiante; l'eau doit avoir un pH initial compris entre 6 et 8 et une conductivité maximale de 1 mS/m à 20 °C;

ii)   l'eau et l'échantillon doivent être portés à une température de 50 °C ± 5 °C et maintenus à cette température pendant 4 heures;

iii)   l'activité de l'eau doit alors être déterminée;

iv)   l'échantillon doit ensuite être conservé pendant un minimum de sept jours dans de l'air immobile dont l'état hygrométrique n'est pas inférieur à 90% à une température au moins égale à 30 °C;

v)   répéter les opérations décrites sous i), ii) et iii);

b)   Le contrôle volumétrique de l'étanchéité, qui peut être fait en remplacement, doit comprendre celles des épreuves prescrites dans la norme ISO 9978:1992 "Radioprotection – Sources radioactives scellées – Méthodes d'essai d'étanchéité", qui sont acceptables pour l'autorité compétente.

2.2.7.2.3.4   Matières radioactives faiblement dispersables

2.2.7.2.3.4.1   Le modèle pour les matières radioactives faiblement dispersables requiert un agrément multilatéral. Les matières radioactives faiblement dispersables doivent être telles que la quantité totale de ces matières radioactives dans un colis, en prenant en considération les prescriptions du 6.4.8.14 de l'ADR, satisfait aux prescriptions ci-après:

a)   L'intensité de rayonnement à 3 mètres des matières radioactives non protégées ne dépasse pas 10 mSv/h;

b)   Si elles étaient soumises aux épreuves spécifiées aux 6.4.20.3 et 6.4.20.4 de l'ADR, le rejet dans l'atmosphère sous forme de gaz et de particules d'un diamètre aérodynamique équivalent allant jusqu'à 100 µm ne dépasserait pas 100 A_2. Un échantillon distinct peut être utilisé pour chaque épreuve; et

c)   Si elles étaient soumises à l'épreuve spécifiée au 2.2.7.2.3.1.4, l'activité dans l'eau ne dépasserait pas 100 A_2. Pour cette épreuve, il faut tenir compte des dommages produits lors des épreuves visées sous b) ci-dessus.

2.2.7.2.3.4.2   Les matières radioactives faiblement dispersables doivent être soumises à diverses épreuves, comme suit:

Un échantillon qui comprend ou simule des matières radioactives faiblement dispersables doit être soumis à l'épreuve thermique poussée spécifiée au 6.4.20.3 de l'ADR et à l'épreuve de résistance au choc spécifiée au 6.4.20.4 de l'ADR. Un échantillon différent peut être utilisé pour chacune des épreuves. Après chaque épreuve, il faut soumettre l'échantillon à l'épreuve de détermination de la lixiviation spécifiée au 2.2.7.2.3.1.4. Après chaque épreuve, il faut vérifier s'il est satisfait aux prescriptions applicables du 2.2.7.2.3.4.1.

2.2.7.2.3.4.3   Pour prouver la conformité aux normes de performance énoncées aux 2.2.7.2.3.4.1 et 2.2.7.2.3.4.2 l'on applique les dispositions énoncées aux 6.4.12.1 et 6.4.12.2 de l'ADR.

2.2.7.2.3.5   Matières fissiles

Les colis contenant des matières fissiles doivent être classés sous la rubrique appropriée du tableau 2.2.7.2.1.1, dont la description contient les mots "FISSILE" ou "fissile excepté". Le classement comme "fissile excepté" n'est autorisé que si l'une des conditions a) à d) de ce paragraphe est satisfaite. Seul est autorisé un type d'exception par envoi (voir aussi le 6.4.7.2 de l'ADR).

a)   Une limite de masse par envoi, à condition que la plus petite dimension extérieure de chaque colis ne soit pas inférieure à 10 cm, telle que :

$$\frac{\text{masse d'uranium - 235(g)}}{X} + \frac{\text{masse d'autres matières fissiles (g)}}{Y} < 1$$

où X et Y sont les limites de masse définies au tableau 2.2.7.2.3.5, à condition :

i)   soit que chaque colis ne contienne pas plus de 15 g de nucléides fissiles ; pour les matières non emballées, cette limitation de quantité s'applique à l'envoi transporté dans ou sur le moyen de transport ;

ii)   soit que la matière fissile soit une solution ou un mélange hydrogéné homogène dans lequel le rapport des nucléides fissiles à l'hydrogène est inférieur à 5 % en masse ;

iii)   soit qu'il n'y ait pas plus de 5 g de nucléides fissiles dans un volume quelconque de 10 *l*.

Le béryllium ne doit pas être présent en quantités dépassant 1% des limites de masse applicables par envoi qui figurent dans le tableau 2.2.7.2.3.5, sauf si la concentration du béryllium ne dépasse pas 1 g de béryllium pour toute masse de 1 000 g de matière.

Le deutérium ne doit pas être présent non plus en quantités dépassant 1% des limites de masse applicables par envoi qui figurent dans le tableau 2.2.7.2.3.5, à l'exception du deutérium contenu dans l'hydrogène en concentration naturelle ;

b)   Uranium enrichi en uranium 235 jusqu'à un maximum de 1% en masse et ayant une teneur totale en plutonium et en uranium 233 ne dépassant pas 1% de la masse d'uranium 235, à condition que les nucléides fissiles soient répartis de façon essentiellement homogène dans l'ensemble des matières. En outre, si l'uranium 235 est sous forme de métal, d'oxyde ou de carbure, il ne doit pas former un réseau;

c)   Solutions liquides de nitrate d'uranyle enrichi en uranium 235 jusqu'à un maximum de 2% en masse, avec une teneur totale en plutonium et en uranium 233 ne dépassant pas 0,002% de la masse d'uranium et un rapport atomique azote/uranium (N/U) minimal de 2;

d)   Plutonium contenant au plus 20% de nucléides fissiles en masse jusqu'à un maximum de 1 kg de plutonium par envoi. Les expéditions faites au titre de cette exception doivent être sous utilisation exclusive.

Tableau 2.2.7.2.3.5: Limites de masse par envoi pour les exceptions des prescriptions concernant les colis contenant des matières fissiles

Matières fissiles	Masse (g) de matières fissiles mélangées à des substances ayant une densité d'hydrogène moyenne inférieure ou égale à celle de l'eau	Masse (g) de matières fissiles mélangées à des substances ayant une densité d'hydrogène moyenne supérieure à celle de l'eau
Uranium-235 (X)	400	290
Autres matières fissiles (Y)	250	180

2.2.7.2.4   *Classification des colis ou des matières non emballées*

La quantité de matières radioactives dans un colis ne doit pas dépasser celle des limites spécifiées pour le type de colis comme indiqué ci-dessous.

2.2.7.2.4.1   Classification comme colis exceptés

2.2.7.2.4.1.1   Des colis peuvent être classés colis exceptés si:

a)   Ce sont des emballages vides ayant contenu des matières radioactives;

b)   Ils contiennent des appareils ou des objets respectant les limites d'activité spécifiées au tableau 2.2.7.2.4.1.2.;

c)   Ils contiennent des objets manufacturés ou de l'uranium naturel, de l'uranium appauvri ou du thorium appauvri; ou

d)   Ils contiennent des matières radioactives en quantités limitées respectant les limites d'activité spécifiées au tableau 2.2.7.2.4.1.2.

2.2.7.2.4.1.2   Un colis contenant des matières radioactives peut être classé en tant que colis excepté à condition que l'intensité de rayonnement en tout point de sa surface externe ne dépasse pas 5 μSv/h.

Tableau 2.2.7.2.4.1.2: Limites d'activité pour les colis exceptés

État physique du contenu	Appareil ou objet		Matières
	Limites par article [a]	Limites par colis [a]	Limites par colis [a]
(1)	(2)	(3)	(4)
Solides			
forme spéciale	$10^{-2}\,A_1$	A_1	$10^{-3}\,A_1$
autres formes	$10^{-2}\,A_2$	A_2	$10^{-3}\,A_2$
Liquides	$10^{-3}\,A_2$	$10^{-1}\,A_2$	$10^{-4}\,A_2$
Gaz			
tritium	$2 \times 10^{-2}\,A_2$	$2 \times 10^{-1}\,A_2$	$2 \times 10^{-2}\,A_2$
forme spéciale	$10^{-3}\,A_1$	$10^{-2}\,A_1$	$10^{-3}\,A_1$
autres formes	$10^{-3}\,A_2$	$10^{-2}\,A_2$	$10^{-3}\,A_2$

[a]   *Pour les mélanges de radionucléides, voir 2.2.7.2.2.4 à 2.2.7.2.2.6.*

2.2.7.2.4.1.3   Une matière radioactive qui est enfermée dans un composant ou constitue un composant d'un appareil ou autre objet manufacturé peut être classée sous le No ONU 2911, MATIÈRES RADIOACTIVES, APPAREILS ou OBJETS EN COLIS EXCEPTÉS, seulement si:

a)   L'intensité de rayonnement à 10 cm de tout point de la surface externe de tout appareil ou objet non emballé n'est pas supérieure à 0,1 mSv/h; et

b)   Chaque appareil ou objet manufacturé porte l'indication "RADIOACTIVE" à l'exception:

i)   des horloges ou des dispositifs radioluminescents;

ii)   des produits de consommation qui ont été agréés par les autorités compétentes conformément au 1.7.1.4 d) ou qui ne dépassent pas individuellement la limite d'activité pour un envoi exempté indiquée au tableau 2.2.7.2.2.1 (cinquième colonne), sous réserve que ces produits soient transportés dans un colis portant l'indication "RADIOACTIVE" sur une surface interne de façon que la mise en garde concernant la présence de matières radioactives soit visible quand on ouvre le colis; et

c)   La matière radioactive soit complètement enfermée dans des composants inactifs (un dispositif ayant pour seule fonction de contenir les matières radioactives n'est pas considéré comme un appareil ou un objet manufacturé); et

d)   Les limites spécifiées dans les colonnes 2 et 3 du tableau 2.2.7.2.4.1.2 sont respectées pour chaque article et pour chaque colis respectivement.

2.2.7.2.4.1.4   Les matières radioactives sous des formes autres que celles qui sont spécifiées au 2.2.7.2.4.1.3 et dont l'activité ne dépasse pas les limites indiquées dans la colonne 4 du tableau 2.2.7.2.4.1.2 peuvent être classées sous le No ONU 2910, MATIÈRES RADIOACTIVES, QUANTITÉS LIMITÉES EN COLIS EXCEPTÉS, à condition que:

a) Le colis retienne son contenu radioactif dans les conditions de transport de routine; et

b) Le colis porte l'indication "RADIOACTIVE" sur une surface interne, de telle sorte que l'on soit averti de la présence de matières radioactives à l'ouverture du colis.

2.2.7.2.4.1.5 Un emballage vide qui a précédemment contenu des matières radioactives peut être classé sous le No ONU 2908, MATIÈRES RADIOACTIVES, EMBALLAGES VIDES COMME COLIS EXCEPTÉS, seulement:

a) S'il a été maintenu en bon état et qu'il soit fermé de façon sûre;

b) Si la surface externe de l'uranium ou du thorium utilisé dans sa structure est recouverte d'une gaine inactive faite de métal ou d'un autre matériau résistant;

c) Si le niveau moyen de la contamination non fixée interne, pour toute aire de 300 cm^2 de toute partie de la surface, ne dépasse pas:

   i) 400 Bq/cm^2 pour les émetteurs bêta et gamma et les émetteurs alpha de faible toxicité; et

   ii) 40 Bq/cm^2 pour tous les autres émetteurs alpha; et

d) Si toute étiquette qui y aurait été apposée conformément au 5.2.2.1.11.1 n'est plus visible.

2.2.7.2.4.1.6 Les objets fabriqués en uranium naturel, en uranium appauvri ou en thorium naturel et les objets dans lesquels la seule matière radioactive est de l'uranium naturel non irradié, de l'uranium appauvri non irradié ou du thorium naturel non irradié peuvent être classés sous le No ONU 2909, MATIÈRES RADIOACTIVES, OBJETS MANUFACTURÉS EN URANIUM NATUREL ou EN URANIUM APPAUVRI ou EN THORIUM NATUREL, COMME COLIS EXCEPTÉS, seulement si la surface extérieure de l'uranium ou du thorium est enfermée dans une gaine inactive faite de métal ou d'un autre matériau résistant.

2.2.7.2.4.2 Classification comme matières de faible activité spécifique (LSA)

Les matières radioactives ne peuvent être classées matières LSA que si la définition de LSA au 2.2.7.1.3 et les conditions des 2.2.7.2.3.1, 4.1.9.2 et 7.5.11 CV33 (2) de l'ADR sont remplies.

2.2.7.2.4.3 Classification comme objet contaminé superficiellement (SCO)

Les matières radioactives peuvent être classées SCO si la définition de SCO au 2.2.7.1.3 et les conditions des 2.2.7.2.3.2, 4.1.9.2 et 7.5.11 CV33 (2) de l'ADR sont remplies.

2.2.7.2.4.4 Classification comme colis du type A

Les colis contenant des matières radioactives peuvent être classés colis du type A à condition que les conditions suivantes soient remplies:

Les colis du type A ne doivent pas contenir de quantités d'activité supérieures à:

a) A$_1$ pour les matières radioactives sous forme spéciale; ou

b) A$_2$ pour les autres matières radioactives.

Dans le cas d'un mélange de radionucléides dont on connaît l'identité et l'activité de chacun, la condition ci-après s'applique au contenu radioactif d'un colis du type A:

$$\Sigma_i \frac{B(i)}{A_1(i)} + \Sigma_j \frac{C(j)}{A_2(j)} \leq 1$$

où: B(i)   est l'activité du radionucléide i contenu dans des matières radioactives sous forme spéciale;

A$_1$(i)   est la valeur de A$_1$ pour le radionucléide i;

C (j)   est l'activité du radionucléide j contenu dans des matières radioactives autres que sous forme spéciale; et

A$_2$ (j)   est la valeur de A$_2$ pour le radionucléide j.

2.2.7.2.4.5   Classification de l'hexafluorure d'uranium

L'hexafluorure d'uranium doit être uniquement affecté aux Nos ONU 2977 MATIÈRES RADIOACTIVES, HEXAFLUORURE D'URANIUM, FISSILES ou 2978 MATIÈRES RADIOACTIVES, HEXAFLUORURE D'URANIUM, non fissiles ou fissiles exceptées.

2.2.7.2.4.5.1   Les colis contenant de l'hexafluorure d'uranium ne doivent pas contenir:

a)   Une masse d'hexafluorure d'uranium différente de celle qui est autorisée pour le modèle de colis;

b)   Une masse d'hexafluorure d'uranium supérieure à une valeur qui se traduirait par un volume vide de moins de 5% à la température maximale du colis comme spécifiée pour les systèmes des installations où le colis doit être utilisé; ou

c)   De l'hexafluorure d'uranium sous une forme autre que solide, ou à une pression interne supérieure à la pression atmosphérique lorsque le colis est présenté pour le transport.

2.2.7.2.4.6   Classification comme colis du type B(U), du type B(M) ou du type C

2.2.7.2.4.6.1   Les colis non classés ailleurs au 2.2.7.2.4 (2.2.7.2.4.1 à 2.2.7.2.4.5) doivent être classés conformément au certificat d'agrément délivré par l'autorité compétente du pays d'origine du modèle.

2.2.7.2.4.6.2   Un colis peut être classé colis du type B(U) uniquement s'il ne contient pas:

a)   Des quantités d'activité plus grandes que celles qui sont autorisées pour le modèle de colis;

b)   Des radionucléides différents de ceux qui sont autorisés pour le modèle de colis; ou

c)   Des matières sous une forme géométrique ou dans un état physique ou une forme chimique différents de ceux qui sont autorisés pour le modèle de colis;

comme spécifié dans le certificat d'agrément.

2.2.7.2.4.6.3   Un colis peut être classé colis du type B(M) uniquement s'il ne contient pas:

a) Des quantités d'activité plus grandes que celles qui sont autorisées pour le modèle de colis;

b) Des radionucléides différents de ceux qui sont autorisés pour le modèle de colis; ou

c) Des matières sous une forme géométrique ou dans un état physique ou une forme chimique différents de ceux qui sont autorisés pour le modèle de colis;

comme spécifié dans le certificat d'agrément.

2.2.7.2.4.6.4 Un colis peut être classé colis du type C uniquement s'il ne contient pas:

a) Des quantités d'activité supérieures à celles qui sont autorisées pour le modèle de colis;

b) Des radionucléides différents de ceux qui sont autorisés pour le modèle de colis; ou

c) Des matières sous une forme géométrique ou dans un état physique ou une forme chimique différents de ceux qui sont autorisés pour le modèle de colis;

comme spécifié dans le certificat d'agrément.

2.2.7.2.5 *Arrangements spéciaux*

Les matières radioactives doivent être classées en tant que matières transportées sous arrangement spécial lorsqu'il est prévu de les transporter conformément au 1.7.4.

2.2.8 **Classe 8** **Matières corrosives**

2.2.8.1 *Critères*

2.2.8.1.1 Le titre de la classe 8 couvre les matières et les objets contenant des matières de cette classe qui, par leur action chimique, attaquent le tissu épithélial de la peau et des muqueuses avec lequel elles sont en contact ou qui, dans le cas d'une fuite, peuvent causer des dommages à d'autres marchandises ou aux moyens de transport, ou les détruire. Sont également visées par le titre de la présente classe d'autres matières qui ne forment une matière corrosive liquide qu'en présence de l'eau ou qui, en présence de l'humidité naturelle de l'air, produisent des vapeurs ou des brouillards corrosifs.

2.2.8.1.2 Les matières et objets de la classe 8 sont subdivisés comme suit :

C1-C11 Matières corrosives sans risque subsidiaire et objets contenant de telles matières :

C1-C4	Matières de caractère acide :	
	C1	Inorganiques, liquides ;
	C2	Inorganiques, solides ;
	C3	Organiques, liquides ;
	C4	Organiques, solides ;

C5-C8	Matières de caractère basique :	
	C5	Inorganiques, liquides ;
	C6	Inorganiques, solides ;
	C7	Organiques, liquides ;
	C8	Organiques, solides ;

C9-C10	Autres matières corrosives :	
	C9	Liquides ;
	C10	Solides ;

	C11	Objets ;

CF	Matières corrosives, inflammables :	
	CF1	Liquides ;
	CF2	Solides ;

CS	Matières corrosives, auto-échauffantes :	
	CS1	Liquides ;
	CS2	Solides ;

CW	Matières corrosives qui, au contact de l'eau, dégagent des gaz inflammables :	
	CW1	Liquides ;
	CW2	Solides ;

CO	Matières corrosives comburantes :	
	CO1	Liquides ;
	CO2	Solides ;

CT	Matières corrosives toxiques et objets contenant de telles matières :	
	CT1	Liquides ;
	CT2	Solides ;
	CT3	Objets ;

CFT   Matières corrosives liquides, inflammables, toxiques ;

COT   Matières corrosives comburantes, toxiques.

Classification et affectation aux groupes d'emballage

2.2.8.1.3   Les matières de la classe 8 doivent être classées dans trois groupes d'emballage, selon le degré de danger qu'elles présentent pour le transport, comme suit :

Groupe d'emballage I :   Matières très corrosives
Groupe d'emballage II :   Matières corrosives
Groupe d'emballage III :   Matières faiblement corrosives

2.2.8.1.4   Les matières et objets classés dans la classe 8 sont énumérés au tableau A du chapitre 3.2. L'affectation des matières aux groupes d'emballage I, II et III est fondée sur l'expérience acquise et tient compte des facteurs supplémentaires tels que le risque d'inhalation (voir 2.2.8.1.5) et l'hydroréactivité (y compris la formation de produits de décomposition présentant un danger).

2.2.8.1.5   Une matière ou une préparation répondant aux critères de la classe 8 dont la toxicité à l'inhalation de poussières et de brouillard (CL_{50}) correspond au groupe d'emballage I mais dont la toxicité à l'ingestion et à l'absorption cutanée ne correspond qu'au groupe d'emballage III ou qui présente un degré de toxicité moins élevé doit être affectée à la classe 8.

2.2.8.1.6   Les matières, y compris les mélanges, non nommément mentionnées au tableau A du chapitre 3.2 peuvent être affectées à la rubrique appropriée de la sous-section 2.2.8.3 et au groupe d'emballage pertinent, sur la base du temps de contact nécessaire pour provoquer une destruction de la peau humaine sur toute son épaisseur conformément aux critères a) à c) ci-après.

Pour les liquides et les solides susceptibles de fondre lors du transport dont on juge qu'elles ne provoquent pas une destruction de la peau humaine sur toute son épaisseur, il faut néanmoins considérer leur capacité de provoquer la corrosion de certaines surfaces métalliques. Pour affecter les matières aux groupes d'emballage, il y a lieu de tenir compte de l'expérience acquise à l'occasion d'exposition accidentelle. En l'absence d'une telle expérience, le classement doit se faire sur la base des résultats de l'expérimentation conformément à la Ligne directrice 404[7] ou 435[8] de l'OCDE. Aux fins de l'ADN, une matière définie comme n'étant pas corrosive conformément à la Ligne directrice 430[9] ou 431[10] de l'OCDE est considérée comme n'étant pas corrosive pour la peau sans qu'il soit nécessaire de réaliser d'autres épreuves.

a)   Sont affectées au groupe d'emballage I les matières qui provoquent une destruction du tissu cutané intact sur toute son épaisseur, sur une période d'observation de 60 minutes, commençant immédiatement après la durée d'application de trois minutes ou moins ;

_____

[7] *Ligne directrice de l'OCDE pour les essais de produits chimiques No 404 "Effet irritant/corrosif aigu sur la peau", 2002.*
[8] *Ligne directrice de l'OCDE pour les essais de produits chimiques No 435 "Méthode d'essai in vitro sur membrane d'étanchéité pour la corrosion cutanée", 2006.*
[9] *Ligne directrice de l'OCDE pour les essais de produits chimiques No 430 "Corrosion cutanée in vitro : Essai de résistance électrique transcutanée (RET)", 2004.*
[10] *Ligne directrice de l'OCDE pour les essais de produits chimiques No 431 "Corrosion cutanée in vitro : Essai sur modèle de peau humaine", 2004.*

b)   Sont affectées au groupe d'emballage II les matières qui provoquent une destruction du tissu cutané intact sur toute son épaisseur sur une période d'observation de 14 jours commençant après la durée d'application de plus de trois minutes et de 60 minutes au maximum ;

c)   Sont affectées au groupe d'emballage III les matières qui :

–   provoquent une destruction du tissu cutané intact sur toute son épaisseur, sur une période d'observation de 14 jours commençant immédiatement après une durée d'application de plus de 60 minutes, mais de quatre heures au maximum ; ou

–   celles dont on juge qu'elles ne provoquent pas une destruction du tissu cutané intact sur toute son épaisseur, mais dont la vitesse de corrosion sur des surfaces soit en acier soit en aluminium dépasse 6,25 mm par an à la température d'épreuve de 55 °C. Pour les épreuves sur l'acier, on doit utiliser les types S235JR+CR (1.0037, respectivement St 37-2), S275J2G3+CR (1.0144, respectivement St 44-3), ISO 3574, "Unified Numbering System (UNS)" G10200 ou SAE 1020, et pour les épreuves sur l'aluminium les types non revêtus 7075-T6 ou AZ5GU-T6. Une épreuve acceptable est décrite dans le *Manuel d'épreuves et de critères*, Partie III, section 37, lorsque les épreuves sont réalisées sur ces deux matériaux.

NOTA: Lorsqu'une première épreuve sur l'acier ou l'aluminium indique que la matière testée est corrosive, l'épreuve suivante sur l'autre matière n'est pas obligatoire.

Tableau 2.2.8.1.6   Tableau résumant les critères du 2.2.8.1.6

Groupe d'emballage	Durée d'application	Période d'observation	Effet
I	≤ 3 min	≤ 60 min	Destruction du tissu cutané intact sur toute son épaisseur
II	> 3 min ≤ 1 h	≤ 14 d	Destruction du tissu cutané intact sur toute son épaisseur
III	> 1 h ≤ 4 h	≤ 14 d	Destruction du tissu cutané intact sur toute son épaisseur
III	-	-	Vitesse de corrosion sur des surfaces soit en acier soit en aluminium dépassant 6,25 mm par an à la température d'épreuve de 55 °C, lorsque les épreuves sont réalisées sur ces deux matériaux

2.2.8.1.7   Lorsque les matières de la classe 8, par suite d'adjonctions, passent dans d'autres catégories de danger que celles auxquelles appartiennent les matières nommément mentionnées au tableau A du chapitre 3.2, ces mélanges ou solutions doivent être affectés aux rubriques dont ils relèvent sur la base de leur danger réel.

NOTA : Pour classer les solutions et mélanges (tels que préparations et déchets), voir également 2.1.3.

2.2.8.1.8   Sur la base des critères du 2.2.8.1.6, on peut également déterminer si la nature d'une solution ou d'un mélange nommément mentionnés ou contenant une matière nommément mentionnée est telle que la solution ou le mélange ne sont pas soumis aux prescriptions relatives à la présente classe.

2.2.8.1.9   Les matières, solutions et mélanges qui :

–   ne satisfont pas aux critères des Directives 67/548/CEE[3] ou 1999/45/CE[4] modifiées et ne sont donc pas classés comme étant corrosifs d'après ces directives modifiées ; et

–   ne présentent pas un effet corrosif sur l'acier ou l'aluminium,

peuvent être considérés comme des matières n'appartenant pas à la classe 8.

NOTA : Les Nos ONU 1910 oxyde de calcium et 2812 aluminate de sodium qui figurent dans le Règlement type de l'ONU ne sont pas soumis aux prescriptions de l'ADN.

2.2.8.2   ***Matières non admises au transport***

2.2.8.2.1   Les matières chimiquement instables de la classe 8 ne sont pas admises au transport à moins que les mesures nécessaires pour empêcher leur décomposition ou leur polymérisation dangereuses pendant le transport aient été prises. À cette fin, il y a lieu notamment de s'assurer que les récipients et citernes ne contiennent pas de matières pouvant favoriser ces réactions.

2.2.8.2.2   Les matières suivantes ne sont pas admises au transport :

–   No ONU 1798 ACIDE CHLORHYDRIQUE ET ACIDE NITRIQUE EN MÉLANGE ;

–   Les mélanges chimiquement instables d'acide sulfurique résiduaire ;

–   Les mélanges chimiquement instables d'acide sulfonitrique mixte ou les mélanges d'acides sulfurique et nitrique résiduaires, non dénitrés ;

–   Les solutions aqueuses d'acide perchlorique contenant plus de 72 % d'acide pur en masse, ou les mélanges d'acide perchlorique avec tout liquide autre que l'eau.

---

[3]   *Directive 67/548/CEE du Conseil, du 27 juin 1967, concernant le rapprochement des dispositions législatives, réglementaires et administratives relatives à la classification, l'emballage et l'étiquetage des substances dangereuses (Journal officiel des Communautés européennes No L 196 du 16 août 1967).*

[4]   *Directive 1999/45/CE du Parlement européen et du Conseil du 31 mai 1999 concernant le rapprochement des dispositions législatives, réglementaires et administratives des États membres relatives à la classification, à l'emballage et à l'étiquetage des préparations dangereuses (Journal officiel des Communautés européennes No L 200 du 30 juillet 1999, p. 1 à 68).*

2.2.8.3   *Liste des rubriques collectives*

Matières corrosives <u>sans</u> risque subsidiaire et objets contenant de telles matières

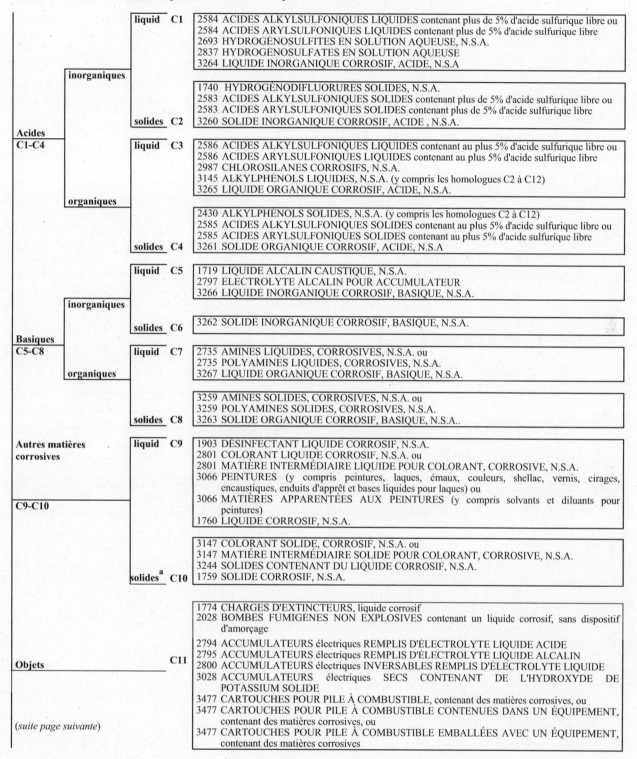

Acides C1-C4	inorganiques	liquid **C1**	2584 ACIDES ALKYLSULFONIQUES LIQUIDES contenant plus de 5% d'acide sulfurique libre ou 2584 ACIDES ARYLSULFONIQUES LIQUIDES contenant plus de 5% d'acide sulfurique libre 2693 HYDROGÉNOSULFITES EN SOLUTION AQUEUSE, N.S.A. 2837 HYDROGÉNOSULFATES EN SOLUTION AQUEUSE 3264 LIQUIDE INORGANIQUE CORROSIF, ACIDE, N.S.A
		solides **C2**	1740 HYDROGÉNODIFLUORURES SOLIDES, N.S.A. 2583 ACIDES ALKYLSULFONIQUES SOLIDES contenant plus de 5% d'acide sulfurique libre ou 2583 ACIDES ARYLSULFONIQUES SOLIDES contenant plus de 5% d'acide sulfurique libre 3260 SOLIDE INORGANIQUE CORROSIF, ACIDE , N.S.A.
	organiques	liquid **C3**	2586 ACIDES ALKYLSULFONIQUES LIQUIDES contenant au plus 5% d'acide sulfurique libre ou 2586 ACIDES ARYLSULFONIQUES LIQUIDES contenant au plus 5% d'acide sulfurique libre 2987 CHLOROSILANES CORROSIFS, N.S.A. 3145 ALKYLPHÉNOLS LIQUIDES, N.S.A. (y compris les homologues C2 à C12) 3265 LIQUIDE ORGANIQUE CORROSIF, ACIDE, N.S.A.
		solides **C4**	2430 ALKYLPHÉNOLS SOLIDES, N.S.A. (y compris les homologues C2 à C12) 2585 ACIDES ALKYLSULFONIQUES SOLIDES contenant au plus 5% d'acide sulfurique libre ou 2585 ACIDES ARYLSULFONIQUES SOLIDES contenant au plus 5% d'acide sulfurique libre 3261 SOLIDE ORGANIQUE CORROSIF, ACIDE, N.S.A
Basiques C5-C8	inorganiques	liquid **C5**	1719 LIQUIDE ALCALIN CAUSTIQUE, N.S.A. 2797 ELECTROLYTE ALCALIN POUR ACCUMULATEUR 3266 LIQUIDE INORGANIQUE CORROSIF, BASIQUE, N.S.A.
		solides **C6**	3262 SOLIDE INORGANIQUE CORROSIF, BASIQUE, N.S.A.
	organiques	liquid **C7**	2735 AMINES LIQUIDES, CORROSIVES, N.S.A. ou 2735 POLYAMINES LIQUIDES, CORROSIVES, N.S.A. 3267 LIQUIDE ORGANIQUE CORROSIF, BASIQUE, N.S.A.
		solides **C8**	3259 AMINES SOLIDES, CORROSIVES, N.S.A. ou 3259 POLYAMINES SOLIDES, CORROSIVES, N.S.A. 3263 SOLIDE ORGANIQUE CORROSIF, BASIQUE, N.S.A..
Autres matières corrosives **C9-C10**		liquid **C9**	1903 DÉSINFECTANT LIQUIDE CORROSIF, N.S.A. 2801 COLORANT LIQUIDE CORROSIF, N.S.A. ou 2801 MATIÈRE INTERMÉDIAIRE LIQUIDE POUR COLORANT, CORROSIVE, N.S.A. 3066 PEINTURES (y compris peintures, laques, émaux, couleurs, shellac, vernis, cirages, encaustiques, enduits d'apprêt et bases liquides pour laques) ou 3066 MATIÈRES APPARENTÉES AUX PEINTURES (y compris solvants et diluants pour peintures) 1760 LIQUIDE CORROSIF, N.S.A.
		solides^a **C10**	3147 COLORANT SOLIDE, CORROSIF, N.S.A. ou 3147 MATIÈRE INTERMÉDIAIRE SOLIDE POUR COLORANT, CORROSIVE, N.S.A. 3244 SOLIDES CONTENANT DU LIQUIDE CORROSIF, N.S.A. 1759 SOLIDE CORROSIF, N.S.A.
Objets *(suite page suivante)*		**C11**	1774 CHARGES D'EXTINCTEURS, liquide corrosif 2028 BOMBES FUMIGÈNES NON EXPLOSIVES contenant un liquide corrosif, sans dispositif d'amorçage 2794 ACCUMULATEURS électriques REMPLIS D'ÉLECTROLYTE LIQUIDE ACIDE 2795 ACCUMULATEURS électriques REMPLIS D'ÉLECTROLYTE LIQUIDE ALCALIN 2800 ACCUMULATEURS électriques INVERSABLES REMPLIS D'ÉLECTROLYTE LIQUIDE 3028 ACCUMULATEURS électriques SECS CONTENANT DE L'HYDROXYDE DE POTASSIUM SOLIDE 3477 CARTOUCHES POUR PILE À COMBUSTIBLE, contenant des matières corrosives, ou 3477 CARTOUCHES POUR PILE À COMBUSTIBLE CONTENUES DANS UN ÉQUIPEMENT, contenant des matières corrosives, ou 3477 CARTOUCHES POUR PILE À COMBUSTIBLE EMBALLÉES AVEC UN ÉQUIPEMENT, contenant des matières corrosives

---

^a   *Les mélanges de matières solides qui ne sont pas soumises aux prescriptions de l'ADN et de liquides corrosifs sont admis au transport sous le No ONU 3244, sans application préalable des critères de classement de la classe 8, à condition qu'aucun liquide libre n'apparaisse au moment du chargement de la matière ou de la fermeture de l'emballage de l'engin de transport. Chaque emballage doit correspondre à un type de construction ayant satisfait à une épreuve d'étanchéité pour le groupe d'emballage II.*

Matières corrosives présentant un (des) risque(s) subsidiaire(s) et objets contenant de telles matières

Inflammables [b] CF	liquides	CF1	3470	PEINTURES, CORROSIVES, INFLAMMABLES (y compris peintures, laques, émaux, couleurs, shellac, vernis, cirages, encaustiques, enduits d'apprêt et bases liquides pour laques) ou
			3470	MATIÈRES APPARENTÉES AUX PEINTURES, CORROSIVES, INFLAMMABLES (y compris solvants et diluants pour peintures)
			2986	CHLOROSILANES CORROSIFS, INFLAMMABLES, N.S.A.
			2920	LIQUIDE CORROSIF, INFLAMMABLE, N.S.A.
			2734	AMINES LIQUIDES CORROSIVES, INFLAMMABLES, N.S.A. ou
			2734	POLYAMINES LIQUIDES CORROSIVES, INFLAMMABLES, N.S.A.
	solides	CF2	2921	SOLIDE CORROSIF, INFLAMMABLE, N.S.A.
Auto-échauffantes CS	liquides	CS1	3301	LIQUIDE CORROSIF, AUTO-ÉCHAUFFANT, N.S.A.
	solides	CS2	3095	SOLIDE CORROSIF, AUTO-ÉCHAUFFANT, N.S.A
Hydroréactives CW	liquides [b]	CW1	3094	LIQUIDE CORROSIF, HYDRORÉACTIF, N.S.A.
	solides	CW2	3096	SOLIDE CORROSIF, HYDRORÉACTIF, N.S.A..
Comburantes CO	liquides	CO1	3093	LIQUIDE CORROSIF, COMBURANT, N.S.A.
	solides	CO2	3084	SOLIDE CORROSIF, COMBURANT, N.S.A.
Toxiques [d] CT	liquides [c]	CT1	3471	HYDROGÉNODIFLUORURES EN SOLUTION, N.S.A.
			2922	LIQUIDE CORROSIF, TOXIQUE, N.S.A.
	solides [e]	CT2	2923	SOLIDE CORROSIF, TOXIQUE, N.S.A.
	objets	CT3	3506	MERCURE CONTENU DANS DES OBJETS MANUFACTURÉS
Liquides inflammables toxiques [d]		CFT		(Pas de rubrique collective portant ce code de classification ; le cas échéant, classement sous une rubrique collective portant un code de classification à déterminer d'après le tableau d'ordre de prépondérance des caractéristiques de danger du 2.1.3.10)
Toxiques comburantes [d,e]		COT		(Pas de rubrique collective portant ce code de classification ; le cas échéant, classement sous une rubrique collective portant un code de classification à déterminer d'après le tableau d'ordre de prépondérance des caractéristiques de danger du 2.1.3.10)

---

[b]   *Les chlorosilanes qui, au contact de l'eau ou de l'humidité contenue dans l'air, dégagent des gaz inflammables sont des matières de la classe 4.3.*

[c]   *Les chloroformiates ayant des propriétés toxiques prépondérantes sont des matières de la classe 6.1.*

[d]   *Les matières corrosives très toxiques à l'inhalation, définies aux 2.2.61.1.4 à 2.2.61.1.9, sont des matières de la classe 6.1.*

[e]   *Les Nos ONU 1690 FLUORURE DE SODIUM SOLIDE, 1812 FLUORURE DE POTASSIUM SOLIDE, 2505 FLUORURE D'AMMONIUM, 2674 FLUOROSILICATE DE SODIUM, 2856 FLUOROSILICATES, N.S.A. , 3415 FLUORURE DE SODIUM EN SOLUTION et 3422 FLUORURE DE POTASSIUM EN SOLUTION sont des matières de la classe 6.1.*

2.2.9 **Classe 9** **Matières et objets dangereux divers**

2.2.9.1 *Critères*

2.2.9.1.1 Le titre de la classe 9 couvre les matières et objets qui, en cours de transport, présentent un danger autre que ceux visés par les autres classes.

2.2.9.1.2 Les matières et objets de la classe 9 sont subdivisés comme suit :

M1	Matières qui, inhalées sous forme de poussière fine, peuvent mettre en danger la santé ;
M2	Matières et appareils qui, en cas d'incendie, peuvent former des dioxines ;
M3	Matières dégageant des vapeurs inflammables ;
M4	Piles au lithium ;
M5	Engins de sauvetage ;
M6-M8	Matières dangereuses pour l'environnement :

M6   Matières polluantes pour l'environnement aquatique, liquides ;
M7   Matières polluantes pour l'environnement aquatique, solides ;
M8   Micro-organismes et organismes génétiquement modifiés ;

M9-M10   Matières transportées à chaud :

M9   Liquides ;
M10   Solides ;

M11   Autres matières qui présentent un risque pendant le transport mais qui ne correspondent à la définition d'aucune autre classe.

Définitions et classification

2.2.9.1.3 Les matières et objets classés dans la classe 9 sont énumérés au tableau A du chapitre 3.2. L'affectation des matières et objets non nommément mentionnés au tableau A du chapitre 3.2 à la rubrique pertinente de ce tableau ou de la sous-section 2.2.9.3 doit être faite conformément aux dispositions des 2.2.9.1.4 à 2.2.9.1.14.

Matières qui, inhalées sous forme de poussière fine, peuvent mettre en danger la santé

2.2.9.1.4 Les matières qui, inhalées sous forme de poussière fine, peuvent mettre en danger la santé comprennent l'amiante et les mélanges contenant de l'amiante.

Matières et appareils qui, en cas d'incendie, peuvent former des dioxines

2.2.9.1.5 Les matières et appareils qui, en cas d'incendie, peuvent former des dioxines comprennent les diphényles polychlorés (PCB), les terphényles polychlorés (PCT) et les diphényles et terphényles polyhalogénés et les mélanges contenant ces matières, ainsi que les appareils, tels que transformateurs, condensateurs et autres appareils contenant ces matières ou des mélanges de ces matières.

NOTA : *Les mélanges dont la teneur en PCB ou en PCT ne dépasse pas 50 mg/kg ne sont pas soumis aux prescriptions de l'ADN.*

Matières dégageant des vapeurs inflammables

2.2.9.1.6   Les matières dégageant des vapeurs inflammables comprennent les polymères contenant des liquides inflammables ayant un point d'éclair ne dépassant pas 55 °C.

Piles au lithium

2.2.9.1.7   Les piles et batteries, les piles et batteries contenues dans un équipement, ou les piles et batteries emballées avec un équipement, contenant du lithium sous quelque forme que ce soit doivent être classées sous les Nos ONU 3090, 3091, 3480 ou 3481, selon qu'il convient. Elles peuvent être transportées au titre de ces rubriques si elles satisfont aux dispositions ci-après :

a)   Il a été démontré que le type de chaque pile ou batterie au lithium satisfait aux prescriptions de chaque épreuve de la sous-section 38.3 de la troisième partie du *Manuel d'épreuves et de critères* ;

NOTA :   *Les batteries doivent être conformes à un type ayant satisfait aux prescriptions des épreuves de la sous-section 38.3 de la troisième partie du Manuel d'épreuves et de critères, que les piles dont elles sont composées soient conformes à un type éprouvé ou non.*

b)   Chaque pile et batterie comporte un dispositif de protection contre les surpressions internes, ou est conçue de manière à exclure tout éclatement violent dans les conditions normales de transport ;

c)   Chaque pile et batterie est munie d'un système efficace pour empêcher les courts-circuits externes ;

d)   Chaque batterie formée de piles ou de séries de piles reliées en parallèle doit être munie de moyens efficaces pour arrêter les courants inverses (par exemple diodes, fusibles, etc.) ;

e)   Les piles et batteries doivent être fabriquées conformément à un programme de gestion de la qualité qui doit comprendre les éléments suivants :

i)   une description de la structure organisationnelle et des responsabilités du personnel en ce qui concerne la conception et la qualité du produit ;

ii)   les instructions pertinentes qui seront utilisées pour les contrôles et les épreuves, le contrôle de la qualité, l'assurance qualité et le déroulement des opérations ;

iii)   des contrôles des processus qui devraient inclure des activités pertinentes visant à prévenir et à détecter les défaillances au niveau des courts-circuits internes lors de la fabrication des piles ;

iv)   des relevés d'évaluation de la qualité, tels que rapports de contrôle, données d'épreuve, données d'étalonnage et certificats. Les données d'épreuves doivent être conservées et communiquées à l'autorité compétente sur demande ;

v)   la vérification par la direction de l'efficacité du système qualité ;

vi)   une procédure de contrôle des documents et de leur révision ;

vii)   un moyen de contrôle des piles et des batteries non conformes au type ayant satisfait aux prescriptions des épreuves, tel qu'il est mentionné à l'alinéa a) ci-dessus ;

viii) des programmes de formation et des procédures de qualification destinés au personnel concerné ; et

ix) des procédures garantissant que le produit fini n'est pas endommagé.

NOTA : Les programmes internes de gestion de la qualité peuvent être autorisés. La certification par une tierce partie n'est pas requise, mais les procédures énoncées aux alinéas i) à ix) ci-dessus doivent être dûment enregistrées et identifiables. Un exemplaire du programme de gestion de la qualité doit être mis à la disposition de l'autorité compétente, si celle-ci en fait la demande.

Les piles au lithium ne sont pas soumises aux dispositions de l'ADN si elles satisfont aux prescriptions de la disposition spéciale 188 du chapitre 3.3.

NOTA :La rubrique ONU 3171 véhicule mû par accumulateurs ou ONU 3171 appareil mû par accumulateurs ne s'applique qu'aux véhicules mus par accumulateurs à électrolyte liquide ou par des batteries au sodium ou des batteries au lithium métal ou au lithium ionique et aux équipements mus par des accumulateurs à électrolyte liquide ou par des batteries au sodium, qui sont transportés pourvus de ces batteries ou accumulateurs.

Aux fins du présent numéro ONU, les véhicules sont des appareils autopropulsés conçus pour transporter une ou plusieurs personnes ou marchandises. Au nombre des véhicules on peut citer les voitures électriques, les motos, les scooters, les véhicules ou motos à trois et quatre roues, les vélos électriques, les fauteuils roulants, les tondeuses autoportées, les bateaux et aéronefs.

Au nombre des équipements on peut citer les tondeuses à gazon, les appareils de nettoyage ou modèles réduits d'embarcations ou modèles réduits d'aéronefs. Les équipements mus par des batteries au lithium métal ou au lithium ionique doivent être expédiés sous les rubriques ONU 3091 PILES AU LITHIUM MÉTAL CONTENUES DANS UN ÉQUIPEMENT ou ONU 3091 PILES AU LITHIUM MÉTAL EMBALLÉES AVEC UN ÉQUIPEMENT ou ONU 3481 PILES AU LITHIUM IONIQUE CONTENUES DANS UN ÉQUIPEMENT ou ONU 3481 PILES AU LITHIUM IONIQUE EMBALLÉES AVEC UN ÉQUIPEMENT, selon qu'il convient.

Les véhicules électriques hybrides mus à la fois par un moteur à combustion interne et par des accumulateurs à électrolyte liquide ou au sodium, ou des batteries au lithium métal ou au lithium ionique, et qui sont transportés pourvus de ces accumulateurs ou batteries, doivent être classés sous les rubriques ONU 3166 véhicule à propulsion par gaz inflammable ou ONU 3166 véhicule à propulsion par liquide inflammable, selon qu'il convient. Les véhicules qui contiennent une pile à combustible doivent être classés sous les rubriques ONU 3166 véhicule à propulsion par pile à combustible contenant du gaz inflammable ou ONU 3166 véhicule à propulsion par pile à combustible contenant du liquide inflammable, selon qu'il convient.

Engins de sauvetage

2.2.9.1.8 Les engins de sauvetage comprennent les engins de sauvetage et les éléments de véhicule à moteur conformes aux descriptions des dispositions spéciales 235 ou 296 du chapitre 3.3.

Matières dangereuses pour l'environnement

2.2.9.1.9 (*Supprimé*)

2.2.9.1.10

2.2.9.1.10.1 Pour le transport en colis ou en vrac, sont considérés comme dangereux pour l'environnement (milieu aquatique) les matières, solutions et mélanges répondant aux critères de <u>toxicité Aiguë 1</u>, de <u>toxicité Chronique 1</u> ou de <u>toxicité Chronique 2</u>, du chapitre 2.4 (voir aussi 2.1.3.8). Les matières qui ne peuvent pas être affectées aux autres classes de l'ADN ni à d'autres rubriques de la classe 9 et qui répondent à ces critères doivent être affectées aux Nos ONU 3077, MATIÈRE DANGEREUSE DU POINT DE VUE DE L'ENVIRONNEMENT, SOLIDE, N.S.A. ou 3082, MATIÈRE DANGEREUSE DU POINT DE VUE DE L'ENVIRONNEMENT, LIQUIDE, N.S.A, et doivent être affectées au groupe d'emballage III.

2.2.9.1.10.2 Pour le transport en bateaux-citernes, sont considérés comme dangereux pour l'environnement, les matières, solutions et mélanges visés au 2.2.9.1.10.1 ainsi que ceux qui répondent aux critères de <u>toxicité Aiguë 2</u> ou de <u>toxicité Aiguë 3</u> ou de <u>toxicité Chronique 3</u> du chapitre 2.4.

Est affectée au groupe 'N1' une matière classée comme dangereuse du point de vue de l'environnement qui répond aux critères pour les catégories de toxicité Aiguë 1 ou Chronique 1.

Est affectée au groupe 'N2' une matière classée comme dangereuse du point de vue de l'environnement qui répond aux critères pour les catégories de toxicité Chronique 2 ou Chronique 3.

Est affectée au groupe 'N3' une matière classée comme dangereuse du point de vue de l'environnement qui répond aux critères pour les catégories de toxicité Aiguë 2 ou Aiguë 3.

Les matières qui répondent aux critères du 2.2.9.1.10.1 doivent être affectées aux Nos ONU 3082, MATIÈRE DANGEREUSE DU POINT DE VUE DE L'ENVIRONNEMENT, LIQUIDE, N.S.A. ou 3077, MATIÈRE DANGEREUSE DU POINT DE VUE DE L'ENVIRONNEMENT, SOLIDE, N.S.A., FONDUE. Celles qui répondent aux critères additionnels du présent paragraphe doivent être affectées au numéro d'identification 9005, MATIÈRE DANGEREUSE DU POINT DE VUE DE L'ENVIRONNEMENT, SOLIDE, N.S.A., FONDUE, ou 9006, MATIÈRE DANGEREUSE DU POINT DE VUE DE L'ENVIRONNEMENT, LIQUIDE, N.S.A.

2.2.9.1.10.3   Substances ou mélanges classés comme matières dangereuses pour l'environnement (milieu aquatique) sur la base du Règlement 1272/2008/CE[11]

Nonobstant les dispositions du 2.2.9.1.10.1, si les données pour la classification conformément aux critères des 2.4.3 et 2.4.4 ne sont pas disponibles, une substance ou un mélange:

a)   Doit être classé comme une matière dangereuse pour l'environnement (milieu aquatique) si la ou les catégories Aquatic Acute 1, Aquatic Chronic 1 ou Aquatic Chronic 2 conformément au Règlement 1272/2008/CE[11], ou si cela est toujours pertinent conformément audit Règlement, la ou les phrases de risque R50, R50/53 ou R51/53 conformément aux Directives 67/548/CE[3] et 1999/45/CE[4] doivent lui être attribuées;

b)   Peut être considéré comme n'étant pas une matière dangereuse pour l'environnement (milieu aquatique) pour le transport en colis ou en vrac au sens du 2.2.9.10.1 si une telle phrase de risque ou catégorie conformément audits Directives et Règlement ne doit pas lui être attribuée.

Micro-organismes ou organismes génétiquement modifiés

2.2.9.1.11   Les micro-organismes génétiquement modifiés (MOGM) et les organismes génétiquement modifiés (OGM) sont des micro-organismes et organismes dans lesquels le matériel génétique a été à dessein modifié selon un processus qui n'intervient pas dans la nature. Ils sont affectés à la classe 9 (No ONU 3245) s'ils ne répondent pas à la définition des matières toxiques ou des matières infectieuses, mais peuvent entraîner chez les animaux, les végétaux ou les matières microbiologiques des modifications qui, normalement, ne résultent pas de la reproduction naturelle.

NOTA 1 : Les MOGM et les OGM qui sont des matières infectieuses sont des matières de la classe 6.2 (Nos ONU 2814, 2900 ou 3373).

2 : Les MOGM et les OGM ne sont pas soumis aux prescriptions de l'ADN lorsque les autorités compétentes des pays d'origine, de transit et de destination en autorisent l'utilisation.[12]

3: Les animaux vivants ne doivent pas servir à transporter des micro-organismes génétiquement modifiés relevant de la présente classe, sauf si la matière ne peut être transportée autrement. Les animaux génétiquement modifiés doivent être transportés suivant les termes et conditions de l'autorité compétente des pays d'origine et de destination.

---

[11]   *Règlement 1272/2008/CE du Parlement européen et du Conseil du 16 décembre 2008 relatif à la classification, à l'étiquetage et à l'emballage des substances et des mélanges (Journal officiel de l'Union européenne No L 353 du 30 décembre 2008).*
[3]   *Directive 67/548/CEE du Conseil du 27 juin 1967 concernant le rapprochement des dispositions législatives, réglementaires et administratives relatives à la classification, à l'emballage et à l'étiquetage des substances dangereuses (Journal officiel des Communautés européennes, No L 196 du 16 août 1967).*
[4]   *Directive 1999/45/CE du Parlement européen et du Conseil du 31 mai 1999 concernant le rapprochement des dispositions législatives, réglementaires et administratives des États membres relatives à la classification, à l'emballage et à l'étiquetage des préparations dangereuses (Journal officiel des Communautés européennes No L 200 du 30 juillet 1999).*
[12]   *Voir notamment la partie C de la Directive 2001/18/CE du Parlement européen et du Conseil relative à la dissémination volontaire d'organismes génétiquement modifiés dans l'environnement et à la suppression de la Directive 90/220/CEE (Journal officiel des Communautés européennes, No L.106, du 17 avril 2001, pp. 8 à 14) qui fixe les procédures d'autorisation dans la Communauté européenne.*

2.2.9.1.12   (*Supprimé*)

Matières transportées à chaud

2.2.9.1.13   Les matières transportées à chaud comprennent les matières qui sont transportées ou remises au transport à l'état liquide et à une température égale ou supérieure à 100 °C et, pour les matières ayant un point d'éclair, inférieure à leur point d'éclair. Elles comprennent aussi les solides transportés ou remis au transport à une température égale ou supérieure à 240 °C.

NOTA 1 : Les matières transportées à chaud ne sont affectées à la classe 9 que si elles ne répondent aux critères d'aucune autre classe.

2 : Les matières ayant un point d'éclair supérieur à 60 °C remises au transport ou transportées dans une plage de 15 K sous le point d'éclair sont des matières de la classe 3, No d'identification 9001.

Autres matières qui présentent un risque pendant le transport mais qui ne correspondent à la définition d'aucune autre classe.

2.2.9.1.14   Les autres matières diverses ci-dessous ne répondent à la définition d'aucune autre classe et sont donc affectées à la classe 9 :

Composé d'ammoniac solide ayant un point d'éclair inférieur à 60 °C
Dithionite à faible risque
Liquide hautement volatile
Matière dégageant des vapeurs nocives
Matières contenant des allergènes
Trousses chimiques et trousses de premier secours
Condensateurs électriques à double couche (avec une capacité de stockage d'énergie supérieure à 0.3 Wh)

Les matières diverses suivantes qui ne répondent à la définition d'aucune autre classe sont affectées à la classe 9 lorsqu'elles sont transportées en vrac ou par bateaux-citernes :

–   No ONU 2071 ENGRAIS AU NITRATE D'AMMONIUM : mélanges homogènes et stables du type azote/phosphate ou azote/potasse ou engrais complet du type azote/phosphate/potasse contenant au plus 70 % de nitrate d'ammonium et au plus 0,4 % de matières combustibles ajoutées totales, ou contenant au plus 45 % de nitrate d'ammonium mais sans limitation de teneur en matières combustibles ;

NOTA 1 : Pour déterminer la teneur en nitrate d'ammonium, tous les ions nitrate pour lesquelles il existe dans le mélange un équivalent moléculaire d'ions ammonium seront calculés en tant que masse de nitrate d'ammonium.

2 : Les engrais au nitrate d'ammonium de la classe 9 ne sont pas soumis à l'ADN si :

–   *les résultats de l'épreuve du bac (voir Manuel d'épreuves et de critères, troisième partie, sous-section 38.2) montrent qu'ils ne sont pas sujets à la décomposition auto-entretenue ; et*

–   *le calcul visé au NOTA 1 ne donne pas un excès de nitrate supérieur à 10 % en masse, calculée en KNO$_3$.*

– No ONU 2216 FARINE DE POISSON STABILISÉE (humidité comprise entre 5 % en masse et 12 % en masse et au maximum 15 % de graisse en masse) ; ou

– No ONU 2216 DÉCHETS DE POISSON STABILISÉS (humidité comprise entre 5 % en masse et 12 % en masse et au maximum 15 % de graisse en masse) ;

– Numéro d'identification 9003 MATIÈRES AYANT UN POINT D'ÉCLAIR SUPÉRIEUR À 60 °C ET INFÉRIEUR OU ÉGAL À 100 °C qui ne peuvent être affectées à aucune autre classe ni autre rubrique de la classe 9. Si ces matières peuvent aussi être affectées aux numéros d'identification 9005 ou 9006, le numéro d'identification 9003 doit alors leur être attribué en priorité.

– Numéro d'identification 9004, DIISOCYANATE DE DIPHÉNYLMÉTHANE-4-4'.

– Numéro d'identification 9005, MATIÈRE DANGEREUSE DU POINT DE VUE DE L'ENVIRONNEMENT, SOLIDE, N.S.A., FONDUE, qui ne peut être affectée au No ONU 3077;

– Numéro d'identification 9006, MATIÈRE DANGEREUSE DU POINT DE VUE DE L'ENVIRONNEMENT, LIQUIDE, N.S.A. qui ne peut être affectée au No ONU 3082.

NOTA : Les Nos ONU 1845 dioxyde de carbone solide (neige carbonique)[13], 2071 engrais au nitrate d'ammonium, 2216 farine de poisson (déchets de poisson) stabilisée, 2807 masses magnétisées, 3166 moteur à combustion interne ou véhicule à propulsion par gaz inflammable ou 3166 véhicule à propulsion par liquide inflammable, ou 3166 moteur pile à combustible contenant du gaz inflammable ou 3166 moteur pile à combustible contenant du liquide inflammable ou 3166 véhicule à propulsion par pile à combustible contenant du gaz inflammable ou 3166 véhicule à propulsion par pile à combustible contenant du liquide inflammable, 3171 véhicule mû par accumulateurs ou 3171 appareil mû par accumulateurs (voir aussi le Nota à la fin du 2.2.9.1.7), 3334 matière liquide réglementée pour l'aviation, n.s.a., 3335 matière solide réglementée pour l'aviation, n.s.a. et 3363 marchandises dangereuses contenues dans des machines ou marchandises dangereuses contenues dans des appareils, qui figurent dans le Règlement type de l'ONU ne sont pas soumis aux prescriptions de l'ADN.

Affectation à un groupe d'emballage

2.2.9.1.15   Si cela est indiqué dans la colonne 4 du tableau A du chapitre 3.2, les matières et objets de la classe 9 sont affectés à l'un des groupes d'emballage ci-dessous, selon leur degré de danger:

Groupe d'emballage II : matières moyennement dangereuses
Groupe d'emballage III : matières faiblement dangereuses.

2.2.9.2   ***Matières et objets non admis au transport***

Les matières et objets ci-dessous ne sont pas admis au transport :

– Piles au lithium qui ne satisfont pas aux conditions pertinentes des dispositions spéciales 188, 230 ou 636 du chapitre 3.3 ;

---

[13]   *Pour le No ONU 1845 dioxyde de carbone solide (neige carbonique) utilisé en tant qu'agent de réfrigération, voir 5.5.3.*

– Récipients de rétention vides non nettoyés pour des appareils tels que transformateurs, condensateurs ou appareils hydrauliques renfermant des matières relevant des Nos ONU 2315, 3151, 3152 ou 3432.

2.2.9.3 *Liste des rubriques*

Matières qui inhalées sous forme de poussière fine, peuvent mettre en danger la santé	**M1**	2212 AMIANTE BLEU (crocidolite) ou 2212 AMIANTE BRUN (amosite, mysorite) 2590 AMIANTE BLANC (chrysotile, actinolite, anthophyllite, trémolite)
Matières et appareils qui, en cas d'incendie, peuvent former des dioxines	**M2**	2315 DIPHÉNYLES POLYCHLORÉS LIQUIDES 3432 DIPHÉNYLES POLYCHLORÉS SOLIDES 3151 DIPHÉNYLES POLYHALOGÉNÉS LIQUIDES ou 3151 TERPHINYLES POLYHALOGÉNÉS LIQUIDES 3152 DIPHÉNYLES POLYHALOGÉNÉS SOLIDES ou 3152 TERPHÉNYLES POLYHALOGÉNÉS SOLIDES
Matières dégageant des vapeurs inflammables	**M3**	2211 POLYMÈRES EXPANSIBLES EN GRANULES dégageant des vapeurs inflammables 3314 MATIÈRE PLASTIQUE POUR MOULAGE en pâte, en feuille ou en cordon extrudé, dégageant des vapeurs inflammables
Piles au lithium	**M4**	3090 PILES AU LITHIUM (y compris les piles à alliage de lithium) 3091 PILES AU LITHIUM CONTENUES DANS UN ÉQUIPEMENT (y compris les piles à alliage de lithium) ou 3091 PILES AU LITHIUM EMBALLÉES AVEC UN ÉQUIPEMENT (y compris les piles à alliage de lithium) 3480 PILES AU LITHIUM IONIQUE (y compris les piles au lithium ionique à membrane polymère) 3481 PILES AU LITHIUM IONIQUE CONTENUES DANS UN ÉQUIPEMENT (y compris les piles au lithium ionique à membrane polymère) ou 3481 PILES AU LITHIUM IONIQUE EMBALLÉES AVEC UN ÉQUIPEMENT (y compris les piles au lithium ionique à membrane polymère)
Engins de sauvetage	**M5**	2990 ENGINS DE SAUVETAGE AUTOGONFLABLES 3072 ENGINS DE SAUVETAGE NON AUTOGONFLABLES contenant des marchandises dangereuses comme équipement 3268 GÉNÉRATEURS DE GAZ POUR SAC GONFLABLE ou 3268 MODULES DE SAC GONFLABLE ou 3268 RÉTRACTEURS DE CEINTURE DE SÉCURITÉ
Matières dangereuses pour l'environnement	**polluantes pour l'environnement aquatique, liquides** **M6**	3082 MATIÈRE DANGEREUSE DU POINT DE VUE DE L'ENVIRONNEMENT, LIQUIDE, N.S.A. 9005 MATIÈRE DANGEREUSE DU POINT DE VUE DE L'ENVIRONNEMENT, SOLIDE, N.S.A., FONDUE 9006 MATIÈRE DANGEREUSE DU POINT DE VUE DE L'ENVIRONNEMENT, LIQUIDE, N.S.A.
	polluantes pour l'environnement aquatique, solides **M7**	3077 MATIÈRE DANGEREUSE DU POINT DE VUE DE L'ENVIRONNEMENT, SOLIDE, N.S.A.
Matières transportées à chaud	**micro-organismes et organismes génétiquement modifiés** **M8**	3245 MICRO-ORGANISMES GÉNÉTIQUEMENT MODIFIÉS ou 3245 ORGANISMES GÉNÉTIQUEMENT MODIFIÉS

(*suite page suivante*)

	liquides	M9	3257 LIQUIDE TRANSPORTÉ A CHAUD, N.S.A. (y compris métal fondu, sel fondu, etc.), à une température égale ou supérieure à 100 °C et inférieure à son point d'éclair, chargé à une température supérieure à 190 °C ou 3257 LIQUIDE TRANSPORTÉ À CHAUD, N.S.A. (y compris métal fondu, sel fondu, etc.) à une température égale ou supérieure à 100 °C et inférieure à son point d'éclair, chargé à une température égale ou inférieure à 190 °C
	solides	M10	3258 SOLIDE TRANSPORTÉ A CHAUD, N.S.A., à une température égale ou supérieure à 240 °C
Autres matières qui présentent un risque pendant le transport mais qui ne correspondent à la définition d'aucune autre classe		M11	Pas de rubrique collective. Seules les matières énumérées au tableau A du chapitre 3.2 sont soumises aux prescriptions relatives à la classe 9 sous ce code de classification, à savoir : 1841 ALDÉHYDATE D'AMMONIAQUE 1931 DITHIONITE DE ZINC (HYDROSULFITE DE ZINC) 1941 DIBROMODIFLUOROMÉTHANE 1990 BENZALDÉHYDE 2071 ENGRAIS AU NITRATE D'AMMONIUM (vrac seulement) 2216 FARINE DE POISSON STABILISEE (vrac seulement) 2969 GRAINES DE RICIN, ou 2969 FARINE DE RICIN, ou 2969 TOURTEAUX DE RICIN, ou 2969 GRAINES DE RICIN EN FLOCONS 3316 TROUSSE CHIMIQUE, ou 3316 TROUSSE DE PREMIERS SECOURS 3359 ENGIN DE TRANSPORT SOUS FUMIGATION 3499 CONDENSATEUR électrique à double couche (avec une capacité de stockage d'énergie supérieure à 0.3 Wh)

CHAPITRE 2.3

MÉTHODES D'ÉPREUVE

2.3.0   **Généralités**

Sauf dispositions contraires au chapitre 2.2 ou au présent chapitre, les méthodes d'épreuve à utiliser pour le classement des marchandises dangereuses sont celles figurant dans le Manuel d'épreuves et de critères.

2.3.1   **Épreuve d'exsudation des explosifs de mine (de sautage) de type A**

2.3.1.1   Les explosifs de mine (de sautage) de type A (No ONU 0081) doivent, s'ils contiennent plus de 40 % d'ester nitrique liquide, outre les épreuves définies dans le Manuel d'épreuves et de critères, satisfaire à l'épreuve d'exsudation suivante.

2.3.1.2   L'appareil pour épreuve d'exsudation des explosifs de mine (de sautage) (figures 1 à 3) se compose d'un cylindre creux, en bronze. Ce cylindre, fermé à une extrémité par une plaque du même métal, a un diamètre intérieur de 15,7 mm et une profondeur de 40 mm. Il est percé de 20 trous de 0,5 mm de diamètre (4 séries de 5 trous) sur la périphérie. Un piston en bronze, cylindrique sur une longueur de 48 mm et d'une longueur totale de 52 mm, coulisse dans le cylindre disposé verticalement. Le piston, d'un diamètre de 15,6 mm, est chargé avec une masse de 2 220 g afin d'exercer une pression de 120 kPa (1,20 bar) sur la base du cylindre.

2.3.1.3   On forme, avec 5 à 8 g d'explosif de mine (de sautage), un petit boudin de 30 mm de long et 15 mm de diamètre, que l'on enveloppe de toile très fine et que l'on place dans le cylindre ; puis on met par-dessus le piston et sa masse de chargement, afin que l'explosif de mine (de sautage) soit soumis à une pression de 120 kPa (1,20 bar). On note le temps au bout duquel apparaissent les premières traces de gouttelettes huileuses (nitroglycérine) aux orifices extérieurs des trous du cylindre.

2.3.1.4   L'explosif de mine (de sautage) est considéré comme satisfaisant si le temps s'écoulant avant l'apparition des suintements liquides est supérieur à 5 minutes, l'épreuve étant faite à une température comprise entre 15 °C et 25 °C.

Épreuve d'exsudation de l'explosif

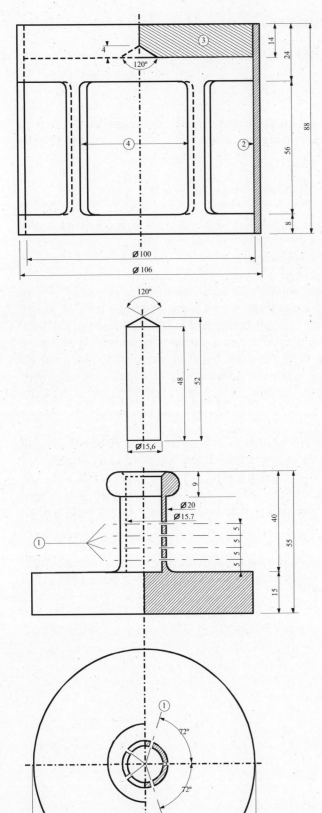

Fig.1 : Charge en forme de cloche, masse 2220 g, capable d'être suspendue sur le piston en bronze

Fig.2 : Piston cylindrique en bronze, dimensions en mm

Fig.3 : Cylindre creux en bronze, fermé d'un côté ; Plan et coupe verticale, dimensions en mm

Fig. 1 à 3

---

(1) 4 series de 5 trous de 0,5 Ø

(2) cuivre

(3) plaque en plomb avec cône central dans la face inférieure

(4) 4 ouvertures, env. 46 × 56, réparties régulièrement sur la périphérie

---

2.3.2   **Épreuves relatives aux mélanges nitrés de cellulose de la classe 4.1**

2.3.2.1   La nitrocellulose chauffée pendant une demi-heure à 132 °C ne doit pas dégager de vapeurs nitreuses (gaz nitreux) jaune brun visibles. La température d'inflammation doit être supérieure à 180 °C. Voir 2.3.2.3 à 2.3.2.8, 2.3.2.9 a) et 2.3.2.10 ci-après.

2.3.2.2   Trois grammes de nitrocellulose plastifiée, chauffée pendant une heure à 132 °C ne doivent pas dégager de vapeurs nitreuses (gaz nitreux) jaune brun visibles. La température d'inflammation doit être supérieure à 170 °C. Voir 2.3.2.3 à 2.3.2.8, 2.3.2.9 b) et 2.3.2.10 ci-après.

2.3.2.3   Les modalités d'exécution des épreuves indiquées ci-après sont applicables lorsque des divergences d'opinion se manifestent sur l'admissibilité des matières au transport routier.

2.3.2.4   Si l'on suit d'autres méthodes ou modalités d'exécution des épreuves en vue de la vérification des conditions de stabilité indiquées ci-dessus dans la présente section, ces méthodes doivent mener à la même appréciation que celle à laquelle on pourrait arriver par les méthodes ci-après.

2.3.2.5   Pendant les épreuves de stabilité par chauffage ci-dessous, la température de l'étuve renfermant l'échantillon soumis à l'épreuve ne doit pas s'écarter de plus de 2 °C de la température prescrite ; la durée de l'épreuve doit être respectée à deux minutes près, que cette durée soit de 30 minutes ou de 60 minutes. L'étuve doit être telle qu'après l'introduction de l'échantillon, elle retrouve la température prescrite en 5 minutes au plus.

2.3.2.6   Avant d'être soumis aux épreuves des 2.3.2.9 et 2.3.2.10 ci-après, les échantillons doivent être séchés pendant au moins 15 heures, à la température ambiante, dans un dessiccateur à vide garni de chlorure de calcium fondu et granulé, la matière étant disposée en une couche mince ; à cet effet, les matières qui ne sont ni pulvérulentes ni fibreuses seront soit broyées, soit râpées, soit coupées en petits morceaux. La pression dans le dessiccateur doit être inférieure à 6,5 kPa (0,065 bar).

2.3.2.7   Avant d'être séchées dans les conditions indiquées au 2.3.2.6 ci-dessus, les matières conformes au 2.3.2.2 ci-dessus sont soumises à un préséchage dans une étuve bien ventilée, à 70 °C, tant que la perte de masse par quart d'heure n'est pas inférieure à 0,3 % de la masse initiale.

2.3.2.8   La nitrocellulose faiblement nitrée conforme au 2.3.2.1 ci-dessus, subit d'abord un séchage préalable dans les conditions indiquées au 2.3.2.7 ci-dessus ; le séchage est achevé par un séjour de 15 heures au moins dans un dessiccateur garni d'acide sulfurique concentré.

2.3.2.9   *Épreuve de stabilité chimique à la chaleur*

a)   *Épreuve sur la matière définie au 2.3.2.1 ci-dessus*

i)   Dans chacune des deux éprouvettes en verre ayant les dimensions suivantes :

longueur   350   mm
diamètre intérieur   16   mm
épaisseur de la paroi   1,5   mm

on introduit 1 g de matière séchée sur du chlorure de calcium (le séchage doit s'effectuer, si nécessaire, après avoir réduit la matière en morceaux d'une masse ne dépassant pas 0,05 g chacun). Les deux éprouvettes, complètement couvertes, sans que la fermeture offre de résistance, sont ensuite placées dans une étuve dont elles dépassent au moins des 4/5 de leur longueur, et sont maintenues à une température constante de 132 °C pendant 30 minutes. On observe si, pendant ce laps de temps, des gaz nitreux se dégagent, à l'état de vapeurs jaune brun, particulièrement bien visibles sur un fond blanc ;

ii)   La matière est réputée stable en l'absence de telles vapeurs ;

b)   *Épreuve sur la nitrocellulose plastifiée (voir 2.3.2.2)*

i)   On introduit 3 g de nitrocellulose plastifiée dans des éprouvettes en verre analogues à celles indiquées sous a), lesquelles sont ensuite placées dans une étuve maintenue à une température constante de 132 °C ;

ii)   Les éprouvettes contenant la nitrocellulose plastifiée sont maintenues dans l'étuve pendant une heure. Pendant cette durée, aucune vapeur nitreuse jaune brun ne doit être visible. Constatation et appréciation comme sous a).

2.3.2.10   *Température d'inflammation (voir 2.3.2.1 et 2.3.2.2)*

a)   La température d'inflammation est déterminée en chauffant 0,2 g de matière contenue dans une éprouvette en verre qui est immergée dans un bain d'alliage de Wood. L'éprouvette est immergée dans le bain lorsque celui-ci a atteint 100 °C. La température du bain est ensuite augmentée progressivement de 5 °C par minute ;

b)   Les éprouvettes doivent avoir les dimensions suivantes :

longueur	125	mm
diamètre intérieur	15	mm
épaisseur de la paroi	0,5	mm

et doivent être immergées à une profondeur de 20 mm ;

c)   L'épreuve doit être répétée trois fois, en notant chaque fois la température à laquelle une inflammation de la matière se produit, c'est-à-dire : combustion lente ou rapide, déflagration ou détonation ;

d)   La température la plus basse relevée lors des trois épreuves est retenue comme température d'inflammation.

2.3.3   **Épreuves relatives aux liquides inflammables des classes 3, 6.1 et 8**

2.3.3.1   *Détermination du point d'éclair*

2.3.3.1.1   Les méthodes ci-après peuvent être utilisées pour déterminer le point d'éclair des liquides inflammables :

Normes internationales :

ISO 1516 (Essai de point d'éclair par tout ou rien - Méthode à l'équilibre en vase clos)

ISO 1523 (Détermination du point d'éclair - Méthode à l'équilibre en vase clos)

ISO 2719 (Détermination du point d'éclair - Méthode Pensky-Martens en vase clos)

ISO 13736 (Détermination du point d'éclair - Méthode Abel en vase clos)

ISO 3679 (Détermination du point d'éclair - Méthode rapide à l'équilibre en vase clos)

ISO 3680 (Essai de point d'éclair de type passe/ne passe pas - Méthode rapide à l'équilibre en vase clos)

<u>Normes nationales :</u>

American Society for Testing Materials International, 100 Barr Harbor Drive, PO Box C700, West Conshohocken, Pennsylvania, USA 19428-2959 :

ASTM D3828-07a, Standard Test Methods for Flash Point by Small Scale Closed Cup Tester

ASTM D56-05, Standard Test Method for Flash Point by Tag Closed Cup Tester

ASTM D3278-96(2004)e1, Standard Test Methods for Flash Point of Liquids by Small Scale Closed-Cup Apparatus

ASTM D93-08, Standard Test Methods for Flash Point by Pensky-Martens Closed Cup Tester

Association française de normalisation, AFNOR, 11, rue de Pressensé, F-93571 La Plaine Saint-Denis Cedex :

Norme française NF M07-019

Norme française NF M07-011 / NF T30-050 / NF T66-009

Norme française NF M07-036

Deutsches Institut für Normung, Burggrafenstr. 6, D-10787 Berlin :

Norme DIN 51755 (points d'éclair inférieurs à 65 °C)

Comité d'État pour la normalisation, Conseil des ministres, RUS-113813, GSP, Moscou M-49, Leninsky Prospect 9 :

GOST 12.1.044-84.

2.3.3.1.2   Pour déterminer le point d'éclair des peintures, colles et autres produits visqueux semblables contenant des solvants, seuls doivent être utilisés les appareils et méthodes d'essai capables de déterminer le point d'éclair des liquides visqueux, conformément aux normes suivantes :

a)   ISO 3679:1983 ;
b)   ISO 3680:1983 ;
c)   ISO 1523:1983 ;
d)   Normes internationales EN ISO 13736 et EN ISO 2719, méthode B.

2.3.3.1.3   Les normes énumérées au 2.3.3.1.1 ne doivent être utilisées que pour les gammes de points d'éclair spécifiées dans chacune de ces normes. En choisissant une norme, il conviendra d'examiner la possibilité de réactions chimiques entre la matière et le porte-échantillon. Sous réserve des exigences de sécurité, l'appareil devra être à l'abri des courants d'air. Pour des raisons de sécurité, on utilisera pour les peroxydes organiques et les matières autoréactives (aussi appelées matières "énergétiques"), ou pour les matières toxiques une méthode utilisant un échantillon de volume réduit, environ 2 ml.

2.3.3.1.4   Lorsque le point d'éclair, déterminé par une méthode de non-équilibre, se trouve être de 23 ± 2 °C ou de 60 ± 2 °C, ce résultat doit être confirmé pour chaque plage de température au moyen d'une méthode d'équilibre.

2.3.3.1.5   En cas de contestation sur le classement d'un liquide inflammable, le classement proposé par l'expéditeur doit être accepté si, lors d'une contre-épreuve de détermination du point d'éclair, on obtient un résultat qui ne s'écarte pas de plus de 2 °C des limites (23 °C et 60 °C respectivement) fixées en 2.2.3.1. Si l'écart est supérieur à 2 °C, on exécute une deuxième contre-épreuve et on retiendra la valeur la plus basse des points d'éclair obtenus dans les deux contre-épreuves.

2.3.3.2 *Détermination du point initial d'ébullition*

Les méthodes ci-après peuvent être utilisées pour déterminer le point initial d'ébullition des liquides inflammables :

Normes internationales :

ISO 3924 (Produits pétroliers - Détermination de la répartition dans l'intervalle de distillation - Méthode par chromatographie en phase gazeuse)
ISO 4626 (Liquides organiques volatils - Détermination de l'intervalle de distillation des solvants organiques utilisés comme matières premières)
ISO 3405 (Produits pétroliers - Détermination des caractéristiques de distillation à pression atmosphérique)

Normes nationales :

American Society for Testing Materials International, 100 Barr Harbor Drive, PO Box C700, West Conshohocken, Pennsylvania, USA 19428-2959 :
ASTM D86-07a, Standard test method for distillation of petroleum products at atmospheric pressure
ASTM D1078-05, Standard test method for distillation range of volatile organic liquids

Autres méthodes acceptables :

Méthode A2, telle que décrite en Partie A de l'Annexe du Règlement (CE) No 440/2008 de la Commission[1].

2.3.3.3 *Épreuve pour déterminer la teneur en peroxyde*

Pour déterminer la teneur en peroxyde d'un liquide, on procède comme suit :

On verse dans une fiole d'Erlenmeyer une masse p (environ 5 g pesés à 0,01 g près) du liquide à titrer ; on ajoute 20 cm^3 d'anhydride acétique et 1 g environ d'iodure de potassium solide pulvérisé ; on agite la fiole et, après 10 minutes, on la chauffe pendant 3 minutes jusqu'à environ 60 °C. Après l'avoir laissée refroidir pendant 5 minutes, on ajoute 25 cm^3 d'eau. On laisse ensuite reposer pendant une demi-heure, puis on titre l'iode libérée avec une solution décinormale d'hyposulfite de sodium, sans addition d'un indicateur, la décoloration totale indiquant la fin de la réaction. Si n est le nombre de cm^3 de solution d'hyposulfite nécessaire, le pourcentage de peroxyde (calculé en H_2O_2) que renferme l'échantillon est obtenu par la formule :

$$\frac{17n}{100p}$$

---

[1] *Règlement (CE) No 440/2008 de la Commission du 30 mai 2008 établissant des méthodes d'essai conformément au règlement (CE) No 1907/2006 du Parlement européen et du Conseil concernant l'enregistrement, l'évaluation et l'autorisation des substances chimiques, ainsi que les restrictions applicables à ces substances (REACH) (Journal officiel de l'Union européenne, No L 142 du 31.05.2008, p.1-739).*

2.3.4   **Épreuve pour déterminer la fluidité**

Pour déterminer la fluidité des matières et mélanges liquides, visqueux ou pâteux, on applique la méthode ci-après :

2.3.4.1   *Appareil d'essai*

Pénétromètre commercial conforme à la norme ISO 2137 :1985, avec tige guide de 47,5 g ± 0,05 g ; disque perforé en duralumin à trous coniques, d'une masse de 102,5 g ± 0,05 g (voir figure 1) ; récipient de pénétration destiné à recevoir l'échantillon, d'un diamètre intérieur de 72 mm à 80 mm.

2.3.4.2   *Mode opératoire*

On verse l'échantillon dans le récipient de pénétration au moins une demi-heure avant la mesure. Après avoir fermé hermétiquement le récipient, on laisse reposer jusqu'à la mesure. On chauffe l'échantillon dans le récipient de pénétration fermé hermétiquement jusqu'à 35 °C ± 0,5 °C, puis on le place sur le plateau du pénétromètre juste avant d'effectuer la mesure (au maximum 2 minutes avant). On pose alors le centre S du disque perforé sur la surface du liquide et on mesure le taux de pénétration.

2.3.4.3   *Évaluation des résultats*

Une matière est pâteuse si une fois que le centre S a été appliqué à la surface de l'échantillon, la pénétration indiquée par le cadran de la jauge :

a)   est inférieure à 15,0 mm ± 0,3 mm après une durée de mise en charge de 5 s ± 0,1 s, ou

b)   est supérieure à 15,0 mm ± 0,3 mm après une durée de mise en charge de 5 s ± 0,1 s, mais, après une nouvelle période de 55 s ± 0,5 s, la pénétration supplémentaire est inférieure à 5 mm ± 0,5 mm.

NOTA : Dans le cas d'échantillons ayant un point d'écoulement, il est souvent impossible d'obtenir une surface à niveau constant dans le récipient de pénétration et, par conséquent, d'établir clairement les conditions initiales de mesure pour la mise en contact du centre S. En outre, avec certains échantillons, l'impact du disque perforé peut provoquer une déformation élastique de la surface, ce qui dans les premières secondes, donne l'impression d'une pénétration plus profonde. Dans tous ces cas, il peut être approprié d'évaluer les résultats selon l'alinéa b) ci-dessus.

Figure 1 – Pénétromètre

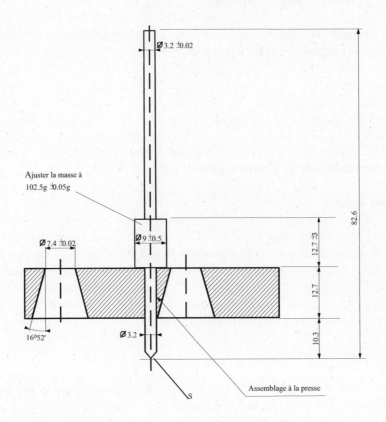

Ajuster la masse à
102.5g ±0.05g

Ø3.2 ±0.02

Ø9 ±0.5

Ø7.4 ±0.02

16⁰52'

Ø3.2

82.6

12.7 ±3

12.7

10.3

Assemblage à la presse

S

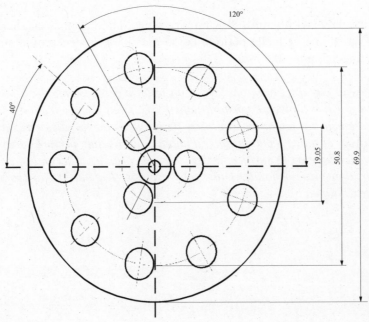

120°

40°

19.05

50.8

69.9

**Tolérances non
spécifiées de ± 0,1 mm**

2.3.5 **Classification des matières organométalliques dans les classes 4.2 et 4.3**

En fonction de leurs propriétés telles que déterminées selon les épreuves N.1 à N.5 du *Manuel d'épreuves et de critères*, Partie II, section 33, les matières organométalliques peuvent être classées dans les classes 4.2 ou 4.3, selon qu'il convient, conformément au diagramme de décision de la figure 2.3.5.

NOTA 1 : Les matières organométalliques peuvent être affectées à d'autres classes, comme il convient, en fonction de leurs autres propriétés et du tableau d'ordre de prépondérance des dangers (voir 2.1.3.10).

2 : Les solutions inflammables contenant des composés organométalliques à des concentrations telles qu'elles ne dégagent pas de gaz inflammables en quantités dangereuses au contact de l'eau et ne s'enflamment pas spontanément sont des matières de la classe 3.

Figure 2.3.5   Diagramme de décision pour le classement des matières organométalliques dans les classes 4.2 et 4.3 [b]

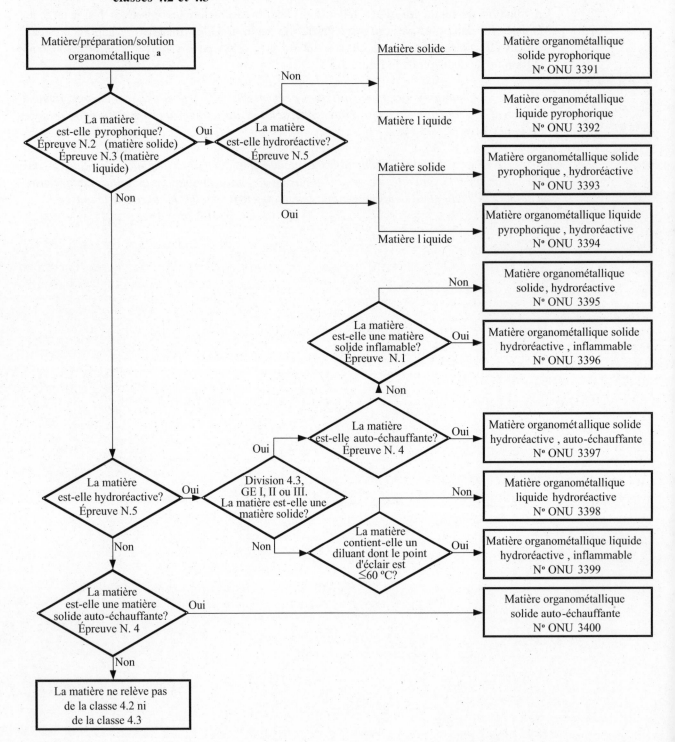

_____

[a]   *Dans les cas appropriés et si des épreuves se justifient compte tenu des propriétés de réactivité, il convient de déterminer si la matière a des propriétés des classes 6.1 ou 8, conformément au tableau de l'ordre de prépondérance des caractéristiques de danger du 2.1.3.10.*

[b]   *Les méthodes d'épreuve N.1 à N.5 sont décrites dans le Manuel d'épreuves et de critères, troisième partie, section 33.*

CHAPITRE 2.4

CRITERES RELATIFS AUX MATIERES DANGEREUSES
POUR L'ENVIRONNEMENT AQUATIQUE

2.4.1 **Définitions générales**

2.4.1.1 Les matières dangereuses pour l'environnement comprennent notamment les substances (liquides ou solides) qui polluent le milieu aquatique et leurs solutions et mélanges (dont les préparations et déchets). Aux fins du présent chapitre, on entend par 'substance', un élément chimique et ses composés, présents à l'état naturel ou obtenus grâce à un procédé de production. Ce terme inclut tout additif nécessaire pour préserver la stabilité du produit ainsi que toute impureté produite par le procédé utilisé, mais exclut tout solvant pouvant en être extrait sans affecter la stabilité ni modifier la composition de la substance.

2.4.1.2 Par 'milieu aquatique', on peut entendre les organismes aquatiques qui vivent dans l'eau et l'écosystème aquatique dont ils font partie.[1] La détermination des dangers repose donc sur la toxicité de la substance ou du mélange pour les organismes aquatiques, même si celle-ci peut évoluer compte tenu des phénomènes de dégradation et de bioaccumulation.

2.4.1.3 La procédure de classification décrite ci-dessous est conçue pour s'appliquer à toutes les substances et à tous les mélanges, mais il faut admettre que dans certains cas, par exemple pour les métaux ou les composés organiques peu solubles, des directives particulières seront nécessaires.[2]

2.4.1.4 Aux fins de la présente section, on entend par:

- BPL: bonnes pratiques de laboratoire;
- CE_x: concentration associée à une réponse de x % ;
- CE_{50}: concentration effective d'une substance dont l'effet correspond à 50 % de la réponse maximum;
- $C(E)L_{50}$: la CL_{50} ou la CE_{50};
- CEr_{50}: la CE_{50} en terme de réduction du taux de croissance;
- CL_{50}: concentration d'une substance dans l'eau qui provoque la mort de 50 % (la moitié) d'un groupe d'animaux tests;
- CSEO (concentration sans effet observé) : concentration expérimentale juste inférieure à la plus basse concentration testée dont l'effet nocif est statistiquement significatif. La CSEO n'a pas d'effet nocif statistiquement significatif, comparé à celui de l'essai;
- DBO: demande biochimique en oxygène;
- DCO: demande chimique en oxygène;
- FBC: facteur de bioconcentration;
- K_{oe}: coefficient de partage octanol-eau;
- Lignes directrices de l'OCDE: lignes directrices pour les essais publiées par l'Organisation de coopération et de développement économiques (OCDE).

---

[1] *Ne sont pas visés les polluants aquatiques dont il peut être nécessaire de considérer les effets au-delà du milieu aquatique, par exemple sur la santé humaine.*
[2] *Voir l'annexe 10 du SGH.*

2.4.2   **Définitions et données nécessaires**

2.4.2.1   Les principaux éléments à prendre en considération aux fins de la classification des matières dangereuses pour l'environnement (milieu aquatique) sont les suivants:

       a)   toxicité aiguë pour le milieu aquatique ;
       b)   toxicité chronique pour le milieu aquatique ;
       c)   bioaccumulation potentielle ou réelle ; et
       d)   dégradation (biotique ou abiotique) des composés organiques.

2.4.2.2   Si la préférence va aux données obtenues par les méthodes d'essai harmonisées à l'échelon international, en pratique, les données livrées par des méthodes nationales pourront aussi être utilisées lorsqu'elles sont jugées équivalentes. Les données relatives à la toxicité à l'égard des espèces d'eau douce et des espèces marines sont généralement considérées comme équivalentes et doivent de préférence être obtenues suivant les Lignes directrices pour les essais de l'OCDE ou des méthodes équivalentes, conformes aux bonnes pratiques de laboratoire (BPL). À défaut de ces données, la classification doit s'appuyer sur les meilleures données disponibles.

2.4.2.3   **Toxicité aquatique aiguë** désigne la propriété intrinsèque d'une substance de provoquer des effets néfastes sur des organismes aquatiques lors d'une exposition de courte durée en milieu aquatique.

         Danger aigu (à court terme) signifie, aux fins de la classification, le danger d'un produit chimique résultant de sa toxicité aiguë pour un organisme lors d'une exposition de courte durée à ce produit chimique en milieu aquatique.

         La toxicité aiguë pour le milieu aquatique doit normalement être déterminée à l'aide d'une CL_{50} 96 heures sur le poisson (Ligne directrice 203 de l'OCDE ou essai équivalent), une CE_{50} 48 heures sur un crustacé (Ligne directrice 202 de l'OCDE ou essai équivalent) et/ou une CE_{50} 72 ou 96 heures sur une algue (Ligne directrice 201 de l'OCDE ou essai équivalent). Ces espèces sont considérées comme représentatives de tous les organismes aquatiques et les données relatives à d'autres espèces telles que Lemna peuvent aussi être prises en compte si la méthode d'essai est appropriée.

2.4.2.4   **Toxicité aquatique chronique** désigne la propriété intrinsèque d'une substance de provoquer des effets néfastes sur des organismes aquatiques, au cours d'expositions en milieu aquatique déterminées en relation avec le cycle de vie de ces organismes.

         Danger à long terme signifie, aux fins de la classification, le danger d'un produit chimique résultant de sa toxicité chronique à la suite d'une exposition de longue durée en milieu aquatique.

         Il existe moins de données sur la **toxicité chronique** que sur la toxicité aiguë et l'ensemble des méthodes d'essai est moins normalisé. Les données obtenues suivant les Lignes directrices de l'OCDE 210 (Poisson, essai de toxicité aux premiers stades de la vie) ou 211 (Daphnia magna, essai de reproduction) et 201 (Algues, essai d'inhibition de la croissance) peuvent être acceptées. D'autres essais validés et reconnus au niveau international conviennent également. Les CSEO ou d'autres CE_x équivalentes devront être utilisés.

2.4.2.5   **Bioaccumulation** désigne le résultat net de l'absorption, de la transformation et de l'élimination d'une substance par un organisme à partir de toutes les voies d'exposition (via l'atmosphère, l'eau, les sédiments/sol et l'alimentation).

         Le potentiel de bioaccumulation se détermine habituellement à l'aide du coefficient de répartition octanol/eau, généralement donné sous forme logarithmique (log K_{oe}), déterminé selon les Lignes directrices 107 ou 117 de l'OCDE. Cette méthode ne donne qu'une valeur théorique, alors que le facteur de bioconcentration (FBC) déterminé expérimentalement offre une meilleure mesure et devrait être utilisé de préférence à celle-ci, lorsqu'il est disponible. Le facteur de bioconcentration doit être défini conformément à la Ligne directrice 305 de l'OCDE.

2.4.2.6 **Dégradation** signifie la décomposition de molécules organiques en molécules plus petites et finalement en dioxyde de carbone, eau et sels.

Dans l'environnement, la dégradation peut être biologique ou non biologique (par exemple par hydrolyse) et les critères appliqués reflètent ce point. La biodégradation facile peut être déterminée en utilisant les essais de biodégradabilité (A-F) de la Ligne directrice 301 de l'OCDE. Les substances qui atteignent les niveaux de biodégradabilité requis par ces tests peuvent être considérées comme capables de se dégrader rapidement dans la plupart des milieux. Ces essais se déroulent en eau douce; par conséquent, les résultats de la Ligne directrice 306 de l'OCDE (qui se prête mieux au milieu marin) doivent également être pris en compte. Si ces données ne sont pas disponibles, on considère qu'un rapport DBO_5 (demande biochimique en oxygène sur 5 jours) /DCO (demande chimique en oxygène) $\geq 0,5$ indique une dégradation rapide. Une dégradation abiotique telle qu'une hydrolyse, une dégradation primaire, que ce soit biotique ou abiotique, une dégradation dans les milieux non aquatiques et une dégradation rapide prouvée dans l'environnement peuvent toutes être prises en considération dans la définition de la dégradabilité rapide.[3]

Les substances sont considérées comme rapidement dégradables dans l'environnement si les critères suivants sont satisfaits:

a) Si, au cours des études de biodégradation facile sur 28 jours, on obtient les pourcentages de dégradation suivants:

   i) Essais fondés sur le carbone organique dissous: 70 %;

   ii) Essais fondés sur la disparition de l'oxygène ou la formation de dioxyde de carbone: 60 % du maximum théorique;

Il faut parvenir à ces niveaux de biodégradation dans les dix jours qui suivent le début de la dégradation, ce dernier correspondant au stade où 10 % de la substance est dégradée, à moins que la substance ne soit identifiée comme une substance complexe à multicomposants, avec des constituants ayant une structure similaire. Dans ce cas, et lorsque il y a une justification suffisante, il peut être dérogé à la condition relative à l'intervalle de temps de 10 jours et l'on considère que le niveau requis de biodégradation est atteint au bout de 28 jours[4]; ou

b) Si, dans les cas où seules les données sur la DBO et la DCO sont disponibles, le rapport DBO5/DCO est $\geq 0,5$; ou

c) S'il existe d'autres données scientifiques convaincantes démontrant que la substance peut être dégradée (par voie biotique et/ou abiotique) dans le milieu aquatique dans une proportion supérieure à 70 % en l'espace de 28 jours.

---

[3] *Des indications particulières sur l'interprétation des données sont fournies dans le chapitre 4.1 et l'annexe 9 du SGH.*
[4] *Voir chapitre 4.1 et annexe 9, paragraphe A9.4.2.2.3 du SGH.*

2.4.3   **Catégories et critères de classification des substances**

> *NOTA*: *La catégorie toxicité Chronique 4 du chapitre 4.1 du SGH reprise dans la présente section à titre informatif, bien qu'elle ne soit pas pertinente dans le cadre de l'ADN.*

2.4.3.1   Sont considérées comme dangereuses pour l'environnement (milieu aquatique):

a)   Pour le transport en colis, les substances répondant aux critères de toxicité Aiguë 1, Chronique 1 ou Chronique 2 conformément au tableau 2.4.3.1 ci-dessous; et

b)   Pour le transport en bateaux-citernes;

les substances satisfaisant aux critères de toxicité Aiguë 1, 2 ou 3, ou de toxicité Chronique 1, 2 ou 3, conformément au tableau 2.4.3.1 ci-dessous.

Tableau 2.4.3.1 Catégories pour les substances dangereuses pour le milieu aquatique (*voir Nota 1*)

a) **Danger aigu (à court terme) pour le milieu aquatique**	
<u>**Catégorie: Aiguë 1**</u> (*Nota 2*)	
CL_{50} 96 h (pour les poissons)	≤ 1 mg/l et/ou
CE_{50} 48 h (pour les crustacés)	≤ 1 mg/l et/ou
CEr_{50} 72 ou 96 h (pour les algues et d'autres plantes aquatiques)	≤ 1 mg/l (*voir Nota 3*)
<u>**Catégorie: Aiguë 2**</u>	
CL_{50} 96 h (pour les poissons)	> 1 mais ≤ 10 mg/l et/ou
CE_{50} 48 h (pour les crustacés)	> 1 mais ≤ 10 mg/l et/ou
CEr_{50} 72 ou 96 h (pour les algues ou d'autres plantes aquatiques)	> 1 mais ≤ 10 mg/l (*voir Nota 3*)
<u>**Catégorie: Aiguë 3**</u>	
CL_{50} 96 h (pour les poissons)	> 10 mais ≤ 100 mg/l et/ou
CE_{50} 48 h (pour les crustacés)	> 10 mais ≤ 100 mg/l et/ou
CEr_{50} 72 ou 96 h (pour les algues ou d'autres plantes aquatiques)	> 10 mais ≤ 100 mg/l (*voir Nota 3*)
b) **Danger à long terme pour le milieu aquatique** (*voir aussi la figure 2.4.3.1*)	
i) Substances non rapidement dégradables (*voir Nota 4*) pour lesquelles il existe des données appropriées sur la toxicité chronique	
<u>**Catégorie: Chronique 1**</u> (*voir Nota 2*)	
CSEO ou CE_x chronique (pour les poissons)	≤ 0,1 mg/l et/ou
CSEO ou CE_x chronique (pour les crustacés)	≤ 0,1 mg/l et/ou
CSEO ou CE_x chronique (pour les algues ou d'autres plantes aquatiques)	≤ 0,1 mg/l
<u>**Catégorie: Chronique 2**</u>	
CSEO ou CE_x chronique (pour les poissons)	≤ 1 mg/l et/ou
CSEO ou CE_x chronique (pour les crustacés)	≤ 1 mg/l et/ou
CSEO ou CE_x chronique (pour les algues ou d'autres plantes aquatiques)	≤ 1 mg/l
ii) Substances rapidement dégradables pour lesquelles il existe des données appropriées sur la toxicité chronique	
<u>**Catégorie: Chronique 1**</u> (*voir Nota 2*)	
CSEO ou CE_x chronique (pour les poissons)	≤ 0,01 mg/l et/ou
CSEO ou CE_x chronique (pour les crustacés)	≤ 0,01 mg/l et/ou
CSEO ou CE_x chronique (pour les algues ou d'autres plantes aquatiques)	≤ 0,01 mg/l

Catégorie: Chronique 2

CSEO ou CE_x chronique (pour les poissons)	≤ 0,1 mg/l et/ou
CSEO ou CE_x chronique (pour les crustacés)	≤ 0,1 mg/l et/ou
CSEO ou CE_x chronique (pour les algues ou d'autres plantes aquatiques)	≤ 0,1 mg/l

Catégorie: Chronique 3

CSEO ou CE_x chronique (pour les poissons)	≤ 1 mg/l et/ou
CSEO ou CE_x chronique (pour les crustacés)	≤ 1 mg/l et/ou
CSEO ou CE_x chronique (pour les algues ou d'autres plantes aquatiques)	≤ 1 mg/l

iii)   Substances pour lesquelles il n'existe pas de données appropriées sur la toxicité chronique

Catégorie: Chronique 1 (*voir Nota 2*)

CL_{50} 96 h (pour les poissons)	≤ 1 mg/l et/ou
CE_{50} 48 h (pour les crustacés)	≤ 1 mg/l et/ou
CEr_{50} 72 ou 96 h (pour les algues ou d'autres plantes aquatiques)	≤ 1 mg/l (*voir Nota 3*)

et la substance n'est pas rapidement dégradable et/ou le facteur de bioconcentration déterminé par voie expérimentale est ≥ 500 (ou, s'il est absent, log K_{oe} ≥ 4) (*voir Notas 4 et 5*).

Catégorie: Chronique 2

CL_{50} 96 h (pour les poissons)	> 1 mais ≤ 10 mg/l et/ou
CE_{50} 48 h (pour les crustacés)	> 1 mais ≤ 10 mg/l et/ou
CEr_{50} 72 ou 96 h (pour les algues ou d'autres plantes aquatiques)	> 1 mais ≤ 10 mg/l (*voir Nota 3*)

et la substance n'est pas rapidement dégradable et/ou le facteur de bioconcentration déterminé par voie expérimentale est ≥ 500 (ou, s'il est absent, log K_{oe} ≥ 4) (*voir Notas 4 et 5*).

Catégorie: Chronique 3

CL_{50} 96 h (pour les poissons)	> 10 mais ≤ 100 mg/l et/ou
CE_{50} 48 h (pour les crustacés)	> 10 mais ≤ 100 mg/l et/ou
CEr_{50} 72 ou 96 h (pour les algues ou d'autres plantes aquatiques)	> 10 mais ≤ 100 mg/l (*voir Nota 3*)

et la substance n'est pas rapidement dégradable et/ou le facteur de bioconcentration déterminé par voie expérimentale est ≥ 500 (ou, s'il est absent, log K_{oe} ≥ 4) (*voir Notas 4 et 5*).

c)   **Classification de type "filet de sécurité"**

Catégorie: Chronique 4

Les substances peu solubles pour lesquelles aucune toxicité aiguë n'a été enregistrée aux concentrations allant jusqu'à leur solubilité dans l'eau, qui ne se dégradent pas rapidement et qui possèdent un K_{oe} ≥ 4, indiquant qu'elles sont susceptibles de s'accumuler dans les organismes vivants, seront classées dans cette catégorie, à moins que d'autres données scientifiques montrent que cette classification est inutile. Ces données scientifiques incluent un facteur de bioconcentration déterminé par voie expérimentale < 500 ou des CSEO de toxicité chronique > 1 mg/l, ou des données attestant une dégradation rapide dans l'environnement.

Les substances relevant uniquement de cette catégorie de toxicité Chronique 4 ne sont pas considérées comme dangereuses pour l'environnement au sens de l'ADN.

NOTA 1: Les organismes testés, poissons, crustacés et algues sont des espèces représentatives couvrant une gamme étendue de niveaux trophiques et de taxons, et les méthodes d'essai sont très normalisées. Les données relatives à d'autres organismes peuvent aussi être prises en compte, à condition qu'elles représentent une espèce et des effets expérimentaux équivalents.

NOTA 2: Lors de la classification des substances comme ayant une toxicité Aiguë 1 et/ou Chronique 1, il est nécessaire d'indiquer en même temps un facteur M approprié (voir 2.4.4.6.4) à employer dans la méthode de la somme.

NOTA 3: *Si la toxicité à l'égard des algues C(E)r₅₀ = [concentration induisant un effet sur le taux de croissance de 50 % de la population] est plus de 100 fois inférieure à celle de l'espèce de sensibilité la plus voisine et entraîne une classification basée uniquement sur cet effet, il conviendrait de vérifier si cette toxicité est représentative de la toxicité envers les plantes aquatiques. S'il a été démontré que tel n'est pas le cas, il appartiendra à un expert de décider si on doit procéder à la classification. La classification devrait être basée sur la CEr₅₀. Dans les cas où les conditions de détermination de la CE₅₀ ne sont pas stipulées et qu'aucune CEr₅₀ n'a été rapportée, la classification doit s'appuyer sur la CE₅₀ la plus faible.*

NOTA 4: *L'absence de dégradabilité rapide se fonde soit sur l'absence de biodégradabilité facile soit sur d'autres données montrant l'absence de dégradation rapide. Lorsqu'il n'existe pas de données utiles sur la dégradabilité, soit déterminées expérimentalement soit évaluées, la substance doit être considérée comme non rapidement dégradable.*

NOTA 5: *Potentiel de bioaccumulation basé sur un facteur de bioconcentration ≥ 500 obtenu par voie expérimentale ou, à défaut, un log K_{oe} ≥ 4 à condition que le log K_{oe} soit un descripteur approprié du potentiel de bioaccumulation de la substance. Les valeurs mesurées du log K_{oe} priment sur les valeurs estimées, et les valeurs mesurées du facteur de bioconcentration priment sur les valeurs du log K_{oe}.*

Figure 2.4.3.1 Catégories pour les substances dangereuses (à long terme) pour le milieu aquatique

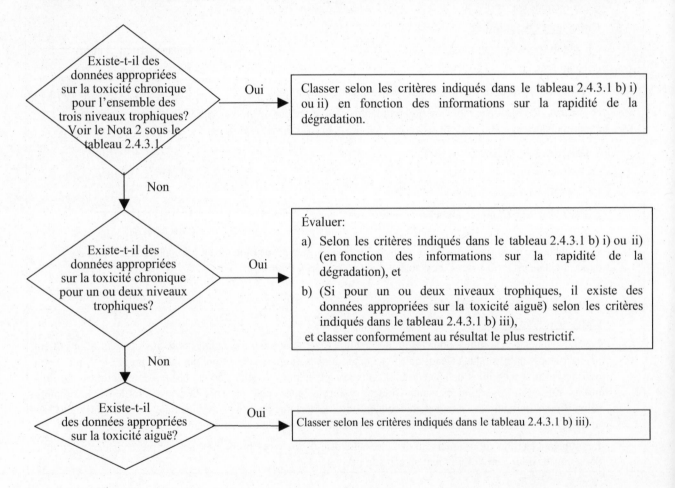

2.4.3.2   Le schéma de classification au tableau 2.4.3.2 ci-après résume les critères de classification pour les substances.

Tableau 2.4.3.2 Schéma de classification pour les substances dangereuses pour le milieu aquatique

Catégories de classification			
Danger aigu (*Nota 1*)	**Danger à long terme** (*Nota 2*)		
	Données appropriées sur la toxicité chronique disponibles		**Données appropriées sur la toxicité chronique non disponibles** (*Nota 1*)
	Substances non rapidement dégradables (*Nota 3*)	**Substances rapidement dégradables** (*Nota 3*)	
Catégorie: Aiguë 1	**Catégorie: Chronique 1**	**Catégorie: Chronique 1**	**Catégorie: Chronique 1**
$C(E)L_{50} \leq 1,00$	CSEO ou $CE_x \leq 0,1$	CSEO ou $CE_x \leq 0,01$	$C(E)L_{50} \leq 1,00$ et absence de dégradabilité rapide et/ou facteur de bioconcentration ≥ 500 ou s'il est absent log $K_{oe} \geq 4$
Catégorie: Aiguë 2	**Catégorie: Chronique 2**	**Catégorie: Chronique 2**	**Catégorie: Chronique 2**
$1,00 < C(E)L_{50} \leq 10,0$	$0,1 < $ CSEO ou $CE_x \leq 1$	$0,01 < $ CSEO ou $CE_x \leq 0,1$	$1,00 < C(E)L_{50} \leq 10,0$ et absence de dégradabilité rapide et/ou facteur de bioconcentration ≥ 500 ou s'il est absent log $K_{oe} \geq 4$
Catégorie: Aiguë 3		**Catégorie: Chronique 3**	**Catégorie: Chronique 3**
$10,0 < C(E)L_{50} \leq 100$		$0,1 < $ CSEO ou $CE_x \leq 1$	$10,0 < C(E)L_{50} \leq 100$ et absence de dégradabilité rapide et/ou facteur de bioconcentration ≥ 500 ou s'il est absent log $K_{oe} \geq 4$
	Catégorie: Chronique 4 (*Nota 4*) Exemple: (*Nota 5*) Aucune toxicité aiguë et absence de dégradabilité rapide et facteur de bioconcentration ≥ 500 ou s'il est absent log $K_{oe} \geq 4$, à moins que les CSEO > 1 mg/l		

NOTA 1: Gamme de toxicité aiguë fondée sur les valeurs de la $C(E)L_{50}$ en mg/l pour les poissons, les crustacés et/ou les algues ou d'autres plantes aquatiques (ou estimation de la relation quantitative structure-activité en l'absence de données expérimentales[5]).

NOTA 2: Les substances sont classées en diverses catégories de toxicité chronique à moins que des données appropriées sur la toxicité chronique ne soient disponibles pour l'ensemble des trois niveaux trophiques à concentration supérieure à celle qui est soluble dans l'eau ou à 1 mg/l. Par "appropriées", on entend que les données englobent largement les sujets de préoccupation. Généralement, cela veut dire des données mesurées lors d'essais, mais afin d'éviter des essais inutiles, on peut aussi évaluer les données au cas par cas, par exemple établir des relations (quantitatives) structure-activité, ou pour les cas évidents, faire appel au jugement d'un expert.

NOTA 3: Gamme de toxicité chronique fondée sur les valeurs de la CSEO ou de la CE_x équivalente en mg/l pour les poissons ou les crustacés ou d'autres mesures reconnues pour la toxicité chronique.

---

[5] *Des indications particulières sont fournies au chapitre 4.1, par. 4.1.2.13 et à l'annexe 9, sect. A9.6 du SGH.*

NOTA 4: Le système introduit également une classification de type "filet de sécurité" (nommée catégorie Chronique 4) à utiliser lorsque les données disponibles ne permettent pas le classement d'après les critères officiels, mais suscitent néanmoins certaines préoccupations.

NOTA 5: Pour les substances peu solubles pour lesquelles aucune toxicité aiguë n'a été observée aux concentrations allant jusqu'à leur solubilité dans l'eau, qui ne se dégradent pas rapidement et ont un potentiel de bioaccumulation, cette catégorie devrait s'appliquer à moins qu'il ne puisse être prouvé que la substance n'exige pas d'être classée comme présentant des dangers à long terme pour le milieu aquatique.

2.4.4 **Catégories et critères de classification des mélanges**

NOTA: La catégorie toxicité Chronique 4 du chapitre 4.1 du SGH est reprise dans la présente section à titre informatif, bien qu'elle ne soit pas pertinente dans le cadre de l'ADN.

2.4.4.1 Le système de classification des mélanges reprend les catégories de classification utilisées pour les substances: les catégories Aiguë 1 à 3 et Chronique 1 à 4. L'hypothèse énoncée ci-après permet, s'il y a lieu, d'exploiter toutes les données disponibles aux fins de la classification des dangers du mélange pour le milieu aquatique:

Les "composants pertinents" d'un mélange sont ceux dont la concentration est supérieure ou égale à 0,1 % (masse) pour les composants classés comme ayant une toxicité Aiguë et/ou Chronique 1, et égale ou supérieure à 1 % (masse) pour les autres composants, sauf si l'on suppose (par exemple dans le cas d'un composé très toxique) qu'un composant présent à une concentration inférieure à 0,1 % justifie néanmoins la classification du mélange en raison du danger qu'il présente pour le milieu aquatique.

2.4.4.2 La classification des dangers pour le milieu aquatique obéit à une démarche séquentielle et dépend du type d'information disponible pour le mélange proprement dit et ses composants. La démarche séquentielle comprend:

a) Une classification fondée sur des mélanges testés;

b) Une classification fondée sur les principes d'extrapolation;

c) La méthode de la 'somme des composants classés' et/ou l'application d'une 'formule d'additivité'.

La figure 2.4.4.2 décrit la marche à suivre.

Figure 2.4.4.2: Démarche séquentielle appliquée à la classification des mélanges en fonction des dangers aigus ou à long terme qu'ils présentent pour le milieu aquatique

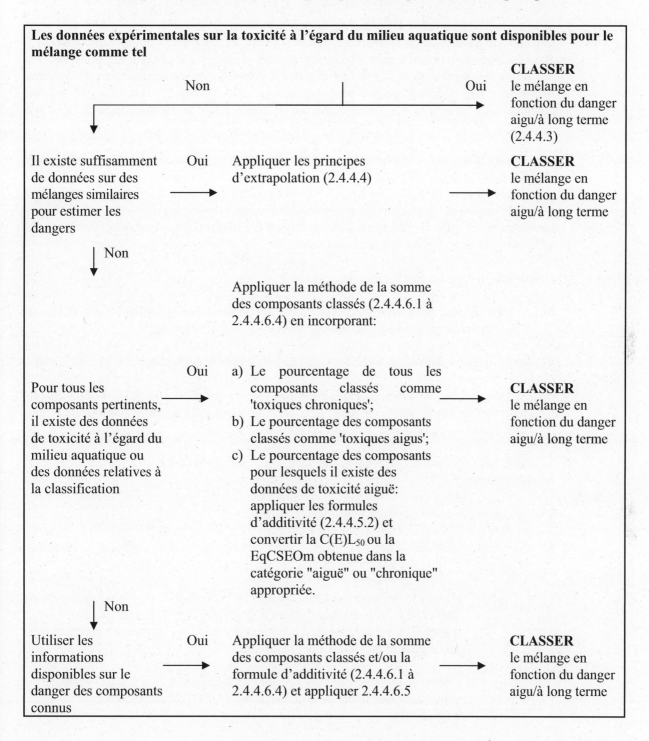

2.4.4.3   *Classification des mélanges lorsqu'il existe des données relatives à la toxicité sur le mélange comme tel*

2.4.4.3.1   Si la toxicité du mélange à l'égard du milieu aquatique a été testée, cette information peut être utilisée pour classer le mélange selon les critères adoptés pour les substances. La classification doit normalement s'appuyer sur les données concernant les poissons, les crustacés, les algues/plantes (voir 2.4.2.3 et 2.4.2.4). Si l'on ne dispose pas de données appropriées sur la toxicité aiguë ou chronique pour le mélange en tant que tel, on doit appliquer des "principes d'extrapolation" ou la "méthode de la somme" (voir 2.4.4.4 and 2.4.4.5).

2.4.4.3.2   La classification des dangers à long terme des mélanges nécessite des informations supplémentaires sur la dégradabilité et dans certains cas sur la bioaccumulation. Il n'existe pas de données sur la dégradabilité et sur la bioaccumulation pour les mélanges en tant que tels. Les essais de dégradabilité et de bioaccumulation pour les mélanges ne sont pas employés parce qu'ils sont habituellement difficiles à interpréter, et que ces essais n'ont de sens que pour des substances prises isolément.

2.4.4.3.3   Classification dans les catégories Aiguë 1, 2 et 3

a)   Si l'on dispose de données expérimentales appropriées sur la toxicité aiguë (CL_{50} ou CE_{50}) du mélange testé en tant que tel indiquant $C(E)L_{50} \leq 100$ mg/l:

Classer le mélange dans les catégories Aiguë 1, 2 ou 3 conformément au tableau 2.4.3.1 a);

b)   Si l'on dispose de données expérimentales sur la toxicité aiguë ($CL_{50}(s)$ ou $CE_{50}(s)$) pour le mélange testé en tant que tel indiquant $C(E)L_{50}(s) > 100$ mg/l ou une concentration supérieure à celle qui est soluble dans l'eau:

Il n'est pas nécessaire de classer le mélange dans une catégorie de danger aigu conformément à l'ADN.

2.4.4.3.4   Classification dans les catégories Chronique 1, 2 et 3

a)   Si l'on dispose de données appropriées sur la toxicité chronique (CE_x ou CSEO) du mélange testé en tant que tel indiquant CE_x ou CSEO ≤ 1 mg/l:

   i)   Classer le mélange dans les catégories Chronique 1 2 ou 3 conformément au tableau 2.4.3.1 b) ii) (rapidement dégradable) si les informations disponibles permettent de conclure que tous les composants pertinents du mélange sont rapidement dégradables;

   ii)   Classer le mélange dans les catégories Chronique 1 2 ou 3 dans tous les autres cas conformément au tableau 2.4.3.1 b) i) (non rapidement dégradable);

b)   Si l'on dispose de données appropriées sur la toxicité chronique (CE_x ou CSEO) du mélange testé en tant que tel indiquant $CE_x(s)$ ou CSEO(s) > 1 mg/l ou une concentration supérieure à celle qui est soluble dans l'eau:

Il n'est pas nécessaire de classer le mélange dans une catégorie de danger à long terme conformément à l'ADN.

2.4.4.3.5   Classification dans la catégorie Chronique 4

S'il y a néanmoins des motifs de préoccupation:

Classer le mélange dans la catégorie Chronique 4 (classification de type "filet de sécurité") conformément au tableau 2.4.3.1 c).

2.4.4.4 ***Classification des mélanges lorsqu'il n'existe pas de données relatives à la toxicité sur le mélange: principes d'extrapolation***

2.4.4.4.1 Si la toxicité du mélange à l'égard du milieu aquatique n'a pas été testée par voie expérimentale, mais qu'il existe suffisamment de données sur les composants et sur des mélanges similaires testés pour caractériser correctement les dangers du mélange, ces données seront utilisées conformément aux règles d'extrapolation exposées ci-après. De cette façon, le processus de classification utilise au maximum les données disponibles afin de caractériser les dangers du mélange sans recourir à des essais supplémentaires sur animaux.

2.4.4.4.2 *Dilution*

Si un nouveau mélange est formé par dilution d'un mélange ou d'une substance testé avec un diluant classé dans une catégorie de toxicité égale ou inférieure à celle du composant original le moins toxique et qui n'est pas supposé influer sur la toxicité des autres composants, le mélange résultant sera classé comme équivalent au mélange ou à la substance d'origine testé. S'il en est autrement, la méthode décrite au 2.4.4.5 peut être appliquée.

2.4.4.4.3 *Variation entre les lots*

La toxicité d'un lot testé d'un mélange à l'égard du milieu aquatique peut être considérée comme largement équivalente à celle d'un autre lot non testé du même mélange commercial lorsqu'il est produit par ou sous le contrôle du même fabricant, sauf si l'on a une raison de croire que la composition du mélange varie suffisamment pour modifier la toxicité du lot non testé à l'égard du milieu aquatique. Si tel est le cas, une nouvelle classification s'impose.

2.4.4.4.4 *Concentration des mélanges classés dans les catégories les plus toxiques (Chronique 1 et Aiguë 1)*

Si un mélange testé est classé dans les catégories Chronique 1 et/ou Aiguë 1 et que l'on accroît la concentration de composants toxiques classés dans ces mêmes catégories de toxicité, le mélange concentré non testé doit demeurer dans la même catégorie que le mélange original testé, sans essai supplémentaire.

2.4.4.4.5 *Interpolation au sein d'une catégorie de toxicité*

Dans le cas de trois mélanges (A, B et C) de composants identiques, où les mélanges A et B ont été testés et sont dans la même catégorie de toxicité et où le mélange C non testé contient les mêmes composants toxicologiquement actifs que les mélanges A et B mais à des concentrations comprises entre celles de ces composants dans les mélanges A et B, on considère que le mélange C appartient à la même catégorie de toxicité que A et B.

2.4.4.4.6 *Mélanges fortement semblables*

Soit:

a) Deux mélanges:

    i) A + B;

    ii) C + B;

b)   La concentration du composant B est essentiellement identique dans les deux mélanges;

c)   La concentration du composant A dans le mélange i) est égale à celle du composant C dans le mélange ii);

d)   Les données relatives aux dangers pour le milieu aquatique de A et de C sont disponibles et essentiellement équivalentes, autrement dit, ces deux composants appartiennent à la même catégorie de danger et ne devraient pas affecter la toxicité de B.

Si le mélange i) ou ii) est déjà classé d'après des données expérimentales, l'autre mélange doit être classé dans la même catégorie de danger.

2.4.4.5   *Classification des mélanges lorsqu'il existe des données relatives à la toxicité pour tous les composants ou seulement certains d'entre eux*

2.4.4.5.1   La classification d'un mélange résulte de la somme des concentrations de ses composants classés. Le pourcentage de composants classés comme 'toxiques aigus' ou 'toxiques chroniques' est introduit directement dans la méthode de la somme. Les paragraphes 2.4.4.6.1 à 2.4.4.6.4 décrivent les détails de cette méthode.

2.4.4.5.2   Les mélanges peuvent comporter à la fois des composants classés (catégories Aiguë 1 à 3 et/ou Chronique 1 à 4) et des composants pour lesquels il existe des données expérimentales de toxicité appropriées. Si l'on dispose de données de toxicité appropriées pour plus d'un composant du mélange, la toxicité globale de ces composants se calculera à l'aide des formules a) et b) d'additivité ci-dessous, en fonction de la nature des données sur la toxicité:

a)   En fonction de la toxicité aquatique aiguë:

$$\frac{\sum C_i}{C(E)L_{50m}} = \sum_n \frac{C_i}{C(E)L_{50i}}$$

où:

C_i =   concentration du composant i (pourcentage en masse);

$C(E)L_{50i}$ = CL_{50} ou CE_{50} pour le composant i, en mg/l;

n   =   nombre de composants, et i allant de 1 à n;

$C(E)L_{50m}$ = $C(E)L_{50}$ de la fraction du mélange constituée de composants pour lesquels il existe des données expérimentales;

La toxicité calculée peut être employée pour attribuer à cette fraction du mélange une catégorie de danger aigu qui peut par la suite être utilisée lors de l'application de la méthode de la somme;

b)   En fonction de la toxicité aquatique chronique:

$$\frac{\sum C_i + \sum C_j}{EqCSEO_m} = \sum_n \frac{C_i}{CSEO_i} + \sum_n \frac{C_j}{0,1 \times CSEO_j}$$

où:

C_i	=	concentration du composant i (pourcentage en masse), comprenant les composants rapidement dégradables;
C_j	=	concentration du composant j (pourcentage en masse), comprenant les composants non rapidement dégradables;
$CSEO_i$	=	CSEO (ou autres mesures admises pour la toxicité chronique) pour le composant i, comprenant les composants rapidement dégradables, en mg/l;
$CSEO_j$	=	CSEO (ou autres mesures admises pour la toxicité chronique) pour le composant j, comprenant les composants non rapidement dégradables, en mg/l;
n	=	nombre de composants, et i et j allant de 1 à n;
$EqCSEO_m$	=	CSEO équivalente de la fraction du mélange constituée de composants pour lesquels il existe des données expérimentales;

La toxicité équivalente rend compte du fait que les substances non rapidement dégradables relèvent d'une catégorie de danger de niveau juste supérieur (de danger "plus grand") à celui des substances rapidement dégradables.

La toxicité équivalente calculée peut être employée pour attribuer à cette fraction du mélange une catégorie de danger à long terme, conformément aux critères pour les substances rapidement dégradables (tableau 2.4.3.1 b) ii)), qui est par la suite utilisée lors de l'application de la méthode de la somme.

2.4.4.5.3 Si la formule d'additivité est appliquée à une partie du mélange, il est préférable de calculer la toxicité de cette partie du mélange en introduisant, pour chaque composant, des valeurs de toxicité se rapportant au même groupe taxinomique (c'est-à-dire: poissons, crustacés ou algues) et en sélectionnant ensuite la toxicité la plus élevée (valeur la plus basse) obtenue en utilisant le groupe le plus sensible des trois. Néanmoins, si les données de toxicité de chaque composant ne se rapportent pas toutes au même groupe taxinomique, la valeur de toxicité de chaque composant doit être choisie de la même façon que les valeurs de toxicité pour la classification des substances, autrement dit, il faut utiliser la toxicité la plus élevée (de l'organisme expérimental le plus sensible). La toxicité aiguë et chronique ainsi calculée peut ensuite servir à classer cette partie du mélange dans les catégories Aiguë 1, 2 ou 3 et/ou Chronique 1, 2 ou 3 suivant les mêmes critères que pour les substances.

2.4.4.5.4 Si un mélange a été classé de diverses manières, on retiendra la méthode livrant le résultat le plus prudent.

2.4.4.6 *Méthode de la somme*

2.4.4.6.1 *Méthode de classification*

En général, pour les mélanges, une classification plus sévère l'emporte sur une classification moins sévère, par exemple, une classification dans la catégorie Chronique 1 l'emporte sur une classification en Chronique 2. Par conséquent, la classification est déjà terminée si elle a abouti à la catégorie Chronique 1. Comme il n'existe pas de classification plus sévère que la Chronique 1, il est inutile de pousser le processus de classification plus loin.

2.4.4.6.2   *Classification dans les catégories Aiguë 1, 2 et 3*

2.4.4.6.2.1   On commence par examiner tous les composants classés dans la catégorie Aiguë 1. Si la somme des concentrations (en %) de ces composants est supérieure ou égale à 25 %, le mélange est classé dans la catégorie Aiguë 1. Si le calcul débouche sur une classification du mélange dans la catégorie Aiguë 1, le processus de classification est terminé.

2.4.4.6.2.2   Si le mélange n'est pas classé dans la catégorie de toxicité Aiguë 1, on examine s'il entre dans la catégorie Aiguë 2. Un mélange est classé dans la catégorie Aiguë 2 si la somme de tous les composants classés dans la catégorie Aiguë 1 multipliée par 10 et additionnée à la somme de tous les composants classés dans la catégorie Aiguë 2 est supérieure ou égale à 25 %. Si le calcul débouche sur une classification du mélange dans la catégorie Aiguë 2, le processus de classification est terminé.

2.4.4.6.2.3   Si le mélange ne relève pas des catégories Aiguë 1 ou 2, on examine s'il entre dans la catégorie Aiguë 3. Un mélange est classé dans la catégorie Aiguë 3 si la somme de tous les composants classés dans la catégorie Aiguë 1 multipliée par 100 plus la somme de tous les composants classés dans la catégorie Aiguë 2 multipliée par 10 plus la somme de tous les composants classés dans la catégorie Aiguë 3 est supérieure ou égale à 25 %.

2.4.4.6.2.4   La classification des mélanges en fonction de leur toxicité aiguë par la méthode de la somme des concentrations des composants classés est résumée au tableau 2.4.4.6.2.4.

Tableau 2.4.4.6.2.4: Classification des mélanges en fonction de leur danger aigu par la somme des concentrations des composants classés

Somme des concentrations (en %) des composants classés en:	Mélange classé en:
Aiguë 1 × M[*] ≥ 25 %	Aiguë 1
(M ×10 x Aiguë 1) + Aiguë 2 ≥ 25 %	Aiguë 2
(M × 100 × Aiguë 1) + (10 × Aiguë 2)+ Aiguë 3 ≥ 25 %	Aiguë 3

[*] Le facteur M est expliqué au 2.4.4.6.4.

2.4.4.6.3   *Classification dans les catégories Chronique 1, 2, 3 et 4*

2.4.4.6.3.1   On commence par examiner tous les composants classés dans la catégorie Chronique 1. Si la somme des concentrations (en %) de ces composants est supérieure ou égale à 25 %, le mélange est classé dans la catégorie Chronique 1. Si le calcul débouche sur une classification du mélange dans la catégorie Chronique 1, le processus de classification est terminé.

2.4.4.6.3.2   Si le mélange n'est pas classé dans la catégorie Chronique 1, on examine s'il entre dans la catégorie Chronique 2. Un mélange est classé dans la catégorie Chronique 2 si la somme des concentrations (en %) de tous les composants classés dans la catégorie Chronique 1 multipliée par 10 et additionnée à la somme des concentrations (en %) de tous les composants classés dans la catégorie Chronique 2 est supérieure ou égale à 25 %. Si le calcul débouche sur une classification du mélange dans la catégorie Chronique 2, le processus de classification est terminé.

2.4.4.6.3.3   Si le mélange ne relève pas des catégories Chronique 1 ou 2, on examine s'il entre dans la catégorie Chronique 3. Un mélange est classé dans la catégorie Chronique 3 si la somme de tous les composants classés dans la catégorie Chronique 1 multipliée par 100 plus la somme de tous les composants classés dans la catégorie Chronique 2 multipliée par 10 plus la somme de tous les composants classés dans la catégorie Chronique 3 est supérieure ou égale à 25 %.

2.4.4.6.3.4   Si le mélange ne relève d'aucune des trois premières catégories, il n'est pas nécessaire, aux fins de l'ADN, d'examiner s'il entre dans la catégorie Chronique 4. Un mélange entre dans la catégorie Chronique 4 si la somme des pourcentages des composants classés en Chronique 1, 2, 3, 4 est supérieure ou égale à 25 %.

2.4.4.6.3.5   La classification des mélanges en fonction de leur danger à long terme fondée sur la somme des concentrations des composants classés est résumée au tableau 2.4.4.6.3.5 ci-après.

Tableau 2.4.4.6.3.5: Classification des mélanges en fonction de leur danger à long terme par la somme des concentrations des composants classés

Somme des concentrations (en %) des composants classés en:	Mélange classé en:
Chronique 1 × M* ≥ 25 %	Chronique 1
(M × 10 × Chronique 1) + Chronique 2 ≥ 25 %	Chronique 2
(M × 100 × Chronique 1) + (10 × Chronique 2) + Chronique 3 ≥ 25 %	Chronique 3
Chronique 1 + Chronique 2 + Chronique 3 + Chronique 4 3 ≥ 25 %	Chronique 4

* Le facteur M est expliqué au 2.4.4.6.4.

2.4.4.6.4   *Mélanges de composants hautement toxiques*

Les composants de toxicité Aiguë 1 ou Chronique 1 ayant une toxicité aiguë nettement inférieure à 1 mg/l et/ou une toxicité chronique nettement inférieure à 0,1 mg/l (pour les composants non rapidement dégradables) et à 0,01 mg/l (pour les composants rapidement dégradables) sont susceptibles d'influencer la toxicité du mélange et on leur affecte un poids plus important lors de l'application de la méthode de la somme. Lorsqu'un mélange renferme des composants classés dans les catégories Aiguë 1 ou Chronique 1, on adoptera l'approche séquentielle décrite en 2.4.4.6.2 et 2.4.4.6.3 en multipliant les concentrations des composants relevant des catégories Aiguë 1 et Chronique 1 par un facteur de façon à obtenir une somme pondérée, au lieu d'additionner les pourcentages tels quels. Autrement dit, la concentration de composant classé en Aiguë 1 dans la colonne de gauche du tableau 2.4.4.6.2.4 et la concentration de composant classé en Chronique 1 dans la colonne de gauche du tableau 2.4.4.6.3.4 seront multipliées par le facteur approprié. Les facteurs multiplicatifs à appliquer à ces composants sont définis d'après la valeur de la toxicité, comme le résume le tableau 2.4.4.6.4 ci-après. Ainsi pour classer un mélange contenant des composants relevant des catégories Aiguë 1 ou Chronique 1, le classificateur doit connaître la valeur du facteur M pour appliquer la méthode de la somme. Sinon, la formule d'additivité (voir 2.4.4.5.2) peut être utilisée si les données de toxicité de tous les composants très toxiques du mélange sont disponibles et s'il existe des preuves convaincantes que tous les autres composants, y compris ceux pour lesquels des données de toxicité aiguë et/ou chronique ne sont pas disponibles, sont peu ou pas toxiques et ne contribuent pas sensiblement au danger du mélange pour l'environnement.

Tableau 2.4.4.6.4: Facteurs multiplicatifs pour les composants très toxiques des mélanges

Toxicité aiguë	Facteur M	Toxicité chronique	Facteur M	
Valeur de $C(E)L_{50}$		Valeur de CSEO	Composants NRD[a]	Composants RD[b]
$0,1 < C(E)L_{50} \leq 1$	1	$0,01 < CSEO \leq 0,1$	1	–
$0,01 < C(E)L_{50} \leq 0,1$	10	$0,001 < CSEO \leq 0,01$	10	1
$0,001 < C(E)L_{50} \leq 0,01$	100	$0,0001 < CSEO \leq 0,001$	100	10
$0,0001 < C(E)L_{50} \leq 0,001$	1 000	$0,00001 < CSEO \leq 0,0001$	1 000	100
$0,00001 < C(E)L_{50} \leq 0,0001$	10 000	$0,000001 < CSEO \leq 0,00001$	10 000	1 000
(La série se poursuit au rythme d'un facteur 10 par intervalle)		(La série se poursuit au rythme d'un facteur 10 par intervalle)		

[a] *Non rapidement dégradables.*

[b] *Rapidement dégradables.*

2.4.4.6.5   *Classification des mélanges de composants pour lesquels il n'existe aucune information utilisable*

Au cas où il n'existe pas d'informations utilisables sur la toxicité aiguë et/ou chronique pour le milieu aquatique d'un ou plusieurs composants pertinents, on conclut que le mélange ne peut être classé de façon définitive dans une certaine catégorie de danger. Dans cette situation, le mélange ne devrait être classé que sur la base des composants connus et porter la mention additionnelle: 'mélange composé à × % de composants dont les dangers à l'égard du milieu aquatique sont inconnus'.

PARTIE 3

Liste des marchandises dangereuses, dispositions spéciales et exemptions relatives aux quantités limitées et aux quantités exceptées

CHAPITRE 3.1

GÉNÉRALITÉS

3.1.1 **Introduction**

Outre les dispositions visées ou mentionnées dans les tableaux de cette partie, il convient d'observer les prescriptions générales de chaque partie, chapitre et/ou section. Ces prescriptions générales ne figurent pas dans les tableaux. Lorsqu'une prescription générale va à l'encontre d'une disposition spéciale, c'est cette dernière qui prévaut.

3.1.2 **Désignation officielle de transport**

NOTA : Pour les désignations officielles de transport utilisées pour le transport d'échantillons, voir 2.1.4.1.

3.1.2.1 La désignation officielle de transport est la partie de la rubrique qui décrit avec le plus de précision les marchandises du tableau A ou C du chapitre 3.2 ; elle est en majuscules (les chiffres, les lettres grecques, les indications en lettres minuscules "sec-", "tert-", "m-", "n-", "o-" et "p-" forment partie intégrale de la désignation). Les indications relatives à la pression de vapeur (p.v.) et au point d'ébullition (p.e.) à la colonne 2 du Tableau C du Chapitre 3.2, font partie de la désignation officielle de transport. Une autre désignation officielle de transport peut figurer entre parenthèses à la suite de la désignation officielle de transport principale. Dans le tableau A, elle est indiquée en majuscules (par exemple, ÉTHANOL (ALCOOL ÉTHYLIQUE)). Dans le tableau C, elle est indiquée en lettres minuscules (par exemple ACÉTONITRILE (cyanure de méthyle). Sauf indication contraire ci-dessus, ne sont pas à considérer comme éléments de la désignation officielle de transport les parties de la rubrique en minuscules.

3.1.2.2 Si les conjonctions "et" ou "ou" sont en minuscules ou si des éléments du nom sont séparés par des virgules, il n'est pas nécessaire d'inscrire le nom intégralement sur le document de transport ou les marques des colis. Tel est le cas notamment lorsqu'une combinaison de plusieurs rubriques distinctes figure sous le même numéro ONU. Pour illustrer la façon dont la désignation officielle de transport est choisie en pareil cas, on peut donner les exemples suivants :

a) No ONU 1057 BRIQUETS ou RECHARGES POUR BRIQUETS. On retiendra comme désignation officielle de transport celle des désignations ci-après qui conviendra le mieux :

BRIQUETS
RECHARGES POUR BRIQUETS ;

b) No ONU 2793 ROGNURES, COPEAUX, TOURNURES ou ÉBARBURES DE MÉTAUX FERREUX sous forme autoéchauffante. Comme désignation officielle de transport on choisit celle qui convient le mieux parmi les combinaisons possibles ci-après:

ROGNURES DE MÉTAUX FERREUX
COPEAUX DE MÉTAUX FERREUX
TOURNURES DE MÉTAUX FERREUX
ÉBARBURES DE MÉTAUX FERREUX.

3.1.2.3 La désignation officielle de transport peut être utilisée au singulier ou au pluriel selon qu'il convient. En outre, si cette désignation contient des termes qui en précisent le sens, l'ordre de succession de ces termes sur les documents de transport ou les marques de colis est laissé au choix de l'intéressé. Par exemple, au lieu de "DIMÉTHYLAMINE EN SOLUTION AQUEUSE", on peut éventuellement indiquer "SOLUTION AQUEUSE DE DIMÉTHYLAMINE". On pourra utiliser pour les marchandises de la classe 1 des appellations commerciales ou militaires qui contiennent la désignation officielle de transport complétée par un texte descriptif.

3.1.2.4   Il existe pour de nombreuses matières une rubrique correspondant à l'état liquide et à l'état solide (voir les définitions de liquide et solide au 1.2.1) ou à l'état solide et à la solution. Il leur est attribué des numéros ONU distincts qui ne se suivent pas nécessairement. [1]

3.1.2.5   À moins qu'elle ne figure déjà en lettres majuscules dans le nom indiqué dans le tableau A ou C du chapitre 3.2, il faut ajouter le qualificatif "FONDU" dans la désignation officielle de transport lorsqu'une matière qui est un solide selon la définition donnée au 1.2.1 est présentée au transport à l'état fondu (par exemple, ALKYLPHÉNOL SOLIDE, N.S.A., FONDU).

3.1.2.6   Sauf pour les matières autoréactives et les peroxydes organiques et à moins qu'elle ne figure déjà en majuscules dans le nom indiqué dans la colonne (2) du tableau A du chapitre 3.2, la mention "STABILISÉ" doit être ajoutée comme partie intégrante de la désignation officielle de transport lorsqu'il s'agit d'une matière qui, sans stabilisation, serait interdite au transport en vertu des dispositions des paragraphes 2.2.X.2 parce qu'elle est susceptible de réagir dangereusement dans les conditions normales de transport (par exemple : "LIQUIDE ORGANIQUE TOXIQUE, N.S.A., STABILISÉ").

Lorsque l'on a recours à la régulation de température pour stabiliser une telle matière afin d'empêcher l'apparition de toute surpression dangereuse :

a)   Pour les liquides : (voir sous 3.1.2.6 de l'ADR);

b)   Pour les gaz : les conditions de transport doivent être agréées par l'autorité compétente.

3.1.2.7   Les hydrates peuvent être transportés sous la désignation officielle de transport applicable à la matière anhydre.

3.1.2.8   *Noms génériques ou désignation "non spécifiée par ailleurs" (N.S.A.)*

3.1.2.8.1   Les désignations officielles de transport génériques et "non spécifiées par ailleurs" auxquelles est affectée la disposition spéciale 274 ou 318 dans la colonne (6) du Tableau A du chapitre 3.2 ou l'observation 27 est indiquée à la colonne (20) du tableau C du chapitre 3.2, doivent être complétées par le nom technique de la marchandise, à moins qu'une loi nationale ou une convention internationale n'en interdise la divulgation dans le cas d'une matière soumise au contrôle. Dans le cas des matières et objets explosibles de la classe 1, les informations relatives aux marchandises dangereuses peuvent être complétées par une description supplémentaire indiquant les noms commerciaux ou militaires. Les noms techniques doivent figurer entre parenthèses immédiatement à la suite de la désignation officielle de transport. Un modificatif approprié, tel que "contient" ou "contenant", ou d'autres qualificatifs, tels que "mélange", "solution", etc., et le pourcentage du constituant technique peuvent aussi être employés. Par exemple : "UN 1993 LIQUIDE INFLAMMABLE, N.S.A. (CONTENANT DU XYLENE ET DU BENZENE), 3, II".

---

[1]   *Des précisions sont données dans l'index alphabétique (Tableau B du chapitre 3.2), par exemple:*
NITROXYLÈNES, LIQUIDES,   6.1   1665
NITROXYLÈNES, SOLIDES,   6.1   3447.

3.1.2.8.1.1 Le nom technique doit être un nom chimique ou biologique reconnu, ou un autre nom utilisé couramment dans les manuels, les revues et les textes scientifiques et techniques. Les noms commerciaux ne doivent pas être utilisés à cette fin. Dans le cas des pesticides, seuls peuvent être utilisés les noms communs ISO, les autres noms des lignes directrices pour la classification des pesticides par risque recommandée par l'Organisation Mondiale de la Santé (OMS) ou le ou les noms de la ou des matières actives.

3.1.2.8.1.2 Lorsqu'un mélange de marchandises dangereuses est décrit par l'une des rubriques "N.S.A." ou "générique" assorties de la disposition spéciale 274 dans la colonne (6) du tableau A du chapitre 3.2 ou l'observation 27 est indiquée à la colonne (20) du tableau C du chapitre3.2, il suffit d'indiquer les deux constituants qui concourent le plus au danger ou aux dangers du mélange, exception faite des matières soumises à un contrôle lorsque leur divulgation est interdite par une loi nationale ou une convention internationale. Si le colis contenant un mélange porte l'étiquette d'un risque subsidiaire, l'un des deux noms techniques figurant entre parenthèses doit être le nom du constituant qui impose l'emploi de l'étiquette de risque subsidiaire.

NOTA : Voir 5.4.1.2.2.

3.1.2.8.1.3 Pour illustrer la façon dont la désignation officielle de transport est complétée par le nom technique des marchandises dans ces rubriques N.S.A., on peut donner les exemples suivants :

No ONU 2902 PESTICIDE LIQUIDE TOXIQUE, N.S.A. (drazoxolon) ;

No ONU 3394 MATIÈRE ORGANOMÉTALLIQUE LIQUIDE, PYROPHORIQUE, HYDRORÉACTIVE (triméthylgallium).

3.1.2.8.1.4 Pour illustrer la façon dont la désignation officielle de transport est complétée par l'indication de la pression de vapeur ou du point d'ébullition dans des rubriques N.S.A. pour le transport en bateaux-citernes, on peut donner les exemples suivants :

No ONU 1268 DISTILLATS DE PÉTROLE, N.S.A., 110 kPa < pv50 ≤ 150 kPa ;

No ONU 1993 LIQUIDE INFLAMMABLE, N.S.A. (ACÉTONE CONTENANT PLUS DE 10% DE BENZÈNE), pv50 ≤ 110 kPa, 85 °C < p.e. ≤ 115 °C.

3.1.3 **Solutions ou mélanges**

NOTA : Lorsqu'une matière est nommément mentionnée dans le tableau A du chapitre 3.2, elle doit être identifiée lors du transport par la désignation officielle de transport figurant dans la colonne (2) du tableau A du chapitre 3.2. Ces matières peuvent contenir des impuretés techniques (par exemple celles résultant du procédé de production) ou des additifs utilisés à des fins de stabilisation ou autres qui n'affectent pas leur classement. Cependant, une matière nommément mentionnée dans le tableau A du chapitre 3.2 contenant des impuretés techniques ou des additifs utilisés à des fins de stabilisation ou autres affectant son classement doit être considérée comme une solution ou un mélange (voir 2.1.3.3).

3.1.3.1 Une solution ou un mélange n'est pas soumis à l'ADN si les caractéristiques, les propriétés, la forme ou l'état physique de la solution ou du mélange sont tels que ce mélange ou cette solution ne répond aux critères d'aucune classe, y compris ceux des effets connus sur l'homme.

3.1.3.2 Si une solution ou un mélange répondant aux critères de classification de l'ADN est constitué d'une seule matière principale nommément mentionnée dans le tableau A du chapitre 3.2 ainsi que d'une ou plusieurs matières non visées par l'ADN ou des traces d'une ou plusieurs matières nommément mentionnées dans le tableau A du chapitre 3.2, le numéro

ONU et la désignation officielle de transport de la matière principale mentionnée dans le tableau A du chapitre 3.2 doivent lui être attribués, à moins que :

a)   la solution ou le mélange ne soit nommément mentionné dans la le tableau A du chapitre 3.2 ;

b)   le nom et la description de la matière nommément mentionnée dans le tableau A du chapitre 3.2 n'indiquent expressément qu'ils s'appliquent uniquement   à   la   matière pure ;

c)   la classe, le code de classification, le groupe d'emballage ou l'état physique de la solution ou du mélange ne diffèrent de ceux de la matière nommément mentionnée dans le tableau A du chapitre 3.2 ; ou

d)   les caractéristiques de danger et les propriétés de la solution ou du mélange ne nécessitent des mesures d'intervention en cas d'urgence qui diffèrent de celles requises pour la matière nommément mentionnée dans le tableau A du chapitre 3.2.

Des qualificatifs tels que "SOLUTION" ou "MÉLANGE", selon le cas, doivent être intégrés à la désignation officielle de transport, par exemple, "ACÉTONE EN SOLUTION". La concentration du mélange ou de la solution peut également être indiquée après la description de base du mélange ou de la solution, par exemple, "ACÉTONE EN SOLUTION À 75%".

3.1.3.3   Une solution ou un mélange répondant aux critères de classification de l'ADN qui n'est pas nommément mentionné dans le tableau A du chapitre 3.2 et qui est constitué de deux marchandises dangereuses ou plus doit être affecté à la rubrique dont la désignation officielle de transport, la description, la classe, le code de classification et le groupe d'emballage décrivent avec le plus de précision la solution ou le mélange.

CHAPITRE 3.2

LISTE DES MARCHANDISES DANGEREUSES

3.2.1 **Tableau A : Liste des marchandises dangereuses par ordre numérique**

Explications concernant le tableau A :

En règle générale, chaque ligne du tableau A concerne la ou les matières/ l'objet ou les objets correspondant à un numéro ONU spécifique ou à un numéro d'identification de la matière. Toutefois, si des matières ou des objets du même numéro ONU ou du même numéro d'identification de la matière ont des propriétés chimiques, des propriétés physiques ou des conditions de transport différentes, plusieurs lignes consécutives peuvent être utilisées pour ce numéro ONU ou ce numéro d'identification de la matière.

Chaque colonne du tableau A est consacrée à un sujet spécifique comme indiqué dans les notes explicatives ci-après. À l'intersection des colonnes et des lignes (case) on trouve des informations concernant la question traitée dans cette colonne, pour la ou les matières, l'objet ou les objets de cette ligne :

–   les quatre premières cases indiquent la ou les matières ou l'objet ou les objets appartenant à cette ligne (un complément d'information à ce sujet peut être donné par les dispositions spéciales indiquées dans la colonne (6)) ;

–   les cases suivantes indiquent les dispositions spéciales applicables, sous forme d'information complète ou de code. Les codes renvoient à des informations détaillées qui figurent dans les numéros indiqués dans les notes explicatives ci-après. Une case vide indique qu'il n'y a pas de disposition spéciale et que seules les prescriptions générales sont applicables ou que la restriction de transport indiquée dans les notes explicatives est en vigueur.

Les prescriptions générales applicables ne sont pas mentionnées dans les cases correspondantes.

Notes explicatives pour chaque colonne :

Colonne (1)   "Numéro ONU/Numéro d'identification de la matière"

Contient le numéro ONU ou le numéro d'identification de la matière :

–   de la matière ou de l'objet dangereux si un numéro ONU spécifique ou un numéro d'identification de la matière a été affecté à cette matière ou cet objet, ou

–   de la rubrique générique ou n.s.a. à laquelle les matières ou objets dangereux non nommément mentionnés doivent être affectés conformément aux critères ("diagrammes de décision") de la partie 2.

Colonne (2)   "Nom et description"

Contient, en majuscules, le nom de la matière ou de l'objet si un numéro ONU spécifique ou un numéro d'identification de la matière a été affecté à cette matière ou cet objet, ou de la rubrique générique ou n.s.a. à laquelle les matières ou objets dangereux ont été affectés conformément aux critères ("diagrammes de décision") de la partie 2. Ce nom doit être utilisé comme désignation officielle de transport ou, le cas échéant, comme partie de la désignation officielle de transport (voir complément d'informations sur la désignation officielle de transport au 3.1.2).

Un texte descriptif en minuscules est ajouté après la désignation officielle de transport pour préciser le champ d'application de la rubrique si la classification ou les conditions de transport de la matière ou de l'objet peuvent être différents dans certaines conditions.

Colonne (3a)   "Classe"

Contient le numéro de la classe dont le titre correspond à la matière ou à l'objet dangereux. Ce numéro de classe est attribué conformément aux procédures et aux critères de la partie 2.

Colonne (3b)   "Code de classification"

Contient le code de classification de la matière ou de l'objet dangereux.

–   Pour les matières ou objets dangereux de la classe 1, le code se compose du numéro de division et de la lettre de groupe de compatibilité qui sont affectés conformément aux procédures et aux critères du 2.2.1.1.4.

–   Pour les matières ou objets dangereux de la classe 2, le code se compose d'un chiffre et d'une ou des lettres représentant le groupe de propriétés dangereuses qui sont expliqués aux 2.2.2.1.2 et 2.2.2.1.3.

–   Pour les matières ou objets dangereux des classes 3, 4.1, 4.2, 4.3, 5.1, 5.2, 6.1, 6.2, 8 et 9, les codes sont expliqués au 2.2.x.1.2 [1]).

–   Les matières ou objets dangereux de la classe 7 n'ont pas de code de classification.

Colonne (4)   "Groupe d'emballage"

Indique le ou les numéros de groupe d'emballage (I, II ou III) affectés à la matière dangereuse. Ces numéros de groupes d'emballage sont attribués en fonction des procédures et des critères de la partie 2. Il n'est pas attribué de groupe d'emballage à certains objets ni à certaines matières.

Colonne (5)   "Étiquettes"

Indique le numéro du modèle d'étiquettes/de plaques-étiquettes (voir 5.2.2.2. et 5.3.1.7) qui doivent être apposées sur les colis, conteneurs, conteneurs-citernes, citernes mobiles, CGEM, véhicules et wagons.

Toutefois, pour les matières ou objets de la classe 7, 7X indique le modèle d'étiquette No 7A, 7B ou 7C selon le cas en fonction de la catégorie (voir 5.1.5.3.4 et 5.2.2.1.11.1) ou la plaque-étiquette No 7D (voir 5.3.1.1.3 et 5.3.1.7.2) ;

---

[1]   x = *le numéro de classe de la matière ou de l'objet dangereux, sans point de séparation le cas échéant.*

Les dispositions générales en matière d'étiquetage et de placardage (par exemple le numéro des étiquettes ou leur emplacement) sont indiquées au 5.2.2.1 pour les colis et au 5.3.1 pour les conteneurs, conteneurs citernes, CGEM, citernes mobiles, véhicules et wagons.

NOTA : *Des dispositions spéciales indiquées dans la colonne (6) peuvent modifier les dispositions ci dessus sur l'étiquetage.*

Colonne(6) "Dispositions spéciales"

Indique les codes numériques des dispositions spéciales qui doivent être respectées. Ces dispositions portent sur une vaste gamme de questions ayant trait principalement au contenu des colonnes (1) à (5) (par exemple interdictions de transport, exemptions de certaines prescriptions, explications concernant la classification de certaines formes de marchandises dangereuses concernées et dispositions supplémentaires sur l'étiquetage ou le marquage), et sont énumérées dans le chapitre 3.3 dans l'ordre numérique. Si la colonne (6) est vide, aucune disposition spéciale ne s'applique au contenu des colonnes (1) à (5) pour les marchandises dangereuses en question. Les dispositions spéciales particulières à la navigation intérieure commencent à 800.

Colonne (7a) "Quantités limitées"

Contient un code alphanumérique ayant la signification suivante :

– Contient la quantité maximale de matière par emballage intérieur ou objet pour transporter des marchandises dangereuses en tant que quantités limitées conformément au chapitre 3.4.

Colonne (7b) "Quantités exceptées"

Contient un code alphanumérique ayant la signification suivante:

– "E0" signifie qu'il n'y a aucune exemption aux dispositions de l'ADN pour les marchandises dangereuses emballées en quantités exceptées;

– Tous les autres codes alphanumériques commençant par les lettres "E" signifient que les dispositions de l'ADN ne sont pas applicables si les conditions indiquées au chapitre 3.5 sont satisfaites.

Colonne (8) "Transport admis"

Cette colonne contient les codes alphabétiques relatifs à la manière de transporter admise en bateaux de navigation intérieure.

Si la colonne (8) est vide le transport de la matière ou de l'objet n'est autorisé qu'en colis.

Si la colonne 8 contient le code "B", le transport en colis et en vrac est admis (voir 7.1.1.11).

Si la colonne (8) contient le code "T", le transport en colis et en bateaux-citernes est admis. En cas de transport en bateaux-citernes les prescriptions du tableau C sont applicables (voir 7.2.1.21).

Colonne (9)   "Equipement exigé"

Cette colonne contient les codes alphanumériques relatifs à l'équipement exigé pour le transport de la matière dangereuse ou de l'objet dangereux (voir 8.1.5).

Colonne (10)   "Ventilation"

Cette colonne contient les codes alphanumériques des prescriptions spéciales relatives à la ventilation applicables au transport ayant la signification suivante :

–   les codes alphanumériques commençant par les lettres "VE" signifient que des prescriptions spéciales additionnelles sont applicables au transport. Celles-ci figurent au 7.1.6.12 et fixent les exigences particulières.

Colonne (11)   "Dispositions relatives au chargement, au déchargement et au transport"

Cette colonne contient les codes alphanumériques des prescriptions spéciales applicables au transport ayant la signification suivante :

–   les codes alphanumériques commençant par "CO", "ST" et "RA" signifient que des prescriptions spéciales additionnelles sont applicables au transport en vrac. Celles-ci figurent au 7.1.6.11 et fixent les exigences particulières :

–   les codes alphanumériques commençant par "LO" signifient que des prescriptions spéciales additionnelles sont applicables avant le chargement. Celles-ci figurent au 7.1.6.13 et fixent les exigences particulières.

–   les codes alphanumériques commençant par "HA" signifient que des prescriptions spéciales additionnelles sont applicables à la manutention et à l'arrimage de la cargaison. Celles-ci figurent au 7.1.6.14 et fixent les exigences particulières.

–   les codes alphanumériques commençant par "IN" signifient que des prescriptions spéciales additionnelles sont applicables au contrôle des cales pendant le transport. Celles-ci figurent au 7.1.6.16 et fixent les exigences particulières

Colonne (12)   "Nombre de cônes/feux bleus"

Cette colonne contient le nombre de cônes/feux devant constituer la signalisation du bateau lors du transport de cette matière dangereuse ou de cet objet dangereux (voir 7.1.5).

Colonne (13)   "Exigences supplémentaires/Observations"

Cette colonne contient des exigences supplémentaires ou des observations concernant le transport de cette matière dangereuse ou de cet objet dangereux.

No. ONU ou ID (1) 3.1.2	Nom et description (2) 3.1.2	Classe (3a) 2.2	Code de classification (3b) 2.2	Groupe d'emballage (4) 2.1.1.3	Étiquettes (5) 5.2.2	Dispositions spéciales (6) 3.3	Quantités limitées et exceptées (7a) 3.4	(7b) 3.5.1.2	Transport admis (8) 3.2.1	Équipement exigé (9) 8.1.5	Ventilation (10) 7.1.6	Mesures pendant le chargement/déchargement/transport (11) 7.1.6	Nombre de cônes, feux bleus (12) 7.1.5	Observations (13) 3.2.1
0004	PICRATE D'AMMONIUM sec ou humidifié avec moins de 10% (masse) d'eau	1	1.1D		1		0	E0		PP		LO01	HA01, HA02, HA03	3	
0005	CARTOUCHES POUR ARMES avec charge d'éclatement	1	1.1F		1		0	E0		PP		LO01	HA01, HA02, HA03	3	
0006	CARTOUCHES POUR ARMES avec charge d'éclatement	1	1.1E		1		0	E0		PP		LO01	HA01, HA02, HA03	3	
0007	CARTOUCHES POUR ARMES avec charge d'éclatement	1	1.2F		1		0	E0		PP		LO01	HA01, HA02, HA03	3	
0009	MUNITIONS INCENDIAIRES avec ou sans charge de dispersion, charge d'expulsion ou charge propulsive	1	1.2G		1		0	E0		PP		LO01	HA01, HA02, HA03	3	
0010	MUNITIONS INCENDIAIRES avec ou sans charge de dispersion, charge d'expulsion ou charge propulsive	1	1.3G		1		0	E0		PP		LO01	HA01, HA03	3	
0012	CARTOUCHES À PROJECTILE INERTE POUR ARMES ou CARTOUCHES POUR ARMES DE PETIT CALIBRE	1	1.4S		1.4	364	5 kg	E0		PP		LO01	HA01, HA03	0	
0014	CARTOUCHES À BLANC POUR ARMES ou CARTOUCHES À BLANC POUR ARMES DE PETIT CALIBRE ou CARTOUCHES À BLANC POUR OUTILS	1	1.4S		1.4	364	5 kg	E0		PP		LO01	HA01, HA03	0	
0015	MUNITIONS FUMIGÈNES avec ou sans charge de dispersion, charge d'expulsion ou charge propulsive	1	1.2G		1		0	E0		PP		LO01	HA01, HA03	3	
0015	MUNITIONS FUMIGÈNES avec ou sans charge de dispersion, charge d'expulsion ou charge propulsive, contenant des matières corrosives	1	1.2G		1+8		0	E0		PP		LO01	HA01, HA03	3	
0016	MUNITIONS FUMIGÈNES avec ou sans charge de dispersion, charge d'expulsion ou charge propulsive	1	1.3G		1		0	E0		PP		LO01	HA01, HA03	3	
0016	MUNITIONS FUMIGÈNES avec ou sans charge de dispersion, charge d'expulsion ou charge propulsive, contenant des matières corrosives	1	1.3G		1+8		0	E0		PP		LO01	HA01, HA03	3	
0018	MUNITIONS LACRYMOGÈNES avec charge de dispersion, charge d'expulsion ou charge propulsive	1	1.2G		1+6.1+8	802	0	E0		PP		LO01	HA01, HA03	3	
0019	MUNITIONS LACRYMOGÈNES avec charge de dispersion, charge d'expulsion ou charge propulsive	1	1.3G		1+6.1+8	802	0	E0		PP		LO01	HA01, HA03	3	
0020	MUNITIONS TOXIQUES avec charge de dispersion, charge d'expulsion ou charge propulsive	1	1.2K							TRANSPORT INTERDIT					
0021	MUNITIONS TOXIQUES avec charge de dispersion, charge d'expulsion ou charge propulsive	1	1.3K							TRANSPORT INTERDIT					
0027	POUDRE NOIRE sous forme de grains ou de pulvérin	1	1.1D		1		0	E0		PP		LO01	HA01, HA02, HA03	3	
0028	POUDRE NOIRE COMPRIMÉE ou POUDRE NOIRE EN COMPRIMÉS	1	1.1D		1		0	E0		PP		LO01	HA01, HA02, HA03	3	

No. ONU ou ID	Nom et description	Classe	Code de classification	Groupe d'emballage	Étiquettes	Dispositions speciales	Quantités limitées et exceptées		Transport admis	Équipement exigé	Ventilation	Mesures pendant le chargement/déchargement/ transport		Nombre de cônes, feux bleus	Observations
	3.1.2	2.2	2.2	2.1.1.3	5.2.2	3.3	3.4	3.5.1.2	3.2.1	8.1.5	7.1.6	7.1.6		7.1.5	3.2.1
(1)	(2)	(3a)	(3b)	(4)	(5)	(6)	(7a)	(7b)	(8)	(9)	(10)	(11)		(12)	(13)
0029	DÉTONATEURS de mine (de sautage) NON ÉLECTRIQUES	1	1.1B		1		0	E0		PP		LO01	HA01, HA02, HA03	3	
0030	DÉTONATEURS de mine (de sautage) ÉLECTRIQUES	1	1.1B		1		0	E0		PP		LO01	HA01, HA02, HA03	3	
0033	BOMBES avec charge d'éclatement	1	1.1F		1		0	E0		PP		LO01	HA01, HA02, HA03	3	
0034	BOMBES avec charge d'éclatement	1	1.1D		1		0	E0		PP		LO01	HA01, HA02, HA03	3	
0035	BOMBES avec charge d'éclatement	1	1.2D		1		0	E0		PP		LO01	HA01, HA03	3	
0037	BOMBES PHOTO-ÉCLAIR	1	1.1F		1		0	E0		PP		LO01	HA01, HA02, HA03	3	
0038	BOMBES PHOTO-ÉCLAIR	1	1.1D		1		0	E0		PP		LO01	HA01, HA02, HA03	3	
0039	BOMBES PHOTO-ÉCLAIR	1	1.2G		1		0	E0		PP		LO01	HA01, HA03	3	
0042	RENFORÇATEURS sans détonateur	1	1.1D		1		0	E0		PP		LO01	HA01, HA02, HA03	3	
0043	CHARGES DE DISPERSION	1	1.1D		1		0	E0		PP		LO01	HA01, HA02, HA03	3	
0044	AMORCES À PERCUSSION	1	1.4S		1.4		0	E0		PP		LO01	HA01, HA03	0	
0048	CHARGES DE DÉMOLITION	1	1.1D		1		0	E0		PP		LO01	HA01, HA02, HA03	3	
0049	CARTOUCHES-ÉCLAIR	1	1.1G		1		0	E0		PP		LO01	HA01, HA02, HA03	3	
0050	CARTOUCHES-ÉCLAIR	1	1.3G		1		0	E0		PP		LO01	HA01, HA03	3	
0054	CARTOUCHES DE SIGNALISATION	1	1.3G		1		0	E0		PP		LO01	HA01, HA03	3	
0055	DOUILLES DE CARTOUCHES VIDES AMORCÉES	1	1.4S		1.4	364	5 kg	E0		PP		LO01	HA01, HA03	0	
0056	CHARGES SOUS-MARINES	1	1.1D		1		0	E0		PP		LO01	HA01, HA02, HA03	3	
0059	CHARGES CREUSES sans détonateur	1	1.1D		1		0	E0		PP		LO01	HA01, HA02, HA03	3	

No. ONU ou ID	Nom et description	Classe	Code de classification	Groupe d'emballage	Étiquettes	Dispositions spéciales	Quantités limitées et exceptées		Transport admis	Équipement exigé	Ventilation	Mesures pendant le chargement/déchargement/transport	Nombre de cônes, feux bleus	Observations
	3.1.2	2.2	2.2	2.1.1.3	5.2.2	3.3	3.4	3.5.1.2	3.2.1	8.1.5	7.1.6	7.1.6	7.1.5	3.2.1
(1)	(2)	(3a)	(3b)	(4)	(5)	(6)	(7a)	(7b)	(8)	(9)	(10)	(11)	(12)	(13)
0060	CHARGES DE RELAIS EXPLOSIFS	1	1.1D		1		0	E0		PP		L001	HA01, HA02, HA03	3	
0065	CORDEAU DÉTONANT souple	1	1.1D		1		0	E0		PP		L001	HA01, HA02, HA03	3	
0066	MÈCHE À COMBUSTION RAPIDE	1	1.4G		1.4		0	E0		PP		L001	HA01, HA03	1	
0070	CISAILLES PYROTECHNIQUES EXPLOSIVES	1	1.4S		1.4		0	E0		PP		L001	HA01, HA03	0	
0072	CYCLOTRIMÉTHYLÈNE-TRINITRAMINE HUMIDIFIÉE (CYCLONITE, HEXOGÈNE, RDX), avec au moins 15% (masse) d'eau	1	1.1D		1	266	0	E0		PP		L001	HA01, HA02, HA03	3	
0073	DÉTONATEURS POUR MUNITIONS	1	1.1B		1		0	E0		PP		L001	HA01, HA02, HA03	3	
0074	DIAZODINITROPHÉNOL HUMIDIFIÉ avec au moins 40% (masse) d'eau ou d'un mélange d'alcool et d'eau	1	1.1A		1	266	0	E0		PP		L001	HA01, HA02, HA03	3	
0075	DINITRATE DE DIÉTHYLÈNEGLYCOL DÉSENSIBILISÉ avec au moins 25% (masse) de flegmatisant non volatil insoluble dans l'eau	1	1.1D		1	266	0	E0		PP		L001	HA01, HA02, HA03	3	
0076	DINITROPHÉNOL sec ou humidifié avec moins de 15% (masse) d'eau	1	1.1D		1+6.1	802	0	E0		PP		L001	HA01, HA02, HA03	3	
0077	DINITROPHÉNATES de métaux alcalins, secs ou humidifiés avec moins de 15% (masse) d'eau	1	1.3C		1+6.1	802	0	E0		PP		L001	HA01, HA03	3	
0078	DINITRORÉSORCINOL sec ou humidifié avec moins de 15% (masse) d'eau	1	1.1D		1		0	E0		PP		L001	HA01, HA02, HA03	3	
0079	HEXANITRODIPHÉNYLAMINE (DIPICRYLAMINE, HEXYL)	1	1.1D		1		0	E0		PP		L001	HA01, HA02, HA03	3	
0081	EXPLOSIF DE MINE (DE SAUTAGE) DU TYPE A	1	1.1D		1	616 617	0	E0		PP		L001	HA01, HA02, HA03	3	
0082	EXPLOSIF DE MINE (DE SAUTAGE) DU TYPE B	1	1.1D		1	617	0	E0		PP		L001	HA01, HA02, HA03	3	
0083	EXPLOSIF DE MINE (DE SAUTAGE) DU TYPE C	1	1.1D		1	267 617	0	E0		PP		L001	HA01, HA02, HA03	3	
0084	EXPLOSIF DE MINE (DE SAUTAGE) DU TYPE D	1	1.1D		1	617	0	E0		PP		L001	HA01, HA02, HA03	3	
0092	DISPOSITIFS ÉCLAIRANTS DE SURFACE	1	1.3G		1		0	E0		PP		L001	HA01, HA03	3	
0093	DISPOSITIFS ÉCLAIRANTS AÉRIENS	1	1.3G		1		0	E0		PP		L001	HA01, HA03	3	

No. ONU ou ID	Nom et description	Classe	Code de classi-fication	Groupe d'embal-lage	Étiquettes	Disposit-ions spéciales	Quantités limitées et exceptées		Trans-port admis	Équipement exigé	Venti-lation	Mesures pendant le chargement/déchargement/ transport		Nombre de cônes, feux bleus	Observations
3.1.2	3.1.2	2.2	2.2	2.1.1.3	5.2.2	3.3	3.4	3.5.1.2	3.2.1	8.1.5	7.1.6	7.1.6		7.1.5	3.2.1
(1)	(2)	(3a)	(3b)	(4)	(5)	(6)	(7a)	(7b)	(8)	(9)	(10)	(11)		(12)	(13)
0094	POUDRE ÉCLAIR	1	1.1G		1		0	E0		PP		LO01	HA01, HA02, HA03	3	
0099	TORPILLES DE FORAGE EXPLOSIVES sans détonateur pour puits de pétrole	1	1.1D		1		0	E0		PP		LO01	HA01, HA02, HA03	3	
0101	MÈCHE NON DÉTONANTE	1	1.3G		1		0	E0		PP		LO01	HA01, HA03	3	
0102	CORDEAU DÉTONANT à enveloppe métallique	1	1.2D		1		0	E0		PP		LO01	HA01, HA03	3	
0103	CORDEAU D'ALLUMAGE à enveloppe métallique	1	1.4G		1.4		0	E0		PP		LO01	HA01, HA03	1	
0104	CORDEAU DÉTONANT À CHARGE RÉDUITE à enveloppe métallique	1	1.4D		1.4		0	E0		PP		LO01	HA01, HA03	1	
0105	MÈCHE DE MINEUR (MÈCHE LENTE ou CORDEAU BICKFORD)	1	1.4S		1.4		0	E0		PP		LO01	HA01, HA03	0	
0106	FUSÉES-DÉTONATEURS	1	1.1B		1		0	E0		PP			HA01, HA02, HA03	3	
0107	FUSÉES-DÉTONATEURS	1	1.2B		1		0	E0		PP		LO01	HA01, HA02, HA03	3	
0110	GRENADES D'EXERCICE à main ou à fusil	1	1.4S		1.4		0	E0		PP		LO01	HA01, HA03	0	
0113	GUANYL NITROSAMINO-GUANYLIDÈNE HYDRAZINE HUMIDIFIÉE avec au moins 30% (masse) d'eau	1	1.1A		1	266	0	E0		PP		LO01	HA01, HA02, HA03	3	
0114	GUANYL NITROSAMINO-GUANYLTÉTRAZÈNE (TÉTRAZÈNE) HUMIDIFIÉ avec au moins 30% (masse) d'eau ou d'un mélange d'alcool et d'eau	1	1.1A		1	266	0	E0		PP		LO01	HA01, HA02, HA03	3	
0118	HEXOLITE (HEXOTOL), sèche ou humidifiée avec moins de 15% (masse) d'eau	1	1.1D		1		0	E0		PP		LO01	HA01, HA02, HA03	3	
0121	INFLAMMATEURS (ALLUMEURS)	1	1.1G		1		0	E0		PP		LO01	HA01, HA02, HA03	3	
0124	PERFORATEURS À CHARGE CREUSE pour puits de pétrole, sans détonateur	1	1.1D		1		0	E0		PP		LO01	HA01, HA02, HA03	3	
0129	AZOTURE DE PLOMB HUMIDIFIÉ avec au moins 20% (masse) d'eau ou d'un mélange d'alcool et d'eau	1	1.1A		1	266	0	E0		PP		LO01	HA01, HA02, HA03	3	
0130	STYPHNATE DE PLOMB (TRINITRORÉSORCINATE DE PLOMB) HUMIDIFIÉ avec au moins 20% (masse) d'eau ou d'un mélange d'alcool et d'eau	1	1.1A		1	266	0	E0		PP		LO01	HA01, HA02, HA03	3	
0131	ALLUMEURS POUR MÈCHE DE MINEUR	1	1.4S		1.4		0	E0		PP		LO01	HA01, HA03	0	

No. ONU ou ID	Nom et description	Classe	Code de classification	Groupe d'emballage	Étiquettes	Dispositions spéciales	Quantités limitées et exceptées		Transport admis	Équipement exigé	Ventilation	Mesures pendant le chargement/déchargement/transport	Nombre de cônes, feux bleus	Observations
3.1.2	3.1.2	2.2	2.2	2.1.1.3	5.2.2	3.3	3.4	3.5.1.2	3.2.1	8.1.5	7.1.6	7.1.6	7.1.5	3.2.1
(1)	(2)	(3a)	(3b)	(4)	(5)	(6)	(7a)	(7b)	(8)	(9)	(10)	(11)	(12)	(13)
0132	SELS MÉTALLIQUES DÉFLAGRANTS DE DÉRIVÉS NITRÉS AROMATIQUES, N.S.A.	1	1.3C		1	274	0	E0		PP		LO01	HA01, HA03	3	
0133	HEXANITRATE DE MANNITOL (NITROMANNITE), HUMIDIFIÉ avec au moins 40% (masse) d'eau ou d'un mélange d'alcool et d'eau	1	1.1D		1	266	0	E0		PP		LO01	HA01, HA02, HA03	3	
0135	FULMINATE DE MERCURE HUMIDIFIÉ avec au moins 20% (masse) d'eau (ou d'un mélange d'alcool et d'eau)	1	1.1A		1	266	0	E0		PP		LO01	HA01, HA02, HA03	3	
0136	MINES avec charge d'éclatement	1	1.1F		1		0	E0		PP		LO01	HA01, HA02, HA03	3	
0137	MINES avec charge d'éclatement	1	1.1D		1		0	E0		PP		LO01	HA01, HA02, HA03	3	
0138	MINES avec charge d'éclatement	1	1.2D		1		0	E0		PP		LO01	HA01, HA03	3	
0143	NITROGLYCÉRINE DÉSENSIBILISÉE avec au moins 40% (masse) de flegmatisant non volatil insoluble dans l'eau	1	1.1D		1+6.1	266 271 802	0	E0		PP		LO01	HA01, HA02, HA03	3	
0144	NITROGLYCÉRINE EN SOLUTION ALCOOLIQUE avec plus de 1% mais au maximum 10% de nitroglycérine	1	1.1D		1	358	0	E0		PP		LO01	HA01, HA02, HA03	3	
0146	NITROAMIDON sec ou humidifié avec moins de 20% (masse) d'eau	1	1.1D		1		0	E0		PP		LO01	HA01, HA02, HA03	3	
0147	NITRO-URÉE	1	1.1D		1		0	E0		PP		LO01	HA01, HA02, HA03	3	
0150	TÉTRANITRATE DE PENTAÉRYTHRITE (TÉTRANITRATE DE PENTAÉRYTHRITOL, PENTHRITE, PETN), HUMIDIFIÉ avec au moins 25% (masse) d'eau, ou DÉSENSIBILISÉ avec au moins 15% (masse) de flegmatisant	1	1.1D		1	266	0	E0		PP		LO01	HA01, HA02, HA03	3	
0151	PENTOLITE sèche ou humidifiée avec moins de 15% (masse) d'eau	1	1.1D		1		0	E0		PP		LO01	HA01, HA02, HA03	3	
0153	TRINITRANILINE (PICRAMIDE)	1	1.1D		1		0	E0		PP		LO01	HA01, HA02, HA03	3	
0154	TRINITROPHÉNOL (ACIDE PICRIQUE) sec ou humidifié avec moins de 30% (masse) d'eau	1	1.1D		1		0	E0		PP		LO01	HA01, HA02, HA03	3	
0155	TRINITROCHLOROBENZÈNE (CHLORURE DE PICRYLE)	1	1.1D		1		0	E0		PP		LO01	HA01, HA02, HA03	3	
0159	GALETTE HUMIDIFIÉE avec au moins 25% (masse) d'eau	1	1.3C		1	266	0	E0		PP		LO01	HA01, HA03	3	
0160	POUDRE SANS FUMÉE	1	1.1C		1		0	E0		PP		LO01	HA01, HA02, HA03	3	

No. ONU ou ID	Nom et description	Classe	Code de classification	Groupe d'emballage	Étiquettes	Dispositions speciales	Quantités limitées et exceptées 3.4	Quantités limitées et exceptées 3.5.1.2	Transport admis	Équipement exigé	Ventilation	Mesures pendant le chargement/déchargement/transport	Nombre de cônes, feux bleus	Observations
3.1.2	3.1.2	2.2	2.2	2.1.1.3	5.2.2	3.3	3.4	3.5.1.2	3.2.1	8.1.5	7.1.6	7.1.6	7.1.5	3.2.1
(1)	(2)	(3a)	(3b)	(4)	(5)	(6)	(7a)	(7b)	(8)	(9)	(10)	(11)	(12)	(13)
0161	POUDRE SANS FUMÉE	1	1.3C		1		0	E0		PP		LO01	HA01, HA03	3	
0167	PROJECTILES avec charge d'éclatement	1	1.1F		1		0	E0		PP		LO01	HA01, HA02, HA03	3	
0168	PROJECTILES avec charge d'éclatement	1	1.1D		1		0	E0		PP		LO01	HA01, HA02, HA03	3	
0169	PROJECTILES avec charge d'éclatement	1	1.2D		1		0	E0		PP		LO01	HA01, HA03	3	
0171	MUNITIONS ÉCLAIRANTES avec ou sans charge de dispersion, charge d'expulsion ou charge propulsive	1	1.2G		1		0	E0		PP		LO01	HA01, HA03	3	
0173	ATTACHES PYROTECHNIQUES EXPLOSIVES	1	1.4S		1.4		0	E0		PP		LO01	HA01, HA03	0	
0174	RIVETS EXPLOSIFS	1	1.4S		1.4		0	E0		PP		LO01	HA01, HA03	0	
0180	ENGINS AUTOPROPULSÉS avec charge d'éclatement	1	1.1F		1		0	E0		PP		LO01	HA01, HA02, HA03	3	
0181	ENGINS AUTOPROPULSÉS avec charge d'éclatement	1	1.1E		1		0	E0		PP		LO01	HA01, HA02, HA03	3	
0182	ENGINS AUTOPROPULSÉS avec charge d'éclatement	1	1.2E		1		0	E0		PP		LO01	HA01, HA03	3	
0183	ENGINS AUTOPROPULSÉS à tête inerte	1	1.3C		1		0	E0		PP		LO01	HA01, HA03	3	
0186	PROPULSEURS	1	1.3C		1		0	E0		PP		LO01	HA01, HA03	3	
0190	ÉCHANTILLONS D'EXPLOSIFS, autres que des explosifs d'amorçage	1				16 274	0	E0		PP		LO01	HA01, HA02, HA03	3	
0191	ARTIFICES DE SIGNALISATION A MAIN	1	1.4G		1.4		0	E0		PP		LO01	HA01, HA03	1	
0192	PÉTARDS DE CHEMIN DE FER	1	1.1G		1		0	E0		PP		LO01	HA01, HA02, HA03	3	
0193	PÉTARDS DE CHEMIN DE FER	1	1.4S		1.4		0	E0		PP		LO01	HA01, HA03	0	
0194	SIGNAUX DE DÉTRESSE de navires	1	1.1G		1		0	E0		PP		LO01	HA01, HA02, HA03	3	
0195	SIGNAUX DE DÉTRESSE de navires	1	1.3G		1		0	E0		PP		LO01	HA01, HA03	3	
0196	SIGNAUX FUMIGÈNES	1	1.1G		1		0	E0		PP		LO01	HA01, HA02, HA03	3	
0197	SIGNAUX FUMIGÈNES	1	1.4G		1.4		0	E0		PP		LO01	HA01, HA03	1	

No. ONU ou ID	Nom et description	Classe	Code de classification	Groupe d'emballage	Étiquettes	Dispositions spéciales	Quantités limitées et exceptées		Transport admis	Équipement exigé	Ventilation	Mesures pendant le chargement/déchargement/transport	Nombre de cônes, feux bleus	Observations
3.1.2	3.1.2	2.2	2.2	2.1.1.3	5.2.2	3.3	3.4	3.5.1.2	3.2.1	8.1.5	7.1.6	7.1.6	7.1.5	3.2.1
(1)	(2)	(3a)	(3b)	(4)	(5)	(6)	(7a)	(7b)	(8)	(9)	(10)	(11)	(12)	(13)
0204	CAPSULES DE SONDAGE EXPLOSIVES	1	1.2F		1		0	E0		PP		LO01 HA01, HA02, HA03	3	
0207	TÉTRANITRANILINE	1	1.1D		1		0	E0		PP		LO01 HA01, HA02, HA03	3	
0208	TRINITROPHÉNYL-MÉTHYLNITRAMINE (TÉTRYL)	1	1.1D		1		0	E0		PP		LO01 HA01, HA02, HA03	3	
0209	TRINITROTOLUÈNE (TOLITE, TNT) sec ou humidifié avec moins de 30% (masse) d'eau	1	1.1D		1		0	E0		PP		LO01 HA01, HA02, HA03	3	
0212	TRACEURS POUR MUNITIONS	1	1.3G		1		0	E0		PP		LO01 HA01, HA02, HA03	3	
0213	TRINITRANISOLE	1	1.1D		1		0	E0		PP		LO01 HA01, HA02, HA03	3	
0214	TRINITROBENZÈNE sec ou humidifié avec moins de 30% (masse) d'eau	1	1.1D		1		0	E0		PP		LO01 HA01, HA02, HA03	3	
0215	ACIDE TRINITROBENZOÏQUE sec ou humidifié avec moins de 30% (masse) d'eau	1	1.1D		1		0	E0		PP		LO01 HA01, HA02, HA03	3	
0216	TRINITRO-m-CRÉSOL	1	1.1D		1		0	E0		PP		LO01 HA01, HA02, HA03	3	
0217	TRINITRONAPHTALÈNE	1	1.1D		1		0	E0		PP		LO01 HA01, HA02, HA03	3	
0218	TRINITROPHÉNÉTOLE	1	1.1D		1		0	E0		PP		LO01 HA01, HA02, HA03	3	
0219	TRINITRORÉSORCINOL (TRINITRORÉSORCINE, ACIDE STYPHNIQUE) sec ou humidifié avec moins de 20% (masse) d'eau ou d'un mélange d'alcool et d'eau	1	1.1D		1		0	E0		PP		LO01 HA01, HA02, HA03	3	
0220	NITRATE D'URÉE sec ou humidifié avec moins de 20% (masse) d'eau	1	1.1D		1		0	E0		PP		LO01 HA01, HA02, HA03	3	
0221	TÊTES MILITAIRES POUR TORPILLES avec charge d'éclatement	1	1.1D		1		0	E0		PP		LO01 HA01, HA02, HA03	3	
0222	NITRATE D'AMMONIUM contenant plus de 0,2% de matière combustible (y compris les matières organiques exprimées en équivalent carbone), à l'exclusion de toute autre matière	1	1.1D		1		0	E0		PP		LO01 HA01, HA02, HA03	3	
0224	AZOTURE DE BARYUM sec ou humidifié avec moins de 50% (masse) d'eau	1	1.1A		1+6.1	802	0	E0		PP		LO01 HA01, HA02, HA03	3	

No. ONU ou ID	Nom et description	Classe	Code de classification	Groupe d'emballage	Étiquettes	Dispositions spéciales	Quantités limitées et exceptées		Transport admis	Équipement exigé	Ventilation	Mesures pendant le chargement/déchargement/transport	Nombre de cônes, feux bleus	Observations
	3.1.2	2.2	2.2	2.1.1.3	5.2.2	3.3	3.4	3.5.1.2	3.2.1	8.1.5	7.1.6	7.1.6	7.1.5	3.2.1
(1)	(2)	(3a)	(3b)	(4)	(5)	(6)	(7a)	(7b)	(8)	(9)	(10)	(11)	(12)	(13)
0225	RENFORÇATEURS AVEC DÉTONATEUR	1	1.1B		1		0	E0		PP		L001 HA01, HA02, HA03	3	
0226	CYCLOTÉTRAMÉTHYLÈNE-TÉTRANITRAMINE (OCTOGÈNE, HMX) HUMIDIFIÉE avec au moins 15% (masse) d'eau	1	1.1D		1	266	0	E0		PP		L001 HA01, HA02, HA03	3	
0234	DINITRO-o-CRÉSATE DE SODIUM sec ou humidifié avec moins de 15% (masse) d'eau	1	1.3C		1		0	E0		PP		L001 HA01, HA03	3	
0235	PICRAMATE DE SODIUM sec ou humidifié avec moins de 20% (masse) d'eau	1	1.3C		1		0	E0		PP		L001 HA01, HA03	3	
0236	PICRAMATE DE ZIRCONIUM sec ou humidifié avec moins de 20% (masse) d'eau	1	1.3C		1		0	E0		PP		L001 HA01, HA03	3	
0237	CORDEAU DÉTONANT À SECTION PROFILÉE	1	1.4D		1.4		0	E0		PP		L001 HA01, HA03	1	
0238	ROQUETTES LANCE-AMARRES	1	1.2G		1		0	E0		PP		L001 HA01, HA03	3	
0240	ROQUETTES LANCE-AMARRES	1	1.3G		1		0	E0		PP		L001 HA01, HA03	3	
0241	EXPLOSIF DE MINE (DE SAUTAGE) DU TYPE E	1	1.1D		1	617	0	E0		PP		L001 HA01, HA02, HA03	3	
0242	CHARGES PROPULSIVES POUR CANON	1	1.3C		1		0	E0		PP		L001 HA01, HA03	3	
0243	MUNITIONS INCENDIAIRES AU PHOSPHORE BLANC avec charge de dispersion, charge d'expulsion ou charge propulsive	1	1.2H		1		0	E0		PP		L001 HA01, HA03	3	
0244	MUNITIONS INCENDIAIRES AU PHOSPHORE BLANC avec charge de dispersion, charge d'expulsion ou charge propulsive	1	1.3H		1		0	E0		PP		L001 HA01, HA03	3	
0245	MUNITIONS FUMIGÈNES AU PHOSPHORE BLANC avec charge de dispersion, charge d'expulsion ou charge propulsive	1	1.2H		1		0	E0		PP		L001 HA01, HA03	3	
0246	MUNITIONS FUMIGÈNES AU PHOSPHORE BLANC avec charge de dispersion, charge d'expulsion ou charge propulsive	1	1.3H		1		0	E0		PP		L001 HA01, HA03	3	
0247	MUNITIONS INCENDIAIRES à liquide ou à gel, avec charge de dispersion, charge d'expulsion ou charge propulsive	1	1.3J		1		0	E0		PP		L001 HA01, HA03	3	
0248	ENGINS HYDROACTIFS avec charge de dispersion, charge d'expulsion ou charge propulsive	1	1.2L		1	274	0	E0		PP		L001 HA01, HA03	3	
0249	ENGINS HYDROACTIFS avec charge de dispersion, charge d'expulsion ou charge propulsive	1	1.3L		1	274	0	E0		PP		L001 HA01, HA03	3	
0250	PROPULSEURS CONTENANT DES LIQUIDES HYPERGOLIQUES, avec ou sans charge d'expulsion	1	1.3L		1		0	E0		PP		L001 HA01, HA03	3	
0254	MUNITIONS ÉCLAIRANTES avec ou sans charge de dispersion, charge d'expulsion ou charge propulsive	1	1.3G		1		0	E0		PP		L001 HA01, HA03	3	

No. ONU ou ID (1)	Nom et description (2)	Classe (3a)	Code de classification (3b)	Groupe d'emballage (4)	Étiquettes (5)	Dispositions spéciales (6)	Quantités limitées et exceptées 3.4 (7a)	Quantités limitées et exceptées 3.5.1.2 (7b)	Transport admis (8)	Équipement exigé (9)	Ventilation (10)	Mesures pendant le chargement/déchargement/transport (11)	Nombre de cônes, feux bleus (12)	Observations (13)
0255	DÉTONATEURS de mine (de sautage) ÉLECTRIQUES	1	1.4B		1.4		0	E0		PP		LO01 / HA01, HA02, HA03	1	
0257	FUSÉES-DÉTONATEURS	1	1.4B		1.4		0	E0		PP		LO01 / HA01, HA02, HA03	1	
0266	OCTOLITE (OCTOL) sèche ou humidifiée avec moins de 15% (masse) d'eau	1	1.1D		1		0	E0		PP		LO01 / HA01, HA02, HA03	3	
0267	DÉTONATEURS de mine (de sautage) NON ÉLECTRIQUES	1	1.4B		1.4		0	E0		PP		LO01 / HA01, HA02, HA03	1	
0268	RENFORÇATEURS AVEC DÉTONATEUR	1	1.2B		1		0	E0		PP		LO01 / HA01, HA02, HA03	3	
0271	CHARGES PROPULSIVES	1	1.1C		1		0	E0		PP		LO01 / HA01, HA02, HA03	3	
0272	CHARGES PROPULSIVES	1	1.3C		1		0	E0		PP		LO01 / HA01, HA03	3	
0275	CARTOUCHES POUR PYROMÉCANISMES	1	1.3C		1		0	E0		PP		LO01 / HA01, HA03	3	
0276	CARTOUCHES POUR PYROMÉCANISMES	1	1.4C		1.4		0	E0		PP		LO01 / HA01, HA03	1	
0277	CARTOUCHES POUR PUITS DE PÉTROLE	1	1.3C		1		0	E0		PP		LO01 / HA01, HA03	3	
0278	CARTOUCHES POUR PUITS DE PÉTROLE	1	1.4C		1.4		0	E0		PP		LO01 / HA01, HA03	1	
0279	CHARGES PROPULSIVES POUR CANON	1	1.1C		1		0	E0		PP		LO01 / HA01, HA02, HA03	3	
0280	PROPULSEURS	1	1.1C		1		0	E0		PP		LO01 / HA01, HA02, HA03	3	
0281	PROPULSEURS	1	1.2C		1		0	E0		PP		LO01 / HA01, HA03	3	
0282	NITROGUANIDINE (GUANITE) sèche ou humidifiée avec moins de 20% (masse) d'eau	1	1.1D		1		0	E0		PP		LO01 / HA01, HA02, HA03	3	
0283	RENFORÇATEURS sans détonateur	1	1.2D		1		0	E0		PP		LO01 / HA01, HA03	3	
0284	GRENADES à main ou à fusil avec charge d'éclatement	1	1.1D		1		0	E0		PP		LO01 / HA01, HA02, HA03	3	
0285	GRENADES à main ou à fusil avec charge d'éclatement	1	1.2D		1		0	E0		PP		LO01 / HA01, HA03	3	
0286	TÊTES MILITAIRES POUR ENGINS AUTOPROPULSÉS avec charge d'éclatement	1	1.1D		1		0	E0		PP		LO01 / HA01, HA02, HA03	3	

No. ONU ou ID	Nom et description	Classe	Code de classification	Groupe d'emballage	Étiquettes	Dispositions speciales	Quantités limitées et exceptées		Transport admis	Équipement exigé	Ventilation	Mesures pendant le chargement/déchargement/ transport	Nombre de cônes, feux bleus	Observations
		2.2	2.2	2.1.1.3	5.2.2	3.3	3.4	3.5.1.2	3.2.1	8.1.5	7.1.6	7.1.6	7.1.5	3.2.1
(1)	(2)	(3a)	(3b)	(4)	(5)	(6)	(7a)	(7b)	(8)	(9)	(10)	(11)	(12)	(13)
0287	TÊTES MILITAIRES POUR ENGINS AUTOPROPULSÉS avec charge d'éclatement	1	1.2D		1		0	E0		PP		LO01	HA01, HA03	3	
0288	CORDEAU DÉTONANT À SECTION PROFILÉE	1	1.1D		1		0	E0		PP		LO01	HA01, HA02, HA03	3	
0289	CORDEAU DÉTONANT souple	1	1.4D		1.4		0	E0		PP		LO01	HA01, HA03	1	
0290	CORDEAU DÉTONANT à enveloppe métallique	1	1.1D		1		0	E0		PP		LO01	HA01, HA02, HA03	3	
0291	BOMBES avec charge d'éclatement	1	1.2F		1		0	E0		PP		LO01	HA01, HA02, HA03	3	
0292	GRENADES à main ou à fusil avec charge d'éclatement	1	1.1F		1		0	E0		PP		LO01	HA01, HA02, HA03	3	
0293	GRENADES à main ou à fusil avec charge d'éclatement	1	1.2F		1		0	E0		PP		LO01	HA01, HA02, HA03	3	
0294	MINES avec charge d'éclatement	1	1.2F		1		0	E0		PP		LO01	HA01, HA02, HA03	3	
0295	ENGINS AUTOPROPULSÉS avec charge d'éclatement	1	1.2F		1		0	E0		PP		LO01	HA01, HA02, HA03	3	
0296	CAPSULES DE SONDAGE EXPLOSIVES	1	1.1F		1		0	E0		PP		LO01	HA01, HA02, HA03	3	
0297	MUNITIONS ÉCLAIRANTES avec ou sans charge de dispersion, charge d'expulsion ou charge propulsive	1	1.4G		1.4		0	E0		PP		LO01	HA01, HA03	1	
0299	BOMBES PHOTO-ÉCLAIR	1	1.3G		1		0	E0		PP		LO01	HA01, HA03	3	
0300	MUNITIONS INCENDIAIRES avec ou sans charge de dispersion, charge d'expulsion ou charge propulsive	1	1.4G		1.4		0	E0		PP		LO01	HA01, HA03	1	
0301	MUNITIONS LACRYMOGÈNES avec ou sans charge de dispersion, charge d'expulsion ou charge propulsive	1	1.4G		1.4+6.1+8	802	0	E0		PP		LO01	HA01, HA03	1	
0303	MUNITIONS FUMIGÈNES avec ou sans charge de dispersion, charge d'expulsion ou charge propulsive	1	1.4G		1.4		0	E0		PP		LO01	HA01, HA03	1	
0303	MUNITIONS FUMIGÈNES avec ou sans charge de dispersion, charge d'expulsion ou charge propulsive, contenant des matières corrosives	1	1.4G		1.4+8		0	E0		PP		LO01	HA01, HA03	1	
0305	POUDRE ÉCLAIR	1	1.3G		1		0	E0		PP		LO01	HA01, HA03	3	
0306	TRACEURS POUR MUNITIONS	1	1.4G		1.4		0	E0		PP		LO01	HA01, HA03	1	
0312	CARTOUCHES DE SIGNALISATION	1	1.4G		1.4		0	E0		PP		LO01	HA01, HA03	1	

No. ONU ou ID (1)	Nom et description 3.1.2 (2)	Classe 2.2 (3a)	Code de classi-fication 2.2 (3b)	Groupe d'embal-lage 2.1.1.3 (4)	Étiquettes 5.2.2 (5)	Disposit-ions spéciales 3.3 (6)	Quantités limitées et exceptées 3.4 (7a)	3.5.1.2 (7b)	Trans-port admis 3.2.1 (8)	Équipement exigé 8.1.5 (9)	Venti-lation 7.1.6 (10)	Mesures pendant le chargement/déchargement/transport 7.1.6 (11)	Nombre de cônes, feux bleus 7.1.5 (12)	Observations 3.2.1 (13)
0313	SIGNAUX FUMIGÈNES	1	1.2G		1		0	E0		PP		LO01 HA01, HA03	3	
0314	INFLAMMATEURS (ALLUMEURS)	1	1.2G		1		0	E0		PP		LO01 HA01, HA03	3	
0315	INFLAMMATEURS (ALLUMEURS)	1	1.3G		1		0	E0		PP		LO01 HA01, HA03	3	
0316	FUSÉES-ALLUMEURS	1	1.3G		1		0	E0		PP		LO01 HA01, HA03	3	
0317	FUSÉES-ALLUMEURS	1	1.4G		1.4		0	E0		PP		LO01 HA01, HA03	1	
0318	GRENADES D'EXERCICE à main ou à fusil	1	1.3G		1		0	E0		PP		LO01 HA01, HA03	3	
0319	AMORCES TUBULAIRES	1	1.3G		1		0	E0		PP		LO01 HA01, HA03	3	
0320	AMORCES TUBULAIRES	1	1.4G		1.4		0	E0		PP		LO01 HA01, HA03	1	
0321	CARTOUCHES POUR ARMES avec charge d'éclatement	1	1.2E		1		0	E0		PP		LO01 HA01, HA03	3	
0322	PROPULSEURS CONTENANT DES LIQUIDES HYPERGOLIQUES, avec ou sans charge d'expulsion	1	1.2L		1		0	E0		PP		LO01 HA01, HA03	3	
0323	CARTOUCHES POUR PYROMÉCANISMES	1	1.4S		1.4	347	0	E0		PP		LO01 HA01, HA03	0	
0324	PROJECTILES avec charge d'éclatement	1	1.2F		1		0	E0		PP		LO01 HA01, HA02, HA03	3	
0325	INFLAMMATEURS (ALLUMEURS)	1	1.4G		1.4		0	E0		PP		LO01 HA01, HA03	1	
0326	CARTOUCHES À BLANC POUR ARMES	1	1.1C		1		0	E0		PP		LO01 HA01, HA02, HA03	3	
0327	CARTOUCHES À BLANC POUR ARMES ou CARTOUCHES À BLANC POUR ARMES DE PETIT CALIBRE	1	1.3C		1		0	E0		PP		LO01 HA01, HA03	3	
0328	CARTOUCHES À PROJECTILE INERTE POUR ARMES	1	1.2C		1		0	E0		PP		LO01 HA01, HA03	3	
0329	TORPILLES avec charge d'éclatement	1	1.1E		1		0	E0		PP		LO01 HA01, HA02, HA03	3	
0330	TORPILLES avec charge d'éclatement	1	1.1F		1		0	E0		PP		LO01 HA01, HA02, HA03	3	
0331	EXPLOSIF DE MINE (DE SAUTAGE) DU TYPE B	1	1.5D		1.5	617	0	E0		PP		LO01 HA01, HA03	3	
0332	EXPLOSIF DE MINE (DE SAUTAGE) DU TYPE E	1	1.5D		1.5	617	0	E0		PP		LO01 HA01, HA03	3	
0333	ARTIFICES DE DIVERTISSEMENT	1	1.1G		1	645	0	E0		PP		LO01 HA01, HA02, HA03	3	

No. ONU ou ID (1)	Nom et description 3.1.2 (2)	Classe 2.2 (3a)	Code de classification 2.2 (3b)	Groupe d'emballage 2.1.1.3 (4)	Étiquettes 5.2.2 (5)	Dispositions spéciales 3.3 (6)	Quantités limitées 3.4 (7a)	et exceptées 3.5.1.2 (7b)	Transport admis 3.2.1 (8)	Équipement exigé 8.1.5 (9)	Venti-lation 7.1.6 (10)	Mesures pendant le chargement/déchargement/transport 7.1.6 (11)	Nombre de cônes, feux bleus 7.1.5 (12)	Observations 3.2.1 (13)
0334	ARTIFICES DE DIVERTISSEMENT	1	1.2G		1	645	0	E0		PP		LO01 HA01, HA03	3	
0335	ARTIFICES DE DIVERTISSEMENT	1	1.3G		1	645	0	E0		PP		LO01 HA01, HA03	3	
0336	ARTIFICES DE DIVERTISSEMENT	1	1.4G		1.4	645 651	0	E0		PP		LO01 HA01, HA03	1	
0337	ARTIFICES DE DIVERTISSEMENT	1	1.4S		1.4	645	0	E0		PP		LO01 HA01, HA03	0	
0338	CARTOUCHES À BLANC POUR ARMES ou CARTOUCHES À BLANC POUR ARMES DE PETIT CALIBRE	1	1.4C		1.4		0	E0		PP		LO01 HA01, HA03	1	
0339	CARTOUCHES À PROJECTILE INERTE POUR ARMES ou CARTOUCHES POUR ARMES DE PETIT CALIBRE	1	1.4C		1.4		0	E0		PP		LO01 HA01, HA03	1	
0340	NITROCELLULOSE sèche ou humidifiée avec moins de 25% (masse) d'eau (ou d'alcool)	1	1.1D		1		0	E0		PP		LO01 HA01, HA03	3	
0341	NITROCELLULOSE non modifiée ou plastifiée avec moins de 18% (masse) de plastifiant	1	1.1D		1		0	E0		PP		LO01 HA01, HA02, HA03	3	
0342	NITROCELLULOSE HUMIDIFIÉE avec au moins 25% (masse) d'alcool	1	1.3C		1	105	0	E0		PP		LO01 HA01, HA03	3	
0343	NITROCELLULOSE PLASTIFIÉE avec au moins 18% (masse) de plastifiant	1	1.3C		1	105	0	E0		PP		LO01 HA01, HA03	3	
0344	PROJECTILES avec charge d'éclatement	1	1.4D		1.4		0	E0		PP		LO01 HA01, HA03	1	
0345	PROJECTILES inertes avec traceur	1	1.4S		1.4		0	E0		PP		LO01 HA01, HA03	0	
0346	PROJECTILES avec charge de dispersion ou charge d'expulsion	1	1.2D		1		0	E0		PP		LO01 HA01, HA03	3	
0347	PROJECTILES avec charge de dispersion ou charge d'expulsion	1	1.4D		1.4		0	E0		PP		LO01 HA01, HA03	1	
0348	CARTOUCHES POUR ARMES avec charge d'éclatement	1	1.4F		1.4		0	E0		PP		LO01 HA01, HA02, HA03	1	
0349	OBJETS EXPLOSIFS, N.S.A.	1	1.4S		1.4	178 274	0	E0		PP		LO01 HA01, HA03	0	
0350	OBJETS EXPLOSIFS, N.S.A.	1	1.4B		1.4	178 274	0	E0		PP		LO01 HA01, HA03	1	
0351	OBJETS EXPLOSIFS, N.S.A.	1	1.4C		1.4	178 274	0	E0		PP		LO01 HA01, HA03	1	
0352	OBJETS EXPLOSIFS, N.S.A.	1	1.4D		1.4	178 274	0	E0		PP		LO01 HA01, HA03	1	
0353	OBJETS EXPLOSIFS, N.S.A.	1	1.4G		1.4	178 274	0	E0		PP		LO01 HA01, HA03	1	
0354	OBJETS EXPLOSIFS, N.S.A.	1	1.1L		1	178 274	0	E0		PP		LO01 HA01, HA02, HA03	3	

No. ONU ou ID	Nom et description	Classe	Code de classification	Groupe d'emballage	Étiquettes	Dispositions spéciales	Quantités limitées et exceptées		Transport admis	Équipement exigé	Ventilation	Mesures pendant le chargement/déchargement/transport	Nombre de cônes, feux bleus	Observations
		2.2	2.2	2.1.1.3	5.2.2	3.3	3.4	3.5.1.2	3.2.1	8.1.5	7.1.6	7.1.6	7.1.5	3.2.1
(1)	(2)	(3a)	(3b)	(4)	(5)	(6)	(7a)	(7b)	(8)	(9)	(10)	(11)	(12)	(13)
0355	OBJETS EXPLOSIFS, N.S.A.	1	1.2L		1	178 274	0	E0		PP		LO01 HA01, HA03	3	
0356	OBJETS EXPLOSIFS, N.S.A.	1	1.3L		1	178 274	0	E0		PP		LO01 HA01, HA03	3	
0357	MATIÈRES EXPLOSIVES, N.S.A.	1	1.1L		1	178 274	0	E0		PP		LO01 HA01, HA02, HA03	3	
0358	MATIÈRES EXPLOSIVES, N.S.A.	1	1.2L		1	178 274	0	E0		PP		LO01 HA01, HA03	3	
0359	MATIÈRES EXPLOSIVES, N.S.A.	1	1.3L		1	178 274	0	E0		PP		LO01 HA01, HA03	3	
0360	ASSEMBLAGE DE DÉTONATEURS de mine (de sautage) NON ÉLECTRIQUES	1	1.1B		1	178 274	0	E0		PP		LO01 HA01, HA02, HA03	3	
0361	ASSEMBLAGE DE DÉTONATEURS de mine (de sautage) NON ÉLECTRIQUES	1	1.4B		1.4		0	E0		PP		LO01 HA01, HA02, HA03	1	
0362	MUNITIONS D'EXERCICE	1	1.4G		1.4		0	E0		PP		LO01 HA01, HA03	1	
0363	MUNITIONS POUR ESSAIS	1	1.4G		1.4		0	E0		PP		LO01 HA01, HA03	1	
0364	DÉTONATEURS POUR MUNITIONS	1	1.2B		1		0	E0		PP		LO01 HA01, HA02, HA03	3	
0365	DÉTONATEURS POUR MUNITIONS	1	1.4B		1.4		0	E0		PP		LO01 HA01, HA02, HA03	1	
0366	DÉTONATEURS POUR MUNITIONS	1	1.4S		1.4	347	0	E0		PP		LO01 HA01, HA03	0	
0367	FUSÉES-DÉTONATEURS	1	1.4S		1.4		0	E0		PP		LO01 HA01, HA03	0	
0368	FUSÉES-ALLUMEURS	1	1.4S		1.4		0	E0		PP		LO01 HA01, HA03	0	
0369	TÊTES MILITAIRES POUR ENGINS AUTOPROPULSÉS avec charge d'éclatement	1	1.1F		1		0	E0		PP		LO01 HA01, HA02, HA03	3	
0370	TÊTES MILITAIRES POUR ENGINS AUTOPROPULSÉS avec charge de dispersion ou charge d'expulsion	1	1.4D		1.4		0	E0		PP		LO01 HA01, HA03	1	
0371	TÊTES MILITAIRES POUR ENGINS AUTOPROPULSÉS avec charge de dispersion ou charge d'expulsion	1	1.4F		1.4		0	E0		PP		LO01 HA01, HA02, HA03	1	
0372	GRENADES D'EXERCICE à main ou à fusil	1	1.2G		1		0	E0		PP		LO01 HA01, HA03	3	
0373	ARTIFICES DE SIGNALISATION À MAIN	1	1.4S		1.4		0	E0		PP		LO01 HA01, HA03	0	
0374	CAPSULES DE SONDAGE EXPLOSIVES	1	1.1D		1		0	E0		PP		LO01 HA01, HA02, HA03	3	

No. ONU ou ID (1)	Nom et description (2)	Classe (3a)	Code de classification (3b)	Groupe d'emballage (4)	Étiquettes (5)	Dispositions spéciales (6)	Quantités limitées et exceptées (7a)	(7b)	Transport admis (8)	Équipement exigé (9)	Venti-lation (10)	Mesures pendant le chargement/déchargement/transport (11)	Nombre de cônes, feux bleus (12)	Observations (13)
		2.2	2.2	2.1.1.3	5.2.2	3.3	3.4	3.5.1.2	3.2.1	8.1.5	7.1.6	7.1.6	7.1.5	3.2.1
0375	CAPSULES DE SONDAGE EXPLOSIVES	1	1.2D		1		0	E0		PP		LO01	HA01, HA03	3	
0376	AMORCES TUBULAIRES	1	1.4S		1.4		0	E0		PP		LO01	HA01, HA03	0	
0377	AMORCES À PERCUSSION	1	1.1B		1		0	E0		PP		LO01	HA01, HA02, HA03	3	
0378	AMORCES À PERCUSSION	1	1.4B		1.4		0	E0		PP		LO01	HA01, HA02, HA03	1	
0379	DOUILLES DE CARTOUCHES VIDES AMORCÉES	1	1.4C		1.4		0	E0		PP		LO01	HA01, HA03	1	
0380	OBJETS PYROPHORIQUES	1	1.2L		1		0	E0		PP		LO01	HA01, HA03	3	
0381	CARTOUCHES POUR PYROMÉCANISMES	1	1.2C		1		0	E0		PP		LO01	HA01, HA03	3	
0382	COMPOSANTS DE CHAÎNE PYROTECHNIQUE, N.S.A.	1	1.2B		1	178 274	0	E0		PP		LO01	HA01, HA02, HA03	3	
0383	COMPOSANTS DE CHAÎNE PYROTECHNIQUE, N.S.A.	1	1.4B		1.4	178 274	0	E0		PP		LO01	HA01, HA02, HA03	1	
0384	COMPOSANTS DE CHAÎNE PYROTECHNIQUE, N.S.A.	1	1.4S		1.4	178 274	0	E0		PP		LO01	HA01, HA02, HA03	0	
0385	NITRO-5 BENZOTRIAZOL	1	1.1D		1		0	E0		PP		LO01	HA01, HA02, HA03	3	
0386	ACIDE TRINITROBENZÈNE-SULFONIQUE	1	1.1D		1		0	E0		PP		LO01	HA01, HA02, HA03	3	
0387	TRINITROFLUORÉNONE	1	1.1D		1		0	E0		PP		LO01	HA01, HA02, HA03	3	
0388	TRINITROTOLUÈNE (Tolite, TNT) EN MÉLANGE AVEC DU TRINITROBENZÈNE ou TRINITROTOLUÈNE (Tolite, TNT) EN MÉLANGE AVEC DE L'HEXANITROSTILBÈNE	1	1.1D		1		0	E0		PP		LO01	HA01, HA02, HA03	3	
0389	TRINITROTOLUÈNE (Tolite, TNT) EN MÉLANGE AVEC DU TRINITROBENZÈNE ET DE L'HEXANITROSTILBÈNE	1	1.1D		1		0	E0		PP		LO01	HA01, HA02, HA03	3	
0390	TRITONAL	1	1.1D		1		0	E0		PP		LO01	HA01, HA02, HA03	3	

No. ONU ou ID	Nom et description	Classe	Code de classi-fication	Groupe d'embal-lage	Étiquettes	Disposit-ions spéciales	Quantités limitées et exceptées		Trans-port admis	Équipement exigé	Venti-lation	Mesures pendant le chargement/déchargement/ transport	Nombre de cônes, feux bleus	Observations
		2.2	2.2	2.1.1.3	5.2.2	3.3	3.4	3.5.1.2	3.2.1	8.1.5	7.1.6	7.1.6	7.1.5	3.2.1
(1)	(2)	(3a)	(3b)	(4)	(5)	(6)	(7a)	(7b)	(8)	(9)	(10)	(11)	(12)	(13)
0391	CYCLOTRIMÉTHYLÈNE-TRINITRAMINE (HEXOGÈNE, CYCLONITE, RDX) EN MÉLANGE AVEC DE LA CYCLOTÉTRAMÉTHYLÈNE-TÉTRANITRAMINE (HMX, OCTOGENE) HUMIDIFIÉE avec au moins 15% (masse) d'eau ou DÉSENSIBILISÉE avec au moins 10% (masse) de flegmatisant	1	1.1D		1	266	0	E0		PP		LO01	HA01, HA02, HA03	3	
0392	HEXANITROSTILBÈNE	1	1.1D		1		0	E0		PP		LO01	HA01, HA02, HA03	3	
0393	HEXOTONAL	1	1.1D		1		0	E0		PP		LO01	HA01, HA02, HA03	3	
0394	TRINITRORÉSORCINOL (ACIDE STYPHNIQUE) HUMIDIFIÉ avec au moins 20% (masse) d'eau ou d'un mélange d'alcool et d'eau	1	1.1D		1		0	E0		PP		LO01	HA01, HA02, HA03	3	
0395	PROPULSEURS A PROPERGOL LIQUIDE	1	1.2J		1		0	E0		PP		LO01	HA01, HA03	3	
0396	PROPULSEURS A PROPERGOL LIQUIDE	1	1.3J		1		0	E0		PP		LO01	HA01, HA03	3	
0397	ENGINS AUTOPROPULSÉS A PROPERGOL LIQUIDE avec charge d'éclatement	1	1.1J		1		0	E0		PP		LO01	HA01, HA02, HA03	3	
0398	ENGINS AUTOPROPULSÉS A PROPERGOL LIQUIDE avec charge d'éclatement	1	1.2J		1		0	E0		PP		LO01	HA01, HA03	3	
0399	BOMBES CONTENANT UN LIQUIDE INFLAMMABLE, avec charge d'éclatement	1	1.1J		1		0	E0		PP		LO01	HA01, HA02, HA03	3	
0400	BOMBES CONTENANT UN LIQUIDE INFLAMMABLE avec charge d'éclatement	1	1.2J		1		0	E0		PP		LO01	HA01, HA03	3	
0401	SULFURE DE DIPICRYLE sec ou humidifié avec moins de 10% (masse) d'eau	1	1.1D		1		0	E0		PP		LO01	HA01, HA02, HA03	3	
0402	PERCHLORATE D'AMMONIUM	1	1.1D		1	152	0	E0		PP		LO01	HA01, HA02, HA03	3	
0403	DISPOSITIFS ÉCLAIRANTS AÉRIENS	1	1.4G		1.4		0	E0		PP		LO01	HA01, HA03	1	
0404	DISPOSITIFS ÉCLAIRANTS AÉRIENS	1	1.4S		1.4		0	E0		PP		LO01	HA01, HA03	0	
0405	CARTOUCHES DE SIGNALISATION	1	1.4S		1.4		0	E0		PP		LO01	HA01, HA03	0	
0406	DINITROSOBENZÈNE	1	1.3C		1		0	E0		PP		LO01	HA01, HA03	3	
0407	ACIDE TÉTRAZOL-1 ACÉTIQUE	1	1.4C		1.4		0	E0		PP		LO01	HA01, HA03	1	
0408	FUSÉES-DÉTONATEURS avec dispositifs de sécurité	1	1.1D		1		0	E0		PP		LO01	HA01, HA02, HA03	3	

No. ONU ou ID (1)	Nom et description (2)	Classe (3a)	Code de classification (3b)	Groupe d'emballage (4)	Étiquettes (5)	Dispositions spéciales (6)	Quantités limitées (7a)	et exceptées (7b)	Transport admis (8)	Équipement exigé (9)	Ventilation (10)	Mesures pendant le chargement/déchargement/transport (11)	Nombre de cônes, feux bleus (12)	Observations (13)
		2.2	2.2	2.1.1.3	5.2.2	3.3	3.4	3.5.1.2	3.2.1	8.1.5	7.1.6	7.1.6	7.1.5	3.2.1
0409	FUSÉES-DÉTONATEURS avec dispositifs de sécurité	1	1.2D		1		0	E0		PP		L001 HA01, HA03	3	
0410	FUSÉES-DÉTONATEURS avec dispositifs de sécurité	1	1.4D		1.4		0	E0		PP		L001 HA01, HA03	1	
0411	TÉTRANITRATE DE PENTAÉRYTHRITE (TÉTRANITRATE DE PENTAÉRYTHRITOL, PENTHRITE, PETN) avec au moins 7% (masse) de cire	1	1.1D		1	131	0	E0		PP		L001 HA01, HA02, HA03	3	
0412	CARTOUCHES POUR ARMES avec charge d'éclatement	1	1.4E		1.4		0	E0		PP		L001 HA01, HA03	1	
0413	CARTOUCHES À BLANC POUR ARMES	1	1.2C		1		0	E0		PP		L001 HA01, HA03	3	
0414	CHARGES PROPULSIVES POUR CANON	1	1.2C		1		0	E0		PP		L001 HA01, HA03	3	
0415	CHARGES PROPULSIVES	1	1.2C		1		0	E0		PP		L001 HA01, HA03	3	
0417	CARTOUCHES À PROJECTILE INERTE POUR ARMES ou CARTOUCHES POUR ARMES DE PETIT CALIBRE	1	1.3C		1		0	E0		PP		L001 HA01, HA03	3	
0418	DISPOSITIFS ÉCLAIRANTS DE SURFACE	1	1.1G		1		0	E0		PP		L001 HA01, HA02, HA03	3	
0419	DISPOSITIFS ÉCLAIRANTS DE SURFACE	1	1.2G		1		0	E0		PP		L001 HA01, HA03	3	
0420	DISPOSITIFS ÉCLAIRANTS AÉRIENS	1	1.1G		1		0	E0		PP		L001 HA01, HA02, HA03	3	
0421	DISPOSITIFS ÉCLAIRANTS AÉRIENS	1	1.2G		1		0	E0		PP		L001 HA01, HA03	3	
0424	PROJECTILES inertes avec traceur	1	1.3G		1		0	E0		PP		L001 HA01, HA03	3	
0425	PROJECTILES inertes avec traceur	1	1.4G		1.4		0	E0		PP		L001 HA01, HA03	1	
0426	PROJECTILES avec charge de dispersion ou charge d'expulsion	1	1.2F		1		0	E0		PP		L001 HA01, HA02, HA03	3	
0427	PROJECTILES avec charge de dispersion ou charge d'expulsion	1	1.4F		1.4		0	E0		PP		L001 HA01, HA02, HA03	1	
0428	OBJETS PYROTECHNIQUES à usage technique	1	1.1G		1		0	E0		PP		L001 HA01, HA02, HA03	3	
0429	OBJETS PYROTECHNIQUES à usage technique	1	1.2G		1		0	E0		PP		L001 HA01, HA03	3	
0430	OBJETS PYROTECHNIQUES à usage technique	1	1.3G		1		0	E0		PP		L001 HA01, HA03	3	
0431	OBJETS PYROTECHNIQUES à usage technique	1	1.4G		1.4		0	E0		PP		L001 HA01, HA03	1	
0432	OBJETS PYROTECHNIQUES à usage technique	1	1.4S		1.4		0	E0		PP		L001 HA01, HA03	0	

No. ONU ou ID	Nom et description	Classe	Code de classification	Groupe d'emballage	Étiquettes	Dispositions spéciales	Quantités limitées et exceptées		Transport admis	Équipement exigé	Ventilation	Mesures pendant le chargement/déchargement/transport		Nombre de cônes, feux bleus	Observations
		2.2	2.2	2.1.1.3	5.2.2	3.3	3.4	3.5.1.2	3.2.1	8.1.5	7.1.6	7.1.6		7.1.5	3.2.1
3.1.2	3.1.2	(3a)	(3b)	(4)	(5)	(6)	(7a)	(7b)	(8)	(9)	(10)	(11)		(12)	(13)
0433	GALETTE HUMIDIFIÉE avec au moins 17% (masse) d'alcool	1	1.1C		1	266	0	E0		PP		LO01	HA01, HA02, HA03	3	
0434	PROJECTILES avec charge de dispersion ou charge d'expulsion	1	1.2G		1		0	E0		PP		LO01	HA01, HA03	3	
0435	PROJECTILES avec charge de dispersion ou charge d'expulsion	1	1.4G		1.4		0	E0		PP		LO01	HA01, HA03	1	
0436	ENGINS AUTOPROPULSÉS avec charge d'expulsion	1	1.2C		1		0	E0		PP		LO01	HA01, HA03	3	
0437	ENGINS AUTOPROPULSÉS avec charge d'expulsion	1	1.3C		1		0	E0		PP		LO01	HA01, HA03	3	
0438	ENGINS AUTOPROPULSÉS avec charge d'expulsion	1	1.4C		1.4		0	E0		PP		LO01	HA01, HA03	1	
0439	CHARGES CREUSES sans détonateur	1	1.2D		1		0	E0		PP		LO01	HA01, HA03	3	
0440	CHARGES CREUSES sans détonateur	1	1.4D		1.4		0	E0		PP		LO01	HA01, HA03	1	
0441	CHARGES CREUSES sans détonateur	1	1.4S		1.4	347	0	E0		PP		LO01	HA01, HA03	0	
0442	CHARGES EXPLOSIVES INDUSTRIELLES sans détonateur	1	1.1D		1		0	E0		PP		LO01	HA01, HA02, HA03	3	
0443	CHARGES EXPLOSIVES INDUSTRIELLES sans détonateur	1	1.2D		1		0	E0		PP		LO01	HA01, HA03	3	
0444	CHARGES EXPLOSIVES INDUSTRIELLES sans détonateur	1	1.4D		1.4		0	E0		PP		LO01	HA01, HA03	1	
0445	CHARGES EXPLOSIVES INDUSTRIELLES sans détonateur	1	1.4S		1.4	347	0	E0		PP		LO01	HA01, HA03	0	
0446	DOUILLES COMBUSTIBLES VIDES ET NON AMORCÉES	1	1.4C		1.4		0	E0		PP		LO01	HA01, HA03	1	
0447	DOUILLES COMBUSTIBLES VIDES ET NON AMORCÉES	1	1.3C		1		0	E0		PP		LO01	HA01, HA03	3	
0448	ACIDE MERCAPTO-5 TETRAZOL-1 ACÉTIQUE	1	1.4C		1.4		0	E0		PP		LO01	HA01, HA03	1	
0449	TORPILLES À COMBUSTIBLE LIQUIDE avec ou sans charge d'éclatement	1	1.1J		1		0	E0		PP		LO01	HA01, HA02, HA03	3	
0450	TORPILLES À COMBUSTIBLE LIQUIDE avec tête inerte	1	1.3J		1		0	E0		PP		LO01	HA01, HA03	3	
0451	TORPILLES avec charge d'éclatement	1	1.1D		1		0	E0		PP		LO01	HA01, HA02, HA03	3	
0452	GRENADES D'EXERCICE, à main ou à fusil	1	1.4G		1.4		0	E0		PP		LO01	HA01, HA03	1	
0453	ROQUETTES LANCE-AMARRES	1	1.4G		1.4		0	E0		PP		LO01	HA01, HA03	1	
0454	INFLAMMATEURS (ALLUMEURS)	1	1.4S		1.4		0	E0		PP		LO01	HA01, HA03	0	
0455	DÉTONATEURS de mine (de sautage) NON ÉLECTRIQUES	1	1.4S		1.4	347	0	E0		PP		LO01	HA01, HA03	0	

No. ONU ou ID	Nom et description	Classe	Code de classification	Groupe d'emballage	Étiquettes	Dispositions spéciales	Quantités limitées et exceptées		Transport admis	Équipement exigé	Ventilation	Mesures pendant le chargement/déchargement/transport	Nombre de cônes, feux bleus	Observations
	3.1.2	2.2	2.2	2.1.1.3	5.2.2	3.3	3.4	3.5.1.2	3.2.1	8.1.5	7.1.6	7.1.6	7.1.5	3.2.1
(1)	(2)	(3a)	(3b)	(4)	(5)	(6)	(7a)	(7b)	(8)	(9)	(10)	(11)	(12)	(13)
0456	DÉTONATEURS de mine (de sautage) ÉLECTRIQUES	1	1.4S		1.4	347	0	E0		PP		LO01	HA01, HA03	0	
0457	CHARGES DÉCLATEMENT À LIANT PLASTIQUE	1	1.1D		1		0	E0		PP		LO01	HA01, HA02, HA03	3	
0458	CHARGES DÉCLATEMENT À LIANT PLASTIQUE	1	1.2D		1		0	E0		PP		LO01	HA01, HA03	3	
0459	CHARGES DÉCLATEMENT À LIANT PLASTIQUE	1	1.4D		1.4		0	E0		PP		LO01	HA01, HA03	1	
0460	CHARGES DÉCLATEMENT À LIANT PLASTIQUE	1	1.4S		1.4	347	0	E0		PP		LO01	HA01, HA03	0	
0461	COMPOSANTS DE CHAÎNE PYROTECHNIQUE, N.S.A.	1	1.1B		1	178 274	0	E0		PP		LO01	HA01, HA02, HA03	3	
0462	OBJETS EXPLOSIFS N.S.A.	1	1.1C		1	178 274	0	E0		PP		LO01	HA01, HA02, HA03	3	
0463	OBJETS EXPLOSIFS N.S.A.	1	1.1D		1	178 274	0	E0		PP		LO01	HA01, HA02, HA03	3	
0464	OBJETS EXPLOSIFS N.S.A.	1	1.1E		1	178 274	0	E0		PP		LO01	HA01, HA02, HA03	3	
0465	OBJETS EXPLOSIFS N.S.A.	1	1.1F		1	178 274	0	E0		PP		LO01	HA01, HA02, HA03	3	
0466	OBJETS EXPLOSIFS N.S.A.	1	1.2C		1	178 274	0	E0		PP		LO01	HA01, HA03	3	
0467	OBJETS EXPLOSIFS N.S.A.	1	1.2D		1	178 274	0	E0		PP		LO01	HA01, HA03	3	
0468	OBJETS EXPLOSIFS N.S.A.	1	1.2E		1	178 274	0	E0		PP		LO01	HA01, HA03	3	
0469	OBJETS EXPLOSIFS N.S.A.	1	1.2F		1	178 274	0	E0		PP		LO01	HA01, HA02, HA03	3	
0470	OBJETS EXPLOSIFS N.S.A.	1	1.3C		1	178 274	0	E0		PP		LO01	HA01, HA03	3	
0471	OBJETS EXPLOSIFS N.S.A.	1	1.4E		1.4	178 274	0	E0		PP		LO01	HA01, HA03	1	
0472	OBJETS EXPLOSIFS N.S.A.	1	1.4F		1.4	178 274	0	E0		PP		LO01	HA01, HA03	1	
0473	MATIÈRES EXPLOSIVES, N.S.A.	1	1.1A		1	178 274	0	E0		PP		LO01	HA01, HA02, HA03	3	
0474	MATIÈRES EXPLOSIVES, N.S.A.	1	1.1C		1	178 274	0	E0		PP		LO01	HA01, HA02, HA03	3	

No. ONU ou ID	Nom et description	Classe	Code de classi-fication	Groupe d'embal-lage	Étiquettes	Disposit-ions spéciales	Quantités limitées et exceptées		Trans-port admis	Équipement exigé	Venti-lation	Mesures pendant le chargement/déchargement/ transport	Nombre de cônes, feux bleus	Observations
	3.1.2	2.2	2.2	2.1.1.3	5.2.2	3.3	3.4	3.5.1.2	3.2.1	8.1.5	7.1.6	7.1.6	7.1.5	3.2.1
(1)	(2)	(3a)	(3b)	(4)	(5)	(6)	(7a)	(7b)	(8)	(9)	(10)	(11)	(12)	(13)
0475	MATIÈRES EXPLOSIVES, N.S.A.	1	1.1D		1	178 274	0	E0		PP		LO01 / HA01, HA02, HA03	3	
0476	MATIÈRES EXPLOSIVES, N.S.A.	1	1.1G		1	178 274	0	E0		PP		LO01 / HA01, HA02, HA03	3	
0477	MATIÈRES EXPLOSIVES, N.S.A.	1	1.3C		1	178 274	0	E0		PP		LO01 / HA01, HA03	3	
0478	MATIÈRES EXPLOSIVES, N.S.A.	1	1.3G		1	178 274	0	E0		PP		LO01 / HA01, HA03	3	
0479	MATIÈRES EXPLOSIVES, N.S.A.	1	1.4C		1.4	178 274	0	E0		PP		LO01 / HA01, HA03	1	
0480	MATIÈRES EXPLOSIVES, N.S.A.	1	1.4D		1.4	178 274	0	E0		PP		LO01 / HA01, HA03	1	
0481	MATIÈRES EXPLOSIVES, N.S.A.	1	1.4S		1.4	178 274	0	E0		PP		LO01 / HA01, HA03	0	
0482	MATIÈRES EXPLOSIVES TRÈS PEU SENSIBLES (MATIÈRES ETPS), N.S.A.	1	1.5D		1.5	178 274	0	E0		PP		LO01 / HA01, HA03	3	
0483	CYCLOTRIMÉTHYLÈNE-TRINITRAMINE (CYCLONITE, HEXOGÈNE, RDX) DÉSENSIBILISÉE	1	1.1D		1		0	E0		PP		LO01 / HA01, HA02, HA03	3	
0484	CYCLOTÉTRAMÉTHYLÈNE-TÉTRANITRAMINE (OCTOGÈNE, HMX) DÉSENSIBILISÉE	1	1.1D		1		0	E0		PP		LO01 / HA01, HA02, HA03	3	
0485	MATIÈRES EXPLOSIVES, N.S.A.	1	1.4G		1.4	178 274	0	E0		PP		LO01 / HA01, HA03	1	
0486	OBJETS EXPLOSIFS, EXTRÊMEMENT PEU SENSIBLES (OBJETS EEPS)	1	1.6N		1.6		0	E0		PP		LO01 / HA01, HA03	3	
0487	SIGNAUX FUMIGÈNES	1	1.3G		1		0	E0		PP		LO01 / HA01, HA03	3	
0488	MUNITIONS D'EXERCICE	1	1.3G		1		0	E0		PP		LO01 / HA01, HA03	3	
0489	DINITROGLYCOLURILE (DINGU)	1	1.1D		1		0	E0		PP		LO01 / HA01, HA02, HA03	3	
0490	OXYNITROTRIAZOLE (ONTA)	1	1.1D		1		0	E0		PP		LO01 / HA01, HA02, HA03	3	
0491	CHARGES PROPULSIVES	1	1.4C		1.4		0	E0		PP		LO01 / HA01, HA03	1	
0492	PÉTARDS DE CHEMIN DE FER	1	1.3G		1		0	E0		PP		LO01 / HA01, HA03	3	
0493	PÉTARDS DE CHEMIN DE FER	1	1.4G		1.4		0	E0		PP		LO01 / HA01, HA03	1	
0494	PERFORATEURS A CHARGE CREUSE, pour puits de pétrole, sans détonateurs	1	1.4D		1.4		0	E0		PP		LO01 / HA01, HA03	1	
0495	PROPERGOL LIQUIDE	1	1.3C		1	224	0	E0		PP		LO01 / HA01, HA03	3	

No. ONU ou ID	Nom et description	Classe	Code de classification	Groupe d'emballage	Étiquettes	Dispositions spéciales	Quantités limitées et exceptées		Transport admis	Équipement exigé	Ventilation	Mesures pendant le chargement/déchargement/ transport	Nombre de cônes, feux bleus	Observations
	3.1.2	2.2	2.2	2.1.1.3	5.2.2	3.3	3.4	3.5.1.2	3.2.1	8.1.5	7.1.6	7.1.6	7.1.5	3.2.1
(1)	(2)	(3a)	(3b)	(4)	(5)	(6)	(7a)	(7b)	(8)	(9)	(10)	(11)	(12)	(13)
0496	OCTONAL	1	1.1D		1		0	E0		PP		LO01 HA01, HA02, HA03	3	
0497	PROPERGOL LIQUIDE	1	1.1C		1	224	0	E0		PP		LO01 HA01, HA02, HA03	3	
0498	PROPERGOL SOLIDE	1	1.1C		1		0	E0		PP		LO01 HA01, HA02, HA03	3	
0499	PROPERGOL SOLIDE	1	1.3C		1		0	E0		PP		LO01 HA01, HA03	3	
0500	ASSEMBLAGE DE DÉTONATEURS de mine (de sautage) NON ÉLECTRIQUES	1	1.4S		1.4	347	0	E0		PP		LO01 HA01, HA03	0	
0501	PROPERGOL SOLIDE	1	1.4C		1.4		0	E0		PP		LO01 HA01, HA03	1	
0502	ENGINS AUTOPROPULSÉS à tête inerte	1	1.2C		1		0	E0		PP		LO01 HA01, HA03	3	
0503	GÉNÉRATEURS DE GAZ POUR SAC GONFLABLE ou MODULES DE SAC GONFLABLE ou RÉTRACTEURS DE CEINTURE DE SÉCURITÉ	1	1.4G		1.4	235 289	0	E0		PP		LO01 HA01, HA03	1	
0504	1H-TÉTRAZOLE	1	1.1D		1		0	E0		PP		LO01 HA01, HA02, HA03	3	
0505	SIGNAUX DE DÉTRESSE de navires	1	1.4G		1.4		0	E0		PP		LO01 HA01, HA03	1	
0506	SIGNAUX DE DÉTRESSE de navires	1	1.4S		1.4		0	E0		PP		LO01 HA01, HA03	0	
0507	SIGNAUX FUMIGÈNES	1	1.4S		1.4		0	E0		PP		LO01 HA01, HA03	0	
0508	1-HYDROXYBENZOTRIAZOLE ANHYDRE sec ou humidifié avec moins de 20% (masse) d'eau	1	1.3C		1		0	E0		PP		LO01 HA01, HA03	3	
0509	POUDRE SANS FUMÉE	1	1.4C		1.4		0	E0		PP		LO01 HA01, HA03	1	
1001	ACÉTYLÈNE DISSOUS	2	4F		2.1		0	E0		PP, EX, A	VE01		1	
1002	AIR COMPRIMÉ	2	1A		2.2	655	120 ml	E1		PP			0	
1003	AIR LIQUIDE RÉFRIGÉRÉ	2	3O		2.2+5.1		0	E0		PP			0	
1005	AMMONIAC ANHYDRE	2	2TC		2.3+8	23	0	E0	T	PP, EP, TOX, A	VE02		2	
1006	ARGON COMPRIMÉ	2	1A		2.2	653	120 ml	E1		PP			0	
1008	TRIFLUORURE DE BORE	2	2TC		2.3+8		0	E0		PP, EP, TOX, A	VE02		2	
1009	BROMOTRIFLUOROMÉTHANE (GAZ RÉFRIGÉRANT R 13B1)	2	2A		2.2		120 ml	E1		PP			0	
1010	BUTADIÈNES STABILISÉS ou BUTADIÈNES ET HYDROCARBURES EN MÉLANGE STABILISÉ qui, à 70 °C a une pression de vapeur ne dépassant pas 1,1 MPa (11 bar) et dont la masse volumique à 50 °C n'est pas inférieure à 0,525 kg/l	2	2F		2.1	618	0	E0	T	PP, EX, A	VE01		1	

No. ONU ou ID	Nom et description	Classe	Code de classi- fication	Groupe d'embal- lage	Étiquettes	Disposi- tions spéciales	Quantités limitées et exceptées		Trans- port admis	Équipement exigé	Venti- lation	Mesures pendant le chargement/déchargement/ transport	Nombre de cônes, feux bleus	Observations
		2.2	2.2	2.1.1.3	5.2.2	3.3	3.4	3.5.1.2	3.2.1	8.1.5	7.1.6	7.1.6	7.1.5	3.2.1
(1)	(2)	(3a)	(3b)	(4)	(5)	(6)	(7a)	(7b)	(8)	(9)	(10)	(11)	(12)	(13)
1011	BUTANE	2	2F		2.1	657 660	0	E0	T	PP, EX, A	VE01		1	
1012	BUTYLÈNES EN MÉLANGE ou BUTYLÈNE-1 ou cis-BUTYLÈNE-2 ou trans-BUTYLÈNE-2	2	2F		2.1		0	E0	T	PP, EX, A	VE01		1	
1013	DIOXYDE DE CARBONE	2	2A		2.2	584 653	120 ml	E1		PP			0	
1016	MONOXYDE DE CARBONE COMPRIMÉ	2	1TF		2.3+2.1		0	E0		PP, EP, EX, TOX, A	VE01, VE02		2	
1017	CHLORE	2	2TOC		2.3+5.1+8		0	E0		PP, EP, TOX, A	VE02		2	
1018	CHLORODIFLUOROMÉTHANE (GAZ RÉFRIGÉRANT R 22)	2	2A		2.2		120 ml	E1		PP			0	
1020	CHLOROPENTAFLUORÉTHANE (GAZ RÉFRIGÉRANT R 115)	2	2A		2.2		120 ml	E1		PP			0	
1021	CHLORO-1 TÉTRAFLUORO-1,2,2,2 ÉTHANE (GAZ RÉFRIGÉRANT R 124)	2	2A		2.2		120 ml	E1		PP			0	
1022	CHLOROTRIFLUOROMÉTHANE (GAZ RÉFRIGÉRANT R 13)	2	2A		2.2		120 ml	E1		PP			0	
1023	GAZ DE HOUILLE COMPRIMÉ	2	1TF		2.3+2.1		0	E0		PP, EP, EX, TOX, A	VE01, VE02		2	
1026	CYANOGÈNE	2	2TF		2.3+2.1		0	E0		PP, EP, EX, TOX, A	VE01, VE02		2	
1027	CYCLOPROPANE	2	2F		2.1		0	E0	T	PP, EX, A	VE01		1	
1028	DICHLORODIFLUORO-MÉTHANE (GAZ RÉFRIGÉRANT R 12)	2	2A		2.2		120 ml	E1		PP			0	
1029	DICHLOROFLUOROMÉTHANE (GAZ RÉFRIGÉRANT R 21)	2	2A		2.2		120 ml	E1		PP			0	
1030	DIFLUORO-1,1 ÉTHANE (GAZ RÉFRIGÉRANT R 152a)	2	2F		2.1		0	E0	T	PP, EX, A	VE01		1	
1032	DIMÉTHYLAMINE ANHYDRE	2	2F		2.1		0	E0		PP, EX, A	VE01		1	
1033	ÉTHER MÉTHYLIQUE	2	2F		2.1		0	E0	T	PP, EX, A	VE01		1	
1035	ÉTHANE	2	2F		2.1		0	E0		PP, EX, A	VE01		1	
1036	ÉTHYLAMINE	2	2F		2.1		0	E0		PP, EX, A	VE01		1	
1037	CHLORURE D'ÉTHYLE	2	3F		2.1		0	E0		PP, EX, A	VE01		1	
1038	ÉTHYLÈNE LIQUIDE RÉFRIGÉRÉ	2	2F		2.1		0	E0		PP, EX, A	VE01		1	
1039	ÉTHER MÉTHYLÉTHYLIQUE	2	2F		2.1		0	E0		PP, EX, A	VE01		1	
1040	OXYDE D'ÉTHYLÈNE	2	2TF		2.3+2.1	342	0	E0		PP, EP, EX, TOX, A	VE01, VE02		2	
1040	OXYDE D'ÉTHYLÈNE AVEC DE L'AZOTE jusqu'à une pression totale de 1 MPa (10 bar) à 50 °C	2	2TF		2.3+2.1	342	0	E0	T	PP, EP, EX, TOX, A	VE01, VE02		2	
1041	OXYDE D'ÉTHYLÈNE ET DIOXYDE DE CARBONE EN MÉLANGE contenant plus de 9% mais pas plus de 87% d'oxyde d'éthylène	2	2F		2.1		0	E0		PP, EX, A	VE01		1	
1043	ENGRAIS EN SOLUTION contenant de l'ammoniac non combiné	2	4A		2.2			E0		PP			0	

No. ONU ou ID	Nom et description	Classe	Code de classification	Groupe d'emballage	Étiquettes	Dispositions spéciales	Quantités limitées et exceptées		Transport admis	Équipement exigé	Ventilation	Mesures pendant le chargement/déchargement/transport	Nombre de cônes, feux bleus	Observations
3.1.2	3.1.2	2.2	2.2	2.1.1.3	5.2.2	3.3	3.4	3.5.1.2	3.2.1	8.1.5	7.1.6	7.1.6	7.1.5	3.2.1
(1)	(2)	(3a)	(3b)	(4)	(5)	(6)	(7a)	(7b)	(8)	(9)	(10)	(11)	(12)	(13)
1044	EXTINCTEURS contenant un gaz comprimé ou liquéfié	2	6A		2.2	225 594	120 ml	E0		PP			0	
1045	FLUOR COMPRIMÉ	2	1TOC		2.3+5.1+8		0	E0		PP, EP, TOX, A	VE02		2	
1046	HÉLIUM COMPRIMÉ	2	1A		2.2	653	120 ml	E1		PP			0	
1048	BROMURE D'HYDROGÈNE ANHYDRE	2	2TC		2.3+8		0	E0		PP, EP, TOX, A	VE02		2	
1049	HYDROGÈNE COMPRIMÉ	2	1F		2.1		0	E0		PP, EX, A	VE01		1	
1050	CHLORURE D'HYDROGÈNE ANHYDRE	2	2TC		2.3+8	660	0	E0		PP, EP, TOX, A	VE02		2	
1051	CYANURE D'HYDROGÈNE STABILISÉ, avec moins de 3% d'eau	6.1	TF1	I	6.1+3	603 802	0	E5		PP, EP, EX, TOX, A	VE01, VE02		2	
1052	FLUORURE D'HYDROGÈNE ANHYDRE	8	CT1	I	8+6.1	802	0	E0		PP, EP, TOX, A	VE02		2	
1053	SULFURE D'HYDROGÈNE	2	2TF		2.3+2.1		0	E0		PP, EP, EX, TOX, A	VE01, VE02		2	
1055	ISOBUTYLÈNE	2	2F		2.1		0	E0	T	PP, EX, A	VE01		1	
1056	KRYPTON COMPRIMÉ	2	1A		2.2		120 ml	E1		PP			0	
1057	BRIQUETS ou RECHARGES POUR BRIQUETS contenant un gaz inflammable	2	6F		2.1	201 654 658	0	E0		PP, EX, A	VE01		1	
1058	GAZ LIQUÉFIÉS ininflammables, additionnés d'azote, de dioxyde de carbone ou d'air	2	2A		2.2		120 ml	E1		PP			0	
1060	MÉTHYLACÉTYLÈNE ET PROPADIÈNE EN MÉLANGE STABILISÉ comme le mélange P1, le mélange P2	2	2F		2.1	581	0	E0		PP, EX, A	VE01		1	
1061	MÉTHYLAMINE ANHYDRE	2	2F		2.1		0	E0		PP, EX, A	VE01		1	
1062	BROMURE DE MÉTHYLE contenant au plus 2% de chloropicrine	2	2T		2.3	23	0	E0		PP, EP, TOX, A	VE02		2	
1063	CHLORURE DE MÉTHYLE (GAZ RÉFRIGÉRANT R 40)	2	2F		2.1		0	E0	T	PP, EX, A	VE01		1	
1064	MERCAPTAN MÉTHYLIQUE	2	2TF		2.3+2.1		0	E0		PP, EP, EX, TOX, A	VE01, VE02		2	
1065	NÉON COMPRIMÉ	2	1A		2.2		120 ml	E1		PP			0	
1066	AZOTE COMPRIMÉ	2	1A		2.2	653	120 ml	E1		PP			0	
1067	TÉTROXYDE DE DIAZOTE (DIOXYDE D'AZOTE)	2	2TOC		2.3+5.1+8		0	E0		PP, EP, TOX, A	VE02		2	
1069	CHLORURE DE NITROSYLE	2	2TC		2.3+8		0	E0		PP, EP, TOX, A	VE02		2	
1070	PROTOXYDE D'AZOTE	2	2O		2.2+5.1	584	0	E0		PP			0	
-1071	GAZ DE PÉTROLE COMPRIMÉ	2	1TF		2.3+2.1		0	E0		PP, EP, EX, TOX, A	VE01, VE02		2	
1072	OXYGÈNE COMPRIMÉ	2	1O		2.2+5.1	355 655	0	E0		PP			0	
1073	OXYGÈNE LIQUIDE RÉFRIGÉRÉ	2	3O		2.2+5.1		0	E0		PP			0	

No. ONU ou ID	Nom et description	Classe	Code de classification	Groupe d'emballage	Étiquettes	Dispositions speciales	Quantités limitées et exceptées		Transport admis	Équipement exigé	Ventilation	Mesures pendant le chargement/déchargement/transport	Nombre de cônes, feux bleus	Observations
3.1.2	3.1.2	2.2	2.2	2.1.1.3	5.2.2	3.3	3.4	3.5.1.2	3.2.1	8.1.5	7.1.6	7.1.6	7.1.5	3.2.1
(1)	(2)	(3a)	(3b)	(4)	(5)	(6)	(7a)	(7b)	(8)	(9)	(10)	(11)	(12)	(13)
1075	GAZ DE PÉTROLE LIQUÉFIÉS	2	2F		2.1	274 583 639 660	0	E0		PP, EX, A	VE01		1	
1076	PHOSGÈNE	2	2TC		2.3+8		0	E0		PP, EP, TOX, A	VE02		2	
1077	PROPYLÈNE	2	2F		2.1		0	E0	T	PP, EX, A	VE01		1	
1078	GAZ FRIGORIFIQUE, N.S.A. (GAZ RÉFRIGÉRANT, N.S.A.), comme le mélange F1, le mélange F2, le mélange F3	2	2A		2.2	274 582	120 ml	E1		PP	VE01		0	
1079	DIOXYDE DE SOUFRE	2	2TC		2.3+8		0	E0		PP, EP, TOX, A	VE02		2	
1080	HEXAFLUORURE DE SOUFRE	2	2A		2.2		120 ml	E1		PP			0	
1081	TÉTRAFLUORÉTHYLÈNE STABILISÉ	2	2F		2.1		0	E0		PP, EX, A	VE01		1	
1082	TRIFLUOROCHLORÉTHYLÈNE STABILISÉ	2	2TF		2.3+2.1		0	E0		PP, EP, EX, TOX, A	VE01, VE02		2	
1083	TRIMÉTHYLAMINE ANHYDRE	2	2F		2.1		0	E0	T	PP, EX, A	VE01		1	
1085	BROMURE DE VINYLE STABILISÉ	2	2F		2.1		0	E0		PP, EX, A	VE01		1	
1086	CHLORURE DE VINYLE STABILISÉ	2	2F		2.1		0	E0	T	PP, EX, A	VE01		1	
1087	ÉTHER MÉTHYLVINYLIQUE STABILISÉ	2	2F		2.1		0	E0		PP, EX, A	VE01		1	
1088	ACÉTAL	3	F1	II	3		1 L	E2	T	PP, EX, A	VE01		1	
1089	ACÉTALDÉHYDE	3	F1	I	3		0	E3	T	PP, EX, A	VE01		1	
1090	ACÉTONE	3	F1	II	3		1 L	E2	T	PP, EX, A	VE01		1	
1091	HUILES D'ACÉTONE	3	F1	II	3		1 L	E2	T	PP, EX, A	VE01		1	
1092	ACROLÉINE STABILISÉE	6.1	TF1	I	6.1+3	354 802	0	E0	T	PP, EP, EX, TOX, A	VE01, VE02		2	
1093	ACRYLONITRILE STABILISÉ	3	FT1	I	3+6.1	802	0	E0	T	PP, EP, EX, TOX, A	VE01, VE02		2	
1098	ALCOOL ALLYLIQUE	6.1	TF1	I	6.1+3	354 802	0	E0	T	PP, EP, EX, TOX, A	VE01, VE02		2	
1099	BROMURE D'ALLYLE	3	FT1	I	3+6.1	802	0	E0		PP, EP, EX, TOX, A	VE01, VE02		2	
1100	CHLORURE D'ALLYLE	3	FT1	I	3+6.1	802	0	E0	T	PP, EP, EX, TOX, A	VE01, VE02		2	
1104	ACÉTATES D'AMYLE	3	F1	III	3		5 L	E1		PP, EX, A	VE01		0	
1105	PENTANOLS	3	F1	II	3		1 L	E2		PP, EX, A	VE01		1	
1105	PENTANOLS	3	F1	III	3		5 L	E1	T	PP, EX, A	VE01		0	
1106	AMYLAMINES	3	FC	II	3+8		1 L	E2	T	PP, EP, EX, TOX, A	VE01		1	
1106	AMYLAMINES	3	FC	III	3+8		5 L	E1	T	PP, EP, EX, A	VE01		0	
1107	CHLORURES D'AMYLE	3	F1	II	3		1 L	E2	T	PP, EX, A	VE01		1	
1108	PENTÈNE-1 (n-AMYLÈNE)	3	F1	I	3		0	E3	T	PP, EX, A	VE01		1	
1109	FORMIATES D'AMYLE	3	F1	III	3		5 L	E1		PP, EX, A	VE01		0	

No. ONU ou ID (1) 3.1.2	Nom et description (2) 3.1.2	Classe (3a) 2.2	Code de classification (3b) 2.2	Groupe d'emballage (4) 2.1.1.3	Étiquettes (5) 5.2.2	Dispositions spéciales (6) 3.3	Quantités limitées (7a) 3.4	Quantités exceptées (7b) 3.5.1.2	Transport admis (8) 3.2.1	Équipement exigé (9) 8.1.5	Ventilation (10) 7.1.6	Mesures pendant le chargement/déchargement/transport (11) 7.1.6	Nombre de cônes, feux bleus (12) 7.1.5	Observations (13) 3.2.1
1110	n-AMYLMÉTHYLCÉTONE	3	F1	III	3		5 L	E1		PP, EX, A	VE01		0	
1111	MERCAPTAN AMYLIQUE	3	F1	II	3		1 L	E2		PP, EX, A	VE01		1	
1112	NITRATES D'AMYLE	3	F1	III	3		5 L	E1		PP, EX, A	VE01		0	
1113	NITRITES D'AMYLE	3	F1	II	3		1 L	E2		PP, EX, A	VE01		1	
1114	BENZÈNE	3	F1	II	3		1 L	E2	T	PP, EX, A	VE01		1	
1120	BUTANOLS	3	F1	II	3		1 L	E2	T	PP, EX, A	VE01		1	
1120	BUTANOLS	3	F1	III	3		5 L	E1	T	PP, EX, A	VE01		0	
1123	ACÉTATES DE BUTYLE	3	F1	II	3		1 L	E2	T	PP, EX, A	VE01		1	
1123	ACÉTATES DE BUTYLE	3	F1	III	3		5 L	E1	T	PP, EX, A	VE01		0	
1125	n-BUTYLAMINE	3	FC	II	3+8		1 L	E2	T	PP, EP, EX, A	VE01		1	
1126	1-BROMOBUTANE	3	F1	II	3		1 L	E2		PP, EX, A	VE01		1	
1127	CHLOROBUTANES	3	F1	II	3		1 L	E2		PP, EX, A	VE01		1	
1128	FORMIATE DE n-BUTYLE	3	F1	II	3		1 L	E2	T	PP, EX, A	VE01		1	
1129	BUTYRALDÉHYDE	3	F1	II	3		1 L	E2	T	PP, EX, A	VE01		1	
1130	HUILE DE CAMPHRE	3	F1	III	3		5 L	E1		PP, EX, A	VE01		0	
1131	DISULFURE DE CARBONE	3	FT1	I	3+6.1	802	0	E0	T	PP, EP, EX, TOX, A	VE01, VE02		2	
1133	ADHÉSIFS contenant un liquide inflammable	3	F1	I	3		500 ml	E3		PP, EX, A	VE01		1	
1133	ADHÉSIFS contenant un liquide inflammable (pression de vapeur à 50 °C supérieure à 110 kPa)	3	F1	II	3	640C	5 L	E2		PP, EX, A	VE01		1	
1133	ADHÉSIFS contenant un liquide inflammable (pression de vapeur à 50 °C inférieure ou égale à 110 kPa)	3	F1	II	3	640D	5 L	E2		PP, EX, A	VE01		1	
1133	ADHÉSIFS contenant un liquide inflammable	3	F1	III	3	640E	5 L	E1		PP, EX, A	VE01		0	
1133	ADHÉSIFS contenant un liquide inflammable (ayant un point d'éclair inférieur à 23 °C et visqueux selon 2.2.3.1.4) (point d'ébullition d'au plus 35 °C)	3	F1	III	3	640F	5 L	E1		PP, EX, A	VE01		0	
1133	ADHÉSIFS contenant un liquide inflammable (ayant un point d'éclair inférieur à 23 °C et visqueux selon 2.2.3.1.4) (pression de vapeur à 50 °C supérieure à 110 kPa, point d'ébullition supérieur à 35 °C)	3	F1	III	3	640G	5 L	E1		PP, EX, A	VE01		0	
1133	ADHÉSIFS contenant un liquide inflammable (ayant un point d'éclair inférieur à 23 °C et visqueux selon 2.2.3.1.4) (pression de vapeur à 50 °C inférieure ou égale à 110 kPa)	3	F1	III	3	640H	5 L	E1		PP, EX, A	VE01		0	
1134	CHLOROBENZÈNE	3	F1	III	3		5 L	E1	T	PP, EX, A	VE01		0	
1135	MONOCHLORHYDRINE DU GLYCOL	6.1	TF1	I	6.1+3	354 802	0	E0	T	PP, EP, EX, TOX, A	VE01, VE02		2	
1136	DISTILLATS DE GOUDRON DE HOUILLE, INFLAMMABLES	3	F1	II	3		1 L	E2		PP, EX, A	VE01		1	
1136	DISTILLATS DE GOUDRON DE HOUILLE, INFLAMMABLES	3	F1	III	3		5 L	E1		PP, EX, A	VE01		0	

No. ONU ou ID	Nom et description	Classe	Code de classification	Groupe d'emballage	Étiquettes	Dispositions spéciales	Quantités limitées et exceptées		Transport admis	Équipement exigé	Ventilation	Mesures pendant le chargement/déchargement/transport	Nombre de cônes, feux bleus	Observations
	3.1.2	2.2	2.2	2.1.1.3	5.2.2	3.3	3.4	3.5.1.2	3.2.1	8.1.5	7.1.6	7.1.6	7.1.5	3.2.1
(1)	(2)	(3a)	(3b)	(4)	(5)	(6)	(7a)	(7b)	(8)	(9)	(10)	(11)	(12)	(13)
1139	SOLUTION D'ENROBAGE (traitements de surface ou enrobages utilisés dans l'industrie ou à autres fins, tels que sous-couche pour carrosserie de véhicule, revêtement pour fûts ou tonneaux)	3	F1	I	3		500 ml	E3		PP, EX, A	VE01		1	
1139	SOLUTION D'ENROBAGE (traitements de surface ou enrobages utilisés dans l'industrie ou à autres fins, tels que sous-couche pour carrosserie de véhicule, revêtement pour fûts ou tonneaux) (pression de vapeur à 50 °C supérieure à 110 kPa)	3	F1	II	3	640C	5 L	E2		PP, EX, A	VE01		1	
1139	SOLUTION D'ENROBAGE (traitements de surface ou enrobages utilisés dans l'industrie ou à autres fins, tels que sous-couche pour carrosserie de véhicule, revêtement pour fûts ou tonneaux) (pression de vapeur à 50 °C inférieure ou égale à 110 kPa)	3	F1	II	3	640D	5 L	E2		PP, EX, A	VE01		1	
1139	SOLUTION D'ENROBAGE (traitements de surface ou enrobages utilisés dans l'industrie ou à autres fins, tels que sous-couche pour carrosserie de véhicule, revêtement pour fûts ou tonneaux)	3	F1	III	3	640E	5 L	E1		PP, EX, A	VE01		0	
1139	SOLUTION D'ENROBAGE (traitements de surface ou enrobages utilisés dans l'industrie ou à autres fins, tels que sous-couche pour carrosserie de véhicule, revêtement pour fûts ou tonneaux) (ayant un point d'éclair inférieur à 23 °C et visqueux selon 2.2.3.1.4) (point d'ébullition d'au plus 35 °C)	3	F1	III	3	640F	5 L	E1		PP, EX, A	VE01		0	
1139	SOLUTION D'ENROBAGE (traitements de surface ou enrobages utilisés dans l'industrie ou à autres fins, tels que sous-couche pour carrosserie de véhicule, revêtement pour fûts ou tonneaux) (ayant un point d'éclair inférieur à 23 °C et visqueux selon 2.2.3.1.4) (pression de vapeur à 50 °C supérieure à 110 kPa, point d'ébullition supérieur à 35 °C)	3	F1	III	3	640G	5 L	E1		PP, EX, A	VE01		0	
1139	SOLUTION D'ENROBAGE (traitements de surface ou enrobages utilisés dans l'industrie ou à autres fins, tels que sous-couche pour carrosserie de véhicule, revêtement pour fûts ou tonneaux) (ayant un point d'éclair inférieur à 23 °C et visqueux selon 2.2.3.1.4) (pression de vapeur à 50 °C inférieure ou égale à 110 kPa)	3	F1	III	3	640H	5 L	E1		PP, EX, A	VE01		0	
1143	ALDÉHYDE CROTONIQUE (CROTONALDÉHYDE) ou ALDÉHYDE CROTONIQUE STABILISÉ (CROTONALDÉHYDE STABILISÉ)	6.1	TF1	I	6.1+3	324 354 802	0	E0	T	PP, EP, EX, TOX, A	VE01, VE02		2	
1144	CROTONYLÈNE	3	F1	I	3		0	E3		PP, EX, A	VE01		1	
1145	CYCLOHEXANE	3	F1	II	3		1 L	E2	T	PP, EX, A	VE01		1	
1146	CYCLOPENTANE	3	F1	II	3		1 L	E2	T	PP, EX, A	VE01		1	
1147	DÉCAHYDRONAPHTALÈNE	3	F1	III	3		5 L	E1		PP, EX, A	VE01		0	
1148	DIACÉTONE-ALCOOL	3	F1	II	3		1 L	E2		PP, EX, A	VE01		1	

No. ONU ou ID	Nom et description	Classe	Code de classification	Groupe d'emballage	Étiquettes	Dispositions spéciales	Quantités limitées et exceptées		Transport admis	Équipement exigé	Ventilation	Mesures pendant le chargement/déchargement/transport	Nombre de cônes, feux bleus	Observations
	3.1.2	2.2	2.2	2.1.1.3	5.2.2	3.3	3.4	3.5.1.2	3.2.1	8.1.5	7.1.6	7.1.6	7.1.5	3.2.1
(1)	(2)	(3a)	(3b)	(4)	(5)	(6)	(7a)	(7b)	(8)	(9)	(10)	(11)	(12)	(13)
1148	DIACÉTONE-ALCOOL	3	F1	III	3		5 L	E1		PP, EX, A	VE01		0	
1149	ÉTHERS BUTYLIQUES	3	F1	III	3		5 L	E1		PP, EX, A	VE01		0	
1150	DICHLORO-1,2 ÉTHYLÈNE	3	F1	II	3		1 L	E2	T	PP, EX, A	VE01		1	
1152	DICHLOROPENTANES	3	F1	III	3		5 L	E1	T	PP, EX, A	VE01		0	
1153	ÉTHER DIÉTHYLIQUE DE L'ÉTHYLÈNEGLYCOL	3	F1	II	3		1 L	E2	T	PP, EX, A	VE01		1	
1153	ÉTHER DIÉTHYLIQUE DE L'ÉTHYLÈNEGLYCOL	3	F1	III	3		5 L	E1	T	PP, EX, A	VE01		0	
1154	DIÉTHYLAMINE	3	FC	II	3+8		1 L	E2	T	PP, EP, EX, A	VE01		1	
1155	ÉTHER DIÉTHYLIQUE (ÉTHER ÉTHYLIQUE)	3	F1	I	3		0	E3	T	PP, EX, A	VE01		1	
1156	DIÉTHYLCÉTONE	3	F1	II	3		1 L	E2	T	PP, EX, A	VE01		1	
1157	DIISOBUTYLCÉTONE	3	F1	III	3		5 L	E1	T	PP, EX, A	VE01		0	
1158	DIISOPROPYLAMINE	3	FC	II	3+8		1 L	E2	T	PP, EP, EX, A	VE01		1	
1159	ÉTHER ISOPROPYLIQUE	3	F1	II	3		1 L	E2	T	PP, EX, A	VE01		1	
1160	DIMÉTHYLAMINE EN SOLUTION AQUEUSE	3	FC	II	3+8		1 L	E2	T	PP, EP, EX, A	VE01		1	
1161	CARBONATE DE MÉTHYLE	3	F1	II	3		1 L	E2		PP, EX, A	VE01		1	
1162	DIMÉTHYLDICHLOROSILANE	3	FC	II	3+8		0	E0	T	PP, EP, EX, A	VE01		1	
1163	DIMÉTHYLHYDRAZINE ASYMÉTRIQUE	6.1	TFC	I	6.1+3+8	354 802	0	E0	T	PP, EP, EX, TOX, A	VE01, VE02		2	
1164	SULFURE DE MÉTHYLE	3	F1	II	3		1 L	E2		PP, EX, A	VE01		1	
1165	DIOXANNE	3	F1	II	3		1 L	E2	T	PP, EX, A	VE01		1	
1166	DIOXOLANNE	3	F1	II	3		1 L	E2		PP, EX, A	VE01		1	
1167	ÉTHER VINYLIQUE STABILISÉ	3	F1	I	3		0	E3	T	PP, EX, A	VE01		1	
1169	EXTRAITS AROMATIQUES LIQUIDES (pression de vapeur à 50 °C supérieure à 110 kPa)	3	F1	II	3	601 640C	5 L	E2		PP, EX, A	VE01		1	
1169	EXTRAITS AROMATIQUES LIQUIDES (pression de vapeur à 50 °C inférieure ou égale à 110 kPa)	3	F1	II	3	601 640D	5 L	E2		PP, EX, A	VE01		1	
1169	EXTRAITS AROMATIQUES LIQUIDES	3	F1	III	3	601 640E	5 L	E1		PP, EX, A	VE01		0	
1169	EXTRAITS AROMATIQUES LIQUIDES (ayant un point d'éclair inférieur à 23 °C et visqueux selon 2.2.3.1.4) (point d'ébullition d'au plus 35 °C)	3	F1	III	3	601 640F	5 L	E1		PP, EX, A	VE01		0	
1169	EXTRAITS AROMATIQUES LIQUIDES (ayant un point d'éclair inférieur à 23 °C et visqueux selon 2.2.3.1.4) (pression de vapeur à 50 °C supérieure à 110 kPa, point d'ébullition supérieur à 35 °C)	3	F1	III	3	601 640G	5 L	E1		PP, EX, A			0	
1169	EXTRAITS AROMATIQUES LIQUIDES (ayant un point d'éclair inférieur à 23 °C et visqueux selon 2.2.3.1.4) (pression de vapeur à 50 °C inférieure ou égale à 110 kPa)	3	F1	III	3	601 640H	5 L	E1		PP, EX, A	VE01		0	
1170	ÉTHANOL (ALCOOL ÉTHYLIQUE) ou ÉTHANOL EN SOLUTION (ALCOOL ÉTHYLIQUE EN SOLUTION)	3	F1	II	3	144 601	1 L	E2	T	PP, EX, A	VE01		1	

No. ONU ou ID	Nom et description	Classe	Code de classification	Groupe d'emballage	Étiquettes	Dispositions spéciales	Quantités limitées et exceptées		Transport admis	Équipement exigé	Ventilation	Mesures pendant le chargement/déchargement/transport	Nombre de cônes, feux bleus	Observations
	3.1.2	2.2	2.2	2.1.1.3	5.2.2	3.3	3.4	3.5.1.2	3.2.1	8.1.5	7.1.6	7.1.6	7.1.5	3.2.1
(1)	(2)	(3a)	(3b)	(4)	(5)	(6)	(7a)	(7b)	(8)	(9)	(10)	(11)	(12)	(13)
1170	ÉTHANOL EN SOLUTION (ALCOOL ÉTHYLIQUE EN SOLUTION)	3	F1	III	3	144 601	5 L	E1	T	PP, EX, A	VE01		0	
1171	ÉTHER MONOÉTHYLIQUE DE L'ÉTHYLÈNEGLYCOL	3	F1	III	3		5 L	E1	T	PP, EX, A	VE01		0	
1172	ACÉTATE DE L'ÉTHER MONOÉTHYLIQUE DE L'ÉTHYLÈNEGLYCOL	3	F1	III	3		5 L	E1	T	PP, EX, A	VE01		0	
1173	ACÉTATE D'ÉTHYLE	3	F1	II	3		1 L	E2	T	PP, EX, A	VE01		1	
1175	ÉTHYLBENZÈNE	3	F1	II	3		1 L	E2	T	PP, EX, A	VE01		1	
1176	BORATE D'ÉTHYLE	3	F1	II	3		1 L	E2		PP, EX, A	VE01		1	
1177	ACÉTATE DE 2-ÉTHYLBUTYLE	3	F1	III	3		5 L	E1	T	PP, EX, A	VE01		0	
1178	ALDÉHYDE ÉTHYL-2 BUTYRIQUE	3	F1	II	3		1 L	E2		PP, EX, A	VE01		1	
1179	ÉTHER ÉTHYLBUTYLIQUE	3	F1	II	3		1 L	E2		PP, EX, A	VE01		1	
1180	BUTYRATE D'ÉTHYLE	3	F1	III	3		5 L	E1	T	PP, EX, A	VE01		0	
1181	CHLORACÉTATE D'ÉTHYLE	6.1	TF1	II	6.1+3	802	100 ml	E4		PP, EP, EX, TOX, A	VE01, VE02		2	
1182	CHLOROFORMIATE D'ÉTHYLE	6.1	TFC	I	6.1+3+8	354 802	0	E0		PP, EP, EX, TOX, A	VE01, VE02		2	
1183	ÉTHYLDICHLOROSILANE	4.3	WFC	I	4.3+3+8		0	E0		PP, EP, EX, A	VE01	HA08	1	
1184	DICHLORURE D'ÉTHYLÈNE	3	FT1	II	3+6.1	802	1 L	E2	T	PP, EP, EX, TOX, A	VE01, VE02		2	
1185	ÉTHYLÈNEIMINE STABILISÉE	6.1	TF1	I	6.1+3	354 802	0	E0		PP, EP, EX, TOX, A	VE01, VE02		2	
1188	ÉTHER MONOMÉTHYLIQUE DE L'ÉTHYLÈNEGLYCOL	3	F1	III	3		5 L	E1	T	PP, EX, A	VE01		0	
1189	ACÉTATE DE L'ÉTHER MONOMÉTHYLIQUE DE L'ÉTHYLÈNEGLYCOL	3	F1	III	3		5 L	E1		PP, EX, A	VE01		0	
1190	FORMIATE D'ÉTHYLE	3	F1	II	3		1 L	E2		PP, EX, A	VE01		1	
1191	ALDÉHYDES OCTYLIQUES	3	F1	III	3		5 L	E1	T	PP, EX, A	VE01		0	
1192	LACTATE D'ÉTHYLE	3	F1	III	3		5 L	E1		PP, EX, A	VE01		0	
1193	ÉTHYLMÉTHYLCÉTONE (MÉTHYLÉTHYLCÉTONE)	3	F1	II	3		1 L	E2	T	PP, EX, A	VE01		1	
1194	NITRITE D'ÉTHYLE EN SOLUTION	3	FT1	I	3+6.1	802	0	E0		PP, EP, EX, TOX, A	VE01, VE02		2	
1195	PROPIONATE D'ÉTHYLE	3	F1	II	3		1 L	E2		PP, EX, A	VE01		1	
1196	ÉTHYLTRICHLOROSILANE	3	FC	II	3+8		0	E0		PP, EP, EX, A	VE01		1	
1197	EXTRAITS LIQUIDES POUR AROMATISER (pression de vapeur à 50 °C supérieure à 110 kPa)	3	F1	II	3	601 640C	5 L	E2		PP, EX, A	VE01		1	
1197	EXTRAITS LIQUIDES POUR AROMATISER (pression de vapeur à 50 °C inférieure ou égale à 110 kPa)	3	F1	II	3	601 640D	5 L	E2		PP, EX, A	VE01		1	
1197	EXTRAITS LIQUIDES POUR AROMATISER	3	F1	III	3	601 640E	5 L	E1		PP, EX, A	VE01		0	

No. ONU ou ID	Nom et description	Classe	Code de classification	Groupe d'emballage	Étiquettes	Dispositions spéciales	Quantités limitées et exceptées		Transport admis	Équipement exigé	Ventilation	Mesures pendant le chargement/déchargement/transport	Nombre de cônes, feux bleus	Observations
							3.4	3.5.1.2	3.2.1	8.1.5	7.1.6	7.1.6	7.1.5	3.2.1
(1)	(2)	(3a)	(3b)	(4)	(5)	(6)	(7a)	(7b)	(8)	(9)	(10)	(11)	(12)	(13)
	3.1.2	2.2	2.2	2.1.1.3	5.2.2	3.3								
1197	EXTRAITS LIQUIDES POUR AROMATISER (ayant un point d'éclair inférieur à 23 °C et visqueux selon 2.2.3.1.4) (point d'ébullition d'au plus 35 °C)	3	F1	III	3	601 640F	5 L	E1		PP, EX, A	VE01		0	
1197	EXTRAITS LIQUIDES POUR AROMATISER (ayant un point d'éclair inférieur à 23 °C et visqueux selon 2.2.3.1.4) (pression de vapeur à 50 °C supérieure à 110 kPa, point d'ébullition supérieur à 35 °C)	3	F1	III	3	601 640G	5 L	E1		PP, EX, A	VE01		0	
1197	EXTRAITS LIQUIDES POUR AROMATISER (ayant un point d'éclair inférieur à 23 °C et visqueux selon 2.2.3.1.4) (pression de vapeur à 50 °C inférieure ou égale à 110 kPa)	3	F1	III	3	601 640H	5 L	E1		PP, EX, A	VE01		0	
1198	FORMALDÉHYDE EN SOLUTION INFLAMMABLE	3	FC	III	3+8	601	5 L	E1	T	PP, EP, EX, A	VE01		0	
1199	FURALDÉHYDES	6.1	TF1	II	6.1+3	802	100 ml	E4	T	PP, EP, EX, TOX, A	VE01, VE02		2	
1201	HUILE DE FUSEL	3	F1	II	3		1 L	E2		PP, EX, A	VE01		1	
1201	HUILE DE FUSEL	3	F1	III	3		5 L	E1		PP, EX, A	VE01		0	
1202	CARBURANT DIESEL ou GAZOLE ou HUILE DE CHAUFFE LÉGÈRE (point d'éclair ne dépassant pas 60 °C)	3	F1	III	3	363 640K	5 L	E1	T	PP, EX, A	VE01		0	
1202	CARBURANT DIESEL conforme à la norme EN 590:2004 ou GAZOLE ou HUILE DE CHAUFFE LÉGÈRE à point d'éclair défini dans la norme EN 590:2004	3	F1	III	3	363 640L	5 L	E1	T	PP, EX, A	VE01		0	
1202	CARBURANT DIESEL ou GAZOLE ou HUILE DE CHAUFFE LÉGÈRE (point d'éclair compris entre 60 °C et 100 °C)	3	F1	III	3	363 640M	5 L	E1	T	PP, EX, A	VE01		0	
1203	ESSENCE	3	F1	II	3	243 363 534	1 L	E2	T	PP, EX, A	VE01		1	
1204	NITROGLYCÉRINE EN SOLUTION ALCOOLIQUE avec au plus 1% de nitroglycérine	3	D	II	3	601	1 L	E0		PP, EX, A	VE01		1	
1206	HEPTANES	3	F1	II	3		1 L	E2	T	PP, EX, A	VE01		1	
1207	HEXALDÉHYDE	3	F1	III	3		5 L	E1		PP, EX, A	VE01		0	
1208	HEXANES	3	F1	II	3		1 L	E2	T	PP, EX, A	VE01		1	
1210	ENCRES D'IMPRIMERIE, inflammables ou MATIÈRES APPARENTÉES AUX ENCRES D'IMPRIMERIE (y compris solvants et diluants pour encres d'imprimerie), inflammables	3	F1	I	3	163	500 ml	E3		PP, EX, A	VE01		1	
1210	ENCRES D'IMPRIMERIE, inflammables ou MATIÈRES APPARENTÉES AUX ENCRES D'IMPRIMERIE (y compris solvants et diluants pour encres d'imprimerie), inflammables (pression de vapeur à 50 °C supérieure à 110 kPa)	3	F1	II	3	163 640C	5 L	E2		PP, EX, A	VE01		1	

No. ONU ou ID	Nom et description	Classe	Code de classi-fication	Groupe d'embal-lage	Étiquettes	Dispos-itions spéciales	Quantités limitées et exceptées		Trans-port admis	Équipement exigé	Venti-lation	Mesures pendant le chargement/déchargement/transport	Nombre de cônes, feux bleus	Observations
		2.2	2.2	2.1.1.3	5.2.2	3.3	3.4	3.5.1.2	3.2.1	8.1.5	7.1.6	7.1.6	7.1.5	3.2.1
3.1.2	3.1.2	(3a)	(3b)	(4)	(5)	(6)	(7a)	(7b)	(8)	(9)	(10)	(11)	(12)	(13)
(1)	(2)													
1210	ENCRES D'IMPRIMERIE, inflammables ou MATIÈRES APPARENTÉES AUX ENCRES D'IMPRIMERIE (y compris solvants et diluants pour encres d'imprimerie), inflammables (pression de vapeur à 50 °C inférieure ou égale à 110 kPa)	3	F1	II	3	163 640D	5 L	E2		PP, EX, A	VE01		1	
1210	ENCRES D'IMPRIMERIE, inflammables ou MATIÈRES APPARENTÉES AUX ENCRES D'IMPRIMERIE (y compris solvants et diluants pour encres d'imprimerie), inflammables	3	F1	III	3	163 640E	5 L	E1		PP, EX, A	VE01		0	
1210	ENCRES D'IMPRIMERIE, inflammables ou MATIÈRES APPARENTÉES AUX ENCRES D'IMPRIMERIE (y compris solvants et diluants pour encres d'imprimerie), inflammables (ayant un point d'éclair inférieur à 23 °C et visqueux selon 2.2.3.1.4) (point d'ébullition d'au plus 35°C)	3	F1	III	3	163 640F	5 L	E1		PP, EX, A	VE01		0	
1210	ENCRES D'IMPRIMERIE, inflammables ou MATIÈRES APPARENTÉES AUX ENCRES D'IMPRIMERIE (y compris solvants et diluants pour encres d'imprimerie), inflammables (ayant un point d'éclair inférieur à 23 °C et visqueux selon 2.2.3.1.4) (pression de vapeur à 50 °C supérieure à 110 kPa, point d'ébullition supérieur à 35°C)	3	F1	III	3	163 640G	5 L	E1		PP, EX, A	VE01		0	
1210	ENCRES D'IMPRIMERIE, inflammables ou MATIÈRES APPARENTÉES AUX ENCRES D'IMPRIMERIE (y compris solvants et diluants pour encres d'imprimerie), inflammables (ayant un point d'éclair inférieur à 23 °C et visqueux selon 2.2.3.1.4) (pression de vapeur à 50 °C inférieure ou égale à 110 kPa)	3	F1	III	3	163 640H	5 L	E1		PP, EX, A	VE01		0	
1212	ISOBUTANOL (ALCOOL ISOBUTYLIQUE)	3	F1	III	3		5 L	E1	T	PP, EX, A	VE01		0	
1213	ACÉTATE D'ISOBUTYLE	3	F1	II	3		1 L	E2	T	PP, EX, A	VE01		1	
1214	ISOBUTYLAMINE	3	FC	II	3+8		1 L	E2	T	PP, EP, EX, A	VE01		1	
1216	ISOOCTÈNES	3	F1	II	3		1 L	E2	T	PP, EX, A	VE01		1	
1218	ISOPRÈNE STABILISÉ	3	F1	I	3		0	E3	T	PP, EX, A	VE01		1	
1219	ISOPROPANOL (ALCOOL ISOPROPYLIQUE)	3	F1	II	3	601	1 L	E2	T	PP, EX, A	VE01		1	
1220	ACÉTATE D'ISOPROPYLE	3	F1	II	3		1 L	E2	T	PP, EX, A	VE01		1	
1221	ISOPROPYLAMINE	3	FC	I	3+8		0	E0	T	PP, EP, EX, A	VE01		1	
1222	NITRATE D'ISOPROPYLE	3	F1	II	3		1 L	E2	T	PP, EX, A	VE01		1	
1223	KÉROSÈNE	3	F1	III	3	363	5 L	E1		PP, EX, A	VE01		0	
1224	CÉTONES LIQUIDES, N.S.A. (pression de vapeur à 50 °C supérieure à 110 kPa)	3	F1	II	3	274 640C	1 L	E2	T	PP, EX, A	VE01		1	
1224	CÉTONES LIQUIDES, N.S.A. (pression de vapeur à 50 °C inférieure ou égale à 110 kPa)	3	F1	II	3	274 640D	1 L	E2	T	PP, EX, A	VE01		1	
1224	CÉTONES LIQUIDES, N.S.A.	3	F1	III	3	274	5 L	E1	T	PP, EX, A	VE01		0	
1228	MERCAPTANS LIQUIDES INFLAMMABLES, TOXIQUES, N.S.A. ou MERCAPTANS EN MÉLANGE LIQUIDE INFLAMMABLE, TOXIQUE, N.S.A.	3	FT1	II	3+6.1	274 802	1 L	E2		PP, EP, EX, TOX, A	VE01, VE02		2	

No. ONU ou ID	Nom et description	Classe	Code de classification	Groupe d'emballage	Étiquettes	Dispositions spéciales	Quantités limitées et exceptées		Transport admis	Équipement exigé	Venti-lation	Mesures pendant le chargement/déchargement/ transport	Nombre de cônes, feux bleus	Observations
		2.2	2.2	2.1.1.3	5.2.2	3.3	3.4	3.5.1.2	3.2.1	8.1.5	7.1.6	7.1.6	7.1.5	3.2.1
(1)	(2)	(3a)	(3b)	(4)	(5)	(6)	(7a)	(7b)	(8)	(9)	(10)	(11)	(12)	(13)
1228	MERCAPTANS LIQUIDES INFLAMMABLES, TOXIQUES, N.S.A. ou MERCAPTANS EN MÉLANGE LIQUIDE INFLAMMABLE, TOXIQUE, N.S.A.	3	FT1	III	3+6.1	274 802	5 L	E1		PP, EP, EX, TOX, A	VE01, VE02		0	
1229	OXYDE DE MÉSITYLE	3	F1	III	3		5 L	E1	T	PP, EX, A	VE01		0	
1230	MÉTHANOL	3	FT1	II	3+6.1	279 802	1 L	E2	T	PP, EP, EX, TOX, A	VE01, VE02		2	
1231	ACÉTATE DE MÉTHYLE	3	F1	II	3		1 L	E2	T	PP, EX, A	VE01		1	
1233	ACÉTATE DE MÉTHYLAMYLE	3	F1	III	3		5 L	E1		PP, EX, A	VE01		0	
1234	MÉTHYLAL	3	F1	II	3		1 L	E2		PP, EX, A	VE01		1	
1235	MÉTHYLAMINE EN SOLUTION AQUEUSE	3	FC	II	3+8		1 L	E2	T	PP, EP, EX, A	VE01		1	
1237	BUTYRATE DE MÉTHYLE	3	F1	II	3		1 L	E2		PP, EX, A	VE01		1	
1238	CHLOROFORMIATE DE MÉTHYLE	6.1	TFC	I	6.1+3+8	354 802	0	E0		PP, EP, EX, TOX, A	VE01, VE02		2	
1239	ÉTHER MÉTHYLIQUE MONOCHLORÉ	6.1	TF1	I	6.1+3	354 802	0	E0		PP, EP, EX, TOX, A	VE01, VE02		2	
1242	MÉTHYLDICHLOROSILANE	4.3	WFC	I	4.3+3+8		0	E0		PP, EP, EX, A	VE01	HA08	1	
1243	FORMIATE DE MÉTHYLE	3	F1	I	3		0	E3	T	PP, EX, A	VE01		1	
1244	MÉTHYLHYDRAZINE	6.1	TFC	I	6.1+3+8	354 802	0	E0	T	PP, EP, EX, TOX, A	VE01, VE02		2	
1245	MÉTHYLISOBUTYLCÉTONE	3	F1	II	3		1 L	E2	T	PP, EX, A	VE01		1	
1246	MÉTHYLISOPROPENYL-CÉTONE STABILISÉE	3	F1	II	3		1 L	E2		PP, EX, A	VE01		1	
1247	MÉTHACRYLATE DE MÉTHYLE MONOMÈRE STABILISÉ	3	F1	II	3		1 L	E2	T	PP, EX, A	VE01		1	
1248	PROPIONATE DE MÉTHYLE	3	F1	II	3		1 L	E2		PP, EX, A	VE01		1	
1249	MÉTHYLPROPYLCÉTONE	3	F1	II	3		1 L	E2		PP, EX, A	VE01		1	
1250	MÉTHYLTRICHLOROSILANE	3	FC	II	3+8		0	E0		PP, EP, EX, A	VE01		1	
1251	MÉTHYLVINYLCÉTONE, STABILISÉE	6.1	TFC	I	6.1+3+8	354 802	0	E0		PP, EP, EX, TOX, A	VE01, VE02		2	
1259	NICKEL-TÉTRACARBONYLE	6.1	TF1	I	6.1+3	802	0	E5		PP, EP, EX, TOX, A	VE01, VE02		2	
1261	NITROMÉTHANE	3	F1	II	3		1 L	E2		PP, EX, A	VE01		1	
1262	OCTANES	3	F1	II	3		1 L	E2		PP, EX, A	VE01		1	
1263	PEINTURES (y compris peintures, laques, émaux, couleurs, shellac, vernis, cirages, encaustiques, enduits d'apprêt et bases liquides pour laques) ou MATIÈRES APPARENTÉES AUX PEINTURES (y compris solvants et diluants pour peintures)	3	F1	I	3	163 650	500 ml	E3	T	PP, EX, A	VE01		1	

No. ONU ou ID	Nom et description	Classe	Code de classification	Groupe d'emballage	Étiquettes	Dispositions spéciales	Quantités limitées et exceptées		Transport admis	Équipement exigé	Ventilation	Mesures pendant le chargement/déchargement/transport	Nombre de cônes, feux bleus	Observations
3.1.2	3.1.2	2.2	2.2	2.1.1.3	5.2.2	3.3	3.4	3.5.1.2	3.2.1	8.1.5	7.1.6	7.1.6	7.1.5	3.2.1
(1)	(2)	(3a)	(3b)	(4)	(5)	(6)	(7a)	(7b)	(8)	(9)	(10)	(11)	(12)	(13)
1263	PEINTURES (y compris peintures, laques, émaux, couleurs, shellac, vernis, cirages, encaustiques, enduits d'apprêt et bases liquides pour laques) ou MATIÈRES APPARENTÉES AUX PEINTURES (y compris solvants et diluants pour peintures) (pression de vapeur à 50 °C supérieure à 110 kPa)	3	F1	II	3	163 640C 650	5 L	E2		PP, EX, A	VE01		1	
1263	PEINTURES (y compris peintures, laques, émaux, couleurs, shellac, vernis, cirages, encaustiques, enduits d'apprêt et bases liquides pour laques) ou MATIÈRES APPARENTÉES AUX PEINTURES (y compris solvants et diluants pour peintures) (pression de vapeur à 50 °C inférieure ou égale à 110 kPa)	3	F1	II	3	163 640D 650	5 L	E2		PP, EX, A	VE01		1	
1263	PEINTURES (y compris peintures, laques, émaux, couleurs, shellac, vernis, cirages, encaustiques, enduits d'apprêt et bases liquides pour laques) ou MATIÈRES APPARENTÉES AUX PEINTURES (y compris solvants et diluants pour peintures)	3	F1	III	3	163 640E 650	5 L	E1		PP, EX, A	VE01		0	
1263	PEINTURES (y compris peintures, laques, émaux, couleurs, shellac, vernis, cirages, encaustiques, enduits d'apprêt et bases liquides pour laques) ou MATIÈRES APPARENTÉES AUX PEINTURES (y compris solvants et diluants pour peintures) (ayant un point d'éclair inférieur à 23 °C et visqueux selon 2.2.3.1.4) (point d'ébullition d'au plus 35 °C)	3	F1	III	3	163 640F 650	5 L	E1		PP, EX, A	VE01		0	
1263	PEINTURES (y compris peintures, laques, émaux, couleurs, shellac, vernis, cirages, encaustiques, enduits d'apprêt et bases liquides pour laques) ou MATIÈRES APPARENTÉES AUX PEINTURES (y compris solvants et diluants pour peintures) (ayant un point d'éclair inférieur à 23 °C et visqueux selon 2.2.3.1.4) (pression de vapeur à 50 °C supérieure à 110 kPa, point d'ébullition supérieur à 35 °C)	3	F1	III	3	163 640G 650	5 L	E1		PP, EX, A	VE01		0	
1263	PEINTURES (y compris peintures, laques, émaux, couleurs, shellac, vernis, cirages, encaustiques, enduits d'apprêt et bases liquides pour laques) ou MATIÈRES APPARENTÉES AUX PEINTURES (y compris solvants et diluants pour peintures) (ayant un point d'éclair inférieur à 23 °C et visqueux selon 2.2.3.1.4) (pression de vapeur à 50 °C inférieure ou égale à 110 kPa)	3	F1	III	3	163 640H 650	5 L	E1		PP, EX, A	VE01		0	
1264	PARALDÉHYDE	3	F1	III	3		5 L	E1	T	PP, EX, A	VE01		0	
1265	PENTANES, liquides	3	F1	I	3		0	E3	T	PP, EX, A	VE01		1	
1265	PENTANES, liquides	3	F1	II	3		1 L	E2	T	PP, EX, A	VE01		1	
1266	PRODUITS POUR PARFUMERIE contenant des solvants inflammables (pression de vapeur à 50 °C supérieure à 110 kPa)	3	F1	II	3	163 640C	5 L	E2		PP, EX, A	VE01		1	

No. ONU ou ID (1)	Nom et description (2) 3.1.2	Classe (3a) 2.2	Code de classification (3b) 2.2	Groupe d'emballage (4) 2.1.1.3	Étiquettes (5) 5.2.2	Dispositions spéciales (6) 3.3	Quantités limitées (7a) 3.4	et exceptées (7b) 3.5.1.2	Transport admis (8) 3.2.1	Équipement exigé (9) 8.1.5	Ventilation (10) 7.1.6	Mesures pendant le chargement/déchargement/transport (11) 7.1.6	Nombre de cônes, feux bleus (12) 7.1.5	Observations (13) 3.2.1
1266	PRODUITS POUR PARFUMERIE contenant des solvants inflammables (pression de vapeur à 50 °C inférieure ou égale à 110 kPa)	3	F1	II	3	163 640D	5 L	E2		PP, EX, A	VE01		1	
1266	PRODUITS POUR PARFUMERIE contenant des solvants inflammables	3	F1	III	3	163 640E	5 L	E1		PP, EX, A	VE01		0	
1266	PRODUITS POUR PARFUMERIE contenant des solvants inflammables (ayant un point d'éclair inférieur à 23 °C et visqueux selon 2.2.3.1.4) (point d'ébullition d'au plus 35 °C)	3	F1	III	3	163 640F	5 L	E1		PP, EX, A	VE01		0	
1266	PRODUITS POUR PARFUMERIE contenant des solvants inflammables (ayant un point d'éclair inférieur à 23 °C et visqueux selon 2.2.3.1.4) (pression de vapeur à 50 °C supérieure à 110 kPa, point d'ébullition supérieur à 35 °C)	3	F1	III	3	163 640G	5 L	E1		PP, EX, A	VE01		0	
1266	PRODUITS POUR PARFUMERIE contenant des solvants inflammables (ayant un point d'éclair inférieur à 23 °C et visqueux selon 2.2.3.1.4) (pression de vapeur à 50 °C inférieure ou égale à 110 kPa)	3	F1	III	3	163 640H	5 L	E1		PP, EX, A	VE01		0	
1267	PÉTROLE BRUT (pression de vapeur à 50 °C supérieure à 110 kPa)	3	F1	I	3	357	500 ml	E3	T	PP, EX, A	VE01		1	
1267	PÉTROLE BRUT (pression de vapeur à 50 °C supérieure à 110 kPa)	3	F1	II	3	357 640C	1 L	E2	T	PP, EX, A	VE01		1	
1267	PÉTROLE BRUT (pression de vapeur à 50 °C inférieure ou égale à 110 kPa)	3	F1	II	3	357 640D	1 L	E2	T	PP, EX, A	VE01		1	
1267	PÉTROLE BRUT	3	F1	III	3	357	5 L	E1	T	PP, EX, A	VE01		0	
1268	DISTILLATS DE PÉTROLE, N.S.A. ou PRODUITS PÉTROLIERS, N.S.A.	3	F1	I	3	363	500 ml	E3	T	PP, EX, A	VE01		1	
1268	DISTILLATS DE PÉTROLE, N.S.A. ou PRODUITS PÉTROLIERS, N.S.A. (pression de vapeur à 50 °C supérieure à 110 kPa)	3	F1	II	3	363 640C	1 L	E2	T	PP, EX, A	VE01		1	
1268	DISTILLATS DE PÉTROLE, N.S.A. ou PRODUITS PÉTROLIERS, N.S.A. (pression de vapeur à 50 °C inférieure ou égale à 110 kPa)	3	F1	II	3	363 640D	1 L	E2	T	PP, EX, A	VE01		1	
1268	DISTILLATS DE PÉTROLE, N.S.A. ou PRODUITS PÉTROLIERS, N.S.A.	3	F1	III	3	363	5 L	E1	T	PP, EX, A	VE01		0	
1272	HUILE DE PIN	3	F1	III	3		5 L	E1	T	PP, EX, A	VE01		0	
1274	n-PROPANOL (ALCOOL PROPYLIQUE NORMAL)	3	F1	II	3		1 L	E2	T	PP, EX, A	VE01		1	
1274	n-PROPANOL (ALCOOL PROPYLIQUE NORMAL)	3	F1	III	3		5 L	E1	T	PP, EX, A	VE01		0	
1275	ALDÉHYDE PROPIONIQUE	3	F1	II	3		1 L	E2	T	PP, EX, A	VE01		1	
1276	ACÉTATE DE n-PROPYLE	3	F1	II	3		1 L	E2	T	PP, EX, A	VE01		1	
1277	PROPYLAMINE	3	FC	II	3+8		1 L	E2	T	PP, EP, EX, A	VE01		1	
1278	CHLORO-1 PROPANE	3	F1	II	3		1 L	E2	T	PP, EX, A	VE01		1	
1279	DICHLORO-1,2 PROPANE	3	F1	II	3		1 L	E2	T	PP, EX, A	VE01		1	
1280	OXYDE DE PROPYLÈNE	3	F1	I	3		0	E3	T	PP, EX, A	VE01		1	
1281	FORMIATES DE PROPYLE	3	F1	II	3		1 L	E2	T	PP, EX, A	VE01		1	

No. ONU ou ID	Nom et description	Classe	Code de classi-fication	Groupe d'embal-lage	Étiquettes	Disposi-tions spéciales	Quantités limitées et exceptées		Trans-port admis	Équipement exigé	Venti-lation	Mesures pendant le chargement/déchargement/ transport	Nombre de cônes, feux bleus	Observations
		2.2	2.2	2.1.1.3	5.2.2	3.3	3.4	3.5.1.2	3.2.1	8.1.5	7.1.6	7.1.6	7.1.5	3.2.1
(1)	(2)	(3a)	(3b)	(4)	(5)	(6)	(7a)	(7b)	(8)	(9)	(10)	(11)	(12)	(13)
1282	PYRIDINE	3	F1	II	3		1 L	E2	T	PP, EX, A	VE01		1	
1286	HUILE DE COLOPHANE (pression de vapeur à 50 °C supérieure à 110 kPa)	3	F1	II	3	640C	5 L	E2		PP, EX, A	VE01		1	
1286	HUILE DE COLOPHANE (pression de vapeur à 50 °C inférieure ou égale à 110 kPa)	3	F1	II	3	640D	5 L	E2		PP, EX, A	VE01		1	
1286	HUILE DE COLOPHANE (ayant un point d'éclair inférieur à 23 °C et visqueux selon 2.2.3.1.4) (point d'ébullition d'au plus 35 °C)	3	F1	III	3	640E	5 L	E1		PP, EX, A	VE01		0	
1286	HUILE DE COLOPHANE (ayant un point d'éclair inférieur à 23 °C et visqueux selon 2.2.3.1.4) (pression de vapeur à 50 °C supérieure à 110 kPa, point d'ébullition supérieur à 35 °C)	3	F1	III	3	640F	5 L	E1		PP, EX, A	VE01		0	
1286	HUILE DE COLOPHANE (ayant un point d'éclair inférieur à 23 °C et visqueux selon 2.2.3.1.4) (pression de vapeur à 50 °C supérieure à 110 kPa)	3	F1	III	3	640G	5 L	E1		PP, EX, A	VE01		0	
1286	HUILE DE COLOPHANE (ayant un point d'éclair inférieur à 23 °C et visqueux selon 2.2.3.1.4) (pression de vapeur à 50 °C inférieure ou égale à 110 kPa)	3	F1	III	3	640H	5 L	E1		PP, EX, A	VE01		0	
1287	DISSOLUTION DE CAOUTCHOUC (pression de vapeur à 50 °C supérieure à 110 kPa)	3	F1	II	3	640C	5 L	E2		PP, EX, A	VE01		1	
1287	DISSOLUTION DE CAOUTCHOUC (pression de vapeur à 50 °C inférieure ou égale à 110 kPa)	3	F1	II	3	640D	5 L	E2		PP, EX, A	VE01		1	
1287	DISSOLUTION DE CAOUTCHOUC	3	F1	III	3	640E	5 L	E1		PP, EX, A	VE01		0	
1287	DISSOLUTION DE CAOUTCHOUC (ayant un point d'éclair inférieur à 23 °C et visqueux selon 2.2.3.1.4) (point d'ébullition d'au plus 35 °C)	3	F1	III	3	640F	5 L	E1		PP, EX, A	VE01		0	
1287	DISSOLUTION DE CAOUTCHOUC (ayant un point d'éclair inférieur à 23 °C et visqueux selon 2.2.3.1.4) (pression de vapeur à 50 °C supérieure à 110 kPa, point d'ébullition supérieur à 35 °C)	3	F1	III	3	640G	5 L	E1		PP, EX, A	VE01		0	
1287	DISSOLUTION DE CAOUTCHOUC (ayant un point d'éclair inférieur à 23 °C et visqueux selon 2.2.3.1.4) (pression de vapeur à 50 °C inférieure ou égale à 110 kPa)	3	F1	III	3	640H	5 L	E1		PP, EX, A	VE01		0	
1288	HUILE DE SCHISTE	3	F1	II	3		1 L	E2		PP, EX, A	VE01		1	
1288	HUILE DE SCHISTE	3	F1	III	3		5 L	E1		PP, EX, A	VE01		0	
1289	MÉTHYLATE DE SODIUM EN SOLUTION dans l'alcool	3	FC	II	3+8		1 L	E2		PP, EP, EX, A	VE01		1	
1289	MÉTHYLATE DE SODIUM EN SOLUTION dans l'alcool	3	FC	III	3+8		5 L	E1	T	PP, EP, EX, A	VE01		0	
1292	SILICATE DE TÉTRAÉTHYLE	3	F1	III	3		5 L	E1		PP, EX, A	VE01		0	
1293	TEINTURES MÉDICINALES	3	F1	II	3	601	1 L	E2		PP, EX, A	VE01		1	
1293	TEINTURES MÉDICINALES	3	F1	III	3	601	5 L	E1		PP, EX, A	VE01		0	
1294	TOLUÈNE	3	F1	II	3		1 L	E2	T	PP, EX, A	VE01		1	
1295	TRICHLOROSILANE	4.3	WFC	I	4.3+3+8		0	E0		PP, EP, EX, A	VE01	HA08	1	
1296	TRIÉTHYLAMINE	3	FC	II	3+8		1 L	E2	T	PP, EP, EX, A	VE01		1	
1297	TRIMÉTHYLAMINE EN SOLUTION AQUEUSE contenant au plus 50% (masse) de triméthylamine	3	FC	I	3+8		0	E0		PP, EP, EX, A	VE01		1	

(1)	(2)	(3a)	(3b)	(4)	(5)	(6)	(7a)	(7b)	(8)	(9)	(10)	(11)	(12)	(13)
No. ONU ou ID	Nom et description	Classe	Code de classification	Groupe d'emballage	Étiquettes	Dispositions spéciales	Quantités limitées et exceptées 3.4	3.5.1.2	Transport admis	Équipement exigé	Venti-lation	Mesures pendant le chargement/déchargement/transport	Nombre de cônes, feux bleus	Observations
	3.1.2	2.2	2.2	2.1.1.3	5.2.2	3.3	3.4	3.5.1.2	3.2.1	8.1.5	7.1.6	7.1.6	7.1.5	3.2.1
1297	TRIMÉTHYLAMINE EN SOLUTION AQUEUSE contenant au plus 50% (masse) de triméthylamine	3	FC	II	3+8		1 L	E2		PP, EP, EX, A	VE01		1	
1297	TRIMÉTHYLAMINE EN SOLUTION AQUEUSE contenant au plus 50% (masse) de triméthylamine	3	FC	III	3+8		5 L	E1		PP, EP, EX, A	VE01		0	
1298	TRIMÉTHYLCHLOROSILANE	3	FC	II	3+8		0	E0		PP, EP, EX, A	VE01		1	
1299	ESSENCE DE TÉRÉBENTHINE	3	F1	III	3		5 L	E1		PP, EX, A	VE01		0	
1300	SUCCÉDANÉ D'ESSENCE DE TÉRÉBENTHINE	3	F1	II	3		1 L	E2		PP, EX, A	VE01		1	
1300	SUCCÉDANÉ D'ESSENCE DE TÉRÉBENTHINE	3	F1	III	3		5 L	E1	T	PP, EX, A	VE01		0	
1301	ACÉTATE DE VINYLE STABILISÉ	3	F1	II	3		1 L	E2	T	PP, EX, A	VE01		1	
1302	ÉTHER ÉTHYLVINYLIQUE STABILISÉ	3	F1	I	3		0	E3		PP, EX, A	VE01		1	
1303	CHLORURE DE VINYLIDÈNE STABILISÉ	3	F1	I	3		0	E3		PP, EX, A	VE01		1	
1304	ÉTHER ISOBUTYLVINYLIQUE STABILISÉ	3	F1	II	3		1 L	E2		PP, EX, A	VE01		1	
1305	VINYLTRICHLOROSILANE STABILISÉ	3	FC	II	3+8		0	E0		PP, EP, EX, A	VE01		1	
1306	PRODUITS DE PRÉSERVATION DES BOIS, LIQUIDES (pression de vapeur à 50 °C supérieure à 110 kPa)	3	F1	II	3	640C	5 L	E2		PP, EX, A	VE01		1	
1306	PRODUITS DE PRÉSERVATION DES BOIS, LIQUIDES (pression de vapeur à 50 °C inférieur ou égale à 110 kPa)	3	F1	II	3	640D	5 L	E2		PP, EX, A	VE01		1	
1306	PRODUITS DE PRÉSERVATION DES BOIS, LIQUIDES	3	F1	III	3	640E	5 L	E1		PP, EX, A	VE01		0	
1306	PRODUITS DE PRÉSERVATION DES BOIS, LIQUIDES (ayant un point d'éclair inférieur à 23 °C et visqueux selon 2.2.3.1.4) (point d'ébullition d'au plus 35°C)	3	F1	III	3	640F	5 L	E1		PP, EX, A	VE01		0	
1306	PRODUITS DE PRÉSERVATION DES BOIS, LIQUIDES (ayant un point d'éclair inférieur à 23 °C et visqueux selon 2.2.3.1.4) (pression de vapeur à 110 kPa, point d'ébullition supérieur à 35°C)	3	F1	III	3	640G	5 L	E1		PP, EX, A	VE01		0	
1306	PRODUITS DE PRÉSERVATION DES BOIS, LIQUIDES (ayant un point d'éclair inférieur à 23 °C et visqueux selon 2.2.3.1.4) (pression de vapeur à 50 °C inférieure ou égale à 110 kPa)	3	F1	III	3	640H	5 L	E1		PP, EX, A	VE01		0	
1307	XYLÈNES	3	F1	II	3		1 L	E2	T	PP, EX, A	VE01		1	
1307	XYLÈNES	3	F1	III	3		5 L	E1	T	PP, EX, A	VE01		0	
1308	ZIRCONIUM EN SUSPENSION DANS UN LIQUIDE INFLAMMABLE	3	F1	I	3		0	E3		PP, EX, A	VE01		1	
1308	ZIRCONIUM EN SUSPENSION DANS UN LIQUIDE INFLAMMABLE (pression de vapeur à 50 °C supérieure à 110 kPa)	3	F1	II	3	640C	1 L	E2		PP, EX, A	VE01		1	
1308	ZIRCONIUM EN SUSPENSION DANS UN LIQUIDE INFLAMMABLE (pression de vapeur à 50 °C inférieure ou égale à 110 kPa)	3	F1	II	3	640D	1 L	E2		PP, EX, A	VE01		1	
1308	ZIRCONIUM EN SUSPENSION DANS UN LIQUIDE INFLAMMABLE	3	F1	III	3		5 L	E1		PP, EX, A	VE01		0	
1309	ALUMINIUM EN POUDRE ENROBÉ	4.1	F3	II	4.1		1 kg	E2		PP			1	
1309	ALUMINIUM EN POUDRE ENROBÉ	4.1	F3	III	4.1		5 kg	E1		PP			0	

No. ONU ou ID	Nom et description	Classe	Code de classification	Groupe d'emballage	Étiquettes	Dispositions spéciales	Quantités limitées	Quantités exceptées	Transport admis	Équipement exigé	Venti-lation	Mesures pendant le chargement/déchargement/transport	Nombre de cônes, feux bleus	Observations
3.1.2	3.1.2	2.2	2.2	2.1.1.3	5.2.2	3.3	3.4	3.5.1.2	3.2.1	8.1.5	7.1.6	7.1.6	7.1.5	3.2.1
(1)	(2)	(3a)	(3b)	(4)	(5)	(6)	(7a)	(7b)	(8)	(9)	(10)	(11)	(12)	(13)
1310	PICRATE D'AMMONIUM HUMIDIFIÉ avec au moins 10% (masse) d'eau	4.1	D	I	4.1		0	E0		PP			1	
1312	BORNÉOL	4.1	F1	III	4.1		5 kg	E1		PP			0	
1313	RÉSINATE DE CALCIUM	4.1	F3	III	4.1		5 kg	E1		PP			0	
1314	RÉSINATE DE CALCIUM FONDU	4.1	F3	III	4.1		5 kg	E1		PP			0	
1318	RÉSINATE DE COBALT PRÉCIPITÉ	4.1	F3	III	4.1		5 kg	E1		PP			0	
1320	DINITROPHÉNOL HUMIDIFIÉ avec au moins 15% (masse) d'eau	4.1	DT	I	4.1+6.1	802	0	E0		PP, EP			2	
1321	DINITROPHÉNATES HUMIDIFIÉS avec au moins 15% (masse) d'eau	4.1	DT	I	4.1+6.1	802	0	E0		PP, EP			2	
1322	DINITRORÉSORCINOL HUMIDIFIÉ avec au moins 15% (masse) d'eau	4.1	D	I	4.1	249	0	E0		PP			1	
1323	FERROCÉRIUM	4.1	F3	II	4.1		1 kg	E2		PP			1	
1324	FILMS A SUPPORT NITROCELLULOSIQUE avec couche de gélatine (à l'exclusion des déchets)	4.1	F1	III	4.1		5 kg	E1		PP			0	
1325	SOLIDE ORGANIQUE INFLAMMABLE, N.S.A.	4.1	F1	II	4.1	274	1 kg	E2		PP			1	
1325	SOLIDE ORGANIQUE INFLAMMABLE, N.S.A.	4.1	F1	III	4.1	274	5 kg	E1		PP			0	
1326	HAFNIUM EN POUDRE HUMIDIFIÉ avec au moins 25% d'eau	4.1	F3	II	4.1	586	1 kg	E2		PP			1	
1327	Bhusa ou Foin ou Paille	4.1	F1	III	4.1		5 kg	E1		PP			0	
1328	HEXAMÉTHYLÈNETÉTRAMINE	4.1	F1	III	4.1		5 kg	E1		PP			0	
1330	RÉSINATE DE MANGANÈSE	4.1	F3	III	4.1		5 kg	E1		PP			0	
1331	ALLUMETTES NON "DE SÛRETÉ"	4.1	F1	III	4.1	293	5 kg	E1		PP			0	
1332	MÉTALDÉHYDE	4.1	F1	III	4.1		5 kg	E1		PP			0	
1333	CÉRIUM, plaques, barres, lingots	4.1	F3	II	4.1		1 kg	E2		PP			1	
1334	NAPHTALÈNE BRUT ou NAPHTALÈNE RAFFINÉ	4.1	F1	III	4.1	501	5 kg	E1	B	PP		CO01	0	
1336	NITROGUANIDINE HUMIDIFIÉE avec au moins 20% (masse) d'eau	4.1	D	I	4.1		0	E0		PP			1	
1337	NITROAMIDON HUMIDIFIÉ avec au moins 20% (masse) d'eau	4.1	D	I	4.1		0	E0		PP			1	
1338	PHOSPHORE AMORPHE	4.1	F3	III	4.1		5 kg	E1		PP			0	
1339	HEPTASULFURE DE PHOSPHORE exempt de phosphore jaune ou blanc	4.1	F3	II	4.1	602	1 kg	E2		PP			1	
1340	PENTASULFURE DE PHOSPHORE exempt de phosphore jaune ou blanc	4.3	WF2	II	4.3+4.1	602	500 g	E2		PP, EX, A	VE01	HA08	1	
1341	SESQUISULFURE DE PHOSPHORE exempt de phosphore jaune ou blanc	4.1	F3	II	4.1	602	1 kg	E2		PP			1	
1343	TRISULFURE DE PHOSPHORE exempt de phosphore jaune ou blanc	4.1	F3	II	4.1	602	1 kg	E2		PP			1	
1344	TRINITROPHÉNOL (ACIDE PICRIQUE) HUMIDIFIÉ avec au moins 30% (masse) d'eau	4.1	D	I	4.1		0	E0		PP			1	
1345	CHUTES DE CAOUTCHOUC ou DÉCHETS DE CAOUTCHOUC, sous forme de poudre ou de grains	4.1	F1	II	4.1		1 kg	E2		PP			1	
1346	SILICIUM EN POUDRE AMORPHE	4.1	F3	III	4.1	32	5 kg	E1		PP			0	
1347	PICRATE D'ARGENT HUMIDIFIÉ avec au moins 30% (masse) d'eau	4.1	D	I	4.1		0	E0		PP			1	
1348	DINITRO-o-CRÉSATE DE SODIUM HUMIDIFIÉ avec au moins 15% (masse) d'eau	4.1	DT	I	4.1+6.1	802	0	E0		PP, EP			2	

NON SOUMIS À L'ADN

- 235 -

No. ONU ou ID (1)	Nom et description (2)	Classe (3a)	Code de classification (3b)	Groupe d'emballage (4)	Étiquettes (5)	Dispositions spéciales (6)	Quantités limitées et exceptées 3.4 (7a)	Quantités limitées et exceptées 3.5.1.2 (7b)	Transport admis (8)	Équipement exigé (9)	Venti-lation (10)	Mesures pendant le chargement/déchargement/transport (11)	Nombre de cônes, feux bleus (12)	Observations (13)
		2.2	2.2	2.1.1.3	5.2.2	3.3	3.4	3.5.1.2	3.2.1	8.1.5	7.1.6	7.1.6	7.1.5	3.2.1
1349	PICRAMATE DE SODIUM HUMIDIFIÉ avec au moins 20% (masse) d'eau	4.1	D	I	4.1		0	E0		PP			1	
1350	SOUFRE	4.1	F3	III	4.1	242	5 kg	E1	B	PP			0	
1352	TITANE EN POUDRE HUMIDIFIÉ avec au moins 25% d'eau	4.1	F3	II	4.1	586	1 kg	E2		PP			1	
1353	FIBRES ou TISSUS IMPRÉGNÉS DE NITROCELLULOSE FAIBLEMENT NITRÉE, N.S.A.	4.1	F1	III	4.1	502	5 kg	E1		PP			0	
1354	TRINITROBENZÈNE HUMIDIFIÉ avec au moins 30% (masse) d'eau	4.1	D	I	4.1		0	E0		PP			1	
1355	ACIDE TRINITROBENZOÏQUE HUMIDIFIÉ avec au moins 30% (masse) d'eau	4.1	D	I	4.1		0	E0		PP			1	
1356	TRINITROTOLUÈNE (TOLITE, TNT) HUMIDIFIÉ avec au moins 30% (masse) d'eau	4.1	D	I	4.1		0	E0		PP			1	
1357	NITRATE D'URÉE HUMIDIFIÉ avec au moins 20% (masse) d'eau	4.1	D	I	4.1	227	0	E0		PP			1	
1358	ZIRCONIUM EN POUDRE HUMIDIFIÉ avec au moins 25% d'eau	4.1	F3	II	4.1	586	1 kg	E2		PP			1	
1360	PHOSPHURE DE CALCIUM	4.3	WT2	I	4.3+6.1	802	0	E0		PP, EP, EX, TOX, A	VE01, VE02	HA08	2	
1361	CHARBON d'origine animale ou végétale	4.2	S2	II	4.2		0	E2		PP			0	
1361	CHARBON d'origine animale ou végétale	4.2	S2	III	4.2		0	E1		PP			0	
1362	CHARBON ACTIF	4.2	S2	III	4.2	646	0	E1		PP.			0	
1363	COPRAH	4.2	S2	III	4.2		0	E1	B	PP		IN01, IN02	0	IN01 et IN02 ne s'appliquent qu'en cas de transport de cette matière en vrac ou sans emballage
1364	DÉCHETS HUILEUX DE COTON	4.2	S2	III	4.2		0	E1	B	PP			0	
1365	COTON HUMIDE	4.2	S2	III	4.2		0	E1	B	PP			0	
1369	p-NITROSODIMÉTHYLANILINE	4.2	S2	II	4.2		0	E2		PP.			0	
1372	Fibres d'origine animale ou fibres d'origine végétale brûlées, mouillées ou humides	4.2										NON SOUMIS À L'ADN		
1373	FIBRES ou TISSUS D'ORIGINE ANIMALE ou VÉGÉTALE ou SYNTHÉTIQUE imprégnés d'huile, N.S.A.	4.2	S2	III	4.2		0	E1	B	PP			0	
1374	FARINE DE POISSON (DÉCHETS DE POISSON) NON STABILISÉE	4.2	S2	II	4.2	300	0	E2		PP			0	
1376	OXYDE DE FER RÉSIDUAIRE ou TOURNURE DE FER RÉSIDUAIRE provenant de la purification du gaz de ville	4.2	S4	III	4.2	592	0	E1	B	PP			0	
1378	CATALYSEUR MÉTALLIQUE HUMIDIFIÉ avec un excès visible de liquide	4.2	S4	II	4.2	274	0	E2		PP			0	
1379	PAPIER TRAITÉ AVEC DES HUILES NON SATURÉES, incomplètement séché (comprend le papier carbone)	4.2	S2	III	4.2		0	E1	B	PP			0	
1380	PENTABORANE	4.2	ST3	I	4.2+6.1	802	0	E0		PP, EP, TOX, A	VE02		2	

No. ONU ou ID	Nom et description	Classe	Code de classification	Groupe d'emballage	Étiquettes	Dispositions spéciales	Quantités limitées	Quantités exceptées	Transport admis	Équipement exigé	Ventilation	Mesures pendant le chargement/déchargement/transport	Nombre de cônes, feux bleus	Observations
3.1.2	3.1.2	2.2	2.2	2.1.1.3	5.2.2	3.3	3.4	3.5.1.2	3.2.1	8.1.5	7.1.6	7.1.6	7.1.5	3.2.1
(1)	(2)	(3a)	(3b)	(4)	(5)	(6)	(7a)	(7b)	(8)	(9)	(10)	(11)	(12)	(13)
1381	PHOSPHORE BLANC ou JAUNE, RECOUVERT D'EAU ou EN SOLUTION	4.2	ST3	I	4.2+6.1	503 802	0	E0		PP, EP, TOX, A	VE02		2	
1381	PHOSPHORE BLANC ou JAUNE, SEC	4.2	ST4	I	4.2+6.1	503 802	0	E0		PP, EP	VE02		2	
1382	SULFURE DE POTASSIUM ANHYDRE ou SULFURE DE POTASSIUM avec moins de 30% d'eau de cristallisation	4.2	S4	II	4.2	504	0	E2		PP			0	
1383	MÉTAL PYROPHORIQUE, N.S.A. ou ALLIAGE PYROPHORIQUE, N.S.A.	4.2	S4	I	4.2	274	0	E0		PP			0	
1384	DITHIONITE DE SODIUM (HYDROSULFITE DE SODIUM)	4.2	S4	II	4.2		0	E2		PP			0	
1385	SULFURE DE SODIUM ANHYDRE ou SULFURE DE SODIUM avec moins de 30% d'eau de cristallisation	4.2	S4	II	4.2	504	0	E2		PP			0	
1386	TOURTEAUX contenant plus de 1,5% (masse) d'huile et ayant 11% (masse) d'humidité au maximum	4.2	S2	III	4.2	800	0	E1	B	PP		IN01, IN02	0	IN01 et IN02 ne s'appliquent qu'en cas de transport de cette matière en vrac ou sans emballage
1387	Déchets de laine, mouillés	4.2	S2							NON SOUMIS À L'ADN				
1389	AMALGAME DE MÉTAUX ALCALINS, LIQUIDE	4.3	W1	I	4.3	182	0	E0		PP, EX, A	VE01	HA08	0	
1390	AMIDURES DE MÉTAUX ALCALINS	4.3	W2	II	4.3	182 505	500 g	E2		PP, EX, A	VE01	HA08	0	
1391	DISPERSION DE MÉTAUX ALCALINS ou DISPERSION DE MÉTAUX ALCALINO-TERREUX	4.3	W1	I	4.3	182 183 506	0	E0		PP, EX, A	VE01	HA08	1	
1392	AMALGAME DE MÉTAUX ALCALINO-TERREUX, LIQUIDE	4.3	W1	I	4.3	183 506	0	E0		PP, EX, A	VE01	HA08	0	
1393	ALLIAGE DE MÉTAUX ALCALINO-TERREUX, N.S.A.	4.3	W2	II	4.3	183 506	500 g	E2		PP, EX, A	VE01	HA08	0	
1394	CARBURE D'ALUMINIUM	4.3	W2	II	4.3		500 g	E2		PP, EX, A	VE01	HA08	0	
1395	ALUMINO-FERRO-SILICIUM EN POUDRE	4.3	WT2	II	4.3+6.1	802	500 g	E2		PP, EP, EX, TOX, A	VE01, VE02	HA08	2	
1396	ALUMINIUM EN POUDRE NON ENROBÉ	4.3	W2	II	4.3		500 g	E2		PP, EX, A	VE01	HA08	0	
1396	ALUMINIUM EN POUDRE NON ENROBÉ	4.3	W2	III	4.3		1 kg	E1		PP, EX, A	VE01	HA08	0	
1397	PHOSPHURE D'ALUMINIUM	4.3	WT2	I	4.3+6.1	507 802	0	E0		PP, EP, EX, TOX, A	VE01, VE02	HA08	2	
1398	SILICO-ALUMINIUM EN POUDRE NON ENROBÉ	4.3	W2	III	4.3	37	1 kg	E1	B	PP, EX, A	VE01, VE03	LO03 HA07, HA08 IN01, IN03	0	VE03, LO03, HA07, IN01 et IN03 ne s'appliquent qu'en cas de transport de cette matière en vrac ou sans emballage
1400	BARYUM	4.3	W2	II	4.3		500 g	E2		PP, EX, A	VE01	HA08	0	
1401	CALCIUM	4.3	W2	II	4.3		500 g	E2		PP, EX, A	VE01	HA08	0	
1402	CARBURE DE CALCIUM	4.3	W2	I	4.3		0	E0		PP, EX, A	VE01	HA08	0	
1402	CARBURE DE CALCIUM	4.3	W2	II	4.3		500 g	E2		PP, EX, A	VE01	HA08	0	

No. ONU ou ID	Nom et description	Classe	Code de classification	Groupe d'emballage	Étiquettes	Dispositions spéciales	Quantités limitées et exceptées		Transport admis	Équipement exigé	Ventilation	Mesures pendant le chargement/déchargement/transport		Nombre de cônes, feux bleus	Observations
		2.2	2.2	2.1.1.3	5.2.2	3.3	3.4	3.5.1.2	3.2.1	8.1.5	7.1.6	7.1.6		7.1.5	3.2.1
(1)	(2)	(3a)	(3b)	(4)	(5)	(6)	(7a)	(7b)	(8)	(9)	(10)	(11)		(12)	(13)
1403	CYANAMIDE CALCIQUE contenant plus de 0,1% (masse) de carbure de calcium	4.3	W2	III	4.3	38	1 kg	E1		PP, EX, A	VE01	HA08		0	
1404	HYDRURE DE CALCIUM	4.3	W2	I	4.3		0	E0		PP, EX, A	VE01	HA08		0	
1405	SILICIURE DE CALCIUM	4.3	W2	II	4.3		500 g	E2		PP, EX, A	VE01	HA08		0	
1405	SILICIURE DE CALCIUM	4.3	W2	III	4.3		1 kg	E1		PP, EX, A	VE01	HA08		0	
1407	CÉSIUM	4.3	W2	I	4.3		0	E0		PP, EX, A	VE01	HA08		0	
1408	FERROSILICIUM contenant 30% ou plus mais moins de 90% (masse) de silicium	4.3	WT2	III	4.3+6.1	39 802	1 kg	E1	B	PP, EP, EX, TOX, A	VE01, VE02, VE03	LO03 HA07, HA08	IN01, IN02, IN03	0	VE03, LO03, HA07, IN01, IN02 et IN03 ne s'appliquent qu'en cas de transport de cette matière en vrac ou sans emballage
1409	HYDRURES MÉTALLIQUES HYDRORÉACTIFS, N.S.A.	4.3	W2	I	4.3	274 508	0	E0		PP, EX, A	VE01	HA08		0	
1409	HYDRURES MÉTALLIQUES HYDRORÉACTIFS, N.S.A.	4.3	W2	II	4.3	274 508	500 g	E2		PP, EX, A	VE01	HA08		0	
1410	HYDRURE DE LITHIUM-ALUMINIUM	4.3	W2	I	4.3		0	E0		PP, EX, A	VE01	HA08		0	
1411	HYDRURE DE LITHIUM-ALUMINIUM DANS L'ÉTHER	4.3	WF1	I	4.3+3		0	E0		PP, EX, A	VE01	HA08		1	
1413	BOROHYDRURE DE LITHIUM	4.3	W2	I	4.3		0	E0		PP, EX, A	VE01	HA08		0	
1414	HYDRURE DE LITHIUM	4.3	W2	I	4.3		0	E0		PP, EX, A	VE01	HA08		0	
1415	LITHIUM	4.3	W2	I	4.3		0	E0		PP, EX, A	VE01	HA08		0	
1417	SILICO-LITHIUM	4.3	W2	II	4.3		500 g	E2		PP, EX, A	VE01	HA08		0	
1418	MAGNÉSIUM EN POUDRE ou ALLIAGES DE MAGNÉSIUM EN POUDRE	4.3	WS	I	4.3+4.2		0	E0		PP, EX, A	VE01	HA08		0	
1418	MAGNÉSIUM EN POUDRE ou ALLIAGES DE MAGNÉSIUM EN POUDRE	4.3	WS	II	4.3+4.2		0	E2		PP, EX, A	VE01	HA08		0	
1418	MAGNÉSIUM EN POUDRE ou ALLIAGES DE MAGNÉSIUM EN POUDRE	4.3	WS	III	4.3+4.2		0	E1		PP, EX, A	VE01	HA08		0	
1419	PHOSPHURE DE MAGNÉSIUM-ALUMINIUM	4.3	WT2	I	4.3+6.1	802	0	E0		PP, EP, EX, TOX, A	VE01, VE02	HA08		2	
1420	ALLIAGES MÉTALLIQUES DE POTASSIUM, LIQUIDES	4.3	W1	I	4.3		0	E0		PP, EX, A	VE01	HA08		0	
1421	ALLIAGE LIQUIDE DE MÉTAUX ALCALINS, N.S.A.	4.3	W1	I	4.3	182	0	E0		PP, EX, A	VE01	HA08		0	
1422	ALLIAGES DE POTASSIUM ET SODIUM, LIQUIDES	4.3	W1	I	4.3		0	E0		PP, EX, A	VE01	HA08		0	
1423	RUBIDIUM	4.3	W2	I	4.3		0	E0		PP, EX, A	VE01	HA08		0	
1426	BOROHYDRURE DE SODIUM	4.3	W2	I	4.3		0	E0		PP, EX, A	VE01	HA08		0	
1427	HYDRURE DE SODIUM	4.3	W2	I	4.3		0	E0		PP, EX, A	VE01	HA08		0	
1428	SODIUM	4.3	W2	I	4.3		0	E0		PP, EX, A	VE01	HA08		0	
1431	MÉTHYLATE DE SODIUM	4.2	SC4	II	4.2+8		0	E2		PP, EP	VE01	HA08		0	
1432	PHOSPHURE DE SODIUM	4.3	WT2	I	4.3+6.1	802	0	E0		PP, EP, EX, TOX, A	VE01, VE02	HA08		2	
1433	PHOSPHURES STANNIQUES	4.3	WT2	I	4.3+6.1	802	0	E0		PP, EP, EX, TOX, A	VE01, VE02	HA08		2	

No. ONU ou ID (1) 3.1.2	Nom et description (2) 3.1.2	Classe (3a) 2.2	Code de classification (3b) 2.2	Groupe d'emballage (4) 2.1.1.3	Étiquettes (5) 5.2.2	Dispositions spéciales (6) 3.3	Quantités limitées (7a) 3.4	et exceptées (7b) 3.5.1.2	Transport admis (8) 3.2.1	Équipement exigé (9) 8.1.5	Venti-lation (10) 7.1.6	Mesures pendant le chargement/déchargement/transport (11) 7.1.6	Nombre de cônes, feux bleus (12) 7.1.5	Observations (13) 3.2.1
1435	CENDRES DE ZINC	4.3	W2	III	4.3		1 kg	E1	B	PP, EX, A	VE01, VE03	LO03 HA07, HA08 / IN01, IN03	0	VE03, LO03, HA07, IN01 et IN03 ne s'appliquent qu'en cas de transport de cette matière en vrac ou sans emballage
1436	ZINC EN POUDRE ou ZINC EN POUSSIÈRE	4.3	WS	I	4.3+4.2		0	E0		PP, EX, A	VE01	HA08	0	
1436	ZINC EN POUDRE ou ZINC EN POUSSIÈRE	4.3	WS	II	4.3+4.2		0	E2		PP, EX, A	VE01	HA08	0	
1436	ZINC EN POUDRE ou ZINC EN POUSSIÈRE	4.3	WS	III	4.3+4.2		0	E1		PP, EX, A	VE01	HA08	0	
1437	HYDRURE DE ZIRCONIUM	4.1	F3	II	4.1		1 kg	E2		PP			1	
1438	NITRATE D'ALUMINIUM	5.1	O2	III	5.1		5 kg	E1	B	PP		CO02, LO04	0	CO02 et LO04 ne s'appliquent qu'en cas de transport de cette matière en vrac ou sans emballage
1439	DICHROMATE D'AMMONIUM	5.1	O2	II	5.1		1 kg	E2		PP			0	
1442	PERCHLORATE D'AMMONIUM	5.1	O2	II	5.1	152	1 kg	E2		PP			0	
1444	PERSULFATE D'AMMONIUM	5.1	O2	III	5.1		5 kg	E1		PP			0	
1445	CHLORATE DE BARYUM, SOLIDE	5.1	OT2	II	5.1+6.1	802	1 kg	E2		PP, EP			2	
1446	NITRATE DE BARYUM	5.1	OT2	II	5.1+6.1	802	1 kg	E2		PP, EP			2	
1447	PERCHLORATE DE BARYUM, SOLIDE	5.1	OT2	II	5.1+6.1	802	1 kg	E2		PP, EP			2	
1448	PERMANGANATE DE BARYUM	5.1	OT2	II	5.1+6.1	802	1 kg	E2		PP, EP			2	
1449	PEROXYDE DE BARYUM	5.1	OT2	II	5.1+6.1	802	1 kg	E2		PP, EP			2	
1450	BROMATES INORGANIQUES, N.S.A.	5.1	O2	II	5.1	274 350	1 kg	E2		PP			0	
1451	NITRATE DE CÉSIUM	5.1	O2	III	5.1		5 kg	E1	B	PP		CO02, LO04	0	CO02 et LO04 ne s'appliquent qu'en cas de transport de cette matière en vrac ou sans emballage
1452	CHLORATE DE CALCIUM	5.1	O2	II	5.1		1 kg	E2		PP			0	
1453	CHLORITE DE CALCIUM	5.1	O2	II	5.1		1 kg	E2		PP			0	
1454	NITRATE DE CALCIUM	5.1	O2	III	5.1	208	5 kg	E1	B	PP		CO02, LO04	0	CO02 et LO04 ne s'appliquent qu'en cas de transport de cette matière en vrac ou sans emballage
1455	PERCHLORATE DE CALCIUM	5.1	O2	II	5.1		1 kg	E2		PP			0	
1456	PERMANGANATE DE CALCIUM	5.1	O2	II	5.1		1 kg	E2		PP			0	
1457	PEROXYDE DE CALCIUM	5.1	O2	II	5.1		1 kg	E2		PP			0	
1458	CHLORATE ET BORATE EN MÉLANGE	5.1	O2	II	5.1		1 kg	E2		PP			0	
1458	CHLORATE ET BORATE EN MÉLANGE	5.1	O2	III	5.1		5 kg	E1		PP			0	
1459	CHLORATE ET CHLORURE DE MAGNÉSIUM EN MÉLANGE, SOLIDE	5.1	O2	II	5.1		1 kg	E2		PP			0	
1459	CHLORATE ET CHLORURE DE MAGNÉSIUM EN MÉLANGE, SOLIDE	5.1	O2	III	5.1		5 kg	E1		PP			0	
1461	CHLORATES INORGANIQUES, N.S.A.	5.1	O2	II	5.1	274 351	1 kg	E2		PP			0	

No. ONU ou ID (1)	Nom et description (2)	Classe (3a) 2.2	Code de classification (3b) 2.2	Groupe d'emballage (4) 2.1.1.3	Étiquettes (5) 5.2.2	Dispositions spéciales (6) 3.3	Quantités limitées et exceptées 3.4 (7a)	Quantités limitées et exceptées 3.5.1.2 (7b)	Transport admis (8) 3.2.1	Équipement exigé (9) 8.1.5	Venti-lation (10) 7.1.6	Mesures pendant le chargement/déchargement/transport (11) 7.1.6	Nombre de cônes, feux bleus (12) 7.1.5	Observations (13) 3.2.1
1462	CHLORITES INORGANIQUES, N.S.A.	5.1	O2	II	5.1	274 352 509	1 kg	E2		PP			0	
1463	TRIOXYDE DE CHROME ANHYDRE	5.1	OTC	II	5.1+6.1+8	510	1 kg	E2		PP, EP			2	
1465	NITRATE DE DIDYME	5.1	O2	III	5.1		5 kg	E1	B	PP		CO02, LO04	0	CO02 et LO04 ne s'appliquent qu'en cas de transport de cette matière en vrac ou sans emballage
1466	NITRATE DE FER III	5.1	O2	III	5.1		5 kg	E1	B	PP		CO02, LO04	0	CO02 et LO04 ne s'appliquent qu'en cas de transport de cette matière en vrac ou sans emballage
1467	NITRATE DE GUANIDINE	5.1	O2	III	5.1		5 kg	E1	B	PP		CO02, LO04	0	CO02 et LO04 ne s'appliquent qu'en cas de transport de cette matière en vrac ou sans emballage
1469	NITRATE DE PLOMB	5.1	OT2	II	5.1+6.1	802	1 kg	E2		PP, EP			2	
1470	PERCHLORATE DE PLOMB, SOLIDE	5.1	OT2	II	5.1+6.1	802	1 kg	E2		PP, EP			2	
1471	HYPOCHLORITE DE LITHIUM SEC ou HYPOCHLORITE DE LITHIUM EN MÉLANGE	5.1	O2	II	5.1		1 kg	E2		PP			0	
1471	HYPOCHLORITE DE LITHIUM SEC ou HYPOCHLORITE DE LITHIUM EN MÉLANGE	5.1	O2	III	5.1		5 kg	E1		PP			0	
1472	PEROXYDE DE LITHIUM	5.1	O2	II	5.1		1 kg	E2		PP			0	
1473	BROMATE DE MAGNÉSIUM	5.1	O2	II	5.1		1 kg	E2		PP			0	
1474	NITRATE DE MAGNÉSIUM	5.1	O2	III	5.1	332	5 kg	E1	B	PP		CO02, LO04	0	CO02 et LO04 ne s'appliquent qu'en cas de transport de cette matière en vrac ou sans emballage
1475	PERCHLORATE DE MAGNÉSIUM	5.1	O2	II	5.1		1 kg	E2		PP			0	
1476	PEROXYDE DE MAGNÉSIUM	5.1	O2	II	5.1		1 kg	E2		PP			0	
1477	NITRATES INORGANIQUES, N.S.A.	5.1	O2	II	5.1	511	1 kg	E2		PP			0	
1477	NITRATES INORGANIQUES, N.S.A.	5.1	O2	III	5.1	511	5 kg	E1	B	PP		CO02, LO04	0	CO02 et LO04 ne s'appliquent qu'en cas de transport de cette matière en vrac ou sans emballage
1479	SOLIDE COMBURANT, N.S.A.	5.1	O2	I	5.1	274	0	E0		PP			0	
1479	SOLIDE COMBURANT, N.S.A.	5.1	O2	II	5.1	274	1 kg	E2		PP			0	
1479	SOLIDE COMBURANT, N.S.A.	5.1	O2	III	5.1	274	5 kg	E1		PP			0	
1481	PERCHLORATES INORGANIQUES, N.S.A.	5.1	O2	II	5.1		1 kg	E2		PP			0	
1481	PERCHLORATES INORGANIQUES, N.S.A.	5.1	O2	III	5.1		5 kg	E1		PP			0	
1482	PERMANGANATES INORGANIQUES, N.S.A.	5.1	O2	II	5.1	274 353	1 kg	E2		PP			0	
1482	PERMANGANATES INORGANIQUES, N.S.A.	5.1	O2	III	5.1	274 353	5 kg	E1		PP			0	
1483	PEROXYDES INORGANIQUES, N.S.A.	5.1	O2	II	5.1		1 kg	E2		PP			0	

No. ONU ou ID (1)	Nom et description (2)	Classe (3a)	Code de classi-fication (3b)	Groupe d'embal-lage (4)	Étiquettes (5)	Dispositions spéciales (6)	Quantités limitées et exceptées (7a)	(7b)	Transport admis (8)	Équipement exigé (9)	Venti-lation (10)	Mesures pendant le chargement/déchargement/transport (11)	Nombre de cônes, feux bleus (12)	Observations (13)
		2.2	2.2	2.1.1.3	5.2.2	3.3	3.4	3.5.1.2	3.2.1	8.1.5	7.1.6	7.1.6	7.1.5	3.2.1
1483	PEROXYDES INORGANIQUES, N.S.A.	5.1	O2	III	5.1		5 kg	E1		PP			0	
1484	BROMATE DE POTASSIUM	5.1	O2	II	5.1		1 kg	E2		PP			0	
1485	CHLORATE DE POTASSIUM	5.1	O2	II	5.1		1 kg	E2		PP			0	
1486	NITRATE DE POTASSIUM	5.1	O2	III	5.1		5 kg	E1	B	PP		CO02, LO04	0	CO02 et LO04 ne s'appliquent qu'en cas de transport de cette matière en vrac ou sans emballage
1487	NITRATE DE POTASSIUM ET NITRITE DE SODIUM EN MÉLANGE	5.1	O2	II	5.1	607	1 kg	E2		PP			0	
1488	NITRITE DE POTASSIUM	5.1	O2	II	5.1		1 kg	E2		PP			0	
1489	PERCHLORATE DE POTASSIUM	5.1	O2	II	5.1		1 kg	E2		PP			0	
1490	PERMANGANATE DE POTASSIUM	5.1	O2	II	5.1		1 kg	E2		PP			0	
1491	PEROXYDE DE POTASSIUM	5.1	O2	I	5.1		0	E0		PP			0	
1492	PERSULFATE DE POTASSIUM	5.1	O2	III	5.1		5 kg	E1		PP			0	
1493	NITRATE D'ARGENT	5.1	O2	II	5.1		1 kg	E2		PP			0	
1494	BROMATE DE SODIUM	5.1	O2	II	5.1		1 kg	E2		PP			0	
1495	CHLORATE DE SODIUM	5.1	O2	II	5.1		1 kg	E2		PP			0	
1496	CHLORITE DE SODIUM	5.1	O2	II	5.1		1 kg	E2		PP			0	
1498	NITRATE DE SODIUM	5.1	O2	III	5.1		5 kg	E1	B	PP		CO02, LO04	0	CO02 et LO04 ne s'appliquent qu'en cas de transport de cette matière en vrac ou sans emballage
1499	NITRATE DE SODIUM ET NITRATE DE POTASSIUM EN MÉLANGE	5.1	O2	III	5.1		5 kg	E1	B	PP		CO02, LO04	0	CO02 et LO04 ne s'appliquent qu'en cas de transport de cette matière en vrac ou sans emballage
1500	NITRITE DE SODIUM	5.1	OT2	III	5.1+6.1	802	5 kg	E1		PP, EP			0	
1502	PERCHLORATE DE SODIUM	5.1	O2	II	5.1		1 kg	E2		PP			0	
1503	PERMANGANATE DE SODIUM	5.1	O2	II	5.1		1 kg	E2		PP			0	
1504	PEROXYDE DE SODIUM	5.1	O2	I	5.1		0	E0		PP			0	
1505	PERSULFATE DE SODIUM	5.1	O2	III	5.1		5 kg	E1		PP			0	
1506	CHLORATE DE STRONTIUM	5.1	O2	II	5.1		1 kg	E2		PP			0	
1507	NITRATE DE STRONTIUM	5.1	O2	III	5.1		5 kg	E1	B	PP		CO02, LO04	0	CO02 et LO04 ne s'appliquent qu'en cas de transport de cette matière en vrac ou sans emballage
1508	PERCHLORATE DE STRONTIUM	5.1	O2	II	5.1		1 kg	E2		PP			0	
1509	PEROXYDE DE STRONTIUM	5.1	O2	II	5.1		1 kg	E2		PP			0	
1510	TÉTRANITROMÉTHANE	6.1	TO1	I	6.1+5.1	354 609 802	0	E0		PP, EP, TOX, A	VE02		2	
1511	URÉE-PEROXYDE D'HYDROGÈNE	5.1	OC2	III	5.1+8		5 kg	E1		PP, EP			0	
1512	NITRITE DE ZINC AMMONIACAL	5.1	O2	II	5.1		1 kg	E2		PP			0	
1513	CHLORATE DE ZINC	5.1	O2	II	5.1		1 kg	E2		PP			0	
1514	NITRATE DE ZINC	5.1	O2	II	5.1		1 kg	E2		PP			0	
1515	PERMANGANATE DE ZINC	5.1	O2	II	5.1		1 kg	E2		PP			0	

No. ONU ou ID	Nom et description	Classe	Code de classification	Groupe d'emballage	Étiquettes	Dispositions spéciales	Quantités limitées et exceptées		Transport admis	Équipement exigé	Ventilation	Mesures pendant le chargement/déchargement/transport	Nombre de cônes, feux bleus	Observations
		2.2	2.2	2.1.1.3	5.2.2	3.3	3.4	3.5.1.2	3.2.1	8.1.5	7.1.6	7.1.6	7.1.5	3.2.1
(1)	(2)	(3a)	(3b)	(4)	(5)	(6)	(7a)	(7b)	(8)	(9)	(10)	(11)	(12)	(13)
1516	PEROXYDE DE ZINC	5.1	O2	II	5.1		1 kg	E2		PP			0	
1517	PICRAMATE DE ZIRCONIUM HUMIDIFIÉ avec au moins 20% (masse) d'eau	4.1	D	I	4.1		0	E0		PP			1	
1541	CYANHYDRINE D'ACÉTONE STABILISÉE	6.1	T1	I	6.1	354 802	0	E0	T	PP, EP, TOX, A	VE02		2	
1544	ALCALOÏDES SOLIDES, N.S.A. ou SELS D'ALCALOÏDES SOLIDES, N.S.A.	6.1	T2	I	6.1	43 274 802	0	E5		PP, EP			2	
1544	ALCALOÏDES SOLIDES, N.S.A. ou SELS D'ALCALOÏDES SOLIDES, N.S.A.	6.1	T2	II	6.1	43 274 802	500 g	E4		PP, EP			2	
1544	ALCALOÏDES SOLIDES, N.S.A. ou SELS D'ALCALOÏDES SOLIDES, N.S.A.	6.1	T2	III	6.1	43 274 802	5 kg	E1		PP, EP			0	
1545	ISOTHIOCYANATE D'ALLYLE STABILISÉ	6.1	TF1	II	6.1+3	802	100 ml	E4	T	PP, EP, EX, TOX, A	VE01, VE02		2	
1546	ARSÉNIATE D'AMMONIUM	6.1	T5	II	6.1	802	500 g	E4		PP, EP			2	
1547	ANILINE	6.1	T1	II	6.1	279 802	100 ml	E4	T	PP, EP, TOX, A	VE02		2	
1548	CHLORHYDRATE D'ANILINE	6.1	T2	III	6.1	802	5 kg	E1		PP, EP			0	
1549	COMPOSÉ INORGANIQUE SOLIDE DE L'ANTIMOINE, N.S.A.	6.1	T5	III	6.1	45 274 512 802	5 kg	E1		PP, EP			0	
1550	LACTATE D'ANTIMOINE	6.1	T5	III	6.1	802	5 kg	E1		PP, EP			0	
1551	TARTRATE D'ANTIMOINE ET DE POTASSIUM	6.1	T5	III	6.1	802	5 kg	E1		PP, EP			0	
1553	ACIDE ARSÉNIQUE LIQUIDE	6.1	T4	I	6.1	802	0	E5		PP, EP, TOX, A	VE02		2	
1554	ACIDE ARSÉNIQUE SOLIDE	6.1	T5	II	6.1	802	500 g	E4		PP, EP			2	
1555	BROMURE D'ARSENIC	6.1	T5	II	6.1	802	500 g	E4		PP, EP			2	
1556	COMPOSÉ LIQUIDE DE L'ARSENIC, N.S.A., inorganique, notamment: arséniates n.s.a., arsénites n.s.a. et sulfures d'arsenic n.s.a.	6.1	T4	I	6.1	43 274 802	0	E5		PP, EP, TOX, A	VE02		2	
1556	COMPOSÉ LIQUIDE DE L'ARSENIC, N.S.A., inorganique, notamment: arséniates n.s.a., arsénites n.s.a. et sulfures d'arsenic n.s.a.	6.1	T4	II	6.1	43 274 802	100 ml	E4		PP, EP, TOX, A	VE02		2	
1556	COMPOSÉ LIQUIDE DE L'ARSENIC, N.S.A., inorganique, notamment: arséniates n.s.a., arsénites n.s.a. et sulfures d'arsenic n.s.a.	6.1	T4	III	6.1	43 274 802	5 L	E1		PP, EP, TOX, A	VE02		0	
1557	COMPOSÉ SOLIDE DE L'ARSENIC, N.S.A., inorganique, notamment: arséniates n.s.a., arsénites n.s.a. et sulfures d'arsenic n.s.a.	6.1	T5	I	6.1	43 274 802	0	E5		PP, EP			2	
1557	COMPOSÉ SOLIDE DE L'ARSENIC, N.S.A., inorganique, notamment: arséniates n.s.a., arsénites n.s.a. et sulfures d'arsenic n.s.a.	6.1	T5	II	6.1	43 274 802	500 g	E4		PP, EP			2	
1557	COMPOSÉ SOLIDE DE L'ARSENIC, N.S.A., inorganique, notamment: arséniates n.s.a., arsénites n.s.a. et sulfures d'arsenic n.s.a.	6.1	T5	III	6.1	43 274 802	5 kg	E1		PP, EP			0	

No. ONU ou ID	Nom et description	Classe	Code de classification	Groupe d'emballage	Étiquettes	Dispositions spéciales	Quantités limitées et exceptées		Transport admis	Équipement exigé	Venti-lation	Mesures pendant le chargement/déchargement/ transport	Nombre de cônes, feux bleus	Observations
	3.1.2	2.2	2.2	2.1.1.3	5.2.2	3.3	3.4	3.5.1.2	3.2.1	8.1.5	7.1.6	7.1.6	7.1.5	3.2.1
(1)	(2)	(3a)	(3b)	(4)	(5)	(6)	(7a)	(7b)	(8)	(9)	(10)	(11)	(12)	(13)
1558	ARSENIC	6.1	T5	II	6.1	802	500 g	E4		PP, EP			2	
1559	PENTOXYDE D'ARSENIC	6.1	T5	II	6.1	802	500 g	E4		PP, EP			2	
1560	TRICHLORURE D'ARSENIC	6.1	T4	I	6.1	802	0	E5		PP, EP, TOX, A	VE02		2	
1561	TRIOXYDE D'ARSENIC	6.1	T5	II	6.1	802	500 g	E4		PP, EP			2	
1562	POUSSIÈRE ARSENICALE	6.1	T5	II	6.1	802	500 g	E4		PP, EP			2	
1564	COMPOSÉ DU BARYUM, N.S.A.	6.1	T5	II	6.1	177 274 513 587 802	500 g	E4		PP, EP			2	
1564	COMPOSÉ DU BARYUM, N.S.A.	6.1	T5	III	6.1	177 274 513 587 802	5 kg	E1		PP, EP			0	
1565	CYANURE DE BARYUM	6.1	T5	I	6.1	802	0	E5		PP, EP			2	
1566	COMPOSÉ DU BERYLLIUM, N.S.A.	6.1	T5	II	6.1	274 514 802	500 g	E4		PP, EP			2	
1566	COMPOSÉ DU BERYLLIUM, N.S.A.	6.1	T5	III	6.1	274 514 802	5 kg	E1		PP, EP			0	
1567	BERYLLIUM EN POUDRE	6.1	TF3	II	6.1+4.1	802	500 g	E4		PP, EP, EX, TOX, A	VE01, VE02		2	
1569	BROMACÉTONE	6.1	TF1	II	6.1+3	802	0	E4		PP, EP, EX, TOX, A	VE01, VE02		2	
1570	BRUCINE	6.1	T2	II	6.1	43 802	0	E5		PP, EP			2	
1571	AZOTURE DE BARYUM HUMIDIFIÉ avec au moins 50% (masse) d'eau	4.1	DT	I	4.1+6.1	568 802	0	E0		PP, EP			2	
1572	ACIDE CACODYLIQUE	6.1	T5	II	6.1	802	500 g	E4		PP, EP			2	
1573	ARSÉNIATE DE CALCIUM	6.1	T5	II	6.1	802	500 g	E4		PP, EP			2	
1574	ARSÉNIATE DE CALCIUM ET ARSÉNITE DE CALCIUM EN MÉLANGE SOLIDE	6.1	T5	II	6.1	802	500 g	E4		PP, EP			2	
1575	CYANURE DE CALCIUM	6.1	T5	I	6.1	802	0	E5		PP, EP			2	
1577	CHLORODINITROBENZÈNES LIQUIDES	6.1	T1	II	6.1	279 802	100 ml	E4		PP, EP, TOX, A	VE02		2	
1578	CHLORONITROBENZÈNES solides	6.1	T2	II	6.1	279 802	500 g	E4	T	PP, EP, TOX, A	VE02		2	
1579	CHLORHYDRATE DE CHLORO-4 o-TOLUIDINE, SOLIDE	6.1	T2	III	6.1	802	5 kg	E1		PP, EP			0	
1580	CHLOROPICRINE	6.1	T1	I	6.1	354 802	0	E0		PP, EP, TOX, A	VE02		2	
1581	BROMURE DE MÉTHYLE ET CHLOROPICRINE EN MÉLANGE contenant au plus 2% de chloropicrine	2	2T		2.3		0	E0		PP, EP, TOX, A	VE02		2	
1582	CHLORURE DE MÉTHYLE ET CHLOROPICRINE EN MÉLANGE	2	2T		2.3		0	E0		PP, EP, TOX, A	VE02		2	

No. ONU ou ID	Nom et description	Classe	Code de classification	Groupe d'emballage	Étiquettes	Dispositions speciales	Quantités limitées et exceptées		Transport admis	Équipement exigé	Ventilation	Mesures pendant le chargement/déchargement/transport	Nombre de cônes, feux bleus	Observations
		2.2	2.2	2.1.1.3	5.2.2	3.3	3.4	3.5.1.2	3.2.1	8.1.5	7.1.6	7.1.6	7.1.5	3.2.1
(1)	(2)	(3a)	(3b)	(4)	(5)	(6)	(7a)	(7b)	(8)	(9)	(10)	(11)	(12)	(13)
1583	CHLOROPICRINE EN MÉLANGE, N.S.A.	6.1	T1	I	6.1	274 315 515 802	0	E5		PP, EP, TOX, A	VE02		2	
1583	CHLOROPICRINE EN MÉLANGE, N.S.A.	6.1	T1	II	6.1	274 515 802	100 ml	E4		PP, EP, TOX, A	VE02		2	
1583	CHLOROPICRINE EN MÉLANGE, N.S.A.	6.1	T1	III	6.1	274 515 802	5 L	E1		PP, EP, TOX, A	VE02		0	
1585	ACÉTOARSÉNITE DE CUIVRE	6.1	T5	II	6.1	802	500 g	E4		PP, EP			2	
1586	ARSÉNITE DE CUIVRE	6.1	T5	II	6.1	802	500 g	E4		PP, EP			2	
1587	CYANURE DE CUIVRE	6.1	T5	II	6.1	802	500 g	E4		PP, EP			2	
1588	CYANURES INORGANIQUES SOLIDES, N.S.A.	6.1	T5	I	6.1	47 274 802	0	E5		PP, EP			2	
1588	CYANURES INORGANIQUES SOLIDES, N.S.A.	6.1	T5	II	6.1	47 274 802	500 g	E4		PP, EP			2	
1588	CYANURES INORGANIQUES, SOLIDES, N.S.A.	6.1	T5	III	6.1	47 274 802	5 kg	E1		PP, EP			0	
1589	CHLORURE DE CYANOGÈNE STABILISÉ	2	2TC		2.3+8		0	E0		PP, EP, TOX, A	VE02		2	
1590	DICHLORANILINES LIQUIDES	6.1	T1	II	6.1	279 802	100 ml	E4		PP, EP, TOX, A	VE02		2	
1591	o-DICHLOROBENZÈNE	6.1	T1	III	6.1	279 802	5 L	E1	T	PP, EP, TOX, A	VE02		0	
1593	DICHLOROMÉTHANE	6.1	T1	III	6.1	516 802	5 L	E1	T	PP, EP, TOX, A	VE02		0	
1594	SULFATE DE DIÉTHYLE	6.1	T1	II	6.1	802	100 ml	E4	T	PP, EP, TOX, A	VE02		2	
1595	SULFATE DE DIMÉTHYLE	6.1	TC1	I	6.1+8	354 802	0	E0	T	PP, EP, TOX, A	VE02		2	
1596	DINITRANILINES	6.1	T2	II	6.1	802	500 g	E4		PP, EP			2	
1597	DINITROBENZÈNES LIQUIDES	6.1	T1	II	6.1	802	100 ml	E4		PP, EP, TOX, A	VE02		2	
1597	DINITROBENZÈNES LIQUIDES	6.1	T1	III	6.1	802	5 L	E1		PP, EP, TOX, A	VE02		0	
1598	DINITRO-o-CRÉSOL	6.1	T2	II	6.1	43 802	500 g	E4		PP, EP			2	
1599	DINITROPHÉNOL EN SOLUTION	6.1	T1	II	6.1	802	100 ml	E4		PP, EP, A			2	
1599	DINITROPHÉNOL EN SOLUTION	6.1	T1	III	6.1	802	5 L	E1		PP, EP, A			0	
1600	DINITROTOLUÈNES FONDUS	6.1	T1	II	6.1	802	0	E0		PP, EP, TOX, A	VE02		2	
1601	DÉSINFECTANT SOLIDE TOXIQUE, N.S.A	6.1	T2	I	6.1	274 802	0	E5		PP, EP			2	
1601	DÉSINFECTANT SOLIDE TOXIQUE, N.S.A.	6.1	T2	II	6.1	274 802	500 g	E4		PP, EP			2	

No. ONU ou ID	Nom et description	Classe	Code de classification	Groupe d'emballage	Étiquettes	Dispositions speciales	Quantités limitées et exceptées		Transport admis	Équipement exigé	Ventilation	Mesures pendant le chargement/déchargement/transport	Nombre de cônes, feux bleus	Observations
		2.2	2.2	2.1.1.3	5.2.2	3.3	3.4	3.5.1.2	3.2.1	8.1.5	7.1.6	7.1.6	7.1.5	3.2.1
(1)	(2)	(3a)	(3b)	(4)	(5)	(6)	(7a)	(7b)	(8)	(9)	(10)	(11)	(12)	(13)
1601	DÉSINFECTANT SOLIDE TOXIQUE, N.S.A	6.1	T2	III	6.1	274 802	5 kg	E1		PP, EP			0	
1602	COLORANT LIQUIDE TOXIQUE, N.S.A. ou MATIÈRE INTERMÉDIAIRE LIQUIDE POUR COLORANT, TOXIQUE, N.S.A.	6.1	T1	I	6.1	274 802	0	E5		PP, EP, TOX, A	VE02		2	
1602	COLORANT LIQUIDE TOXIQUE, N.S.A. ou MATIÈRE INTERMÉDIAIRE LIQUIDE POUR COLORANT, TOXIQUE, N.S.A.	6.1	T1	II	6.1	274 802	100 ml	E4		PP, EP, TOX, A	VE02		2	
1602	COLORANT LIQUIDE TOXIQUE, N.S.A. ou MATIÈRE INTERMÉDIAIRE LIQUIDE POUR COLORANT, TOXIQUE, N.S.A.	6.1	T1	III	6.1	274 802	5 L	E1		PP, EP, TOX, A	VE02		0	
1603	BROMACÉTATE D'ÉTHYLE	6.1	TF1	II	6.1+3	802	100 ml	E4		PP, EP, EX, TOX, A	VE01, VE02		2	
1604	ÉTHYLÈNEDIAMINE	8	CF1	II	8+3		1 L	E2	T	PP, EP, EX, A	VE01		1	
1605	DIBROMURE D'ÉTHYLÈNE	6.1	T1	I	6.1	354 802	0	E0	T	PP, EP, TOX, A	VE02		2	
1606	ARSÉNIATE DE FER III	6.1	T5	II	6.1	802	500 g	E4		PP, EP			2	
1607	ARSÉNITE DE FER III	6.1	T5	II	6.1	802	500 g	E4		PP, EP			2	
1608	ARSÉNIATE DE FER II	6.1	T5	II	6.1	802	500 g	E4		PP, EP			2	
1611	TÉTRAPHOSPHATE D'HEXAÉTHYLE	6.1	T1	II	6.1	802	100 ml	E4		PP, EP, TOX, A	VE02		2	
1612	TÉTRAPHOSPHATE D'HEXAÉTHYLE ET GAZ COMPRIMÉ EN MÉLANGE	2	1T		2.3		0	E0		PP, EP, TOX, A	VE02		2	
1613	CYANURE D'HYDROGÈNE EN SOLUTION AQUEUSE (ACIDE CYANHYDRIQUE EN SOLUTION AQUEUSE) contenant au plus 20% de cyanure d'hydrogène	6.1	TF1	I	6.1+3	48 802	0	E5		PP, EP, EX, TOX, A	VE01, VE02		2	
1614	CYANURE D'HYDROGÈNE STABILISÉ, avec moins de 3% d'eau et absorbé dans un matériau inerte poreux	6.1	TF1	I	6.1+3	603 802	0	E5		PP, EP, EX, TOX, A	VE01, VE02		2	
1616	ACÉTATE DE PLOMB	6.1	T5	III	6.1	802	5 kg	E1		PP, EP			0	
1617	ARSÉNIATES DE PLOMB	6.1	T5	II	6.1	802	500 g	E4		PP, EP			2	
1618	ARSÉNITES DE PLOMB	6.1	T5	II	6.1	802	500 g	E4		PP, EP			2	
1620	CYANURE DE PLOMB	6.1	T5	II	6.1	802	500g	E4		PP, EP			2	
1621	POURPRE DE LONDRES	6.1	T5	II	6.1	43 802	500 g	E4		PP, EP			2	
1622	ARSÉNIATE DE MAGNÉSIUM	6.1	T5	II	6.1	802	500 g	E4		PP, EP			2	
1623	ARSÉNIATE DE MERCURE II	6.1	T5	II	6.1	802	500 g	E4		PP, EP			2	
1624	CHLORURE DE MERCURE II	6.1	T5	II	6.1	802	500 g	E4		PP, EP			2	
1625	NITRATE DE MERCURE II	6.1	T5	II	6.1	802	500 g	E4		PP, EP			2	
1626	CYANURE DOUBLE DE MERCURE ET DE POTASSIUM	6.1	T5	I	6.1	802	0	E5		PP, EP			2	
1627	NITRATE DE MERCURE I	6.1	T5	II	6.1	802	500 g	E4		PP, EP			2	
1629	ACÉTATE DE MERCURE	6.1	T5	II	6.1	802	500 g	E4		PP, EP			2	
1630	CHLORURE DE MERCURE AMMONIACAL	6.1	T5	II	6.1	802	500 g	E4		PP, EP			2	
1631	BENZOATE DE MERCURE	6.1	T5	II	6.1	802	500 g	E4		PP, EP			2	
1634	BROMURES DE MERCURE	6.1	T5	II	6.1	802	500 g	E4		PP, EP			2	
1636	CYANURE DE MERCURE	6.1	T5	II	6.1	802	500 g	E4		PP, EP			2	

No. ONU ou ID	Nom et description	Classe	Code de classification	Groupe d'emballage	Étiquettes	Dispositions spéciales	Quantités limitées et exceptées		Transport admis	Équipement exigé	Ventilation	Mesures pendant le chargement/déchargement/transport	Nombre de cônes, feux bleus	Observations
		2.2	2.2	2.1.1.3	5.2.2	3.3	3.4	3.5.1.2	3.2.1	8.1.5	7.1.6	7.1.6	7.1.5	3.2.1
(1)	(2)	(3a)	(3b)	(4)	(5)	(6)	(7a)	(7b)	(8)	(9)	(10)	(11)	(12)	(13)
1637	GLUCONATE DE MERCURE	6.1	T5	II	6.1	802	500 g	E4		PP, EP			2	
1638	IODURE DE MERCURE	6.1	T5	II	6.1	802	500 g	E4		PP, EP			2	
1639	NUCLÉINATE DE MERCURE	6.1	T5	II	6.1	802	500 g	E4		PP, EP			2	
1640	OLÉATE DE MERCURE	6.1	T5	II	6.1	802	500 g	E4		PP, EP			2	
1641	OXYDE DE MERCURE	6.1	T5	II	6.1	802	500 g	E4		PP, EP			2	
1642	OXYCYANURE DE MERCURE DÉSENSIBILISÉ	6.1	T5	II	6.1	802	500 g	E4		PP, EP			2	
1643	IODURE DOUBLE DE MERCURE ET DE POTASSIUM	6.1	T5	II	6.1	802	500 g	E4		PP, EP			2	
1644	SALICYLATE DE MERCURE	6.1	T5	II	6.1	802	500 g	E4		PP, EP			2	
1645	SULFATE DE MERCURE	6.1	T5	II	6.1	802	500 g	E4		PP, EP			2	
1646	THIOCYANATE DE MERCURE	6.1	T5	II	6.1	802	500 g	E4		PP, EP			2	
1647	BROMURE DE MÉTHYLE ET DIBROMURE D'ÉTHYLÈNE EN MÉLANGE LIQUIDE	6.1	T1	I	6.1	354 802	0	E0		PP, EP, TOX, A	VE02		2	
1648	ACÉTONITRILE	3	F1	II	3		1 L	E2	T	PP, EX, A	VE01		1	
1649	MÉLANGE ANTIDÉTONANT POUR CARBURANTS	6.1	T3	I	6.1	802	0	E5		PP, EP, TOX, A	VE02		2	
1650	bêta-NAPHTYLAMINE, SOLIDE	6.1	T2	II	6.1	802	500 g	E4		PP, EP			2	
1651	NAPHTYLTHIO-URÉE	6.1	T2	II	6.1	43 802	500 g	E4		PP, EP			2	
1652	NAPHTYLURÉE	6.1	T2	II	6.1	802	500 g	E4		PP, EP			2	
1653	CYANURE DE NICKEL	6.1	T5	II	6.1	802	500 g	E4		PP, EP			2	
1654	NICOTINE	6.1	T1	II	6.1	802	100 ml	E4		PP, EP, TOX, A	VE02		2	
1655	COMPOSÉ SOLIDE DE LA NICOTINE, N.S.A. ou PRÉPARATION SOLIDE DE LA NICOTINE, N.S.A.	6.1	T2	I	6.1	43 274 802	0	E5		PP, EP			2	
1655	COMPOSÉ SOLIDE DE LA NICOTINE, N.S.A. ou PRÉPARATION SOLIDE DE LA NICOTINE, N.S.A.	6.1	T2	II	6.1	43 274 802	500 g	E4		PP, EP			2	
1655	COMPOSÉ SOLIDE DE LA NICOTINE, N.S.A. ou PRÉPARATION SOLIDE DE LA NICOTINE, N.S.A.	6.1	T2	III	6.1	43 274 802	5 kg	E1		PP, EP			0	
1656	CHLORHYDRATE DE NICOTINE LIQUIDE ou EN SOLUTION	6.1	T1	II	6.1	43 802	100 ml	E4		PP, EP, TOX, A	VE02		2	
1656	CHLORHYDRATE DE NICOTINE LIQUIDE ou EN SOLUTION	6.1	T1	III	6.1	43 802	5 L	E1		PP, EP, TOX, A	VE02		0	
1657	SALICYLATE DE NICOTINE	6.1	T2	II	6.1	802	500 g	E4		PP, EP, TOX, A	VE02		2	
1658	SULFATE DE NICOTINE EN SOLUTION	6.1	T1	II	6.1	802	100 ml	E4		PP, EP, TOX, A	VE02		2	
1658	SULFATE DE NICOTINE EN SOLUTION	6.1	T1	III	6.1	802	5 L	E1		PP, EP, TOX, A	VE02		0	
1659	TARTRATE DE NICOTINE	6.1	T2	II	6.1	802	500 g	E4		PP, EP			2	
1660	MONOXYDE D'AZOTE (OXYDE NITRIQUE) COMPRIMÉ	2	1TOC		2.3+5.1+8		0	E0		PP, EP, TOX, A	VE02		2	
1661	NITRANILINES (o-, m-, p-)	6.1	T2	II	6.1	279 802	500 g	E4		PP, EP			2	
1662	NITROBENZÈNE	6.1	T1	II	6.1	279 802	100 ml	E4	T	PP, EP, TOX, A	VE02		2	
1663	NITROPHÉNOLS (o-, m-, p-)	6.1	T2	III	6.1	279 802	5 kg	E1	T	PP, EP			0	

No. ONU ou ID	Nom et description	Classe	Code de classi-fication	Groupe d'embal-lage	Étiquettes	Disposit-ions speciales	Quantités limitées et exceptées		Trans-port admis	Équipement exigé	Venti-lation	Mesures pendant le chargement/déchargement/ transport	Nombre de cônes, feux bleus	Observations
		2.2	2.2	2.1.1.3	5.2.2	3.3	3.4	3.5.1.2	3.2.1	8.1.5	7.1.6	7.1.6	7.1.5	3.2.1
(1)	(2)	(3a)	(3b)	(4)	(5)	(6)	(7a)	(7b)	(8)	(9)	(10)	(11)	(12)	(13)
1664	NITROTOLUÈNES LIQUIDES	6.1	T1	II	6.1	802	100 ml	E4	T	PP, EP, TOX, A	VE02		2	
1665	NITROXYLÈNES LIQUIDES	6.1	T1	II	6.1	802	100 ml	E4		PP, EP, TOX, A	VE02		2	
1669	PENTACHLORÉTHANE	6.1	T1	II	6.1	802	100 ml	E4		PP, EP, TOX, A	VE02		2	
1670	MERCAPTAN MÉTHYLIQUE PERCHLORÉ	6.1	T1	I	6.1	354 802	0	E0		PP, EP, TOX, A	VE02		2	
1671	PHÉNOL SOLIDE	6.1	T2	II	6.1	279 802	500 g	E4		PP, EP			2	
1672	CHLORURE DE PHÉNYLCARBYLAMINE	6.1	T1	I	6.1	802	0	E5		PP, EP, TOX, A	VE02		2	
1673	PHÉNYLÈNEDIAMINES (o-, m-, p-)	6.1	T2	III	6.1	279 802	5 kg	E1		PP, EP			0	
1674	ACÉTATE DE PHÉNYLMERCURE	6.1	T3	II	6.1	43 802	500 g	E4		PP, EP, TOX, A	VE02		2	
1677	ARSÉNIATE DE POTASSIUM	6.1	T5	II	6.1	802	500 g	E4		PP, EP			2	
1678	ARSÉNITE DE POTASSIUM	6.1	T5	II	6.1	802	500 g	E4		PP, EP			2	
1679	CUPROCYANURE DE POTASSIUM	6.1	T5	II	6.1	802	500 g	E4		PP, EP			2	
1680	CYANURE DE POTASSIUM, SOLIDE	6.1	T5	I	6.1	802	0	E5		PP, EP			2	
1683	ARSÉNITE D'ARGENT	6.1	T5	II	6.1	802	500 g	E4		PP, EP			2	
1684	CYANURE D'ARGENT	6.1	T5	II	6.1	802	500 g	E4		PP, EP			2	
1685	ARSÉNIATE DE SODIUM	6.1	T5	II	6.1	802	500 g	E4		PP, EP			2	
1686	ARSÉNITE DE SODIUM EN SOLUTION AQUEUSE	6.1	T4	II	6.1	43 802	100 ml	E4		PP, EP			2	
1686	ARSÉNITE DE SODIUM EN SOLUTION AQUEUSE	6.1	T4	III	6.1	43 802	5 L	E1		PP, EP			0	
1687	AZOTURE DE SODIUM	6.1	T5	II	6.1	802	500 g	E4		PP, EP			2	
1688	CACODYLATE DE SODIUM	6.1	T5	II	6.1	802	500 g	E4		PP, EP			2	
1689	CYANURE DE SODIUM, SOLIDE	6.1	T5	I	6.1	802	0	E5		PP, EP			2	
1690	FLUORURE DE SODIUM, SOLIDE	6.1	T5	III	6.1	802	5 kg	E1	B	PP, EP			0	
1691	ARSÉNITE DE STRONTIUM	6.1	T5	II	6.1	802	500 g	E4		PP, EP			2	
1692	STRYCHNINE ou SELS DE STRYCHNINE	6.1	T2	I	6.1	802	0	E5		PP, EP			2	
1693	MATIÈRE LIQUIDE SERVANT À LA PRODUCTION DE GAZ LACRYMOGÈNES, N.S.A.	6.1	T1	I	6.1	274 802	0	E5		PP, EP, TOX, A	VE02		2	
1693	MATIÈRE LIQUIDE SERVANT À LA PRODUCTION DE GAZ LACRYMOGÈNES, N.S.A.	6.1	T1	II	6.1	274 802	0	E4		PP, EP, TOX, A	VE02		2	
1694	CYANURES DE BROMOBENZYLE LIQUIDES	6.1	T1	I	6.1	802	0	E5		PP, EP, TOX, A	VE02		2	
1695	CHLORACÉTONE, STABILISÉE	6.1	TFC	I	6.1+3+8	354 802	0	E0		PP, EP, EX, TOX, A	VE01, VE02		2	
1697	CHLORACÉTOPHÉNONE, SOLIDE	6.1	T2	II	6.1	802	0	E4		PP, EP, TOX, A	VE02		2	
1698	DIPHÉNYLAMINE-CHLORARSINE	6.1	T3	I	6.1	802	0	E5		PP, EP, TOX, A	VE02		2	
1699	DIPHÉNYLCHLORARSINE LIQUIDE	6.1	T3	I	6.1	802	0	E5		PP, EP, TOX, A	VE02		2	

No. ONU ou ID	Nom et description	Classe	Code de classification	Groupe d'emballage	Étiquettes	Dispositions spéciales	Quantités limitées et exceptées		Transport admis	Équipement exigé	Ventilation	Mesures pendant le chargement/déchargement/transport	Nombre de cônes, feux bleus	Observations
		2.2	2.2	2.1.1.3	5.2.2	3.3	3.4	3.5.1.2	3.2.1	8.1.5	7.1.6	7.1.6	7.1.5	3.2.1
(1)	(2)	(3a)	(3b)	(4)	(5)	(6)	(7a)	(7b)	(8)	(9)	(10)	(11)	(12)	(13)
1700	CHANDELLES LACRYMOGÈNES	6.1	TF3	II	6.1+4.1	802	0	E0		PP, EP			2	
1701	BROMURE DE XYLYLE, LIQUIDE	6.1	T1	II	6.1	802	0	E4		PP, EP, TOX, A	VE02		2	
1702	1,1,2,2-TÉTRACHLORÉTHANE	6.1	T1	II	6.1	802	100 ml	E4		PP, EP, TOX, A	VE02		2	
1704	DITHIOPYROPHOSPHATE DE TÉTRAÉTHYLE	6.1	T1	II	6.1	43 802	100 ml	E4		PP, EP			2	
1707	COMPOSÉ DU THALLIUM, N.S.A.	6.1	T5	II	6.1	43 274 802	500 g	E4		PP, EP			2	
1708	TOLUIDINES LIQUIDES	6.1	T1	II	6.1	279 802	100 ml	E4		PP, EP, TOX, A	VE02		2	
1709	m-TOLUYLÈNEDIAMINE, SOLIDE	6.1	T2	III	6.1	802	5 kg	E1		PP, EP			0	
1710	TRICHLORÉTHYLÈNE	6.1	T1	III	6.1	802	5 L	E1		PP, EP, TOX, A	VE02		0	
1711	XYLIDINES LIQUIDES	6.1	T1	II	6.1	802	100 ml	E4		PP, EP, TOX, A	VE02		2	
1712	ARSÉNIATE DE ZINC ou ARSÉNITE DE ZINC ou ARSÉNIATE DE ZINC ET ARSÉNITE DE ZINC EN MÉLANGE	6.1	T5	II	6.1	802	500 g	E4		PP, EP			2	
1713	CYANURE DE ZINC	6.1	T5	I	6.1	802	0	E5		PP, EP, EX, TOX, A	VE01, VE02		2	
1714	PHOSPHURE DE ZINC	4.3	WT2	I	4.3+6.1	802	0	E0		PP, EP, EX, TOX, A	VE01, VE02	HA08	2	
1715	ANHYDRIDE ACÉTIQUE	8	CF1	II	8+3		1 L	E2	T	PP, EP, EX, A	VE01		1	
1716	BROMURE D'ACÉTYLE	8	C3	II	8		1 L	E2		PP, EP			0	
1717	CHLORURE D'ACÉTYLE	3	FC	II	3+8		1 L	E2	T	PP, EP, EX, A	VE01		1	
1718	PHOSPHATE ACIDE DE BUTYLE	8	C3	III	8		.5 L	E1	T	PP, EP			0	
1719	LIQUIDE ALCALIN CAUSTIQUE, N.S.A.	8	C5	II	8	274	1 L	E2	T	PP, EP			0	
1719	LIQUIDE ALCALIN CAUSTIQUE, N.S.A.	8	C5	III	8	274	5 L	E1	T	PP, EP			0	
1722	CHLOROFORMIATE D'ALLYLE	6.1	TFC	I	6.1+3+8	802	0	E5		PP, EP, EX, TOX, A	VE01, VE02		2	
1723	IODURE D'ALLYLE	3	FC	II	3+8		1 L	E2		PP, EP, EX, A	VE01		1	
1724	ALLYLTRICHLOROSILANE STABILISÉ	8	CF1	II	8+3		0	E0		PP, EP, EX, A	VE01		1	
1725	BROMURE D'ALUMINIUM ANHYDRE	8	C2	II	8	588	1 kg	E2		PP, EP			0	
1726	CHLORURE D'ALUMINIUM ANHYDRE	8	C2	II	8	588	1 kg	E2		PP, EP			0	
1727	HYDROGÉNODIFLUORURE D'AMMONIUM SOLIDE	8	C2	II	8		1 kg	E2		PP, EP			0	
1728	AMYLTRICHLOROSILANE	8	C3	II	8		0	E0		PP, EP			0	
1729	CHLORURE D'ANISOYLE	8	C4	II	8		1 kg	E2		PP, EP			0	
1730	PENTACHLORURE D'ANTIMOINE LIQUIDE	8	C1	II	8		1 L	E2		PP, EP			0	
1731	PENTACHLORURE D'ANTIMOINE EN SOLUTION	8	C1	II	8		1 L	E2		PP, EP			0	
1731	PENTACHLORURE D'ANTIMOINE EN SOLUTION	8	C1	III	8		5 L	E1		PP, EP			0	

No. ONU ou ID	Nom et description	Classe	Code de classification	Groupe d'emballage	Étiquettes	Dispositions spéciales	Quantités limitées et exceptées		Transport admis	Équipement exigé	Ventilation	Mesures pendant le chargement/déchargement/transport	Nombre de cônes, feux bleus	Observations
		2.2	2.2	2.1.1.3	5.2.2	3.3	3.4	3.5.1.2	3.2.1	8.1.5	7.1.6	7.1.6	7.1.5	3.2.1
(1)	(2)	(3a)	(3b)	(4)	(5)	(6)	(7a)	(7b)	(8)	(9)	(10)	(11)	(12)	(13)
1732	PENTAFLUORURE D'ANTIMOINE	8	CT1	II	8+6.1	802	1 L	E2		PP, EP, TOX, A	VE02		2	
1733	TRICHLORURE D'ANTIMOINE	8	C2	II	8		1 kg	E2		PP, EP			0	
1736	CHLORURE DE BENZOYLE	8	C3	II	8		1 L	E2		PP, EP			0	
1737	BROMURE DE BENZYLE	6.1	TC1	II	6.1+8	802	0	E4		PP, EP, TOX, A	VE02		2	
1738	CHLORURE DE BENZYLE	6.1	TC1	II	6.1+8	802	0	E4	T	PP, EP, TOX, A	VE02		2	
1739	CHLOROFORMIATE DE BENZYLE	8	C9	I	8		0	E0		PP, EP			0	
1740	HYDROGÉNODIFLUORURES SOLIDES, N.S.A.	8	C2	II	8	517	1 kg	E2		PP, EP			0	
1740	HYDROGÉNODIFLUORURES SOLIDES, N.S.A.	8	C2	III	8	517	5 kg	E1		PP, EP			0	
1741	TRICHLORURE DE BORE	2	2TC		2.3+8		0	E0		PP, EP, TOX, A	VE02		2	
1742	COMPLEXE DE TRIFLUORURE DE BORE ET D'ACIDE ACÉTIQUE, LIQUIDE	8	C3	II	8		1 L	E2	T	PP, EP			0	
1743	COMPLEXE DE TRIFLUORURE DE BORE ET D'ACIDE PROPIONIQUE, LIQUIDE	8	C3	II	8		1 L	E2		PP, EP			0	
1744	BROME ou BROME EN SOLUTION	8	CT1	I	8+6.1	802	0	E0		PP, EP, TOX, A	VE02		2	
1745	PENTAFLUORURE DE BROME	5.1	OTC	I	5.1+6.1+8	802	0	E0		PP, EP, TOX, A	VE02		2	
1746	TRIFLUORURE DE BROME	5.1	OTC	I	5.1+6.1+8	802	0	E0		PP, EP, TOX, A	VE02		2	
1747	BUTYLTRICHLOROSILANE	8	CF1	II	8+3		0	E0		PP, EP, EX, A	VE01		1	
1748	HYPOCHLORITE DE CALCIUM SEC ou HYPOCHLORITE DE CALCIUM EN MÉLANGE SEC, contenant plus de 39% de chlore actif (8,8% d'oxygène actif)	5.1	O2	II	5.1	314	1 kg	E2		PP			0	
1748	HYPOCHLORITE DE CALCIUM SEC ou HYPOCHLORITE DE CALCIUM EN MÉLANGE SEC, contenant plus de 39% de chlore actif (8,8% d'oxygène actif)	5.1	O2	III	5.1	316	5 kg	E1		PP			0	
1749	TRIFLUORURE DE CHLORE	2	2TOC		2.3+5.1+8		0	E0		PP, EP, TOX, A	VE02		2	
1750	ACIDE CHLORACÉTIQUE EN SOLUTION	6.1	TC1	II	6.1+8	802	100 ml	E4	T	PP, EP, TOX, A	VE02		2	
1751	ACIDE CHLORACÉTIQUE SOLIDE	6.1	TC2	II	6.1+8	802	500 g	E4		PP, EP, TOX, A	VE02		2	
1752	CHLORURE DE CHLORACÉTYLE	6.1	TC1	I	6.1+8	354 802	0	E0		PP, EP, TOX, A	VE02		2	
1753	CHLOROPHÉNYLTRICHLORO-SILANE	8	C3	II	8		0	E0		PP, EP			0	
1754	ACIDE CHLOROSULFONIQUE contenant ou non du trioxyde de soufre	8	C1	I	8		0	E0		PP, EP			0	
1755	ACIDE CHROMIQUE EN SOLUTION	8	C1	II	8	518	1 L	E2		PP, EP			0	
1755	ACIDE CHROMIQUE EN SOLUTION	8	C1	III	8	518	5 L	E1		PP, EP			0	
1756	FLUORURE DE CHROME III SOLIDE	8	C2	II	8		1 kg	E2		PP, EP			0	
1757	FLUORURE DE CHROME III EN SOLUTION	8	C1	II	8		1 L	E2		PP, EP			0	
1757	FLUORURE DE CHROME III EN SOLUTION	8	C1	III	8		5 L	E1		PP, EP			0	
1758	CHLORURE DE CHROMYLE	8	C1	I	8		0	E0		PP, EP			0	
1759	SOLIDE CORROSIF, N.S.A.	8	C10	I	8	274	0	E0		PP, EP			0	

No. ONU ou ID (1)	Nom et description (2)	Classe 2.2 (3a)	Code de classification 2.2 (3b)	Groupe d'emballage 2.1.1.3 (4)	Étiquettes 5.2.2 (5)	Dispositions spéciales 3.3 (6)	Quantités limitées et exceptées 3.4 (7a)	3.5.1.2 (7b)	Transport admis 3.2.1 (8)	Équipement exigé 8.1.5 (9)	Ventilation 7.1.6 (10)	Mesures pendant le chargement/déchargement/transport 7.1.2 (11)	Nombre de cônes, feux bleus 7.1.5 (12)	Observations 3.2.1 (13)
1759	SOLIDE CORROSIF, N.S.A.	8	C10	II	8	274	1 kg	E2		PP, EP			0	
1759	SOLIDE CORROSIF, N.S.A.	8	C10	III	8	274	5 kg	E1		PP, EP			0	
1760	LIQUIDE CORROSIF, N.S.A.	8	C9	I	8	274	0	E0	T	PP, EP			0	
1760	LIQUIDE CORROSIF, N.S.A.	8	C9	II	8	274	1 L	E2	T	PP, EP			0	
1760	LIQUIDE CORROSIF, N.S.A.	8	C9	III	8	274	5 L	E1	T	PP, EP			0	
1761	CUPRIÉTHYLÈNEDIAMINE EN SOLUTION	8	CT1	II	8+6.1	802	1 L	E2		PP, EP, A			2	
1761	CUPRIÉTHYLÈNEDIAMINE EN SOLUTION	8	CT1	III	8+6.1	802	5 L	E1		PP, EP, A			0	
1762	CYCLOHEXÉNYLTRICHLORO-SILANE	8	C3	II	8		0	E0		PP, EP			0	
1763	CYCLOHEXYLTRICHLORO-SILANE	8	C3	II	8		0	E0		PP, EP			0	
1764	ACIDE DICHLORACÉTIQUE	8	C3	II	8		1 L	E2	T	PP, EP			0	
1765	CHLORURE DE DICHLORACÉTYLE	8	C3	II	8		1 L	E2		PP, EP			0	
1766	DICHLOROPHÉNYLTRICHLOROSILANE	8	C3	II	8		0	E0		PP, EP			0	
1767	DIÉTHYLDICHLOROSILANE	8	CF1	II	8+3		0	E0		PP, EP, EX, A	VE01		1	
1768	ACIDE DIFLUOROPHOSPHORIQUE ANHYDRE	8	C1	II	8		1 L	E2		PP, EP			0	
1769	DIPHÉNYLDICHLOROSILANE	8	C3	II	8		0	E0		PP, EP			0	
1770	BROMURE DE DIPHÉNYLMÉTHYLE	8	C10	II	8		1 kg	E2		PP, EP			0	
1771	DODÉCYLTRICHLOROSILANE	8	C3	II	8		0	E0		PP, EP			0	
1773	CHLORURE DE FER III ANHYDRE	8	C2	III	8	590	5 kg	E1		PP, EP			0	
1774	CHARGES D'EXTINCTEURS, liquide corrosif	8	C11	II	8		1 L	E2		PP, EP			0	
1775	ACIDE FLUOROBORIQUE	8	C1	II	8		1 L	E2		PP, EP			0	
1776	ACIDE FLUOROPHOSPHORIQUE ANHYDRE	8	C1	II	8		1 L	E2		PP, EP			0	
1777	ACIDE FLUOROSULFONIQUE	8	C1	I	8		0	E0		PP, EP			0	
1778	ACIDE FLUOROSILICIQUE	8	C1	II	8		1 L	E2	T	PP, EP			0	
1779	ACIDE FORMIQUE contenant plus de 85 % (masse) d'acide	8	CF1	II	8+3		1 L	E2	T	PP, EP, EX, A	VE01		1	
1780	CHLORURE DE FUMARYLE	8	C3	II	8		1 L	E2	T	PP, EP			0	
1781	HEXADÉCYLTRICHLORO-SILANE	8	C3	III	8		0	E0		PP, EP			0	
1782	ACIDE HEXAFLUOROPHOSPHORIQUE	8	C1	II	8	519	1 L	E2		PP, EP			0	
1783	HEXAMÉTHYLÈNEDIAMINE EN SOLUTION	8	C7	II	8	519	1 L	E2		PP, EP			0	
1783	HEXAMÉTHYLÈNEDIAMINE EN SOLUTION	8	C7	III	8	520	5 L	E1		PP, EP			0	
1784	HEXYLTRICHLOROSILANE	8	C3	II	8	520	0	E0	T	PP, EP			0	
1786	ACIDE FLUORHYDRIQUE ET ACIDE SULFURIQUE EN MÉLANGE	8	CT1	I	8+6.1	802	0	E0		PP, EP, TOX, A	VE02		2	
1787	ACIDE IODHYDRIQUE	8	C1	II	8		1 L	E2		PP, EP			0	
1787	ACIDE IODHYDRIQUE	8	C1	III	8		5 L	E1		PP, EP			0	
1788	ACIDE BROMHYDRIQUE	8	C1	II	8	519	1 L	E2		PP, EP			0	
1788	ACIDE BROMHYDRIQUE	8	C1	III	8	519	5 L	E1		PP, EP			0	
1789	ACIDE CHLORHYDRIQUE	8	C1	II	8	520	1 L	E2		PP, EP			0	
1789	ACIDE CHLORHYDRIQUE	8	C1	III	8	520	5 L	E1		PP, EP			0	
1790	ACIDE FLUORHYDRIQUE contenant plus de 85% de fluorure d'hydrogène	8	CT1	I	8+6.1	640I 802	0	E0		PP, EP, TOX, A	VE02		2	
1790	ACIDE FLUORHYDRIQUE contenant plus de 60% de fluorure d'hydrogène mais pas plus de 85% de fluorure d'hydrogène	8	CT1	I	8+6.1	640I 802	0	E0		PP, EP, TOX, A	VE02		2	
1790	ACIDE FLUORHYDRIQUE contenant au plus 60% de fluorure d'hydrogène	8	CT1	II	8+6.1	802	1 L	E2		PP, EP, TOX, A	VE02		2	
1791	HYPOCHLORITE EN SOLUTION	8	C9	II	8	521	1 L	E2		PP, EP			0	
1791	HYPOCHLORITE EN SOLUTION	8	C9	III	8	521	5 L	E1		PP, EP			0	
1792	MONOCHLORURE D'IODE SOLIDE	8	C2	II	8		1 kg	E2		PP, EP			0	

No. ONU ou ID	Nom et description	Classe	Code de classification	Groupe d'emballage	Étiquettes	Dispositions spéciales	Quantités limitées et exceptées		Transport admis	Équipement exigé	Ventilation	Mesures pendant le chargement/déchargement/transport	Nombre de cônes, feux bleus	Observations
		2.2	2.2	2.1.1.3	5.2.2	3.3	3.4	3.5.1.2	3.2.1	8.1.5	7.1.6	7.1.6	7.1.5	3.2.1
(1)	(2)	(3a)	(3b)	(4)	(5)	(6)	(7a)	(7b)	(8)	(9)	(10)	(11)	(12)	(13)
1793	PHOSPHATE ACIDE D'ISOPROPYLE	8	C3	III	8		5 L	E1		PP, EP			0	
1794	SULFATE DE PLOMB contenant plus de 3% d'acide libre	8	C2	II	8	591	1 kg	E2		PP, EP			0	
1796	ACIDE SULFONITRIQUE contenant plus de 50% d'acide nitrique	8	CO1	I	8+5.1		0	E0		PP, EP			0	
1796	ACIDE SULFONITRIQUE contenant au plus 50% d'acide nitrique	8	C1	II	8		1 L	E2		PP, EP			0	
1798	ACIDE CHLORHYDRIQUE ET ACIDE NITRIQUE EN MÉLANGE	8	COT				TRANSPORT INTERDIT								
1799	NONYLTRICHLOROSILANE	8	C3	II	8		0	E0		PP, EP			0	
1800	OCTADECYLTRICHLORO-SILANE	8	C3	II	8		0	E0		PP, EP			0	
1801	OCTYLTRICHLOROSILANE	8	C3	II	8		0	E0		PP, EP			0	
1802	ACIDE PERCHLORIQUE contenant au plus 50% (masse) d'acide	8	CO1	II	8+5.1	522	1 L	E2		PP, EP			0	
1803	ACIDE PHÉNOLSULFONIQUE LIQUIDE	8	C3	II	8		1 L	E2		PP, EP			0	
1804	PHÉNYLTRICHLOROSILANE	8	C3	II	8		0	E0		PP, EP			0	
1805	ACIDE PHOSPHORIQUE EN SOLUTION	8	C1	III	8		5 L	E1	T	PP, EP			0	
1806	PENTACHLORURE DE PHOSPHORE	8	C2	II	8		1 kg	E2		PP, EP			0	
1807	ANHYDRIDE PHOSPHORIQUE (PENTOXYDE DE PHOSPHORE)	8	C2	II	8		1 kg	E2		PP, EP			0	
1808	TRIBROMURE DE PHOSPHORE	8	C1	II	8		1 L	E2		PP, EP			0	
1809	TRICHLORURE DE PHOSPHORE	6.1	TC3	I	6.1+8	354 802	0	E0		PP, EP, TOX, A	VE02		2	
1810	OXYCHLORURE DE PHOSPHORE	6.1	TC3	I	6.1+8	354	0	E0		PP, EP, TOX, A	VE02		2	
1811	HYDROGÉNODIFLUORURE DE POTASSIUM, SOLIDE	8	CT2	II	8+6.1	802	1 kg	E2		PP, EP			2	
1812	FLUORURE DE POTASSIUM, SOLIDE	6.1	T5	III	6.1	802	5 kg	E1	B	PP, EP			0	
1813	HYDROXYDE DE POTASSIUM SOLIDE	8	C6	II	8		1 kg	E2		PP, EP			0	
1814	HYDROXYDE DE POTASSIUM EN SOLUTION	8	C5	II	8		1 L	E2	T	PP, EP			0	
1814	HYDROXYDE DE POTASSIUM EN SOLUTION	8	C5	III	8		5 L	E1	T	PP, EP			0	
1815	CHLORURE DE PROPIONYLE	3	FC	II	3+8		1 L	E2		PP, EP, EX, A	VE01		1	
1816	PROPYLDICHLOROSILANE	8	CF1	II	8+3		0	E0		PP, EP, EX, A	VE01		1	
1817	CHLORURE DE PYROSULFURYLE	8	C1	II	8		1 L	E2		PP, EP			0	
1818	TÉTRACHLORURE DE SILICIUM	8	C1	II	8		0	E0		PP, EP			0	
1819	ALUMINATE DE SODIUM EN SOLUTION	8	C5	II	8		1 L	E2		PP, EP			0	
1819	ALUMINATE DE SODIUM EN SOLUTION	8	C5	III	8		5 L	E1		PP, EP			0	
1823	HYDROXYDE DE SODIUM SOLIDE	8	C6	II	8		1 kg	E2		PP, EP			0	
1824	HYDROXYDE DE SODIUM EN SOLUTION	8	C5	II	8		1 L	E2	T	PP, EP			0	
1824	HYDROXYDE DE SODIUM EN SOLUTION	8	C5	III	8		5 L	E1	T	PP, EP			0	
1825	MONOXYDE DE SODIUM	8	C6	II	8		1 kg	E2		PP, EP			0	
1826	ACIDE SULFONITRIQUE RÉSIDUAIRE contenant plus de 50% d'acide nitrique	8	CO1	I	8+5.1	113	0	E0		PP, EP			0	
1826	ACIDE SULFONITRIQUE RÉSIDUAIRE contenant au plus 50% d'acide nitrique	8	C1	II	8	113	1 L	E2		PP, EP			0	
1827	CHLORURE D'ÉTAIN IV ANHYDRE	8	C1	II	8		1 L	E2		PP, EP			0	
1828	CHLORURES DE SOUFRE	8	C1	I	8		0	E0		PP, EP			0	
1829	TRIOXYDE DE SOUFRE STABILISÉ	8	C1	I	8	623·	0	E0		PP, EP			0	

No. ONU ou ID	Nom et description	Classe	Code de classi-fication	Groupe d'embal-lage	Étiquettes	Disposit-ions spéciales	Quantités limitées et exceptées		Trans-port admis	Équipement exigé	Venti-lation	Mesures pendant le chargement/déchargement/ transport	Nombre de cônes, feux bleus	Observations
		2.2	2.2	2.1.1.3	5.2.2	3.3	3.4	3.5.1.2	3.2.1	8.1.5	7.1.6	7.1.6	7.1.5	3.2.1
(1)	(2)	(3a)	(3b)	(4)	(5)	(6)	(7a)	(7b)	(8)	(9)	(10)	(11)	(12)	(13)
1830	ACIDE SULFURIQUE contenant plus de 51% d'acide	8	C1	II	8		1 L	E2	T	PP, EP			0	
1831	ACIDE SULFURIQUE FUMANT	8	CT1	I	8+6.1	802	0	E0	T	PP, EP, TOX, A	VE02		2	
1832	ACIDE SULFURIQUE RÉSIDUAIRE	8	C1	II	8	113	1 L	E2	T	PP, EP			0	
1833	ACIDE SULFUREUX	8	C1	II	8		1 L	E2		PP, EP			0	
1834	CHLORURE DE SULFURYLE	6.1	TC3	I	6.1+8	354	0	E0		PP, EP, TOX, A	VE02		2	
1835	HYDROXYDE DE TÉTRAMÉTHYLAMMONIUM EN SOLUTION	8	C7	II	8		1 L	E2		PP, EP			0	
1835	HYDROXYDE DE TÉTRAMÉTHYLAMMONIUM EN SOLUTION	8	C7	III	8		5 L	E1		PP, EP			0	
1836	CHLORURE DE THIONYLE	8	C1	I	8		0	E0		PP, EP			0	
1837	CHLORURE DE THIOPHOSPHORYLE	8	C1	II	8		1 L	E2		PP, EP			0	
1838	TÉTRACHLORURE DE TITANE	6.1	TC3	I	6.1+8	354	0	E0		PP, EP, TOX, A	VE02		2	
1839	ACIDE TRICHLORACÉTIQUE	8	C4	II	8		1 kg	E2		PP, EP			0	
1840	CHLORURE DE ZINC EN SOLUTION	8	C1	III	8		5 L	E1		PP, EP			0	
1841	ALDÉHYDATE D'AMMONIAQUE	9	M11	III	9		5 kg	E1		PP			0	
1843	DINITRO-o-CRÉSATE D'AMMONIUM, SOLIDE	6.1	T2	II	6.1	802	500 g	E4		PP, EP			2	
1845	Dioxyde de carbone solide (Anhydride carbonique, Neige carbonique)	NON SOUMIS A L'ADN - si utilisé en tant qu'agent de réfrigération, voir 5.5.3												
1846	TÉTRACHLORURE DE CARBONE	6.1	T1	II	6.1	802	100 ml	E4	T	PP, EP, TOX, A	VE02		2	
1847	SULFURE DE POTASSIUM HYDRATÉ contenant au moins 30% d'eau de cristallisation	8	C6	II	8	523	1 kg	E2		PP, EP			0	
1848	ACIDE PROPIONIQUE contenant au moins 10 % mais moins de 90 % (masse) d'acide	8	C3	III	8		5 L	E1	T	PP, EP			0	
1849	SULFURE DE SODIUM HYDRATÉ contenant au moins 30% d'eau	8	C6	II	8	523	1 kg	E2		PP, EP			0	
1851	MÉDICAMENT LIQUIDE TOXIQUE, N.S.A.	6.1	T1	II	6.1	221 601 802	100 ml	E4		PP, EP, TOX, A	VE02		2	
1851	MÉDICAMENT LIQUIDE TOXIQUE, N.S.A.	6.1	T1	III	6.1	221 601 802	5 L	E1		PP, EP, TOX, A	VE02		0	
1854	ALLIAGES PYROPHORIQUES DE BARYUM	4.2	S4	I	4.2		0	E0		PP			0	
1855	CALCIUM PYROPHORIQUE ou ALLIAGES PYROPHORIQUES DE CALCIUM	4.2	S4	I	4.2		0	E0		PP			0	
1856	Chiffons huileux	4.2	S2							NON SOUMIS À L'ADN				
1857	Déchets textiles mouillés	4.2	S2							NON SOUMIS À L'ADN				
1858	HEXAFLUOROPROPYLÈNE (GAZ RÉFRIGÉRANT R 1216)	2	2A		2.2		120 ml	E1		PP			0	
1859	TÉTRAFLUORURE DE SILICIUM	2	2TC		2.3+8		0	E0		PP, EP, TOX, A	VE02		2	
1860	FLUORURE DE VINYLE STABILISÉ	2	2F		2.1		0	E0		PP, EX, A	VE01		1	
1862	CROTONATE D'ÉTHYLE	3	F1	II	3		1 L	E2		PP, EX, A	VE01		1	
1863	CARBURÉACTEUR	3	F1	I	3	363	500 ml	E3	T	PP, EX, A	VE01		1	
1863	CARBURÉACTEUR (pression de vapeur à 50 °C supérieure à 110 kPa)	3	F1	II	3	363 640C	1 L	E2	T	PP, EX, A	VE01		1	

No. ONU ou ID (1)	Nom et description (2)	Classe 2.2 (3a)	Code de classification 2.2 (3b)	Groupe d'emballage 2.1.1.3 (4)	Étiquettes 5.2.2 (5)	Dispositions spéciales 3.3 (6)	Quantités limitées 3.4 (7a)	Quantités exceptées 3.5.1.2 (7b)	Transport admis 3.2.1 (8)	Équipement exigé 8.1.5 (9)	Ventilation 7.1.6 (10)	Mesures pendant le chargement/déchargement/transport 7.1.6 (11)	Nombre de cônes, feux bleus 7.1.5 (12)	Observations 3.2.1 (13)
1863	CARBURÉACTEUR (pression de vapeur à 50 °C inférieure ou égale à 110 kPa)	3	F1	II	3	363 640D	1 L	E2	T	PP, EX, A	VE01		1	
1863	CARBURÉACTEUR	3	F1	III	3	363	5 L	E1	T	PP, EX, A	VE01		0	
1865	NITRATE DE n-PROPYLE	3	F1	II	3		1 L	E2		PP, EX, A	VE01		1	
1866	RÉSINE EN SOLUTION, inflammable	3	F1	I	3		500 ml	E3		PP, EX, A	VE01		1	
1866	RÉSINE EN SOLUTION, inflammable (pression de vapeur à 50 °C supérieure à 110 kPa)	3	F1	II	3	640C	5 L	E2		PP, EX, A	VE01		1	
1866	RÉSINE EN SOLUTION, inflammable (pression de vapeur à 50 °C inférieure ou égale à 110 kPa)	3	F1	II	3	640D	5 L	E2		PP, EX, A	VE01		1	
1866	RÉSINE EN SOLUTION, inflammable	3	F1	III	3	640E	5 L	E1		PP, EX, A	VE01		0	
1866	RÉSINE EN SOLUTION, inflammable (ayant un point d'éclair inférieur à 23 °C et visqueux selon 2.2.3.1.4 (point d'ébullition d'au plus 35 °C)	3	F1	III	3	640F	5 L	E1		PP, EX, A	VE01		0	
1866	RÉSINE EN SOLUTION, inflammable (ayant un point d'éclair inférieur à 23 °C et visqueux selon 2.2.3.1.4) (pression de vapeur à 50 °C supérieure à 110 kPa, point d'ébullition supérieur à 35 °C)	3	F1	III	3	640G	5 L	E1		PP, EX, A	VE01		0	
1866	RÉSINE EN SOLUTION, inflammable (ayant un point d'éclair inférieur à 23 °C et visqueux selon 2.2.3.1.4) (pression de vapeur à 50 °C inférieure ou égale à 110 kPa)	3	F1	III	3	640H	5 L	E1		PP, EX, A	VE01		0	
1868	DÉCABORANE	4.1	FT2	II	4.1+6.1	802	1 kg	E2		PP, EP			2	
1869	MAGNÉSIUM ou ALLIAGES DE MAGNÉSIUM, contenant plus de 50% de magnésium, sous forme de granulés, de tournures ou de rubans	4.1	F3	III	4.1	59	5 kg	E1		PP			0	
1870	BOROHYDRURE DE POTASSIUM	4.3	W2	I	4.3		0	E0		PP, EX, A	VE01	HA08	0	
1871	HYDRURE DE TITANE	4.1	F3	II	4.1		1 kg	E2		PP			1	
1872	DIOXYDE DE PLOMB	5.1	OT2	III	5.1+6.1	802	5 kg	E1		PP, EP			0	
1873	ACIDE PERCHLORIQUE contenant plus de 50% (masse) mais au maximum 72% (masse) d'acide	5.1	OC1	I	5.1+8	60	0	E0		PP, EP			0	
1884	OXYDE DE BARYUM	6.1	T5	III	6.1	802	5 kg	E1		PP, EP			0	
1885	BENZIDINE	6.1	T2	II	6.1	802	500 g	E4		PP, EP			2	
1886	CHLORURE DE BENZYLIDÈNE	6.1	T1	II	6.1	802	100 ml	E4		PP, EP, TOX, A	VE02		2	
1887	BROMOCHLOROMÉTHANE	6.1	T1	III	6.1	802	5 L	E1		PP, EP, TOX, A	VE02		0	
1888	CHLOROFORME	6.1	T1	III	6.1	802	5 L	E1	T	PP, EP, TOX, A	VE02		0	
1889	BROMURE DE CYANOGÈNE	6.1	TC2	I	6.1+8	802	0	E5		PP, EP	VE02		2	
1891	BROMURE D'ÉTHYLE	6.1	T1	II	6.1	802	100 ml	E4		PP, EP, TOX, A	VE02		2	
1892	ÉTHYLDICHLORARSINE	6.1	T3	I	6.1	354 802	0	E0		PP, EP, TOX, A	VE02		2	
1894	HYDROXYDE DE PHÉNYLMERCURE	6.1	T3	II	6.1	802	500 g	E4		PP, EP, TOX, A	VE02		2	
1895	NITRATE DE PHÉNYLMERCURE	6.1	T3	II	6.1	802	500 g	E4		PP, EP, TOX, A	VE02		2	
1897	TÉTRACHLORÉTHYLÈNE	6.1	T1	III	6.1	802	5 L	E1	T	PP, EP, TOX, A	VE02		0	
1898	IODURE D'ACÉTYLE	8	C3	II	8		1 L	E2		PP, EP			0	

No. ONU ou ID (1)	Nom et description (2)	Classe (3a)	Code de classification (3b)	Groupe d'emballage (4)	Étiquettes (5)	Dispositions spéciales (6)	Quantités limitées et exceptées 3.4 (7a)	Quantités limitées et exceptées 3.5.1.2 (7b)	Transport admis (8)	Équipement exigé (9)	Ventilation (10)	Mesures pendant le chargement/déchargement/transport (11)	Nombre de cônes, feux bleus (12)	Observations (13)
1902	PHOSPHATE ACIDE DE DIISOOCTYLE	8	C3	III	8		5 L	E1		PP, EP			0	
1903	DÉSINFECTANT LIQUIDE CORROSIF, N.S.A.	8	C9	I	8	274	0	E0		PP, EP			0	
1903	DÉSINFECTANT LIQUIDE CORROSIF, N.S.A.	8	C9	II	8	274	1 L	E2		PP, EP			0	
1903	DÉSINFECTANT LIQUIDE CORROSIF, N.S.A.	8	C9	III	8	274	5 L	E1		PP, EP			0	
1905	ACIDE SÉLÉNIQUE	8	C2	I	8		0	E0		PP, EP			0	
1906	ACIDE RÉSIDUAIRE DE RAFFINAGE	8	C1	II	8		1 L	E2		PP, EP			0	
1907	CHAUX SODÉE contenant plus de 4% d'hydroxyde de sodium	8	C6	III	8	62	5 kg	E1		PP, EP			0	
1908	CHLORITE EN SOLUTION	8	C9	II	8	521	1 L	E2		PP, EP			0	
1908	CHLORITE EN SOLUTION	8	C9	III	8	521	5 L	E1		PP, EP			0	
1910	Oxyde de calcium	8	C6	NON SOUMIS À L'ADN										
1911	DIBORANE	2	2TF		2.3+2.1		0	E0		PP, EP, EX, TOX, A	VE01, VE02		2	
1912	CHLORURE DE MÉTHYLE ET CHLORURE DE MÉTHYLÈNE EN MÉLANGE	2	2F		2.1	228	0	E0	T	PP, EX, A	VE01		1	
1913	NÉON LIQUIDE RÉFRIGÉRÉ	2	3A		2.2	593	120 ml	E1		PP			0	
1914	PROPIONATES DE BUTYLE	3	F1	III	3		5 L	E1	T	PP, EX, A	VE01		0	
1915	CYCLOHEXANONE	3	F1	III	3		5 L	E1	T	PP, EX, A	VE01		0	
1916	ÉTHER DICHLORO-2,2' DIÉTHYLIQUE	6.1	TF1	II	6.1+3	802	100 ml	E4		PP, EP, EX, TOX, A	VE01, VE02		2	
1917	ACRYLATE D'ÉTHYLE STABILISÉ	3	F1	II	3		1 L	E2	T	PP, EX, A	VE01		1	
1918	ISOPROPYLBENZENE	3	F1	III	3		5 L	E1	T	PP, EX, A	VE01		0	
1919	ACRYLATE DE MÉTHYLE STABILISÉ	3	F1	II	3		1 L	E2	T	PP, EX, A	VE01		1	
1920	NONANES	3	F1	III	3		5 L	E1	T	PP, EX, A	VE01		0	
1921	PROPYLÉNEIMINE STABILISÉE	3	FT1	I	3+6.1	802	0	E0	T	PP, EP, EX, TOX, A	VE01, VE02		2	
1922	PYRROLIDINE	3	FC	II	3+8		1 L	E2	T	PP, EP, EX, A	VE01		1	
1923	DITHIONITE DE CALCIUM (HYDROSULFITE DE CALCIUM)	4.2	S4	II	4.2		0	E2		PP			0	
1928	BROMURE DE MÉTHYLMAGNÉSIUM DANS L'ÉTHER ÉTHYLIQUE	4.3	WF1	I	4.3+3		0	E0		PP, EX, A	VE01	HA08	1	
1929	DITHIONITE DE POTASSIUM (HYDROSULFITE DE POTASSIUM)	4.2	S4	II	4.2		0	E2		PP			0	
1931	DITHIONITE DE ZINC (HYDROSULFITE DE ZINC)	9	M11	III	9		5 kg	E1		PP			0	
1932	DÉCHETS DE ZIRCONIUM	4.2	S4	III	4.2	524 592	0	E1		PP			0	
1935	CYANURE EN SOLUTION, N.S.A.	6.1	T4	I	6.1	274 525 802	0	E5		PP, EP, TOX, A	VE02		2	
1935	CYANURE EN SOLUTION, N.S.A.	6.1	T4	II	6.1	274 525 802	100 ml	E4		PP, EP, TOX, A	VE02		2	
1935	CYANURE EN SOLUTION, N.S.A.	6.1	T4	III	6.1	274 525 802	5 L	E1		PP, EP, TOX, A	VE02		0	

No. ONU ou ID	Nom et description	Classe	Code de classification	Groupe d'emballage	Étiquettes	Dispositions spéciales	Quantités limitées et exceptées		Transport admis	Équipement exigé	Ventilation	Mesures pendant le chargement/déchargement/transport	Nombre de cônes, feux bleus	Observations
3.1.2	3.1.2	2.2	2.2	2.1.1.3	5.2.2	3.3	3.4	3.5.1.2	3.2.1	8.1.5	7.1.6	7.1.6	7.1.5	3.2.1
(1)	(2)	(3a)	(3b)	(4)	(5)	(6)	(7a)	(7b)	(8)	(9)	(10)	(11)	(12)	(13)
1938	ACIDE BROMACÉTIQUE EN SOLUTION	8	C3	II	8		1 L	E2		PP, EP			0	
1938	ACIDE BROMACÉTIQUE EN SOLUTION	8	C3	III	8		5 L	E1		PP, EP			0	
1939	OXYBROMURE DE PHOSPHORE	8	C2	II	8		1 kg	E2		PP, EP			0	
1940	ACIDE THIOGLYCOLIQUE	8	C3	II	8		1 L	E2		PP, EP			0	
1941	DIBROMODIFLUORO-MÉTHANE	9	M11	III	9		5 L	E1		PP			0	
1942	NITRATE D'AMMONIUM contenant au plus 0,2% de matières combustibles totales (y compris les matières organiques exprimées en équivalent carbone), à l'exclusion de toute autre matière	5.1	O2	III	5.1	306 611	5 kg	E1	B	PP		ST01, CO02, LO04, HA09	0	CO02 et HA09 ne s'appliquent qu'en cas de transport de cette matière en vrac ou sans emballage
1944	ALLUMETTES DE SÛRETÉ (à frottoir, en carnets ou pochettes)	4.1	F1	III	4.1	293	5 kg	E1		PP			0	
1945	ALLUMETTES-BOUGIES	4.1	F1	III	4.1	293	5 kg	E1		PP	VE04		0	
1950	AÉROSOLS asphyxiants	2	5A		2.2	190 327 344 625	1 L	E0		PP	VE04		0	
1950	AÉROSOLS corrosifs	2	5C		2.2+8	190 327 344 625	1 L	E0		PP, EP	VE04		0	
1950	AÉROSOLS corrosifs, comburants	2	5CO		2.2+5.1+8	190 327 344 625	1 L	E0		PP, EP	VE04		0	
1950	AÉROSOLS inflammables	2	5F		2.1	190 327 344 625	1 L	E0		PP, EX, A	VE01, VE04		1	
1950	AÉROSOLS inflammables, corrosifs	2	5FC		2.1+8	190 327 344 625	1 L	E0		PP, EP, EX, A	VE01, VE04		1	
1950	AÉROSOLS comburants	2	5O		2.2+5.1	190 327 344 625	1 L	E0		PP	VE04		0	
1950	AÉROSOLS toxiques	2	5T		2.2+6.1	190 327 344 625	120 ml	E0		PP, EP, TOX, A	VE02, VE04		2	
1950	AÉROSOLS toxiques, corrosifs	2	5TC		2.2+6.1+8	190 327 344 625	120 ml	E0		PP, EP, TOX, A	VE02, VE04		2	
1950	AÉROSOLS toxiques, inflammables	2	5TF		2.1+6.1	190 327 344 625	120 ml	E0		PP, EP, EX, TOX, A	VE01, VE02, VE04		2	

No. ONU ou ID	Nom et description	Classe	Code de classification	Groupe d'emballage	Étiquettes	Dispositions spéciales	Quantités limitées et exceptées		Transport admis	Équipement exigé	Ventilation	Mesures pendant le chargement/déchargement/transport	Nombre de cônes, feux bleus	Observations
	3.1.2	2.2	2.2	2.1.1.3	5.2.2	3.3	3.4	3.5.1.2	3.2.1	8.1.5	7.1.6	7.1.6	7.1.5	3.2.1
(1)	(2)	(3a)	(3b)	(4)	(5)	(6)	(7a)	(7b)	(8)	(9)	(10)	(11)	(12)	(13)
1950	AÉROSOLS toxiques, inflammables, corrosifs	2	5TFC		2.1+6.1+8	190 327 344 625	120 ml	E0		PP, EP, EX, TOX, A	VE01, VE02		2	
1950	AÉROSOLS toxiques, comburants	2	5TO		2.2+5.1+ 6.1	190 327 344 625	120 ml	E0		PP, EP, TOX, A	VE02, VE04		2	
1950	AÉROSOLS toxiques, comburants, corrosifs	2	5TOC		2.2+5.1+ 6.1+8	190 327 344 625	120 ml	E0		PP, EP, TOX, A	VE02, VE04		2	
1951	ARGON LIQUIDE RÉFRIGÉRÉ	2	3A		2.2	593	120 ml	E1		PP			0	
1952	OXYDE D'ÉTHYLÈNE ET DIOXYDE DE CARBONE EN MÉLANGE contenant au plus 9% d'oxyde d'éthylène	2	2A		2.2	593	120 ml	E1		PP			0	
1953	GAZ COMPRIMÉ TOXIQUE, INFLAMMABLE, N.S.A.	2	1TF		2.3+2.1	274	0	E0		PP, EP, EX, TOX, A	VE01, VE02		2	
1954	GAZ COMPRIMÉ INFLAMMABLE, N.S.A.	2	1F		2.1	274 660	0	E0		PP, EX, A	VE01		1	
1955	GAZ COMPRIMÉ TOXIQUE, N.S.A.	2	1T		2.3	274	0	E0		PP, EP, TOX, A	VE02		2	
1956	GAZ COMPRIMÉ, N.S.A	2	1A		2.2	274 655	120 ml	E1		PP			0	
1957	DEUTÉRIUM COMPRIMÉ	2	1F		2.1	274	0	E0		PP, EX, A	VE01		1	
1958	DICHLORO-1,2 TÉTRAFLUORO-1,1,2,2 ÉTHANE (GAZ RÉFRIGÉRANT R 114)	2	2A		2.2		120 ml	E1		PP			0	
1959	DIFLUORO-1,1 ÉTHYLÈNE (GAZ RÉFRIGÉRANT R 1132a)	2	2F		2.1		0	E0		PP, EX, A	VE01		1	
1961	ÉTHANE LIQUIDE RÉFRIGÉRÉ	2	3F		2.1		0	E0		PP, EX, A	VE01		1	
1962	ÉTHYLÈNE	2	2F		2.1		0	E0		PP, EX, A	VE01		1	
1963	HÉLIUM LIQUIDE RÉFRIGÉRÉ	2	3A		2.2	593	120 ml	E1		PP			0	
1964	HYDROCARBURES GAZEUX EN MÉLANGE COMPRIMÉ, N.S.A.	2	1F		2.1	274	0	E0		PP, EX, A	VE01		1	
1965	HYDROCARBURES GAZEUX EN MÉLANGE LIQUÉFIÉ, N.S.A. comme mélange A, A01, A02, A0, A1, B1, B2, B ou C	2	2F		2.1	274 583 660	0	E0	T	PP, EX, A	VE01		1	
1966	HYDROGÈNE LIQUIDE RÉFRIGÉRÉ	2	3F		2.1		0	E0		PP, EX, A	VE01		1	
1967	GAZ INSECTICIDE TOXIQUE, N.S.A.	2	2T		2.3	274	0	E0		PP, EP, TOX, A	VE02		2	
1968	GAZ INSECTICIDE, N.S.A.	2	2A		2.2	274	120 ml	E1		PP			0	
1969	ISOBUTANE	2	2F		2.1	657 660	0	E0	T	PP, EX, A	VE01		1	
1970	KRYPTON LIQUIDE RÉFRIGÉRÉ	2	3A		2.2	593	120 ml	E1		PP			0	
1971	MÉTHANE COMPRIMÉ ou GAZ NATUREL (à haute teneur en méthane) COMPRIMÉ	2	1F		2.1	660	0	E0		PP, EX, A	VE01		1	
1972	MÉTHANE LIQUIDE RÉFRIGÉRÉ ou GAZ NATUREL LIQUIDE RÉFRIGÉRÉ (à haute teneur en méthane)	2	3F		2.1		0	E0		PP, EX, A	VE01		1	

No. ONU ou ID (1)	Nom et description (2)	Classe 2.2 (3a)	Code de classification 2.2 (3b)	Groupe d'emballage 2.1.1.3 (4)	Étiquettes 5.2.2 (5)	Dispositions spéciales 3.3 (6)	Quantités limitées et exceptées 3.4 (7a)	Quantités limitées et exceptées 3.5.1.2 (7b)	Transport admis 3.2.1 (8)	Équipement exigé 8.1.5 (9)	Ventilation 7.1.6 (10)	Mesures pendant le chargement/déchargement/transport 7.1.6 (11)	Nombre de cônes, feux bleus 7.1.5 (12)	Observations 3.2.1 (13)
1973	CHLORODIFLUOROMÉTHANE ET CHLOROPENTAFLUORÉTHANE EN MÉLANGE à point d'ébullition fixe, contenant environ 49% de chlorodifluorométhane (GAZ RÉFRIGÉRANT R 502)	2	2A		2.2		120 ml	E1		PP			0	
1974	BROMOCHLORODIFLUORO-MÉTHANE (GAZ RÉFRIGÉRANT R 12B1)	2	2A		2.2		120 ml	E1		PP			0	
1975	MONOXYDE D'AZOTE ET TÉTROXYDE DE DIAZOTE EN MÉLANGE (MONOXYDE D'AZOTE ET DIOXYDE D'AZOTE EN MÉLANGE)	2	2TOC		2.3+5.1+8		0	E0		PP, EP, TOX, A	VE02		2	
1976	OCTAFLUOROCYCLOBUTANE (GAZ RÉFRIGÉRANT RC 318)	2	2A		2.2		120 ml	E1		PP			0	
1977	AZOTE LIQUIDE RÉFRIGÉRÉ	2	3A		2.2	345 346 593	120 ml	E1		PP			0	
1978	PROPANE	2	2F		2.1	657 660	0	E0	T	PP, EX, A	VE01		1	
1982	TÉTRAFLUOROMÉTHANE (GAZ RÉFRIGÉRANT R 14)	2	2A		2.2		120 ml	E1		PP			0	
1983	CHLORO-1 TRIFLUORO-2,2,2 ÉTHANE (GAZ RÉFRIGÉRANT R 133a)	2	2A		2.2		120 ml	E1		PP			0	
1984	TRIFLUOROMÉTHANE (GAZ RÉFRIGÉRANT R 23)	2	2A		2.2		120 ml	E1		PP			0	
1986	ALCOOLS INFLAMMABLES, TOXIQUES, N.S.A.	3	FT1	I	3+6.1	274 802	0	E0	T	PP, EP, EX, TOX, A	VE01, VE02		2	
1986	ALCOOLS INFLAMMABLES, TOXIQUES, N.S.A.	3	FT1	II	3+6.1	274 802	1 L	E2	T	PP, EP, EX, TOX, A	VE01, VE02		2	
1986	ALCOOLS INFLAMMABLES, TOXIQUES, N.S.A.	3	FT1	III	3+6.1	274 802	5 L	E1	T	PP, EP, EX, TOX, A	VE01, VE02		0	
1987	ALCOOLS, N.S.A. (pression de vapeur à 50 °C supérieure à 110 kPa)	3	F1	II	3	274 601 640C	1 L	E2	T	PP, EX, A	VE01		1	
1987	ALCOOLS, N.S.A. (pression de vapeur à 50 °C inférieure ou égale à 110 kPa)	3	F1	II	3	274 601 640D	1 L	E2	T	PP, EX, A	VE01		1	
1987	ALCOOLS, N.S.A.	3	F1	III	3	274 601	5 L	E1	T	PP, EX, A	VE01		0	
1988	ALDÉHYDES INFLAMMABLES, TOXIQUES, N.S.A.	3	FT1	I	3+6.1	274 802	0	E0	T	PP, EP, EX, TOX, A	VE01, VE02		2	
1988	ALDÉHYDES INFLAMMABLES, TOXIQUES, N.S.A.	3	FT1	II	3+6.1	274 802	1 L	E2	T	PP, EP, EX, TOX, A	VE01, VE02		2	

No. ONU ou ID	Nom et description	Classe	Code de classification	Groupe d'emballage	Étiquettes	Dispositions speciales	Quantités limitées et exceptées 3.4	Quantités limitées et exceptées 3.5.1.2	Transport admis	Équipement exigé	Ventilation	Mesures pendant le chargement/déchargement/transport	Nombre de cônes, feux bleus	Observations
3.1.2	3.1.2	2.2	2.2	2.1.1.3	5.2.2	3.3	3.4	3.5.1.2	3.2.1	8.1.5	7.1.6	7.1.6	7.1.5	3.2.1
(1)	(2)	(3a)	(3b)	(4)	(5)	(6)	(7a)	(7b)	(8)	(9)	(10)	(11)	(12)	(13)
1988	ALDÉHYDES INFLAMMABLES, TOXIQUES, N.S.A.	3	FT1	III	3+6.1	274 802	5 L	E1		PP, EP, EX, TOX, A	VE01, VE02		0	
1989	ALDÉHYDES, N.S.A.	3	F1	I	3	274	0	E3		PP, EX, A	VE01		1	
1989	ALDÉHYDES, N.S.A. (pression de vapeur à 50 °C supérieure à 110 kPa)	3	F1	II	3	274 640C	1 L	E2	T	PP, EX, A	VE01		1	
1989	ALDÉHYDES, N.S.A. (pression de vapeur à 50 °C inférieure ou égale à 110 kPa)	3	F1	II	3	274 640D	1 L	E2	T	PP, EX, A	VE01		1	
1989	ALDÉHYDES, N.S.A.	3	F1	III	3	274	5 L	E1	T	PP, EX, A	VE01		0	
1990	BENZALDÉHYDE	9	M11	III	9		5 L	E0	T	PP			0	
1991	CHLOROPRÈNE STABILISÉ	3	FT1	I	3+6.1	802	0	E0	T	PP, EP, EX, TOX, A	VE01, VE02		2	
1992	LIQUIDE INFLAMMABLE, TOXIQUE, N.S.A.	3	FT1	I	3+6.1	274 802	0	E0	T	PP, EP, EX, TOX, A	VE01, VE02		2	
1992	LIQUIDE INFLAMMABLE, TOXIQUE, N.S.A.	3	FT1	II	3+6.1	274 802	1 L	E2	T	PP, EP, EX, TOX, A	VE01, VE02		2	
1992	LIQUIDE INFLAMMABLE, TOXIQUE, N.S.A.	3	FT1	III	3+6.1	274 802	5 L	E1	T	PP, EP, EX, TOX, A	VE01, VE02		0	
1993	LIQUIDE INFLAMMABLE, N.S.A.	3	F1	I	3	274 601 640C	0	E3	T	PP, EX, A	VE01		1	
1993	LIQUIDE INFLAMMABLE, N.S.A. (pression de vapeur à 50 °C supérieure à 110 kPa)	3	F1	II	3	274 601 640D	1 L	E2	T	PP, EX, A	VE01		1	
1993	LIQUIDE INFLAMMABLE, N.S.A. (pression de vapeur à 50 °C inférieure ou égale à 110 kPa)	3	F1	II	3	274 601 640E	1 L	E2	T	PP, EX, A	VE01		1	
1993	LIQUIDE INFLAMMABLE, N.S.A.	3	F1	III	3	274 601 640F	5 L	E1	T	PP, EX, A	VE01		0	
1993	LIQUIDE INFLAMMABLE, N.S.A. (ayant un point d'éclair inférieur à 23 °C et visqueux selon 2.2.3.1.4) (point d'ébullition d'au plus 35 °C)	3	F1	III	3	274 601 640G	5 L	E1	T	PP, EX, A	VE01		0	
1993	LIQUIDE INFLAMMABLE, N.S.A. (ayant un point d'éclair inférieur à 23 °C et visqueux selon 2.2.3.1.4) (pression de vapeur à 50 °C supérieure à 110 kPa, point d'ébullition supérieur à 35 °C)	3	F1	III	3	274 601 640G	5 L	E1	T	PP, EX, A	VE01		0	
1993	LIQUIDE INFLAMMABLE, N.S.A. (ayant un point d'éclair inférieur à 23 °C et visqueux selon 2.2.3.1.4) (pression de vapeur à 50 °C inférieure ou égale à 110 kPa)	3	F1	III	3	274 601 640H	5 L	E1	T	PP, EX, A	VE01		0	
1994	FER PENTACARBONYLE	6.1	TF1	I	6.1+3	354 802	0	E0	T	PP, EP, EX, TOX, A	VE01, VE02		2	
1999	GOUDRONS LIQUIDES, y compris les liants routiers et les cut backs butimineux (pression de vapeur à 50 °C supérieure à 110 kPa)	3	F1	II	3	640C	5 L	E2	T	PP, EX, A	VE01		1	

No. ONU ou ID (1)	Nom et description (2) 3.1.2	Classe (3a) 2.2	Code de classification (3b) 2.2	Groupe d'emballage (4) 2.1.1.3	Étiquettes (5) 5.2.2	Dispositions spéciales (6) 3.3	Quantités limitées et exceptées (7a) 3.4	(7b) 3.5.1.2	Transport admis (8) 3.2.1	Équipement exigé (9) 8.1.5	Ventilation (10) 7.1.6	Mesures pendant le chargement/déchargement/transport (11) 7.1.6	Nombre de cônes, feux bleus (12) 7.1.5	Observations (13) 3.2.1
1999	GOUDRONS LIQUIDES, y compris les liants routiers et les cut backs butimineux (pression de vapeur à 50 °C inférieure ou égale à 110 kPa)	3	F1	II	3	640D	5 L	E2		PP, EX, A	VE01		1	
1999	GOUDRONS LIQUIDES, y compris les liants routiers et les cut backs butimineux	3	F1	III	3	640E	5 L	E1	T	PP, EX, A	VE01		0	
1999	GOUDRONS LIQUIDES, y compris les liants routiers et les cut backs butimineux (ayant un point d'éclair inférieur à 23 °C et visqueux selon 2.2.3.1.4) (point d'ébullition d'au plus 35 °C)	3	F1	III	3	640F	5 L	E1		PP, EX, A	VE01		0	
1999	GOUDRONS LIQUIDES, y compris les liants routiers et les cut backs butimineux (ayant un point d'éclair inférieur à 23 °C et visqueux selon 2.2.3.1.4) (pression de vapeur à 50 °C supérieure à 110 kPa, point d'ébullition supérieur à 35 °C)	3	F1	III	3	640G	5 L	E1		PP, EX, A	VE01		0	
1999	GOUDRONS LIQUIDES, y compris liants routiers et les cut backs butimineux (ayant un point d'éclair inférieur à 23 °C et visqueux selon 2.2.3.1.4) (pression de vapeur à 50 °C inférieure ou égale à 110 kPa)	3	F1	III	3	640H	5 L	E1		PP, EX, A	VE01		0	
2000	CELLULOÏD en blocs, barres, rouleaux, feuilles, tubes, etc. (à l'exclusion des déchets)	4.1	F1	III	4.1	502	5 kg	E1		PP			0	
2001	NAPHTÉNATES DE COBALT EN POUDRE	4.1	F3	III	4.1		5 kg	E1		PP			0	
2002	DÉCHETS DE CELLULOÏD	4.2	S2	III	4.2	526 592	0	E1		PP			0	
2004	DIAMIDEMAGNÉSIUM	4.2	S4	II	4.2	274 528	0	E2		PP			0	
2006	MATIÈRES PLASTIQUES À BASE DE NITROCELLULOSE, AUTO-ÉCHAUFFANTES, N.S.A.	4.2	S2	III	4.2	524 540	0	E1		PP			0	
2008	ZIRCONIUM EN POUDRE SEC	4.2	S4	I	4.2	524 540	0	E0		PP			0	
2008	ZIRCONIUM EN POUDRE SEC	4.2	S4	II	4.2	524 540	0	E2		PP			0	
2008	ZIRCONIUM EN POUDRE SEC	4.2	S4	III	4.2	524 540	0	E1		PP			0	
2009	ZIRCONIUM SEC, sous forme de feuilles, de bandes ou de fil	4.2	S4	III	4.2	524 592	0	E1		PP			0	
2010	HYDRURE DE MAGNÉSIUM	4.3	W2	I	4.3		0	E0		PP, EX, A	VE01	HA08	0	
2011	PHOSPHURE DE MAGNÉSIUM	4.3	WT2	I	4.3+6.1	802	0	E0		PP, EP, EX, TOX, A	VE01, VE02	HA08	2	
2012	PHOSPHURE DE POTASSIUM	4.3	WT2	I	4.3+6.1	802	0	E0		PP, EP, EX, TOX, A	VE01, VE02	HA08	2	
2013	PHOSPHURE DE STRONTIUM	4.3	WT2	I	4.3+6.1	802	0	E0		PP, EP, EX, TOX, A	VE01, VE02	HA08	2	
2014	PEROXYDE D'HYDROGÈNE EN SOLUTION AQUEUSE contenant au moins 20% mais au maximum 60% de peroxyde d'hydrogène (stabilisée selon les besoins)	5.1	OC1	II	5.1+8		1 L	E2	T	PP, EP			0	

No. ONU ou ID (1)	Nom et description (2)	Classe (3a)	Code de classification (3b)	Groupe d'emballage (4)	Étiquettes (5)	Dispositions spéciales (6)	Quantités limitées et exceptées 3.4 (7a)	Quantités limitées et exceptées 3.5.1.2 (7b)	Transport admis (8)	Équipement exigé (9)	Ventilation (10)	Mesures pendant le chargement/déchargement/transport (11)	Nombre de cônes, feux bleus (12)	Observations (13)
		2.2	2.2	2.1.1.3	5.2.2	3.3	3.4	3.5.1.2	3.2.1	8.1.5	7.1.6	7.1.6	7.1.5	3.2.1
2015	PEROXYDE D'HYDROGÈNE EN SOLUTION AQUEUSE STABILISÉE contenant plus de 70% de peroxyde d'hydrogène	5.1	OC1	I	5.1+8	640N	0	E0		PP, EP			0	
2015	PEROXYDE D'HYDROGÈNE EN SOLUTION AQUEUSE STABILISÉE contenant plus de 60% de peroxyde d'hydrogène mais au maximum 70% de peroxyde d'hydrogène	5.1	OC1	I	5.1+8	640O	0	E0		PP, EP			0	
2016	MUNITIONS TOXIQUES NON EXPLOSIVES, sans charge de dispersion ni charge d'expulsion, non amorcées	6.1	T2	II	6.1	802	0	E0		PP, EP			2	
2017	MUNITIONS LACRYMOGÈNES NON EXPLOSIVES sans charge de dispersion ni charge d'expulsion, non amorcées	6.1	TC2	II	6.1+8	802	0	E0		PP, EP			2	
2018	CHLORANILINES SOLIDES	6.1	T2	II	6.1	802	500 g	E4		PP, EP			2	
2019	CHLORANILINES LIQUIDES	6.1	T1	II	6.1	802	100 ml	E4		PP, EP, TOX, A	VE02		2	
2020	CHLOROPHÉNOLS SOLIDES	6.1	T2	III	6.1	205 802	5 kg	E1		PP, EP	VE02		0	
2021	CHLOROPHÉNOLS LIQUIDES	6.1	T1	III	6.1	802	5 L	E1	T	PP, EP, TOX, A	VE02		0	
2022	ACIDE CRÉSILIQUE	6.1	TC1	II	6.1+8	802	100 ml	E4	T	PP, EP, TOX, A	VE02		2	
2023	ÉPICHLORHYDRINE	6.1	TF1	II	6.1+3	279 802	100 ml	E4	T	PP, EP, EX, TOX, A	VE01, VE02		2	
2024	COMPOSÉ LIQUIDE DU MERCURE, N.S.A.	6.1	T4	I	6.1	43 274 802	0	E5		PP, EP, TOX, A	VE02		2	
2024	COMPOSÉ LIQUIDE DU MERCURE, N.S.A.	6.1	T4	II	6.1	43 274 802	100 ml	E4		PP, EP, TOX, A	VE02		2	
2024	COMPOSÉ LIQUIDE DU MERCURE, N.S.A.	6.1	T4	III	6.1	43 274 802	5 L	E1		PP, EP, TOX, A	VE02		0	
2025	COMPOSÉ SOLIDE DE MERCURE, N.S.A.	6.1	T5	I	6.1	43 274 529 585 802	0	E5		PP, EP			2	
2025	COMPOSÉ SOLIDE DE MERCURE, N.S.A.	6.1	T5	II	6.1		500 g	E4		PP, EP			2	
2025	COMPOSÉ SOLIDE DE MERCURE, N.S.A.	6.1	T5	III	6.1	43 274 529 585 802	5 kg	E1		PP, EP			0	

No. ONU ou ID	Nom et description	Classe	Code de classi-fication	Groupe d'embal-lage	Étiquettes	Disposit-ions speciales	Quantités limitées	et exceptées	Trans-port admis	Équipement exigé	Venti-lation	Mesures pendant le chargement/déchargement/ transport	Nombre de cônes, feux bleus	Observations
		2.2	2.2	2.1.1.3	5.2.2	3.3	3.4	3.5.1.2	3.2.1	8.1.5	7.1.6	7.1.6	7.1.5	3.2.1
(1)	(2)	(3a)	(3b)	(4)	(5)	(6)	(7a)	(7b)	(8)	(9)	(10)	(11)	(12)	(13)
2026	COMPOSÉ PHÉNYLMERCURIQUE, N.S.A.	6.1	T3	I	6.1	43 274 802	0	E5		PP, EP, TOX, A	VE02		2	
2026	COMPOSÉ PHÉNYLMERCURIQUE, N.S.A.	6.1	T3	II	6.1	43 274 802	500 g	E4		PP, EP, TOX, A	VE02		2	
2026	COMPOSÉ PHÉNYLMERCURIQUE, N.S.A.	6.1	T3	III	6.1	43 274 802	5 kg	E1		PP, EP, TOX, A	VE02		0	
2027	ARSÉNITE DE SODIUM SOLIDE	6.1	T5	II	6.1	43 802	500 g	E4		PP, EP			2	
2028	BOMBES FUMIGÈNES NON EXPLOSIVES contenant un liquide corrosif, sans dispositif d'amorçage	8	C11	II	8		0	E0		PP, EP			0	
2029	HYDRAZINE ANHYDRE	8	CFT	I	8+3+6.1	802	0	E0		PP, EP, EX, TOX, A	VE01, VE02		2	
2030	HYDRAZINE EN SOLUTION AQUEUSE contenant plus de 37% (masse) d'hydrazine	8	CT1	I	8+6.1	530 802	0	E0		PP, EP, TOX, A	VE02		2	
2030	HYDRAZINE EN SOLUTION AQUEUSE contenant plus de 37% (masse) d'hydrazine	8	CT1	II	8+6.1	530 802	1 L	E2		PP, EP, TOX, A	VE02		2	
2030	HYDRAZINE EN SOLUTION AQUEUSE contenant plus de 37% (masse) d'hydrazine	8	CT1	III	8+6.1	530 802	5 L	E1		PP, EP, TOX, A	VE02		0	
2031	ACIDE NITRIQUE, à l'exclusion de l'acide nitrique fumant rouge, contenant plus de 70% d'acide nitrique	8	CO1	I	8+5.1		0	E0	T	PP, EP			0	
2031	ACIDE NITRIQUE, à l'exclusion de l'acide nitrique fumant rouge, contenant au moins 65%, mais au plus 70% d'acide nitrique	8	CO1	II	8+5.1		1 L	E2	T	PP, EP			0	
2031	ACIDE NITRIQUE, à l'exclusion de l'acide nitrique fumant rouge, contenant moins de 65% d'acide nitrique	8	C1	II	8		1 L	E2	T	PP,EP			0	
2032	ACIDE NITRIQUE FUMANT ROUGE	8	COT	I	8+5.1+6.1	802	0	E0	T	PP, EP, TOX, A	VE02		2	
2033	MONOXYDE DE POTASSIUM	8	C6	II	8		1 kg	E2		PP, EP			0	
2034	HYDROGÈNE ET MÉTHANE EN MÉLANGE COMPRIMÉ	2	1F		2.1		0	E0		PP, EX, A	VE01		1	
2035	TRIFLUORO-1,1,1 ÉTHANE (GAZ RÉFRIGÉRANT R 143a)	2	2F		2.1		0	E0		PP, EX, A	VE01		1	
2036	XÉNON	2	2A		2.2		120 ml	E1		PP			0	
2037	RÉCIPIENTS DE FAIBLE CAPACITÉ CONTENANT DU GAZ (CARTOUCHES À GAZ) sans dispositif de détente, non rechargeables	2	5A		2.2	191 303 344	1 L	E0		PP			0	
2037	RÉCIPIENTS DE FAIBLE CAPACITÉ CONTENANT DU GAZ (CARTOUCHES À GAZ) sans dispositif de détente, non rechargeables	2	5F		2.1	191 303 344	1 L	E0		PP, EX, A	VE01		1	
2037	RÉCIPIENTS DE FAIBLE CAPACITÉ CONTENANT DU GAZ (CARTOUCHES À GAZ) sans dispositif de détente, non rechargeables	2	5O		2.2+5.1	191 303 344	1 L	E0		PP			0	

No. ONU ou ID	Nom et description	Classe	Code de classification	Groupe d'emballage	Étiquettes	Dispositions spéciales	Quantités limitées et exceptées		Transport admis	Équipement exigé	Ventilation	Mesures pendant le chargement/déchargement/transport	Nombre de cônes, feux bleus	Observations
		2.2	2.2	2.1.1.3	5.2.2	3.3	3.4	3.5.1.2	3.2.1	8.1.5	7.1.6	7.1.6	7.1.5	3.2.1
(1)	(2)	(3a)	(3b)	(4)	(5)	(6)	(7a)	(7b)	(8)	(9)	(10)	(11)	(12)	(13)
2037	RÉCIPIENTS DE FAIBLE CAPACITÉ CONTENANT DU GAZ (CARTOUCHES À GAZ), sans dispositif de détente, non rechargeables	2	5T		2.3	303 344	120 ml	E0		PP, EP, TOX, A	VE02		2	
2037	RÉCIPIENTS DE FAIBLE CAPACITÉ CONTENANT DU GAZ (CARTOUCHES À GAZ), sans dispositif de détente, non rechargeables	2	5TC		2.3+8	303 344	120 ml	E0		PP, EP, TOX, A	VE02		2	
2037	RÉCIPIENTS DE FAIBLE CAPACITÉ CONTENANT DU GAZ (CARTOUCHES À GAZ), sans dispositif de détente, non rechargeables	2	5TF		2.3+2.1	303 344	120 ml	E0		PP, EP, EX, TOX, A	VE01, VE02		2	
2037	RÉCIPIENTS DE FAIBLE CAPACITÉ CONTENANT DU GAZ (CARTOUCHES À GAZ), sans dispositif de détente, non rechargeables	2	5TFC		2.3+2.1+8	303 344	120 ml	E0		PP, EP, EX, TOX, A	VE01, VE02		2	
2037	RÉCIPIENTS DE FAIBLE CAPACITÉ CONTENANT DU GAZ (CARTOUCHES À GAZ), sans dispositif de détente, non rechargeables	2	5TO		2.3+5.1	303 344	120 ml	E0		PP, EP, TOX, A	VE02		2	
2037	RÉCIPIENTS DE FAIBLE CAPACITÉ CONTENANT DU GAZ (CARTOUCHES À GAZ), sans dispositif de détente, non rechargeables	2	5TOC		2.3+5.1+8	303 344	120 ml	E0		PP, EP, TOX, A	VE02		2	
2038	DINITROTOLUÈNES LIQUIDES	6.1	T1	II	6.1	802	100 ml	E4		PP, EP, TOX, A	VE02		2	
2044	DIMÉTHYL-2,2 PROPANE	2	2F		2.1		0	E0		PP, EX, A	VE01		1	
2045	ISOBUTYRALDÉHYDE (ALDÉHYDE ISOBUTYRIQUE)	3	F1	II	3		1 L	E2	T	PP, EX, A	VE01		1	
2046	CYMÈNES	3	F1	III	3		5 L	E1	T	PP, EX, A	VE01		0	
2047	DICHLOROPROPÈNES	3	F1	II	3		1 L	E2	T	PP, EX, A	VE01		1	
2047	DICHLOROPROPÈNES	3	F1	III	3		5 L	E1	T	PP, EX, A	VE01		0	
2048	DICYCLOPENTADIÈNE	3	F1	III	3		5 L	E1	T	PP, EX, A	VE01		0	
2049	DIÉTHYLBENZÈNE	3	F1	III	3		5 L	E1	T	PP, EX, A	VE01		0	
2050	COMPOSÉS ISOMÉRIQUES DU DIISOBUTYLÈNE	3	F1	II	3		1 L	E2	T	PP, EX, A	VE01		1	
2051	DIMÉTHYLAMINO-2 ÉTHANOL	8	CF1	II	8+3		1 L	E2	T	PP, EP, EX, A	VE01		1	
2052	DIPENTÈNE	3	F1	III	3		5 L	E1		PP, EX, A	VE01		0	
2053	ALCOOL MÉTHYLAMYLIQUE	3	F1	III	3		5 L	E1	T	PP, EX, A	VE01		0	
2054	MORPHOLINE	8	CF1	I	8+3		0	E0	T	PP, EP, EX, A	VE01		1	
2055	STYRÈNE MONOMÈRE STABILISÉ	3	F1	III	3		5 L	E1	T	PP, EX, A	VE01		0	
2056	TÉTRAHYDROFURANNE	3	F1	II	3		1 L	E2	T	PP, EX, A	VE01		1	
2057	TRIPROPYLÈNE	3	F1	II	3		1 L	E2	T	PP, EX, A	VE01		1	
2057	TRIPROPYLÈNE	3	F1	III	3		5 L	E1	T	PP, EX, A	VE01		0	
2058	VALÉRALDÉHYDE	3	F1	II	3		1 L	E2		PP, EX, A	VE01		1	
2059	NITROCELLULOSE EN SOLUTION INFLAMMABLE contenant au plus 12.6% (rapporté à la masse sèche) d'azote et 55% de nitrocellulose	3	D	I	3	198 531	0	E0		PP, EX, A	VE01		1	
2059	NITROCELLULOSE EN SOLUTION INFLAMMABLE contenant au plus 12.6% (rapporté à la masse sèche) d'azote et 55% de nitrocellulose (pression de vapeur à 50 °C supérieure à 110 kPa)	3	D	II	3	198 531 640C	1 L	E0		PP, EX, A	VE01		1	

No. ONU ou ID	Nom et description	Classe	Code de classification	Groupe d'emballage	Étiquettes	Dispositions spéciales	Quantités limitées et exceptées		Transport admis	Équipement exigé	Ventilation	Mesures pendant le chargement/déchargement/transport	Nombre de cônes, feux bleus	Observations
3.1.2	3.1.2	2.2	2.2	2.1.1.3	5.2.2	3.3	3.4	3.5.1.2	3.2.1	8.1.5	7.1.6	7.1.6	7.1.5	3.2.1
(1)	(2)	(3a)	(3b)	(4)	(5)	(6)	(7a)	(7b)	(8)	(9)	(10)	(11)	(12)	(13)
2059	NITROCELLULOSE EN SOLUTION INFLAMMABLE contenant au plus 12.6% (rapporté à la masse sèche) d'azote et 55% de nitrocellulose (pression de vapeur à 50 °C inférieure ou égale à 110 kPa)	3	D	II	3	198 531 640D	1 L	E0		PP, EX, A	VE01		1	
2059	NITROCELLULOSE EN SOLUTION INFLAMMABLE contenant au plus 12.6% (rapporté à la masse sèche) d'azote et 55% de nitrocellulose	3	D	III	3	198 531	5 L	E0		PP, EX, A	VE01		0	
2067	ENGRAIS AU NITRATE D'AMMONIUM	5.1	O2	III	5.1	186 306 307	5 kg	E1	B	PP		CO02, ST01, LO04 HA09	0	CO02, LO04 et HA09 ne s'appliquent qu'en cas de transport de cette matière en vrac ou sans emballage
2071	Engrais au nitrate d'ammonium, mélanges homogènes du type azote/phosphate, azote/potasse ou azote/phosphate/potasse contenant au plus 70% de nitrate d'ammonium et au plus 0,4% de matières combustibles totales/matières organiques exprimées en équivalent carbone, ou contenant au plus 45% de nitrate d'ammonium sans limitation de teneur en matières combustibles	9	M11			186 193			B	PP		CO02, ST02 HA09	0	Dangereux uniquement en vrac ou sans emballage. CO02, ST02 et HA09 ne s'appliquent qu'en cas de transport de cette matière en vrac ou sans emballage
2073	AMMONIAC EN SOLUTION AQUEUSE de densité relative inférieure à 0,880 à 15°C contenant plus de 35% mais au plus 50% d'ammoniac	2	4A		2.2	532	120 ml	E1		PP			0	
2074	ACRYLAMIDE, SOLIDE	6.1	T2	III	6.1	802	5 kg	E1	T	PP, EP			0	
2075	CHLORAL ANHYDRE STABILISÉ	6.1	T1	II	6.1	802	100 ml	E4		PP, EP, TOX, A	VE02		2	
2076	CRÉSOLS LIQUIDES	6.1	TC1	II	6.1+8	802	100 ml	E4		PP, EP, TOX, A	VE02		2	
2077	alpha-NAPHTYLAMINE	6.1	T2	III	6.1	802	5 kg	E1		PP, EP			0	
2078	DIISOCYANATE DE TOLUÈNE	6.1	T1	II	6.1	279 802	100 ml	E4	T*	PP, EP, TOX, A	VE02		2	* uniquement pour DIISOCYANATE DE TOLUÈNE-2,4
2079	DIETHYLENETRIAMINE	8	C7	II	8		1 L	E2	T	PP, EP			0	
2186	CHLORURE D'HYDROGÈNE LIQUIDE RÉFRIGÉRÉ	2	3TC				TRANSPORT INTERDIT								
2187	DIOXYDE DE CARBONE LIQUIDE RÉFRIGÉRÉ	2	3A		2.2	593	120 ml	E1	T	PP			0	
2188	ARSINE	2	2TF		2.3+2.1		0	E0		PP, EP, EX, TOX, A	VE01, VE02		2	
2189	DICHLOROSILANE	2	2TFC		2.3+2.1+8		0	E0		PP, EP, EX, TOX, A	VE01, VE02		2	
2190	DIFLUORURE D'OXYGÈNE COMPRIMÉ	2	1TOC		2.3+5.1+8		0	E0		PP, EP, TOX, A	VE02		2	
2191	FLUORURE DE SULFURYLE	2	2T		2.3		0	E0		PP, EP, TOX, A	VE02		2	

No. ONU ou ID	Nom et description	Classe	Code de classification	Groupe d'emballage	Étiquettes	Dispositions spéciales	Quantités limitées et exceptées		Transport admis	Équipement exigé	Ventilation	Mesures pendant le chargement/déchargement/ transport	Nombre de cônes, feux bleus	Observations
							3.4	3.5.1.2						
(1)	3.1.2 (2)	2.2 (3a)	2.2 (3b)	2.1.1.3 (4)	5.2.2 (5)	3.3 (6)	(7a)	(7b)	3.2.1 (8)	8.1.5 (9)	7.1.6 (10)	7.1.6 (11)	7.1.5 (12)	3.2.1 (13)
2192	GERMANE	2	2TF		2.3+2.1	632	0	E0		PP, EP, EX, TOX, A	VE01, VE02		2	
2193	HEXAFLUORÉTHANE (GAZ RÉFRIGÉRANT R116)	2	2A		2.2		120 ml	E1		PP			0	
2194	HEXAFLUORURE DE SÉLÉNIUM	2	2TC		2.3+8		0	E0		PP, EP, TOX, A	VE02		2	
2195	HEXAFLUORURE DE TELLURE	2	2TC		2.3+8		0	E0		PP, EP, TOX, A	VE02		2	
2196	HEXAFLUORURE DE TUNGSTÈNE	2	2TC		2.3+8		0	E0		PP, EP, TOX, A	VE02		2	
2197	IODURE D'HYDROGÈNE ANHYDRE	2	2TC		2.3+8		0	E0		PP, EP, TOX, A	VE02		2	
2198	PENTAFLUORURE DE PHOSPHORE	2	2TC		2.3+8		0	E0		PP, EP, TOX, A	VE02		2	
2199	PHOSPHINE	2	2TF		2.3+2.1	632	0	E0		PP, EP, EX, TOX, A	VE01, VE02		2	
2200	PROPADIÈNE STABILISÉ	2	2F		2.1		0	E0		PP, EX, A	VE01		1	
2201	PROTOXYDE D'AZOTE LIQUIDE RÉFRIGÉRÉ	2	3O		2.2+5.1		0	E0		PP			0	
2202	SÉLÉNIURE D'HYDROGÈNE ANHYDRE	2	2TF		2.3+2.1		0	E0		PP, EP, EX, TOX, A	VE01, VE02		2	
2203	SILANE	2	2F		2.1	632	0	E0		PP, EX, A	VE01		1	
2204	SULFURE DE CARBONYLE	2	2TF		2.3+2.1		0	E0		PP, EP, EX, TOX, A	VE01, VE02		2	
2205	ADIPONITRILE	6.1	T1	III	6.1	802	5 L	E1	T	PP, EP, TOX, A	VE02		0	
2206	ISOCYANATES TOXIQUES, N.S.A. ou ISOCYANATE TOXIQUE EN SOLUTION, N.S.A.	6.1	T1	II	6.1	274 551 802	100 ml	E4	T	PP, EP, TOX, A	VE02		2	
2206	ISOCYANATES TOXIQUES, N.S.A. ou ISOCYANATE TOXIQUE EN SOLUTION, N.S.A.	6.1	T1	III	6.1	274 551 802	5 L	E1		PP, EP, TOX, A	VE02		0	
2208	HYPOCHLORITE DE CALCIUM EN MÉLANGE SEC, contenant plus de 10% mais 39% au maximum de chlore actif	5.1	O2	III	5.1	314	5 kg	E1	T	PP, EP			0	
2209	FORMALDÉHYDE EN SOLUTION contenant au moins 25% de formaldéhyde	8	C9	III	8	533	5 L	E1	T	PP, EP			0	
2210	MANÈBE ou PRÉPARATIONS DE MANÈBE contenant au moins 60% de manèbe	4.2	SW	III	4.2+4.3	273	0	E1	B	PP, EX, A	VE01, VE03	IN01, IN03	0	VE03, IN01 et IN03 ne s'appliquent qu'en cas de transport de cette matière en vrac ou sans emballage
2211	POLYMÈRES EXPANSIBLES EN GRANULÉS dégageant des vapeurs inflammables	9	M3	III	none	207 633	5 kg	E1	B	PP, EX, EP, A	VE01, VE03	IN01	0	VE03 et IN01 ne s'appliquent qu'en cas de transport de cette matière en vrac ou sans emballage

No. ONU ou ID	Nom et description	Classe	Code de classification	Groupe d'emballage	Étiquettes	Dispositions spéciales	Quantités limitées et exceptées		Transport admis	Équipement exigé	Ventilation	Mesures pendant le chargement/déchargement/transport	Nombre de cônes, feux bleus	Observations
	3.1.2	2.2	2.2	2.1.1.3	5.2.2	3.3	3.4	3.5.1.2	3.2.1	8.1.5	7.1.6	7.1.6	7.1.5	3.2.1
(1)	(2)	(3a)	(3b)	(4)	(5)	(6)	(7a)	(7b)	(8)	(9)	(10)	(11)	(12)	(13)
2212	AMIANTE BLEU (crocidolite) ou AMIANTE BRUN (amosite ou mysorite)	9	M1	II	9	168 802	1 kg	E2		PP			0	
2213	PARAFORMALDÉHYDE	4.1	F1	III	4.1		5 kg	E1		PP			0	
2214	ANHYDRIDE PHTALIQUE contenant plus de 0,05% d'anhydride maléique	8	C4	III	8	169	5 kg	E1		PP, EP			0	
2215	ANHYDRIDE MALÉIQUE FONDU	8	C3	III	8		0	E0	T	PP, EP			0	
2215	ANHYDRIDE MALÉIQUE	8	C4	III	8		5 kg	E1		PP, EP			0	
2216	Farine de poisson stabilisée ou déchets de poisson stabilisés	9	M11						B	PP			0	
2217	TOURTEAUX contenant au plus 1,5% (masse) d'huile et ayant 11% (masse) d'humidité au maximum	4.2	S2	III	4.2	142 800	0	E1	B	PP		IN01	0	IN01 ne s'applique qu'en cas de transport de cette matière en vrac ou sans emballage
2218	ACIDE ACRYLIQUE STABILISÉ	8	CF1	II	8+3		1 L	E2	T	PP, EP, EX, A	VE01		1	
2219	ÉTHER ALLYLGLYCIDIQUE	3	F1	III	3		5 L	E1		PP, EX, A	VE01		0	
2222	ANISOLE	3	F1	III	3		5 L	E1		PP, EX, A	VE01		0	
2224	BENZONITRILE	6.1	T1	II	6.1	802	100 ml	E4		PP, EP, TOX, A	VE02		2	
2225	CHLORURE DE BENZÈNESULFONYLE	8	C3	III	8		5 L	E1		PP, EP			0	
2226	CHLORURE DE BENZYLIDYNE	8	C9	II	8		1 L	E2		PP, EP			0	
2227	MÉTHACRYLATE DE n-BUTYLE STABILISÉ	3	F1	III	3		5 L	E1	T	PP, EX, A	VE01		0	
2232	CHLORO-2 ÉTHANAL	6.1	T1	I	6.1	354 802	0	E0	T	PP, EP, TOX, A	VE02		2	
2233	CHLORANISIDINES	6.1	T2	III	6.1	802	5 kg	E1		PP, EP			0	
2234	FLUORURES DE CHLOROBENZYLIDYNE	3	F1	III	3		5 L	E1		PP, EX, A	VE01		0	
2235	CHLORURES DE CHLOROBENZYLE, LIQUIDES	6.1	T1	III	6.1	802	5 L	E1		PP, EP, TOX, A	VE02		0	
2236	ISOCYANATE DE CHLORO-3 MÉTHYL-4 PHÉNYLE LIQUIDE	6.1	T1	II	6.1	802	100 ml	E4		PP, EP, TOX, A	VE02		2	
2237	CHLORONITRANILINES	6.1	T2	III	6.1	802	5 kg	E1		PP, EP			0	
2238	CHLOROTOLUÈNES	3	F1	III	3		5 L	E1	T	PP, EX, A	VE01		0	
2239	CHLOROTOLUIDINES solides	6.1	T2	III	6.1	802	5 kg	E1		PP, EP			0	
2240	ACIDE SULFOCHROMIQUE	8	C1	I	8		0	E0		PP, EP			0	
2241	CYCLOHEPTANE	3	F1	II	3		1 L	E2	T	PP, EX, A	VE01		1	
2242	CYCLOHEPTÈNE	3	F1	III	3		1 L	E2		PP, EX, A	VE01		1	
2243	ACÉTATE DE CYCLOHEXYLE	3	F1	III	3		5 L	E1		PP, EX, A	VE01		0	
2244	CYCLOPENTANOL	3	F1	III	3		5 L	E1		PP, EX, A	VE01		0	
2245	CYCLOPENTANONE	3	F1	III	3		5 L	E1		PP, EX, A	VE01		0	
2246	CYCLOPENTÈNE	3	F1	II	3		1 L	E2		PP, EX, A	VE01		1	
2247	n-DÉCANE	3	F1	III	3		5 L	E1		PP, EX, A	VE01		0	
2248	DI-n-BUTYLAMINE	8	CF1	II	8+3		1 L	E2	T	PP, EP, EX, A	VE01		1	
2249	ÉTHER DICHLORO-DIMÉTHYLIQUE SYMÉTRIQUE	6.1	TF1	TRANSPORT INTERDIT											
2250	ISOCYANATES DE DICHLOROPHÉNYLE	6.1	T2	II	6.1	802	500 g	E4		PP, EP			2	
2251	BICYCLO-[2.2.1] HEPTADIÈNE-2,5 STABILISÉ (NORBORNADIÈNE-2,5 STABILISÉ)	3	F1	II	3		1 L	E2		PP, EX, A	VE01		1	
2252	DIMÉTHOXY-1,2 ÉTHANE	3	F1	II	3		1 L	E2		PP, EX, A	VE01		1	

No. ONU ou ID	Nom et description	Classe	Code de classification	Groupe d'emballage	Étiquettes	Dispositions spéciales	Quantités limitées et exceptées		Transport admis	Équipement exigé	Ventilation	Mesures pendant le chargement/déchargement/transport	Nombre de cônes, feux bleus	Observations
3.1.2	3.1.2	2.2	2.2	2.1.1.3	5.2.2	3.3	3.4	3.5.1.2	3.2.1	8.1.5	7.1.6	7.1.6	7.1.5	3.2.1
(1)	(2)	(3a)	(3b)	(4)	(5)	(6)	(7a)	(7b)	(8)	(9)	(10)	(11)	(12)	(13)
2253	N,N-DIMÉTHYLANILINE	6.1	T1	II	6.1	802	100 ml	E4		PP, EP, TOX, A	VE02		2	
2254	ALLUMETTES-TISONS	4.1	F1	III	4.1	293	5 kg	E1		PP			0	
2256	CYCLOHEXÈNE	3	F1	II	3		1 L	E2		PP, EX, A	VE01		1	
2257	POTASSIUM	4.3	W2	I	4.3		0	E0		PP, EX, A	VE01	HA08	0	
2258	PROPYLÈNE-1,2 DIAMINE	8	CF1	II	8+3		1 L	E2		PP, EP, EX, A	VE01		1	
2259	TRIÉTHYLÈNETÉTRAMINE	8	C7	II	8		1 L	E2	T	PP, EP			0	
2260	TRIPROPYLAMINE	3	FC	III	3+8		5 L	E1		PP, EP, EX, A	VE01		0	
2261	XYLÉNOLS, solides	6.1	T2	II	6.1	802	500 g	E4		PP, EP			2	
2262	CHLORURE DE DIMÉTHYLCARBAMOYLE	8	C3	II	8		1 L	E2		PP, EP			0	
2263	DIMÉTHYLCYCLOHEXANES	3	F1	II	3		1 L	E2	T	PP, EX, A	VE01		1	
2264	N,N-DIMÉTHYL-CYCLOHEXYLAMINE	8	CF1	II	8+3		1 L	E2	T	PP, EP, EX, A	VE01		1	
2265	N,N-DIMÉTHYLFORMAMIDE	3	F1	III	3		5 L	E1	T	PP, EX, A	VE01		0	
2266	N,N-DIMÉTHYLPROPYLAMINE	3	FC	II	3+8		1 L	E2	T	PP, EP, EX, A	VE01		1	
2267	CHLORURE DE DIMÉTHYLTHIO-PHOSPHORYLE	6.1	TC1	II	6.1+8	802	100 ml	E4		PP, EP, TOX, A	VE02		2	
2269	IMINOBISPROPYLAMINE-3,3'	8	C7	III	8		5 L	E1		PP, EP			0	
2270	ÉTHYLAMINE EN SOLUTION AQUEUSE contenant au moins 50% mais au maximum 70% (masse) d'éthylamine	3	FC	II	3+8		1 L	E2		PP, EP, EX, A	VE01		1	
2271	ÉTHYLAMYLCÉTONE	3	F1	III	3		5 L	E1		PP, EX, A	VE01		0	
2272	N-ÉTHYLANILINE	6.1	T1	III	6.1	802	5 L	E1		PP, EP, TOX, A	VE02		0	
2273	ÉTHYL-2 ANILINE	6.1	T1	III	6.1	802	5 L	E1		PP, EP, TOX, A	VE02		0	
2274	N-ÉTHYL N-BENZYLANILINE	6.1	T1	III	6.1	802	5 L	E1		PP, EP, TOX, A	VE02		0	
2275	ÉTHYL-2 BUTANOL	3	F1	III	3		5 L	E1		PP, EX, A	VE01		0	
2276	ÉTHYL-2 HEXYLAMINE	3	FC	III	3+8		5 L	E1	T	PP, EP, EX, A	VE01		0	
2277	MÉTHACRYLATE D'ÉTHYLE STABILISÉ	3	F1	II	3		1 L	E2		PP, EX, A	VE01		1	
2278	n-HEPTÈNE	3	F1	II	3		1 L	E2		PP, EX, A	VE01		1	
2279	HEXACHLOROBUTADIÈNE	6.1	T1	III	6.1	802	5 L	E1	T	PP, EP, TOX, A	VE02		0	
2280	HEXAMÉTHYLÈNEDIAMINE SOLIDE	8	C8	III	8	802	5 kg	E1		PP, EP			0	
2281	DIISOCYANATE D'HEXAMÉTHYLÈNE	6.1	T1	II	6.1	802	100 ml	E4		PP, EP, TOX, A	VE02		2	
2282	HEXANOLS	3	F1	III	3		5 L	E1	T	PP, EX, A	VE01		0	
2283	MÉTHACRYLATE D'ISOBUTYLE STABILISÉ	3	F1	III	3		5 L	E1		PP, EX, A	VE01		0	
2284	ISOBUTYRONITRILE	3	FT1	II	3+6.1	802	1 L	E2		PP, EP, EX, TOX, A	VE01, VE02		2	
2285	FLUORURES DISOCYANATOBENZYLIDYNE	6.1	TF1	II	6.1+3	802	100 ml	E4		PP, EP, EX, TOX, A	VE01, VE02		2	
2286	PENTAMÉTHYLHEPTANE	3	F1	III	3		5 L	E1	T	PP, EX, A	VE01		0	

No. ONU ou ID	Nom et description	Classe	Code de classification	Groupe d'emballage	Étiquettes	Dispositions spéciales	Quantités limitées et exceptées		Transport admis	Équipement exigé	Ventilation	Mesures pendant le chargement/déchargement/transport	Nombre de cônes, feux bleus	Observations
3.1.2	3.1.2	2.2	2.2	2.1.1.3	5.2.2	3.3	3.4	3.5.1.2	3.2.1	8.1.5	7.1.6	7.1.6	7.1.5	3.2.1
(1)	(2)	(3a)	(3b)	(4)	(5)	(6)	(7a)	(7b)	(8)	(9)	(10)	(11)	(12)	(13)
2287	ISOHEPTÈNES	3	F1	II	3		1 L	E2		PP, EX, A	VE01		1	
2288	ISOHEXÈNES	3	F1	II	3		1 L	E2		PP, EX, A	VE01		1	
2289	ISOPHORONEDIAMINE	8	C7	III	8		5 L	E1	T	PP, EP			0	
2290	DIISOCYANATE D'ISOPHORONE	6.1	T1	III	6.1	802	5 L	E1		PP, EP, TOX, A	VE02		0	
2291	COMPOSÉ SOLUBLE DU PLOMB, N.S.A.	6.1	T5	III	6.1	199 274 535 802	5 kg	E1		PP, EP			0	
2293	METHOXY-4 MÉTHYL-4 PENTANONE-2	3	F1	III	3		5 L	E1		PP, EX, A	VE01		0	
2294	N-MÉTHYLANILINE	6.1	T1	III	6.1	802	5 L	E1		PP, EP, TOX, A	VE02		0	
2295	CHLORACÉTATE DE MÉTHYLE	6.1	TF1	I	6.1+3	802	0	E5		PP, EP, EX, TOX, A	VE01, VE02		2	
2296	MÉTHYLCYCLOHEXANE	3	F1	II	3		1 L	E2		PP, EX, A	VE01		1	
2297	MÉTHYLCYCLOHEXANONE	3	F1	III	3		5 L	E1		PP, EX, A	VE01		0	
2298	MÉTHYLCYCLOPENTANE	3	F1	II	3		1 L	E2		PP, EX, A	VE01		1	
2299	DICHLORACÉTATE DE MÉTHYLE	6.1	T1	III	6.1	802	5 L	E1		PP, EP, TOX, A	VE02		0	
2300	MÉTHYL-2 ÉTHYL-5 PYRIDINE	6.1	T1	III	6.1	802	5 L	E1		PP, EP, TOX, A	VE02		0	
2301	MÉTHYL-2 FURANNE	3	F1	II	3		1 L	E2		PP, EX, A	VE01		1	
2302	MÉTHYL-5 HEXANONE-2	3	F1	III	3		5 L	E1	T	PP, EX, A	VE01		0	
2303	ISOPROPÉNYLBENZÈNE	3	F1	III	3		5 L	E1	T	PP, EX, A	VE01		0	
2304	NAPHTALÈNE FONDU	4.1	F2	III	4.1	536	1 kg	E0		PP			0	
2305	ACIDE NITROBENZÈNE-SULFONIQUE	8	C4	II	8	802	1 kg	E2		PP, EP	VE02		0	
2306	FLUORURES DE NITROBENZYLIDYNE, liquides	6.1	T1	II	6.1	802	100 ml	E4		PP, EP, TOX, A	VE02		2	
2307	FLUORURE DE NITRO-3 CHLORO-4 BENZYLIDYNE	6.1	T1	II	6.1	802	100 ml	E4		PP, EP, TOX, A	VE02		2	
2308	HYDROGÉNOSULFATE DE NITROSYLE LIQUIDE	8	C1	II	8		1 L	E2		PP, EP	VE01		0	
2309	OCTADIÈNES	3	F1	II	3		1 L	E2	T	PP, EX, A	VE01		1	
2310	PENTANEDIONE-2,4	3	FT1	III	3+6.1	802	5 L	E1		PP, EP, EX, TOX, A	VE01, VE02		0	
2311	PHÉNÉTIDINES	6.1	T1	III	6.1	279 802	5 L	E1	T	PP, EP, TOX, A	VE02		0	
2312	PHÉNOL FONDU	6.1	T1	II	6.1	802	0	E0	T	PP, EP, TOX, A	VE02		2	
2313	PICOLINES	3	F1	III	3		5 L	E1		PP, EX, A	VE01		0	
2315	DIPHÉNYLES POLYCHLORÉS LIQUIDES	9	M2	II	9	305 802	1 L	E2		PP, EP			0	
2316	CUPROCYANURE DE SODIUM SOLIDE	6.1	T5	I	6.1	802	0	E5		PP, EP			2	
2317	CUPROCYANURE DE SODIUM EN SOLUTION	6.1	T4	I	6.1	802	0	E5		PP, EP			2	
2318	HYDROGÉNOSULFURE DE SODIUM avec moins de 25% d'eau de cristallisation	4.2	S4	II	4.2	504	0	E2		PP			0	

No. ONU ou ID	Nom et description	Classe	Code de classi-fication	Groupe d'embal-lage	Étiquettes	Disposit-ions spéciales	Quantités limitées et exceptées		Trans-port admis	Équipement exigé	Venti-lation	Mesures pendant le chargement/déchargement/ transport	Nombre de cônes, feux bleus	Observations
		2.2	2.2	2.1.1.3	5.2.2	3.3	3.4	3.5.1.2	3.2.1	8.1.5	7.1.6	7.1.6	7.1.5	3.2.1
(1)	(2)	(3a)	(3b)	(4)	(5)	(6)	(7a)	(7b)	(8)	(9)	(10)	(11)	(12)	(13)
2319	HYDROCARBURES TERPENIQUES, N.S.A.	3	F1	III	3		5 L	E1		PP, EX, A	VE01		0	
2320	TÉTRAÉTHYLÈNEPENTAMINE	8	C7	III	8		5 L	E1	T	PP, EP			0	
2321	TRICHLOROBENZÈNES LIQUIDES	6.1	T1	III	6.1	802	5 L	E1	T	PP, EP, TOX, A	VE02		0	
2322	TRICHLOROBUTÈNE	6.1	T1	II	6.1	802	100 ml	E4		PP, EP, TOX, A	VE02		2	
2323	PHOSPHITE DE TRIÉTHYLE	3	F1	III	3		5 L	E1	T	PP, EX, A	VE01		0	
2324	TRIISOBUTYLÈNE	3	F1	III	3		5 L	E1	T	PP, EX, A	VE01		0	
2325	TRIMÉTHYL-1,3,5 BENZÈNE	3	F1	III	3		5 L	E1	T	PP, EX, A	VE01		0	
2326	TRIMÉTHYLCYCLOHEXYLA-MINE	8	C7	III	8		5 L	E1		PP, EP			0	
2327	TRIMÉTHYLHEXA-MÉTHYLÈNEDIAMINES	8	C7	III	8		5 L	E1		PP, EP			0	
2328	DIISOCYANATE DE TRIMÉTHYLHEXA-MÉTHYLÈNE	6.1	T1	III	6.1	802	5 L	E1		PP, EP, TOX, A	VE02		0	
2329	PHOSPHITE DE TRIMÉTHYLE	3	F1	III	3		5 L	E1		PP, EX, A	VE01		0	
2330	UNDÉCANE	3	F1	III	3		5 L	E1		PP, EX, A	VE01		0	
2331	CHLORURE DE ZINC ANHYDRE	8	C2	III	8		5 kg	E1		PP, EX, A	VE01		0	
2332	ACÉTALDOXIME	3	F1	III	3		5 L	E1		PP, EX, A	VE01		0	
2333	ACÉTATE D'ALLYLE	3	FT1	II	3+6.1	802	1 L	E2	T	PP, EP, EX, TOX, A	VE01, VE02		2	
2334	ALLYLAMINE	6.1	TF1	I	6.1+3	354 802	0	E0		PP, EP, EX, TOX, A	VE01, VE02		2	
2335	ÉTHER ALLYLÉTHYLIQUE	3	FT1	II	3+6.1	802	1 L	E2		PP, EP, EX, TOX, A	VE01, VE02		2	
2336	FORMIATE D'ALLYLE	3	FT1	I	3+6.1	802	0	E0		PP, EP, EX, TOX, A	VE01, VE02		2	
2337	MERCAPTAN PHÉNYLIQUE	6.1	TF1	I	6.1+3	354 802	0	E0		PP, EP, EX, TOX, A	VE01, VE02		2	
2338	FLUORURE DE BENZYLIDYNE	3	F1	II	3		1 L	E2		PP, EX, A	VE01		1	
2339	BROMO-2 BUTANE	3	F1	II	3		1 L	E2		PP, EX, A	VE01		1	
2340	ÉTHER BROMO-2 ÉTHYLÉTHYLIQUE	3	F1	II	3		1 L	E2		PP, EX, A	VE01		1	
2341	BROMO-1 MÉTHYL-3 BUTANE	3	F1	III	3		5 L	E1		PP, EX, A	VE01		0	
2342	BROMOMÉTHYL-PROPANES	3	F1	II	3		1 L	E2		PP, EX, A	VE01		1	
2343	BROMO-2 PENTANE	3	F1	II	3		1 L	E2		PP, EX, A	VE01		1	
2344	BROMOPROPANES	3	F1	II	3		1 L	E2		PP, EX, A	VE01		1	
2344	BROMOPROPANES	3	F1	III	3		5 L	E1		PP, EX, A	VE01		0	
2345	BROMO-3 PROPYNE	3	F1	II	3		1 L	E2		PP, EX, A	VE01		1	
2346	BUTANEDIONE	3	F1	II	3		1 L	E2		PP, EX, A	VE01		1	
2347	MERCAPTAN BUTYLIQUE	3	F1	II	3		1 L	E2		PP, EX, A	VE01		1	
2348	ACRYLATES DE BUTYLE, STABILISÉS	3	F1	III	3		5 L	E1	T	PP, EX, A	VE01		0	
2350	ÉTHER BUTYLMÉTHYLIQUE	3	F1	II	3		1 L	E2	T	PP, EX, A	VE01		1	
2351	NITRITES DE BUTYLE	3	F1	III	3		5 L	E1		PP, EX, A	VE01		1	
2351	NITRITES DE BUTYLE	3	F1	II	3		1 L	E2		PP, EX, A	VE01		1	
2352	ÉTHER BUTYLVINYLIQUE STABILISÉ	3	F1	II	3		1 L	E2		PP, EX, A	VE01		1	

No. ONU ou ID	Nom et description	Classe 2.2	Code de classification 2.2	Groupe d'emballage 2.1.1.3	Étiquettes 5.2.2	Dispositions speciales 3.3	Quantités limitées et exceptées 3.4	3.5.1.2	Transport admis 3.2.1	Équipement exigé 8.1.5	Ventilation 7.1.6	Mesures pendant le chargement/déchargement/transport 7.1.6	Nombre de cônes, feux bleus 7.1.5	Observations 3.2.1
(1)	(2)	(3a)	(3b)	(4)	(5)	(6)	(7a)	(7b)	(8)	(9)	(10)	(11)	(12)	(13)
2353	CHLORURE DE BUTYRYLE	3	FC	II	3+8		1 L	E2		PP, EP, EX, A	VE01		1	
2354	ÉTHER CHLORO-MÉTHYLÉTHYLIQUE	3	FT1	II	3+6.1	802	1 L	E2		PP, EP, EX, TOX, A	VE01, VE02		2	
2356	CHLORO-2 PROPANE	3	F1	I	3		0	E3	T	PP, EX, A	VE01		1	
2357	CYCLOHEXYLAMINE	8	CF1	II	8+3		1 L	E2	T	PP, EP, EX, A	VE01		1	
2358	CYCLOOCTATÉTRAÈNE	3	F1	II	3		1 L	E2		PP, EP, EX, A	VE01		1	
2359	DIALLYLAMINE	3	FTC	II	3+6.1+8	802	1 L	E2		PP, EP, EX, TOX, A	VE01, VE02		2	
2360	ÉTHER DIALLYLIQUE	3	FT1	II	3+6.1	802	1 L	E2		PP, EP, EX, TOX, A	VE01, VE02		2	
2361	DIISOBUTYLAMINE	3	FC	III	3+8		5 L	E1		PP, EP, EX, A	VE01		0	
2362	DICHLORO-1,1 ÉTHANE	3	F1	II	3		1 L	E2	T	PP, EX, A	VE01		1	
2363	MERCAPTAN ÉTHYLIQUE	3	F1	I	3		0	E3		PP, EX, A	VE01		1	
2364	n-PROPYLBENZÈNE	3	F1	III	3		5 L	E1		PP, EX, A	VE01		0	
2366	CARBONATE DE ÉTHYLE	3	F1	III	3		5 L	E1		PP, EX, A	VE01		0	
2367	alpha-MÉTHYL-VALÉRALDÉHYDE	3	F1	II	3		1 L	E2		PP, EX, A	VE01		1	
2368	alpha-PINÈNE	3	F1	III	3		5 L	E1		PP, EX, A	VE01		0	
2370	HEXÈNE-1	3	F1	II	3		1 L	E2	T	PP, EX, A	VE01		1	
2371	ISOPENTÈNES	3	F1	I	3		0	E3		PP, EX, A	VE01		1	
2372	BIS (DIMÉTHYLAMINO)-1,2 ÉTHANE	3	F1	II	3		1 L	E2		PP, EX, A	VE01		1	
2373	DIÉTHOXYMÉTHANE	3	F1	II	3		1 L	E2		PP, EX, A	VE01		1	
2374	DIÉTHOXY-3,3 PROPÈNE	3	F1	II	3		1 L	E2		PP, EX, A	VE01		1	
2375	SULFURE DÉTHYLE	3	F1	II	3		1 L	E2		PP, EX, A	VE01		1	
2376	DIHYDRO-2,3 PYRANNE	3	F1	II	3		1 L	E2		PP, EX, A	VE01		1	
2377	DIMÉTHOXY-1,1 ÉTHANE	3	F1	II	3		1 L	E2		PP, EX, A	VE01		1	
2378	DIMÉTHYLAMINO-ACÉTONITRILE	3	FT1	II	3+6.1	802	1 L	E2		PP, EP, EX, TOX, A	VE01, VE02		2	
2379	DIMÉTHYL-1,3 BUTYLAMINE	3	FC	II	3+8		1 L	E2		PP, EP, EX, A	VE01		1	
2380	DIMÉTHYLDIÉTHOXYSILANE	3	F1	II	3		1 L	E2		PP, EX, A	VE01		1	
2381	DISULFURE DE DIMÉTHYLE	3	FT1	II	3+6.1		1 L	E2	T	PP, EP, EX, TOX, A	VE01, VE02		2	
2382	DIMÉTHYLHYDRAZINE SYMÉTRIQUE	6.1	TF1	I	6.1+3	354 802	0	E0	T	PP, EP, EX, TOX, A	VE01, VE02		2	
2383	DIPROPYLAMINE	3	FC	II	3+8		1 L	E2	T	PP, EP, EX, A	VE01		1	
2384	ÉTHER DI-n-PROPYLIQUE	3	F1	II	3		1 L	E2		PP, EX, A	VE01		1	
2385	ISOBUTYRATE D'ÉTHYLE	3	F1	III	3		1 L	E2		PP, EX, A	VE01		1	
2386	ÉTHYL-1 PIPÉRIDINE	3	FC	II	3+8		1 L	E2		PP, EP, EX, A	VE01		1	
2387	FLUOROBENZÈNE	3	F1	II	3		1 L	E2		PP, EX, A	VE01		1	

No. ONU ou ID (1)	Nom et description (2)	Classe (3a)	Code de classification (3b)	Groupe d'emballage (4)	Étiquettes (5)	Dispositions spéciales (6)	Quantités limitées et exceptées 3.4 (7a)	Quantités limitées et exceptées 3.5.1.2 (7b)	Transport admis (8)	Équipement exigé (9)	Ventilation (10)	Mesures pendant le chargement/déchargement/transport (11)	Nombre de cônes, feux bleus (12)	Observations (13)
2388	FLUOROTOLUÈNES	3	F1	II	3		1 L	E2		PP, EX, A	VE01		1	
2389	FURANNE	3	F1	I	3		0	E3		PP, EX, A	VE01		1	
2390	IODO-2 BUTANE	3	F1	II	3		1 L	E2		PP, EX, A	VE01		1	
2391	IODOMÉTHYLPROPANES	3	F1	II	3		1 L	E2		PP, EX, A	VE01		1	
2392	IODOPROPANES	3	F1	III	3		5 L	E1		PP, EX, A	VE01		0	
2393	FORMIATE D'ISOBUTYLE	3	F1	II	3		5 L	E2		PP, EX, A	VE01		1	
2394	PROPIONATE D'ISOBUTYLE	3	F1	III	3		5 L	E1		PP, EX, A	VE01		0	
2395	CHLORURE D'ISOBUTYRYLE	3	FC	II	3+8		1 L	E2		PP, EP, EX, A	VE01		1	
2396	MÉTHYLACROLÉINE STABILISÉE	3	FT1	II	3+6.1	802	1 L	E2		PP, EX, TOX, A	VE01, VE02		2	
2397	MÉTHYL-3 BUTANONE-2	3	F1	II	3		1 L	E2	T	PP, EX, A	VE01		1	
2398	ÉTHER MÉTHYL tert-BUTYLIQUE	3	F1	II	3		1 L	E2	T	PP, EX, A	VE01		1	
2399	MÉTHYL-1 PIPÉRIDINE	3	FC	II	3+8		1 L	E2		PP, EP, EX, A	VE01		1	
2400	ISOVALÉRATE DE MÉTHYLE	3	F1	II	3		1 L	E2		PP, EX, A	VE01		1	
2401	PIPÉRIDINE	8	CF1	I	8+3		0	E0		PP, EP, EX, A	VE01		1	
2402	PROPANETHIOLS	3	F1	II	3		1 L	E2		PP, EX, A	VE01		1	
2403	ACÉTATE D'ISOPROPÉNYLE	3	F1	II	3		1 L	E2		PP, EX, A	VE01		1	
2404	PROPIONITRILE	3	FT1	II	3+6.1	802	1 L	E2	T	PP, EP, EX, TOX, A	VE01, VE02		2	
2405	BUTYRATE D'ISOPROPYLE	3	F1	III	3		5 L	E1		PP, EX, A	VE01		0	
2406	ISOBUTYRATE D'ISOPROPYLE	3	F1	II	3		1 L	E2		PP, EX, A	VE01		1	
2407	CHLOROFORMIATE D'ISOPROPYLE	6.1	TFC	I	6.1+3+8	354 802	0	E0		PP, EP, EX, TOX, A	VE01, VE02		2	
2409	PROPIONATE D'ISOPROPYLE	3	F1	II	3		1 L	E2		PP, EX, A	VE01		1	
2410	TÉTRAHYDRO-1,2,3,6 PYRIDINE	3	F1	II	3		1 L	E2		PP, EX, A	VE01		1	
2411	BUTYRONITRILE	3	FT1	II	3+6.1	802	1 L	E2		PP, EP, EX, TOX, A	VE01, VE02		2	
2412	TÉTRAHYDROTHIOPHÈNE	3	F1	II	3		1 L	E2		PP, EX, A	VE01		1	
2413	ORTHOTITANATE DE PROPYLE	3	F1	III	3		5 L	E1		PP, EX, A	VE01		0	
2414	THIOPHÈNE	3	F1	II	3		1 L	E2	T	PP, EX, A	VE01		1	
2416	BORATE DE TRIMÉTHYLE	3	F1	II	3		1 L	E2		PP, EX, A	VE01		1	
2417	FLUORURE DE CARBONYLE	2	2TC		2.3+8		0	E0		PP, EP, TOX, A	VE02		2	
2418	TÉTRAFLUORURE DE SOUFRE	2	2TC		2.3+8		0	E0		PP, EP, TOX, A	VE02		2	
2419	BROMOTRIFLUORÉTHYLÈNE	2	2F		2.1		0	E0		PP, EX, A	VE01		1	
2420	HEXAFLUORACÉTONE	2	2TC		2.3+8		0	E0		PP, EP, TOX, A	VE02		2	
2421	TRIOXYDE D'AZOTE	2	2TOC						TRANSPORT INTERDIT					
2422	OCTAFLUOROBUTÈNE-2 (GAZ RÉFRIGÉRANT R 1318)	2	2A		2.2		120 ml	E1		PP			0	

No. ONU ou ID	Nom et description	Classe	Code de classification	Groupe d'emballage	Étiquettes	Dispositions spéciales	Quantités limitées et exceptées		Transport admis	Équipement exigé	Ventilation	Mesures pendant le chargement/déchargement/transport	Nombre de cônes, feux bleus	Observations
		2.2	2.2	2.1.1.3	5.2.2	3.3	3.4	3.5.1.2	3.2.1	8.1.5	7.1.6	7.1.6	7.1.5	3.2.1
(1)	(2)	(3a)	(3b)	(4)	(5)	(6)	(7a)	(7b)	(8)	(9)	(10)	(11)	(12)	(13)
2424	OCTAFLUOROPROPANE (GAZ RÉFRIGÉRANT R 218)	2	2A		2.2		120 ml	E1		PP			0	
2426	NITRATE D'AMMONIUM LIQUIDE, solution chaude concentrée à plus de 80% mais à 93% au maximum	5.1	O1		5.1	252 644	0	E0		PP			0	
2427	CHLORATE DE POTASSIUM EN SOLUTION AQUEUSE	5.1	O1	II	5.1		1 L	E2		PP			0	
2427	CHLORATE DE POTASSIUM EN SOLUTION AQUEUSE	5.1	O1	III	5.1		5 L	E1		PP			0	
2428	CHLORATE DE SODIUM EN SOLUTION AQUEUSE	5.1	O1	II	5.1		1 L	E2		PP			0	
2428	CHLORATE DE SODIUM EN SOLUTION AQUEUSE	5.1	O1	III	5.1		5 L	E1		PP			0	
2429	CHLORATE DE CALCIUM EN SOLUTION AQUEUSE	5.1	O1	II	5.1		1 L	E2		PP			0	
2429	CHLORATE DE CALCIUM EN SOLUTION AQUEUSE	5.1	O1	III	5.1		5 L	E1		PP			0	
2430	ALKYLPHÉNOLS SOLIDES, N.S.A. (y compris les homologues C2 à C12)	8	C4	I	8		0	E0		PP, EP			0	
2430	ALKYLPHÉNOLS SOLIDES, N.S.A. (y compris les homologues C2 à C12)	8	C4	II	8		1 kg	E2	T	PP, EP			0	
2430	ALKYLPHÉNOLS SOLIDES, N.S.A. (y compris les homologues C2 à C12)	8	C4	III	8		5 kg	E1		PP, EP			0	
2431	ANISIDINES	6.1	T1	III	6.1	802	5 L	E1		PP, EP, TOX, A	VE02		0	
2432	N,N-DIÉTHYLANILINE	6.1	T1	III	6.1	279 802	5 L	E1	T	PP, EP, TOX, A	VE02		0	
2433	CHLORONITROTOLUÈNES LIQUIDES	6.1	T1	III	6.1	802	5 L	E1		PP, EP, TOX, A	VE02		0	
2434	DIBENZYLDICHLOROSILANE	8	C3	II	8		0	E0		PP, EP			0	
2435	ÉTHYLPHÉNYLDICHLORO-SILANE	8	C3	II	8		0	E0		PP, EP			0	
2436	ACIDE THIOACÉTIQUE	3	F1	II	3		1 L	E2		PP, EX, A	VE01		1	
2437	MÉTHYLPHÉNYLDICHLORO-SILANE	8	C3	II	8		0	E0		PP, EP			0	
2438	CHLORURE DE TRIMÉTHYLACÉTYLE	6.1	TFC	I	6.1+3+8	802	0	E5		PP, EP, EX, TOX, A	VE01, VE02		2	
2439	HYDROGÉNODIFLUORURE DE SODIUM	8	C2	II	8		1 kg	E2		PP, EP			0	
2440	CHLORURE D'ÉTAIN IV PENTAHYDRATÉ	8	C2	III	8		5 kg	E1		PP, EP			0	
2441	TRICHLORURE DE TITANE PYROPHORIQUE ou TRICHLORURE DE TITANE EN MÉLANGE PYROPHORIQUE	4.2	SC4	I	4.2+8	537	0	E0		PP, EP			0	
2442	CHLORURE DE TRICHLORACÉTYLE	8	C3	II	8		0	E2		PP, EP			0	
2443	OXYTRICHLORURE DE VANADIUM	8	C1	II	8		1 L	E2		PP, EP			0	
2444	TÉTRACHLORURE DE VANADIUM	8	C1	I	8		0	E0		PP, EP			0	
2446	NITROCRÉSOLS, solides	6.1	T2	III	6.1	802	5 kg	E1		PP, EP			0	
2447	PHOSPHORE BLANC FONDU	4.2	ST3	I	4.2+6.1	802	0	E0		PP, EP, TOX, A	VE02		2	
2448	SOUFRE FONDU	4.1	F3	III	4.1	538	0	E0	T	PP			0	
2451	TRIFLUORURE D'AZOTE	2	2O		2.2+5.1		0	E0		PP			0	
2452	ÉTHYLACÉTYLÈNE STABILISÉ	2	2F		2.1		0	E0		PP, EX, A	VE01		1	

No. ONU ou ID (1)	Nom et description (2) 3.1.2	Classe 2.2 (3a)	Code de classification 2.2 (3b)	Groupe d'emballage 2.1.1.3 (4)	Étiquettes 5.2.2 (5)	Dispositions spéciales 3.3 (6)	Quantités limitées et exceptées 3.4 (7a)	3.5.1.2 (7b)	Transport admis 3.2.1 (8)	Équipement exigé 8.1.5 (9)	Ventilation 7.1.6 (10)	Mesures pendant le chargement/déchargement/transport 7.1.6 (11)	Nombre de cônes, feux bleus 7.1.5 (12)	Observations 3.2.1 (13)
2453	FLUORURE D'ÉTHYLE (GAZ RÉFRIGÉRANT R 161)	2	2F		2.1		0	E0		PP, EX, A	VE01		1	
2454	FLUORURE DE MÉTHYLE (GAZ RÉFRIGÉRANT R 41)	2	2F		2.1		0	E0		PP, EX, A	VE01		1	
2455	NITRITE DE MÉTHYLE	2	2A								TRANSPORT INTERDIT			
2456	CHLORO-2 PROPÈNE	3	F1	I	3		0	E3		PP, EX, A	VE01		1	
2457	DIMÉTHYL-2,3 BUTANE	3	F1	II	3		1 L	E2		PP, EX, A	VE01		1	
2458	HEXADIÈNES	3	F1	II	3		1 L	E2	T	PP, EX, A	VE01		1	
2459	MÉTHYL-2 BUTÈNE-1	3	F1	I	3		0	E3		PP, EX, A	VE01		1	
2460	MÉTHYL-2 BUTÈNE-2	3	F1	II	3		1 L	E2		PP, EX, A	VE01		1	
2461	MÉTHYLPENTADIÈNES	3	F1	II	3		1 L	E2		PP, EX, A	VE01		1	
2463	HYDRURE D'ALUMINIUM	4.3	W2	I	4.3		0	E0		PP, EX, A	VE01	HA08	0	
2464	NITRATE DE BÉRYLLIUM	5.1	OT2	II	5.1+6.1	802	1 kg	E2		PP, EP			2	
2465	ACIDE DICHLORO-ISOCYANURIQUE SEC ou SELS DE L'ACIDE DICHLORO-ISOCYANURIQUE	5.1	O2	II	5.1	135	1 kg	E2		PP			0	
2466	SUPEROXYDE DE POTASSIUM	5.1	O2	I	5.1		0	E0		PP			0	
2468	ACIDE TRICHLORO-ISOCYANURIQUE SEC	5.1	O2	II	5.1		1 kg	E2		PP			0	
2469	BROMATE DE ZINC	5.1	O2	III	5.1		5 kg	E1		PP			0	
2470	PHÉNYLACÉTONITRILE LIQUIDE	6.1	T1	III	6.1	802	5 L	E1		PP, EP, TOX, A	VE02		0	
2471	TÉTROXYDE D'OSMIUM	6.1	T5	I	6.1	802	0	E5		PP, EP			2	
2473	ARSANILATE DE SODIUM	6.1	T3	III	6.1	802	5 kg	E1		PP, EP, TOX, A	VE02		0	
2474	THIOPHOSGÈNE	6.1	T1	I	6.1	279 354 802	0	E0		PP, EP, TOX, A	VE02		2	
2475	TRICHLORURE DE VANADIUM	8	C2	III	8		5 kg	E1		PP, EP			0	
2477	ISOTHIOCYANATE DE MÉTHYLE	6.1	TF1	I	6.1+3	354 802	0	E0	T	PP, EP, EX, TOX, A	VE01, VE02		2	
2478	ISOCYANATES INFLAMMABLES, TOXIQUES, N.S.A. ou ISOCYANATE EN SOLUTION, INFLAMMABLE, TOXIQUE, N.S.A.	3	FT1	II	3+6.1	274 539 802	1 L	E2		PP, EP, EX, TOX, A	VE01, VE02		2	
2478	ISOCYANATES INFLAMMABLES, TOXIQUES, N.S.A. ou ISOCYANATE EN SOLUTION, INFLAMMABLE, TOXIQUE, N.S.A.	3	FT1	III	3+6.1	274 802	5 L	E1		PP, EP, EX, TOX, A	VE01, VE02		0	
2480	ISOCYANATE DE MÉTHYLE	6.1	TF1	I	6.1+3	354 802	0	E0		PP, EP, EX, TOX, A	VE01, VE02		2	
2481	ISOCYANATE D'ÉTHYLE	6.1	TF1	I	6.1+3	354 802	0	E0		PP, EP, EX, TOX, A	VE01, VE02		2	
2482	ISOCYANATE DE n-PROPYLE	6.1	TF1	I	6.1+3	354 802	0	E0		PP, EP, EX, TOX, A	VE01, VE02		2	
2483	ISOCYANATE D'ISOPROPYLE	6.1	TF1	I	6.1+3	354 802	0	E0		PP, EP, EX, TOX, A	VE01, VE02		2	

No. ONU ou ID	Nom et description	Classe	Code de classification	Groupe d'emballage	Étiquettes	Dispositions spéciales	Quantités limitées et exceptées		Transport admis	Équipement exigé	Ventilation	Mesures pendant le chargement/déchargement/transport	Nombre de cônes, feux bleus	Observations
	3.1.2	2.2	2.2	2.1.1.3	5.2.2	3.3	3.4	3.5.1.2	3.2.1	8.1.5	7.1.6	7.1.6	7.1.5	3.2.1
(1)	(2)	(3a)	(3b)	(4)	(5)	(6)	(7a)	(7b)	(8)	(9)	(10)	(11)	(12)	(13)
2484	ISOCYANATE DE tert-BUTYLE	6.1	TF1	I	6.1+3	354 802	0	E0		PP, EP, EX, TOX, A	VE01, VE02		2	
2485	ISOCYANATE DE n-BUTYLE	6.1	TF1	I	6.1+3	354 802	0	E0	T	PP, EP, EX, TOX, A	VE01, VE02		2	
2486	ISOCYANATE D'ISOBUTYLE	6.1	TF1	I	6.1+3	354 802	0	E0	T	PP, EP, EX, TOX, A	VE01, VE02		2	
2487	ISOCYANATE DE PHÉNYLE	6.1	TF1	I	6.1+3	354 802	0	E0	T	PP, EP, EX, TOX, A	VE01, VE02		2	
2488	ISOCYANATE DE CYCLOHEXYLE	6.1	TF1	I	6.1+3	354 802	0	E0		PP, EP, EX, TOX, A	VE01, VE02		2	
2490	ÉTHER DICHLOROISOPROPYLIQUE	6.1	T1	II	6.1	802	100 ml	E4	T	PP, EP, TOX, A	VE02		2	
2491	ÉTHANOLAMINE ou ÉTHANOLAMINE EN SOLUTION	8	C7	III	8		5 L	E1	T	PP, EP			0	
2493	HEXAMÉTHYLÈNEIMINE	3	FC	II	3+8		1 L	E2	T	PP, EP, EX, A	VE01		1	
2495	PENTAFLUORURE D'IODE	5.1	OTC	I	5.1+6.1+8	802	0	E0		PP, EP, TOX, A	VE02		2	
2496	ANHYDRIDE PROPIONIQUE	8	C3	III	8		5 L	E1		PP, EP	VE01		0	
2498	TÉTRAHYDRO-1,2,3,6 BENZALDÉHYDE	3	F1	III	3		5 L	E1		PP, EX, A			0	
2501	OXYDE DE TRIS (AZIRIDINYL-1) PHOSPHINE EN SOLUTION	6.1	T1	II	6.1	802	100 ml	E4		PP, EP, TOX, A	VE02		2	
2501	OXYDE DE TRIS (AZIRIDINYL-1) PHOSPHINE EN SOLUTION	6.1	T1	III	6.1	802	5 L	E1		PP, EP, TOX, A	VE02		0	
2502	CHLORURE DE VALÉRYLE	8	CF1	II	8+3	802	1 L	E2	T	PP, EP, EX, TOX, A	VE01		1	
2503	TÉTRACHLORURE DE ZIRCONIUM	8	C2	III	8		5 kg	E1		PP, EP			0	
2504	TÉTRABROMÉTHANE	6.1	T1	III	6.1		5 L	E1		PP, EP, TOX, A	VE02		0	
2505	FLUORURE D'AMMONIUM	6.1	T5	III	6.1	802	5 kg	E1	B	PP, EP			0	
2506	HYDROGÉNOSULFATE D'AMMONIUM	8	C2	II	8		1 kg	E2	B	PP, EP		CO03	0	CO03 ne s'applique qu'en cas de transport de cette matière en vrac ou sans emballage
2507	ACIDE CHLOROPLATINIQUE SOLIDE	8	C2	III	8		5 kg	E1		PP, EP			0	
2508	PENTACHLORURE DE MOLYBDÈNE	8	C2	III	8		5 kg	E1		PP, EP			0	
2509	HYDROGÉNOSULFATE DE POTASSIUM	8	C2	II	8		1 kg	E2	B	PP, EP		CO03	0	CO03 ne s'applique qu'en cas de transport de cette matière en vrac ou sans emballage
2511	ACIDE CHLORO-2 PROPIONIQUE	8	C3	III	8	279 802	5 L	E1		PP, EP			0	
2512	AMINOPHÉNOLS (o-, m-, p-)	6.1	T2	III	6.1	802	5 kg	E1		PP, EP			0	

No. ONU ou ID	Nom et description	Classe	Code de classi-fication	Groupe d'embal-lage	Étiquettes	Disposit-ions speciales	Quantités limitées et exceptées		Trans-port admis	Équipement exigé	Venti-lation	Mesures pendant le chargement/déchargement/ transport	Nombre de cônes, feux bleus	Observations
3.1.2	3.1.2	2.2	2.2	2.1.1.3	5.2.2	3.3	3.4	3.5.1.2	3.2.1	8.1.5	7.1.6	7.1.6	7.1.5	3.2.1
(1)	(2)	(3a)	(3b)	(4)	(5)	(6)	(7a)	(7b)	(8)	(9)	(10)	(11)	(12)	(13)
2513	BROMURE DE BROMACÉTYLE	8	C3	II	8		1 L	E2		PP, EP			0	
2514	BROMOBENZÈNE	3	F1	III	3		5 L	E1		PP, EX, A	VE01		0	
2515	BROMOFORME	6.1	T1	III	6.1	802	5 L	E1		PP, EP, TOX, A	VE02		0	
2516	TÉTRABROMURE DE CARBONE	6.1	T2	III	6.1	802	5 kg	E1		PP, EP			0	
2517	CHLORO-1 DIFLUORO-1,1 ÉTHANE (GAZ RÉFRIGÉRANT R 142b)	2	2F		2.1	802	0	E0	T	PP, EX, A	VE01		1	
2518	CYCLODODÉCATRIÈNE-1,5,9	6.1	T1	III	6.1	802	5 L	E1		PP, EP, TOX, A	VE02		0	
2520	CYCLOOCTADIÈNES	3	F1	III	3		5 L	E1		PP, EX, A	VE01		0	
2521	DICÉTÈNE STABILISÉ	6.1	TF1	I	6.1+3	354 802	0	E0		PP, EP, EX, TOX, A	VE01, VE02		2	
2522	MÉTHACRYLATE DE 2-DIMÉTHYLAMINOÉTHYLE	6.1	T1	II	6.1	802	100 ml	E4		PP, EP, TOX, A	VE02		2	
2524	ORTHOFORMIATE DÉTHYLE	3	F1	III	3		5 L	E1		PP, EX, A	VE01		0	
2525	OXALATE D'ÉTHYLE	6.1	T1	III	6.1	802	5 L	E1		PP, EP, TOX, A	VE02		0	
2526	FURFURYLAMINE	3	FC	III	3+8		5 L	E1		PP, EP, EX, A	VE01		0	
2527	ACRYLATE D'ISOBUTYLE STABILISÉ	3	F1	III	3		5 L	E1	T	PP, EX, A	VE01		0	
2528	ISOBUTYRATE D'ISOBUTYLE	3	F1	III	3		5 L	E1	T	PP, EX, A	VE01		0	
2529	ACIDE ISOBUTYRIQUE	3	FC	III	3+8		5 L	E1		PP, EP, EX, A	VE01		0	
2531	ACIDE MÉTHACRYLIQUE STABILISÉ	8	C3	II	8	802	1 L	E2	T	PP, EP	VE02		0	
2533	TRICHLORACÉTATE DE MÉTHYLE	6.1	T1	III	6.1		5 L	E1		PP, EP, TOX, A			0	
2534	MÉTHYLCHLOROSILANE	2	2TFC		2.3+2.1+8		0	E0		PP, EP, EX, TOX, A	VE01, VE02		2	
2535	4-MÉTHYLMORPHOLINE (N-MÉTHYL-MORPHOLINE)	3	FC	II	3+8		1 L	E2		PP, EP, EX, A	VE01		1	
2536	MÉTHYLTÉTRAHYDRO-FURANNE	3	F1	II	3		1 L	E2		PP, EX, A	VE01		1	
2538	NITRONAPHTALÈNE	4.1	F1	III	4.1		5 kg	E1		PP			0	
2541	TERPINOLÈNE	3	F1	III	3		5 L	E1		PP, EX, A	VE01		0	
2542	TRIBUTYLAMINE	6.1	T1	II	6.1	802	100 ml	E4		PP, EP, TOX, A	VE02		2	
2545	HAFNIUM EN POUDRE SEC	4.2	S4	I	4.2	540	0	E0		PP			0	
2545	HAFNIUM EN POUDRE SEC	4.2	S4	II	4.2	540	0	E2		PP			0	
2545	HAFNIUM EN POUDRE SEC	4.2	S4	III	4.2	540	0	E1		PP			0	
2546	TITANE EN POUDRE SEC	4.2	S4	I	4.2	540	0	E0		PP			0	
2546	TITANE EN POUDRE SEC	4.2	S4	II	4.2	540	0	E2		PP			0	
2546	TITANE EN POUDRE SEC	4.2	S4	III	4.2	540	0	E1		PP			0	
2547	SUPEROXYDE DE SODIUM	5.1	O2	I	5.1		0	E0		PP, EP			0	
2548	PENTAFLUORURE DE CHLORE	2	2TOC		2.3+5.1+8		0	E0		PP, EP, TOX, A	VE02		2	
2552	HYDRATE D'HEXAFLUORACÉTONE, LIQUIDE	6.1	T1	II	6.1	802	100 ml	E4		PP, EP, TOX, A	VE02		2	
2554	CHLORURE DE MÉTHYLALLYLE	3	F1	II	3		1 L	E2		PP, EX, A	VE01		1	

No. ONU ou ID	Nom et description	Classe	Code de classi-fication	Groupe d'embal-lage	Étiquettes	Disposit-ions spéciales	Quantités limitées et exceptées		Trans-port admis	Équipement exigé	Venti-lation	Mesures pendant le chargement/déchargement/ transport	Nombre de cônes, feux bleus	Observations
	3.1.2	2.2	2.2	2.1.1.3	5.2.2	3.3	3.4	3.5.1.2	3.2.1	8.1.5	7.1.6	7.1.6	7.1.5	3.2.1
(1)	(2)	(3a)	(3b)	(4)	(5)	(6)	(7a)	(7b)	(8)	(9)	(10)	(11)	(12)	(13)
2555	NITROCELLULOSE AVEC au moins 25% (masse) d'EAU	4.1	D	II	4.1	541	0	E0		PP			0	
2556	NITROCELLULOSE AVEC au moins 25% (masse) d'ALCOOL et une teneur en azote ne dépassant pas 12,6% (rapportée à la masse sèche)	4.1	D	II	4.1	541	0	E0		PP			0	
2557	NITROCELLULOSE EN MÉLANGE d'une teneur en azote ne dépassant pas 12,6% (rapportée à la masse sèche) AVEC ou SANS PLASTIFIANT, AVEC ou SANS PIGMENT	4.1	D	II	4.1	241 541	0	E0		PP			0	
2558	ÉPIBROMHYDRINE	6.1	TF1	I	6.1+3	802	0	E5		PP, EP, EX, TOX, A	VE01, VE02		2	
2560	MÉTHYL-2 PENTANOL-2	3	F1	III	3		5 L	E1		PP, EX, A	VE01		0	
2561	MÉTHYL-3 BUTÈNE-1	3	F1	I	3		0	E3		PP, EX, A	VE01		1	
2564	ACIDE TRICHLORACÉTIQUE EN SOLUTION	8	C3	II	8		1 L	E2	T	PP, EP			0	
2564	ACIDE TRICHLORACÉTIQUE EN SOLUTION	8	C3	III	8		5 L	E1	T	PP, EP			0	
2565	DICYCLOHEXYLAMINE	8	C7	III	8		5 L	E1		PP, EP			0	
2567	PENTACHLOROPHÉNATE DE SODIUM	6.1	T2	II	6.1	802	500 g	E4		PP, EP			2	
2570	COMPOSÉ DU CADMIUM	6.1	T5	I	6.1	274 596 802	0	E5		PP, EP			2	
2570	COMPOSÉ DU CADMIUM	6.1	T5	II	6.1	274 596 802	500 g	E4		PP, EP			2	
2570	COMPOSÉ DU CADMIUM	6.1	T5	III	6.1	274 596 802	5 kg	E1		PP, EP			0	
2571	ACIDES ALKYLSULFURIQUES	8	C3	II	8		1 L	E2		PP, EP			0	
2572	PHÉNYLHYDRAZINE	6.1	T1	II	6.1	802	100 ml	E4		PP, EP, TOX, A	VE02		2	
2573	CHLORATE DE THALLIUM	5.1	OT2	II	5.1+6.1	802	1 kg	E2		PP, EP			2	
2574	PHOSPHATE DE TRICRÉSYLE avec plus de 3% d'isomère ortho	6.1	T1	II	6.1	802	100 ml	E4	T	PP, EP, TOX, A	VE02		2	
2576	OXYBROMURE DE PHOSPHORE FONDU	8	C1	II	8		0	E0		PP, EP			0	
2577	CHLORURE DE PHÉNYLACÉTYLE	8	C3	II	8		1 L	E2		PP, EP			0	
2578	TRIOXYDE DE PHOSPHORE	8	C2	III	8		5 kg	E1		PP, EP			0	
2579	PIPÉRAZINE	8	C8	III	8		5 kg	E1	T	PP, EP			0	
2580	BROMURE D'ALUMINIUM EN SOLUTION	8	C1	III	8		5 L	E1		PP, EP			0	
2581	CHLORURE D'ALUMINIUM EN SOLUTION	8	C1	III	8		5 L	E1		PP, EP			0	
2582	CHLORURE DE FER III EN SOLUTION	8	C1	III	8		5 L	E1		PP, EP			0	
2583	ACIDES ARYLSULFONIQUES SOLIDES contenant plus de 5% d'acide sulfurique libre	8	C2	II	8		1 kg	E2		PP, EP			0	
2584	ACIDES ALKYLSULFONIQUES LIQUIDES ou ACIDES ARYLSULFONIQUES LIQUIDES contenant plus de 5% d'acide sulfurique libre	8	C1	II	8		1 L	E2		PP, EP			0	
2585	ACIDES ALKYLSULFONIQUES SOLIDES ou ACIDES ARYLSULFONIQUES SOLIDES contenant au plus 5% d'acide sulfurique libre	8	C4	III	8		5 kg	E1		PP, EP			0	

No. ONU ou ID	Nom et description	Classe	Code de classification	Groupe d'emballage	Étiquettes	Dispositions spéciales	Quantités limitées et exceptées		Transport admis	Équipement exigé	Ventilation	Mesures pendant le chargement/déchargement/transport	Nombre de cônes, feux bleus	Observations
		2.2	2.2	2.1.1.3	5.2.2	3.3	3.4	3.5.1.2	3.2.1	8.1.5	7.1.6	7.1.6	7.1.5	3.2.1
3.1.2	3.1.2	(3a)	(3b)	(4)	(5)	(6)	(7a)	(7b)	(8)	(9)	(10)	(11)	(12)	(13)
(1)	(2)													
2586	ACIDES ALKYLSULFONIQUES LIQUIDES ou ACIDES ARYLSULFONIQUES LIQUIDES contenant au plus 5% d'acide sulfurique libre	8	C3	III	8		5 L	E1	T	PP, EP			0	
2587	BENZOQUINONE	6.1	T2	II	6.1	802	500 g	E4		PP, EP			2	
2588	PESTICIDE SOLIDE TOXIQUE, N.S.A.	6.1	T7	I	6.1	61 274 648 802	0	E5		PP, EP			2	
2588	PESTICIDE SOLIDE TOXIQUE, N.S.A.	6.1	T7	II	6.1	61 274 648 802	500 g	E4		PP, EP			2	
2588	PESTICIDE SOLIDE TOXIQUE, N.S.A.	6.1	T7	III	6.1	61 274 648 802	5 kg	E1		PP, EP			0	
2589	CHLORACETATE DE VINYLE	6.1	TF1	II	6.1+3	802	100 ml	E4		PP, EP, EX, TOX, A	VE01, VE02		2	
2590	AMIANTE BLANC (chrysotile, actinolite, anthophyllite, trémolite)	9	M1	III	9	168 542 802	5 kg	E1		PP			0	
2591	XÉNON LIQUIDE RÉFRIGÉRÉ	2	3A		2.2	593	120 ml	E1		PP			0	
2599	CHLOROTRIFLUORO-MÉTHANE ET TRIFLUOROMÉTHANE EN MÉLANGE AZÉOTROPE, contenant environ 60% de chlorotrifluorométhane (GAZ RÉFRIGÉRANT R 503)	2	2A		2.2		120 ml	E1		PP			0	
2601	CYCLOBUTANE	2	2F		2.1		0	E0		PP, EX, A	VE01		1	
2602	DICHLORODIFLUORO-MÉTHANE ET DIFLUORO-1,1 ÉTHANE EN MÉLANGE AZÉOTROPE contenant environ 74% de dichlorodifluorométhane (GAZ RÉFRIGÉRANT R 500)	2	2A		2.2		120 ml	E1		PP			0	
2603	CYCLOHEPTATRIÈNE	3	FT1	II	3+6.1	802	1 L	E2		PP, EP, EX, TOX, A	VE01, VE02		2	
2604	ÉTHÉRATE DIÉTHYLIQUE DE TRIFLUORURE DE BORE	8	CF1	I	8+3		0	E0		PP, EP, EX, A	VE01		1	
2605	ISOCYANATE DE MÉTHOXYMÉTHYLE	6.1	TF1	I	6.1+3	354 802	0	E0		PP, EP, EX, TOX, A	VE01, VE02		2	
2606	ORTHOSILICATE DE MÉTHYLE	6.1	TF1	I	6.1+3	354 802	0	E0		PP, EP, EX, TOX, A	VE01, VE02		2	
2607	ACROLÉINE, DIMÈRE STABILISÉ	3	F1	III	3		5 L	E1		PP, EX, A	VE01		0	
2608	NITROPROPANES	3	F1	III	3		5 L	E1	T	PP, EX, A	VE01		0	
2609	BORATE DE TRIALLYLE	6.1	T1	III	6.1	802	5 L	E1		PP, EP, TOX, A	VE02		0	

No. ONU ou ID	Nom et description	Classe	Code de classification	Groupe d'emballage	Étiquettes	Dispositions spéciales	Quantités limitées et exceptées		Transport admis	Équipement exigé	Ventilation	Mesures pendant le chargement/déchargement/transport	Nombre de cônes, feux bleus	Observations
		2.2	2.2	2.1.1.3	5.2.2	3.3	3.4	3.5.1.2	3.2.1	8.1.5	7.1.6	7.1.6	7.1.5	3.2.1
(1)	(2)	(3a)	(3b)	(4)	(5)	(6)	(7a)	(7b)	(8)	(9)	(10)	(11)	(12)	(13)
2610	TRIALLYLAMINE	3	FC	III	3+8		5 L	E1		PP, EP, EX, A	VE01		0	
2611	CHLORO-1 PROPANOL-2	6.1	TF1	II	6.1+3	802	100 ml	E4		PP, EP, EX, TOX, A	VE01, VE02		2	
2612	ÉTHER MÉTHYLPROPYLIQUE	3	F1	II	3		1 L	E2		PP, EX, A	VE01		1	
2614	ALCOOL MÉTHALLYLIQUE	3	F1	III	3		5 L	E1		PP, EX, A	VE01		0	
2615	ÉTHER ÉTHYLPROPYLIQUE	3	F1	II	3		1 L	E2	T	PP, EX, A	VE01		1	
2616	BORATE DE TRIISOPROPYLE	3	F1	II	3		1 L	E2		PP, EX, A	VE01		1	
2616	BORATE DE TRIISOPROPYLE	3	F1	III	3		5 L	E1		PP, EX, A	VE01		0	
2617	MÉTHYLCYCLOHEXANOLS inflammables	3	F1	III	3		5 L	E1		PP, EX, A	VE01		0	
2618	VINYLTOLUÈNES STABILISÉS	3	F1	III	3		5 L	E1	T	PP, EX, A	VE01		0	
2619	BENZYLDIMÉTHYLAMINE	8	CF1	II	8+3		1 L	E2		PP, EP, EX, A	VE01		1	
2620	BUTYRATES D'AMYLE	3	F1	III	3		5 L	E1		PP, EX, A	VE01		0	
2621	ACÉTYLMÉTHYLCARBINOL	3	F1	III	3		5 L	E1		PP, EX, A	VE01		0	
2622	GLYCIDALDÉHYDE	3	FT1	II	3+6.1	802	1 L	E2		PP, EP, EX, TOX, A	VE01, VE02		2	
2623	ALLUME-FEU SOLIDES imprégnés de liquide inflammable	4.1	F1	III	4.1		5 kg	E1		PP			0	
2624	SILICIURE DE MAGNÉSIUM	4.3	W2	II	4.3		500 g	E2		PP, EX, A	VE01	HA08	0	
2626	ACIDE CHLORIQUE EN SOLUTION AQUEUSE contenant au plus 10% d'acide chlorique	5.1	O1	II	5.1	613	1 L	E2		PP			0	
2627	NITRITES INORGANIQUES, N.S.A.	5.1	O2	II	5.1	103 274	1 kg	E2		PP			0	
2628	FLUOROACÉTATE DE POTASSIUM	6.1	T2	I	6.1	802	0	E5		PP, EP			2	
2629	FLUOROACÉTATE DE SODIUM	6.1	T2	I	6.1	802	0	E5		PP, EP			2	
2630	SÉLÉNIATES ou SÉLÉNITES	6.1	T5	I	6.1	274 802	0	E5		PP, EP			2	
2642	ACIDE FLUORACÉTIQUE	6.1	T2	I	6.1	802	0	E5		PP, EP			2	
2643	BROMACÉTATE DE MÉTHYLE	6.1	T1	II	6.1	802	100 ml	E4		PP, EP, TOX, A	VE02		2	
2644	IODURE DE MÉTHYLE	6.1	T1	I	6.1	354 802	0	E0		PP, EP, TOX, A	VE02		2	
2645	BROMURE DE PHÉNACYLE	6.1	T2	I	6.1	802	500 g	E4		PP, EP			2	
2646	HEXACHLOROCYCLOPENTADIÈNE	6.1	T1	I	6.1	354 802	0	E0		PP, EP, TOX, A	VE02		2	
2647	MALONITRILE	6.1	T2	II	6.1	802	500 g	E4		PP, EP			2	
2648	DIBROMO-1,2 BUTANONE-3	6.1	T1	II	6.1	802	100 ml	E4		PP, EP, TOX, A	VE02		2	
2649	DICHLORO-1,3 ACÉTONE	6.1	T2	II	6.1	802	500 g	E4		PP, EP			2	
2650	DICHLORO-1,1 NITRO-1 ÉTHANE	6.1	T1	II	6.1	802	100 ml	E4		PP, EP, TOX, A	VE02		2	
2651	DIAMINO-4,4' DIPHÉNYLMÉTHANE	6.1	T2	III	6.1	802	5 kg	E1	T	PP, EP			0	
2653	IODURE DE BENZYLE	6.1	T1	II	6.1	802	100 ml	E4		PP, EP, TOX, A	VE02		2	
2655	FLUOROSILICATE DE POTASSIUM	6.1	T5	III	6.1	802	5 kg	E1		PP, EP			0	
2656	QUINOLÉINE	6.1	T1	III	6.1	802	5 L	E1		PP, EP, TOX, A	VE02		0	

No. ONU ou ID	Nom et description	Classe	Code de classification	Groupe d'emballage	Étiquettes	Dispositions spéciales	Quantités limitées et exceptées		Transport admis	Équipement exigé	Ventilation	Mesures pendant le chargement/déchargement/transport	Nombre de cônes, feux bleus	Observations
		2.2	2.2	2.1.1.3	5.2.2	3.3	3.4	3.5.1.2	3.2.1	8.1.5	7.1.6	7.1.6	7.1.5	3.2.1
(1)	(2)	(3a)	(3b)	(4)	(5)	(6)	(7a)	(7b)	(8)	(9)	(10)	(11)	(12)	(13)
2657	DISULFURE DE SÉLÉNIUM	6.1	T5	II	6.1	802	500 g	E4		PP, EP			2	
2659	CHLORACÉTATE DE SODIUM	6.1	T2	III	6.1	802	5 kg	E1		PP, EP			0	
2660	MONONITROTOLUIDINES	6.1	T2	III	6.1	802	5 kg	E1		PP, EP	VE02		0	
2661	HEXACHLORACÉTONE	6.1	T1	III	6.1	802	5 L	E1		PP, EP, TOX, A	VE02		0	
2664	DIBROMOMÉTHANE	6.1	T1	III	6.1	802	5 L	E1		PP, EP, TOX, A	VE02		0	
2667	BUTYLTOLUÈNES	6.1	T1	III	6.1	802	5 L	E1		PP, EP, TOX, A	VE02		0	
2668	CHLORACÉTONITRILE	6.1	TF1	I	6.1+3	354 802	0	E0		PP, EP, EX, TOX, A	VE01, VE02		2	
2669	CHLOROCRÉSOLS EN SOLUTION	6.1	T1	II	6.1	802	100 ml	E4		PP, EP, TOX, A	VE02		2	
2669	CHLOROCRÉSOLS EN SOLUTION	6.1	T1	III	6.1	802	5 L	E1		PP, EP, TOX, A	VE02		0	
2670	CHLORURE CYANURIQUE	8	C4	II	8		1 kg	E2		PP, EP			0	
2671	AMINOPYRIDINES (o-, m-, p-)	6.1	T2	II	6.1	802	500 g	E4		PP, EP			2	
2672	AMMONIAC EN SOLUTION aqueuse de densité relative comprise entre 0,880 et 0,957 à 15 °C contenant plus de 10% mais pas plus de 35% d'ammoniac	8	C5	III	8	543	5 L	E1	T	PP, EP			0	
2673	AMINO-2 CHLORO-4 PHÉNOL	6.1	T2	II	6.1	802	500 g	E4		PP, EP			2	
2674	FLUOROSILICATE DE SODIUM	6.1	T5	III	6.1	802	5 kg	E1		PP, EP			0	
2676	STIBINE	2	2TF		2.3+2.1		0	E0		PP, EP, EX, TOX, A	VE01, VE02		2	
2677	HYDROXYDE DE RUBIDIUM EN SOLUTION	8	C5	II	8		1 L	E2		PP, EP			0	
2677	HYDROXYDE DE RUBIDIUM EN SOLUTION	8	C5	III	8		5 L	E1		PP, EP			0	
2678	HYDROXYDE DE RUBIDIUM	8	C6	II	8		1 kg	E2		PP, EP			0	
2679	HYDROXYDE DE LITHIUM EN SOLUTION	8	C5	II	8		1 L	E2		PP, EP			0	
2679	HYDROXYDE DE LITHIUM EN SOLUTION	8	C5	III	8		5 L	E1		PP, EP			0	
2680	HYDROXYDE DE LITHIUM	8	C6	II	8		1 kg	E2		PP, EP			0	
2681	HYDROXYDE DE CÉSIUM EN SOLUTION	8	C5	II	8		1 L	E2		PP, EP			0	
2681	HYDROXYDE DE CÉSIUM EN SOLUTION	8	C5	III	8		5 L	E1		PP, EP			0	
2682	HYDROXYDE DE CÉSIUM	8	C6	II	8		1 kg	E2		PP, EP			0	
2683	SULFURE D'AMMONIUM EN SOLUTION	8	CFT	II	8+3+6.1	802	1 L	E2	T	PP, EP, EX, TOX, A	VE01, VE02		2	
2684	3-DIÉTHYLAMINO-PROPYLAMINE	3	FC	III	3+8		5 L	E1		PP, EP, EX, A	VE01		0	
2685	N,N-DIÉTHYL-ÉTHYLÈNEDIAMINE	8	CF1	II	8+3		1 L	E2		PP, EP, EX, A	VE01		1	
2686	DIÉTHYLAMINO-2 ÉTHANOL	8	CF1	II	8+3		1 L	E2		PP, EP, EX, A	VE01		1	
2687	NITRITE DE DICYCLOHEXYLAMMONIUM	4.1	F3	III	4.1		5 kg	E1		PP			0	
2688	BROMO-1 CHLORO-3 PROPANE	6.1	T1	III	6.1	802	5 L	E1		PP, EP, TOX, A	VE02		0	
2689	alpha-MONOCHLORHYDRINE DU GLYCÉROL	6.1	T1	III	6.1	802	5 L	E1		PP, EP, TOX, A	VE02		0	

No. ONU ou ID	Nom et description	Classe	Code de classification	Groupe d'emballage	Étiquettes	Dispositions spéciales	Quantités limitées et exceptées		Transport admis	Équipement exigé	Ventilation	Mesures pendant le chargement/déchargement/transport	Nombre de cônes, feux bleus	Observations
3.1.2	3.1.2	2.2	2.2	2.1.1.3	5.2.2	3.3	3.4	3.5.1.2	3.2.1	8.1.5	7.1.6	7.1.6	7.1.5	3.2.1
(1)	(2)	(3a)	(3b)	(4)	(5)	(6)	(7a)	(7b)	(8)	(9)	(10)	(11)	(12)	(13)
2690	N,n-BUTYLIMIDAZOLE	6.1	T1	II	6.1	802	100 ml	E4		PP, EP, TOX, A	VE02		2	
2691	PENTABROMURE DE PHOSPHORE	8	C2	II	8		1 kg	E2		PP, EP			0	
2692	TRIBROMURE DE BORE	8	C1	I	8		0	E0		PP, EP			0	
2693	HYDROGÉNOSULFITES EN SOLUTION AQUEUSE, N.S.A.	8	C1	III	8	274	5 L	E1	T	PP, EP			0	
2698	ANHYDRIDES TÉTRAHYDROPHTALIQUES contenant plus de 0,05% d'anhydride maléique	8	C4	III	8	169	5 kg	E1		PP, EP			0	
2699	ACIDE TRIFLUORACÉTIQUE	8	C3	I	8		0	E0		PP, EP			0	
2705	PENTOL-1	8	C9	II	8		1 L	E2		PP, EP			0	
2707	DIMÉTHYLDIOXANNES	3	F1	II	3		1 L	E2		PP, EX, A	VE01		1	
2707	DIMÉTHYLDIOXANNES	3	F1	III	3		5 L	E1		PP, EX, A	VE01		0	
2709	BUTYLBENZÈNES	3	F1	III	3		5 L	E1	T	PP, EX, A	VE01		0	
2710	DIPROPYLCÉTONE	3	F1	III	3		5 L	E1		PP, EX, A	VE01		0	
2713	ACRIDINE	6.1	T2	III	6.1	802	5 kg	E1		PP, EP			0	
2714	RÉSINATE DE ZINC	4.1	F3	III	4.1		5 kg	E1		PP			0	
2715	RÉSINATE D'ALUMINIUM	4.1	F3	III	4.1		5 kg	E1		PP			0	
2716	BUTYNEDIOL-1,4	6.1	T2	III	6.1	802	5 kg	E1		PP, EP			0	
2717	CAMPHRE synthétique	4.1	F1	III	4.1		5 kg	E1		PP, EP			0	
2719	BROMATE DE BARYUM	5.1	OT2	II	5.1+6.1	802	1 kg	E2		PP, EP			2	
2720	NITRATE DE CHROME	5.1	O2	III	5.1		5 kg	E1	B	PP		CO02, LO04	0	CO02 et LO04 ne s'appliquent qu'en cas de transport de cette matière en vrac ou sans emballage
2721	CHLORATE DE CUIVRE	5.1	O2	II	5.1		1 kg	E2	B	PP			0	
2722	NITRATE DE LITHIUM	5.1	O2	III	5.1		5 kg	E1	B	PP		CO02, LO04	0	CO02 et LO04 ne s'appliquent qu'en cas de transport de cette matière en vrac ou sans emballage
2723	CHLORATE DE MAGNÉSIUM	5.1	O2	II	5.1		1 kg	E2	B	PP			0	
2724	NITRATE DE MANGANÈSE	5.1	O2	III	5.1		5 kg	E1	B	PP		CO02, LO04	0	CO02 et LO04 ne s'appliquent qu'en cas de transport de cette matière en vrac ou sans emballage
2725	NITRATE DE NICKEL	5.1	O2	III	5.1		5 kg	E1	B	PP		CO02, LO04	0	CO02 et LO04 ne s'appliquent qu'en cas de transport de cette matière en vrac ou sans emballage
2726	NITRITE DE NICKEL	5.1	O2	III	5.1		5 kg	E1		PP			0	
2727	NITRATE DE THALLIUM	6.1	TO2	II	6.1+5.1	802	500 g	E4		PP, EP			2	
2728	NITRATE DE ZIRCONIUM	5.1	O2	III	5.1		5 kg	E1	B	PP		CO02, LO04	0	CO02 et LO04 ne s'appliquent qu'en cas de transport de cette matière en vrac ou sans emballage

No. ONU ou ID (1) 3.1.2	Nom et description (2) 3.1.2	Classe (3a) 2.2	Code de classification (3b) 2.2	Groupe d'emballage (4) 2.1.1.3	Étiquettes (5) 5.2.2	Dispositions spéciales (6) 3.3	Quantités limitées (7a) 3.4	Quantités exceptées (7b) 3.5.1.2	Transport admis (8) 3.2.1	Équipement exigé (9) 8.1.5	Venti-lation (10) 7.1.6	Mesures pendant le chargement/déchargement/transport (11) 7.1.6	Nombre de cônes, feux bleus (12) 7.1.5	Observations (13) 3.2.1
2729	HEXACHLOROBENZÈNE	6.1	T2	III	6.1	802	5 kg	E1		PP, EP			0	
2730	NITRANISOLES LIQUIDES	6.1	T1	III	6.1	279 802	5 L	E1		PP, EP, TOX, A	VE02		0	
2732	NITROBROMOBENZÈNES LIQUIDES	6.1	T1	III	6.1	802	5 L	E1		PP, EP, TOX, A	VE02		0	
2733	AMINES INFLAMMABLES, CORROSIVES, N.S.A. ou POLYAMINES INFLAMMABLES, CORROSIVES, N.S.A.	3	FC	I	3+8	274 544	0	E0		PP, EP, EX, A	VE01		1	
2733	AMINES INFLAMMABLES, CORROSIVES, N.S.A. ou POLYAMINES INFLAMMABLES, CORROSIVES, N.S.A.	3	FC	II	3+8	274 544	1 L	E2	T	PP, EP, EX, A	VE01		1	
2733	AMINES INFLAMMABLES, CORROSIVES, N.S.A. ou POLYAMINES INFLAMMABLES, CORROSIVES, N.S.A.	3	FC	III	3+8	274 544	5 L	E1		PP, EP, EX, A	VE01		0	
2734	AMINES LIQUIDES CORROSIVES, INFLAMMABLES, N.S.A. ou POLYAMINES LIQUIDES CORROSIVES, INFLAMMABLES, N.S.A.	8	CF1	I	8+3	274	0	E0		PP, EP, EX, A	VE01		1	
2734	AMINES LIQUIDES CORROSIVES, INFLAMMABLES, N.S.A. ou POLYAMINES LIQUIDES CORROSIVES, INFLAMMABLES, N.S.A.	8	CF1	II	8+3	274	1 L	E2		PP, EP, EX, A	VE01		1	
2735	AMINES LIQUIDES CORROSIVES, N.S.A. ou POLYAMINES LIQUIDES CORROSIVES, N.S.A.	8	C7	I	8	274	0	E0	T	PP, EP			0	
2735	AMINES LIQUIDES CORROSIVES, N.S.A. ou POLYAMINES LIQUIDES CORROSIVES, N.S.A.	8	C7	II	8	274	1 L	E2	T	PP, EP			0	
2735	AMINES LIQUIDES CORROSIVES, N.S.A. ou POLYAMINES LIQUIDES CORROSIVES, N.S.A.	8	C7	III	8	274	5 L	E1	T	PP, EP			0	
2738	N-BUTYLANILINE	6.1	T1	II	6.1	802	100 ml	E4		PP, EP, TOX, A	VE02		2	
2739	ANHYDRIDE BUTYRIQUE	8	C3	III	8		5 L	E1		PP, EP			0	
2740	CHLOROFORMIATE DE n-PROPYLE	6.1	TFC	I	6.1+3+8	802	0	E5		PP, EP, EX, TOX, A	VE01, VE02		2	
2741	HYPOCHLORITE DE BARYUM contenant plus de 22% de chlore actif	5.1	OT2	II	5.1+6.1	802	1 kg	E2		PP, EP			2	
2742	CHLOROFORMIATES TOXIQUES, CORROSIFS, INFLAMMABLES, N.S.A.	6.1	TFC	II	6.1+3+8	274 561 802	100 ml	E4		PP, EP, EX, TOX, A	VE01, VE02		2	
2743	CHLOROFORMIATE DE n-BUTYLE	6.1	TFC	II	6.1+3+8	802	100 ml	E4		PP, EP, EX, TOX, A	VE01, VE02		2	
2744	CHLOROFORMIATE DE CYCLOBUTYLE	6.1	TFC	II	6.1+3+8	802	100 ml	E4		PP, EP, EX, TOX, A	VE01, VE02		2	
2745	CHLOROFORMIATE DE CHLOROMÉTHYLE	6.1	TC1	II	6.1+8	802	100 ml	E4		PP, EP, TOX, A	VE02		2	
2746	CHLOROFORMIATE DE PHÉNYLE	6.1	TC1	II	6.1+8	802	100 ml	E4		PP, EP, TOX, A	VE02		2	

No. ONU ou ID	Nom et description	Classe	Code de classi-fication	Groupe d'embal-lage	Étiquettes	Disposit-ions spéciales	Quantités limitées et exceptées		Trans-port admis	Équipement exigé	Venti-lation	Mesures pendant le chargement/déchargement/ transport	Nombre de cônes, feux bleus	Observations
3.1.2	3.1.2	2.2	2.2	2.1.1.3	5.2.2	3.3	3.4	3.5.1.2	3.2.1	8.1.5	7.1.6	7.1.6	7.1.5	3.2.1
(1)	(2)	(3a)	(3b)	(4)	(5)	(6)	(7a)	(7b)	(8)	(9)	(10)	(11)	(12)	(13)
2747	CHLOROFORMIATE DE tert-BUTYLCYCLOHEXYLE	6.1	TI	III	6.1	802	5 L	E1		PP, EP, TOX, A	VE02		0	
2748	CHLOROFORMIATE D'ÉTHYL-2 HEXYLE	6.1	TC1	II	6.1+8	802	100 ml	E4		PP, EP, TOX, A	VE02		2	
2749	TÉTRAMÉTHYLSILANE	3	F1	I	3		0	E3		PP, EX, A	VE01		1	
2750	DICHLORO-1,3 PROPANOL-2	6.1	TI	II	6.1	802	100 ml	E4		PP, EP, TOX, A	VE02		2	
2751	CHLORURE DE DIÉTHYLTHIOPHOSPHORYLE	8	C3	II	8		1 L	E2		PP, EP			0	
2752	ÉPOXY-1,2 ÉTHOXY-3 PROPANE	3	F1	III	3		5 L	E1		PP, EX, A	VE01		0	
2753	N-ÉTHYLBENZYLTOLUIDINES LIQUIDES	6.1	TI	III	6.1	802	5 L	E1		PP, EP, TOX, A	VE02		0	
2754	N-ÉTHYLTOLUIDINES	6.1	TI	II	6.1	802	100 ml	E4	T	PP, EP, TOX, A	VE02		2	
2757	CARBAMATE PESTICIDE SOLIDE, TOXIQUE	6.1	T7	I	6.1	61 274 648 802	0	E5		PP, EP			2	
2757	CARBAMATE PESTICIDE SOLIDE, TOXIQUE	6.1	T7	II	6.1	61 274 648 802	500 g	E4		PP, EP			2	
2757	CARBAMATE PESTICIDE SOLIDE, TOXIQUE	6.1	T7	III	6.1	61 274 648 802	5 kg	E1		PP, EP			0	
2758	CARBAMATE PESTICIDE LIQUIDE, INFLAMMABLE, TOXIQUE, ayant un point d'éclair inférieur à 23 °C	3	FT2	I	3+6.1	61 274 648 802	0	E0		PP, EP, EX, TOX, A	VE01, VE02		2	
2758	CARBAMATE PESTICIDE LIQUIDE, INFLAMMABLE, TOXIQUE, ayant un point d'éclair inférieur à 23 °C	3	FT2	II	3+6.1	61 274 648 802	1 L	E2		PP, EP, EX, TOX, A	VE01, VE02		2	
2759	PESTICIDE ARSENICAL SOLIDE TOXIQUE	6.1	T7	I	6.1	61 274 648 802	0	E5		PP, EP			2	
2759	PESTICIDE ARSENICAL SOLIDE TOXIQUE	6.1	T7	II	6.1	61 274 648 802	500 g	E4		PP, EP			2	
2759	PESTICIDE ARSENICAL SOLIDE TOXIQUE	6.1	T7	III	6.1	61 274 648 802	5 kg	E1		PP, EP			0	
2760	PESTICIDE ARSENICAL LIQUIDE INFLAMMABLE, TOXIQUE, ayant un point d'éclair inférieur à 23 °C	3	FT2	I	3+6.1	61 274 802	0	E0		PP, EP, EX, TOX, A	VE01, VE02		2	
2760	PESTICIDE ARSENICAL LIQUIDE INFLAMMABLE, TOXIQUE, ayant un point d'éclair inférieur à 23 °C	3	FT2	II	3+6.1	61 274 802	1 L	E2		PP, EP, EX, TOX, A	VE01, VE02		2	

No. ONU ou ID	Nom et description	Classe	Code de classification	Groupe d'emballage	Étiquettes	Dispositions spéciales	Quantités limitées et exceptées		Transport admis	Équipement exigé	Venti-lation	Mesures pendant le chargement/déchargement/transport	Nombre de cônes, feux bleus	Observations
3.1.2	3.1.2	2.2	2.2	2.1.1.3	5.2.2	3.3	3.4	3.5.1.2	3.2.1	8.1.5	7.1.6	7.1.6	7.1.5	3.2.1
(1)	(2)	(3a)	(3b)	(4)	(5)	(6)	(7a)	(7b)	(8)	(9)	(10)	(11)	(12)	(13)
2761	PESTICIDE ORGANOCHLORÉ SOLIDE TOXIQUE	6.1	T7	I	6.1	61 274 648 802	0	E5		PP, EP			2	
2761	PESTICIDE ORGANOCHLORÉ SOLIDE TOXIQUE	6.1	T7	II	6.1	61 274 648 802	500 g	E4		PP, EP			2	
2761	PESTICIDE ORGANOCHLORÉ SOLIDE TOXIQUE	6.1	T7	III	6.1	61 274 648 802	5 kg	E1		PP, EP			0	
2762	PESTICIDE ORGANOCHLORÉ LIQUIDE INFLAMMABLE, TOXIQUE, ayant un point d'éclair inférieur à 23 °C	3	FT2	I	3+6.1	61 274 802	0	E0		PP, EP, EX, TOX, A	VE01, VE02		2	
2762	PESTICIDE ORGANOCHLORÉ LIQUIDE INFLAMMABLE, TOXIQUE, ayant un point d'éclair inférieur à 23 °C	3	FT2	II	3+6.1	61 274 802	1 L	E2		PP, EP, EX, TOX, A	VE01, VE02		2	
2763	TRIAZINE PESTICIDE SOLIDE, TOXIQUE	6.1	T7	I	6.1	61 274 648 802	0	E5		PP, EP			2	
2763	TRIAZINE PESTICIDE SOLIDE, TOXIQUE	6.1	T7	II	6.1	61 274 648 802	500 g	E4		PP, EP			2	
2763	TRIAZINE PESTICIDE SOLIDE, TOXIQUE	6.1	T7	III	6.1	61 274 648 802	5 kg	E1		PP, EP			0	
2764	TRIAZINE PESTICIDE LIQUIDE INFLAMMABLE, TOXIQUE, ayant un point d'éclair inférieur à 23 °C	3	FT2	I	3+6.1	61 274 802	0	E0		PP, EP, EX, TOX, A	VE01, VE02		2	
2764	TRIAZINE PESTICIDE LIQUIDE INFLAMMABLE, TOXIQUE, ayant un point d'éclair inférieur à 23 °C	3	FT2	II	3+6.1	61 274 802	1 L	E2		PP, EP, EX, TOX, A	VE01, VE02		2	
2771	THIOCARBAMATE PESTICIDE SOLIDE TOXIQUE	6.1	T7	I	6.1	61 274 648 802	0	E5		PP, EP			2	
2771	THIOCARBAMATE PESTICIDE SOLIDE TOXIQUE	6.1	T7	II	6.1	61 274 648 802	500 g	E4		PP, EP			2	
2771	THIOCARBAMATE PESTICIDE SOLIDE TOXIQUE	6.1	T7	III	6.1	61 274 648 802	5 kg	E1		PP, EP			0	

No. ONU ou ID	Nom et description	Classe	Code de classi-fication	Groupe d'embal-lage	Étiquettes	Disposit-ions speciales	Quantités limitées et exceptées		Trans-port admis	Équipement exigé	Venti-lation	Mesures pendant le chargement/déchargement/ transport	Nombre de cônes, feux bleus	Observations
		2.2	2.2	2.1.1.3	5.2.2	3.3	3.4	3.5.1.2	3.2.1	8.1.5	7.1.6	7.1.6	7.1.5	3.2.1
(1)	(2)	(3a)	(3b)	(4)	(5)	(6)	(7a)	(7b)	(8)	(9)	(10)	(11)	(12)	(13)
2772	THIOCARBAMATE PESTICIDE LIQUIDE INFLAMMABLE, TOXIQUE, ayant un point d'éclair inférieur à 23 °C	3	FT2	I	3+6.1	61 274 802	0	E0		PP, EP, EX, TOX, A	VE01, VE02		2	
2772	THIOCARBAMATE PESTICIDE LIQUIDE INFLAMMABLE, TOXIQUE, ayant un point d'éclair inférieur à 23 °C	3	FT2	II	3+6.1	61 274 802	1 L	E2		PP, EP, EX, TOX, A	VE01, VE02		2	
2775	PESTICIDE CUIVRIQUE SOLIDE TOXIQUE	6.1	T7	I	6.1	61 274 648 802	0	E5		PP, EP			2	
2775	PESTICIDE CUIVRIQUE SOLIDE TOXIQUE	6.1	T7	II	6.1	61 274 648 802	500 g	E4		PP, EP			2	
2775	PESTICIDE CUIVRIQUE SOLIDE TOXIQUE	6.1	T7	III	6.1	61 274 648 802	5 kg	E1		PP, EP			0	
2776	PESTICIDE CUIVRIQUE LIQUIDE INFLAMMABLE, TOXIQUE, ayant un point d'éclair inférieur à 23 °C	3	FT2	I	3+6.1	61 274 802	0	E0		PP, EP, EX, TOX, A	VE01, VE02		2	
2776	PESTICIDE CUIVRIQUE LIQUIDE INFLAMMABLE, TOXIQUE, ayant un point d'éclair inférieur à 23 °C	3	FT2	II	3+6.1	61 274 802	1 L	E2		PP, EP, EX, TOX, A	VE01, VE02		2	
2777	PESTICIDE MERCURIEL SOLIDE TOXIQUE	6.1	T7	I	6.1	61 274 648 802	0	E5		PP, EP			2	
2777	PESTICIDE MERCURIEL SOLIDE TOXIQUE	6.1	T7	II	6.1	61 274 648 802	500 g	E4		PP, EP			2	
2777	PESTICIDE MERCURIEL SOLIDE TOXIQUE	6.1	T7	III	6.1	61 274 648 802	5 kg	E1		PP, EP			0	
2778	PESTICIDE MERCURIEL LIQUIDE INFLAMMABLE, TOXIQUE, ayant un point d'éclair inférieur à 23 °C	3	FT2	I	3+6.1	61 274 802	0	E0		PP, EP, EX, TOX, A	VE01, VE02		2	
2778	PESTICIDE MERCURIEL LIQUIDE INFLAMMABLE, TOXIQUE, ayant un point d'éclair inférieur à 23 °C	3	FT2	II	3+6.1	61 274 802	1 L	E2		PP, EP, EX, TOX, A	VE01, VE02		2	
2779	NITROPHÉNOL SUBSTITUÉ PESTICIDE SOLIDE TOXIQUE	6.1	T7	I	6.1	61 274 648 802	0	E5		PP, EP			2	
2779	NITROPHÉNOL SUBSTITUÉ PESTICIDE SOLIDE TOXIQUE	6.1	T7	II	6.1	61 274 648 802	500 g	E4		PP, EP			2	

No. ONU ou ID	Nom et description	Classe	Code de classification	Groupe d'emballage	Étiquettes	Dispositions spéciales	Quantités limitées et exceptées		Transport admis	Équipement exigé	Ventilation	Mesures pendant le chargement/déchargement/transport	Nombre de cônes, feux bleus	Observations
	3.1.2	2.2	2.2	2.1.1.3	5.2.2	3.3	3.4	3.5.1.2	3.2.1	8.1.5	7.1.6	7.1.6	7.1.5	3.2.1
(1)	(2)	(3a)	(3b)	(4)	(5)	(6)	(7a)	(7b)	(8)	(9)	(10)	(11)	(12)	(13)
2779	NITROPHÉNOL SUBSTITUÉ PESTICIDE SOLIDE TOXIQUE	6.1	T7	III	6.1	61 274 648 802	5 kg	E1		PP, EP			0	
2780	NITROPHÉNOL SUBSTITUÉ PESTICIDE LIQUIDE, INFLAMMABLE, TOXIQUE, ayant un point d'éclair inférieur à 23 °C	3	FT2	I	3+6.1	61 274 802	0	E0		PP, EP, EX, TOX, A	VE01, VE02		2	
2780	NITROPHÉNOL SUBSTITUÉ PESTICIDE LIQUIDE, INFLAMMABLE, TOXIQUE, ayant un point d'éclair inférieur à 23 °C	3	FT2	II	3+6.1	61 274 802	1 L	E2		PP, EP, EX, TOX, A	VE01, VE02		2	
2781	PESTICIDE BIPYRIDYLIQUE SOLIDE TOXIQUE	6.1	T7	I	6.1	61 274 648 802	0	E5		PP, EP			2	
2781	PESTICIDE BIPYRIDYLIQUE SOLIDE TOXIQUE	6.1	T7	II	6.1	61 274 648 802	500 g	E4		PP, EP			2	
2781	PESTICIDE BIPYRIDYLIQUE SOLIDE TOXIQUE	6.1	T7	III	6.1	61 274 648 802	5 kg	E1		PP, EP			0	
2782	PESTICIDE BIPYRIDYLIQUE LIQUIDE INFLAMMABLE, TOXIQUE, ayant un point d'éclair inférieur à 23 °C	3	FT2	I	3+6.1	61 274 802	0	E0		PP, EP, EX, TOX, A	VE01, VE02		2	
2782	PESTICIDE BIPYRIDYLIQUE LIQUIDE INFLAMMABLE, TOXIQUE, ayant un point d'éclair inférieur à 23 °C	3	FT2	II	3+6.1	61 274 802	1 L	E2		PP, EP, EX, TOX, A	VE01, VE02		2	
2783	PESTICIDE ORGANO-PHOSPHORÉ SOLIDE TOXIQUE	6.1	T7	I	6.1	61 274 648 802	0	E5		PP, EP			2	
2783	PESTICIDE ORGANO-PHOSPHORÉ SOLIDE TOXIQUE	6.1	T7	II	6.1	61 274 648 802	500 g	E4		PP, EP			2	
2783	PESTICIDE ORGANO-PHOSPHORÉ SOLIDE TOXIQUE	6.1	T7	III	6.1	61 274 648 802	5 kg	E1		PP, EP			0	
2784	PESTICIDE ORGANO-PHOSPHORÉ LIQUIDE INFLAMMABLE, TOXIQUE, ayant un point d'éclair inférieur à 23 °C	3	FT2	I	3+6.1	61 274 802	0	E0		PP, EP, EX, TOX, A	VE01, VE02		2	
2784	PESTICIDE ORGANO-PHOSPHORÉ LIQUIDE INFLAMMABLE, TOXIQUE, ayant un point d'éclair inférieur à 23 °C	3	FT2	II	3+6.1	61 274 802	1 L	E2		PP, EP, EX, TOX, A	VE01, VE02		2	
2785	4-THIAPENTANAL (MÉTHYLTHIO-3 PROPANAL)	6.1	T1	III	6.1	802	5 L	E1		PP, EP, TOX, A	VE02		0	

No. ONU ou ID	Nom et description	Classe	Code de classification	Groupe d'emballage	Étiquettes	Dispositions speciales	Quantités limitées et exceptées		Transport admis	Équipement exigé	Ventilation	Mesures pendant le chargement/déchargement/transport	Nombre de cônes, feux bleus	Observations
	3.1.2	2.2	2.2	2.1.1.3	5.2.2	3.3	3.4	3.5.1.2	3.2.1	8.1.5	7.1.6	7.1.6	7.1.5	3.2.1
(1)	(2)	(3a)	(3b)	(4)	(5)	(6)	(7a)	(7b)	(8)	(9)	(10)	(11)	(12)	(13)
2786	PESTICIDE ORGANO-STANNIQUE SOLIDE TOXIQUE	6.1	T7	I	6.1	61 274 648 802	0	E5		PP, EP			2	
2786	PESTICIDE ORGANO-STANNIQUE SOLIDE TOXIQUE	6.1	T7	II	6.1	61 274 648 802	500 g	E4		PP, EP			2	
2786	PESTICIDE ORGANO-STANNIQUE SOLIDE TOXIQUE	6.1	T7	III	6.1	61 274 648 802	5 kg	E1		PP, EP			0	
2787	PESTICIDE ORGANO-STANNIQUE LIQUIDE INFLAMMABLE, TOXIQUE, ayant un point d'éclair inférieur à 23 °C	3	FT2	I	3+6.1	61 274 802	0	E0		PP, EP, EX, TOX, A	VE01, VE02		2	
2787	PESTICIDE ORGANO-STANNIQUE LIQUIDE INFLAMMABLE, TOXIQUE, ayant un point d'éclair inférieur à 23 °C	3	FT2	II	3+6.1	61 274 802	1 L	E2		PP, EP, EX, TOX, A	VE01, VE02		2	
2788	COMPOSÉ ORGANIQUE LIQUIDE DE L'ÉTAIN, N.S.A.	6.1	T3	I	6.1	43 274 802	0	E5		PP, EP, TOX, A	VE02		2	
2788	COMPOSÉ ORGANIQUE LIQUIDE DE L'ÉTAIN, N.S.A.	6.1	T3	II	6.1	43 274 802	100 ml	E4		PP, EP, TOX, A	VE02		2	
2788	COMPOSÉ ORGANIQUE LIQUIDE DE L'ÉTAIN, N.S.A.	6.1	T3	III	6.1	43 274 802	5 L	E1		PP, EP, TOX, A	VE02		0	
2789	ACIDE ACÉTIQUE GLACIAL ou ACIDE ACÉTIQUE EN SOLUTION contenant plus de 80% (masse) d'acide	8	CF1	II	8+3		1 L	E2	T	PP, EP, EX, A	VE01		1	
2790	ACIDE ACÉTIQUE EN SOLUTION contenant au moins 50% et au plus 80% (masse) d'acide	8	C3	II	8		1 L	E2	T	PP, EP			0	
2790	ACIDE ACÉTIQUE EN SOLUTION contenant plus de 10% et moins de 50% (masse) d'acide	8	C3	III	8	597 647	5 L	E1	T	PP, EP			0	
2793	ROGNURES, COPEAUX, TOURNURES, ÉBARBURES DE MÉTAUX FERREUX sous forme auto-échauffante	4.2	S4	III	4.2	592	0	E1	B	PP		LO02	0	LO02 ne s'applique qu'en cas de transport de cette matière en vrac ou sans emballage
2794	ACCUMULATEURS électriques remplis d'Électrolyte liquide acide	8	C11		8	295 598	1 L	E0		PP, EP			0	
2795	ACCUMULATEURS électriques remplis d'Électrolyte liquide ALCALIN	8	C11		8	295 598	1 L	E0		PP, EP			0	
2796	ACIDE SULFURIQUE contenant au plus 51% d'acide ou ÉLECTROLYTE ACIDE POUR ACCUMULATEURS	8	C1	II	8		1 L	E2	T	PP, EP			0	
2797	ÉLECTROLYTE ALCALIN POUR ACCUMULATEURS	8	C5	II	8		1 L	E2	T	PP, EP			0	
2798	DICHLOROPHÉNYLPHOSPHINE	8	C3	II	8		1 L	E2		PP, EP			0	
2799	DICHLORO(PHÉNYL)THIOPHOSPHORE	8	C3	II	8		1 L	E2		PP, EP			0	

No. ONU ou ID	Nom et description	Classe	Code de classi-fication	Groupe d'embal-lage	Étiquettes	Disposit-ions speciales	Quantités limitées et exceptées 3.4	3.5.1.2	Trans-port admis	Équipement exigé	Venti-lation	Mesures pendant le chargement/déchargement/ transport	Nombre de cônes, feux bleus	Observations
		2.2	2.2	2.1.1.3	5.2.2	3.3	3.4	3.5.1.2	3.2.1	8.1.5	7.1.6	7.1.6	7.1.5	3.2.1
(1)	(2)	(3a)	(3b)	(4)	(5)	(6)	(7a)	(7b)	(8)	(9)	(10)	(11)	(12)	(13)
2800	ACCUMULATEURS électriques INVERSABLES REMPLIS D'ÉLECTROLYTE LIQUIDE	8	C11		8	238 295 598	1 L	E0		PP, EP			0	
2801	COLORANT LIQUIDE CORROSIF, N.S.A. ou MATIÈRE INTERMÉDIAIRE LIQUIDE POUR COLORANT, CORROSIVE, N.S.A.	8	C9	I	8	274	0	E0		PP, EP			0	
2801	COLORANT LIQUIDE CORROSIF, N.S.A. ou MATIÈRE INTERMÉDIAIRE LIQUIDE POUR COLORANT, CORROSIVE, N.S.A.	8	C9	II	8	274	1 L	E2		PP, EP			0	
2801	COLORANT LIQUIDE CORROSIF, N.S.A. ou MATIÈRE INTERMÉDIAIRE LIQUIDE POUR COLORANT, CORROSIVE, N.S.A.	8	C9	III	8	274	5 L	E1		PP, EP			0	
2802	CHLORURE DE CUIVRE	8	C2	III	8		5 kg	E1		PP, EP			0	
2803	GALLIUM	8	C10	III	8		5 kg	E0		PP, EP			0	
2805	HYDRURE DE LITHIUM SOLIDE, PIÈCES COULÉES	4.3	W2	II	4.3		500 g	E2		PP, EX, A	VE01	HA08	0	
2806	NITRURE DE LITHIUM	4.3	W2	I	4.3		0	E0		PP, EX, A	VE01	HA08	0	
2807	Masses magnétisées	9	M11						NON SOUMIS A L'ADN					
2809	MERCURE	8	CT1	III	8+6.1	365	5 kg	E0		PP, EP, EX, TOX, A	VE02		0	
2810	LIQUIDE ORGANIQUE TOXIQUE, N.S.A.	6.1	T1	I	6.1	274 315 614 802	0	E5	T	PP, EP, TOX, A	VE02		2	
2810	LIQUIDE ORGANIQUE TOXIQUE, N.S.A.	6.1	T1	II	6.1	274 614 802	100 ml	E4	T	PP, EP, TOX, A	VE02		2	
2810	LIQUIDE ORGANIQUE TOXIQUE, N.S.A.	6.1	T1	III	6.1	274 614 802	5 L	E1	T	PP, EP, TOX, A	VE02		0	
2811	SOLIDE ORGANIQUE TOXIQUE, N.S.A.	6.1	T2	I	6.1	274 614 802	0	E5		PP, EP			2	
2811	SOLIDE ORGANIQUE TOXIQUE, N.S.A.	6.1	T2	II	6.1	274 614 802	500 g	E4		PP, EP			2	
2811	SOLIDE ORGANIQUE TOXIQUE, N.S.A.	6.1	T2	III	6.1	274 614 802	5 kg	E1	T	PP, EP			0	
2812	Aluminate de sodium solide	8	C6						NON SOUMIS A L'ADN					
2813	SOLIDE HYDRORÉACTIF, N.S.A.	4.3	W2	I	4.3	274	0	E0		PP, EX, A	VE01	HA08	0	
2813	SOLIDE HYDRORÉACTIF, N.S.A.	4.3	W2	II	4.3	274	500 g	E2		PP, EX, A	VE01	HA08	0	
2813	SOLIDE HYDRORÉACTIF, N.S.A.	4.3	W2	III	4.3	274	1 kg	E1		PP, EX, A	VE01	HA08	0	
2814	MATIÈRE INFECTIEUSE POUR L'HOMME	6.2	I1		6.2	318 802	0	E0		PP			0	
2814	MATIÈRE INFECTIEUSE POUR L'HOMME, dans de l'azote liquide réfrigéré	6.2	I1		6.2+2.2	318 802	0	E0		PP			0	
2814	MATIÈRE INFECTIEUSE POUR L'HOMME (matériel animal uniquement)	6.2	I1		6.2	318 802	0	E0		PP			0	

No. ONU ou ID	Nom et description	Classe	Code de classification	Groupe d'emballage	Étiquettes	Dispositions spéciales	Quantités limitées et exceptées		Transport admis	Équipement exigé	Ventilation	Mesures pendant le chargement/déchargement/ transport	Nombre de cônes, feux bleus	Observations
	3.1.2	2.2	2.2	2.1.1.3	5.2.2	3.3	3.4	3.5.1.2	3.2.1	8.1.5	7.1.6	7.1.6	7.1.5	3.2.1
(1)	(2)	(3a)	(3b)	(4)	(5)	(6)	(7a)	(7b)	(8)	(9)	(10)	(11)	(12)	(13)
2815	N-AMINOÉTHYLPIPÉRAZINE	8	C7	III	8		5 L	E1	T	PP, EP			0	
2817	DIFLUORURE ACIDE D'AMMONIUM EN SOLUTION	8	CT1	II	8+6.1	802	1 L	E2		PP, EP			2	
2817	DIFLUORURE ACIDE D'AMMONIUM EN SOLUTION	8	CT1	III	8+6.1	802	5 L	E1		PP, EP			0	
2818	POLYSULFURE D'AMMONIUM EN SOLUTION	8	CT1	II	8+6.1	802	1 L	E2		PP, EP			2	
2818	POLYSULFURE D'AMMONIUM EN SOLUTION	8	CT1	III	8+6.1	802	5 L	E1		PP, EP			0	
2819	PHOSPHATE ACIDE D'AMYLE	8	C3	III	8		5 L	E1		PP, EP			0	
2820	ACIDE BUTYRIQUE	8	C3	III	8		5 L	E1	T	PP, EP			2	
2821	PHÉNOL EN SOLUTION	6.1	T1	II	6.1	802	100 ml	E4		PP, EP, TOX, A	VE02		2	
2821	PHÉNOL EN SOLUTION	6.1	T1	III	6.1	802	5 L	E1		PP, EP, TOX, A	VE02		0	
2822	CHLORO-2-PYRIDINE	6.1	T1	II	6.1	802	100 ml	E4		PP, EP, TOX, A	VE02		2	
2823	ACIDE CROTONIQUE SOLIDE	8	C4	III	8		5 kg	E1		PP, EP	VE02		0	
2826	CHLOROTHIOFORMIATE D'ÉTHYLE	8	CF1	II	8+3		0	E2		PP, EP, EX, A	VE01		1	
2829	ACIDE CAPROÏQUE	8	C3	III	8		5 L	E1	T	PP, EP	VE01		0	
2830	SILICO-FERRO-LITHIUM	4.3	W2	II	4.3		500 g	E2		PP, EX, A	VE02	HA08	0	
2831	TRICHLORO-1,1,1 ÉTHANE	6.1	T1	III	6.1	802	5 L	E1	T	PP, EP, TOX, A	VE02		0	
2834	ACIDE PHOSPHOREUX	8	C2	III	8		5 kg	E1		PP, EP			0	
2835	HYDRURE DE SODIUM-ALUMINIUM	4.3	W2	II	4.3		500 g	E2		PP, EX, A	VE01	HA08	0	
2837	HYDROGÉNOSULFATES EN SOLUTION AQUEUSE	8	C1	II	8		1 L	E2		PP, EP			0	
2837	HYDROGÉNOSULFATES EN SOLUTION AQUEUSE	8	C1	III	8		5 L	E1		PP, EP			0	
2838	BUTYRATE DE VINYLE STABILISÉ	3	F1	II	3		1 L	E2		PP, EX, A	VE01		1	
2839	ALDOL	6.1	T1	II	6.1	802	100 ml	E4		PP, EP, TOX, A	VE02		2	
2840	BUTYRALDOXIME	3	F1	III	3		5 L	E1		PP, EX, A	VE01		0	
2841	DI-n-AMYLAMINE	3	FT1	III	3+6.1	802	5 L	E1		PP, EP, EX, TOX, A	VE01, VE02		2	
2842	NITROÉTHANE	3	F1	III	3		5 L	E1		PP, EX, A	VE01		0	
2844	SILICO-MANGANO-CALCIUM	4.3	W2	III	4.3		1 kg	E1		PP, EX, A	VE01	HA08	0	
2845	LIQUIDE ORGANIQUE PYROPHORIQUE, N.S.A.	4.2	S1	I	4.2	274	0	E0		PP			0	
2846	SOLIDE ORGANIQUE PYROPHORIQUE, N.S.A.	4.2	S2	I	4.2	274	0	E0		PP			0	
2849	CHLORO-3 PROPANOL-1	6.1	T1	III	6.1	802	5 L	E1		PP, EP, TOX, A	VE02		0	
2850	TÉTRAPROPYLÈNE	3	F1	III	3		5 L	E1	T	PP, EX, A	VE01		0	
2851	TRIFLUORURE DE BORE DIHYDRATÉ	8	C1	II	8		1 L	E2		PP, EP			0	
2852	SULFURE DE DIPICRYLE HUMIDIFIÉ avec au moins 10% (masse) d'eau	4.1	D	I	4.1	545	0	E0		PP			1	
2853	FLUOROSILICATE DE MAGNÉSIUM	6.1	T5	III	6.1	802	5 kg	E1		PP, EP			0	
2854	FLUOROSILICATE D'AMMONIUM	6.1	T5	III	6.1	802	5 kg	E1		PP, EP			0	
2855	FLUOROSILICATE DE ZINC	6.1	T5	III	6.1	802	5 kg	E1		PP, EP			0	

No. ONU ou ID	Nom et description	Classe	Code de classification	Groupe d'emballage	Étiquettes	Dispositions speciales	Quantités limitées et exceptées		Transport admis	Équipement exigé	Ventilation	Mesures pendant le chargement/déchargement/transport	Nombre de cônes, feux bleus	Observations
		2.2	2.2	2.1.1.3	5.2.2	3.3	3.4	3.5.1.2	3.2.1	8.1.5	7.1.6	7.1.6	7.1.5	3.2.1
(1)	(2)	(3a)	(3b)	(4)	(5)	(6)	(7a)	(7b)	(8)	(9)	(10)	(11)	(12)	(13)
2856	FLUOROSILICATES; N.S.A.	6.1	T5	III	6.1	274 802	5 kg	E1		PP, EP			0	
2857	MACHINES FRIGORIFIQUES contenant des gaz non inflammables et non toxiques ou des solutions d'ammoniac (No ONU 2672)	2	6A		2.2	119	0	E0		PP			0	
2858	ZIRCONIUM SEC, sous forme de fils enroulés, plaques métalliques ou de bandes (d'une épaisseur inférieure à 254 microns, mais au minimum 18 microns)	4.1	F3	III	4.1	546	5 kg	E1		PP			0	
2859	MÉTAVANADATE D'AMMONIUM	6.1	T5	II	6.1	802	500 g	E4		PP, EP			2	
2861	POLYVANADATE D'AMMONIUM	6.1	T5	II	6.1	802	500 g	E4		PP, EP			2	
2862	PENTOXYDE DE VANADIUM sous forme non fondue	6.1	T5	III	6.1	600 802	5 kg	E1		PP, EP			0	
2863	VANADATE DOUBLE D'AMMONIUM ET DE SODIUM	6.1	T5	II	6.1	802	500 g	E4		PP, EP			2	
2864	MÉTAVANADATE DE POTASSIUM	6.1	T5	II	6.1	802	500 g	E4		PP, EP			2	
2865	SULFATE NEUTRE D'HYDROXYLAMINE	8	C2	III	8		5 kg	E1		PP, EP			0	
2869	TRICHLORURE DE TITANE EN MÉLANGE	8	C2	II	8		1 kg	E2		PP, EP			0	
2869	TRICHLORURE DE TITANE EN MÉLANGE	8	C2	III	8		5 kg	E1		PP, EP			0	
2870	BOROHYDRURE D'ALUMINIUM	4.2	SW	I	4.2+4.3		0	E0		PP, EX, A	VE01		0	
2870	BOROHYDRURE D'ALUMINIUM CONTENU DANS DES ENGINS	4.2	SW	I	4.2+4.3		0	E0		PP, EX, A	VE01		0	
2871	ANTIMOINE EN POUDRE	6.1	T5	III	6.1	802	5 kg	E1		PP, EP			0	
2872	DIBROMOCHLOROPROPANES	6.1	T1	II	6.1	802	100 ml	E4		PP, EP, TOX, A	VE02		2	
2872	DIBROMOCHLOROPROPANES	6.1	T1	III	6.1	802	5 L	E1		PP, EP, TOX, A	VE02		0	
2873	DIBUTYLAMINOÉTHANOL	6.1	T1	III	6.1	802	5 L	E1		PP, EP, TOX, A	VE02		0	
2874	ALCOOL FURFURYLIQUE	6.1	T1	III	6.1	802	5 L	E1	T	PP, EP, TOX, A	VE02		0	
2875	HEXACHLOROPHÈNE	6.1	T2	III	6.1	802	5 kg	E1		PP, EP			0	
2876	RÉSORCINOL	6.1	T2	III	6.1	802	5 kg	E1		PP, EP			0	
2878	EPONGE DE TITANE SOUS FORME DE GRANULES ou SOUS FORME DE POUDRE	4.1	F3	III	4.1		5 kg	E1		PP			0	
2879	OXYCHLORURE DE SÉLÉNIUM	8	CT1	I	8+6.1	802	0	E0		PP, EP, TOX, A	VE02		2	
2880	HYPOCHLORITE DE CALCIUM HYDRATÉ ou HYPOCHLORITE DE CALCIUM EN MÉLANGE HYDRATÉ contenant au moins 5,5% mais au plus 16% d'eau	5.1	O2	II	5.1	314 322	1 kg	E2		PP			0	
2880	HYPOCHLORITE DE CALCIUM HYDRATÉ ou HYPOCHLORITE DE CALCIUM EN MÉLANGE HYDRATÉ avec au moins 5,5 % mais au plus 16% d'eau	5.1	O2	III	5.1	314	5 kg	E1		PP			0	
2881	CATALYSEUR MÉTALLIQUE SEC	4.2	S4	I	4.2	274	0	E0		PP			0	
2881	CATALYSEUR MÉTALLIQUE SEC	4.2	S4	II	4.2	274	0	E2		PP			0	
2881	CATALYSEUR MÉTALLIQUE SEC	4.2	S4	III	4.2	274	0	E1		PP			0	
2900	MATIÈRE INFECTIEUSE POUR LES ANIMAUX uniquement	6.2	I2		6.2	318 802	0	E0		PP			0	

No. ONU ou ID	Nom et description	Classe	Code de classi-fication	Groupe d'embal-lage	Étiquettes	Disposit-ions spéciales	Quantités limitées et exceptées		Trans-port admis	Équipement exigé	Venti-lation	Mesures pendant le chargement/déchargement/ transport	Nombre de cônes, feux bleus	Observations
	3.1.2	2.2	2.2	2.1.1.3	5.2.2	3.3	3.4	3.5.1.2	3.2.1	8.1.5	7.1.6	7.1.6	7.1.5	3.2.1
(1)	(2)	(3a)	(3b)	(4)	(5)	(6)	(7a)	(7b)	(8)	(9)	(10)	(11)	(12)	(13)
2900	MATIÈRE INFECTIEUSE POUR LES ANIMAUX uniquement, dans de l'azote liquide réfrigéré	6.2	I2		6.2+2.2	318 802	0	E0		PP			0	
2900	MATIÈRE INFECTIEUSE POUR LES ANIMAUX uniquement (matériel animal uniquement)	6.2	I2		6.2	318 802	0	E0		PP			0	
2901	CHLORURE DE BROME	2	2TOC		2.3+5.1+8		0	E0		PP, EP, TOX, A	VE02		2	
2902	PESTICIDE LIQUIDE TOXIQUE, N.S.A.	6.1	T6	I	6.1	61 274 648 802	0	E5		PP, EP, TOX, A	VE02		2	
2902	PESTICIDE LIQUIDE TOXIQUE, N.S.A.	6.1	T6	II	6.1	61 274 648 802	100 ml	E4		PP, EP, TOX, A	VE02		2	
2902	PESTICIDE LIQUIDE TOXIQUE, N.S.A.	6.1	T6	III	6.1	61 274 648 802	5 L	E1		PP, EP, TOX, A	VE02		0	
2903	PESTICIDE LIQUIDE TOXIQUE INFLAMMABLE, N.S.A., ayant un point d'éclair égal ou supérieur à 23 °C	6.1	TF2	I	6.1+3	61 274 802	0	E5		PP, EP, EX, TOX, A	VE01, VE02		2	
2903	PESTICIDE LIQUIDE TOXIQUE INFLAMMABLE, N.S.A., ayant un point d'éclair égal ou supérieur à 23 °C	6.1	TF2	II	6.1+3	61 274 802	100 ml	E4		PP, EP, EX, TOX, A	VE01, VE02		2	
2903	PESTICIDE LIQUIDE TOXIQUE INFLAMMABLE, N.S.A., ayant un point d'éclair égal ou supérieur à 23 °C	6.1	TF2	III	6.1+3	61 274 802	5 L	E1		PP, EP, EX, TOX, A	VE01, VE02		0	
2904	CHLOROPHÉNOLATES LIQUIDES ou PHÉNOLATÉS LIQUIDES	8	C9	III	8	61 274 802	5 L	E1	T *	PP, EP			0	* ne s'applique que pour les phénolates et non pour les chlorophénolates
2905	CHLOROPHÉNOLATES SOLIDES ou PHÉNOLATES SOLIDES	8	C10	III	8		5 kg	E1		PP, EP			0	
2907	DINITRATE D'ISOSORBIDE EN MÉLANGE avec au moins 60% de lactose, de mannose, d'amidon ou d'hydrogénophosphate de calcium	4.1	D	II	4.1	127	0	E0		PP			0	
2908	MATIÈRES RADIOACTIVES, EMBALLAGES VIDES COMME COLIS EXCEPTÉS	7				290	0	E0		PP			0	
2909	MATIÈRES RADIOACTIVES, OBJETS MANUFACTURÉS EN THORIUM NATUREL, ou EN URANIUM APPAUVRI ou EN URANIUM NATUREL, COMME COLIS EXCEPTÉS	7				290	0	E0		PP			0	
2910	MATIÈRES RADIOACTIVES, QUANTITÉS LIMITÉES EN COLIS EXCEPTÉS	7				290 325	0	E0		PP			0	
2911	MATIÈRES RADIOACTIVES, APPAREILS ou OBJETS EN COLIS EXCEPTÉS	7				290	0	E0		PP			0	
2912	MATIÈRES RADIOACTIVES DE FAIBLE ACTIVITÉ SPÉCIFIQUE (LSA-I) non fissiles ou fissiles exceptées	7			7X	172 317 325	0	E0	B	PP		RA01	2	

No. ONU ou ID (1)	Nom et description (2)	Classe 2.2 (3a)	Code de classi-fication 2.2 (3b)	Groupe d'embal-lage 2.1.1.3 (4)	Étiquettes 5.2.2 (5)	Disposi-tions spéciales 3.3 (6)	Quantités limitées et exceptées 3.4 (7a)	3.5.1.2 (7b)	Trans-port admis 3.2.1 (8)	Équipement exigé 8.1.5 (9)	Venti-lation 7.1.6 (10)	Mesures pendant le chargement/déchargement/transport 7.1.6 (11)	Nombre de cônes, feux bleus 7.1.5 (12)	Observations 3.2.1 (13)
2913	MATIÈRES RADIOACTIVES, OBJETS CONTAMINÉS SUPERFICIELLEMENT (SCO-I ou SCO-II) non fissiles ou fissiles exceptés	7			7X	172 317 336	0	E0	B	PP		RA02	2	
2915	MATIÈRES RADIOACTIVES EN COLIS DE TYPE A, qui ne sont pas sous forme spéciale, non fissiles ou fissiles exceptées	7			7X	172 317 325	0	E0		PP			2	
2916	MATIÈRES RADIOACTIVES EN COLIS DE TYPE B(U), non fissiles ou fissiles exceptées	7			7X	172. 317 325 337	0	E0		PP			2	
2917	MATIÈRES RADIOACTIVES EN COLIS DE TYPE B(M), non fissiles ou fissiles exceptées	7			7X	172 317 325 337	0	E0		PP			2	
2919	MATIÈRES RADIOACTIVES TRANSPORTÉES SOUS ARRANGEMENT SPÉCIAL, non fissiles ou fissiles exceptées	7			7X	172 325 317	0	E0		PP			2	
2920	LIQUIDE CORROSIF, INFLAMMABLE, N.S.A.	8	CF1	I	8+3	274	0	E0		PP, EP, EX, A	VE01		1	
2920	LIQUIDE CORROSIF, INFLAMMABLE, N.S.A.	8	CF1	II	8+3	274	1 L	E2	T	PP, EP, EX, A	VE01		1	
2921	SOLIDE CORROSIF, INFLAMMABLE, N.S.A.	8	CF2	I	8+4.1	274	0	E0		PP, EP			1	
2921	SOLIDE CORROSIF, INFLAMMABLE, N.S.A.	8	CF2	II	8+4.1	274	1 kg	E2		PP, EP			1	
2922	LIQUIDE CORROSIF, TOXIQUE, N.S.A.	8	CT1	I	8+6.1	274 802	0	E0		PP, EP, TOX, A	VE02		2	
2922	LIQUIDE CORROSIF, TOXIQUE, N.S.A.	8	CT1	II	8+6.1	274 802	1 L	E2	T	PP, EP, TOX, A	VE02		2	
2922	LIQUIDE CORROSIF, TOXIQUE, N.S.A.	8	CT1	III	8+6.1	274 802	5 L	E1	T	PP, EP, TOX, A	VE02		0	
2923	SOLIDE CORROSIF, TOXIQUE, N.S.A.	8	CT2	I	8+6.1	274 802	0	E0		PP, EP			2	
2923	SOLIDE CORROSIF, TOXIQUE, N.S.A.	8	CT2	II	8+6.1	274 802	1 kg	E2	T	PP, EP			2	
2923	SOLIDE CORROSIF, TOXIQUE, N.S.A.	8	CT2	III	8+6.1	274 802	5 kg	E1		PP, EP			0	
2924	LIQUIDE INFLAMMABLE, CORROSIF, N.S.A.	3	FC	I	3-8	274	0	E0	T	PP, EP, EX, A	VE01		1	
2924	LIQUIDE INFLAMMABLE, CORROSIF, N.S.A.	3	FC	II	3-8	274	1 L	E2	T	PP, EP, EX, A	VE01		1	
2924	LIQUIDE INFLAMMABLE, CORROSIF, N.S.A.	3	FC	III	3-8	274	5 L	E1	T	PP, EP, EX, A	VE01		0	
2925	SOLIDE ORGANIQUE INFLAMMABLE, CORROSIF, N.S.A.	4.1	FC1	II	4.1+8	274	1 kg	E2		PP, EP			1	
2925	SOLIDE ORGANIQUE INFLAMMABLE, CORROSIF, N.S.A.	4.1	FC1	III	4.1+8	274	5 kg	E1		PP, EP			0	
2926	SOLIDE ORGANIQUE INFLAMMABLE, TOXIQUE, N.S.A.	4.1	FT1	II	4.1+6.1	274 802	1 kg	E2		PP, EP			2	
2926	SOLIDE ORGANIQUE INFLAMMABLE, TOXIQUE, N.S.A.	4.1	FT1	III	4.1+6.1	274 802	5 kg	E1		PP, EP			0	

No. ONU ou ID (1)	Nom et description (2) 3.1.2	Classe (3a) 2.2	Code de classification (3b) 2.2	Groupe d'emballage (4) 2.1.1.3	Étiquettes (5) 5.2.2	Dispositions spéciales (6) 3.3	Quantités limitées (7a) 3.4	et exceptées (7b) 3.5.1.2	Transport admis (8) 3.2.1	Équipement exigé (9) 8.1.5	Ventilation (10) 7.1.6	Mesures pendant le chargement/déchargement/transport (11) 7.1.6	Nombre de cônes, feux bleus (12) 7.1.5	Observations (13) 3.2.1
2927	LIQUIDE ORGANIQUE TOXIQUE, CORROSIF, N.S.A.	6.1	TC1	I	6.1+8	274 315 802	0	E5	T	PP, EP, TOX, A	VE02		2	
2927	LIQUIDE ORGANIQUE TOXIQUE, CORROSIF, N.S.A.	6.1	TC1	II	6.1+8	274 802	100 ml	E4	T	PP, EP, TOX, A	VE02		2	
2928	SOLIDE ORGANIQUE TOXIQUE, CORROSIF, N.S.A.	6.1	TC2	I	6.1+8	274 802	0	E5		PP, EP			2	
2928	SOLIDE ORGANIQUE TOXIQUE, CORROSIF, N.S.A.	6.1	TC2	II	6.1+8	274 802	500 g	E4		PP, EP			2	
2929	LIQUIDE ORGANIQUE TOXIQUE, INFLAMMABLE, N.S.A.	6.1	TF1	I	6.1+3	274 315 802	0	E5	T	PP, EP, EX, TOX, A	VE01, VE02		2	
2929	LIQUIDE ORGANIQUE TOXIQUE, INFLAMMABLE, N.S.A.	6.1	TF1	II	6.1+3	274 802	100 ml	E4	T	PP, EP, EX, TOX, A	VE01, VE02		2	
2930	SOLIDE ORGANIQUE TOXIQUE, INFLAMMABLE, N.S.A.	6.1	TF3	I	6.1+4.1	274 802	0	E5		PP, EP			2	
2930	SOLIDE ORGANIQUE TOXIQUE, INFLAMMABLE, N.S.A.	6.1	TF3	II	6.1+4.1	274 802	500 g	E4		PP, EP			2	
2931	SULFATE DE VANADYLE	6.1	T5	II	6.1	802	500 g	E4		PP, EX, A	VE01		2	
2933	CHLORO-2 PROPIONATE DE MÉTHYLE	3	F1	III	3		5 L	E1		PP, EX, A	VE01		0	
2934	CHLORO-2 PROPIONATE D'ISOPROPYLE	3	F1	III	3		5 L	E1		PP, EX, A	VE01		0	
2935	CHLORO-2 PROPIONATE D'ÉTHYLE	3	F1	III	3	802	5 L	E1	T	PP, EX, A	VE01		0	
2936	ACIDE THIOLACTIQUE	6.1	T1	II	6.1	802	100 ml	E4		PP, EP, TOX, A	VE02		2	
2937	ALCOOL alpha-MÉTHYLBENZYLIQUE LIQUIDE	6.1	T1	III	6.1	802	5 L	E1		PP, EP, TOX, A	VE02		0	
2940	PHOSPHA-9 BICYCLONONANES (CYCLOOCTADIÈNE PHOSPHINES)	4.2	S2	II	4.2		0	E2		PP			0	
2941	FLUOROANILINES	6.1	T1	III	6.1	802	5 L	E1		PP, EP, TOX, A	VE02		0	
2942	TRIFLUOROMÉTHYL-2 ANILINE	6.1	T1	III	6.1	802	5 L	E1		PP, EP, TOX, A	VE02		0	
2943	TÉTRAHYDRO-FURFURYLAMINE	3	F1	III	3		5 L	E1		PP, EX, A	VE01		0	
2945	N-MÉTHYLBUTYLAMINE	3	FC	II	3+8		1 L	E2		PP, EP, EX, A	VE01		1	
2946	AMINO-2 DIÉTHYLAMINO-5 PENTANE	6.1	T1	III	6.1	802	5 L	E1		PP, EP, TOX, A	VE02		0	
2947	CHLORACÉTATE DISOPROPYLE	3	F1	III	3		5 L	E1	T	PP, EX, A	VE01		0	
2948	TRIFLUOROMÉTHYL-3 ANILINE	6.1	T1	II	6.1	802	100 ml	E4		PP, EP, TOX, A	VE02		2	
2949	HYDROGÉNOSULFURE DE SODIUM HYDRATÉ avec au moins 25% d'eau de cristallisation	8	C6	II	8	523	1 kg	E2		PP, EP			0	
2950	GRANULÉS DE MAGNÉSIUM ENROBÉS d'une granulométrie d'au moins 149 microns	4.3	W2	III	4.3	638	1 kg	E1		PP, EX, A	VE01	HA08	0	
2956	tert-BUTYL-5 TRINITRO-2,4,6 m-XYLÈNE (MUSC-XYLÈNE)	4.1	SR1	III	4.1		5 kg	E1		PP			0	
2965	ÉTHÉRATE DIMÉTHYLIQUE DE TRIFLUORURE DE BORE	4.3	WFC	I	4.3+3+8		0	E0		PP, EP, EX, A	VE01	HA08	1	

No. ONU ou ID	Nom et description	Classe	Code de classi-fication	Groupe d'embal-lage	Étiquettes	Disposit-ions spéciales	Quantités limitées et exceptées		Trans-port admis	Équipement exigé	Venti-lation	Mesures pendant le chargement/déchargement/ transport		Nombre de cônes, feux bleus	Observations
3.1.2	3.1.2	2.2	2.2	2.1.1.3	5.2.2	3.3	3.4	3.5.1.2	3.2.1	8.1.5	7.1.6	7.1.6		7.1.5	3.2.1
(1)	(2)	(3a)	(3b)	(4)	(5)	(6)	(7a)	(7b)	(8)	(9)	(10)	(11)		(12)	(13)
2966	THIOGLYCOL	6.1	T1	II	6.1	802	100 ml	E4	T	PP, EP, TOX, A	VE02			2	
2967	ACIDE SULFAMIQUE	8	C2	III	8		5 kg	E1		PP, EP				0	
2968	MANÈBE STABILISÉ ou PRÉPARATIONS DE MANÈBE, STABILISÉES contre l'auto-échauffement	4.3	W2	III	4.3	547	1 kg	E1		PP, EX, A	VE01	HA08		0	
2969	FARINE DE RICIN ou GRAINES DE RICIN ou GRAINES DE RICIN EN FLOCONS ou TOURTEAUX DE RICIN	9	M11	II	9	141	5 kg	E2	B	PP				0	
2977	MATIÈRES RADIOACTIVES, HEXAFLUORURE D'URANIUM, FISSILES	7			7X+7E+8	172	0	E0		PP				2	
2978	MATIÈRES RADIOACTIVES, HEXAFLUORURE D'URANIUM, non fissiles ou fissiles exceptées	7			7X+8	172 317	0	E0	B	PP			RA01	2	
2983	OXYDE D'ÉTHYLÈNE ET OXYDE DE PROPYLÈNE EN MÉLANGE contenant au plus 30% d'oxyde d'éthylène	3	FT1	I	3+6.1	802	0	E0	T	PP, EP, EX, TOX, A	VE01, VE02			2	
2984	PEROXYDE D'HYDROGÈNE EN SOLUTION AQUEUSE contenant au minimum 8%, mais moins de 20% de peroxyde d'hydrogène (stabilisée selon les besoins)	5.1	O1	III	5.1	65	5 L	E1		PP				0	
2985	CHLOROSILANES INFLAMMABLES, CORROSIFS, N.S.A.	3	FC	II	3+8	548	0	E0		PP, EP, EX, A	VE01			1	
2986	CHLOROSILANES CORROSIFS, INFLAMMABLES, N.S.A.	8	CF1	II	8+3	548	0	E0		PP, EP, EX, A	VE01			1	
2987	CHLOROSILANES CORROSIFS, N.S.A.	8	C3	II	8	548	0	E0		PP, EP				0	
2988	CHLOROSILANES HYDRORÉACTIFS, INFLAMMABLES, CORROSIFS, N.S.A.	4.3	WFC	I	4.3+3+8	549	0	E0		PP, EP, EX, A	VE01	HA08		1	
2989	PHOSPHITE DE PLOMB DIBASIQUE	4.1	F3	II	4.1		1 kg	E2		PP				1	
2989	PHOSPHITE DE PLOMB DIBASIQUE	4.1	F3	III	4.1		5 kg	E1		PP				0	
2990	ENGINS DE SAUVETAGE AUTOGONFLABLES	9	M5		9	296 635	0	E0		PP				0	
2991	CARBAMATE PESTICIDE LIQUIDE, TOXIQUE, INFLAMMABLE, ayant un point d'éclair égal ou supérieur à 23 °C	6.1	TF2	I	6.1+3	61 274 802	0	E5		PP, EP, EX, TOX, A	VE01, VE02			2	
2991	CARBAMATE PESTICIDE LIQUIDE, TOXIQUE, INFLAMMABLE, ayant un point d'éclair égal ou supérieur à 23 °C	6.1	TF2	II	6.1+3	61 274 802	100 ml	E4		PP, EP, EX, TOX, A	VE01, VE02			2	
2991	CARBAMATE PESTICIDE LIQUIDE, TOXIQUE, INFLAMMABLE, ayant un point d'éclair égal ou supérieur à 23 °C	6.1	TF2	III	6.1+3	61 274 802	5 L	E1		PP, EP, EX, TOX, A	VE01, VE02			0	
2992	CARBAMATE PESTICIDE LIQUIDE, TOXIQUE	6.1	T6	I	6.1	61 274 648 802	0	E5		PP, EP, TOX, A	VE02			2	
2992	CARBAMATE PESTICIDE LIQUIDE, TOXIQUE	6.1	T6	II	6.1	61 274 648 802	100 ml	E4		PP, EP, TOX, A	VE02			2	

No. ONU ou ID	Nom et description	Classe	Code de classification	Groupe d'emballage	Étiquettes	Dispositions spéciales	Quantités limitées et exceptées		Transport admis	Équipement exigé	Ventilation	Mesures pendant le chargement/déchargement/transport	Nombre de cônes, feux bleus	Observations
	3.1.2	2.2	2.2	2.1.1.3	5.2.2	3.3	3.4	3.5.1.2	3.2.1	8.1.5	7.1.6	7.1.6	7.1.5	3.2.1
(1)	(2)	(3a)	(3b)	(4)	(5)	(6)	(7a)	(7b)	(8)	(9)	(10)	(11)	(12)	(13)
2992	CARBAMATE PESTICIDE LIQUIDE, TOXIQUE	6.1	T6	III	6.1	61 274 648 802	5 L	E1		PP, EP, TOX, A	VE02		0	
2993	PESTICIDE ARSENICAL LIQUIDE TOXIQUE, INFLAMMABLE, ayant un point d'éclair égal ou supérieur à 23 °C	6.1	TF2	I	6.1+3	61 274 802	0	E5		PP, EP, EX, TOX, A	VE01, VE02		2	
2993	PESTICIDE ARSENICAL LIQUIDE TOXIQUE, INFLAMMABLE, ayant un point d'éclair égal ou supérieur à 23 °C	6.1	TF2	II	6.1+3	61 274 802	100 ml	E4		PP, EP, EX, TOX, A	VE01, VE02		2	
2993	PESTICIDE ARSENICAL LIQUIDE TOXIQUE, INFLAMMABLE, ayant un point d'éclair égal ou supérieur à 23 °C	6.1	TF2	III	6.1+3	61 274 802	5 L	E1		PP, EP, EX, TOX, A	VE01, VE02		0	
2994	PESTICIDE ARSENICAL LIQUIDE TOXIQUE	6.1	T6	I	6.1	61 274 648 802	0	E5		PP, EP, TOX, A	VE02		2	
2994	PESTICIDE ARSENICAL LIQUIDE TOXIQUE	6.1	T6	II	6.1	61 274 648 802	100 ml	E4		PP, EP, TOX, A	VE02		2	
2994	PESTICIDE ARSENICAL LIQUIDE TOXIQUE	6.1	T6	III	6.1	61 274 648 802	5 L	E1		PP, EP, TOX, A	VE02		0	
2995	PESTICIDE ORGANOCHLORÉ LIQUIDE TOXIQUE, INFLAMMABLE, ayant un point d'éclair égal ou supérieur à 23 °C	6.1	TF2	I	6.1+3	61 274 802	0	E5		PP, EP, EX, TOX, A	VE01, VE02		2	
2995	PESTICIDE ORGANOCHLORÉ LIQUIDE TOXIQUE, INFLAMMABLE, ayant un point d'éclair égal ou supérieur à 23 °C	6.1	TF2	II	6.1+3	61 274 802	100 ml	E4		PP, EP, EX, TOX, A	VE01, VE02		2	
2995	PESTICIDE ORGANOCHLORÉ LIQUIDE TOXIQUE, INFLAMMABLE, ayant un point d'éclair égal ou supérieur à 23 °C	6.1	TF2	III	6.1+3	61 274 802	5 L	E1		PP, EP, EX, TOX, A	VE01, VE02		0	
2996	PESTICIDE ORGANOCHLORE LIQUIDE TOXIQUE	6.1	T6	I	6.1	61 274 648 802	0	E5		PP, EP, TOX, A	VE02		2	
2996	PESTICIDE ORGANOCHLORE LIQUIDE TOXIQUE	6.1	T6	II	6.1	61 274 648 802	100 ml	E4		PP, EP, TOX, A	VE02		2	
2996	PESTICIDE ORGANOCHLORE LIQUIDE TOXIQUE	6.1	T6	III	6.1	61 274 648 802	5 L	E1		PP, EP, TOX, A	VE02		0	
2997	TRIAZINE PESTICIDE LIQUIDE TOXIQUE, INFLAMMABLE, ayant un point d'éclair égal ou supérieur à 23 °C	6.1	TF2	I	6.1+3	61 274 802	0	E5		PP, EP, EX, TOX, A	VE01, VE02		2	

No. ONU ou ID	Nom et description	Classe	Code de classification	Groupe d'emballage	Étiquettes	Dispositions spéciales	Quantités limitées et exceptées		Transport admis	Équipement exigé	Ventilation	Mesures pendant le chargement/déchargement/ transport	Nombre de cônes, feux bleus	Observations
	3.1.2	2.2	2.2	2.1.1.3	5.2.2	3.3	3.4	3.5.1.2	3.2.1	8.1.5	7.1.6	7.1.6	7.1.5	3.2.1
(1)	(2)	(3a)	(3b)	(4)	(5)	(6)	(7a)	(7b)	(8)	(9)	(10)	(11)	(12)	(13)
2997	TRIAZINE PESTICIDE LIQUIDE TOXIQUE, INFLAMMABLE, ayant un point d'éclair égal ou supérieur à 23 °C	6.1	TF2	II	6.1+3	61 274 802	100 ml	E4		PP, EP, EX, TOX, A	VE01, VE02		2	
2997	TRIAZINE PESTICIDE LIQUIDE TOXIQUE, INFLAMMABLE, ayant un point d'éclair égal ou supérieur à 23 °C	6.1	TF2	III	6.1+3	61 274 802	5 L	E1		PP, EP, EX, TOX, A	VE01, VE02		0	
2998	TRIAZINE PESTICIDE LIQUIDE TOXIQUE	6.1	T6	I	6.1	61 274 648 802	0	E5		PP, EP, TOX, A	VE02		2	
2998	TRIAZINE PESTICIDE LIQUIDE TOXIQUE	6.1	T6	II	6.1	61 274 648 802	100 ml	E4		PP, EP, TOX, A	VE02		2	
2998	TRIAZINE PESTICIDE LIQUIDE TOXIQUE	6.1	T6	III	6.1	61 274 648 802	5 L	E1		PP, EP, TOX, A	VE02		0	
3005	THIOCARBAMATE PESTICIDE LIQUIDE TOXIQUE, INFLAMMABLE, ayant un point d'éclair égal ou supérieur à 23 °C	6.1	TF2	I	6.1+3	61 274 802	0	E5		PP, EP, EX, TOX, A	VE01, VE02		2	
3005	THIOCARBAMATE PESTICIDE LIQUIDE TOXIQUE, INFLAMMABLE, ayant un point d'éclair égal ou supérieur à 23 °C	6.1	TF2	II	6.1+3	61 274 802	100 ml	E4		PP, EP, EX, TOX, A	VE01, VE02		2	
3005	THIOCARBAMATE PESTICIDE LIQUIDE TOXIQUE, INFLAMMABLE, ayant un point d'éclair égal ou supérieur à 23 °C	6.1	TF2	III	6.1+3	61 274 802	5 L	E1		PP, EP, EX, TOX, A	VE01, VE02		0	
3006	THIOCARBAMATE PESTICIDE LIQUIDE TOXIQUE	6.1	T6	I	6.1	61 274 648 802	0	E5		PP, EP, TOX, A	VE02		2	
3006	THIOCARBAMATE PESTICIDE LIQUIDE TOXIQUE	6.1	T6	II	6.1	61 274 648 802	100 ml	E4		PP, EP, TOX, A	VE02		2	
3006	THIOCARBAMATE PESTICIDE LIQUIDE TOXIQUE	6.1	T6	III	6.1	61 274 648 802	5 L	E1		PP, EP, TOX, A	VE02		0	
3009	PESTICIDE CUIVRIQUE LIQUIDE TOXIQUE, INFLAMMABLE, ayant un point d'éclair égal ou supérieur à 23 °C	6.1	TF2	I	6.1+3	61 274 802	0	E5		PP, EP, EX, TOX, A	VE01, VE02		2	
3009	PESTICIDE CUIVRIQUE LIQUIDE TOXIQUE, INFLAMMABLE, ayant un point d'éclair égal ou supérieur à 23 °C	6.1	TF2	II	6.1+3	61 274 802	100 ml	E4		PP, EP, EX, TOX, A	VE01, VE02		2	
3009	PESTICIDE CUIVRIQUE LIQUIDE TOXIQUE, INFLAMMABLE, ayant un point d'éclair égal ou supérieur à 23 °C	6.1	TF2	III	6.1+3	61 274 802	5 L	E1		PP, EP, EX, TOX, A	VE01, VE02		0	

No. ONU ou ID	Nom et description	Classe	Code de classification	Groupe d'emballage	Étiquettes	Dispositions spéciales	Quantités limitées et exceptées		Transport admis	Équipement exigé	Venti-lation	Mesures pendant le chargement/déchargement/transport	Nombre de cônes, feux bleus	Observations
		2.2	2.2	2.1.1.3	5.2.2	3.3	3.4	3.5.1.2	3.2.1	8.1.5	7.1.6	7.1.6	7.1.5	3.2.1
(1)	(2)	(3a)	(3b)	(4)	(5)	(6)	(7a)	(7b)	(8)	(9)	(10)	(11)	(12)	(13)
3010	PESTICIDE CUIVRIQUE LIQUIDE TOXIQUE	6.1	T6	I	6.1	61 274 648 802	0	E5		PP, EP, TOX, A	VE02		2	
3010	PESTICIDE CUIVRIQUE LIQUIDE TOXIQUE	6.1	T6	II	6.1	61 274 648 802	100 ml	E4		PP, EP, TOX, A	VE02		2	
3010	PESTICIDE CUIVRIQUE LIQUIDE TOXIQUE	6.1	T6	III	6.1	61 274 648 802	5 L	E1		PP, EP, TOX, A	VE02		0	
3011	PESTICIDE MERCURIEL LIQUIDE TOXIQUE, INFLAMMABLE, ayant un point d'éclair égal ou supérieur à 23 °C	6.1	TF2	I	6.1+3	61 274 802	0	E5		PP, EP, EX, TOX, A	VE01, VE02		2	
3011	PESTICIDE MERCURIEL LIQUIDE TOXIQUE, INFLAMMABLE, ayant un point d'éclair égal ou supérieur à 23 °C	6.1	TF2	II	6.1+3	61 274 802	100 ml	E4		PP, EP, EX, TOX, A	VE01, VE02		2	
3011	PESTICIDE MERCURIEL LIQUIDE TOXIQUE, INFLAMMABLE, ayant un point d'éclair égal ou supérieur à 23 °C	6.1	TF2	III	6.1+3	61 274 802	5 L	E1		PP, EP, EX, TOX, A	VE01, VE02		0	
3012	PESTICIDE MERCURIEL LIQUIDE TOXIQUE	6.1	T6	I	6.1	61 274 648 802	0	E5		PP, EP, TOX, A	VE01, VE02		2	
3012	PESTICIDE MERCURIEL LIQUIDE TOXIQUE	6.1	T6	II	6.1	61 274 648 802	100 ml	E4		PP, EP, TOX, A	VE02		2	
3012	PESTICIDE MERCURIEL LIQUIDE TOXIQUE	6.1	T6	III	6.1	61 274 648 802	5 L	E1		PP, EP, TOX, A	VE02		0	
3013	NITROPHÉNOL SUBSTITUÉ PESTICIDE LIQUIDE, TOXIQUE, INFLAMMABLE, ayant un point d'éclair égal ou supérieur à 23 °C	6.1	TF2	I	6.1+3	61 274 802	0	E5		PP, EP, EX, TOX, A	VE01, VE02		2	
3013	NITROPHÉNOL SUBSTITUÉ PESTICIDE LIQUIDE, TOXIQUE, INFLAMMABLE, ayant un point d'éclair égal ou supérieur à 23 °C	6.1	TF2	II	6.1+3	61 274 802	100 ml	E4		PP, EP, EX, TOX, A	VE01, VE02		2	
3013	NITROPHÉNOL SUBSTITUÉ PESTICIDE LIQUIDE, TOXIQUE, INFLAMMABLE, ayant un point d'éclair égal ou supérieur à 23 °C	6.1	TF2	III	6.1+3	61 274 802	5 L	E1		PP, EP, EX, TOX, A	VE01, VE02		0	
3014	NITROPHÉNOL SUBSTITUÉ PESTICIDE LIQUIDE, TOXIQUE	6.1	T6	I	6.1	61 274 648 802	0	E5		PP, EP, TOX, A	VE02		2	
3014	NITROPHÉNOL SUBSTITUÉ PESTICIDE LIQUIDE, TOXIQUE	6.1	T6	II	6.1	61 274 648 802	100 ml	E4		PP, EP, TOX, A	VE02		2	

No. ONU ou ID	Nom et description	Classe	Code de classi-fication	Groupe d'embal-lage	Étiquettes	Disposit-ions speciales	Quantités limitées et exceptées		Trans-port admis	Équipement exigé	Venti-lation	Mesures pendant le chargement/déchargement/ transport	Nombre de cônes, feux bleus	Observations
	3.1.2	2.2	2.2	2.1.1.3	5.2.2	3.3	3.4	3.5.1.2	3.2.1	8.1.5	7.1.6	7.1.6	7.1.5	3.2.1
(1)	(2)	(3a)	(3b)	(4)	(5)	(6)	(7a)	(7b)	(8)	(9)	(10)	(11)	(12)	(13)
3014	NITROPHÉNOL SUBSTITUÉ PESTICIDE LIQUIDE, TOXIQUE	6.1	T6	III	6.1	61 274 648 802	5 L	E1		PP, EP, TOX, A	VE02		0	
3015	PESTICIDE BIPYRIDYLIQUE LIQUIDE TOXIQUE, INFLAMMABLE, ayant un point d'éclair égal ou supérieur à 23 °C	6.1	TF2	I	6.1+3	61 274 802	0	E5		PP, EP, EX, TOX, A	VE01, VE02		2	
3015	PESTICIDE BIPYRIDYLIQUE LIQUIDE TOXIQUE, INFLAMMABLE, ayant un point d'éclair égal ou supérieur à 23 °C	6.1	TF2	II	6.1+3	61 274 802	100 ml	E4		PP, EP, EX, TOX, A	VE01, VE02		2	
3015	PESTICIDE BIPYRIDYLIQUE LIQUIDE TOXIQUE, INFLAMMABLE, ayant un point d'éclair égal ou supérieur à 23 °C	6.1	TF2	III	6.1+3	61 274 802	5 L	E1		PP, EP, EX, TOX, A	VE01, VE02		0	
3016	PESTICIDE BIPYRIDYLIQUE LIQUIDE TOXIQUE	6.1	T6	I	6.1	61 274 648 802	0	E5		PP, EP, TOX, A	VE02		2	
3016	PESTICIDE BIPYRIDYLIQUE LIQUIDE TOXIQUE	6.1	T6	II	6.1	61 274 648 802	100 ml	E4		PP, EP, TOX, A	VE02		2	
3016	PESTICIDE BIPYRIDYLIQUE LIQUIDE TOXIQUE	6.1	T6	III	6.1	61 274 648 802	5 L	E1		PP, EP, TOX, A	VE02		0	
3017	PESTICIDE ORGANOPHOSPHORÉ LIQUIDE TOXIQUE, INFLAMMABLE, ayant un point d'éclair égal ou supérieur à 23 °C	6.1	TF2	I	6.1+3	61 274 802	0	E5		PP, EP, EX, TOX, A	VE01, VE02		2	
3017	PESTICIDE ORGANOPHOSPHORÉ LIQUIDE TOXIQUE, INFLAMMABLE, ayant un point d'éclair égal ou supérieur à 23 °C	6.1	TF2	II	6.1+3	61 274 802	100 ml	E4		PP, EP, EX, TOX, A	VE01, VE02		2	
3017	PESTICIDE ORGANOPHOSPHORÉ LIQUIDE TOXIQUE, INFLAMMABLE, ayant un point d'éclair égal ou supérieur à 23 °C	6.1	TF2	III	6.1+3	61 274 802	5 L	E1		PP, EP, EX, TOX, A	VE01, VE02		0	
3018	PESTICIDE ORGANOPHOSPHORÉ LIQUIDE TOXIQUE	6.1	T6	I	6.1	61 274 648 802	0	E5		PP, EP, TOX, A	VE02		2	
3018	PESTICIDE ORGANOPHOSPHORÉ LIQUIDE TOXIQUE	6.1	T6	II	6.1	61 274 648 802	100 ml	E4		PP, EP, TOX, A	VE02		2	
3018	PESTICIDE ORGANOPHOSPHORÉ LIQUIDE TOXIQUE	6.1	T6	III	6.1	61 274 648 802	5 L	E1		PP, EP, TOX, A	VE02		0	
3019	PESTICIDE ORGANOSTANNIQUE LIQUIDE TOXIQUE, INFLAMMABLE, ayant un point d'éclair égal ou supérieur à 23 °C	6.1	TF2	I	6.1+3	61 274 802	0	E5		PP, EP, EX, TOX, A	VE01, VE02		2	

No. ONU ou ID	Nom et description	Classe	Code de classi-fication	Groupe d'embal-lage	Étiquettes	Dispos-itions speciales	Quantités limitées et exceptées		Trans-port admis	Équipement exigé	Venti-lation	Mesures pendant le chargement/déchargement/ transport	Nombre de cônes, feux bleus	Observations
	3.1.2	2.2	2.2	2.1.1.3	5.2.2	3.3	3.4	3.5.1.2	3.2.1	8.1.5	7.1.6	7.1.6	7.1.5	3.2.1
(1)	(2)	(3a)	(3b)	(4)	(5)	(6)	(7a)	(7b)	(8)	(9)	(10)	(11)	(12)	(13)
3019	PESTICIDE ORGANOSTANNIQUE LIQUIDE TOXIQUE, INFLAMMABLE, ayant un point d'éclair égal ou supérieur à 23 °C	6.1	TF2	II	6.1+3	61 274 802	100 ml	E4		PP, EP, EX, TOX, A	VE01, VE02		2	
3019	PESTICIDE ORGANOSTANNIQUE LIQUIDE TOXIQUE, INFLAMMABLE, ayant un point d'éclair égal ou supérieur à 23 °C	6.1	TF2	III	6.1+3	61 274 802	5 L	E1		PP, EP, EX, TOX, A	VE01, VE02		0	
3020	PESTICIDE ORGANOSTANNIQUE LIQUIDE TOXIQUE	6.1	T6	I	6.1	61 274 648 802	0	E5		PP, EP, TOX, A	VE02		2	
3020	PESTICIDE ORGANOSTANNIQUE LIQUIDE TOXIQUE	6.1	T6	II	6.1	61 274 648 802	100 ml	E4		PP, EP, TOX, A	VE02		2	
3020	PESTICIDE ORGANOSTANNIQUE LIQUIDE TOXIQUE	6.1	T6	III	6.1	61 274 648 802	5 L	E1		PP, EP, TOX, A	VE02		0	
3021	PESTICIDE LIQUIDE, INFLAMMABLE, TOXIQUE, N.S.A., ayant un point d'éclair inférieur à 23 °C	3	FT2	I	3+6.1	61 274 802	0	E0		PP, EP, EX, TOX, A	VE01, VE02		2	
3021	PESTICIDE LIQUIDE, INFLAMMABLE, TOXIQUE, N.S.A., ayant un point d'éclair inférieur à 23 °C	3	FT2	II	3+6.1	61 274 802	1 L	E2		PP, EP, EX, TOX, A	VE01, VE02		2	
3022	OXYDE DE BUTYLÈNE-1,2 STABILISÉ	3	F1	II	3	354 802	1 L	E2		PP, EX, A	VE01		1	
3023	2-MÉTHYL-2-HEPTANETHIOL	6.1	TF1	I	6.1+3	802	0	E0		PP, EP, EX, TOX, A	VE01, VE02		2	
3024	PESTICIDE COUMARINIQUE LIQUIDE INFLAMMABLE, TOXIQUE, ayant un point d'éclair inférieur à 23 °C	3	FT2	I	3+6.1	61 274 802	0	E0		PP, EP, EX, TOX, A	VE01, VE02		2	
3024	PESTICIDE COUMARINIQUE LIQUIDE INFLAMMABLE, TOXIQUE, ayant un point d'éclair inférieur à 23 °C	3	FT2	II	3+6.1	61 274 802	1 L	E2		PP, EP, EX, TOX, A	VE01, VE02		2	
3025	PESTICIDE COUMARINIQUE LIQUIDE TOXIQUE, INFLAMMABLE, ayant un point d'éclair égal ou supérieur à 23 °C	6.1	TF2	I	6.1+3	61 274 802	0	E5		PP, EP, EX, TOX, A	VE01, VE02		2	
3025	PESTICIDE COUMARINIQUE LIQUIDE TOXIQUE, INFLAMMABLE, ayant un point d'éclair égal ou supérieur à 23 °C	6.1	TF2	II	6.1+3	61 274 802	100 ml	E4		PP, EP, EX, TOX, A	VE01, VE02		2	
3025	PESTICIDE COUMARINIQUE LIQUIDE TOXIQUE, INFLAMMABLE, ayant un point d'éclair égal ou supérieur à 23 °C	6.1	TF2	III	6.1+3	61 274 648 802	5 L	E1		PP, EP, EX, TOX, A	VE01, VE02		0	
3026	PESTICIDE COUMARINIQUE LIQUIDE TOXIQUE	6.1	T6	I	6.1	61 274 648 802	0	E5		PP, EP, TOX, A	VE02		2	

No. ONU ou ID	Nom et description	Classe	Code de classi- fication	Groupe d'embal- lage	Étiquettes	Disposi- tions spéciales	Quantités limitées et exceptées		Trans- port admis	Équipement exigé	Venti- lation	Mesures pendant le chargement/déchargement/ transport	Nombre de cônes, feux bleus	Observations
							3.4	3.5.1.2						
3.1.2	3.1.2	2.2	2.2	2.1.1.3	5.2.2	3.3	3.4	3.5.1.2	3.2.1	8.1.5	7.1.6	7.1.6	7.1.5	3.2.1
(1)	(2)	(3a)	(3b)	(4)	(5)	(6)	(7a)	(7b)	(8)	(9)	(10)	(11)	(12)	(13)
3026	PESTICIDE COUMARINIQUE LIQUIDE TOXIQUE	6.1	T6	II	6.1	61 274 648 802	100 ml	E4		PP, EP, TOX, A	VE02		2	
3026	PESTICIDE COUMARINIQUE LIQUIDE TOXIQUE	6.1	T6	III	6.1	61 274 648 802	5 L	E1		PP, EP, TOX, A	VE02		0	
3027	PESTICIDE COUMARINIQUE SOLIDE TOXIQUE	6.1	T7	I	6.1	61 274 648 802	0	E5		PP, EP			2	
3027	PESTICIDE COUMARINIQUE SOLIDE TOXIQUE	6.1	T7	II	6.1	61 274 648 802	500 g	E4		PP, EP			2	
3027	PESTICIDE COUMARINIQUE SOLIDE TOXIQUE	6.1	T7	III	6.1	61 274 648 802	5 kg	E1		PP, EP			0	
3028	ACCUMULATEURS ÉLECTRIQUES secs CONTENANT DE L'HYDROXYDE DE POTASSIUM SOLIDE	8	C11		8	295 304 598	2 kg	E0		PP, EP			0	
3048	PESTICIDE AU PHOSPHURE D'ALUMINIUM	6.1	T7	I	6.1	153 648 802	0	E5		PP, EP			2	
3054	MERCAPTAN CYCLOHEXYLIQUE	3	F1	III	3		5 L	E1		PP, EX, A	VE01		0	
3055	(AMINO-2 ÉTHOXY)-2 ÉTHANOL	8	C7	III	8		5 L	E1		PP, EP			0	
3056	n-HEPTALDÉHYDE	3	F1	III	3		5 L	E1		PP, EX, A	VE01		0	
3057	CHLORURE DE TRIFLUORACÉTYLE	2	2TC		2.3+8		0	E0		PP, EP, TOX, A	VE02		2	
3064	NITROGLYCÉRINE EN SOLUTION ALCOOLIQUE avec plus de 1% mais pas plus de 5% de nitroglycérine	3	D	II	3	359	0	E0		PP, EX, A	VE01		1	
3065	BOISSONS ALCOOLISÉES contenant plus de 70% d'alcool en volume	3	F1	II	3		5 L	E2		PP, EX, A	VE01		1	
3065	BOISSONS ALCOOLISÉES contenant entre 24% et 70% d'alcool en volume	3	F1	III	3	144 145 247	5 L	E1		PP, EX, A	VE01		0	
3066	PEINTURES (y compris peintures, laques, émaux, couleurs, shellac, vernis, cirages, encaustiques, enduits d'apprêt et bases liquides pour laques), ou MATIÈRES APPARENTÉES AUX PEINTURES (y compris solvants et diluants pour peintures)	8	C9	II	8	163	1 L	E2		PP, EP			0	
3066	PEINTURES (y compris peintures, laques, émaux, couleurs, shellac, vernis, cirages, encaustiques, enduits d'apprêt et bases liquides pour laques), ou MATIÈRES APPARENTÉES AUX PEINTURES (y compris solvants et diluants pour peintures)	8	C9	III	8	163	5 L	E1		PP, EP			0	

No. ONU ou ID (1)	Nom et description (2)	Classe (3a)	Code de classification (3b)	Groupe d'emballage (4)	Étiquettes (5)	Dispositions spéciales (6)	Quantités limitées et exceptées (7a)	(7b)	Transport admis (8)	Équipement exigé (9)	Ventilation (10)	Mesures pendant le chargement/déchargement/transport (11)	Nombre de cônes, feux bleus (12)	Observations (13)
	3.1.2	2.2	2.2	2.1.1.3	5.2.2	3.3	3.4	3.5.1.2	3.2.1	8.1.5	7.1.6	7.1.6	7.1.5	3.2.1
3070	OXYDE D'ÉTHYLÈNE ET DICHLORODIFLUORO-MÉTHANE EN MÉLANGE contenant au plus 12,5% d'oxyde d'éthylène	2	2A		2.2		120 ml	E1		PP			0	
3071	MERCAPTANS LIQUIDES TOXIQUES, INFLAMMABLES, N.S.A. ou MERCAPTANS EN MÉLANGE LIQUIDE TOXIQUE, INFLAMMABLE, N.S.A.	6.1	TF1	II	6.1+3	274 802	100 ml	E4		PP, EP, EX, TOX, A	VE01, VE02		2	
3072	ENGINS DE SAUVETAGE NON AUTOGONFLABLES contenant des marchandises dangereuses comme équipement	9	M5		9	296 635	0	E0		PP			0	
3073	VINYLPYRIDINES STABILISÉES	6.1	TFC	II	6.1+3+8	802	100 ml	E4		PP, EP, EX, TOX, A	VE01, VE02		2	
3077	MATIÈRE DANGEREUSE DU POINT DE VUE DE L'ENVIRONNEMENT, SOLIDE, N.S.A.	9	M7	III	9	274 335 601	5 kg	E1	T* B**	PP A***			0	* Uniquement à l'état fondu. ** Pour le transport en vrac, voir aussi le 7.1.4.1. *** Uniquement en cas de transport en vrac.
3078	CÉRIUM, copeaux ou poudre abrasive	4.3	W2	II	4.3	550	500 g	E2		PP, EX, A	VE01		0	
3079	MÉTHACRYLONITRILE STABILISÉ	6.1	TF1	I	6.1+3	354 802	0	E0	T	PP, EP, EX, TOX, A	VE01, VE02	HA08	2	
3080	ISOCYANATES TOXIQUES, INFLAMMABLES, N.S.A. ou ISOCYANATE TOXIQUE, INFLAMMABLE, EN SOLUTION, N.S.A.	6.1	TF1	II	6.1+3	274 551 802	100 ml	E4		PP, EP, EX, TOX, A	VE01, VE02		2	
3082	MATIÈRE DANGEREUSE DU POINT DE VUE DE L'ENVIRONNEMENT, LIQUIDE, N.S.A.	9	M6	III	9	274 335 601	5 L	E1	T	PP			0	
3083	FLUORURE DE PERCHLORYLE	2	2TO		2.3+5.1		0	E0		PP, EP, TOX, A	VE02		2	
3084	SOLIDE CORROSIF, COMBURANT, N.S.A.	8	CO2	I	8+5.1	274	0	E0		PP, EP			0	
3084	SOLIDE CORROSIF, COMBURANT, N.S.A.	8	CO2	II	8+5.1	274	1 kg	E2		PP, EP			0	
3085	SOLIDE COMBURANT, CORROSIF, N.S.A.	5.1	OC2	I	5.1+8	274	0	E0		PP, EP			0	
3085	SOLIDE COMBURANT, CORROSIF, N.S.A.	5.1	OC2	II	5.1+8	274	1 kg	E2		PP, EP			0	
3085	SOLIDE COMBURANT, CORROSIF, N.S.A.	5.1	OC2	III	5.1+8	274	5 kg	E1		PP, EP			0	
3086	SOLIDE TOXIQUE, COMBURANT, N.S.A.	6.1	TO2	I	6.1+5.1	274 802	0	E5		PP, EP			2	
3086	SOLIDE TOXIQUE, COMBURANT, N.S.A.	6.1	TO2	II	6.1+5.1	274 802	500 g	E4		PP, EP			2	
3087	SOLIDE COMBURANT, TOXIQUE, N.S.A.	5.1	OT2	I	5.1+6.1	274 802	0	E0		PP, EP			2	
3087	SOLIDE COMBURANT, TOXIQUE, N.S.A.	5.1	OT2	II	5.1+6.1	274 802	1 kg	E2		PP, EP			2	
3087	SOLIDE COMBURANT, TOXIQUE, N.S.A.	5.1	OT2	III	5.1+6.1	274 802	5 kg	E1		PP, EP			0	

No. ONU ou ID	Nom et description	Classe	Code de classi-fication	Groupe d'embal-lage	Étiquettes	Dispos-itions speciales	Quantités limitées et exceptées		Trans-port admis	Équipement exigé	Venti-lation	Mesures pendant le chargement/déchargement/transport	Nombre de cônes, feux bleus	Observations
							3.4	3.5.1.2						
3.1.2	3.1.2	2.2	2.2	2.1.1.3	5.2.2	3.3	3.4	3.5.1.2	3.2.1	8.1.5	7.1.6	7.1.6	7.1.5	3.2.1
(1)	(2)	(3a)	(3b)	(4)	(5)	(6)	(7a)	(7b)	(8)	(9)	(10)	(11)	(12)	(13)
3088	SOLIDE ORGANIQUE AUTO-ÉCHAUFFANT, N.S.A.	4.2	S2	II	4.2	274	0	E2		PP			0	
3088	SOLIDE ORGANIQUE AUTO-ÉCHAUFFANT, N.S.A.	4.2	S2	III	4.2	274	0	E1		PP			0	
3089	POUDRE MÉTALLIQUE INFLAMMABLE, N.S.A.	4.1	F3	II	4.1	552	1 kg	E2		PP			1	
3089	POUDRE MÉTALLIQUE INFLAMMABLE, N.S.A.	4.1	F3	III	4.1	552	5 kg	E1		PP			0	
3090	PILES AU LITHIUM MÉTAL (y compris les piles à alliage de lithium)	9	M4	II	9	188 230 310 636 661	0	E0		PP			0	
3091	PILES AU LITHIUM MÉTAL CONTENUES DANS UN ÉQUIPEMENT ou PILES AU LITHIUM MÉTAL EMBALLÉES AVEC UN ÉQUIPEMENT (y compris les piles à alliage de lithium)	9	M4	II	9	188 230 360 636 661	0	E0		PP			0	
3092	MÉTHOXY-1 PROPANOL-2	3	F1	III	3	274	5 L	E1	T	PP, EX, A	VE01		0	
3093	LIQUIDE CORROSIF, COMBURANT, N.S.A.	8	CO1	I	8+5.1	274	0	E0		PP, EP			0	
3093	LIQUIDE CORROSIF, COMBURANT, N.S.A.	8	CO1	II	8+5.1	274	1 L	E2		PP, EP			0	
3094	LIQUIDE CORROSIF, HYDRORÉACTIF, N.S.A.	8	CW1	I	8+4.3	274	0	E0		PP, EP			0	
3094	LIQUIDE CORROSIF, HYDRORÉACTIF, N.S.A.	8	CW1	II	8+4.3	274	1 L	E2		PP, EP			0	
3095	LIQUIDE CORROSIF, AUTO-ÉCHAUFFANT, N.S.A.	8	CS2	I	8+4.2	274	0	E0		PP, EP			0	
3095	SOLIDE CORROSIF, AUTO-ÉCHAUFFANT, N.S.A.	8	CS2	II	8+4.2	274	1 kg	E2		PP, EP			0	
3096	SOLIDE CORROSIF, HYDRORÉACTIF, N.S.A.	8	CW2	I	8+4.3	274	0	E0		PP, EP			0	
3096	SOLIDE CORROSIF, HYDRORÉACTIF, N.S.A.	8	CW2	II	8+4.3	274	1 kg	E2		PP, EP			0	
3097	SOLIDE INFLAMMABLE, COMBURANT, N.S.A.	4.1	FO						TRANSPORT INTERDIT					
3098	LIQUIDE COMBURANT, CORROSIF, N.S.A.	5.1	OC1	I	5.1+8	274	0	E0		PP, EP			0	
3098	LIQUIDE COMBURANT, CORROSIF, N.S.A.	5.1	OC1	II	5.1+8	274	1 L	E2		PP, EP			0	
3098	LIQUIDE COMBURANT, CORROSIF, N.S.A.	5.1	OC1	III	5.1+8	274	5 L	E1		PP, EP			0	
3099	LIQUIDE COMBURANT, TOXIQUE, N.S.A.	5.1	OT1	I	5.1+6.1	274 802	0	E0		PP, EP, TOX, A	VE02		2	
3099	LIQUIDE COMBURANT, TOXIQUE, N.S.A.	5.1	OT1	II	5.1+6.1	274 802	1 L	E2		PP, EP, TOX, A	VE02		2	
3099	LIQUIDE COMBURANT, TOXIQUE, N.S.A.	5.1	OT1	III	5.1+6.1	274 802	5 L	E1		PP, EP, TOX, A	VE02		0	
3100	SOLIDE COMBURANT, AUTOÉCHAUFFANT, N.S.A.	5.1	OS							TRANSPORT INTERDIT				
3101	PEROXYDE ORGANIQUE DE TYPE B, LIQUIDE	5.2	P1		5.2+1	122 181 274	25 ml	E0		PP, EX, A	VE01	HA01, HA10	3	
3102	PEROXYDE ORGANIQUE DE TYPE B, SOLIDE	5.2	P1		5.2+1	122 181 274	100 g	E0		PP, EX, A	VE01	HA01, HA10	3	
3103	PEROXYDE ORGANIQUE DE TYPE C, LIQUIDE	5.2	P1		5.2	122 274	25 ml	E0		PP, EX, A	VE01		0	

No. ONU ou ID (1)	Nom et description (2)	Classe (3a)	Code de classification (3b)	Groupe d'emballage (4)	Étiquettes (5)	Dispositions spéciales (6)	Quantités limitées (7a)	Quantités exceptées (7b)	Transport admis (8)	Équipement exigé (9)	Ventilation (10)	Mesures pendant le chargement/déchargement/transport (11)	Nombre de cônes, feux bleus (12)	Observations (13)
3104	PEROXYDE ORGANIQUE DE TYPE C, SOLIDE	5.2	P1		5.2	122 274	100 g	E0		PP, EX, A	VE01		0	
3105	PEROXYDE ORGANIQUE DE TYPE D, LIQUIDE	5.2	P1		5.2	122 274	125 ml	E0		PP, EX, A	VE01		0	
3106	PEROXYDE ORGANIQUE DE TYPE D, SOLIDE	5.2	P1		5.2	122 274	500 g	E0		PP, EX, A	VE01		0	
3107	PEROXYDE ORGANIQUE DE TYPE E, LIQUIDE	5.2	P1		5.2	122 274	125 ml	E0		PP, EX, A	VE01		0	
3108	PEROXYDE ORGANIQUE DE TYPE E, SOLIDE	5.2	P1		5.2	122 274	500 g	E0		PP, EX, A	VE01		0	
3109	PEROXYDE ORGANIQUE DE TYPE F, LIQUIDE	5.2	P1		5.2	122 274	125 ml	E0		PP, EX, A	VE01		0	
3110	PEROXYDE ORGANIQUE DE TYPE F, SOLIDE	5.2	P1		5.2	122 274	500 g	E0		PP, EX, A	VE01		0	
3111	PEROXYDE ORGANIQUE DE TYPE B, LIQUIDE, AVEC RÉGULATION DE TEMPÉRATURE	5.2	P2		5.2+1	122 181 274	0	E0		PP, EX, A	VE01	HA01, HA10	3	
3112	PEROXYDE ORGANIQUE DE TYPE B, SOLIDE, AVEC RÉGULATION DE TEMPÉRATURE	5.2	P2		5.2+1	122 181 274	0	E0		PP, EX, A	VE01	HA01, HA10	3	
3113	PEROXYDE ORGANIQUE DE TYPE C, LIQUIDE, AVEC RÉGULATION DE TEMPÉRATURE	5.2	P2		5.2	122 274	0	E0		PP, EX, A	VE01		0	
3114	PEROXYDE ORGANIQUE DE TYPE C, SOLIDE, AVEC RÉGULATION DE TEMPÉRATURE	5.2	P2		5.2	122 274	0	E0		PP, EX, A	VE01		0	
3115	PEROXYDE ORGANIQUE DE TYPE D, LIQUIDE, AVEC RÉGULATION DE TEMPÉRATURE	5.2	P2		5.2	122 274	0	E0		PP, EX, A	VE01		0	
3116	PEROXYDE ORGANIQUE DE TYPE D, SOLIDE, AVEC RÉGULATION DE TEMPÉRATURE	5.2	P2		5.2	122 274	0	E0		PP, EX, A	VE01		0	
3117	PEROXYDE ORGANIQUE DE TYPE E, LIQUIDE, AVEC RÉGULATION DE TEMPÉRATURE	5.2	P2		5.2	122 274	0	E0		PP, EX, A	VE01		0	
3118	PEROXYDE ORGANIQUE DE TYPE E, SOLIDE, AVEC RÉGULATION DE TEMPÉRATURE	5.2	P2		5.2	122 274	0	E0		PP, EX, A	VE01		0	
3119	PEROXYDE ORGANIQUE DE TYPE F, LIQUIDE, AVEC RÉGULATION DE TEMPÉRATURE	5.2	P2		5.2	122 274	0	E0		PP, EX, A	VE01		0	
3120	PEROXYDE ORGANIQUE DE TYPE F, SOLIDE, AVEC RÉGULATION DE TEMPÉRATURE	5.2	P2		5.2	122 274	0	E0		PP, EX, A	VE01		0	
3121	SOLIDE COMBURANT, HYDRORÉACTIF, N.S.A.	5.1	OW						TRANSPORT INTERDIT					
3122	LIQUIDE TOXIQUE, COMBURANT, N.S.A.	6.1	TO1	I	6.1+5.1	274 315 802	0	E5		PP, EP, TOX, A	VE02		2	
3122	LIQUIDE TOXIQUE, COMBURANT, N.S.A.	6.1	TO1	II	6.1+5.1	274 802	100 ml	E4		PP, EP, TOX, A	VE02		2	

No. ONU ou ID (1)	Nom et description (2) 3.1.2	Classe (3a) 2.2	Code de classification (3b) 2.2	Groupe d'emballage (4) 2.1.1.3	Étiquettes (5) 5.2.2	Dispositions spéciales (6) 3.3	Quantités limitées (7a) 3.4	Quantités exceptées (7b) 3.5.1.2	Transport admis (8) 3.2.1	Équipement exigé (9) 8.1.5	Ventilation (10) 7.1.6	Mesures pendant le chargement/déchargement/transport (11) 7.1.6	Nombre de cônes, feux bleus (12) 7.1.5	Observations (13) 3.2.1
3123	LIQUIDE TOXIQUE, HYDRORÉACTIF, N.S.A.	6.1	TW1	I	6.1+4.3	274 315 802	0	E5		PP, EP, TOX, A	VE02		2	
3123	LIQUIDE TOXIQUE, HYDRORÉACTIF, N.S.A.	6.1	TW1	II	6.1+4.3	274 802	100 ml	E4		PP, EP, TOX, A	VE02		2	
3124	SOLIDE TOXIQUE, AUTO-ÉCHAUFFANT, N.S.A.	6.1	TS	I	6.1+4.2	274 802	0	E5		PP, EP			2	
3124	SOLIDE TOXIQUE, AUTO-ÉCHAUFFANT, N.S.A.	6.1	TS	II	6.1+4.2	274 802	0	E4		PP, EP			2	
3125	SOLIDE TOXIQUE, HYDRORÉACTIF, N.S.A.	6.1	TW2	I	6.1+4.3	274 802	0	E5		PP, EP			2	
3125	SOLIDE TOXIQUE, HYDRORÉACTIF, N.S.A.	6.1	TW2	II	6.1+4.3	274 802	500 g	E4		PP, EP			2	
3126	SOLIDE ORGANIQUE AUTO-ÉCHAUFFANT, CORROSIF, N.S.A.	4.2	SC2	II	4.2+8	274	0	E2		PP, EP			0	
3126	SOLIDE ORGANIQUE AUTO-ÉCHAUFFANT, CORROSIF, N.S.A.	4.2	SC2	III	4.2+8	274	0	E1		PP, EP			0	
3127	SOLIDE AUTO-ÉCHAUFFANT, COMBURANT, N.S.A.	4.2	SO						TRANSPORT INTERDIT					
3128	SOLIDE ORGANIQUE AUTO-ÉCHAUFFANT, TOXIQUE, N.S.A.	4.2	ST2	II	4.2+6.1	274 802	0	E2		PP, EP			2	
3128	SOLIDE ORGANIQUE AUTO-ÉCHAUFFANT, TOXIQUE, N.S.A.	4.2	ST2	III	4.2+6.1	274 802	0	E1		PP, EP			0	
3129	LIQUIDE HYDRORÉACTIF, CORROSIF, N.S.A.	4.3	WC1	I	4.3+8	274	0	E0		PP, EP, EX, A	VE01	HA08	0	
3129	LIQUIDE HYDRORÉACTIF, CORROSIF, N.S.A.	4.3	WC1	II	4.3+8	274	500 ml	E2		PP, EP, EX, A	VE01	HA08	0	
3129	LIQUIDE HYDRORÉACTIF, CORROSIF, N.S.A.	4.3	WC1	III	4.3+8	274	1 L	E1		PP, EP, EX, A	VE01	HA08	0	
3130	LIQUIDE HYDRORÉACTIF, TOXIQUE, N.S.A.	4.3	WT1	I	4.3+6.1	274 802	0	E0		PP, EP, EX, TOX, A	VE01, VE02	HA08	2	
3130	LIQUIDE HYDRORÉACTIF, TOXIQUE, N.S.A.	4.3	WT1	II	4.3+6.1	274 802	500 ml	E2		PP, EP, EX, TOX, A	VE01, VE02	HA08	2	
3130	LIQUIDE HYDRORÉACTIF, TOXIQUE, N.S.A.	4.3	WT1	III	4.3+6.1	274 802	1 L	E1		PP, EP, EX, TOX, A	VE01, VE02	HA08	0	
3131	SOLIDE HYDRORÉACTIF, CORROSIF, N.S.A.	4.3	WC2	I	4.3+8	274	0	E0		PP, EP, EX, A	VE01	HA08	0	
3131	SOLIDE HYDRORÉACTIF, CORROSIF, N.S.A.	4.3	WC2	II	4.3+8	274	500 g	E2		PP, EP, EX, A	VE01	HA08	0	
3131	SOLIDE HYDRORÉACTIF, CORROSIF, N.S.A.	4.3	WC2	III	4.3+8	274	1 kg	E1		PP, EP, EX, A	VE01	HA08	0	
3132	SOLIDE HYDRORÉACTIF, INFLAMMABLE, N.S.A.	4.3	WF2	I	4.3+4.1	274	0	E0		PP, EX, A	VE01	HA08	1	
3132	SOLIDE HYDRORÉACTIF, INFLAMMABLE, N.S.A.	4.3	WF2	II	4.3+4.1	274	500 g	E2		PP, EX, A	VE01	HA08	1	
3132	SOLIDE HYDRORÉACTIF, INFLAMMABLE, N.S.A.	4.3	WF2	III	4.3+4.1	274	1 kg	E1		PP, EX, A	VE01	HA08	0	

No. ONU ou ID	Nom et description	Classe	Code de classi-fication	Groupe d'embal-lage	Étiquettes	Disposit-ions speciales	Quantités limitées et exceptées		Trans-port admis	Équipement exigé	Venti-lation	Mesures pendant le chargement/déchargement/ transport	Nombre de cônes, feux bleus	Observations
							3.4	3.5.1.2						
3.1.2	3.1.2	2.2	2.2	2.1.1.3	5.2.2	3.3	3.4	3.5.1.2	3.2.1	8.1.5	7.1.6	7.1.6	7.1.5	3.2.1
(1)	(2)	(3a)	(3b)	(4)	(5)	(6)	(7a)	(7b)	(8)	(9)	(10)	(11)	(12)	(13)
3133	SOLIDE HYDRORÉACTIF, COMBURANT, N.S.A.	4.3	WO	TRANSPORT INTERDIT										
3134	SOLIDE HYDRORÉACTIF, TOXIQUE, N.S.A.	4.3	WT2	I	4.3+6.1	274 802	0	E0		PP, EP, EX, TOX, A	VE01	HA08	2	
3134	SOLIDE HYDRORÉACTIF, TOXIQUE, N.S.A.	4.3	WT2	II	4.3+6.1	274 802	500 g	E2		PP, EP, EX, TOX, A	VE01	HA08	2	
3134	SOLIDE HYDRORÉACTIF, TOXIQUE, N.S.A.	4.3	WT2	III	4.3+6.1	274 802	1 kg	E1		PP, EP, EX, TOX, A	VE01	HA08	0	
3135	SOLIDE HYDRORÉACTIF, AUTO-ÉCHAUFFANT, N.S.A.	4.3	WS	I	4.3 + 4.2	274	0	E0		PP,EX,A	VE01	HA08	0	
3135	SOLIDE HYDRORÉACTIF, AUTO-ÉCHAUFFANT, N.S.A.	4.3	WS	II	4.3 + 4.2	274	0	E2		PP,EX,A	VE01	HA08	0	
3135	SOLIDE HYDRORÉACTIF, AUTO-ÉCHAUFFANT, N.S.A.	4.3	WS	III	4.3 + 4.2	274	0	E1		PP,EX,A	VE01	HA08	0	
3136	TRIFLUOROMÉTHANE LIQUIDE RÉFRIGÉRÉ	2	3A		2.2	593	120 ml	E1		PP			0	
3137	SOLIDE COMBURANT, INFLAMMABLE, N.S.A.	5.1	OF	TRANSPORT INTERDIT										
3138	ÉTHYLÈNE, ACÉTYLÈNE ET PROPYLÈNE EN MÉLANGE LIQUIDE RÉFRIGÉRÉ, contenant 71,5% au moins d'éthylène, 22,5% au plus d'acétylène et 6% au plus de propylène	2	3F		2.1		0	E0		PP, EX, A	VE01		1	
3139	LIQUIDE COMBURANT, N.S.A.	5.1	O1	I	5.1	274	0	E0		PP			0	
3139	LIQUIDE COMBURANT, N.S.A.	5.1	O1	II	5.1	274	1 L	E2		PP			0	
3139	LIQUIDE COMBURANT, N.S.A.	5.1	O1	III	5.1	274	5 L	E1		PP			0	
3140	ALCALOÏDES LIQUIDES, N.S.A. ou SELS D'ALCALOÏDES LIQUIDES, N.S.A.	6.1	T1	I	6.1	43 274 802	0	E5		PP, EP, TOX, A	VE02		2	
3140	ALCALOÏDES LIQUIDES, N.S.A. ou SELS D'ALCALOÏDES LIQUIDES, N.S.A.	6.1	T1	II	6.1	43 274 802	100 ml	E4		PP, EP, TOX, A	VE02		2	
3140	ALCALOÏDES LIQUIDES, N.S.A. ou SELS D'ALCALOÏDES LIQUIDES, N.S.A.	6.1	T1	III	6.1	43 274 802	5 L	E1		PP, EP, TOX, A	VE02		0	
3141	COMPOSÉ INORGANIQUE LIQUIDE DE L'ANTIMOINE, N.S.A.	6.1	T4	III	6.1	45 274 512 802	5 L	E1		PP, EP, TOX, A	VE02		0	
3142	DÉSINFECTANT LIQUIDE TOXIQUE, N.S.A.	6.1	T1	I	6.1	274 802	0	E5		PP, EP, TOX, A	VE02		2	
3142	DÉSINFECTANT LIQUIDE TOXIQUE, N.S.A.	6.1	T1	II	6.1	274 802	100 ml	E4		PP, EP, TOX, A	VE02		2	
3142	DÉSINFECTANT LIQUIDE TOXIQUE, N.S.A.	6.1	T1	III	6.1	274 802	5 L	E1		PP, EP, TOX, A	VE02		0	
3143	COLORANT SOLIDE TOXIQUE, N.S.A. ou MATIÈRE INTERMÉDIAIRE SOLIDE POUR COLORANT, TOXIQUE, N.S.A.	6.1	T2	I	6.1	274 802	0	E5		PP, EP			2	

No. ONU ou ID (1)	Nom et description (2)	Classe (3a)	Code de classification (3b)	Groupe d'emballage (4)	Étiquettes (5)	Dispositions spéciales (6)	Quantités limitées (7a)	et exceptées (7b)	Transport admis (8)	Équipement exigé (9)	Ventilation (10)	Mesures pendant le chargement/déchargement/transport (11)	Nombre de cônes, feux bleus (12)	Observations (13)
3143	COLORANT SOLIDE TOXIQUE, N.S.A. ou MATIÈRE INTERMÉDIAIRE SOLIDE POUR COLORANT, TOXIQUE, N.S.A.	6.1	T2	II	6.1	274 802	500 g	E4		PP, EP			2	
3143	COLORANT SOLIDE TOXIQUE, N.S.A. ou MATIÈRE INTERMÉDIAIRE SOLIDE POUR COLORANT, TOXIQUE, N.S.A.	6.1	T2	III	6.1	274 802	5 kg	E1		PP, EP			0	
3144	COMPOSÉ LIQUIDE DE LA NICOTINE, N.S.A. ou PRÉPARATION LIQUIDE DE LA NICOTINE, N.S.A.	6.1	T1	I	6.1	43 274 802	0	E5		PP, EP, TOX, A	VE02		2	
3144	COMPOSÉ LIQUIDE DE LA NICOTINE, N.S.A. ou PRÉPARATION LIQUIDE DE LA NICOTINE, N.S.A.	6.1	T1	II	6.1	43 274 802	100 ml	E4		PP, EP, TOX, A	VE02		2	
3144	COMPOSÉ LIQUIDE DE LA NICOTINE, N.S.A. ou PRÉPARATION LIQUIDE DE LA NICOTINE, N.S.A.	6.1	T1	III	6.1	43 274 802	5 L	E1		PP, EP, TOX, A	VE02		0	
3145	ALKYLPHÉNOLS LIQUIDES, N.S.A. (y compris les homologues C₂ à C₁₂)	8	C3	I	8		0	E0		PP, EP			0	
3145	ALKYLPHÉNOLS LIQUIDES, N.S.A. (y compris les homologues C₂ à C₁₂)	8	C3	II	8		1 L	E2	T	PP, EP			0	
3145	ALKYLPHÉNOLS LIQUIDES, N.S.A. (y compris les homologues C₂ à C₁₂)	8	C3	III	8		5 L	E1	T	PP, EP			0	
3146	COMPOSÉ ORGANIQUE SOLIDE DE L'ÉTAIN, N.S.A.	6.1	T3	I	6.1	43 274 802	0	E5		PP, EP			2	
3146	COMPOSÉ ORGANIQUE SOLIDE DE L'ÉTAIN, N.S.A.	6.1	T3	II	6.1	43 274 802	500 g	E4		PP, EP			2	
3146	COMPOSÉ ORGANIQUE SOLIDE DE L'ÉTAIN, N.S.A.	6.1	T3	III	6.1	43 274 802	5 kg	E1		PP, EP			0	
3147	COLORANT SOLIDE CORROSIF, N.S.A. ou MATIÈRE INTERMÉDIAIRE SOLIDE POUR COLORANT, CORROSIVE, N.S.A.	8	C10	I	8	274	0	E0		PP, EP			0	
3147	COLORANT SOLIDE CORROSIF, N.S.A. ou MATIÈRE INTERMÉDIAIRE SOLIDE POUR COLORANT, CORROSIVE, N.S.A.	8	C10	II	8	274	1 kg	E2		PP, EP			0	
3147	COLORANT SOLIDE CORROSIF, N.S.A. ou MATIÈRE INTERMÉDIAIRE SOLIDE POUR COLORANT, CORROSIVE, N.S.A.	8	C10	III	8	274	5 kg	E1		PP, EP			0	
3148	LIQUIDE HYDRORÉACTIF, N.S.A.	4.3	W1	I	4.3	274	0	E0		PP, EX, A	VE01	HA08	0	
3148	LIQUIDE HYDRORÉACTIF, N.S.A.	4.3	W1	II	4.3	274	500 ml	E2		PP, EX, A	VE01	HA08	0	
3148	LIQUIDE HYDRORÉACTIF, N.S.A.	4.3	W1	III	4.3	274	1 L	E1		PP, EX, A	VE01	HA08	0	
3149	PEROXYDE D'HYDROGÈNE ET ACIDE PEROXYACÉTIQUE EN MÉLANGE avec acide(s), eau et au plus 5% d'acide peroxyacétique, STABILISÉ	5.1	OC1	II	5.1+8	196 553	1 L	E2		PP, EP			0	

No. ONU ou ID	Nom et description	Classe	Code de classification	Groupe d'emballage	Étiquettes	Dispositions spéciales	Quantités limitées et exceptées		Transport admis	Équipement exigé	Ventilation	Mesures pendant le chargement/déchargement/transport	Nombre de cônes, feux bleus	Observations
	3.1.2	2.2	2.2	2.1.1.3	5.2.2	3.3	3.4	3.5.1.2	3.2.1	8.1.5	7.1.6	7.1.6	7.1.5	3.2.1
(1)	(2)	(3a)	(3b)	(4)	(5)	(6)	(7a)	(7b)	(8)	(9)	(10)	(11)	(12)	(13)
3150	PETITS APPAREILS À HYDROCARBURES GAZEUX ou RECHARGES D'HYDROCARBURES GAZEUX POUR PETITS APPAREILS avec dispositif de décharge	2	6F		2.1		0	E0		PP, EX, A	VE01		1	
3151	DIPHÉNYLES POLYHALOGÉNÉS LIQUIDES ou TERPHÉNYLES POLYHALOGÉNÉS LIQUIDES	9	M2	II	9	203 305 802	1 L	E2		PP, EP			0	
3152	DIPHÉNYLES POLYHALOGÉNÉS SOLIDES ou TERPHÉNYLES POLYHALOGÉNÉS SOLIDES	9	M2	II	9	203 305 802	1 kg	E2		PP, EP			0	
3153	ÉTHER PERFLUORO (MÉTHYLVINYLIQUE)	2	2F		2.1		0	E0		PP, EX, A	VE01		1	
3154	ÉTHER PERFLUORO (ÉTHYLVINYLIQUE)	2	2F		2.1		0	E0		PP, EX, A	VE01		1	
3155	PENTACHLOROPHÉNOL	6.1	T2	II	6.1	43 802	500 g	E4		PP, EP			2	
3156	GAZ COMPRIMÉ COMBURANT, N.S.A.	2	1O		2.2+5.1	274 655	0	E0		PP			0	
3157	GAZ LIQUÉFIÉ COMBURANT, N.S.A.	2	2O		2.2+5.1	274	0	E0		PP			0	
3158	GAZ LIQUIDE RÉFRIGÉRÉ, N.S.A.	2	3A		2.2	274 593	120 ml	E1		PP			0	
3159	TÉTRAFLUORO-1,1,1,2 ÉTHANE (GAZ RÉFRIGÉRANT R 134a)	2	2A		2.2		120 ml	E1		PP			0	
3160	GAZ LIQUÉFIÉ TOXIQUE, INFLAMMABLE, N.S.A.	2	2TF		2.3+2.1	274	0	E0		PP, EP, EX, TOX, A	VE01, VE02		2	
3161	GAZ LIQUÉFIÉ INFLAMMABLE, N.S.A.	2	2F		2.1	274	0	E0		PP, EX, A	VE01		1	
3162	GAZ LIQUÉFIÉ TOXIQUE, N.S.A.	2	2T		2.3	274	0	E0		PP, EP, TOX, A	VE02		2	
3163	GAZ LIQUÉFIÉ, N.S.A.	2	2A		2.2	274	120 ml	E1		PP			0	
3164	OBJETS SOUS PRESSION PNEUMATIQUE ou HYDRAULIQUE (contenant un gaz non inflammable)	2	6A		2.2	274 283 594	120 ml	E0		PP			0	
3165	RÉSERVOIR DE CARBURANT POUR MOTEUR DE CIRCUIT HYDRAULIQUE D'AÉRONEF (contenant un mélange d'hydrazine anhydre et de monométhyl-hydrazine) (carburant M86)	3	FTC	I	3+6.1+8	802	0	E0		PP, EP, EX, TOX, A	VE01, VE02		2	
3166	Moteur à combustion interne ou véhicule à propulsion par gaz inflammable ou véhicule à propulsion par liquide inflammable ou moteur pile à combustible contenant du gaz inflammable ou moteur pile à combustible contenant du liquide inflammable ou véhicule à propulsion par pile à combustible contenant du gaz inflammable ou véhicule à propulsion par pile à combustible contenant du liquide inflammable	9	M11	NON SOUMIS À L'ADN										
3167	ÉCHANTILLON DE GAZ, NON COMPRIMÉ, INFLAMMABLE, N.S.A., sous une forme autre qu'un liquide réfrigéré	2	7F		2.1		0	E0		PP, EX, A	VE01		1	
3168	ÉCHANTILLON DE GAZ, NON COMPRIMÉ, TOXIQUE, INFLAMMABLE, N.S.A., sous une forme autre qu'un liquide réfrigéré	2	7TF		2.3+2.1		0	E0		PP, EP, EX, TOX, A	VE01, VE02		2	

No. ONU ou ID	Nom et description	Classe	Code de classification	Groupe d'emballage	Étiquettes	Dispositions spéciales	Quantités limitées et exceptées		Transport admis	Équipement exigé	Ventilation	Mesures pendant le chargement/déchargement/transport	Nombre de cônes, feux bleus	Observations
		2.2	2.2	2.1.1.3	5.2.2	3.3	3.4	3.5.1.2	3.2.1	8.1.5	7.1.6	7.1.6	7.1.5	3.2.1
(1)	(2)	(3a)	(3b)	(4)	(5)	(6)	(7a)	(7b)	(8)	(9)	(10)	(11)	(12)	(13)
3169	ÉCHANTILLON DE GAZ, NON COMPRIMÉ, TOXIQUE, N.S.A., sous une forme autre qu'un liquide réfrigéré	2	7T		2.3		0	E0		PP, EP, TOX, A	VE02		2	
3170	SOUS-PRODUITS DE LA FABRICATION DE L'ALUMINIUM ou SOUS-PRODUITS DE LA REFUSION DE L'ALUMINIUM	4.3	W2	II	4.3	244	500 g	E2		PP, EX, A	VE01	HA08	0	
3170	SOUS-PRODUITS DE LA FABRICATION DE L'ALUMINIUM ou SOUS-PRODUITS DE LA REFUSION DE L'ALUMINIUM	4.3	W2	III	4.3	244	1 kg	E1	B	PP, EX, A	VE01, VE03	LO03, HA07, HA08, IN01, IN02, IN03	0	VE03, LO03, HA07, IN01, IN02 et IN03 ne s'appliquent qu'en cas de transport de cette matière en vrac ou sans emballage
3171	Appareil mû par accumulateurs ou Véhicule mû par accumulateurs	9	M11											NON SOUMIS À L'ADN, voir aussi la disposition spéciale 240 au chapitre 3.3
3172	TOXINES EXTRAITES D'ORGANISMES VIVANTS, LIQUIDES, N.S.A.	6.1	T1	I	6.1	210 274 802	0	E5		PP, EP, TOX, A	VE02		2	
3172	TOXINES EXTRAITES D'ORGANISMES VIVANTS, LIQUIDES, N.S.A.	6.1	T1	II	6.1	210 274 802	100 ml	E4		PP, EP, TOX, A	VE02		2	
3172	TOXINES EXTRAITES D'ORGANISMES VIVANTS, LIQUIDES, N.S.A.	6.1	T1	III	6.1	210 274 802	5 L	E1		PP, EP, TOX, A	VE02		0	
3174	DISULFURE DE TITANE	4.2	S4	III	4.2		0	E1		PP			0	
3175	SOLIDES ou mélanges de solides CONTENANT DU LIQUIDE INFLAMMABLE ayant un point d'éclair inférieur ou égal à 60°C (tels que préparations et déchets), N.S.A.	4.1	F1	II	4.1	216 274 601 800	1 kg	E2	B	PP, EX, A	VE01, VE03	IN01, IN02	1	VE03, IN01 et IN02 ne s'appliquent qu'en cas de transport de cette matière en vrac ou sans emballage
3175	SOLIDES CONTENANT DU LIQUIDE INFLAMMABLE N.S.A., FONDUS ayant un point d'éclair de 60 °C au plus, (CHLORURE DE DIALKYLMÉTHYLAMMONIUM (C₁₂-C₁₈) et 2-PROPANOL)	4.1	F1	II	4.1	216 274 601 800	1 kg	E2	T	PP, EX, A	VE01, VE03	IN01, IN02	1	VE03, IN01 et IN02 ne s'appliquent qu'en cas de transport de cette matière en vrac ou sans emballage
3176	SOLIDE ORGANIQUE INFLAMMABLE FONDU, N.S.A.	4.1	F2	II	4.1	274	0	E0		PP			1	
3176	SOLIDE ORGANIQUE INFLAMMABLE FONDU, N.S.A.	4.1	F2	III	4.1	274	0	E0		PP			0	
3178	SOLIDE INORGANIQUE INFLAMMABLE, N.S.A.	4.1	F3	II	4.1	274	1 kg	E2		PP			1	
3178	SOLIDE INORGANIQUE INFLAMMABLE, N.S.A.	4.1	F3	III	4.1	274	5 kg	E1		PP			0	
3179	SOLIDE INORGANIQUE INFLAMMABLE, TOXIQUE, N.S.A.	4.1	FT2	II	4.1+6.1	274 802	1 kg	E2		PP, EP			2	
3179	SOLIDE INORGANIQUE INFLAMMABLE, TOXIQUE, N.S.A.	4.1	FT2	III	4.1+6.1	274 802	5 kg	E1		PP, EP			0	
3180	SOLIDE INORGANIQUE INFLAMMABLE, CORROSIF, N.S.A.	4.1	FC2	II	4.1+8	274	1 kg	E2		PP, EP			1	

No. ONU ou ID	Nom et description	Classe	Code de classi-fication	Groupe d'embal-lage	Étiquettes	Disposit-ions spéciales	Quantités limitées et exceptées		Trans-port admis	Équipement exigé	Venti-lation	Mesures pendant le chargement/déchargement/transport	Nombre de cônes, feux bleus	Observations
(1)	3.1.2	2.2	2.2	2.1.1.3	5.2.2	3.3	3.4	3.5.1.2	3.2.1	8.1.5	7.1.6	7.1.6	7.1.5	3.2.1
(1)	(2)	(3a)	(3b)	(4)	(5)	(6)	(7a)	(7b)	(8)	(9)	(10)	(11)	(12)	(13)
3180	SOLIDE INORGANIQUE INFLAMMABLE, CORROSIF, N.S.A.	4.1	FC2	III	4.1+8	274	5 kg	E1		PP, EP			0	
3181	SELS MÉTALLIQUES DE COMPOSÉS ORGANIQUES, INFLAMMABLES, N.S.A.	4.1	F3	II	4.1	274	1 kg	E2		PP			1	
3181	SELS MÉTALLIQUES DE COMPOSÉS ORGANIQUES, INFLAMMABLES, N.S.A.	4.1	F3	III	4.1	274	5 kg	E1		PP			0	
3182	HYDRURES MÉTALLIQUES INFLAMMABLES, N.S.A.	4.1	F3	II	4.1	274 554	1 kg	E2		PP			1	
3182	HYDRURES MÉTALLIQUES INFLAMMABLES, N.S.A.	4.1	F3	III	4.1	274 554	5 kg	E1		PP			0	
3183	LIQUIDE ORGANIQUE AUTO-ÉCHAUFFANT, N.S.A.	4.2	S1	II	4.2	274	0	E2		PP			0	
3183	LIQUIDE ORGANIQUE AUTO-ÉCHAUFFANT, N.S.A.	4.2	S1	III	4.2	274	0	E1		PP			0	
3184	LIQUIDE ORGANIQUE AUTO-ÉCHAUFFANT, TOXIQUE, N.S.A.	4.2	ST1	II	4.2+6.1	274 802	0	E2		PP, EP, TOX, A	VE02		2	
3184	LIQUIDE ORGANIQUE AUTO-ÉCHAUFFANT, TOXIQUE, N.S.A.	4.2	ST1	III	4.2+6.1	274 802	0	E1		PP, EP, TOX, A	VE02		0	
3185	LIQUIDE ORGANIQUE AUTO-ÉCHAUFFANT, CORROSIF, N.S.A.	4.2	SC1	II	4.2+8	274	0	E2		PP, EP			0	
3185	LIQUIDE ORGANIQUE AUTO-ÉCHAUFFANT, CORROSIF, N.S.A.	4.2	SC1	III	4.2+8	274	0	E1		PP, EP			0	
3186	LIQUIDE INORGANIQUE AUTO-ÉCHAUFFANT, N.S.A.	4.2	S3	II	4.2	274	0	E2		PP			0	
3186	LIQUIDE INORGANIQUE AUTO-ÉCHAUFFANT, N.S.A.	4.2	S3	III	4.2	274	0	E1		PP			0	
3187	LIQUIDE INORGANIQUE AUTO-ÉCHAUFFANT, TOXIQUE, N.S.A.	4.2	ST3	II	4.2+6.1	274 802	0	E2		PP, EP, TOX, A	VE02		2	
3187	LIQUIDE INORGANIQUE AUTO-ÉCHAUFFANT, TOXIQUE, N.S.A.	4.2	ST3	III	4.2+6.1	274 802	0	E1		PP, EP, TOX, A	VE02		0	
3188	LIQUIDE INORGANIQUE AUTO-ÉCHAUFFANT, CORROSIF, N.S.A.	4.2	SC3	II	4.2+8	274	0	E2		PP, EP			0	
3188	LIQUIDE INORGANIQUE AUTO-ÉCHAUFFANT, CORROSIF, N.S.A.	4.2	SC3	III	4.2+8	274	0	E1		PP, EP			0	
3189	POUDRE MÉTALLIQUE AUTO-ÉCHAUFFANTE, N.S.A.	4.2	S4	II	4.2	274 555	0	E2		PP			0	
3189	POUDRE MÉTALLIQUE AUTO-ÉCHAUFFANTE, N.S.A.	4.2	S4	III	4.2	274 555	0	E1		PP			0	
3190	SOLIDE INORGANIQUE AUTO-ÉCHAUFFANT, N.S.A.	4.2	S4	II	4.2	274	0	E2		PP			0	
3190	SOLIDE INORGANIQUE AUTO-ÉCHAUFFANT, N.S.A.	4.2	S4	III	4.2	274	0	E1	B	PP			0	
3191	SOLIDE INORGANIQUE AUTO-ÉCHAUFFANT, TOXIQUE, N.S.A.	4.2	ST4	II	4.2+6.1	274 802	0	E2		PP, EP			2	
3191	SOLIDE INORGANIQUE AUTO-ÉCHAUFFANT, TOXIQUE, N.S.A.	4.2	ST4	III	4.2+6.1	274 802	0	E1		PP, EP			0	
3192	SOLIDE INORGANIQUE AUTO-ÉCHAUFFANT, CORROSIF, N.S.A.	4.2	SC4	II	4.2+8	274	0	E2		PP, EP			0	
3192	SOLIDE INORGANIQUE AUTO-ÉCHAUFFANT, CORROSIF, N.S.A.	4.2	SC4	III	4.2+8	274	0	E1		PP, EP			0	

No. ONU ou ID	Nom et description	Classe	Code de classification	Groupe d'emballage	Étiquettes	Dispositions spéciales	Quantités limitées et exceptées		Transport admis	Équipement exigé	Ventilation	Mesures pendant le chargement/déchargement/transport	Nombre de cônes, feux bleus	Observations
		2.2	2.2	2.1.1.3	5.2.2	3.3	3.4	3.5.1.2	3.2.1	8.1.5	7.1.6	7.1.6	7.1.5	3.2.1
(1)	(2)	(3a)	(3b)	(4)	(5)	(6)	(7a)	(7b)	(8)	(9)	(10)	(11)	(12)	(13)
3194	LIQUIDE INORGANIQUE PYROPHORIQUE, N.S.A.	4.2	S3	I	4.2	274	0	E0		PP			0	
3200	SOLIDE INORGANIQUE PYROPHORIQUE, N.S.A.	4.2	S4	I	4.2	274	0	E0		PP			0	
3205	ALCOOLATES DE MÉTAUX ALCALINO-TERREUX, N.S.A.	4.2	S4	II	4.2	183 274	0	E2		PP			0	
3205	ALCOOLATES DE MÉTAUX ALCALINO-TERREUX, N.S.A.	4.2	S4	III	4.2	183 274	0	E1		PP			0	
3206	ALCOOLATES DE MÉTAUX ALCALINS AUTO-ÉCHAUFFANTS, CORROSIFS, N.S.A.	4.2	SC4	II	4.2+8	182 274	0	E2		PP, EP			0	
3206	ALCOOLATES DE MÉTAUX ALCALINS AUTO-ÉCHAUFFANTS, CORROSIFS, N.S.A.	4.2	SC4	III	4.2+8	183 274	0	E1		PP, EP			0	
3208	MATIÈRE MÉTALLIQUE HYDRORÉACTIVE, N.S.A.	4.3	W2	I	4.3	274 557	0	E0		PP, EX, A	VE01	HA08	0	
3208	MATIÈRE MÉTALLIQUE HYDRORÉACTIVE, N.S.A.	4.3	W2	II	4.3	274 557	500 g	E2		PP, EX, A	VE01	HA08	0	
3208	MATIÈRE MÉTALLIQUE HYDRORÉACTIVE, N.S.A.	4.3	W2	III	4.3	274 557	1 kg	E1		PP, EX, A	VE01	HA08	0	
3209	MATIÈRE MÉTALLIQUE HYDRORÉACTIVE, AUTO-ÉCHAUFFANTE, N.S.A.	4.3	WS	I	4.3+4.2	274 558	0	E0		PP, EX, A	VE01	HA08	0	
3209	MATIÈRE MÉTALLIQUE HYDRORÉACTIVE, AUTO-ÉCHAUFFANTE, N.S.A.	4.3	WS	II	4.3+4.2	274 558	0	E2		PP, EX, A	VE01	HA08	0	
3209	MATIÈRE MÉTALLIQUE HYDRORÉACTIVE, AUTO-ÉCHAUFFANTE, N.S.A.	4.3	WS	III	4.3+4.2	274 558	0	E1		PP, EX, A	VE01	HA08	0	
3210	CHLORATES INORGANIQUES EN SOLUTION AQUEUSE, N.S.A.	5.1	O1	II	5.1	274 351	1 L	E2		PP			0	
3210	CHLORATES INORGANIQUES EN SOLUTION AQUEUSE, N.S.A.	5.1	O1	III	5.1	274 351	5 L	E1		PP			0	
3211	PERCHLORATES INORGANIQUES EN SOLUTION AQUEUSE, N.S.A.	5.1	O1	II	5.1		1 L	E2		PP			0	
3211	PERCHLORATES INORGANIQUES EN SOLUTION AQUEUSE, N.S.A.	5.1	O1	III	5.1		5 L	E1		PP			0	
3212	HYPOCHLORITES INORGANIQUES, N.S.A.	5.1	O2	II	5.1	274 353	1 kg	E2		PP			0	
3213	BROMATES INORGANIQUES EN SOLUTION AQUEUSE, N.S.A.	5.1	O1	II	5.1	274 350	1 L	E2		PP			0	
3213	BROMATES INORGANIQUES EN SOLUTION AQUEUSE, N.S.A.	5.1	O1	III	5.1	274 350	5 L	E1		PP			0	
3214	PERMANGANATES INORGANIQUES EN SOLUTION AQUEUSE, N.S.A.	5.1	O1	II	5.1	274	1 L	E2		PP			0	
3215	PERSULFATES INORGANIQUES, N.S.A.	5.1	O2	III	5.1		5 kg	E1		PP			0	
3216	PERSULFATES INORGANIQUES EN SOLUTION AQUEUSE, N.S.A.	5.1	O1	III	5.1		5 L	E1		PP			0	
3218	NITRATES INORGANIQUES EN SOLUTION AQUEUSE, N.S.A.	5.1	O1	II	5.1	270 511	1 L	E2		PP			0	
3218	NITRATES INORGANIQUES EN SOLUTION AQUEUSE, N.S.A.	5.1	O1	III	5.1	270 511	5 L	E1		PP			0	
3219	NITRITES INORGANIQUES EN SOLUTION AQUEUSE, N.S.A.	5.1	O1	II	5.1	103 274	1 L	E2		PP			0	

No. ONU ou ID (1)	Nom et description (2)	Classe (3a) 2.2	Code de classification (3b) 2.2	Groupe d'emballage (4) 2.1.1.3	Étiquettes (5) 5.2.2	Dispositions spéciales (6) 3.3	Quantités limitées et exceptées (7a) 3.4	Quantités limitées et exceptées (7b) 3.5.1.2	Transport admis (8) 3.2.1	Équipement exigé (9) 8.1.5	Ventilation (10) 7.1.6	Mesures pendant le chargement/déchargement/transport (11) 7.1.6	Nombre de cônes, feux bleus (12) 7.1.5	Observations (13) 3.2.1
3219	NITRITES INORGANIQUES EN SOLUTION AQUEUSE, N.S.A.	5.1	O1	III	5.1	103 274	5 L	E1		PP			0	
3220	PENTAFLUORÉTHANE (GAZ RÉFRIGÉRANT R 125)	2	2A		2.2		120 ml	E1		PP			0	
3221	LIQUIDE AUTORÉACTIF DU TYPE B	4.1	SR1		4.1+1	181 194 274	25 ml	E0		PP		HA01, HA10	3	
3222	SOLIDE AUTORÉACTIF DU TYPE B	4.1	SR1		4.1+1	181 194 274	100g	E0		PP		HA01, HA10	3	
3223	LIQUIDE AUTORÉACTIF DU TYPE C	4.1	SR1		4.1	194 274	25 ml	E0		PP			0	
3224	SOLIDE AUTORÉACTIF DU TYPE C	4.1	SR1		4.1	194 274	100g	E0		PP			0	
3225	LIQUIDE AUTORÉACTIF DU TYPE D	4.1	SR1		4.1	194 274	125 ml	E0		PP			0	
3226	SOLIDE AUTORÉACTIF DU TYPE D	4.1	SR1		4.1	194 274	500 g	E0		PP			0	
3227	LIQUIDE AUTORÉACTIF DU TYPE E	4.1	SR1		4.1	194 274	125 ml	E0		PP			0	
3228	SOLIDE AUTORÉACTIF DU TYPE E	4.1	SR1		4.1	194 274	500 g	E0		PP			0	
3229	LIQUIDE AUTORÉACTIF DU TYPE F	4.1	SR1		4.1	194 274	125 ml	E0		PP			0	
3230	SOLIDE AUTORÉACTIF DU TYPE F	4.1	SR1		4.1	194 274	500 g	E0		PP			0	
3231	LIQUIDE AUTORÉACTIF DU TYPE B, AVEC RÉGULATION DE TEMPÉRATURE	4.1	SR2		4.1+1	181 194 274	0	E0		PP		HA01, HA10	3	
3232	SOLIDE AUTORÉACTIF DU TYPE B, AVEC RÉGULATION DE TEMPÉRATURE	4.1	SR2		4.1+1	181 194 274	0	E0		PP		HA01, HA10	3	
3233	LIQUIDE AUTORÉACTIF DU TYPE C, AVEC RÉGULATION DE TEMPÉRATURE	4.1	SR2		4.1	194 274	0	E0		PP			0	
3234	SOLIDE AUTORÉACTIF DU TYPE C, AVEC RÉGULATION DE TEMPÉRATURE	4.1	SR2		4.1	194 274	0	E0		PP			0	
3235	LIQUIDE AUTORÉACTIF DU TYPE D, AVEC RÉGULATION DE TEMPÉRATURE	4.1	SR2		4.1	194 274	0	E0		PP			0	
3236	SOLIDE AUTORÉACTIF DU TYPE D, AVEC RÉGULATION DE TEMPÉRATURE	4.1	SR2		4.1	194 274	0	E0		PP			0	
3237	LIQUIDE AUTORÉACTIF DU TYPE E, AVEC RÉGULATION DE TEMPÉRATURE	4.1	SR2		4.1	194 274	0	E0		PP			0	
3238	SOLIDE AUTORÉACTIF DU TYPE E, AVEC RÉGULATION DE TEMPÉRATURE	4.1	SR2		4.1	194 274	0	E0		PP			0	
3239	LIQUIDE AUTORÉACTIF DU TYPE F, AVEC RÉGULATION DE TEMPÉRATURE	4.1	SR2		4.1	194 274	0	E0		PP			0	
3240	SOLIDE AUTORÉACTIF DU TYPE F, AVEC RÉGULATION DE TEMPÉRATURE	4.1	SR2		4.1	194 274	0	E0		PP			0	
3241	BROMO-2 NITRO-2 PROPANEDIOL-1,3	4.1	SR1	III	4.1	638	5 kg	E1		PP			0	

No. ONU ou ID 3.1.2 (1)	Nom et description 3.1.2 (2)	Classe 2.2 (3a)	Code de classification 2.2 (3b)	Groupe d'emballage 2.1.1.3 (4)	Étiquettes 5.2.2 (5)	Dispositions speciales 3.3 (6)	Quantités limitées et exceptées 3.4 (7a)	Quantités limitées et exceptées 3.5.1.2 (7b)	Transport admis 3.2.1 (8)	Équipement exigé 8.1.5 (9)	Venti-lation 7.1.6 (10)	Mesures pendant le chargement/déchargement/transport 7.1.6 (11)	Nombre de cônes, feux bleus 7.1.5 (12)	Observations 3.2.1 (13)
3242	AZODICARBONAMIDE	4.1	SR1	II	4.1	215 638	1 kg	E2		PP			0	
3243	SOLIDES CONTENANT DU LIQUIDE TOXIQUE, N.S.A.	6.1	T9	II	6.1	217 274 601 802	500 g	E4		PP, EP, TOX, A	VE02		2	
3244	SOLIDES CONTENANT DU LIQUIDE CORROSIF, N.S.A.	8	C10	II	8	218 274	1 kg	E2		PP, EP			0	
3245	MICRO-ORGANISMES GÉNÉTIQUEMENT MODIFIÉS OU ORGANISMES GÉNÉTIQUEMENT MODIFIÉS	9	M8		9	219 637 802	0	E0		PP			0	
3245	MICRO-ORGANISMES GÉNÉTIQUEMENT MODIFIÉS ou ORGANISMES GÉNÉTIQUEMENT MODIFIÉS, dans de l'azote liquide réfrigéré	9	M8		9 +2.2	219 637 802	0	E0		PP			0	
3246	CHLORURE DE MÉTHANESULFONYLE	6.1	TC1	I	6.1+8	354 802	0	E0		PP, EP, TOX, A	VE02		2	
3247	PEROXOBORATE DE SODIUM ANHYDRE	5.1	O2	II	5.1		1 kg	E2		PP			0	
3248	MEDICAMENT LIQUIDE INFLAMMABLE, TOXIQUE, N.S.A.	3	FT1	II	3+6.1	220 221 601 802	1 L	E2		PP, EP, EX, TOX, A	VE01, VE02		2	
3248	MÉDICAMENT LIQUIDE INFLAMMABLE, TOXIQUE, N.S.A.	3	FT1	III	3+6.1	220 221 601 802	5 L	E1		PP, EP, EX, TOX, A	VE01, VE02		0	
3249	MÉDICAMENT SOLIDE TOXIQUE, N.S.A.	6.1	T2	II	6.1	221 601 802	500 g	E4		PP, EP			2	
3249	MÉDICAMENT SOLIDE TOXIQUE, N.S.A.	6.1	T2	III	6.1	221 601 802	5 kg	E1		PP, EP			0	
3250	ACIDE CHLORACÉTIQUE FONDU	6.1	TC1	II	6.1+8	802	0	E0		PP, EP, TOX, A	VE02		2	
3251	MONONITRATE-5 D'ISOSORBIDE	4.1	SR1	III	4.1	226 638	5 kg	E1		PP			0	
3252	DIFLUOROMÉTHANE (GAZ RÉFRIGÉRANT R 32)	2	2F		2.1		0	E0		PP, EX, A	VE01		1	
3253	TRIOXOSILICATE DE DISODIUM	8	C6	III	8		5 kg	E1		PP, EP			0	
3254	TRIBUTYLPHOSPHANE	4.2	S1	I	4.2		0	E0		PP			0	
3255	HYPOCHLORITE DE tert-BUTYLE	4.2	SC1							TRANSPORT INTERDIT				
3256	LIQUIDE TRANSPORTÉ À CHAUD, INFLAMMABLE, N.S.A., ayant un point d'éclair supérieur à 60 °C, à une température égale ou supérieure à son point d'éclair et inférieure à 100°C	3	F2	III	3	274 560	0	E0	T	PP, EX, A	VE01		0	
3256	LIQUIDE TRANSPORTÉ À CHAUD, INFLAMMABLE, N.S.A., ayant un point d'éclair supérieur à 60 °C, à une température égale ou supérieure à son point d'éclair et égale ou supérieure à 100°C	3	F2	III	3	274 560 580	0	E0	T	PP, EX, A	VE01		0	

No. ONU ou ID	Nom et description	Classe	Code de classification	Groupe d'emballage	Étiquettes	Dispositions spéciales	Quantités limitées et exceptées		Transport admis	Équipement exigé	Venti-lation	Mesures pendant le chargement/déchargement/transport	Nombre de cônes, feux bleus	Observations
	3.1.2	2.2	2.2	2.1.1.3	5.2.2	3.3	3.4	3.5.1.2	3.2.1	8.1.5	7.1.6	7.1.6	7.1.5	3.2.1
(1)	(2)	(3a)	(3b)	(4)	(5)	(6)	(7a)	(7b)	(8)	(9)	(10)	(11)	(12)	(13)
3257	LIQUIDE TRANSPORTÉ À CHAUD, N.S.A. (y compris métal fondu, sel fondu, etc.) à une température égale ou supérieure à 100 °C et inférieure à son point d'éclair	9	M9	III	9	274 580 643	0	E0	T	PP			0	
3258	SOLIDE TRANSPORTÉ À CHAUD, N.S.A., à une température égale ou supérieure à 240 °C	9	M10	III	9	274 580 643	0	E0		PP			0	
3259	AMINES SOLIDES CORROSIVES, N.S.A. ou POLYAMINES SOLIDES CORROSIVES, N.S.A.	8	C8	I	8	274	0	E0		PP, EP			0	
3259	AMINES SOLIDES CORROSIVES, N.S.A. ou POLYAMINES SOLIDES CORROSIVES, N.S.A.	8	C8	II	8	274	1 kg	E2		PP, EP			0	
3259	AMINES SOLIDES CORROSIVES, N.S.A. ou POLYAMINES SOLIDES CORROSIVES, N.S.A.	8	C8	III	8	274	5 kg	E1	T	PP, EP			0	
3260	SOLIDE INORGANIQUE CORROSIF, ACIDE, N.S.A.	8	C2	I	8	274	0	E0		PP, EP			0	
3260	SOLIDE INORGANIQUE CORROSIF, ACIDE, N.S.A.	8	C2	II	8	274	1 kg	E2		PP, EP			0	
3260	SOLIDE INORGANIQUE CORROSIF, ACIDE, N.S.A.	8	C2	III	8	274	5 kg	E1		PP, EP			0	
3261	SOLIDE ORGANIQUE CORROSIF, ACIDE, N.S.A.	8	C4	I	8	274	0	E0		PP, EP			0	
3261	SOLIDE ORGANIQUE CORROSIF, ACIDE, N.S.A.	8	C4	II	8	274	1 kg	E2		PP, EP			0	
3261	SOLIDE ORGANIQUE CORROSIF, ACIDE, N.S.A.	8	C4	III	8	274	5 kg	E1		PP, EP			0	
3262	SOLIDE INORGANIQUE CORROSIF, BASIQUE, N.S.A.	8	C6	I	8	274	0	E0		PP, EP			0	
3262	SOLIDE INORGANIQUE CORROSIF, BASIQUE, N.S.A.	8	C6	II	8	274	1 kg	E2		PP, EP			0	
3262	SOLIDE INORGANIQUE CORROSIF, BASIQUE, N.S.A.	8	C6	III	8	274	5 kg	E1		PP, EP			0	
3263	SOLIDE ORGANIQUE CORROSIF, BASIQUE, N.S.A.	8	C8	I	8	274	0	E0		PP, EP			0	
3263	SOLIDE ORGANIQUE CORROSIF, BASIQUE, N.S.A.	8	C8	II	8	274	1 kg	E2		PP, EP			0	
3263	SOLIDE ORGANIQUE CORROSIF, BASIQUE, N.S.A.	8	C8	III	8	274	5 kg	E1		PP, EP			0	
3264	LIQUIDE INORGANIQUE CORROSIF, ACIDE, N.S.A.	8	C1	I	8	274	0	E0	T	PP, EP			0	
3264	LIQUIDE INORGANIQUE CORROSIF, ACIDE, N.S.A.	8	C1	II	8	274	1 L	E2	T	PP, EP			0	
3264	LIQUIDE INORGANIQUE CORROSIF, ACIDE, N.S.A.	8	C1	III	8	274	5 L	E1	T	PP, EP			0	
3265	LIQUIDE ORGANIQUE CORROSIF, ACIDE, N.S.A.	8	C3	I	8	274	0	E0	T	PP, EP			0	
3265	LIQUIDE ORGANIQUE CORROSIF, ACIDE, N.S.A.	8	C3	II	8	274	1 L	E2	T	PP, EP			0	
3265	LIQUIDE ORGANIQUE CORROSIF, ACIDE, N.S.A.	8	C3	III	8	274	5 L	E1	T	PP, EP			0	

No. ONU ou ID	Nom et description	Classe	Code de classification	Groupe d'emballage	Étiquettes	Dispositions spéciales	Quantités limitées et exceptées		Transport admis	Équipement exigé	Ventilation	Mesures pendant le chargement/déchargement/transport	Nombre de cônes, feux bleus	Observations
							3.4	3.5.1.2						
(1)	(2)	(3a)	(3b)	(4)	(5)	(6)	(7a)	(7b)	(8)	(9)	(10)	(11)	(12)	(13)
3.1.2	3.1.2	2.2	2.2	2.1.1.3	5.2.2	3.3			3.2.1	8.1.5	7.1.6	7.1.6	7.1.5	3.2.1
3266	LIQUIDE INORGANIQUE CORROSIF, BASIQUE, N.S.A.	8	C5	I	8	274	0	E0	T	PP, EP			0	
3266	LIQUIDE INORGANIQUE CORROSIF, BASIQUE, N.S.A.	8	C5	II	8	274	1 L	E2	T	PP, EP			0	
3266	LIQUIDE INORGANIQUE CORROSIF, BASIQUE, N.S.A.	8	C5	III	8	274	5 L	E1	T	PP, EP			0	
3267	LIQUIDE ORGANIQUE CORROSIF, BASIQUE, N.S.A.	8	C7	I	8	274	0	E0	T	PP, EP			0	
3267	LIQUIDE ORGANIQUE CORROSIF, BASIQUE, N.S.A.	8	C7	II	8	274	1 L	E2	T	PP, EP			0	
3267	LIQUIDE ORGANIQUE CORROSIF, BASIQUE, N.S.A.	8	C7	III	8	274	5 L	E1	T	PP, EP			0	
3268	GÉNÉRATEURS DE GAZ POUR SAC GONFLABLE ou MODULES DE SAC GONFLABLE ou RÉTRACTEURS DE CEINTURE DE SÉCURITÉ	9	M5	III	9	280 289	0	E0		PP			0	
3269	TROUSSES DE RÉSINE POLYESTER	3	F3	II	3	236 340	5 L	E0		PP, EX, A	VE01		1	
3269	TROUSSES DE RÉSINE POLYESTER	3	F3	III	3	236 340	5 L	E0		PP, EX, A	VE01		0	
3270	MEMBRANES FILTRANTES EN NITROCELLULOSE d'une teneur en azote ne dépassant pas 12,6% (rapportée à la masse sèche)	4.1	F1	II	4.1	237 286	1 kg	E2		PP			1	
3271	ÉTHERS, N.S.A.	3	F1	II	3	274	1 L	E2	T	PP, EX, A	VE01		1	
3271	ÉTHERS, N.S.A.	3	F1	III	3	274	5 L	E1	T	PP, EX, A	VE01		0	
3272	ESTERS, N.S.A.	3	F1	II	3	274 601	1 L	E2	T	PP, EX, A	VE01		1	
3272	ESTERS, N.S.A.	3	F1	III	3	274 601	5 L	E1	T	PP, EX, A	VE01		0	
3273	NITRILES INFLAMMABLES, TOXIQUES, N.S.A.	3	FT1	I	3+6.1	274 802	0	E0		PP, EP, EX, TOX, A	VE01, VE02		2	
3273	NITRILES INFLAMMABLES, TOXIQUES, N.S.A.	3	FT1	II	3+6.1	274 802	1 L	E2		PP, EP, EX, TOX, A	VE01, VE02		2	
3274	ALCOOLATES EN SOLUTION dans l'alcool, N.S.A.	3	FC	II	3+8	274	1 L	E2		PP, EP, EX, A	VE01		1	
3275	NITRILES TOXIQUES, INFLAMMABLES, N.S.A.	6.1	TF1	I	6.1+3	274 315 802	0	E5		PP, EP, EX, TOX, A	VE01, VE02		2	
3275	NITRILES TOXIQUES, INFLAMMABLES, N.S.A.	6.1	TF1	II	6.1+3	274 802	100 ml	E4		PP, EP, EX, TOX, A	VE01, VE02		2	
3276	NITRILES LIQUIDES TOXIQUES, N.S.A.	6.1	T1	I	6.1	274 315 802	0	E5		PP, EP, TOX, A	VE02		2	
3276	NITRILES LIQUIDES TOXIQUES, N.S.A.	6.1	T1	II	6.1	274 802	100 ml	E4	T	PP, EP, TOX, A	VE02		2	
3276	NITRILES LIQUIDES TOXIQUES, N.S.A.	6.1	T1	III	6.1	274 802	5 L	E1		PP, EP, TOX, A	VE02		0	

No. ONU ou ID	Nom et description	Classe	Code de classification	Groupe d'emballage	Étiquettes	Dispositions spéciales	Quantités limitées et exceptées		Transport admis	Équipement exigé	Ventilation	Mesures pendant le chargement/déchargement/ transport	Nombre de cônes, feux bleus	Observations
		2.2	2.2	2.1.1.3	5.2.2	3.3	3.4	3.5.1.2	3.2.1	8.1.5	7.1.6	7.1.6	7.1.5	3.2.1
(1)	(2)	(3a)	(3b)	(4)	(5)	(6)	(7a)	(7b)	(8)	(9)	(10)	(11)	(12)	(13)
3277	CHLOROFORMIATES TOXIQUES, CORROSIFS, N.S.A.	6.1	TC1	II	6.1+8	274 561 802	100 ml	E4		PP, EP, TOX, A	VE02		2	
3278	COMPOSÉ ORGANOPHOSPHORÉ LIQUIDE TOXIQUE, N.S.A.	6.1	T1	I	6.1	43 274 315 802	0	E5		PP, EP, TOX, A	VE02		2	
3278	COMPOSÉ ORGANOPHOSPHORÉ LIQUIDE TOXIQUE, N.S.A.	6.1	T1	II	6.1	43 274 802	100 ml	E4		PP, EP, TOX, A	VE02		2	
3278	COMPOSÉ ORGANOPHOSPHORÉ LIQUIDE TOXIQUE, N.S.A.	6.1	T1	III	6.1	43 274 802	5 L	E1		PP, EP, TOX, A	VE02		0	
3279	COMPOSÉ ORGANOPHOSPHORÉ TOXIQUE, INFLAMMABLE, N.S.A.	6.1	TF1	I	6.1+3	43 274 315 802	0	E5		PP, EP, EX, TOX, A	VE01, VE02		2	
3279	COMPOSÉ ORGANOPHOSPHORÉ TOXIQUE, INFLAMMABLE, N.S.A.	6.1	TF1	II	6.1+3	43 274 802	100 ml	E4		PP, EP, EX, TOX, A	VE01, VE02		2	
3280	COMPOSÉ ORGANIQUE DE L'ARSENIC, LIQUIDE, N.S.A.	6.1	T3	I	6.1	274 315 802	0	E5		PP, EP, TOX, A	VE02		2	
3280	COMPOSÉ ORGANIQUE DE L'ARSENIC, LIQUIDE, N.S.A.	6.1	T3	II	6.1	274 802	100 ml	E4		PP, EP, TOX, A	VE02		2	
3280	COMPOSÉ ORGANIQUE DE L'ARSENIC, LIQUIDE, N.S.A.	6.1	T3	III	6.1	274 802	5 L	E1		PP, EP, TOX, A	VE02		0	
3281	MÉTAUX-CARBONYLES, LIQUIDES, N.S.A.	6.1	T3	I	6.1	274 315 562 802	0	E5		PP, EP, TOX, A	VE02		2	
3281	MÉTAUX-CARBONYLES, LIQUIDES, N.S.A.	6.1	T3	II	6.1	274 562 802	100 ml	E4		PP, EP, TOX, A	VE02		2	
3281	MÉTAUX-CARBONYLES, LIQUIDES, N.S.A.	6.1	T3	III	6.1	274 562 802	5 L	E1		PP, EP, TOX, A	VE02		0	
3282	COMPOSÉ ORGANOMÉTALLIQUE LIQUIDE TOXIQUE, N.S.A.	6.1	T3	I	6.1	274 562 802	0	E5		PP, EP, TOX, A	VE02		2	
3282	COMPOSÉ ORGANOMÉTALLIQUE LIQUIDE TOXIQUE, N.S.A.	6.1	T3	II	6.1	274 562 802	100 ml	E4		PP, EP, TOX, A	VE02		2	
3282	COMPOSÉ ORGANOMÉTALLIQUE LIQUIDE TOXIQUE, N.S.A.	6.1	T3	III	6.1	274 562 802	5 L	E1		PP, EP, TOX, A	VE02		0	
3283	COMPOSÉ DU SÉLÉNIUM, SOLIDE, N.S.A.	6.1	T5	I	6.1	274 563 802	0	E5		PP, EP			2	

No. ONU ou ID (1)	Nom et description (2)	Classe (3a)	Code de classification (3b)	Groupe d'emballage (4)	Étiquettes (5)	Dispositions spéciales (6)	Quantités limitées et exceptées (7a)	(7b)	Transport admis (8)	Équipement exigé (9)	Ventilation (10)	Mesures pendant le chargement/déchargement/transport (11)	Nombre de cônes, feux bleus (12)	Observations (13)
		2.2	2.2	2.1.1.3	5.2.2	3.3	3.4	3.5.1.2	3.2.1	8.1.5	7.1.6	7.1.6	7.1.5	3.2.1
3283	COMPOSÉ DU SÉLÉNIUM, SOLIDE, N.S.A.	6.1	T5	II	6.1	274 563 802	500 g	E4		PP, EP			2	
3283	COMPOSÉ DU SÉLÉNIUM, SOLIDE, N.S.A.	6.1	T5	III	6.1	274 563 802	5 kg	E1		PP, EP			0	
3284	COMPOSÉ DU TELLURE, N.S.A.	6.1	T5	I	6.1	274 802	0	E5		PP, EP			2	
3284	COMPOSÉ DU TELLURE, N.S.A.	6.1	T5	II	6.1	274 802	500 g	E4		PP, EP			2	
3284	COMPOSÉ DU TELLURE, N.S.A.	6.1	T5	III	6.1	274 802	5 kg	E1		PP, EP			0	
3285	COMPOSÉ DU VANADIUM, N.S.A.	6.1	T5	I	6.1	274 564 802	0	E5		PP, EP			2	
3285	COMPOSÉ DU VANADIUM, N.S.A.	6.1	T5	II	6.1	274 564 802	500 g	E4		PP, EP			2	
3285	COMPOSÉ DU VANADIUM, N.S.A.	6.1	T5	III	6.1	274 564 802	5 kg	E1		PP, EP			0	
3286	LIQUIDE INFLAMMABLE, TOXIQUE, CORROSIF, N.S.A.	3	FTC	I	3+6.1+8	274 802	0	E0	T	PP, EP, EX, TOX, A	VE01, VE02		2	
3286	LIQUIDE INFLAMMABLE, TOXIQUE, CORROSIF, N.S.A.	3	FTC	II	3+6.1+8	274 802	1 L	E2	T	PP, EP, EX, TOX, A	VE01, VE02		2	
3287	LIQUIDE INORGANIQUE TOXIQUE, N.S.A.	6.1	T4	I	6.1	274 315 802	0	E5	T	PP, EP, TOX, A	VE02		2	
3287	LIQUIDE INORGANIQUE TOXIQUE, N.S.A.	6.1	T4	II	6.1	274 802	100 ml	E4	T	PP, EP, TOX, A	VE02		2	
3287	LIQUIDE INORGANIQUE TOXIQUE, N.S.A.	6.1	T4	III	6.1	274 802	5 L	E1	T	PP, EP, TOX, A	VE02		0	
3288	SOLIDE INORGANIQUE TOXIQUE, N.S.A.	6.1	T5	I	6.1	274 802	0	E5		PP, EP			2	
3288	SOLIDE INORGANIQUE TOXIQUE, N.S.A.	6.1	T5	II	6.1	274 802	500 g	E4		PP, EP			2	
3288	SOLIDE INORGANIQUE TOXIQUE, N.S.A.	6.1	T5	III	6.1	274 802	5 kg	E1		PP, EP			0	
3289	LIQUIDE INORGANIQUE TOXIQUE, CORROSIF, N.S.A.	6.1	TC3	I	6.1+8	274 315 802	0	E5	T	PP, EP, TOX, A	VE02		2	
3289	LIQUIDE INORGANIQUE TOXIQUE, CORROSIF, N.S.A.	6.1	TC3	II	6.1+8	274 802	100 ml	E4	T	PP, EP, TOX, A	VE02		2	
3290	SOLIDE INORGANIQUE TOXIQUE, CORROSIF, N.S.A.	6.1	TC4	I	6.1+8	274 802	0	E5		PP, EP			2	
3290	SOLIDE INORGANIQUE TOXIQUE, CORROSIF, N.S.A.	6.1	TC4	II	6.1+8	274 802	500 g	E4		PP, EP			2	

No. ONU ou ID	Nom et description	Classe	Code de classi-fication	Groupe d'embal-lage	Étiquettes	Disposit-ions spéciales	Quantités limitées et exceptées		Trans-port admis	Équipement exigé	Venti-lation	Mesures pendant le chargement/déchargement/ transport	Nombre de cônes, feux bleus	Observations
3.1.2	3.1.2	2.2	2.2	2.1.1.3	5.2.2	3.3	3.4	3.5.1.2	3.2.1	8.1.5	7.1.6	7.1.6	7.1.5	3.2.1
(1)	(2)	(3a)	(3b)	(4)	(5)	(6)	(7a)	(7b)	(8)	(9)	(10)	(11)	(12)	(13)
3291	DÉCHET D'HÔPITAL NON SPÉCIFIÉ, N.S.A. ou DÉCHET (BIOMÉDICAL, N.S.A. ou DÉCHET MÉDICAL RÉGLEMENTÉ, N.S.A.	6.2	I3	II	6.2	565 802	0	E0		PP			0	
3291	DÉCHET D'HÔPITAL NON SPÉCIFIÉ, N.S.A. ou DÉCHET (BIOMÉDICAL, N.S.A. ou DÉCHET MÉDICAL RÉGLEMENTÉ, N.S.A., dans de l'azote liquide réfrigéré	6.2	I3	II	6.2 + 2.2	565 802	0	E0		PP			0	
3292	ACCUMULATEURS AU SODIUM ou ÉLÉMENTS D'ACCUMULATEUR AU SODIUM	4.3	W3	II	4.3	239 295	0	E0		PP, EX, A	VE01	HA08	0	
3293	HYDRAZINE EN SOLUTION AQUEUSE avec au plus 37% (masse) d'hydrazine	6.1	T4	III	6.1	566 802	5 L	E1		PP, EP, TOX, A	VE02		0	
3294	CYANURE D'HYDROGÈNE EN SOLUTION ALCOOLIQUE contenant au plus 45% de cyanure d'hydrogène	6.1	TF1	I	6.1+3	610 802	0	E5		PP, EP, EX, TOX, A	VE01, VE02		2	
3295	HYDROCARBURES LIQUIDES, N.S.A.	3	F1	I	3		500 ml	E3	T	PP, EX, A	VE01		1	
3295	HYDROCARBURES LIQUIDES, N.S.A. (pression de vapeur à 50 °C supérieure à 110 kPa)	3	F1	II	3	640C	1 L	E2	T	PP, EX, A	VE01		1	
3295	HYDROCARBURES LIQUIDES, N.S.A. (pression de vapeur à 50 °C inférieure ou égale à 110 kPa)	3	F1	II	3	640D	1 L	E2	T	PP, EX, A	VE01		1	
3295	HYDROCARBURES LIQUIDES, N.S.A.	3	F1	III	3		5 L	E1	T	PP, EX, A	VE01		0	
3296	HEPTAFLUOROPROPANE (GAZ RÉFRIGÉRANT R 227)	2	2A		2.2		120 ml	E1		PP			0	
3297	OXYDE D'ÉTHYLÈNE ET CHLOROTÉTRAFLUOR-ÉTHANE EN MÉLANGE contenant au plus 8,8% d'oxyde d'éthylène	2	2A		2.2		120 ml	E1		PP			0	
3298	OXYDE D'ÉTHYLÈNE ET PENTAFLUORÉTHANE EN MÉLANGE contenant au plus 7,9% d'oxyde d'éthylène	2	2A		2.2		120 ml	E1		PP			0	
3299	OXYDE D'ÉTHYLÈNE ET TÉTRAFLUORÉTHANE EN MÉLANGE contenant au plus 5,6% d'oxyde d'éthylène	2	2A		2.2		120 ml	E1		PP			0	
3300	OXYDE D'ÉTHYLÈNE ET DIOXYDE DE CARBONE EN MÉLANGE contenant plus de 87% d'oxyde d'éthylène	2	2TF		2.3+2.1	274	0	E0		PP, EP, EX, TOX, A	VE01, VE02		2	
3301	LIQUIDE CORROSIF, AUTO-ÉCHAUFFANT, N.S.A.	8	CS1	I	8+4.2	274	0	E0		PP, EP			0	
3301	LIQUIDE CORROSIF, AUTO-ÉCHAUFFANT, N.S.A.	8	CS1	II	8+4.2	274	0	E2		PP, EP			0	
3302	ACRYLATE DE 2-DIMÉTHYLAMINO-ÉTHYLE	6.1	T1	II	6.1	802	100 ml	E4		PP, EP, TOX, A	VE02		2	
3303	GAZ COMPRIMÉ TOXIQUE, COMBURANT, N.S.A.	2	1TO		2.3+5.1	274	0	E0		PP, EP, TOX, A	VE02		2	
3304	GAZ COMPRIMÉ TOXIQUE, CORROSIF, N.S.A.	2	1TC		2.3+8	274	0	E0		PP, EP, TOX, A	VE02		2	
3305	GAZ COMPRIMÉ TOXIQUE, INFLAMMABLE, CORROSIF, N.S.A.	2	1TFC		2.3+2.1+8	274	0	E0		PP, EP, EX, TOX, A	VE01, VE02		2	
3306	GAZ COMPRIMÉ TOXIQUE, COMBURANT, CORROSIF, N.S.A.	2	1TOC		2.3+5.1+8	274	0	E0		PP, EP, TOX, A	VE02		2	

No. ONU ou ID	Nom et description	Classe	Code de classification	Groupe d'emballage	Étiquettes	Dispositions spéciales	Quantités limitées et exceptées		Transport admis	Équipement exigé	Ventilation	Mesures pendant le chargement/déchargement/transport	Nombre de cônes, feux bleus	Observations
							3.4	3.5.1.2						
3.1.2	3.1.2	2.2	2.2	2.1.1.3	5.2.2	3.3			3.2.1	8.1.5	7.1.6	7.1.6	7.1.5	3.2.1
(1)	(2)	(3a)	(3b)	(4)	(5)	(6)	(7a)	(7b)	(8)	(9)	(10)	(11)	(12)	(13)
3307	GAZ LIQUÉFIÉ TOXIQUE, COMBURANT, N.S.A.	2	2TO		2.3+5.1	274	0	E0		PP, EP, TOX, A	VE02		2	
3308	GAZ LIQUÉFIÉ TOXIQUE, CORROSIF, N.S.A.	2	2TC		2.3+8	274	0	E0		PP, EP, TOX, A	VE02		2	
3309	GAZ LIQUÉFIÉ TOXIQUE, INFLAMMABLE, CORROSIF, N.S.A.	2	2TFC		2.3+2.1+8	274	0	E0		PP, EP, EX, TOX, A	VE01, VE02		2	
3310	GAZ LIQUÉFIÉ TOXIQUE, COMBURANT, CORROSIF, N.S.A.	2	2TOC		2.3+5.1+8	274	0	E0		PP, EP, TOX, A	VE02		2	
3311	GAZ LIQUIDE RÉFRIGÉRÉ, COMBURANT, N.S.A.	2	3O		2.2+5.1	274	0	E0		PP			0	
3312	GAZ LIQUIDE RÉFRIGÉRÉ, INFLAMMABLE, N.S.A.	2	3F		2.1	274	0	E0		PP, EX, A	VE01		1	
3313	PIGMENTS ORGANIQUES AUTO-ÉCHAUFFANTS	4.2	S2	II	4.2		0	E2		PP			0	
3313	PIGMENTS ORGANIQUES AUTO-ÉCHAUFFANTS	4.2	S2	III	4.2		0	E1		PP			0	
3314	MATIÈRE PLASTIQUE POUR MOULAGE en pâte, en feuille ou en cordon extrudé, dégageant des vapeurs inflammables	9	M3	III	none	207 633	5 kg	E1		PP, EP, EX, A	VE01		1	
3315	ÉCHANTILLON CHIMIQUE TOXIQUE	6.1	T8	I	6.1	250 802	0	E5		PP, EP, TOX, A	VE02		2	
3316	TROUSSE CHIMIQUE ou TROUSSE DE PREMIERS SECOURS	9	M11	II	9	251 340	0	E0		PP			0	
3316	TROUSSE CHIMIQUE ou TROUSSE DE PREMIERS SECOURS	9	M11	III	9	251 340	0	E0		PP			0	
3317	2-AMINO-4,6-DINITROPHÉNOL HUMIDIFIÉ avec au moins 20% (masse) d'eau	4.1	D	I	4.1		0	E0		PP			1	
3318	AMMONIAC EN SOLUTION aqueuse de densité relative inférieure à 0,880 à 15 °C contenant plus de 50% d'ammoniac	2	4TC		2.3+8	23	0	E0		PP, EP, TOX, A	VE02		2	
3319	NITROGLYCÉRINE EN MÉLANGE, DÉSENSIBILISÉE, SOLIDE, N.S.A., avec plus de 2% mais au plus 10% (masse) de nitroglycérine	4.1	D	II	4.1	272 274	0	E0		PP			0	
3320	BOROHYDRURE DE SODIUM ET HYDROXYDE DE SODIUM EN SOLUTION, contenant au plus 12% (masse) de borohydrure de sodium et au plus 40% (masse) d'hydroxyde de sodium	8	C5	II	8		1 L	E2		PP, EP			0	
3320	BOROHYDRURE DE SODIUM ET HYDROXYDE DE SODIUM EN SOLUTION, contenant au plus 12% (masse) de borohydrure de sodium et au plus 40% (masse) d'hydroxyde de sodium	8	C5	III	8		5 L	E1		PP, EP			0	
3321	MATIÈRES RADIOACTIVES DE FAIBLE ACTIVITÉ SPÉCIFIQUE (LSA-II), non fissiles ou fissiles exceptées	7			7X	172 317 325 336	0	E0		PP			2	

No. ONU ou ID (1)	Nom et description 3.1.2 (2)	Classe 2.2 (3a)	Code de classification 2.2 (3b)	Groupe d'emballage 2.1.1.3 (4)	Étiquettes 5.2.2 (5)	Dispositions spéciales 3.3 (6)	Quantités limitées 3.4 (7a)	et exceptées 3.5.1.2 (7b)	Transport admis 3.2.1 (8)	Équipement exigé 8.1.5 (9)	Ventilation 7.1.6 (10)	Mesures pendant le chargement/déchargement/transport 7.1.6 (11)	Nombre de cônes, feux bleus 7.1.5 (12)	Observations 3.2.1 (13)
3322	MATIÈRES RADIOACTIVES DE FAIBLE ACTIVITÉ SPÉCIFIQUE (LSA-III), non fissiles ou fissiles exceptées	7			7X	172 317 325 336	0	E0		PP			2	
3323	MATIÈRES RADIOACTIVES EN COLIS DE TYPE C, non fissiles ou fissiles exceptées	7			7X	172 317 325	0	E0		PP			2	
3324	MATIÈRES RADIOACTIVES DE FAIBLE ACTIVITÉ SPÉCIFIQUE (LSA-II), FISSILES	7			7X+7E	172 326 336	0	E0		PP			2	
3325	MATIÈRES RADIOACTIVES DE FAIBLE ACTIVITÉ SPÉCIFIQUE (LSA-III), FISSILES	7			7X+7E	172 326 336	0	E0		PP			2	
3326	MATIÈRES RADIOACTIVES, OBJETS CONTAMINÉS SUPERFICIELLEMENT (SCO-I ou SCO-II), FISSILES	7			7X+7E	172 336	0	E0		PP			2	
3327	MATIÈRES RADIOACTIVES EN COLIS DE TYPE A, FISSILES, qui ne sont pas sous forme spéciale	7			7X+7E	172 326	0	E0		PP			2	
3328	MATIÈRES RADIOACTIVES EN COLIS DE TYPE B(U), FISSILES	7			7X+7E	172 326 337	0	E0		PP			2	
3329	MATIÈRES RADIOACTIVES EN COLIS DE TYPE B(M), FISSILES	7			7X+7E	172 326 337	0	E0		PP			2	
3330	MATIÈRES RADIOACTIVES EN COLIS DE TYPE C, FISSILES	7			7X+7E	172 326	0	E0		PP			2	
3331	MATIÈRES RADIOACTIVES TRANSPORTÉES SOUS ARRANGEMENT SPÉCIAL, FISSILES	7			7X+7E	172 326	0	E0		PP			2	
3332	MATIÈRES RADIOACTIVES EN COLIS DE TYPE A, SOUS FORME SPÉCIALE, non fissiles ou fissiles exceptées	7			7X	172 317	0	E0		PP			2	
3333	MATIÈRES RADIOACTIVES EN COLIS DE TYPE A, SOUS FORME SPÉCIALE, FISSILES	7			7X+7E	172	0	E0		PP			2	
3334	Matière liquide réglementée pour l'aviation n.s.a.	9	M11					NON SOUMIS À L'ADN						
3335	Matière solide réglementée pour l'aviation, n.s.a.	9	M11					NON SOUMIS À L'ADN						
3336	MERCAPTANS LIQUIDES INFLAMMABLES, N.S.A. OU MERCAPTANS EN MÉLANGE LIQUIDE INFLAMMABLE, N.S.A.	3	F1	I	3	274	0	E3		PP, EX, A	VE01		1	
3336	MERCAPTANS LIQUIDES INFLAMMABLES, N.S.A. OU MERCAPTANS EN MÉLANGE LIQUIDE INFLAMMABLE, N.S.A. (pression de vapeur à 50 °C supérieure à 110 kPa)	3	F1	II	3	274 640C	1 L	E2		PP, EX, A	VE01		1	
3336	MERCAPTANS LIQUIDES INFLAMMABLES, N.S.A. OU MERCAPTANS EN MÉLANGE LIQUIDE INFLAMMABLE, N.S.A. (pression de vapeur à 50 °C inférieure ou égale à 110 kPa)	3	F1	II	3	274 640D	1 L	E2		PP, EX, A	VE01		1	
3336	MERCAPTANS LIQUIDES INFLAMMABLES, N.S.A. OU MERCAPTANS EN MÉLANGE LIQUIDE INFLAMMABLE, N.S.A.	3	F1	III	3	274	5 L	E1		PP, EX, A	VE01		0	

No. ONU ou ID (1)	Nom et description (2)	Classe (3a)	Code de classification (3b)	Groupe d'emballage (4)	Étiquettes (5)	Dispositions spéciales (6)	Quantités limitées (7a)	et exceptées (7b)	Transport admis (8)	Équipement exigé (9)	Ventilation (10)	Mesures pendant le chargement/déchargement/transport (11)	Nombre de cônes, feux bleus (12)	Observations (13)
		3.1.2	2.2	2.1.1.3	5.2.2	3.3	3.4	3.5.1.2	3.2.1	8.1.5	7.1.6	7.1.6	7.1.5	3.2.1
3337	GAZ RÉFRIGÉRANT R 404A (pentafluoréthane, trifluoro-1,1,1 éthane et tétrafluoro-1,1,1,2 éthane, en mélange zéotropique avec environ 44% de pentafluoréthane et 52% de trifluoro,1,1,1 éthane)	2	2A		2.2		120 ml	E1		PP			0	
3338	GAZ RÉFRIGÉRANT R 407A (difluorométhane, pentafluoréthane et tétrafluoro-1,1,1,2 éthane, en mélange zéotropique avec environ 20% de difluorométhane et 40% de pentafluoréthane)	2	2A		2.2		120 ml	E1		PP			0	
3339	GAZ RÉFRIGÉRANT R 407B (difluorométhane, pentafluoréthane et tétrafluoro-1,1,1,2 éthane, en mélange zéotropique avec environ 10% de difluorométhane et 70% de pentafluoréthane)	2	2A		2.2		120 ml	E1		PP			0	
3340	GAZ RÉFRIGÉRANT R 407C (difluorométhane, pentafluoréthane et tétrafluoro-1,1,1,2 éthane, en mélange zéotropique avec environ 23% de difluorométhane et 25% de pentafluoréthane)	2	2A		2.2		120 ml	E1		PP			0	
3341	DIOXYDE DE THIO-URÉE	4.2	S2	II	4.2		0	E2		PP			0	
3341	DIOXYDE DE THIO-URÉE	4.2	S2	III	4.2		0	E1		PP			0	
3342	XANTHATES	4.2	S2	II	4.2		0	E2		PP			0	
3342	XANTHATES	4.2	S2	III	4.2		0	E1		PP			0	
3343	NITROGLYCÉRINE EN MÉLANGE, DÉSENSIBILISÉE, LIQUIDE, INFLAMMABLE, N.S.A., avec au plus 30% (masse) de nitroglycérine	3	D		3	274 278	0	E0		PP, EX, A	VE01		0	
3344	TÉTRANITRATE DE PENTAÉRYTHRITE (TÉTRANITRATE DE PENTAÉRYTHRITOL, PENTHRITE, PETN) EN MÉLANGE DÉSENSIBILISÉ, SOLIDE, N.S.A., avec plus de 10% mais au plus 20% (masse) de PETN	4.1	D	II	4.1	272 274	0	E0		PP			1	
3345	ACIDE PHÉNOXYACÉTIQUE, DÉRIVÉ PESTICIDE SOLIDE, TOXIQUE	6.1	T7	I	6.1	61 274 648 802	0	E5		PP, EP			2	
3345	ACIDE PHÉNOXYACÉTIQUE, DÉRIVÉ PESTICIDE SOLIDE, TOXIQUE	6.1	T7	II	6.1	61 274 648 802	500 g	E4		PP, EP			2	
3345	ACIDE PHÉNOXYACÉTIQUE, DÉRIVÉ PESTICIDE SOLIDE, TOXIQUE	6.1	T7	III	6.1	61 274 648 802	5 kg	E1		PP, EP			0	
3346	ACIDE PHÉNOXYACÉTIQUE, DÉRIVÉ PESTICIDE LIQUIDE, INFLAMMABLE, TOXIQUE ayant un point d'éclair inférieur à 23 °C	3	FT2	I	3+6.1	61 274 802	0	E0		PP, EP, EX, TOX, A	VE01, VE02		2	
3346	ACIDE PHÉNOXYACÉTIQUE, DÉRIVÉ PESTICIDE LIQUIDE, INFLAMMABLE, TOXIQUE ayant un point d'éclair inférieur à 23 °C	3	FT2	II	3+6.1	61 274 802	1 L	E2		PP, EP, EX, TOX, A	VE01, VE02		2	

No. ONU ou ID	Nom et description	Classe	Code de classification	Groupe d'emballage	Étiquettes	Dispositions speciales	Quantités limitées et exceptées		Transport admis	Équipement exigé	Ventilation	Mesures pendant le chargement/déchargement/transport	Nombre de cônes, feux bleus	Observations
	3.1.2	2.2	2.2	2.1.1.3	5.2.2	3.3	3.4	3.5.1.2	3.2.1	8.1.5	7.1.6	7.1.6	7.1.5	3.2.1
(1)	(2)	(3a)	(3b)	(4)	(5)	(6)	(7a)	(7b)	(8)	(9)	(10)	(11)	(12)	(13)
3347	ACIDE PHÉNOXYACÉTIQUE, DÉRIVÉ PESTICIDE LIQUIDE, TOXIQUE, INFLAMMABLE ayant un point d'éclair égal ou supérieur à 23 °C	6.1	TF2	I	6.1+3	61 274 802	0	E5		PP, EP, EX, TOX, A	VE01, VE02		2	
3347	ACIDE PHÉNOXYACÉTIQUE, DÉRIVÉ PESTICIDE LIQUIDE, TOXIQUE, INFLAMMABLE ayant un point d'éclair égal ou supérieur à 23 °C	6.1	TF2	II	6.1+3	61 274 802	100 ml	E4		PP, EP, EX, TOX, A	VE01, VE02		2	
3347	ACIDE PHÉNOXYACÉTIQUE, DÉRIVÉ PESTICIDE LIQUIDE, TOXIQUE, INFLAMMABLE ayant un point d'éclair égal ou supérieur à 23 °C	6.1	TF2	III	6.1+3	61 274 802	5 L	E1		PP, EP, EX, TOX, A	VE01, VE02		0	
3348	ACIDE PHÉNOXYACÉTIQUE, DÉRIVÉ PESTICIDE LIQUIDE, TOXIQUE	6.1	T6	I	6.1	61 274 648 802	0	E5		PP, EP, TOX, A	VE02		2	
3348	ACIDE PHÉNOXYACÉTIQUE, DÉRIVÉ PESTICIDE LIQUIDE, TOXIQUE	6.1	T6	II	6.1	61 274 648 802	100 ml	E4		PP, EP, TOX, A	VE02		2	
3348	ACIDE PHÉNOXYACÉTIQUE, DÉRIVÉ PESTICIDE LIQUIDE, TOXIQUE	6.1	T6	III	6.1	61 274 648 802	5 L	E1		PP, EP, TOX, A	VE02		0	
3349	PYRÉTHROÏDE PESTICIDE SOLIDE TOXIQUE	6.1	T7	I	6.1	61 274 648 802	0	E5		PP, EP			2	
3349	PYRÉTHROÏDE PESTICIDE SOLIDE TOXIQUE	6.1	T7	II	6.1	61 274 648 802	500 g	E4		PP, EP			2	
3349	PYRÉTHROÏDE PESTICIDE SOLIDE TOXIQUE	6.1	T7	III	6.1	61 274 648 802	5 kg	E1		PP, EP			0	
3350	PYRÉTHROÏDE PESTICIDE LIQUIDE INFLAMMABLE, TOXIQUE, ayant un point d'éclair inférieur à 23 °C	3	FT2	I	3+6.1	61 274 802	0	E0		PP, EP, EX, TOX, A	VE01, VE02		2	
3350	PYRÉTHROÏDE PESTICIDE LIQUIDE INFLAMMABLE, TOXIQUE, ayant un point d'éclair inférieur à 23 °C	3	FT2	II	3+6.1	61 274 802	1 L	E2		PP, EP, EX, TOX, A	VE01, VE02		2	
3351	PYRÉTHROÏDE PESTICIDE LIQUIDE TOXIQUE, INFLAMMABLE, ayant un point d'éclair égal ou supérieur à 23 °C	6.1	TF2	I	6.1+3	61 274 802	0	E5		PP, EP, EX, TOX, A	VE01, VE02		2	
3351	PYRÉTHROÏDE PESTICIDE LIQUIDE TOXIQUE, INFLAMMABLE, ayant un point d'éclair égal ou supérieur à 23 °C	6.1	TF2	II	6.1+3	61 274 802	100 ml	E4		PP, EP, EX, TOX, A	VE01, VE02		2	

No. ONU ou ID	Nom et description	Classe	Code de classification	Groupe d'emballage	Étiquettes	Dispositions spéciales	Quantités limitées et exceptées		Transport admis	Équipement exigé	Ventilation	Mesures pendant le chargement/déchargement/transport	Nombre de cônes, feux bleus	Observations
	3.1.2	2.2	2.2	2.1.1.3	5.2.2	3.3	3.4	3.5.1.2	3.2.1	8.1.5	7.1.6	7.1.6	7.1.5	3.2.1
(1)	(2)	(3a)	(3b)	(4)	(5)	(6)	(7a)	(7b)	(8)	(9)	(10)	(11)	(12)	(13)
3351	PYRÉTHROÏDE PESTICIDE LIQUIDE TOXIQUE, INFLAMMABLE, ayant un point d'éclair égal ou supérieur à 23 °C	6.1	TF2	III	6.1+3	61 274 802	5 L	E1		PP, EP, EX, TOX, A	VE01, VE02		0	
3352	PYRÉTHROÏDE PESTICIDE LIQUIDE TOXIQUE	6.1	T6	I	6.1	61 274 648 802	0	E5		PP, EP, TOX, A	VE02		2	
3352	PYRÉTHROÏDE PESTICIDE LIQUIDE TOXIQUE	6.1	T6	II	6.1	61 274 648 802	100 ml	E4		PP, EP, TOX, A	VE02		2	
3352	PYRÉTHROÏDE PESTICIDE LIQUIDE TOXIQUE	6.1	T6	III	6.1	61 274 648 802	5 L	E1		PP, EP, TOX, A	VE02		0	
3354	GAZ INSECTICIDE INFLAMMABLE, N.S.A.	2	2F		2.1	274	0	E0		PP, EX, A	VE01		1	
3355	GAZ INSECTICIDE TOXIQUE INFLAMMABLE, N.S.A.	2	2TF		2.3+2.1	274	0	E0		PP, EP, EX, TOX, A	VE01, VE02		2	
3356	GÉNÉRATEUR CHIMIQUE D'OXYGÈNE	5.1	O3	II	5.1	284	0	E0		PP			0	
3357	NITROGLYCÉRINE EN MÉLANGE, DÉSENSIBILISÉE, LIQUIDE, N.S.A., avec au plus 30% (masse) de nitroglycérine	3	D	II	3	274 288	0	E0		PP, EX, A	VE01		1	
3358	MACHINES FRIGORIFIQUES contenant un gaz liquéfié inflammable et non toxique	2	6F		2.1	291	0	E0		PP, EX, A	VE01		1	
3359	ENGIN DE TRANSPORT SOUS FUMIGATION	9	M11			302				PP				
3360	Fibres végétales sèches	4.1	F1							NON SOUMIS À L'ADN					
3361	CHLOROSILANES TOXIQUES, CORROSIFS, N.S.A	6.1	TC1	II	6.1+8	274 802	0	E0		PP, EP, TOX, A	VE02		2	
3362	CHLOROSILANES TOXIQUES, CORROSIFS, INFLAMMABLES, N.S.A.	6.1	TFC	II	6.1+3+8	274	0	E0		PP, EP, EX, TOX, A	VE01, VE02		2	
3363	Marchandises dangereuses contenues dans des machines ou marchandises dangereuses contenues dans des appareils	9	M11							NON SOUMIS À L'ADN [voir aussi 1.1.3.1 b)]					
3364	TRINITROPHÉNOL (ACIDE PICRIQUE) humidifié avec au moins 10% (masse) d'eau	4.1	D	I	4.1		0	E0		PP			1	
3365	TRINITROCHLOROBENZÈNE (CHLORURE DE PICRYLE) humidifié avec au moins 10% (masse) d'eau	4.1	D	I	4.1		0	E0		PP			1	
3366	TRINITROTOLUÈNE (TOLITE, TNT) humidifié avec au moins 10% (masse) d'eau	4.1	D	I	4.1		0	E0		PP			1	
3367	TRINITROBENZÈNE humidifié avec au moins 10% (masse) d'eau	4.1	D	I	4.1		0	E0		PP			1	
3368	ACIDE TRINITROBENZOÏQUE humidifié avec au moins 10% (masse) d'eau	4.1	D	I	4.1		0	E0		PP			1	
3369	DINITRO-o-CRÉSATE DE SODIUM HUMIDIFIÉ avec au moins 10% (masse) d'eau	4.1	DT	I	4.1+6.1	802	0	E0		PP, EP			2	
3370	NITRATE D'URÉE humidifié avec au moins 10% (masse) d'eau	4.1	D	I	4.1		0	E0		PP			1	

No. ONU ou ID	Nom et description	Classe	Code de classification	Groupe d'emballage	Étiquettes	Dispositions spéciales	Quantités limitées et exceptées		Transport admis	Équipement exigé	Ventilation	Mesures pendant le chargement/déchargement/transport	Nombre de cônes, feux bleus	Observations
(1)	(2)	(3a)	(3b)	(4)	(5)	(6)	(7a)	(7b)	(8)	(9)	(10)	(11)	(12)	(13)
3.1.2	3.1.2	2.2	2.2	2.1.1.3	5.2.2	3.3	3.4	3.5.1.2	3.2.1	8.1.5	7.1.6	7.1.6	7.1.5	3.2.1
3371	2-MÉTHYLBUTANAL	3	F1	II	3		1 L	E2		PP, EX, A	VE01		1	
3373	MATIÈRE BIOLOGIQUE, CATÉGORIE B	6.2	I4		6.2	319	0	E0		PP			0	
3373	MATIÈRE BIOLOGIQUE, CATÉGORIE B (matériel animal uniquement)	6.2	I4		6.2	319	0	E0		PP			0	
3374	ACÉTYLÈNE SANS SOLVANT	2	2F		2.1		0	E0		PP, EX, A	VE01		1	
3375	NITRATE D'AMMONIUM, EN ÉMULSION, SUSPENSION ou GEL, servant à la fabrication des explosifs de mine, liquide	5.1	O1	II	5.1	309	0	E2		PP			0	
3375	NITRATE D'AMMONIUM, EN ÉMULSION, SUSPENSION ou GEL, servant à la fabrication des explosifs de mine, solide	5.1	O2	II	5.1	309	0	E2		PP			0	
3376	NITRO-4 PHÉNYLHYDRAZINE, contenant au moins 30% (masse) d'eau	4.1	D	I	4.1		0	E0		PP			1	
3377	PERBORATE DE SODIUM MONOHYDRATÉ	5.1	O2	III	5.1		5 kg	E1		PP			0	
3378	CARBONATE DE SODIUM PEROXYHYDRATÉ	5.1	O2	II	5.1		1 kg	E2		PP			0	
3378	CARBONATE DE SODIUM PEROXYHYDRATÉ	5.1	O2	III	5.1		5 kg	E1		PP			0	
3379	LIQUIDE EXPLOSIBLE DÉSENSIBILISÉ, N.S.A	3	D	I	3	274 311	0	E0		PP, EX, A	VE01		1	
3380	SOLIDE EXPLOSIBLE DÉSENSIBILISÉ, N.S.A.	4.1	D	I	4.1	274 311	0	E0		PP			1	
3381	LIQUIDE TOXIQUE À L'INHALATION, N.S.A., de CL$_{50}$ inférieure ou égale à 200 ml/m³ et de concentration de vapeur saturée supérieure ou égale à 500 CL$_{50}$	6.1	T1 or T4	I	6.1	274 802	0	E0		PP, EP, TOX, A	VE02		2	
3382	LIQUIDE TOXIQUE À L'INHALATION, N.S.A., de CL$_{50}$ inférieure ou égale à 1000 ml/m³ et de concentration de vapeur saturée supérieure ou égale à 10 CL$_{50}$	6.1	T1 or T4	I	6.1	274 802	0	E0		PP, EP, TOX, A	VE02		2	
3383	LIQUIDE TOXIQUE À L'INHALATION, INFLAMMABLE, N.S.A., de CL$_{50}$ inférieure ou égale à 200 ml/m³ et de concentration de vapeur saturée supérieure ou égale à 500 CL$_{50}$	6.1	TF1	I	6.1+3	274 802	0	E0		PP, EP, EX, TOX, A	VE01, VE02		2	
3384	LIQUIDE TOXIQUE À L'INHALATION, INFLAMMABLE, N.S.A., de CL$_{50}$ inférieure ou égale à 1000 ml/m³ et de concentration de vapeur saturée supérieure ou égale à 10 CL$_{50}$	6.1	TF1	I	6.1+3	274 802	0	E0		PP, EP, EX, TOX, A	VE01, VE02		2	
3385	LIQUIDE TOXIQUE À L'INHALATION, HYDROUÉACTIF, N.S.A., de CL$_{50}$ inférieure ou égale à 200 ml/m³ et de concentration de vapeur saturée supérieure ou égale à 500 CL$_{50}$	6.1	TW1	I	6.1+4.3	274 802	0	E0		PP, EP, TOX, A	VE02		2	
3386	LIQUIDE TOXIQUE À L'INHALATION, HYDRORÉACTIF, N.S.A., de CL$_{50}$ inférieure ou égale à 1000 ml/m³ et de concentration de vapeur saturée supérieure ou égale à 10 CL$_{50}$	6.1	TW1	I	6.1+4.3	274 802	0	E0		PP, EP, TOX, A	VE02		2	

No. ONU ou ID	Nom et description	Classe	Code de classification	Groupe d'emballage	Étiquettes	Dispositions spéciales	Quantités limitées et exceptées		Transport admis	Équipement exigé	Ventilation	Mesures pendant le chargement/déchargement/transport	Nombre de cônes, feux bleus	Observations
		2.2	2.2	2.1.1.3	5.2.2	3.3	3.4	3.5.1.2	3.2.1	8.1.5	7.1.6	7.1.6	7.1.5	3.2.1
(1)	(2)	(3a)	(3b)	(4)	(5)	(6)	(7a)	(7b)	(8)	(9)	(10)	(11)	(12)	(13)
3387	LIQUIDE TOXIQUE À L'INHALATION, COMBURANT, N.S.A., de CL$_{50}$ inférieur ou égale à 200 ml/m^3 et de concentration de vapeur saturée supérieure ou égale à 500 CL$_{50}$	6.1	TO1	I	6.1+5.1	274 802	0	E0		PP, EP, TOX, A	VE02		2	
3388	LIQUIDE TOXIQUE À L'INHALATION, COMBURANT, N.S.A., de CL$_{50}$ inférieur ou égale à 1000 ml/m^3 et de concentration de vapeur saturée supérieure ou égale à 10 CL$_{50}$	6.1	TO1	I	6.1+5.1	274 802	0	E0		PP, EP, TOX, A	VE02		2	
3389	LIQUIDE TOXIQUE À L'INHALATION, CORROSIF, N.S.A., de CL$_{50}$ inférieur ou égale à 200 ml/m^3 et de concentration de vapeur saturée supérieure ou égale à 500 CL$_{50}$	6.1	TC1 or TC3	I	6.1+8	274 802	0	E0		PP, EP, TOX, A	VE02		2	
3390	LIQUIDE TOXIQUE À L'INHALATION, CORROSIF, N.S.A., de CL$_{50}$ inférieur ou égale à 1000 ml/m^3 et de concentration de vapeur saturée supérieure ou égale à 10 CL$_{50}$	6.1	TC1 or TC3	I	6.1+8	274 802	0	E0		PP, EP, TOX, A	VE02		2	
3391	MATIÈRE ORGANO-MÉTALLIQUE SOLIDE PYROPHORIQUE	4.2	S5	I	4.2	274	0	E0		PP			0	
3392	MATIÈRE ORGANO-MÉTALLIQUE LIQUIDE PYROPHORIQUE	4.2	S5	I	4.2	274	0	E0		PP			0	
3393	MATIÈRE ORGANO-MÉTALLIQUE SOLIDE PYROPHORIQUE, HYDRORÉACTIVE	4.2	SW	I	4.2+4.3	274	0	E0		PP, EX, A	VE01		0	
3394	MATIÈRE ORGANO-MÉTALLIQUE LIQUIDE PYROPHORIQUE, HYDRORÉACTIVE	4.2	SW	I	4.2+4.3	274	0	E0		PP, EX, A	VE01		0	
3395	MATIÈRE ORGANO-MÉTALLIQUE SOLIDE HYDRORÉACTIVE	4.3	W2	I	4.3	274	0	E0		PP, EX, A	VE01	HA08	0	
3395	MATIÈRE ORGANO-MÉTALLIQUE SOLIDE HYDRORÉACTIVE	4.3	W2	II	4.3	274	500 g	E2		PP, EX, A	VE01	HA08	0	
3395	MATIÈRE ORGANO-MÉTALLIQUE SOLIDE HYDRORÉACTIVE	4.3	W2	III	4.3	274	1 kg	E1		PP, EX, A	VE01	HA08	0	
3396	MATIÈRE ORGANO-MÉTALLIQUE SOLIDE HYDRORÉACTIVE, INFLAMMABLE	4.3	WF2	I	4.3+4.1	274	0	E0		PP, EX, A	VE01	HA08	1	
3396	MATIÈRE ORGANO-MÉTALLIQUE SOLIDE HYDRORÉACTIVE, INFLAMMABLE	4.3	WF2	II	4.3+4.1	274	500 g	E2		PP, EX, A	VE01	HA08	1	
3396	MATIÈRE ORGANO-MÉTALLIQUE SOLIDE HYDRORÉACTIVE, INFLAMMABLE	4.3	WF2	III	4.3+4.1	274	1 kg	E1		PP, EX, A	VE01	HA08	0	
3397	MATIÈRE ORGANO-MÉTALLIQUE SOLIDE HYDRORÉACTIVE, AUTO-ÉCHAUFFANTE	4.3	WS	I	4.3+4.2	274	0	E0		PP, EX, A	VE01	HA08	0	
3397	MATIÈRE ORGANO-MÉTALLIQUE SOLIDE HYDRORÉACTIVE, AUTO-ÉCHAUFFANTE	4.3	WS	II	4.3+4.2	274	500 g	E2		PP, EX, A	VE01	HA08	0	
3397	MATIÈRE ORGANO-MÉTALLIQUE SOLIDE HYDRORÉACTIVE, AUTO-ÉCHAUFFANTE	4.3	WS	III	4.3+4.2	274	1 kg	E1		PP, EX, A	VE01	HA08	0	
3398	MATIÈRE ORGANO-MÉTALLIQUE LIQUIDE HYDRORÉACTIVE	4.3	W1	I	4.3	274	0	E0		PP, EX, A	VE01	HA08	0	
3398	MATIÈRE ORGANO-MÉTALLIQUE LIQUIDE HYDRORÉACTIVE	4.3	W1	II	4.3	274	500 ml	E2		PP, EX, A	VE01	HA08	0	
3398	MATIÈRE ORGANO-MÉTALLIQUE LIQUIDE HYDRORÉACTIVE	4.3	W1	III	4.3	274	1 L	E1		PP, EX, A	VE01	HA08	0	

No. ONU ou ID (1)	Nom et description 3.1.2 (2)	Classe 2.2 (3a)	Code de classification 2.2 (3b)	Groupe d'emballage 2.1.1.3 (4)	Étiquettes 5.2.2 (5)	Dispositions speciales 3.3 (6)	Quantités limitées 3.4 (7a)	Quantités exceptées 3.5.1.2 (7b)	Transport admis 3.2.1 (8)	Équipement exigé 8.1.5 (9)	Ventilation 7.1.6 (10)	Mesures pendant le chargement/déchargement/transport 7.1.6 (11)	Nombre de cônes, feux bleus 7.1.5 (12)	Observations 3.2.1 (13)
3399	MATIÈRE ORGANO-MÉTALLIQUE LIQUIDE HYDRORÉACTIVE, INFLAMMABLE	4.3	WF1	I	4.3 +3	274	0	E0		PP, EX, A	VE01	HA08	1	
3399	MATIÈRE ORGANO-MÉTALLIQUE LIQUIDE HYDRORÉACTIVE, INFLAMMABLE	4.3	WF1	II	4.3 +3	274	500 ml	E2		PP, EX, A	VE01	HA08	1	
3399	MATIÈRE ORGANO-MÉTALLIQUE LIQUIDE HYDRORÉACTIVE, INFLAMMABLE	4.3	WF1	III	4.3 +3	274	1 L	E1		PP, EX, A	VE01	HA08	0	
3400	MATIÈRE ORGANO-MÉTALLIQUE SOLIDE AUTO-ÉCHAUFFANTE	4.2	S5	II	4.2	274	500 g	E2		PP			0	
3400	MATIÈRE ORGANO-MÉTALLIQUE SOLIDE AUTO-ÉCHAUFFANTE	4.2	S5	III	4.2	274	1 kg	E1		PP			0	
3401	AMALGAME DE MÉTAUX ALCALINS, SOLIDE	4.3	W2	I	4.3	182	0	E0		PP, EX, A	VE01	HA08	0	
3402	AMALGAME DE MÉTAUX ALCALINO-TERREUX, SOLIDE	4.3	W2	I	4.3	183 506	0	E0		PP, EX, A	VE01	HA08	0	
3403	ALLIAGES MÉTALLIQUES DE POTASSIUM, SOLIDES	4.3	W2	I	4.3		0	E0		PP, EX, A	VE01	HA08	0	
3404	ALLIAGES DE POTASSIUM ET SODIUM, SOLIDES	4.3	W2	I	4.3		0	E0		PP, EX, A	VE01	HA08	0	
3405	CHLORATE DE BARYUM EN SOLUTION	5.1	OT1	II	5.1 +6.1	802	1 L	E2		PP, EP, TOX, A	VE02		2	
3405	CHLORATE DE BARYUM EN SOLUTION	5.1	OT1	III	5.1 +6.1	802	5 L	E1		PP, EP, TOX, A	VE02		0	
3406	PERCHLORATE DE BARYUM EN SOLUTION	5.1	OT1	II	5.1 +6.1	802	1 L	E2		PP, EP, TOX, A	VE02		2	
3406	PERCHLORATE DE BARYUM EN SOLUTION	5.1	OT1	III	5.1 +6.1	802	5 L	E1		PP, EP, TOX, A	VE02		0	
3407	CHLORATE ET CHLORURE DE MAGNÉSIUM EN MÉLANGE, EN SOLUTION	5.1	O1	II	5.1		1 L	E2		PP			0	
3407	CHLORATE ET CHLORURE DE MAGNÉSIUM EN MÉLANGE, EN SOLUTION	5.1	O1	III	5.1		5 L	E1		PP			0	
3408	PERCHLORATE DE PLOMB EN SOLUTION	5.1	OT1	II	5.1 +6.1		1 L	E2		PP, EP	VE02		2	
3408	PERCHLORATE DE PLOMB EN SOLUTION	5.1	OT1	III	5.1 +6.1		5 L	E1		PP, EP	VE02		0	
3409	CHLORONITROBENZÈNES liquides	6.1	T1	II	6.1	279 802	100 ml	E4		PP, EP, TOX, A	VE02		2	
3410	CHLORHYDRATE DE CHLORO-4 o-TOLUIDINE EN SOLUTION	6.1	T1	III	6.1	802	5 L	E1		PP, EP, TOX, A	VE02		0	
3411	bêta-NAPHTHYLAMINE EN SOLUTION	6.1	T1	II	6.1	802	100 ml	E4		PP, EP, TOX, A	VE02		2	
3411	bêta-NAPHTHYLAMINE EN SOLUTION	6.1	T1	III	6.1	802	5 L	E1		PP, EP, TOX, A	VE02		0	
3412	ACIDE FORMIQUE contenant au moins 10 % et au plus 85 % (masse) d'acide	8	C3	II	8		1 L	E2	T	PP, EP	VE02		0	
3412	ACIDE FORMIQUE contenant au moins 5 % mais moins de 10 % (masse) d'acide	8	C3	III	8		5 L	E1	T	PP, EP			0	
3413	CYANURE DE POTASSIUM EN SOLUTION	6.1	T4	I	6.1	802	0	E5		PP, EP, TOX, A	VE02		2	
3413	CYANURE DE POTASSIUM EN SOLUTION	6.1	T4	II	6.1	802	100 ml	E4		PP, EP, TOX, A	VE02		2	
3413	CYANURE DE POTASSIUM EN SOLUTION	6.1	T4	III	6.1	802	5 L	E1		PP, EP, TOX, A	VE02		0	

No. ONU ou ID (1)	Nom et description (2)	Classe (3a)	Code de classification (3b)	Groupe d'emballage (4)	Étiquettes (5)	Dispositions spéciales (6)	Quantités limitées et exceptées (7a)	(7b)	Transport admis (8)	Équipement exigé (9)	Ventilation (10)	Mesures pendant le chargement/déchargement/transport (11)	Nombre de cônes, feux bleus (12)	Observations (13)
		2.2	2.2	2.1.1.3	5.2.2	3.3	3.4	3.5.1.2	3.2.1	8.1.5	7.1.6	7.1.6	7.1.5	3.2.1
3414	CYANURE DE SODIUM EN SOLUTION	6.1	T4	I	6.1	802	0	E5		PP, EP, TOX, A	VE02		2	
3414	CYANURE DE SODIUM EN SOLUTION	6.1	T4	II	6.1	802	100 ml	E4		PP, EP, TOX, A	VE02		2	
3414	CYANURE DE SODIUM EN SOLUTION	6.1	T4	III	6.1	802	5 L	E1		PP, EP, TOX, A	VE02		0	
3415	FLUORURE DE SODIUM EN SOLUTION	6.1	T4	III	6.1	802	5 L	E1		PP, EP, TOX, A	VE02		0	
3416	CHLORACÉTOPHÉNONE, LIQUIDE	6.1	T1	II	6.1	802	0	E4		PP, EP, TOX, A	VE02		2	
3417	BROMURE DE XYLYLE, SOLIDE	6.1	T2	II	6.1	802	0	E4		PP, EP			2	
3418	m-TOLUYLÈNEDIAMINE EN SOLUTION	6.1	T1	III	6.1	802	5 L	E1		PP, EP, TOX, A	VE02		0	
3419	COMPLEXE DE TRIFLUORURE DE BORE ET D'ACIDE ACÉTIQUE, SOLIDE	8	C4	II	8		1 kg	E2		PP, EP			0	
3420	COMPLEXE DE TRIFLUORURE DE BORE ET D'ACIDE PROPIONIQUE, SOLIDE	8	C4	II	8		1 kg	E2		PP, EP			0	
3421	HYDROGÉNODIFLUORURE DE POTASSIUM EN SOLUTION	8	CT1	II	8+6.1	802	1 L	E2		PP, EP, TOX, A	VE02		2	
3421	HYDROGÉNODIFLUORURE DE POTASSIUM EN SOLUTION	8	CT1	III	8+6.1	802	5 L	E1		PP, EP, TOX, A	VE02		0	
3422	FLUORURE DE POTASSIUM EN SOLUTION	6.1	T4	III	6.1	802	5 L	E1		PP, EP, TOX, A	VE02		0	
3423	HYDROXYDE DE TÉTRAMÉTHYLAMMONIUM, SOLIDE	8	C8	II	8	802	1 kg	E2		PP, EP			0	
3424	DINITRO-o-CRÉSATE D'AMMONIUM EN SOLUTION	6.1	T1	II	6.1	802	100 ml	E4		PP, EP, TOX, A	VE02		2	
3424	DINITRO-o-CRÉSATE D'AMMONIUM EN SOLUTION	6.1	T1	III	6.1	802	5 L	E1		PP, EP, TOX, A	VE02		0	
3425	ACIDE BROMACÉTIQUE SOLIDE	8	C4	II	8	802	1 kg	E2		PP, EP	VE02		0	
3426	ACRYLAMIDE EN SOLUTION	6.1	T1	III	6.1	802	5 L	E1	T	PP, EP, TOX, A			0	
3427	CHLORURES DE CHLOROBENZYLE, SOLIDES	6.1	T2	III	6.1	802	5 kg	E1		PP, EP			0	
3428	ISOCYANATE DE CHLORO-3 MÉTHYL-4 PHÉNYLE SOLIDE	6.1	T2	II	6.1	802	500 g	E4		PP, EP			2	
3429	CHLOROTOLUIDINES LIQUIDES	6.1	T1	III	6.1	802	5 L	E1		PP, EP, TOX, A	VE02		0	
3430	XYLÉNOLS, LIQUIDES	6.1	T1	II	6.1	802	100 ml	E4		PP, EP, TOX, A	VE02		2	
3431	FLUORURES DE NITROBENZYLIDYNE, SOLIDES	6.1	T2	II	6.1	802	500 g	E4		PP, EP			2	
3432	DIPHÉNYLES POLYCHLORÉS SOLIDES	9	M2	II	9	305 802	1 kg	E2		PP, EP			0	
3434	NITROCRÉSOLS, liquides	6.1	T1	III	6.1	802	5 L	E1		PP, EP, TOX, A	VE02		0	
3436	HYDRATE D'HEXA-FLUORACÉTONE, SOLIDE	6.1	T2	II	6.1	802	500 g	E4		PP, EP			2	
3437	CHLOROCRÉSOLS SOLIDES	6.1	T2	II	6.1	802	500 g	E4		PP, EP			2	
3438	ALCOOL alpha-MÉTHYL-BENZYLIQUE SOLIDE	6.1	T2	III	6.1	802	5 kg	E1		PP, EP			0	

No. ONU ou ID (1)	Nom et description (2)	Classe (3a)	Code de classification (3b)	Groupe d'emballage (4)	Étiquettes (5)	Dispositions spéciales (6)	Quantités limitées (7a)	et exceptées (7b)	Transport admis (8)	Équipement exigé (9)	Ventilation (10)	Mesures pendant le chargement/déchargement/transport (11)	Nombre de cônes, feux bleus (12)	Observations (13)
3439	NITRILES SOLIDES TOXIQUES, N.S.A.	6.1	T2	I	6.1	274 802	0	E5		PP, EP			2	
3439	NITRILES SOLIDES TOXIQUES, N.S.A.	6.1	T2	II	6.1	274 802	500 g	E4		PP, EP			2	
3439	NITRILES SOLIDES TOXIQUES, N.S.A.	6.1	T2	III	6.1	274 802	5 kg	E1		PP, EP			0	
3440	COMPOSÉ DU SÉLÉNIUM, LIQUIDE, N.S.A.	6.1	T4	I	6.1	274 802	0	E5		PP, EP, TOX, A	VE02		2	
3440	COMPOSÉ DU SÉLÉNIUM, LIQUIDE, N.S.A.	6.1	T4	II	6.1	274 802	100 ml	E4		PP, EP, TOX, A	VE02		2	
3440	COMPOSÉ DU SÉLÉNIUM, LIQUIDE, N.S.A.	6.1	T4	III	6.1	274 802	5 L	E1		PP, EP, TOX, A	VE02		0	
3441	CHLORODINITROBENZÈNES SOLIDES	6.1	T2	II	6.1	279 802	500 g	E4		PP, EP			2	
3442	DICHLORANILINES SOLIDES	6.1	T2	II	6.1	279 802	500 g	E4		PP, EP			2	
3443	DINITROBENZÈNES SOLIDES	6.1	T2	II	6.1	802	500 g	E4		PP, EP			2	
3444	CHLORHYDRATE DE NICOTINE SOLIDE	6.1	T2	II	6.1	43 802	500 g	E4		PP, EP			2	
3445	SULFATE DE NICOTINE SOLIDE	6.1	T2	II	6.1	802	500 g	E4		PP, EP			2	
3446	NITROTOLUÈNES SOLIDES	6.1	T2	II	6.1	802	500 g	E4		PP, EP			2	
3447	NITROXYLÈNES SOLIDES	6.1	T2	II	6.1	802	500 g	E4		PP, EP			2	
3448	MATIÈRE SOLIDE SERVANT À LA PRODUCTION DE GAZ LACRYMOGÈNES, N.S.A.	6.1	T2	I	6.1	274 802	0	E5		PP, EP			2	
3448	MATIÈRE SOLIDE SERVANT À LA PRODUCTION DE GAZ LACRYMOGÈNES, N.S.A.	6.1	T2	II	6.1	274 802	0	E4		PP, EP			2	
3449	CYANURES DE BROMOBENZYLE SOLIDES	6.1	T2	I	6.1	138 802	0	E5		PP, EP			2	
3450	DIPHÉNYLCHLORARSINE, SOLIDE	6.1	T3	I	6.1	802	0	E5		PP, EP			2	
3451	TOLUIDINES SOLIDES	6.1	T2	II	6.1	279 802	500 g	E4	T	PP, EP			2	
3452	XYLIDINES SOLIDES	6.1	T2	II	6.1	802	500 g	E4		PP, EP			2	
3453	ACIDE PHOSPHORIQUE SOLIDE	8	C2	III	8		5 kg	E1		PP, EP			0	
3454	DINITROTOLUÈNES SOLIDES	6.1	T2	II	6.1		500 g	E4		PP, EP			2	
3455	CRÉSOLS SOLIDES	6.1	TC2	II	6.1+8	802	500 g	E4	T	PP, EP			2	
3456	HYDROGÉNOSULFATE DE NITROSYLE SOLIDE	8	C2	II	8		1 kg	E2	T3	PP, EP			0	
3457	CHLORONITROTOLUÈNES SOLIDES	6.1	T2	III	6.1	802	5 kg	E1		PP, EP			0	
3458	NITRANISOLES SOLIDES	6.1	T2	III	6.1	279 802	5 kg	E1		PP, EP			0	
3459	NITROBROMOBENZÈNES SOLIDES	6.1	T2	III	6.1	802	5 kg	E1		PP, EP			0	
3460	N-ÉTHYLBENZYLTOLUIDINES SOLIDES	6.1	T2	III	6.1	802	5 kg	E1		PP, EP			0	
3462	TOXINES EXTRAITES D'ORGANISMES VIVANTS, SOLIDES, N.S.A.	6.1	T2	I	6.1	210 274 802	0	E5		PP, EP			2	
3462	TOXINES EXTRAITES D'ORGANISMES VIVANTS, SOLIDES, N.S.A.	6.1	T2	II	6.1	210 274 802	500 g	E4		PP, EP			2	

No. ONU ou ID (1)	Nom et description (2)	Classe (3a)	Code de classification (3b)	Groupe d'emballage (4)	Étiquettes (5)	Dispositions spéciales (6)	Quantités limitées et exceptées 3.4 (7a)	Quantités limitées et exceptées 3.5.1.2 (7b)	Transport admis (8)	Équipement exigé (9)	Ventilation (10)	Mesures pendant le chargement/déchargement/transport (11)	Nombre de cônes, feux bleus (12)	Observations (13)
3462	TOXINES EXTRAITES D'ORGANISMES VIVANTS, SOLIDES, N.S.A.	6.1	T2	III	6.1	210 274 802	5 kg	E1		PP, EP			0	
3463	ACIDE PROPIONIQUE contenant au moins 90 % (masse) d'acide	8	CF1	II	8 +3		1 L	E2	T	PP, EP, EX, A	VE01		1	
3464	COMPOSÉ ORGANOPHOSPHORÉ SOLIDE TOXIQUE, N.S.A.	6.1	T2	I	6.1	43 274 802	0	E5		PP, EP			2	
3464	COMPOSÉ ORGANOPHOSPHORÉ SOLIDE TOXIQUE, N.S.A.	6.1	T2	II	6.1	43 274 802	500 g	E4		PP, EP			2	
3464	COMPOSÉ ORGANOPHOSPHORÉ SOLIDE TOXIQUE, N.S.A.	6.1	T2	III	6.1	43 274 802	5 kg	E1		PP, EP			0	
3465	COMPOSÉ ORGANIQUE DE L'ARSENIC, SOLIDE, N.S.A.	6.1	T3	I	6.1	274 802	0	E5		PP, EP			2	
3465	COMPOSÉ ORGANIQUE DE L'ARSENIC, SOLIDE, N.S.A.	6.1	T3	II	6.1	274 802	500 g	E4		PP, EP			2	
3465	COMPOSÉ ORGANIQUE DE L'ARSENIC, SOLIDE, N.S.A.	6.1	T3	III	6.1	274 802	5 kg	E1		PP, EP			0	
3466	MÉTAUX-CARBONYLES, SOLIDE, N.S.A.	6.1	T3	I	6.1	274 562 802	0	E5		PP, EP			2	
3466	MÉTAUX-CARBONYLES, SOLIDE, N.S.A.	6.1	T3	II	6.1	274 562 802	500 g	E4		PP, EP			2	
3466	MÉTAUX-CARBONYLES, SOLIDE, N.S.A.	6.1	T3	III	6.1	274 562 802	5 kg	E1		PP, EP			0	
3467	COMPOSÉ ORGANOMÉTALLIQUE SOLIDE TOXIQUE, N.S.A.	6.1	T3	I	6.1	274 562 802	0	E5		PP, EP			2	
3467	COMPOSÉ ORGANOMÉTALLIQUE SOLIDE TOXIQUE, N.S.A.	6.1	T3	II	6.1	274 562 802	500 g	E4		PP, EP			2	
3467	COMPOSÉ ORGANOMÉTALLIQUE SOLIDE TOXIQUE, N.S.A.	6.1	T3	III	6.1	274 562 802	5 kg	E1		PP, EP			0	
3468	HYDROGÈNE DANS UN DISPOSITIF DE STOCKAGE À HYDRURE MÉTALLIQUE ou HYDROGÈNE DANS UN DISPOSITIF DE STOCKAGE À HYDRURE MÉTALLIQUE CONTENU DANS UN ÉQUIPEMENT ou HYDROGÈNE DANS UN DISPOSITIF DE STOCKAGE À HYDRURE MÉTALLIQUE EMBALLÉ AVEC UN ÉQUIPEMENT	2	1F		2.1	321 356	0	E0	T	PP, EX, A	VE01		1	

No. ONU ou ID	Nom et description	Classe	Code de classification	Groupe d'emballage	Étiquettes	Dispositions spéciales	Quantités limitées et exceptées		Transport admis	Équipement exigé	Venti-lation	Mesures pendant le chargement/déchargement/ transport	Nombre de cônes, feux bleus	Observations
		2.2	2.2	2.1.1.3	5.2.2	3.3	3.4	3.5.1.2	3.2.1	8.1.5	7.1.6	7.1.6	7.1.5	3.2.1
(1)	(2)	(3a)	(3b)	(4)	(5)	(6)	(7a)	(7b)	(8)	(9)	(10)	(11)	(12)	(13)
3469	PEINTURES INFLAMMABLES, CORROSIVES (y compris peintures, laques, émaux, couleurs, shellacs, vernis, cirages, encaustiques, enduits d'apprêt et bases liquides pour laques) ou MATIÈRES APPARENTÉES AUX PEINTURES, INFLAMMABLES, CORROSIVES (y compris solvants et diluants pour peintures)	3	FC	I	3 + 8	163	0	E0		PP, EX, A	VE01		1	
3469	PEINTURES INFLAMMABLES, CORROSIVES (y compris peintures, laques, émaux, couleurs, shellacs, vernis, cirages, encaustiques, enduits d'apprêt et bases liquides pour laques) ou MATIÈRES APPARENTÉES AUX PEINTURES, INFLAMMABLES, CORROSIVES (y compris solvants et diluants pour peintures)	3	FC	II	3 + 8	163	1 L	E2		PP, EX, A	VE01		1	
3469	PEINTURES INFLAMMABLES, CORROSIVES (y compris peintures, laques, émaux, couleurs, shellacs, vernis, cirages, encaustiques, enduits d'apprêt et bases liquides pour laques) ou MATIÈRES APPARENTÉES AUX PEINTURES, INFLAMMABLES, CORROSIVES (y compris solvants et diluants pour peintures)	3	FC	III	3 + 8	163	5 L	E1		PP, EX, A	VE01		0	
3470	PEINTURES CORROSIVES, INFLAMMABLES (y compris peintures, laques, émaux, couleurs, shellacs, vernis, cirages, encaustiques, enduits d'apprêt et bases liquides pour laques) ou MATIÈRES APPARENTÉES AUX PEINTURES, CORROSIVES, INFLAMMABLES (y compris solvants et diluants pour peintures)	8	CF1	II	8 + 3	163	1 L	E2		PP, EP, EX, A	VE01		1	
3471	HYDROGÉNODIFLUORURES EN SOLUTION, N.S.A.	8	CT1	II	8 + 6.1	802	1 L	E2		PP, EP			2	
3471	HYDROGÉNODIFLUORURES EN SOLUTION, N.S.A.	8	CT1	III	8 + 6.1	802	5 L	E1		PP, EP			0	
3472	ACIDE CROTONIQUE LIQUIDE	8	C3	III	8		5 L	E1		PP, EP			0	
3473	CARTOUCHES POUR PILE À COMBUSTIBLE ou CARTOUCHES POUR PILE À COMBUSTIBLE CONTENUES DANS UN ÉQUIPEMENT ou CARTOUCHES POUR PILE À COMBUSTIBLE EMBALLÉES AVEC UN ÉQUIPEMENT contenant des liquides inflammables	3	F3		3	328	1 L	E0		PP, EX, A	VE01			
3474	1-HYDROXYBENZOTRIAZOLE MONOHYDRATÉ	4.1	D	I	4.1		0	E0		PP			1	
3475	MÉLANGE D'ÉTHANOL ET D'ESSENCE contenant plus de 10% d'éthanol	3	F1	II	3	333 363	1 L	E2	T	PP, EX, A	VE01		1	

No. ONU ou ID	Nom et description	Classe	Code de classi-fication	Groupe d'embal-lage	Étiquettes	Dispos-itions spéciales	Quantités limitées et exceptées		Trans-port admis	Équipement exigé	Venti-lation	Mesures pendant le chargement/déchargement/transport	Nombre de cônes, feux bleus	Observations
							3.4	3.5.1.2						
3.1.2	3.1.2	2.2	2.2	2.1.1.3	5.2.2	3.3	(7a)	(7b)	3.2.1	8.1.5	7.1.6	7.1.6	7.1.5	3.2.1
(1)	(2)	(3a)	(3b)	(4)	(5)	(6)			(8)	(9)	(10)	(11)	(12)	(13)
3476	CARTOUCHES POUR PILE À COMBUSTIBLE ou CARTOUCHES POUR PILE À COMBUSTIBLE CONTENUES DANS UN ÉQUIPEMENT ou CARTOUCHES POUR PILE À COMBUSTIBLE EMBALLÉES AVEC UN ÉQUIPEMENT, contenant des matières hydroréactives	4.3	W3		4.3	328 334	500 ml ou 500 g	E0		PP, EX, A	VE01	HA08	0	
3477	CARTOUCHES POUR PILE À COMBUSTIBLE ou CARTOUCHES POUR PILE À COMBUSTIBLE CONTENUES DANS UN ÉQUIPEMENT ou CARTOUCHES POUR PILE À COMBUSTIBLE EMBALLÉES AVEC UN ÉQUIPEMENT, contenant des matières corrosives	8	C11		8	328 334	1 L ou 1 kg	E0		PP, EP, A			0	
3478	CARTOUCHES POUR PILE À COMBUSTIBLE ou CARTOUCHES POUR PILE À COMBUSTIBLE CONTENUES DANS UN ÉQUIPEMENT ou CARTOUCHES POUR PILE À COMBUSTIBLE EMBALLÉES AVEC UN ÉQUIPEMENT, contenant un gaz liquéfié inflammable	2	6F		2.1	328 338	120 ml	E0		PP, EX, A	VE01		1	
3479	CARTOUCHES POUR PILE À COMBUSTIBLE ou CARTOUCHES POUR PILE À COMBUSTIBLE CONTENUES DANS UN ÉQUIPEMENT ou CARTOUCHES POUR PILE À COMBUSTIBLE EMBALLÉES AVEC UN ÉQUIPEMENT, contenant de l'hydrogène dans un hydrure métallique	2	6F		2.1	328 339	120 ml	E0		PP, EX, A	VE01		1	
3480	PILES AU LITHIUM IONIQUE (y compris les piles au lithium ionique à membrane polymère)	9	M4	II	9	188 230 310 348 636 661	0	E0		PP			0	
3481	PILES AU LITHIUM IONIQUE CONTENUES DANS UN ÉQUIPEMENT ou PILES AU LITHIUM IONIQUE EMBALLÉES AVEC UN ÉQUIPEMENT (y compris les piles au lithium ionique à membrane polymère)	9	M4	II	9	188 230 348 360 636 661	0	E0		PP			0	
3482	DISPERSION DE MÉTAUX ALCALINS, INFLAMMABLE ou DISPERSION DE MÉTAUX ALCALINO-TERREUX, INFLAMMABLE	4.3	WF1	I	4.3+3	182 183 506	0	E0		PP, EX, A	VE01	HA08	1	
3483	MÉLANGE ANTIDÉTONANT POUR CARBURANTS, INFLAMMABLE	6.1	TF1	I	6.1+3		0	E5		PP, EP, EX, TOX, A	VE01, VE02		2	
3484	HYDRAZINE EN SOLUTION AQUEUSE, INFLAMMABLE, contenant plus de 37 % (masse) d'hydrazine	8	CFT	I	8+3+6.1	530	0	E0		PP, EP, EX, TOX, A	VE01, VE02		2	

No. ONU ou ID	Nom et description	Classe	Code de classi-fication	Groupe d'embal-lage	Étiquettes	Disposit-ions spéciales	Quantités limitées et exceptées		Trans-port admis	Équipement exigé	Venti-lation	Mesures pendant le chargement/déchargement/ transport		Nombre de cônes, feux bleus	Observations
3.1.1	3.1.2	2.2	2.2	2.1.1.3	5.2.2	3.3	3.4	3.5.1.2	3.2.1	8.1.5	7.1.6	7.1.6		7.1.5	3.2.1
(1)	(2)	(3a)	(3b)	(4)	(5)	(6)	(7a)	(7b)	(8)	(9)	(10)	(11)		(12)	(13)
3485	HYPOCHLORITE DE CALCIUM SEC, CORROSIF ou HYPOCHLORITE DE CALCIUM EN MÉLANGE SEC, CORROSIF contenant plus de 39 % de chlore actif (8,8 % d'oxygène actif)	5.1	OC2	II	5.1+8	314	1 kg	E2		PP				0	
3486	HYPOCHLORITE DE CALCIUM EN MÉLANGE SEC, CORROSIF contenant plus de 10 % mais 39 % au maximum de chlore actif	5.1	OC2	III	5.1+8	314	5 kg	E1		PP				0	
3487	HYPOCHLORITE DE CALCIUM HYDRATÉ, CORROSIF ou HYPOCHLORITE DE CALCIUM EN MÉLANGE HYDRATÉ, CORROSIF, avec au moins 5,5 % mais au plus 16 % d'eau	5.1	OC2	II	5.1+8	314 322	1 kg	E2		PP				0	
3487	HYPOCHLORITE DE CALCIUM HYDRATÉ, CORROSIF ou HYPOCHLORITE DE CALCIUM EN MÉLANGE HYDRATÉ, CORROSIF avec au moins 5,5 % mais au plus 16 % d'eau	5.1	OC2	III	5.1+8	314	5 kg	E1		PP				0	
3488	LIQUIDE TOXIQUE À L'INHALATION, INFLAMMABLE, CORROSIF, N.S.A., de CL$_{50}$ inférieure ou égale à 200 ml/m³ et de concentration de vapeur saturée supérieure ou égale à 500 CL$_{50}$	6.1	TFC	I	6.1+3+8	274	0	E0		PP, EP, EX, TOX, A	VE01, VE02			2	
3489	LIQUIDE TOXIQUE À L'INHALATION, INFLAMMABLE, CORROSIF, N.S.A., de CL$_{50}$ inférieure ou égale à 1 000 ml/m³ et de concentration de vapeur saturée supérieure ou égale à 10 CL$_{50}$	6.1	TFC	I	6.1+3+8	274	0	E0		PP, EP, EX, TOX, A	VE01, VE02			2	
3490	LIQUIDE TOXIQUE À L'INHALATION, INFLAMMABLE, HYDRORÉACTIF, N.S.A., de CL$_{50}$ inférieure ou égale à 200 ml/m³ et de concentration de vapeur saturée ou égale à 500 CL$_{50}$	6.1	TFW	I	6.1+4.3+3	274	0	E0		PP, EP, EX, TOX, A	VE01, VE02			2	
3491	LIQUIDE TOXIQUE À L'INHALATION, INFLAMMABLE, HYDRORÉACTIF, N.S.A., de CL$_{50}$ inférieure ou égale à 1 000 ml/m³ et de concentration de vapeur saturée supérieure ou égale à 10 CL$_{50}$	6.1	TFW	I	6.1+4.3+3	274	0	E0		PP, EP, EX, TOX, A	VE01, VE02			2	
3494	PÉTROLE BRUT ACIDE, INFLAMMABLE, TOXIQUE	3	FT1	I	3+6.1	343 649	0	E0	T	PP, EP, EX, TOX, A	VE01, VE02			2	
3494	PÉTROLE BRUT ACIDE, INFLAMMABLE, TOXIQUE	3	FT1	II	3+6.1	343 649	1 L	E2	T	PP, EP, EX, TOX, A	VE01, VE02			2	
3494	PÉTROLE BRUT ACIDE, INFLAMMABLE, TOXIQUE	3	FT1	III	3+6.1	343 649	5 L	E1	T	PP, EP, EX, TOX, A	VE01, VE02			0	

No. ONU ou ID (1)	Nom et description (2)	Classe (3a)	Code de classification (3b)	Groupe d'emballage (4)	Étiquettes (5)	Dispositions spéciales (6)	Quantités limitées (7a) 3.4	Quantités exceptées (7b) 3.5.1.2	Transport admis (8)	Équipement exigé (9)	Ventilation (10)	Mesures pendant le chargement/déchargement/transport (11)	Nombre de cônes, feux bleus (12)	Observations (13)
3495	IODE	8	CT2	III	8+6.1	279 802	5 kg	E1		PP, EP, TOX, A	VE02		0	
3496	Piles au nickel-hydrure métallique	9	M11							NON SOUMIS À L'ADN				
3497	FARINE DE KRILL	4.2	S2	II	4.2	300	0	E2		PP			0	
3497	FARINE DE KRILL	4.2	S2	III	4.2	300	0	E1		PP			0	
3498	MONOCHLORURE D'IODE, LIQUIDE	8	C11	II	8	361	1L	E2		PP, EP			0	
3499	CONDENSATEUR, électrique à double couche (ayant une capacité d'accumulation d'énergie supérieure à 0,3 Wh)	9	M11		9		0	E0		PP			0	
3500	PRODUIT CHIMIQUE SOUS PRESSION, N.S.A.	2	8A		2.2	274 659	0	E0		PP			0	
3501	PRODUIT CHIMIQUE SOUS PRESSION, INFLAMMABLE, N.S.A.	2	8F		2.1	274 659	0	E0		PP, EX, A	VE01		1	
3502	PRODUIT CHIMIQUE SOUS PRESSION, TOXIQUE, N.S.A	2	8T		2.2+6.1	274 659	0	E0		PP, EP, TOX, A	VE02		2	
3503	PRODUIT CHIMIQUE SOUS PRESSION, CORROSIF, N.S.A	2	8C		2.2+8	274 659	0	E0		PP, EP	VE02		0	
3504	PRODUIT CHIMIQUE SOUS PRESSION, INFLAMMABLE, TOXIQUE, N.S.A.	2	8TF		2.1+6.1	274 659	0	E0		PP, EP, EX, TOX, A	VE01, VE02		2	
3505	PRODUIT CHIMIQUE SOUS PRESSION, INFLAMMABLE, CORROSIF, N.S.A	2	8FC		2.1+8	274 659	0	E0		PP, EP, EX, A	VE01		1	
3506	MERCURE CONTENU DANS DES ARTICLES MANUFACTURÉS	8	CT3	III	8+6.1	366	5kg	E0		PP, EP, TOX, A	VE02		0	
9000	AMMONIAC, FORTEMENT RÉFRIGÉRÉ	2	3TC		2.3+8				T	PP, EP, TOX, A	VE02		2	Admis au transport uniquement en bateaux-citernes
9001	MATIÈRES DONT LE POINT D'ÉCLAIR EST SUPÉRIEUR À 60°C, transportées à chaud à une température PLUS PRÈS QUE 15 K DU POINT D'ÉCLAIR	3	F4		none				T	PP			0	Dangereux uniquement en cas de transport en bateaux-citernes
9002	MATIÈRES DONT LA TEMPÉRATURE D'AUTO-INFLAMMATION EST INFÉRIEURE OU ÉGALE À 200 °C, N.S.A.	3	F5		none				T	PP			0	Dangereux uniquement en cas de transport en bateaux-citernes
9003	MATIÈRES DONT LE POINT D'ÉCLAIR EST SUPÉRIEUR À 60 °C MAIS INFÉRIEUR OU ÉGAL À 100 °C, qui ne sont pas affectées à une autre classe	9			none				T	PP			0	Dangereux uniquement en cas de transport en bateaux-citernes
9004	DIISOCYANATE DE DIPHÉNYLMÉTHANE-4,4'	9			none				T	PP			0	Dangereux uniquement en cas de transport en bateaux-citernes

No. ONU ou ID	Nom et description	Classe	Code de classi- fication	Groupe d'embal- lage	Étiquettes	Disposit- ions spéciales	Quantités limitées et exceptées		Trans- port admis	Équipement exigé	Venti- lation	Mesures pendant le chargement/déchargement/ transport	Nombre de cônes, feux bleus	Observations
	3.1.2	2.2	2.2	2.1.1.3	5.2.2	3.3	3.4	3.5.1.2	3.2.1	8.1.5	7.1.6	7.1.6	7.1.5	3.2.1
(1)	(2)	(3a)	(3b)	(4)	(5)	(6)	(7a)	(7b)	(8)	(9)	(10)	(11)	(12)	(13)
9005	MATIÈRE DANGEREUSE DU POINT DE VUE DE L'ENVIRONNEMENT, SOLIDE, N.S.A., FONDUE	9			none				T	PP			0	Dangereux uniquement en cas de transport en bateaux-citernes
9006	MATIÈRE DANGEREUSE DU POINT DE VUE DE L'ENVIRONNEMENT, LIQUIDE, N.S.A.	9			none				T	PP			0	Dangereux uniquement en cas de transport en bateaux-citernes

3.2.2   **Tableau B : Liste des marchandises dangereuses par ordre alphabétique**

Le tableau B ci-après comporte une liste alphabétique des matières et des objets qui sont présentés dans le tableau A du 3.2.1 dans l'ordre des numéros ONU. Il ne fait pas partie intégrante de l'ADN. Il a été préparé, avec tout le soin nécessaire, par le secrétariat de la Commission économique des Nations Unies pour l'Europe, pour faciliter la consultation du Règlement annexé à l'ADN, mais il ne peut en aucun cas se substituer aux prescriptions dudit Règlement qui, en cas de contradiction, font foi et qui doivent donc être soigneusement vérifiées et respectées.

NOTA 1 : Il n'est pas tenu compte dans l'ordre alphabétique des chiffres, des lettres grecques, des lettres "n", "N", "o" (ortho), "m" (méta), "p" (para), des termes "sec", "tert", ni des prépositions, qui font cependant partie de la désignation officielle de transport. Il n'est pas non plus tenu compte des pluriels ni de l'abréviation "N.S.A." (non spécifié par ailleurs).

2 : L'utilisation des lettres majuscules pour désigner une matière ou un objet signifie qu'il s'agit d'une désignation officielle de transport (voir 3.1.2).

3: Si la désignation de la matière ou de l'objet est indiquée en lettres majuscules et est suivie de "voir", il s'agit d'une alternative à la désignation officielle de transport ou à une partie de celle-ci (à l'exception du PCB) (voir 3.1.2.1).

4 : Si la désignation de la matière ou de l'objet est indiquée en lettres minuscules et est suivie de "voir", il ne s'agit pas de la désignation officielle de transport mais d'un synonyme.

5 : Lorsqu'une désignation est en partie en majuscules et en partie en minuscules, la partie en minuscules n'est pas considérée comme faisant partie de la désignation officielle de transport (voir 3.1.2.1).

6 : Sur les documents et les colis, la désignation officielle de transport peut figurer au singulier ou au pluriel, comme il convient (voir 3.1.2.3).

7 : Pour la détermination exacte de la désignation officielle de transport, voir 3.1.2.

Nom et description	No ONU	Classe	Note	Nom et description	No ONU	Classe	Note
ACCUMULATEURS AU SODIUM	3292	4.3		ACÉTATE DE PLOMB	1616	6.1	
ACCUMULATEURS électriques INVERSABLES REMPLIS D'ÉLECTROLYTE LIQUIDE	2800	8		Acétate de plomb (II), voir	1616	6.1	
				ACÉTATE DE n-PROPYLE	1276	3	
ACCUMULATEURS électriques REMPLIS D'ÉLECTROLYTE LIQUIDE ACIDE	2794	8		ACÉTATE DE VINYLE STABILISÉ	1301	3	
				ACÉTOARSÉNITE DE CUIVRE	1585	6.1	
ACCUMULATEURS électriques REMPLIS D'ÉLECTROLYTE LIQUIDE ALCALIN	2795	8		Acétoïne, voir	2621	3	
				ACÉTONE	1090	3	
ACCUMULATEURS électriques SECS CONTENANT DE L'HYDROXYDE DE POTASSIUM SOLIDE	3028	8		ACÉTONITRILE	1648	3	
				ACÉTYLÈNE DISSOUS	1001	2	
				ACÉTYLÈNE SANS SOLVANT	3374	2	
ACÉTAL	1088	3		ACÉTYLMÉTHYLCARBINOL	2621	3	
ACÉTALDÉHYDE	1089	3		ACIDE ACÉTIQUE EN SOLUTION contenant au moins 50% et au plus 80% (masse) d'acide	2790	8	
ACÉTALDOXIME	2332	3					
ACÉTATE D'ALLYLE	2333	3		ACIDE ACÉTIQUE EN SOLUTION contenant plus de 10% et moins de 50% (masse) d'acide	2790	8	
ACÉTATES D'AMYLE	1104	3					
ACÉTATES DE BUTYLE	1123	3		ACIDE ACÉTIQUE EN SOLUTION contenant plus de 80% (masse) d'acide	2789	8	
Acétate de butyle secondaire, voir	1123	3					
ACÉTATE DE CYCLOHEXYLE	2243	3		ACIDE ACÉTIQUE GLACIAL	2789	8	
ACÉTATE DE L'ÉTHER MONOÉTHYLIQUE DE L'ÉTHYLÈNEGLYCOL	1172	3		ACIDE ACRYLIQUE STABILISÉ	2218	8	
				ACIDES ALKYLSULFONIQUES LIQUIDES contenant au plus 5% d'acide sulfurique libre	2586	8	
ACÉTATE DE L'ÉTHER MONOMÉTHYLIQUE DE L'ÉTHYLÈNEGLYCOL	1189	3					
				ACIDES ALKYLSULFONIQUES LIQUIDES contenant plus de 5% d'acide sulfurique libre	2584	8	
Acétate d'éthoxy-2 éthyle, voir	1172	3					
ACÉTATE DE 2-ÉTHYLBUTYLE	1177	3		ACIDES ALKYLSULFONIQUES SOLIDES contenant au plus 5% d'acide sulfurique libre	2585	8	
ACÉTATE D'ÉTHYLE	1173	3					
Acétate d'éthyl-2 butyle, voir	1177	3		ACIDES ALKYLSULFONIQUES SOLIDES contenant plus de 5% d'acide sulfurique libre	2583	8	
Acétate d'éthylglycol, voir	1172	3					
ACÉTATE D'ISOBUTYLE	1213	3		ACIDES ALKYLSULFURIQUES	2571	8	
ACÉTATE D'ISOPROPÉNYLE	2403	3		Acide arsénieux, voir	1561	6.1	
ACÉTATE D'ISOPROPYLE	1220	3		ACIDE ARSÉNIQUE LIQUIDE	1553	6.1	
ACÉTATE DE MERCURE	1629	6.1		ACIDE ARSÉNIQUE SOLIDE	1554	6.1	
ACÉTATE DE MÉTHYLAMYLE	1233	3		ACIDES ARYLSULFONIQUES LIQUIDES contenant au plus 5% d'acide sulfurique libre	2586	8	
ACÉTATE DE MÉTHYLE	1231	3					
Acétate de méthylglycol, voir	1189	3					
ACÉTATE DE PHÉNYLMERCURE	1674	6.1					

Nom et description	No ONU	Classe	Note
ACIDES ARYLSULFONIQUES LIQUIDES contenant plus de 5% d'acide sulfurique libre	2584	8	
ACIDES ARYLSULFONIQUES SOLIDES contenant au plus 5% d'acide sulfurique libre	2585	8	
ACIDES ARYLSULFONIQUES SOLIDES contenant plus de 5% d'acide sulfurique libre	2583	8	
ACIDE BROMACÉTIQUE EN SOLUTION	1938	8	
ACIDE BROMACÉTIQUE SOLIDE	3425	8	
ACIDE BROMHYDRIQUE	1788	8	
ACIDE BUTYRIQUE	2820	8	
ACIDE CACODYLIQUE	1572	6.1	
ACIDE CAPROÏQUE	2829	8	
ACIDE CHLORACÉTIQUE EN SOLUTION	1750	6.1	
ACIDE CHLORACÉTIQUE FONDU	3250	6.1	
ACIDE CHLORACÉTIQUE SOLIDE	1751	6.1	
ACIDE CHLORHYDRIQUE	1789	8	
ACIDE CHLORHYDRIQUE ET ACIDE NITRIQUE EN MÉLANGE	1798	8	Transport interdit
ACIDE CHLORIQUE EN SOLUTION AQUEUSE contenant au plus 10% d'acide chlorique	2626	5.1	
Acide chloracétique, voir	1750 1751 3250	6.1 6.1 6.1	
ACIDE CHLOROPLATINIQUE SOLIDE	2507	8	
ACIDE CHLORO-2 PROPIONIQUE	2511	8	
ACIDE CHLOROSULFONIQUE contenant ou non du trioxyde de soufre	1754	8	
Acide chromique anhydre, voir	1463	5.1	
Acide chromique solide, voir	1463	5.1	
ACIDE CHROMIQUE EN SOLUTION	1755	8	

Nom et description	No ONU	Classe	Note
ACIDE CRÉSYLIQUE	2022	6.1	
ACIDE CROTONIQUE LIQUIDE	3472	8	
ACIDE CROTONIQUE SOLIDE	2823	8	
ACIDE CYANHYDRIQUE EN SOLUTION AQUEUSE contenant au plus 20% de cyanure d'hydrogène, voir	1613	6.1	
ACIDE DICHLORACÉTIQUE	1764	8	
ACIDE DICHLOROISOCYANURIQUE SEC	2465	5.1	
ACIDE DIFLUORO-PHOSPHORIQUE ANHYDRE	1768	8	
Acide diméthylarsinique, voir	1572	6.1	
ACIDE FLUORACÉTIQUE	2642	6.1	
ACIDE FLUORHYDRIQUE contenant plus de 60% de fluorure d'hydrogène mais pas plus de 85% de fluorure d'hydrogène	1790	8	
ACIDE FLUORHYDRIQUE contenant plus de 85% de fluorure d'hydrogène	1790	8	
ACIDE FLUORHYDRIQUE contenant au plus 60% de fluorure d'hydrogène	1790	8	
ACIDE FLUORHYDRIQUE ET ACIDE SULFURIQUE EN MÉLANGE	1786	8	
ACIDE FLUOROBORIQUE	1775	8	
ACIDE FLUORO-PHOSPHORIQUE ANHYDRE	1776	8	
ACIDE FLUOROSILICIQUE	1778	8	
ACIDE FLUOROSULFONIQUE	1777	8	
ACIDE FORMIQUE contenant au moins 10% et au plus 85 % (masse) d'acide	3412	8	
ACIDE FORMIQUE contenant au moins 5% mais moins de 10 % (masse) d'acide	3412	8	
ACIDE FORMIQUE contenant plus de 85 % (masse) d'acide	1779	8	
ACIDE HEXAFLUORO-PHOSPHORIQUE	1782	8	
Acide hexanoïque, voir	2829	8	
Acide hydrofluosilicique, voir	1778	8	
ACIDE IODHYDRIQUE	1787	8	
ACIDE ISOBUTYRIQUE	2529	3	

Nom et description	No ONU	Classe	Note
ACIDE MERCAPTO-5 TÉTRAZOL-1-ACÉTIQUE	0448	1	
Acide mercapto-2 propionique, voir	2936	6.1	
ACIDE MÉTHACRYLIQUE STABILISÉ	2531	8	
ACIDE MIXTE, voir	1796	8	
ACIDE MIXTE RÉSIDUAIRE, voir	1826	8	
Acide muriatique, voir	1789	8	
ACIDE NITRIQUE, à l'exclusion de l'acide nitrique fumant rouge, contenant plus de 70% d'acide nitrique	2031	8	
ACIDE NITRIQUE, à l'exclusion de l'acide nitrique fumant rouge, contenant au moins 65%, mais au plus 70% d'acide nitrique	2031	8	
ACIDE NITRIQUE, à l'exclusion de l'acide nitrique fumant rouge, contenant moins de 65% d'acide nitrique	2031	8	
Acide nitrique et acide chlorhydrique en mélange, voir	1798	8	Transport interdit
ACIDE NITRIQUE FUMANT ROUGE	2032	8	
ACIDE NITROBENZÈNE-SULFONIQUE	2305	8	
Acide orthophosphorique, voir	1805	8	
ACIDE PERCHLORIQUE contenant au plus 50% (masse) d'acide	1802	8	
ACIDE PERCHLORIQUE contenant plus de 50% (masse) mais au maximum 72% (masse) d'acide	1873	5.1	
ACIDE PHÉNOLSULFONIQUE LIQUIDE	1803	8	
ACIDE PHÉNOXYACÉTIQUE, DÉRIVÉ PESTICIDE LIQUIDE, INFLAMMABLE, TOXIQUE, ayant un point d'éclair inférieur à 23 °C	3346	3	
ACIDE PHÉNOXYACÉTIQUE, DÉRIVÉ PESTICIDE, LIQUIDE, TOXIQUE	3348	6.1	
ACIDE PHÉNOXYACÉTIQUE, DÉRIVÉ PESTICIDE LIQUIDE, TOXIQUE, INFLAMMABLE, ayant un point d'éclair égal ou supérieur à 23 °C	3347	6.1	

Nom et description	No ONU	Classe	Note
ACIDE PHÉNOXYACÉTIQUE, DÉRIVÉ PESTICIDE SOLIDE, TOXIQUE	3345	6.1	
ACIDE PHOSPHOREUX	2834	8	
ACIDE PHOSPHORIQUE EN SOLUTION	1805	8	
ACIDE PHOSPHORIQUE SOLIDE	3453	8	
ACIDE PICRIQUE, voir	0154	1	
	1344	4.1	
ACIDE PICRIQUE HUMIDIFIÉ, voir	3364	4.1	
ACIDE PROPIONIQUE contenant au moins 10 % mais moins de 90 % (masse) d'acide	1848	8	
ACIDE PROPIONIQUE contenant au moins 90 % (masse) d'acide	3463	8	
Acide prussique, voir	1051	6.1	
	1614	6.1	
ACIDE RÉSIDUAIRE DE RAFFINAGE	1906	8	
Acide sélénhydrique, voir	2202	2	
ACIDE SÉLÉNIQUE	1905	8	
ACIDE STYPHNIQUE, voir	0219	1	
	0394	1	
ACIDE SULFAMIQUE	2967	8	
ACIDE SULFOCHROMIQUE	2240	8	
ACIDE SULFONITRIQUE contenant plus de 50% d'acide nitrique	1796	8	
ACIDE SULFONITRIQUE contenant au plus 50% d'acide nitrique	1796	8	
ACIDE SULFONITRIQUE RÉSIDUAIRE contenant plus de 50% d'acide nitrique	1826	8	
ACIDE SULFONITRIQUE RÉSIDUAIRE contenant au plus 50% d'acide nitrique	1826	8	
ACIDE SULFUREUX	1833	8	
ACIDE SULFURIQUE contenant plus de 51% d'acide	1830	8	
ACIDE SULFURIQUE contenant au plus 51% d'acide	2796	8	
ACIDE SULFURIQUE FUMANT	1831	8	
ACIDE SULFURIQUE RÉSIDUAIRE	1832	8	

Nom et description	No ONU	Classe	Note
Acide sulfurique et acide fluorhydrique en mélange, voir	1786	8	
ACIDE TÉTRAZOL-1 – ACÉTIQUE	0407	1	
ACIDE THIOACÉTIQUE	2436	3	
ACIDE THIOGLYCOLIQUE	1940	8	
ACIDE THIOLACTIQUE	2936	6.1	
ACIDE TRICHLORACÉTIQUE	1839	8	
ACIDE TRICHLORACÉTIQUE EN SOLUTION	2564	8	
ACIDE TRICHLORO-ISOCYANURIQUE SEC	2468	5.1	
ACIDE TRIFLUORACÉTIQUE	2699	8	
ACIDE TRINITROBENZÈNE-SULFONIQUE	0386	1	
ACIDE TRINITRO-BENZOÏQUE HUMIDIFIÉ avec au moins 30% (masse) d'eau	1355	4.1	
ACIDE TRINITRO-BENZOÏQUE HUMIDIFIE avec au moins 10% (masse) d'eau	3368	4.1	
ACIDE TRINITRO-BENZOÏQUE sec ou humidifié avec moins de 30% (masse) d'eau	0215	1	
ACRIDINE	2713	6.1	
ACROLÉINE, DIMÈRE STABILISÉ	2607	3	
ACROLÉINE STABILISÉE	1092	6.1	
ACRYLAMIDE EN SOLUTION	3426	6.1	
ACRYLAMIDE, SOLIDE	2074	6.1	
ACRYLATES DE BUTYLE STABILISÉS	2348	3	
ACRYLATE DE 2-DIMÉTHYLAMINO-ÉTHYLE	3302	6.1	
ACRYLATE D'ÉTHYLE STABILISÉ	1917	3	
ACRYLATE D'ISOBUTYLE STABILISÉ	2527	3	
ACRYLATE DE MÉTHYLE STABILISÉ	1919	3	
ACRYLONITRILE STABILISÉ	1093	3	
Actinolite, voir	2590	9	
ADHÉSIFS contenant un liquide inflammable	1133	3	

Nom et description	No ONU	Classe	Note
ADIPONITRILE	2205	6.1	
AÉROSOLS	1950	2	
AIR COMPRIMÉ	1002	2	
AIR LIQUIDE RÉFRIGÉRÉ	1003	2	
ALCALOÏDES LIQUIDES, N.S.A.	3140	6.1	
ALCALOÏDES SOLIDES, N.S.A.	1544	6.1	
ALCOOL ALLYLIQUE	1098	6.1	
ALCOOLATES DE MÉTAUX ALCALINS AUTO-ÉCHAUFFANTS, CORROSIFS, N.S.A.	3206	2	
ALCOOLATES DE MÉTAUX ALCALINO-TERREUX, N.S.A.	3205	4.2	
ALCOOLATES EN SOLUTION dans l'alcool, N.S.A	3274	3	
Alcool butylique, voir	1120	3	
Alcool butylique secondaire, voir	1120	3	
Alcool butylique tertiaire, voir	1120	3	
Alcool éthyl-2 butylique, voir	2275	3	
ALCOOL ÉTHYLIQUE, voir	1170	3	
ALCOOL ÉTHYLIQUE EN SOLUTION, voir	1170	3	
ALCOOL FURFURYLIQUE	2874	6.1	
Alcool hexylique, voir	2282	3	
ALCOOL ISOBUTYLIQUE, voir	1212	3	
ALCOOL ISOPROPYLIQUE, voir	1219	3	
ALCOOL MÉTHALLYLIQUE	2614	3	
Alcool méthylallylique, voir	2614	3	
ALCOOL MÉTHYLAMYLIQUE	2053	3	
ALCOOL alpha-MÉTHYLBENZYLIQUE LIQUIDE	2937	6.1	
ALCOOL alpha-MÉTHYLBENZYLIQUE SOLIDE	3438	6.1	
Alcool méthylique, voir	1230	3	
ALCOOLS, N.S.A.	1987	3	
ALCOOL PROPYLIQUE NORMAL, voir	1274	3	
ALCOOLS INFLAMMABLES, TOXIQUES, N.S.A.	1986	3	
ALDÉHYDATE D'AMMONIAQUE	1841	9	

Nom et description	No ONU	Classe	Note	Nom et description	No ONU	Classe	Note
Aldéhyde acétique, voir	1089	3		ALLIAGES DE POTASSIUM ET SODIUM, SOLIDES	3404	4.3	
Aldéhyde acrylique, voir	1092	3		ALLIAGES MÉTALLIQUES DE POTASSIUM, LIQUIDES	1420	4.3	
Aldéhyde butylique, voir	1129	3		ALLIAGES MÉTALLIQUES DE POTASSIUM, SOLIDES	3403	4.3	
Aldéhyde chloracétique, voir	2232	6.1		ALLIAGES PYROPHORIQUES DE BARYUM	1854	4.2	
ALDÉHYDE CROTONIQUE	1143	6.1		ALLIAGES PYROPHORIQUES DE CALCIUM	1855	4.2	
ALDÉHYDE CROTONIQUE STABILISÉ	1143	6.1		ALLUME-FEU SOLIDES imprégnés de liquide inflammable	2623	4.1	
ALDÉHYDE ÉTHYL-2 BUTYRIQUE	1178	3		ALLUMETTES-BOUGIES	1945	4.1	
Aldéhyde formique, voir	1198	3		ALLUMETTES DE SÛRETÉ (à frottoir, en carnets ou pochettes)	1944	4.1	
	2209	8		ALLUMETTES NON DE « SÛRETÉ»	1331	4.1	
ALDÉHYDE ISOBUTYRIQUE, voir	2045	3		ALLUMETTES-TISONS	2254	4.1	
ALDÉHYDES, N.S.A.	1989	3		ALLUMEURS, voir	0121	1	
ALDÉHYDES OCTYLIQUES	1191	3			0314	1	
ALDÉHYDE PROPIONIQUE	1275	3			0315	1	
ALDÉHYDES INFLAMMABLES, TOXIQUES, N.S.A.	1988	3			0325	1	
					0454	1	
ALDOL	2839	6.1		ALLUMEURS POUR MÈCHE DE MINEUR	0131	1	
Alkylaluminiums, voir	3394	4.2		ALLYLAMINE	2334	6.1	
Alkyllithiums liquides, voir	3394	4.2		Allyloxy-1 époxy-2,3 propane, voir	2219	3	
Alkyllithiums solides, voir	3393	4.2		ALLYLTRICHLOROSILANE STABILISÉ	1724	8	
Alkylmagnésiums, voir	3394	4.2		Aluminate de sodium solide	2812	8	Non soumis à l'ADN
ALKYLPHÉNOLS LIQUIDES, N.S.A. (y compris les homologues C_2 à C_{12})	3145	8					
ALKYLPHÉNOLS SOLIDES, N.S.A. (y compris les homologues C_2 à C_{12})	2430	8		ALUMINATE DE SODIUM EN SOLUTION	1819	8	
Allène, voir	2200	2		ALUMINIUM EN POUDRE ENROBÉ	1309	4.1	
ALLIAGE DE MÉTAUX ALCALINO-TERREUX, N.S.A.	1393	4.3		ALUMINIUM EN POUDRE NON ENROBÉ	1396	4.3	
ALLIAGE LIQUIDE DE MÉTAUX ALCALINS, N.S.A.	1421	4.3		ALUMINO-FERRO-SILICIUM EN POUDRE	1395	4.3	
ALLIAGE PYROPHORIQUE, N.S.A.	1383	4.2		AMALGAME DE MÉTAUX ALCALINO-TERREUX, LIQUIDE	1392	4.3	
ALLIAGES DE MAGNÉSIUM, contenant plus de 50% de magnésium, sous forme de granulés, de tournures ou de rubans	1869	4.1		AMALGAME DE MÉTAUX ALCALINO-TERREUX, SOLIDE	3402	4.3	
ALLIAGES DE MAGNÉSIUM EN POUDRE	1418	4.3		AMALGAME DE MÉTAUX ALCALINS, LIQUIDE	1389	4.3	
ALLIAGES DE POTASSIUM ET SODIUM, LIQUIDES	1422	4.3					

Nom et description	No ONU	Classe	Note	Nom et description	No ONU	Classe	Note
AMALGAME DE MÉTAUX ALCALINS, SOLIDE	3401	4.3		AMMONIAC EN SOLUTION aqueuse de densité comprise entre 0,880 et 0,957 à 15 °C contenant plus de 10% mais au maximum35% d'ammoniac	2672	8	
Amatols, voir	0082	1					
AMIANTE BLANC (chrysotile, actinolite, anthophyllite, trémolite)	2590	9		AMMONIAC EN SOLUTION AQUEUSE de densité inférieure à 0,880 à 15 °C contenant plus de 35% mais au maximum 50% d'ammoniac	2073	2	
AMIANTE BLEU (crocidolite)	2212	9					
AMIANTE BRUN (amosite, mysorite), voir	2212	9		AMMONIAC, FORTEMENT RÉFRIGÉRÉ	9000	2	Admis au transport uniquement en bateau-citerne
AMIDURES DE MÉTAUX ALCALINS	1390	4.3					
AMINES INFLAMMABLES, CORROSIVES, N.S.A.	2733	3		Amorces de mine électriques, voir	0030	1	
					0255	1	
AMINES LIQUIDES CORROSIVES, INFLAMMABLES, N.S.A.	2734	8			0456	1	
				Amorces de mine non électriques, voir	0029	1	
					0267	1	
AMINES LIQUIDES CORROSIVES, N.S.A.	2735	8			0455	1	
				AMORCES À PERCUSSION	0044	1	
					0377	1	
AMINES SOLIDES CORROSIVES, N.S.A.	3259	8			0378	1	
				AMORCES TUBULAIRES	0319	1	
Aminobutane, voir	1125	3			0320	1	
					0376	1	
AMINO-2 CHLORO-4 PHÉNOL	2673	6.1		Amosite, voir	2212	9	
AMINO-2 DIÉTHYLAMINO-5 PENTANE	2946	6.1		AMYLAMINES	1106	3	
2-AMINO-4, 6-DINITROPHÉNOL, HUMIDIFIÉ avec au moins 20% (masse) d'eau	3317	4.1		n-AMYLÈNE, voir	1108	3	
				n-AMYLMÉTHYL-CÉTONE	1110	3	
				AMYLTRICHLOROSILANE	1728	8	
(AMINO-2 ÉTHOXY)-2 ÉTHANOL	3055	8		ANHYDRIDE ACÉTIQUE	1715	8	
N-AMINOÉTHYL-PIPÉRAZINE	2815	8		Anhydride arsénieux, voir	1561	6.1	
Amino-1-nitro-2 benzène, voir	1661	6.1		Anhydride arsénique, voir	1559	6.1	
Amino-1-nitro-3 benzène, voir	1661	6.1		ANHYDRIDE BUTYRIQUE	2739	8	
Amino-1 nitro-4 benzène, voir	1661	6.1		Anhydride carbonique, voir	1013	2	
					1041	2	
Amino-4 phénylhydrogénoarsénate de sodium, voir	2473	6.1			1952	2	
					2187	2	
AMINOPHÉNOLS (o-, m-, p-)	2512	6.1		Anhydride carbonique solide, voir	1845	9	Non soumis à l'ADN
AMINOPYRIDINES (o-, m, p-)	2671	6.1		Anhydride chromique, voir	1463	5.1	
				Anhydride chromique solide, voir	1463	5.1	
AMMONIAC ANHYDRE	1005	2		Anhydride cyclohexène-4 dicarboxylique-1,2, voir	2698	8	
AMMONIAC EN SOLUTION AQUEUSE de densité inférieure à 0,880 à 15 °C contenant plus de 50% d'ammoniac	3318	2		ANHYDRIDE MALÉIQUE	2215	8	
				ANHYDRIDE MALÉIQUE FONDU	2215	8	
				ANHYDRIDE PHOSPHORIQUE	1807	8	

Nom et description	No ONU	Classe	Note	Nom et description	No ONU	Classe	Note
ANHYDRIDE PHTALIQUE contenant plus de 0,05% d'anhydride maléique	2214	8		ARSÉNIATE DE ZINC ET ARSÉNITE DE ZINC EN MÉLANGE	1712	6.1	
ANHYDRIDE PROPIONIQUE	2496	8		ARSENIC	1558	6.1	
				Arsenic blanc, voir	1561	6.1	
Anhydride sulfureux liquéfié, voir	1079	2		Arsenic, composé liquide de l', n.s.a., inorganique, notamment: arséniates n.s.a., arsénites n.s.a. et sulfures d'arsenic n.s.a., voir	1556	6.1	
ANHYDRIDES TÉTRA-HYDROPHTALIQUES contenant plus de 0,05% d'anhydride maléique	2698	8		Arsenic, composé solide de l', n.s.a., inorganique, notamment: arséniates n.s.a., arsénites n.s.a. et sulfures d'arsenic n.s.a., voir	1557	6.1	
ANILINE	1547	6.1					
ANISIDINES	2431	6.1		Arsenic, sulfure d'arsenic, n.s.a., voir	1556	6.1	
ANISOLE	2222	3			1557	6.1	
Anthophyllite, voir	2590	9		Arsénites, n.s.a., voir	1556	6.1	
Antimoine, composé inorganique liquide de l',n.s.a., voir	3141	6.1			1557	6.1	
				ARSÉNITE D'ARGENT	1683	6.1	
Antimoine, composé inorganique solide de l', n.s.a., voir	1549	6.1		ARSÉNITE DE CUIVRE	1586	6.1	
				Arsénite de cuivre (II), voir	1586	6.1	
ANTIMOINE EN POUDRE	2871	6.1		ARSÉNITE DE FER III	1607	6.1	
Antu, voir	1651	6.1		ARSÉNITES DE PLOMB	1618	6.1	
Appareil mû par accumulateurs	3171	9	Non soumis à l'ADN	ARSÉNITE DE POTASSIUM	1678	6.1	
				ARSÉNITE DE SODIUM EN SOLUTION AQUEUSE	1686	6.1	
ARGON COMPRIMÉ	1006	2		ARSÉNITE DE SODIUM SOLIDE	2027	6.1	
ARGON LIQUIDE RÉFRIGÉRÉ	1951	2		ARSÉNITE DE STRONTIUM	1691	6.1	
ARSANILATE DE SODIUM	2473	6.1		ARSÉNITE DE ZINC	1712	6.1	
Arséniates, n.s.a., voir	1556	6.1		ARSINE	2188	2	
	1557	6.1					
ARSÉNIATE D'AMMONIUM	1546	6.1		ARTIFICES DE DIVERTISSEMENT	0333	1	
ARSÉNIATE DE CALCIUM	1573	6.1			0334	1	
					0335	1	
					0336	1	
ARSÉNIATE DE CALCIUM ET ARSÉNITE DE CALCIUM EN MÉLANGE SOLIDE	1574	6.1			0337	1	
				ARTIFICES DE SIGNALISATION À MAIN	0191	1	
					0373	1	
ARSÉNIATE DE FER II	1608	6.1		ASSEMBLAGES DE DÉTONATEURS de mine (de sautage) NON ÉLECTRIQUES	0360	1	
ARSÉNIATE DE FER III	1606	6.1			0361	1	
					0500	1	
ARSÉNIATE DE MAGNÉSIUM	1622	6.1		ATTACHES PYROTECHNIQUES EXPLOSIVES	0173	1	
ARSÉNIATE DE MERCURE II	1623	6.1					
ARSÉNIATES DE PLOMB	1617	6.1		AZODICARBONAMIDE	3242	4.1	
ARSÉNIATE DE POTASSIUM	1677	6.1		AZOTE COMPRIMÉ	1066	2	
ARSÉNIATE DE SODIUM	1685	6.1		AZOTE LIQUIDE RÉFRIGÉRÉ	1977	2	
ARSÉNIATE DE ZINC	1712	6.1		AZOTURE DE BARYUM HUMIDIFIE avec au moins 50% (masse) d'eau	1571	4.1	

Nom et description	No ONU	Classe	Note	Nom et description	No ONU	Classe	Note
AZOTURE DE BARYUM sec ou humidifié avec moins de 50% (masse) d'eau	0224	1		Bitume à une température égale ou supérieure à 100 °C et inférieur à son point d'éclair	3257	9	
AZOTURE DE PLOMB HUMIDIFIÉ avec au moins 20% (masse) d'eau ou d'un mélange d'alcool et d'eau	0129	1		BOISSONS ALCOOLISÉES contenant entre 24% et 70% d'alcool en volume	3065	3	
AZOTURE DE SODIUM	1687	6.1		BOISSONS ALCOOLISÉES contenant plus de 70% d'alcool en volume	3065	3	
Balistite, voir	0160	1					
	0161	1		BOMBES avec charge d'éclatement	0033	1	
BARYUM	1400	4.3			0034	1	
					0035	1	
Baryum, alliage pyrophorique de, voir	1854	4.2			0291	1	
				BOMBES CONTENANT UN LIQUIDE INFLAMMABLE, avec charge d'éclatement	0399	1	
Baryum, composé du, n.s.a., voir	1564	6.1			0400	1	
Bases liquides pour laques, voir	1263	3		Bombes éclairantes, voir	0171	1	
	3066	8			0254	1	
	3469	3			0297	1	
	3470	8		BOMBES FUMIGÈNES NON EXPLOSIVES contenant un liquide corrosif, sans dispositif d'amorçage	2028	8	
BENZALDÉHYDE	1990	9					
BENZÈNE	1114	3		BOMBES PHOTO-ÉCLAIR	0037	1	
Benzènethiol, voir	2337	6.1			0038	1	
BENZIDINE	1885	6.1			0039	1	
					0299	1	
BENZOATE DE MERCURE	1631	6.1		Bombes de repérage, voir	0171	1	
BENZONITRILE	2224	6.1			0254	1	
					0297	1	
BENZOQUINONE	2587	6.1		Borate d'allyle, voir	2609	6.1	
BENZYLDIMÉTHYLAMINE	2619	8		BORATE D'ÉTHYLE	1176	3	
BÉRYLLIUM EN POUDRE	1567	6.1		Borate d'isopropyle, voir	2616	3	
Béryllium, composé du, n.s.a., voir	1566	6.1		Borate de méthyle, voir	2416	3	
Bhusa	1327	4.1	Non soumis à l'ADN	BORATE DE TRIALLYLE	2609	6.1	
				BORATE DE TRIISOPROPYLE	2616	3	
BICYCLO [2.2.1]HEPTA-DIÈNE-2,5, STABILISÉ	2251	3		BORATE DE TRIMÉTHYLE	2416	3	
Bioxyde d'azote, voir	1067	2		Borate et chlorate en mélange, voir	1458	5.1	
BIS (DIMÉTHYLAMINO)-1,2 ÉTHANE	2372	3		Borate triéthylique, voir	1176	3	
Bisulfate d'ammonium, voir	2506	8		BORNÉOL	1312	4.1	
Bisulfate de potassium, voir	2509	8		BOROHYDRURE D'ALUMINIUM	2870	4.2	
Bisulfites inorganiques, solutions aqueuses de, n.s.a., voir	2693	8		BOROHYDRURE D'ALUMINIUM CONTENUS DANS DES ENGINS	2870	4.2	
Bitume , ayant un point d'éclair d'au plus 60 °C , voir	1999	3		BOROHYDRURE DE LITHIUM	1413	4.3	
Bitume ayant un point d'éclair supérieur à 60 °C, à une température égale ou supérieure à son point d'éclair, voir	3256	9		BOROHYDRURE DE POTASSIUM	1870	4.3	
				BOROHYDRURE DE SODIUM	1426	4.3	

Nom et description	No ONU	Classe	Note	Nom et description	No ONU	Classe	Note
BOROHYDRURE DE SODIUM ET HYDROXYDE DE SODIUM EN SOLUTION, contenant au plus 12% (masse) de borohydrure de sodium et au plus 40% (masse) d'hydroxyde de sodium	3320	8		BROMOPROPANES	2344	3	
				BROMO-3 PROPYNE	2345	3	
				BROMOTRIFLUOR-ÉTHYLÈNE	2419	2	
				BROMOTRIFLUOROMÉTHANE	1009	2	
Bouillies explosives, voir	0241	1		BROMURE D'ACÉTYLE	1716	8	
	0332	1		BROMURE D'ALLYLE	1099	3	
BRIQUETS contenant un gaz inflammable	1057	2		BROMURE D'ALUMINIUM ANHYDRE	1725	8	
BROMACÉTATE D'ÉTHYLE	1603	6.1		BROMURE D'ALUMINIUM EN SOLUTION	2580	8	
BROMACÉTATE DE MÉTHYLE	2643	6.1		BROMURE D'ARSENIC	1555	6.1	
BROMACÉTONE	1569	6.1		Bromure d'arsenic (III), voir	1555	6.1	
Oméga-Bromacétophénone, voir	2645	6.1		BROMURE DE BENZYLE	1737	6.1	
BROMATE DE BARYUM	2719	5.1		Bromure de bore, voir	2692	8	
BROMATE DE MAGNÉSIUM	1473	5.1		BROMURE DE BROMACÉTYLE	2513	8	
BROMATE DE POTASSIUM	1484	5.1		Bromure de n-butyle, voir	1126	3	
BROMATE DE SODIUM	1494	5.1		BROMURE DE CYANOGÈNE	1889	6.1	
BROMATE DE ZINC	2469	5.1		BROMURE DE DIPHÉNYLMÉTHYLE	1770	8	
BROMATES INORGANIQUES, N.S.A.	1450	5.1		BROMURE D'ÉTHYLE	1891	6.1	
BROMATES INORGANIQUES EN SOLUTION AQUEUSE, N.S.A.	3213	5.1		BROMURE D'HYDROGÈNE ANHYDRE	1048	2	
BROME	1744	8		BROMURES DE MERCURE	1634	6.1	
BROME EN SOLUTION	1744	8		BROMURE DE MÉTHYLE contenant au plus 2% de chloropicrine	1062	2	
Brométhane, voir	1891	6.1					
BROMOBENZÈNE	2514	3		BROMURE DE MÉTHYLE ET DIBROMURE D'ÉTHYLÈNE EN MÉLANGE LIQUIDE	1647	6.1	
1-BROMOBUTANE	1126	3					
BROMO-2 BUTANE	2339	3		BROMURE DE MÉTHYLE ET CHLOROPICRINE EN MÉLANGE contenant plus de 2% de chloropicrine	1581	2	
BROMOCHLORODI-FLUOROMÉTHANE	1974	2					
BROMOCHLOROMÉTHANE	1887	6.1					
BROMO-1 CHLORO-3 PROPANE	2688	6.1		BROMURE DE MÉTHYL-MAGNÉSIUM DANS L'ÉTHER ÉTHYLIQUE	1928	4.3	
Bromo-1 époxy-2,3 propane, voir	2558	6.1					
BROMOFORME	2515	6.1		Bromure de méthylène, voir	2664	6.1	
Bromométhane, voir	1062	2		BROMURE DE PHÉNACYLE	2645	6.1	
BROMO-1 MÉTHYL-3 BUTANE	2341	3		BROMURE DE VINYLE STABILISÉ	1085	2	
BROMOMÉTHYLPROPANES	2342	3		BROMURE DE XYLYLE, LIQUIDE	1701	6.1	
BROMO-2 NITRO-2 PROPANEDIOL-1,3	3241	4.1					
BROMO-2 PENTANE	2343	3					

Nom et description	No ONU	Classe	Note
BROMURE DE XYLYLE, SOLIDE	3417	6.1	
BRUCINE	1570	6.1	
BUTADIÈNES STABILISÉS ou BUTADIÈNES ET HYDROCARBURES EN MÉLANGE STABILISÉ, qui, à 70 °C, a une pression de vapeur ne dépassant pas 1,1 MPa (11 bar) et dont la masse volumique à 50 °C n'est pas inférieure à 0,525 kg/l	1010	2	
Butadiène-1-2, stabilisé, voir	1010	2	
Butadiène-1,3, stabilisé, voir	1010	2	
BUTANE	1011	2	
BUTANEDIONE	2346	3	
Butanethiol-1, voir	2347	3	
BUTANOLS	1120	3	
Butanol secondaire, voir	1120	3	
Butanol tertiaire, voir	1120	3	
Butanone, voir	1193	3	
Butène, voir	1012	2	
Butène-2 al, voir	1143	3	
Butène-2 ol-1, voir	2614	3	
Butène-3 one-2, voir	1251	3	
n-BUTYLAMINE	1125	3	
N-BUTYLANILINE	2738	6.1	
BUTYLBENZÈNES	2709	3	
BUTYLÈNES EN MÉLANGE	1012	2	
BUTYLÈNE-1	1012	2	
cis-BUTYLÈNE-2	1012	2	
trans-BUTYLÈNE-2	1012	2	
N-n-BUTYLIMIDAZOLE	2690	6.1	
Butylphénols, liquides, voir	3145	8	
Butylphénols, solides, voir	2430	8	
BUTYLTOLUÈNES	2667	6.1	
BUTYLTRICHLOROSILANE	1747	8	
tert-BUTYL-5 TRINITRO-2,4,6 m-XYLÈNE	2956	4.1	
Butyne-1, voir	2452	2	
Butyne-2, voir	1144	3	
BUTYNEDIOL-1,4	2716	6.1	

Nom et description	No ONU	Classe	Note
Butyne-2 diol-1,4, voir	2716	6.1	
BUTYRALDÉHYDE	1129	3	
BUTYRALDOXIME	2840	3	
BUTYRATE D'ÉTHYLE	1180	3	
BUTYRATE D'ISOPROPYLE	2405	3	
BUTYRATE DE MÉTHYLE	1237	3	
BUTYRATE DE VINYLE STABILISÉ	2838	3	
BUTYRATES D'AMYLE	2620	3	
BUTYRONITRILE	2411	3	
CACODYLATE DE SODIUM	1688	6.1	
Cadmium, composé du, voir	2570	6.1	
CALCIUM	1401	4.3	
CALCIUM PYROPHORIQUE	1855	4.2	
Calcium, alliages pyrophoriques de, voir	1855	4.2	
Camphanone, voir	2717	4.1	
CAMPHRE SYNTHÉTIQUE	2717	4.1	
Caoutchouc, chutes ou déchets de, sous forme de poudre ou de grains, voir	1345	4.1	
Caoutchouc, déchets de, sous forme de poudre ou de grains, voir	1345	4.1	
Caoutchouc, dissolution de, voir	1287	3	
CAPSULES DE SONDAGE EXPLOSIVES	0204	1	
	0296	1	
	0374	1	
	0375	1	
CARBAMATE PESTICIDE LIQUIDE INFLAMMABLE, TOXIQUE, ayant un point d'éclair inférieur à 23°C	2758	3	
CARBAMATE PESTICIDE LIQUIDE TOXIQUE	2992	6.1	
CARBAMATE PESTICIDE LIQUIDE TOXIQUE, INFLAMMABLE, ayant un point d'éclair égal ou supérieur à 23 °C	2991	6.1	
CARBAMATE PESTICIDE SOLIDE TOXIQUE	2757	6.1	
CARBONATE D'ÉTHYLE	2366	3	
CARBONATE DE MÉTHYLE	1161	3	
CARBONATE DE SODIUM PEROXYHYDRATÉ	3378	5.1	

Nom et description	No ONU	Classe	Note	Nom et description	No ONU	Classe	Note
CARBURANT DIESEL	1202	3		CATALYSEUR MÉTALLIQUE HUMIDIFIÉ avec un excès visible de liquide	1378	4.2	
CARBURÉACTEUR	1863	3					
CARBURE D'ALUMINIUM	1394	4.3		CATALYSEUR MÉTALLIQUE SEC	2881	4.2	
CARBURE DE CALCIUM	1402	4.3		Celloïdine, voir	2555	4.1	
CARTOUCHES À BLANC POUR ARMES	0014	1			2556	4.1	
	0326	1			2557	4.1	
	0327	1		Celluloïd, déchets de, voir	2002	4.2	
	0338	1					
	0413	1		CELLULOÏD en blocs, barres, rouleaux, feuilles, tubes, etc. (à l'exclusion des déchets)	2000	4.1	
CARTOUCHES À BLANC POUR ARMES DE PETIT CALIBRE ou CARTOUCHES À BLANC POUR OUTILS, voir	0014	1					
	0327	1					
	0338	1		CENDRES DE ZINC	1435	4.3	
CARTOUCHES À GAZ, sans dispositif de détente, non rechargeables, voir	2037	2		CÉRIUM, plaques, barres lingots	1333	4.1	
				CÉRIUM, copeaux ou poudre abrasive	3078	4.3	
Cartouches à poudre pour extincteur ou pour vanne automatique, voir	0275	1		Cer mischmetall, voir	1323	4.1	
	0276	1					
	0323	1		CÉSIUM	1407	4.3	
	0381	1		CÉTONES LIQUIDES, N.S.A.	1224	3	
CARTOUCHES À PROJECTILE INERTE POUR ARMES	0012	1		CGEM vide, non nettoyé			Voir 4.3.2.4 de l'ADR, 5.1.3 et 5.4.1.1.6
	0328	1					
	0339	1					
	0417	1					
Cartouches de démarrage pour moteurs à réaction, voir	0275	1					
	0276	1					
	0323	1		CHANDELLES LACRYMOGÈNES	1700	6.1	
	0381	1					
CARTOUCHES DE SIGNALISATION	0054	1		CHARBON ACTIF	1362	4.2	
	0312	1					
	0405	1		CHARBON d'origine animale ou végétale	1361	4.2	
CARTOUCHES-ÉCLAIR	0049	1					
	0050	1		CHARGES CREUSES sans détonateur	0059	1	
Cartouches éclairantes, voir	0171	1			0439	1	
	0254	1			0440	1	
	0297	1			0441	1	
CARTOUCHES POUR ARMES avec charge d'éclatement	0005	1		CHARGES D'ÉCLATEMENT À LIANT PLASTIQUE	0457	1	
	0006	1			0458	1	
	0007	1			0459	1	
	0321	1			0460	1	
	0348	1		Charges d'expulsion pour extincteurs, voir	0275	1	
	0412	1			0276	1	
CARTOUCHES POUR ARMES DE PETIT CALIBRE, voir	0012	1			0323	1	
	0339	1			0381	1	
	0417	1		CHARGES DE DÉMOLITION	0048	1	
CARTOUCHES POUR PILE À COMBUSTIBLE ou	3478	2		CHARGES DE DISPERSION	0043	1	
	3479	2					
CARTOUCHES POUR PILE À COMBUSTIBLE CONTENUES DANS UN ÉQUIPEMENT ou CARTOUCHES POUR PILE À COMBUSTIBLE EMBALLÉES AVEC UN ÉQUIPEMENT	3473	3		CHARGES D'EXTINCTEURS, constituées par un liquide corrosif	1774	8	
	3476	4.3					
	3477	8		CHARGES EXPLOSIVES INDUSTRIELLES sans détonateur	0442	1	
					0443	1	
					0444	1	
CARTOUCHES POUR PUITS DE PÉTROLE	0277	1			0445	1	
	0278	1		CHARGES PROPULSIVES	0271	1	
CARTOUCHES POUR PYROMÉCANISMES	0275	1			0272	1	
	0276	1			0415	1	
	0323	1			0491	1	
	0381	1					

Nom et description	No ONU	Classe	Note	Nom et description	No ONU	Classe	Note
CHARGES PROPULSIVES POUR CANON	0242 0279 0414	1 1 1		CHLORATE DE SODIUM EN SOLUTION AQUEUSE	2428	5.1	
CHARGES DE RELAIS EXPLOSIFS	0060	1		Chlorate de soude, voir	1495	5.1	
				CHLORATE DE STRONTIUM	1506	5.1	
CHARGES SOUS-MARINES	0056	1		CHLORATE DE THALLIUM	2573	5.1	
CHAUX SODÉE contenant plus de 4% d'hydroxyde de sodium	1907	8		Chlorate de thallium (I), voir	2573	5.1	
				CHLORATE DE ZINC	1513	5.1	
Chiffons huileux	1856	4.2	Non soumis à l'ADN	CHLORATE ET BORATE EN MÉLANGE	1458	5.1	
CHLORACÉTATE D'ÉTHYLE	1181	6.1		CHLORATE ET CHLORURE DE MAGNÉSIUM EN MÉLANGE, EN SOLUTION	3407	5.1	
CHLORACÉTATE D'ISOPROPYLE	2947	3		CHLORATE ET CHLORURE DE MAGNÉSIUM EN MÉLANGE, SOLIDE	1459	5.1	
CHLORACÉTATE DE MÉTHYLE	2295	6.1					
CHLORACÉTATE DE SODIUM	2659	6.1		Chlorate cuprique, voir	2721	5.1	
CHLORACÉTATE DE VINYLE	2589	6.1		CHLORATES INORGANIQUES, N.S.A.	1461	5.1	
CHLORACÉTONE, STABILISÉE	1695	6.1		CHLORATES INORGANIQUES EN SOLUTION AQUEUSE, N.S.A.	3210	5.1	
CHLORACÉTONITRILE	2668	6.1					
CHLORACÉTOPHÉNONE, LIQUIDE	3416	6.1		Chlorate thalleux, voir	2573	5.1	
CHLORACÉTOPHÉNONE, SOLDE	1697	6.1		CHLORE	1017	2	
				Chloréthane, voir	1037	2	
CHLORAL ANHYDRE STABILISÉ	2075	6.1		Chloréthane nitrile, voir	2668	6.1	
CHLORANILINES LIQUIDES	2019	6.1		CHLORHYDRATE D'ANILINE	1548	6.1	
CHLORANILINES SOLIDES	2018	6.1		CHLORHYDRATE DE CHLORO-4 o-TOLUIDINE EN SOLUTION	3410	6.1	
CHLORANISIDINES	2233	6.1		CHLORHYDRATE DE CHLORO-4 o-TOLUIDINE, SOLIDE	1579	6.1	
CHLORATE DE BARYUM EN SOLUTION	3405	5.1		CHLORHYDRATE DE NICOTINE EN SOLUTION	1656	6.1	
CHLORATE DE BARYUM, SOLIDE	1445	5.1		CHLORHYDRATE DE NICOTINE, LIQUIDE	1656	6.1	
CHLORATE DE CALCIUM	1452	5.1					
CHLORATE DE CALCIUM EN SOLUTION AQUEUSE	2429	5.1		CHLORHYDRATE DE NICOTINE, SOLIDE	3444	6.1	
CHLORATE DE CUIVRE	2721	5.1		Chlorhydrine propylénique	2611	6.1	
Chlorate de cuivre (II), voir	2721	5.1		CHLORITE DE CALCIUM	1453	5.1	
CHLORATE DE MAGNÉSIUM	2723	5.1		CHLORITE DE SODIUM	1496	5.1	
Chlorate de potasse, voir	1485	5.1		CHLORITE EN SOLUTION	1908	8	
CHLORATE DE POTASSIUM	1485	5.1		CHLORITES INORGANIQUES, N.S.A.	1462	5.1	
CHLORATE DE POTASSIUM EN SOLUTION AQUEUSE	2427	5.1					
CHLORATE DE SODIUM	1495	5.1		CHLOROBENZÈNE	1134	3	

Nom et description	No ONU	Classe	Note	Nom et description	No ONU	Classe	Note
Chlorobromure de triméthylène, voir	2688	6.1		CHLOROFORMIATE DE n-PROPYLE	2740	6.1	
Chloro-1 butane, voir	1127	3		CHLOROFORMIATES TOXIQUES, CORROSIFS, INFLAMMABLES, N.S.A.	2742	6.1	
Chloro-2 butane, voir	1127	3					
CHLOROBUTANES	1127	3		CHLOROFORMIATES TOXIQUES, CORROSIFS, N.S.A.	3277	6.1	
Chlorocarbonate d'éthyle, voir	1182	6.1		Chlorométhane, voir	1063	2	
CHLOROCRÉSOLS EN SOLUTION	2669	6.1		Chloro-1 méthyl-3 butane, voir	1107	3	
CHLOROCRÉSOLS SOLIDES	3437	6.1		Chloro-2 méthyl-2 butane, voir	1107	3	
CHLORO-1 DIFLUORO-1,1 ÉTHANE	2517	2		Chloro-1 méthyl-2 propane, voir	1127	3	
CHLORODIFLUOROMÉTHANE	1018	2		Chloro-2 méthyl-2 propane, voir	1127	3	
CHLORODIFLUORO-MÉTHANE ET CHLOROPENTAFLUOR-ÉTHANE EN MÉLANGE à point d'ébullition fixe, contenant environ 49% de chlorodifluorométhane	1973	2		Chloro-3 méthyl-2 propène-1, voir	2554	3	
				CHLORONITRANILINES	2237	6.1	
				CHLORONITROBENZÈNES LIQUIDES	3409	6.1	
CHLORODINITROBENZÈNES, LIQUIDES	1577	6.1		CHLORONITROBENZÈNES SOLIDES	1578	6.1	
CHLORODINITROBENZÈNES, SOLIDES	3441	6.1		CHLORONITROTOLUÈNES LIQUIDES	2433	6.1	
CHLORO-2 ÉTHANAL	2232	6.1		CHLORONITROTOLUÈNES SOLIDES	3457	6.1	
Chloro-2 éthanol, voir	1135	6.1					
CHLOROFORME	1888	6.1		CHLOROPENTA-FLUORÉTHANE	1020	2	
CHLOROFORMIATE D'ALLYLE	1722	6.1		Chloropentafluoréthane et chlorodifluorométhane en mélange à point d'ébullition fixe, contenant environ 40 % de chlorodifluorométhane, voir	1973	2	
CHLOROFORMIATE DE BENZYLE	1739	8					
CHLOROFORMIATE DE tert-BUTYLCYCLOHEXYLE	2747	6.1					
CHLOROFORMIATE DE n-BUTYLE	2743	6.1		CHLOROPHÉNOLATES LIQUIDES	2904	8	
CHLOROFORMIATE DE CHLOROMÉTHYLE	2745	6.1		CHLOROPHÉNOLATES SOLIDES	2905	8	
CHLOROFORMIATE DE CYCLOBUTYLE	2744	6.1		CHLOROPHÉNOLS LIQUIDES	2021	6.1	
CHLOROFORMIATE D'ÉTHYLE	1182	6.1		CHLOROPHÉNOLS SOLIDES	2020	6.1	
CHLOROFORMIATE D'ÉTHYL-2 HEXYLE	2748	6.1		CHLOROPHÉNYL-TRICHLOROSILANE	1753	8	
CHLOROFORMIATE D'ISOPROPYLE	2407	6.1		CHLOROPICRINE	1580	6.1	
CHLOROFORMIATE DE MÉTHYLE	1238	6.1		Chloropicrine et bromure de méthyle en mélange, voir	1581	2	
CHLOROFORMIATE DE PHÉNYLE	2746	6.1		Chloropicrine et chlorure de méthyle en mélange, voir	1582	2	
				CHLOROPICRINE EN MÉLANGE, N.S.A.	1583	6.1	

Nom et description	No ONU	Classe	Note	Nom et description	No ONU	Classe	Note
CHLOROPRÈNE STABILISÉ	1991	3		CHLOROTOLUIDINES SOLIDES	2239	6.1	
CHLORO-2 PROPANE	2356	3		CHLOROTRIFLUORO-MÉTHANE	1022	2	
Chloro-3 propanediol-1,2, voir	2689	6.1		CHLOROTRIFLUORO-MÉTHANE ET TRIFLUOROMÉTHANE EN MÉLANGE AZÉOTROPE, contenant environ 60% de chlorotrifluorométhane	2599	2	
CHLORO-3 PROPANOL-1	2849	6.1					
CHLORO-1 PROPANOL-2	2611	6.1					
CHLORO-2 PROPÈNE	2456	3					
Chloro-3 propène, voir	1100	3		Chlorure antimonieux, voir	1733	8	
Alpha-Chloropropionate d'éthyle, voir	2935	3		Chlorure arsénieux, voir	1560	6.1	
				CHLORURE D'ACÉTYLE	1717	3	
CHLORO-2 PROPIONATE D'ÉTHYLE	2935	3		CHLORURE D'ALLYLE	1100	3	
Alpha-Chloropropionate d'isopropyle, voir	2934	3		CHLORURE D'ALUMINIUM ANHYDRE	1726	8	
CHLORO-2 PROPIONATE D'ISOPROPYLE	2934	3		CHLORURE D'ALUMINIUM EN SOLUTION	2581	8	
Alpha-Chloropropionate de méthyle, voir	2933	3		CHLORURES D'AMYLE	1107	3	
				CHLORURE D'ANISOYLE	1729	8	
CHLORO-2 PROPIONATE DE MÉTHYLE	2933	3		Chlorure d'arsenic, voir	1560	6.1	
CHLORO-2 PYRIDINE	2822	6.1		CHLORURE DE BENZÈNESULFONYLE	2225	8	
CHLOROSILANES CORROSIFS, N.S.A.	2987	8		CHLORURE DE BENZOYLE	1736	8	
CHLOROSILANES CORROSIFS, INFLAMMABLES, N.S.A.	2986	8		CHLORURE DE BENZYLE	1738	6.1	
				CHLORURE DE BENZYLIDÈNE	1886	6.1	
CHLOROSILANES INFLAMMABLES, CORROSIFS, N.S.A.	2985	3		CHLORURE DE BENZYLIDYNE	2226	8	
				CHLORURE DE BROME	2901	2	
CHLOROSILANES HYDRORÉACTIFS, INFLAMMABLES, CORROSIFS, N.S.A.	2988	4.3		Chlorure de butyroyle, voir	2353	3	
				CHLORURE DE BUTYRYLE	2353	3	
CHLOROSILANES TOXIQUES, CORROSIFS, N.S.A.	3361	6.1		CHLORURE DE CHLORACÉTYLE	1752	6.1	
CHLOROSILANES TOXIQUES, CORROSIFS, INFLAMMABLES, N.S.A.	3362	6.1		CHLORURES DE CHLOROBENZYLE, LIQUIDES	2235	6.1	
				CHLORURES DE CHLOROBENZYLE, SOLIDES	3427	6.1	
CHLORO-1 TÉTRAFLUORO-1,2,2,2 ÉTHANE	1021	2		CHLORURE DE CHROMYLE	1758	8	
CHLORO-1 TRIFLUORO-2,2,2 ÉTHANE	1983	2		CHLORURE DE CUIVRE	2802	8	
CHLOROTHIOFORMIATE D'ÉTHYLE	2826	8		CHLORURE DE CYANOGÈNE STABILISÉ	1589	2	
CHLOROTOLUÈNES	2238	3		CHLORURE CYANURIQUE	2670	8	
CHLOROTOLUIDINES LIQUIDES	3429	6.1					

Nom et description	No ONU	Classe	Note
CHLORURE DE DIALKYLMÉTHYLAMMONIUM (C$_{12}$-C$_{18}$) et 2-PROPANOL	3175	4.1	
CHLORURE DE DICHLORACÉTYLE	1765	8	
CHLORURE DE DIÉTHYLTHIOPHOSPHORYLE	2751	8	
CHLORURE DE DIMÉTHYLCARBAMOYLE	2262	8	
CHLORURE DE DIMÉTHYLTHIOPHOSPHORYLE	2267	6.1	
CHLORURE D'ÉTAIN IV ANHYDRE	1827	8	
CHLORURE D'ÉTAIN IV PENTAHYDRATÉ	2440	8	
CHLORURE D'ÉTHYLE	1037	2	
CHLORURE DE FER III ANHYDRE	1773	8	
Chlorure ferrique anhydre, voir	1773	8	
CHLORURE DE FER III EN SOLUTION	2582	8	
CHLORURE DE FUMARYLE	1780	8	
CHLORURE D'HYDROGÈNE ANHYDRE	1050	2	
CHLORURE D'HYDROGÈNE LIQUIDE RÉFRIGÉRÉ	2186	2	Transport interdit
CHLORURE D'ISOBUTYRYLE	2395	3	
Chlorure d'isopropyle, voir	2356	3	
Chlorure d'isovaléryle, voir	2502	8	
Chlorure de magnésium et chlorate en mélange, voir	1459 3407	5.1 5.1	
CHLORURE DE MERCURE II	1624	6.1	
CHLORURE DE MERCURE AMMONIACAL	1630	6.1	
CHLORURE DE MÉTHYLE	1063	2	
CHLORURE DE MÉTHYLALLYLE	2554	3	
CHLORURE DE MÉTHYLE ET CHLOROPICRINE EN MÉLANGE	1582	2	
CHLORURE DE MÉTHYLE ET CHLORURE DE MÉTHYLÈNE EN MÉLANGE	1912	2	
Chlorure de méthylène et chlorure de méthyle en mélange, voir	1912	2	
CHLORURE DE NITROSYLE	1069	2	
Chlorure de perfluoracétyle, voir	3057	2	
CHLORURE DE PHÉNYLACÉTYLE	2577	8	
CHLORURE DE PHÉNYLCARBYLAMINE	1672	6.1	
Chlorure de phosphoryle, voir	1810	6.1	
CHLORURE DE PICRYLE, voir	0155	1	
CHLORURE DE PICRYLE HUMIDIFIE avec au moins 10% (masse) d'eau, voir	3365	4.1	
Chlorure de pivaloyle, voir	2438	8	
CHLORURE DE PROPIONYLE	1815	3	
CHLORURE DE PYROSULFURYLE	1817	8	
CHLORURES DE SOUFRE	1828	8	
CHLORURE DE SULFURYLE	1834	6.1	
CHLORURE DE MÉTHANESULFONYLE	3246	6.1	
Chlorure de propyle, voir	1278	3	
CHLORURE DE THIONYLE	1836	8	
CHLORURE DE THIOPHOSPHORYLE	1837	8	
CHLORURE DE TRICHLORACÉTYLE	2442	8	
CHLORURE DE TRIFLUORACÉTYLE	3057	2	
CHLORURE DE TRIMÉTHYLACÉTYLE	2438	6.1	
CHLORURE DE VALÉRYLE	2502	8	
CHLORURE DE VINYLE STABILISÉ	1086	2	
CHLORURE DE VINYLIDÈNE STABILISÉ	1303	3	
CHLORURE DE ZINC ANHYDRE	2331	8	
CHLORURE DE ZINC EN SOLUTION	1840	8	
CHLORURE-1 PROPANE	1278	3	
Chrysotile, voir	2590	9	
CHUTES DE CAOUTCHOUC sous forme de poudre ou de grains	1345	4.1	
Cinène, voir	2052	3	

Nom et description	No ONU	Classe	Note
Cinnamène, voir	2055	3	
Cirages, voir	1263	3	
	3066	8	
	3469	3	
	3470	8	
CISAILLES PYROTECHNIQUES EXPLOSIVES	0070	1	
Citerne vide, non nettoyée			Voir 4.3.2.4, 5.1.3 et 5.4.1.1.6
Cocculus, voir	3172	6.1	
	3462	6.1	
Colles, voir	1133	3	
Collodions, voir	2059	3	
	2060	3	
COLORANT LIQUIDE TOXIQUE, N.S.A.	1602	6.1	
COLORANT LIQUIDE CORROSIF, N.S.A.	2801	8	
COLORANT SOLIDE CORROSIF, N.S.A.	3147	8	
COLORANT SOLIDE TOXIQUE, N.S.A.	3143	6.1	
COMPLEXE DE TRIFLUORURE DE BORE ET D'ACIDE ACÉTIQUE, LIQUIDE	1742	8	
COMPLEXE DE TRIFLUORURE DE BORE ET D'ACIDE ACÉTIQUE, SOLIDE	3419	8	
COMPLEXE DE TRIFLUORURE DE BORE ET D'ACIDE PROPIONIQUE, LIQUIDE	1743	8	
COMPLEXE DE TRIFLUORURE DE BORE ET D'ACIDE PROPIONIQUE, SOLIDE	3420	8	
COMPOSANTS DE CHAÎNE PYROTECHNIQUE, N.S.A.	0382	1	
	0383	1	
	0384	1	
	0461	1	
COMPOSÉ DU BARYUM, N.S.A.	1564	6.1	
COMPOSÉ DU BÉRYLLIUM, N.S.A.	1566	6.1	
COMPOSÉ DU CADMIUM	2570	6.1	
COMPOSÉ LIQUIDE DU MERCURE, N.S.A.	2024	6.1	
COMPOSÉ SOLIDE DE MERCURE, N.S.A.	2025	6.1	
COMPOSÉ SOLUBLE DU PLOMB, N.S.A.	2291	6.1	

Nom et description	No ONU	Classe	Note
COMPOSÉ DU SÉLÉNIUM, LIQUIDE, N.S.A.	3440	6.1	
COMPOSÉ DU SÉLÉNIUM, SOLIDE, N.S.A.	3283	6.1	
COMPOSÉ DU TELLURE, N.S.A.	3284	6.1	
COMPOSÉ DU THALLIUM, N.S.A.	1707	6.1	
COMPOSÉ DU VANADIUM, N.S.A.	3285	6.1	
COMPOSÉ INORGANIQUE LIQUIDE DE L'ANTIMOINE, N.S.A.	3141	6.1	
COMPOSÉ INORGANIQUE SOLIDE DE L'ANTIMOINE, N.S.A.	1549	6.1	
COMPOSÉS ISOMÉRIQUES DU DIISOBUTYLÈNE	2050	3	
COMPOSÉ LIQUIDE DE LA NICOTINE, N.S.A.	3144	6.1	
COMPOSÉ LIQUIDE DE L'ARSENIC, N.S.A., inorganique, notamment: arséniates n.s.a., arsénites n.s.a. et sulfures d'arsenic n.s.a.	1556	6.1	
COMPOSÉ ORGANIQUE DE L'ARSENIC, LIQUIDE, N.S.A.	3280	6.1	
COMPOSÉ ORGANIQUE DE L'ARSENIC, SOLIDE, N.S.A.	3465	6.1	
COMPOSÉ ORGANIQUE LIQUIDE DE L'ÉTAIN, N.S.A.	2788	6.1	
COMPOSÉ ORGANIQUE SOLIDE DE L'ÉTAIN, N.S.A.	3146	6.1	
Composé organométallique ou Composé organométallique en solution ou Composé organométallique en dispersion, hydroréactif, inflammable, n.s.a., voir	3399	4.3	
Composé organométallique pyrophorique, hydroréactif, n.s.a., liquide, voir	3394	4.2	
Composé organométallique pyrophorique, hydroréactif, n.s.a., solide, voir	3393	4.2	
Composé organométallique solide hydroréactif, inflammable, n.s.a., voir	3396	4.3	
COMPOSÉ ORGANOMÉTALLIQUE LIQUIDE, TOXIQUE, N.S.A.	3282	6.1	

Nom et description	No ONU	Classe	Note
COMPOSÉ ORGANOMÉTALLIQUE SOLIDE, TOXIQUE, N.S.A.	3467	6.1	
COMPOSÉ ORGANOPHOSPHORÉ TOXIQUE, INFLAMMABLE, N.S.A.	3279	6.1	
COMPOSÉ ORGANOPHOSPHORÉ LIQUIDE, TOXIQUE, N.S.A.	3278	6.1	
COMPOSÉ ORGANOPHOSPHORÉ SOLIDE, TOXIQUE, N.S.A.	3464	6.1	
COMPOSÉ PHÉNYLMERCURIQUE, N.S.A.	2026	6.1	
COMPOSÉ SOLIDE DE L'ARSENIC, N.S.A., inorganique, notamment: arséniates n.s.a., arsénites n.s.a. et sulfures d'arsenic n.s.a.	1557	6.1	
COMPOSÉ SOLIDE DE LA NICOTINE, N.S.A.	1655	6.1	
Composition B, voir	0118	1	
Condensats d'hydrocarbure, voir	3295	3	
CONDENSATEUR, électrique à double couche (ayant une capacité d'accumulation d'énergie supérieure à 0,3 Wh)	3499	9	
Contreforts de chaussures (à base de nitrocellulose), voir	1353	4.1	
COPEAUX DE MÉTAUX FERREUX sous forme auto-échauffante	2793	4.2	
COPRAH	1363	4.2	
CORDEAU BICKFORD, voir	0105	1	
CORDEAU D'ALLUMAGE à enveloppe métallique	0103	1	
CORDEAU DÉTONANT à enveloppe métallique	0102	1	
	0290	1	
CORDEAU DÉTONANT À CHARGE RÉDUITE à enveloppe métallique	0104	1	
CORDEAU DÉTONANT À SECTION PROFILÉE	0237	1	
	0288	1	
CORDEAU DÉTONANT souple	0065	1	
	0289	1	
Cordite, voir	0160	1	
	0161	1	

Nom et description	No ONU	Classe	Note
Coton-collodions, voir	2059	3	
	2555	4.1	
	2556	4.1	
	2557	4.1	
Coton, déchets huileux de, voir	1364	4.2	
COTON HUMIDE	1365	4.2	
Coton-poudre, voir	0340	1	
	0341	1	
	0342	1	
	0343	1	
Couleurs, voir	1263	3	
	3066	8	
	3469	3	
	3470	8	
Crasses d'aluminium, voir	3170	4.3	
CRÉSOLS LIQUIDES	2076	6.1	
CRÉSOLS SOLIDES	3455	6.1	
Crocidolite, voir	2212	9	
CROTONALDEHYDE STABILISE, voir	1143	6.1	
CROTONATE D'ÉTHYLE	1862	3	
CROTONYLÈNE	1144	3	
Cumène, voir	1918	3	
CUPRIÉTHYLÈNE-DIAMINE EN SOLUTION	1761	8	
CUPROCYANURE DE POTASSIUM	1679	6.1	
CUPROCYANURE DE SODIUM EN SOLUTION	2317	6.1	
CUPROCYANURE DE SODIUM SOLIDE	2316	6.1	
Cut-backs bitumineux, ayant un point d'éclair d'au plus 60°C, voir	1999	3	
Cut backs bitumineux ayant un point d'éclair supérieur à 60 °C, à une température égale ou supérieure à son point d'éclair, voir	3256	3	
Cut backs bitumineux à une température égale ou supérieure à 100 °C et inférieure à son point d'éclair	3257	9	
Cyanacétonitrile, voir	2647	6.1	
CYANAMIDE CALCIQUE contenant plus de 0,1% (masse) de carbure de calcium	1403	4.3	
CYANHYDRINE D'ACÉTONE STABILISÉE	1541	6.1	
CYANOGÈNE	1026	2	

Nom et description	No ONU	Classe	Note	Nom et description	No ONU	Classe	Note
CYANURE D'ARGENT	1684	6.1		CYANURES INORGANIQUES SOLIDES, N.S.A.	1588	6.1	
CYANURE DE BARYUM	1565	6.1		Cyanures organiques, inflammables, toxiques, n.s.a., voir	3273	3	
Cyanure de benzyle, voir	2470	6.1					
CYANURES DE BROMOBENZYLE LIQUIDES	1694	6.1		Cyanures organiques, toxiques, inflammables, n.s.a., voir	3275	6.1	
CYANURES DE BROMOBENZYLE SOLIDES	3449	6.1		Cyanures organiques, toxiques, n.s.a., voir	3276 3439	6.1 6.1	
CYANURE DE CALCIUM	1575	6.1		CYCLOBUTANE	2601	2	
Cyanure de chlorométhyle, voir	2668	6.1		CYCLODODÉCATRIÈNE-1,5,9	2518	6.1	
CYANURE DE CUIVRE	1587	6.1		CYCLOHEPTANE	2241	3	
CYANURE DE MERCURE	1636	6.1		CYCLOHEPTATRIÈNE	2603	3	
Cyanure de méthyle, voir	1648	3		CYCLOHEPTÈNE	2242	3	
Cyanure de méthylène, voir	2647	6.1		Cyclohexadiènedione -1,4, voir	2587	6.1	
CYANURE DE NICKEL	1653	6.1		CYCLOHEXANE	1145	3	
Cyanure de nickel (II), voir	1653	6.1					
CYANURE DE PLOMB	1620	6.1		CYCLOHEXANONE	1915	3	
Cyanure de plomb (II), voir	1620	6.1		CYCLOHEXÈNE	2256	3	
CYANURE DE POTASSIUM EN SOLUTION	3413	6.1		CYCLOHEXÈNYL-TRICHLOROSILANE	1762	8	
CYANURE DE POTASSIUM, SOLIDE	1680	6.1		CYCLOHEXYLAMINE	2357	3	
CYANURE DE SODIUM EN SOLUTION	3414	6.1		CYCLOHÉXYL-TRICHLOROSILANE	1763	8	
CYANURE DE SODIUM, SOLIDE	1689	6.1		CYCLONITE DÉSENSIBILISÉE, voir	0483	1	
CYANURE DE ZINC	1713	6.1		CYCLONITE EN MÉLANGE AVEC DE LA CYCLOTÉTRAMÉTHYLÈNETÉTRANITRAMINE (HMX, OCTOGÈNE) HUMIDIFIÉE avec au moins 15% (masse) d'eau ou DÉSENSIBILISÉE avec au moins 10% (masse) de flegmatisant, voir	0391	1	
CYANURE D'HYDROGÈNE EN SOLUTION ALCOOLIQUE contenant au plus 45% de cyanure d'hydrogène	3294	6.1					
CYANURE D'HYDROGÈNE EN SOLUTION AQUEUSE, contenant au plus 20% de cyanure d'hydrogène	1613	6.1		CYCLONITE HUMIDIFIÉE, avec au moins 15% (masse) d'eau, voir	0072	1	
CYANURE D'HYDROGÈNE STABILISÉ, avec moins de 3% d'eau	1051	6.1		CYCLOOCTADIÈNE PHOSPHINES, voir	2940	4.2	
CYANURE D'HYDROGÈNE STABILISÉ, avec moins de 3% d'eau et absorbé dans un matériau poreux inerte.	1614	6.1		CYCLOOCTADIÈNES	2520	3	
				CYCLOOCTATÉTRAÈNE	2358	3	
				CYCLOPENTANE	1146	3	
CYANURE DOUBLE DE MERCURE ET DE POTASSIUM	1626	6.1		CYCLOPENTANOL	2244	3	
				CYCLOPENTANONE	2245	3	
CYANURE EN SOLUTION, N.S.A.	1935	6.1		CYCLOPENTÈNE	2246	3	

Nom et description	No ONU	Classe	Note	Nom et description	No ONU	Classe	Note
CYCLOPROPANE	1027	2		DÉCHET MÉDICAL ou DÉCHET MÉDICAL RÉGLEMENTÉ, N.S.A.	3291	6.2	
CYCLOTÉTRAMÉTHYLÈNE-TÉTRANITRAMINE DÉSENSIBILISÉE	0484	1		Déchets textiles mouillés	1387	4.2	Non soumis à l'ADN
CYCLOTÉTRA MÉTHYLÈNE-TÉTRANITRAMINE HUMIDIFIÉE avec au moins 15% (masse) d'eau	0226	1		DÉSINFECTANT LIQUIDE CORROSIF, N.S.A.	1903	8	
				DÉSINFECTANT LIQUIDE TOXIQUE, N.S.A.	3142	6.1	
CYCLOTRIMÉTHYLÈNE-TRINITRAMINE DÉSENSIBILISÉE	0483	1		DÉSINFECTANT SOLIDE TOXIQUE, N.S.A	1601	6.1	
CYCLOTRIMÉTHYLÈNE-TRINITRAMINE EN MÉLANGE AVEC DE LA CYCLOTÉTRAMÉTHYLÈNE TÉTRANITRAMINE DÉSENSIBILISÉE avec au moins 10% (masse) de flegmatisant	0391	1		DÉTONATEURS de mine ÉLECTRIQUES	0030 0255 0456	1 1 1	
				DÉTONATEURS de mine NON ÉLECTRIQUES	0029 0267 0455	1 1 1	
CYCLOTRIMÉTHYLÈNE-TRINITRAMINE EN MÉLANGE AVEC DE LA CYCLOTÉTRAMÉTHYLÈNE TÉTRANITRAMINE HUMIDIFIÉE avec au moins 15% (masse) d'eau	0391	1		DÉTONATEURS de sautage ÉLECTRIQUES, voir	0030 0255 0456	1 1 1	
				DÉTONATEURS de sautage NON ÉLECTRIQUES, voir	0029 0267 0455	1 1 1	
CYCLOTRIMÉTHYLÈNE-TRINITRAMINE HUMIDIFIÉE, avec au moins 15% (masse) d'eau	0072	1		DÉTONATEURS POUR MUNITIONS	0073 0364 0365 0366	1 1 1 1	
CYMÈNES	2046	3		DEUTÉRIUM COMPRIMÉ	1957	2	
Cymol, voir	2046	3		DIACÉTONE-ALCOOL	1148	3	
DÉCABORANE	1868	4.1		DIALLYLAMINE	2359	3	
DÉCAHYDRONAPHTALÈNE	1147	3		DIAMIDEMAGNÉSIUM	2004	4.2	
Décaline, voir	1147	3		DIAMINO-4,4' DIPHÉNYLMÉTHANE	2651	6.1	
n-DÉCANE	2247	3		Diamino-1,2 éthane, voir	1604	8	
DÉCHET (BIO)MÉDICAL, N.S.A.	3291	6.2		DI-n-AMYLAMINE	2841	3	
DÉCHETS DE CAOUTCHOUC sous forme de poudre ou de grains	1345	4.1		DIAZODINITROPHÉNOL HUMIDIFIÉ avec au moins 40% (masse) d'eau ou d'un mélange d'alcool et d'eau	0074	1	
DÉCHETS DE CELLULOÏD	2002	4.2					
Déchets de laine mouillés	1387	4.2	Non soumis à l'ADN	Dibenzopyridine, voir	2713	6.1	
				DIBENZYL-DICHLOROSILANE	2434	8	
DÉCHETS DE POISSON NON STABILISÉS, voir	1374	4.2		DIBORANE	1911	2	
DÉCHETS DE POISSON STABILISES, voir	2216	9		DIBROMO-1,2 BUTANONE-3	2648	6.1	
				DIBROMOCHLOROPROPANES	2872	6.1	
DÉCHETS DE ZIRCONIUM	1932	4.2		DIBROMO-DIFLUOROMÉTHANE	1941	9	
DÉCHET D'HÔPITAL NON SPÉCIFIÉ, N.S.A.	3291	6.2		DIBROMOMÉTHANE	2664	6.1	
DÉCHETS HUILEUX DE COTON	1364	4.2		DIBROMURE D'ÉTHYLÈNE	1605	6.1	

Nom et description	No ONU	Classe	Note	Nom et description	No ONU	Classe	Note
Dibromure d'éthylène et bromure de méthyle en mélange liquide, voir	1647	6.1		DICHLORO-1,2 TÉTRAFLUORO-1,1,2,2, ÉTHANE	1958	2	
DI-n-BUTYLAMINE	2248	8		Dichloro s-triazine trione-2,4,6, voir	2465	5.1	
DIBUTYLAMINOÉTHANOL	2873	6.1		Dichlorure de fumaroyle, voir	1780	8	
Dibutylamino-2 éthanol, voir	2873	6.1		Dichlorure de mercure, voir	1624	6.1	
DICÉTÈNE STABILISÉ	2521	6.1		Dichlorure de propylène, voir	1279	3	
DICHLORACÉTATE DE MÉTHYLE	2299	6.1		Dichlorure de soufre, voir	1828	8	
DICHLORANILINES LIQUIDES	1590	6.1		DICHLORURE D'ÉTHYLÈNE	1184	3	
DICHLORANILINES SOLIDES	3442	6.1		Dichlorure d'isocyanophényle, voir	1672	6.1	
alpha-Dichlorhydrine, voir	2750	6.1		DICHROMATE D'AMMONIUM	1439	5.1	
Dichlorhydrine-1,3 du glycérol, voir	2750	6.1		Dicyano-1,4 butane, voir	2205	6.1	
DICHLORO-1,3 ACÉTONE	2649	6.1		Dicyanocuprate de potassium (I), voir	1679	6.1	
o-DICHLOROBENZÈNE	1591	6.1		Dicyanocuprate de sodium (I) en solution, voir	2317	6.1	
DICHLORODIFLUORO-MÉTHANE	1028	2		Dicyanocuprate de sodium (I) solide, voir	2316	6.1	
DICHLORODIFLUORO-MÉTHANE ET DIFLUORO-1,1 ÉTHANE EN MÉLANGE AZÉOTROPE contenant environ 74% de dichlorodifluorométhane	2602	2		Dicycloheptadiène, voir	2251	3	
				DICYCLOHEXYLAMINE	2565	8	
				DICYCLOPENTADIÈNE	2048	3	
Dichlorodifluorométhane et oxyde d'éthylène, mélange de, contenant au plus 12,5% d'oxyde d'éthylène, voir	3070	2		Diesel, voir	1202	3	
				Diéthoxy-1,1 éthane, voir	1088	3	
				Diéthoxy-1,2 éthane, voir	1153	3	
DICHLORO-1,1 ÉTHANE	2362	3		DIÉTHOXYMÉTHANE	2373	3	
DICHLORO-1,2 ÉTHYLÈNE	1150	3		DIÉTHOXY-3,3 PROPÈNE	2374	3	
DICHLOROFLUOROMÉTHANE	1029	2		DIÉTHYLAMINE	1154	3	
DICHLOROMÉTHANE	1593	6.1		DIÉTHYLAMINO-2 ÉTHANOL	2686	8	
DICHLORO-1,1 NITRO-1 ÉTHANE	2650	6.1		3-DIÉTHYLAMINO-PROPYLAMINE	2684	3	
DICHLOROPENTANES	1152	3		N,N-DIÉTHYLANILINE	2432	6.1	
DICHLOROPHÉNYL-PHOSPHINE	2798	8		DIÉTHYLBENZÈNE	2049	3	
DICHLORO(PHÉNYL)-THIOPHOSPHORE	2799	8		Diéthylcarbinol, voir	1105	3	
DICHLOROPHÉNYL-TRICHLOROSILANE	1766	8		DIÉTHYLCÉTONE	1156	3	
DICHLORO-1,2 PROPANE	1279	3		DIÉTHYLDICHLORO-SILANE	1767	8	
DICHLORO-1,3 PROPANOL-2	2750	6.1		Diéthylènediamine, voir	2579	8	
DICHLOROPROPÈNES	2047	3		DIÉTHYLÈNETRIAMINE	2079	8	
DICHLOROSILANE	2189	2		N,N-DIÉTHYLÉTHYLÈNE-DIAMINE	2685	8	

Nom et description	No ONU	Classe	Note
Diéthylzinc, voir	3394	4.2	
Difluoro-2,4 aniline, voir	2941	6.1	
Difluorochloroéthane, voir	2517	2	
DIFLUORO-1,1 ÉTHANE	1030	2	
DIFLUORO-1,1 ÉTHYLÈNE	1959	2	
DIFLUOROMÉTHANE	3252	2	
Difluorométhane, pentafluoroéthane et tétrafluoro-1,1,1,2 éthane, en mélange zéotropique avec environ 10% de difluorométhane et 70% de pentafluoroéthane, voir	3339	2	
Difluorométhane, pentafluoro-éthane et tétrafluoro-1,1,1,2 éthane, en mélange zéotropique avec environ 20% de difluorométhane et 40% de pentafluoroéthane, voir	3338	2	
Difluorométhane, pentafluoro-éthane et tétrafluoro-1,1,1,2 éthane, en mélange zéotropique avec environ 23% de difluorométhane et 25% de pentafluoroéthane, voir	3340	2	
DIFLUORURE ACIDE D'AMMONIUM EN SOLUTION	2817	8	
DIFLUORURE D'OXYGÈNE COMPRIMÉ	2190	2	
DIHYDRO-2,3 PYRANNE	2376	3	
DIISOBUTYLAMINE	2361	3	
DIISOBUTYLCÉTONE	1157	3	
Diisobutylène, composés isomériques du, voir	2050	3	
DIISOCYANATE DE DIPHÉNYLMÉTHANE-4,4'	9004	9	Dangereux en bateau-citerne seulement
DIISOCYANATE D'HEXAMÉTHYLÈNE	2281	6.1	
DIISOCYANATE D'ISOPHORONE	2290	6.1	
DIISOCYANATE DE TOLUÈNE	2078	6.1	
DIISOCYANATE DE TOLUÈNE-2,4	2078	6.1	
DIISOCYANATE DE TRIMÉTHYLHEXA-MÉTHYLÈNE	2328	6.1	
DIISOPROPYLAMINE	1158	3	

Nom et description	No ONU	Classe	Note
Diluants pour peintures, voir	1263	3	
	3066	8	
	3469	3	
	3470	8	
DIMÉTHOXY-1,1 ÉTHANE	2377	3	
DIMÉTHOXY-1,2 ÉTHANE	2252	3	
DIMÉTHYLAMINE ANHYDRE	1032	2	
DIMÉTHYLAMINE EN SOLUTION AQUEUSE	1160	3	
DIMÉTHYLAMINO-ACÉTONITRILE	2378	3	
DIMÉTHYLAMINO-2 ÉTHANOL	2051	8	
N,N-DIMÉTHYLANILINE	2253	6.1	
DIMÉTHYL-2,3 BUTANE	2457	3	
DIMÉTHYL-1,3 BUTYLAMINE	2379	3	
DIMÉTHYLCYCLO-HEXANES	2263	3	
N,N-DIMÉTHYLCYCLO-HEXYLAMINE	2264	8	
DIMÉTHYLDICHLOROSILANE	1162	3	
DIMÉTHYLDIÉTHOXYSILANE	2380	3	
DIMÉTHYLDIOXANNES	2707	3	
Diméthyléthanolamine, voir	2051	8	
N,N-DIMÉTHYLFORMAMIDE	2265	3	
DIMÉTHYLHYDRAZINE ASYMÉTRIQUE	1163	6.1	
DIMÉTHYLHYDRAZINE SYMÉTRIQUE	2382	6.1	
Diméthyl-1,1 hydrazine, voir	1163	6.1	
DIMÉTHYL-2,2 PROPANE	2044	2	
N,N-DIMÉTHYL-PROPYLAMINE	2266	3	
Diméthylzinc, voir	3394	4.2	
DINGU, voir	0489	1	
DINITRANILINES	1596	6.1	
DINITRATE DE DIÉTHYLÈNEGLYCOL DÉSENSIBILISÉ avec au moins 25% (masse) de flegmatisant non volatil insoluble dans l'eau	0075	1	
DINITRATE D'ISOSORBIDE EN MÉLANGE avec au moins 60% de lactose, de mannose, d'amidon ou d'hydrogénophosphate de calcium	2907	4.1	

Nom et description	No ONU	Classe	Note	Nom et description	No ONU	Classe	Note
DINITROBENZÈNES LIQUIDES	1597	6.1		Dioxyde de baryum, voir	1449	5.1	
DINITROBENZÈNES SOLIDES	3443	6.1		DIOXYDE DE CARBONE	1013	2	
Dinitrochlorobenzène, voir	1577 3441	6.1 6.1		DIOXYDE DE CARBONE LIQUIDE RÉFRIGÉRÉ	2187	2	
DINITRO-o-CRÉSATE D'AMMONIUM EN SOLUTION	3424	6.1		Dioxyde de carbone solide	1845	9	Non soumis à l'ADN
DINITRO-o-CRÉSATE D'AMMONIUM, SOLIDE	1843	6.1		Dioxyde de carbone et oxyde d'éthylène en mélange contenant au plus 9% d'oxyde d'éthylène, voir	1952	2	
DINITRO-o-CRÉSATE DE SODIUM HUMIDIFIÉ avec au moins 15% (masse) d'eau	1348	6.1		Dioxyde de carbone et oxyde d'éthylène en mélange contenant plus de 9% mais pas plus de 87% d'oxyde d'éthylène, voir	1041	2	
DINITRO-o-CRÉSATE DE SODIUM HUMIDIFIÉ avec au moins 10% (masse) d'eau	3369	4.1		Dioxyde de carbone et oxyde d'éthylène en mélange contenant au plus 87% d'oxyde d'éthylène, voir	3300	2	
DINITRO-o-CRÉSATE DE SODIUM sec ou humidifié avec moins de 15% (masse) d'eau	0234	1		DIOXYDE DE PLOMB	1872	5.1	
DINITRO-o-CRÉSOL	1598	6.1		Dioxyde de sodium, voir	1504	5.1	
DINITROGLYCOLURILE	0489	1		DIOXYDE DE SOUFRE	1079	2	
DINITROPHÉNATES de métaux alcalins, secs ou humidifiés avec moins de 15% (masse) d'eau	0077	1		Dioxyde de strontium, voir	1509	5.1	
				DIOXYDE DE THIOURÉE	3341	4.2	
DINITROPHÉNATES HUMIDIFIÉS avec au moins 15% (masse) d'eau	1321	4.1		DIPENTÈNE	2052	3	
DINITROPHÉNOL EN SOLUTION	1599	6.1		DIPHÉNYLAMINE-CHLORARSINE	1698	6.1	
DINITROPHÉNOL HUMIDIFIÉ avec au moins 15% (masse) d'eau	1320	4.1		DIPHÉNYLCHLORARSINE LIQUIDE	1699	6.1	
DINITROPHÉNOL sec ou humidifié avec moins de 15% (masse) d'eau	0076	1		DIPHÉNYLCHLORARSINE SOLIDE	3450	6.1	
				DIPHÉNYLDICHLOROSILANE	1769	8	
DINITRORÉSORCINOL HUMIDIFIÉ avec au moins 15% (masse) d'eau	1322	4.1		DIPHÉNYLES POLYCHLORÉS, LIQUIDES	2315	9	
DINITRORÉSORCINOL sec ou humidifié avec moins de 15% (masse) d'eau	0078	1		DIPHÉNYLES POLYCHLORÉS, SOLIDES	3432	9	
				DIPHÉNYLES POLYHALOGÉNÉS LIQUIDES	3151	9	
DINITROSOBENZÈNE	0406	1		DIPHÉNYLES POLYHALOGÉNÉS SOLIDES	3152	9	
DINITROTOLUÈNES FONDUS	1600	6.1		Diphénylmagnésium, voir	3393	4.2	
DINITROTOLUÈNES LIQUIDES	2038	6.1		DIPICRYLAMINE, voir	0079	1	
DINITROTOLUÈNES SOLIDES	3454	6.1		DIPROPYLAMINE	2383	3	
DIOXANNE	1165	3		DIPROPYLCÉTONE	2710	3	
DIOXOLANNE	1166	3		DISPERSION DE MÉTAUX ALCALINO-TERREUX ayant un point d'éclair supérieur à 60 °C	1391	4.3	
Dioxychlorure de chrome (VI), voir	1758	8					
DIOXYDE D'AZOTE, voir	1067	2					

Nom et description	No ONU	Classe	Note
DISPERSION DE MÉTAUX ALCALINO-TERREUX, INFLAMMABLE	3482	4.3	
DISPERSION DE MÉTAUX ALCALINS ayant un point d'éclair supérieur à 60 °C	1391	4.3	
DISPERSION DE MÉTAUX ALCALINS, INFLAMMABLE	3482	4.3	
DISPOSITIFS ÉCLAIRANTS AÉRIENS	0093	1	
	0403	1	
	0404	1	
	0420	1	
	0421	1	
DISPOSITIFS ÉCLAIRANTS DE SURFACE	0092	1	
	0418	1	
	0419	1	
Dispositifs éclairants hydroactifs, voir	0249	1	
DISSOLUTION DE CAOUTCHOUC	1287	3	
DISTILLATS DE GOUDRON DE HOUILLE, INFLAMMABLES	1136	3	
DISTILLATS DE PÉTROLE, N.S.A.	1268	3	
DISULFURE DE CARBONE	1131	3	
DISULFURE DE DIMÉTHYLE	2381	3	
DISULFURE DE SÉLÉNIUM	2657	6.1	
DISULFURE DE TITANE	3174	4.2	
DITHIONITE DE CALCIUM	1923	4.2	
DITHIONITE DE POTASSIUM	1929	4.2	
DITHIONITE DE SODIUM	1384	4.2	
DITHIONITE DE ZINC	1931	9	
DITHIOPYROPHOSPHATE DE TÉTRAÉTHYLE	1704	6.1	
DODÉCYL-TRICHLOROSILANE	1771	8	
DOUILLES COMBUSTIBLES VIDES ET NON AMORCÉES	0446	1	
	0447	1	
DOUILLES DE CARTOUCHES VIDES AMORCÉES	0055	1	
	0379	1	
Dynamite, dynamites-gommes, dynamites gélatinisées, voir	0081	1	
ÉBARBURES DE MÉTAUX FERREUX, sous forme auto-échauffante	2793	4.2	
ÉCHANTILLON CHIMIQUE TOXIQUE	3315	6.1	

Nom et description	No ONU	Classe	Note
ÉCHANTILLON DE GAZ, NON COMPRIMÉ, INFLAMMABLE, N.S.A., sous une forme autre qu'un liquide réfrigéré	3167	2	
ÉCHANTILLON DE GAZ, NON COMPRIMÉ, TOXIQUE, INFLAMMABLE, N.S.A., sous une forme autre qu'un liquide réfrigéré	3168	2	
ÉCHANTILLON DE GAZ, NON COMPRIMÉ, TOXIQUE, N.S.A., sous une forme autre qu'un liquide réfrigéré	3169	2	
ÉCHANTILLONS D'EXPLOSIFS, autres que des explosifs d'amorçage	0190	1	
ÉLECTROLYTE ACIDE POUR ACCUMULATEURS	2796	8	
ÉLECTROLYTE ALCALIN POUR ACCUMULATEURS	2797	8	
ÉLÉMENTS D'ACCUMULATEUR AU SODIUM	3292	4.3	
Émaux, voir	1263	3	
	3066	8	
	3469	3	
	3470	8	
Emballage vide, non nettoyé			Voir 4.1.1.11 de l'ADR, 5.1.3 et 5.4.1.1.6
Encaustiques, voir	1263	3	
	3066	8	
	3469	3	
	3470	8	
ENCRES D'IMPRIMERIE, inflammables	1210	3	
Enduits d'apprêt, voir	1263	3	
	3066	8	
	3469	3	
	3470	8	
ENGINS AUTOPROPULSÉS À PROPERGOL LIQUIDE avec charge d'éclatement	0397	1	
	0398	1	
ENGINS AUTOPROPULSÉS à tête inerte	0183	1	
	0502	1	
ENGINS AUTOPROPULSÉS avec charge d'éclatement	0180	1	
	0181	1	
	0182	1	
	0295	1	

Nom et description	No ONU	Classe	Note
ENGINS AUTOPROPULSÉS avec charge d'expulsion	0436 0437 0438	1 1 1	
ENGINS DE SAUVETAGE AUTOGONFLABLES	2990	9	
ENGINS DE SAUVETAGE NON AUTOGONFLABLES contenant des marchandises dangereuses comme équipement	3072	9	
ENGINS HYDROACTIFS avec charge de dispersion, charge d'expulsion ou charge propulsive	0248 0249	1 1	
ENGIN DE TRANSPORT SOUS FUMIGATION	3359	9	
ENGRAIS AU NITRATE D'AMMONIUM	2067 2071	5.1 9	
ENGRAIS EN SOLUTION contenant de l'ammoniac non combiné	1043	2	
ÉPIBROMHYDRINE	2558	6.1	
ÉPICHLORHYDRINE	2023	6.1	
ÉPONGE DE TITANE SOUS FORME DE GRANULÉS	2878	4.1	
ÉPONGE DE TITANE SOUS FORME DE POUDRE	2878	4.1	
Époxy-1,2 butane, voir	3022	3	
Époxyéthane, voir	1040	2	
ÉPOXY-1,2 ETHOXY-3 PROPANE	2752	3	
Époxy-2,3 propanal-1, voir	2622	3	
ESSENCE	1203	3	
Essence minérale légère, voir	1268	3	
Essence naturelle, voir	1203	3	
ESSENCE pour moteurs d'automobiles, voir	1203	3	
Essence, mélange d'éthanol et d'essence contenant plus de 10% d'éthanol, voir	3475	3	
ESSENCE DE TÉRÉBENTHINE	1299	3	
Essence de térébenthine, succédané de, voir	1300	3	
Ester nitreux, voir	1194	3	
ESTERS, N.S.A.	3272	3	
ÉTHANE	1035	2	
ÉTHANE LIQUIDE RÉFRIGÉRÉ	1961	2	

Nom et description	No ONU	Classe	Note
Éthanethiol, voir	2363	3	
ÉTHANOL	1170	3	
ÉTHANOL EN SOLUTION	1170	3	
Éthanol, mélange d'éthanol et d'essence contenant plus de 10% d'éthanol, voir	3475	3	
ÉTHANOLAMINE	2491	8	
ÉTHANOLAMINE EN SOLUTION	2491	8	
Éther, voir	1155	3	
ÉTHER ALLYLÉTHYLIQUE	2335	3	
ÉTHER ALLYLGLYCIDIQUE	2219	3	
Éther anesthésique, voir	1155	3	
ÉTHÉRATE DIÉTHYLIQUE DE TRIFLUORURE DE BORE	2604	8	
ÉTHÉRATE DIMÉTHYLIQUE DE TRIFLUORURE DE BORE	2965	4.3	
ÉTHER BROMO-2 ÉTHYL ÉTHYLIQUE	2340	3	
ÉTHERS BUTYLIQUES	1149	3	
ÉTHER BUTYLMÉTHYLIQUE	2350	3	
ÉTHER BUTYLVINYLIQUE STABILISÉ	2352	3	
ÉTHER CHLOROMÉTHYL-ÉTHYLIQUE	2354	3	
Éther chlorométhylméthylique, voir	1239	6.1	
ÉTHER DIALLYLIQUE	2360	3	
ÉTHER DICHLORO-DIMÉTHYLIQUE SYMÉTRIQUE	2249	6.1	Transport interdit
ÉTHER DICHLORO-2,2' DIÉTHYLIQUE	1916	6.1	
ÉTHER DICHLOROISOPRO-PYLIQUE	2490	6.1	
ÉTHER DIÉTHYLIQUE	1155	3	
ÉTHER DIÉTHYLIQUE DE L'ÉTHYLÈNEGLYCOL	1153	3	
Éther diméthylique de l'éthylèneglycol, voir	2252	3	
ÉTHER DI-n-PROPYLIQUE	2384	3	
ÉTHER ÉTHYLBUTYLIQUE	1179	3	
ÉTHER ÉTHYLIQUE, voir	1155	3	
ÉTHER ÉTHYLPROPYLIQUE	2615	3	

Nom et description	No ONU	Classe	Note	Nom et description	No ONU	Classe	Note
ÉTHER ÉTHYLVINYLIQUE STABILISÉ	1302	3		ÉTHYLDICHLOROSILANE	1183	4.3	
ÉTHER ISOBUTYLVINYLIQUE STABILISÉ	1304	3		ÉTHYLÈNE, ACÉTYLÈNE ET PROPYLÈNE EN MÉLANGE LIQUIDE RÉFRIGÉRÉ, contenant 71,5% au moins d'éthylène, 22,5% au plus d'acétylène et 6% au plus de propylène	3138	2	
ÉTHER ISOPROPYLIQUE	1159	3					
ÉTHER MÉTHYL tert-BUTYLIQUE	2398	3					
				ÉTHYLÈNE	1962	2	
ÉTHER MÉTHYLÉTHYLIQUE	1039	2		ÉTHYLÈNE LIQUIDE RÉFRIGÉRÉ	1038	2	
ÉTHER MÉTHYLIQUE	1033	2					
ÉTHER MÉTHYLIQUE MONOCHLORÉ	1239	6.1		ÉTHYLÈNEDIAMINE	1604	8	
				ÉTHYLÈNEIMINE STABILISÉE	1185	3	
ÉTHER MÉTHYLPROPYLIQUE	2612	3		Éthylhexaldéhyde, voir	1191	3	
ÉTHER MÉTHYLVINYLIQUE STABILISÉ	1087	2		ÉTHYL-2 HEXYLAMINE	2276	3	
				ÉTHYLMÉTHYLCÉTONE	1193	3	
ÉTHER MONOÉTHYLIQUE DE L'ÉTHYLÈNEGLYCOL	1171	3		ÉTHYLPHÉNYL-DICHLOROSILANE	2435	8	
ÉTHER MONOMÉTHYLIQUE DE L'ÉTHYLÈNEGLYCOL	1188	3		ÉTHYL-1 PIPÉRIDINE	2386	3	
ÉTHER PERFLUORO (ÉTHYLVINYLIQUE)	3154	2		N-ÉTHYLTOLUIDINES	2754	6.1	
				ÉTHYLTRICHLOROSILANE	1196	3	
ÉTHER PERFLUORO (MÉTHYLVINYLIQUE)	3153	2		EXPLOSIF DE MINE DU TYPE A	0081	1	
Éther de pétrole, voir	1268	3		EXPLOSIF DE MINE DU TYPE B	0082	1	
					0331	1	
ÉTHERS, N.S.A.	3271	3		EXPLOSIF DE MINE DU TYPE C	0083	1	
ÉTHER VINYLIQUE STABILISÉ	1167	3		EXPLOSIF DE MINE DU TYPE D	0084	1	
Éthoxy-2 éthanol, voir	1171	3		EXPLOSIF DE MINE DU TYPE E	0241	1	
ÉTHYLACÉTYLÈNE STABILISÉ	2452	2			0332	1	
ÉTHYLAMINE	1036	2		EXPLOSIF DE SAUTAGE, voir	0081	1	
					0082	1	
ÉTHYLAMINE EN SOLUTION AQUEUSE contenant au moins 50% mais au maximum 70% (masse) d'éthylamine	2270	3			0083	1	
					0084	1	
					0241	1	
					0331	1	
					0332	1	
ÉTHYLAMYLCÉTONE	2271	3		Explosifs en émulsion, voir	0241	1	
					0332	1	
N-ÉTHYLANILINE	2272	6.1					
ÉTHYL-2 ANILINE	2273	6.1		Explosifs plastiques, voir	0084	1	
ÉTHYLBENZÈNE	1175	3		Explosifs sismiques, voir	0081	1	
N-ÉTHYL N-BENZYLANILINE	2274	6.1			0082	1	
					0083	1	
N-ÉTHYLBENZYL-TOLUIDINES LIQUIDES	2753	6.1			0331	1	
N-ÉTHYLBENZYL-TOLUIDINES SOLIDES	3460	6.1		EXTINCTEURS contenant un gaz comprimé ou liquéfié	1044	2	
ÉTHYL-2 BUTANOL	2275	3		EXTRAITS AROMATIQUES LIQUIDES	1169	3	
ÉTHYLDICHLORARSINE	1892	6.1					

Nom et description	No ONU	Classe	Note	Nom et description	No ONU	Classe	Note
EXTRAITS LIQUIDES POUR AROMATISER	1197	3		p-Fluoraniline, voir	2941	6.1	
FARINE DE KRILL	3497	4.2		Fluoréthane, voir	2453	2	
FARINE DE POISSON NON STABILISÉE	1374	4.2		Fluoro-2 aniline, voir	2941	6.1	
				Fluoro-4 aniline, voir	2941	6.1	
FARINE DE POISSON STABILISEE	2216	9		FLUOROBENZÈNE	2387	3	
				Fluoroforme, voir	1984	2	
FARINE DE RICIN	2969	9		Fluorométhane, voir	2454	2	
FER PENTACARBONYLE	1994	6.1		FLUOROSILICATE D'AMMONIUM	2854	6.1	
FERROCÉRIUM	1323	4.1					
FERROSILICIUM contenant 30% (masse) ou plus mais moins de 90% (masse) de silicium	1408	4.3		FLUOROSILICATE DE MAGNÉSIUM	2853	6.1	
				FLUOROSILICATE DE POTASSIUM	2655	6.1	
Feux de signaux routiers ou ferroviaires, voir	0191	1		FLUOROSILICATE DE SODIUM	2674	6.1	
	0373	1		FLUOROSILICATE DE ZINC	2855	6.1	
Fibres d'origine animale brûlées, mouillées ou humides	1372	4.2	Non soumis à l'ADN	FLUOROSILICATES, N.S.A.	2856	6.1	
FIBRES D'ORIGINE ANIMALE imprégnées d'huile, N.S.A.	1373	4.2		FLUOROTOLUÈNES	2388	3	
				Fluorure d'amino-2 benzylidyne, voir	2942	6.1	
FIBRES D'ORIGINE SYNTHÉTIQUE imprégnées d'huile, N.S.A.	1373	4.2		Fluorure d'amino-3 benzylidyne, voir	2948	6.1	
Fibres d'origine végétale brûlées, mouillées ou humides	1372	4.2	Non soumis à l'ADN	FLUORURE D'AMMONIUM	2505	6.1	
				FLUORURE DE BENZYLIDYNE	2338	3	
FIBRES D'ORIGINE VÉGÉTALE imprégnées d'huile, N.S.A.	1373	4.2		FLUORURE DE CARBONYLE	2417	2	
FIBRES IMPRÉGNÉES DE NITROCELLULOSE FAIBLEMENT NITRÉE, N.S.A.	1353	4.1		FLUORURES DE CHLOROBENZYLIDYNE	2234	3	
Fibres végétales sèches	3360	4.1	Non soumis à l'ADN	FLUORURE DE CHROME III EN SOLUTION	1757	8	
				FLUORURE DE CHROME III SOLIDE	1756	8	
FILMS À SUPPORT NITRO-CELLULOSIQUE avec couche de gélatine (à l'exclusion des déchets)	1324	4.1		FLUORURE D'ÉTHYLE	2453	2	
Films débarrassés de gélatine; déchets de films, voir	2002	4.2		FLUORURE D'HYDROGÈNE ANHYDRE	1052	8	
Flambeaux de surface, voir	0092	1		FLUORURES D'ISO-CYANATOBENZYLIDYNE	2285	6.1	
	0418	1					
	0419	1		FLUORURE DE MÉTHYLE	2454	2	
FLUOR COMPRIMÉ	1045	2		FLUORURES DE NITROBENZYLIDYNE, LIQUIDES	2306	6.1	
FLUORACÉTATE DE POTASSIUM	2628	6.1					
FLUORACÉTATE DE SODIUM	2629	6.1		FLUORURES DE NITROBENZYLIDYNE, SOLIDES	3431	6.1	
FLUOROANILINES	2941	6.1					
o-Fluoraniline, voir	2941	6.1					

Nom et description	No ONU	Classe	Note
FLUORURE DE NITRO-3 CHLORO-4 BENZYLIDYNE	2307	6.1	
FLUORURE DE PERCHLORYLE	3083	2	
FLUORURE DE POTASSIUM EN SOLUTION	3422	6.1	
FLUORURE DE POTASSIUM, SOLIDE	1812	6.1	
FLUORURE DE SODIUM EN SOLUTION	3415	6.1	
FLUORURE DE SODIUM, SOLIDE	1690	6.1	
FLUORURE DE SULFURYLE	2191	2	
FLUORURE DE VINYLE STABILISÉ	1860	2	
Fluorure de vinylidène, voir	1959	2	
Fluosilicate d'ammonium, voir	2854	6.1	
Fluosilicate de magnésium, voir	2853	6.1	
Fluosilicate de potassium, voir	2655	6.1	
Fluosilicate de sodium, voir	2674	6.1	
Fluosilicate de zinc, voir	2855	6.1	
Fluosilicates n.s.a., voir	2856	6.1	
Foin	1327	4.1	Non soumis à l'ADN
FORMALDÉHYDE EN SOLUTION contenant au moins 25% de formaldéhyde	2209	8	
FORMALDÉHYDE EN SOLUTION INFLAMMABLE	1198	3	
Formaline, voir	1198	3	
	2209	8	
Formamidine sulphinique acide, voir	3341	4.2	
FORMIATE D'ALLYLE	2336	3	
FORMIATES D'AMYLE	1109	3	
FORMIATE DE n-BUTYLE	1128	3	
FORMIATE D'ÉTHYLE	1190	3	
FORMIATE D'ISOBUTYLE	2393	3	
Formiate d'isopropyle, voir	1281	3	
FORMIATE DE MÉTHYLE	1243	3	
FORMIATES DE PROPYLE	1281	3	
Formyl-2 dihydro-3,4 (2H) pyranne, voir	2607	3	

Nom et description	No ONU	Classe	Note
Fulmicoton, voir	0340	1	
	0341	1	
FULMINATE DE MERCURE HUMIDIFIÉ avec au moins 20% (masse) d'eau (ou d'un mélange d'alcool et d'eau)	0135	1	
FURALDÉHYDES	1199	6.1	
FURANNE	2389	3	
FURFURYLAMINE	2526	3	
FUSÉES-ALLUMEURS	0316	1	
	0317	1	
	0368	1	
FUSÉES-DÉTONATEURS	0106	1	
	0107	1	
	0257	1	
	0367	1	
FUSÉES-DÉTONATEURS avec dispositifs de sécurité	0408	1	
	0409	1	
	0410	1	
Fusées de divertissement, voir	0333	1	Voir 2.2.1.1.7
	0334	1	
	0335	1	
	0336	1	
	0337	1	
Fusées de signalisation, voir	0191	1	
	0373	1	
Fusées pour munitions, voir	0106	1	
	0107	1	
	0257	1	
	0316	1	
	0317	1	
	0367	1	
	0368	1	
Fusées spatiales, voir	0180	1	
	0181	1	
	0182	1	
	0183	1	
	0295	1	
	0397	1	
	0398	1	
	0436	1	
	0437	1	
	0438	1	
GALETTE HUMIDIFIÉE avec au moins 17% (masse) d'alcool	0433	1	
GALETTE HUMIDIFIÉE avec au moins 25% (masse) d'eau	0159	1	
GALLIUM	2803	8	
Gargousses, voir	0242	1	
	0279	1	
Gas-oil, voir	1202	3	

Nom et description	No ONU	Classe	Note	Nom et description	No ONU	Classe	Note
GAZ COMPRIMÉ, N.S.A	1956	2		Gaz lacrymogènes, matière liquide servant à la production de, n.s.a., voir	1693	6.1	
GAZ COMPRIMÉ COMBURANT, N.S.A.	3156	2		Gaz lacrymogènes, matière solide servant à la production de, n.s.a., voir	3448	6.1	
Gaz comprimé et tétraphosphate hexaéthylique en mélange, voir	1612	2		GAZ LIQUÉFIÉ, N.S.A.	3163	2	
GAZ COMPRIMÉ INFLAMMABLE, N.S.A.	1954	2		GAZ LIQUÉFIÉ COMBURANT, N.S.A.	3157	2	
GAZ COMPRIMÉ TOXIQUE, N.S.A.	1955	2		GAZ LIQUÉFIÉ INFLAMMABLE, N.S.A.	3161	2	
GAZ COMPRIMÉ TOXIQUE, COMBURANT, N.S.A.	3303	2		GAZ LIQUÉFIÉS ininflammables, additionnés d'azote, de dioxyde de carbone ou d'air	1058	2	
GAZ COMPRIMÉ TOXIQUE, COMBURANT, CORROSIF, N.S.A.	3306	2		GAZ LIQUÉFIÉ TOXIQUE, N.S.A.	3162	2	
GAZ COMPRIMÉ TOXIQUE, CORROSIF, N.S.A.	3304	2		GAZ LIQUÉFIÉ TOXIQUE, COMBURANT, N.S.A.	3307	2	
GAZ COMPRIMÉ TOXIQUE, INFLAMMABLE, N.S.A.	1953	2		GAZ LIQUÉFIÉ TOXIQUE, COMBURANT, CORROSIF, N.S.A.	3310	2	
GAZ COMPRIMÉ TOXIQUE, INFLAMMABLE, CORROSIF, N.S.A.	3305	2		GAZ LIQUÉFIÉ TOXIQUE, CORROSIF, N.S.A.	3308	2	
GAZ DE HOUILLE COMPRIMÉ	1023	2		GAZ LIQUÉFIÉ TOXIQUE, INFLAMMABLE, N.S.A.	3160	2	
GAZ DE PÉTROLE COMPRIMÉ	1071	2		GAZ LIQUÉFIÉ TOXIQUE, INFLAMMABLE, CORROSIF, N.S.A.	3309	2	
GAZ DE PÉTROLE LIQUÉFIÉS	1075	2		GAZ LIQUIDE RÉFRIGÉRÉ, N.S.A.	3158	2	
Gaz, échantillon de, non comprimé, inflammable, n.s.a., non fortement réfrigéré, voir	3167	2		GAZ LIQUIDE RÉFRIGÉRÉ, COMBURANT, N.S.A.	3311	2	
Gaz, échantillon de, non comprimé, toxique, inflammable, n.s.a., non fortement réfrigéré, voir	3168	2		GAZ LIQUIDE RÉFRIGÉRÉ, INFLAMMABLE, N.S.A.	3312	2	
Gaz, échantillon de, non comprimé, toxique, n.s.a., non fortement réfrigéré, voir	3169	2		GAZ NATUREL (à haute teneur en méthane) COMPRIMÉ	1971	2	
GAZ FRIGORIFIQUE, N.S.A. , comme le mélange F1, le mélange F2, le mélange F3	1078	2		GAZ NATUREL (à haute teneur en méthane) LIQUIDE RÉFRIGÉRÉ	1972	2	
Gaz inflammable dans les briquets, voir	1057	2		GAZOLE	1202	3	
GAZ INSECTICIDE, N.S.A.	1968	2		GAZ RÉFRIGÉRANT, N.S.A., voir	1078	2	
GAZ INSECTICIDE INFLAMMABLE, N.S.A.	3354	2		GAZ RÉFRIGÉRANT R 12, voir	1028	2	
GAZ INSECTICIDE TOXIQUE N.S.A.	1967	2		GAZ RÉFRIGÉRANT R 12B1, voir	1974	2	
GAZ INSECTICIDE TOXIQUE INFLAMMABLE, N.S.A.	3355	2		GAZ RÉFRIGÉRANT R 13, voir	1022	2	
				GAZ RÉFRIGÉRANT R 13B1, voir	1009	2	

Nom et description	No ONU	Classe	Note
GAZ RÉFRIGÉRANT R 14, voir	1982	2	
GAZ RÉFRIGÉRANT R 21, voir	1029	2	
GAZ RÉFRIGÉRANT R 22, voir	1018	2	
GAZ RÉFRIGÉRANT R 23, voir	1984	2	
GAZ RÉFRIGÉRANT R 32, voir	3252	2	
GAZ RÉFRIGÉRANT R 40, voir	1063	2	
GAZ RÉFRIGÉRANT R 41, voir	2454	2	
GAZ RÉFRIGÉRANT R 114, voir	1958	2	
GAZ RÉFRIGÉRANT R 115, voir	1020	2	
GAZ RÉFRIGÉRANT R 116, voir	2193	2	
GAZ RÉFRIGÉRANT R 124, voir	1021	2	
GAZ RÉFRIGÉRANT R 125, voir	3220	2	
GAZ RÉFRIGÉRANT R 133a, voir	1983	2	
GAZ RÉFRIGÉRANT R 134a, voir	3159	2	
GAZ RÉFRIGÉRANT R 142b, voir	2517	2	
GAZ RÉFRIGÉRANT R 143a, voir	2035	2	
GAZ RÉFRIGÉRANT R 152a, voir	1030	2	
GAZ RÉFRIGÉRANT R 161, voir	2453	2	
GAZ RÉFRIGÉRANT R 218, voir	2424	2	
GAZ RÉFRIGÉRANT R 227, voir	3296	2	
GAZ RÉFRIGÉRANT R 404A	3337	2	
GAZ RÉFRIGÉRANT R 407A	3338	2	
GAZ RÉFRIGÉRANT R 407B	3339	2	
GAZ RÉFRIGÉRANT R 407C	3340	2	
GAZ RÉFRIGÉRANT R 500, voir	2602	2	
GAZ RÉFRIGÉRANT R 502, voir	1973	2	
GAZ RÉFRIGÉRANT R 503, voir	2599	2	
GAZ RÉFRIGÉRANT R 1132a, voir	1959	2	
GAZ RÉFRIGÉRANT R 1216, voir	1858	2	
GAZ RÉFRIGÉRANT R 1318, voir	2422	2	
GAZ RÉFRIGÉRANT RC 318, voir	1976	2	
Gels aqueux explosifs, voir	0241	1	
	0332	1	
GÉNÉRATEUR CHIMIQUE D'OXYGÈNE	3356	5.1	
GÉNÉRATEURS DE GAZ POUR SAC GONFLABLE	0503	1	

Nom et description	No ONU	Classe	Note
GÉNÉRATEURS DE GAZ POUR SAC GONFLABLE	3268	9	
GERMANE	2192	2	
Glucinium, voir	1566	6.1	
	1567	6.1	
GLUCONATE DE MERCURE	1637	6.1	
GLYCIDALDÉHYDE	2622	3	
Goudron de houille, distillats de, inflammables, voir	1136	3	
GOUDRONS LIQUIDES, y compris les liants routiers et les cut backs bitumineux	1999	3	
Goudrons liquides, y compris les liants routiers et les cut backs bitumineux, ayant un point d'éclair supérieur à 60 °C, à une température égale ou supérieure à son point d'éclair, voir	3256	3	
Goudrons liquides, y compris les liants routiers et les cut backs bitumineux, à une température égale ou supérieure à 100 °C et inférieur à son point d'éclai	3257	9	
GRAINES DE RICIN	2969	9	
GRAINES DE RICIN EN FLOCONS	2969	9	
Grand emballage vide, non nettoyé			Voir 4.1.1.11 de l'ADR, 5.1.3 et 5.4.1.1.6
Grand récipient pour vrac (GRV) vide, non nettoyé			Voir 4.1.1.11 de l'ADR, 5.1.3 et 5.4.1.1.6
GRANULÉS DE MAGNÉSIUM ENROBÉS d'une granulométrie d'au moins 149 microns	2950	4.3	
GRENADES à main ou à fusil avec charge d'éclatement	0284	1	
	0285	1	
	0292	1	
	0293	1	
GRENADES D'EXERCICE à main ou à fusil	0110	1	
	0318	1	
	0372	1	
	0452	1	
Grenades éclairantes, voir	0171	1	
	0254	1	
	0297	1	

Nom et description	No ONU	Classe	Note	Nom et description	No ONU	Classe	Note
Grenades fumigènes, voir	0015	1		HEXADÉCYLTRICHLO-ROSILANE	1781	8	
	0016	1					
	0245	1		HEXADIÈNES	2458	3	
	0246	1		HEXAFLUORACÉTONE	2420	2	
	0303	1					
GUANITE, voir	0282	1		Hexafluoracétone, hydrate, voir	2552	6.1	
GUANYLNITROSAMI-NOGUANYLIDÈNE HYDRAZINE HUMIDIFIÉE avec au moins 30% (masse) d'eau	0113	1			3436	6.1	
				HEXAFLUORÉTHANE	2193	2	
				HEXAFLUOROPROPYLÈNE	1858	2	
GUANYLNITROSAMI-NOGUANYLTÉTRAZÈNE HUMIDIFIÉ avec au moins 30% (masse) d'eau ou d'un mélange d'alcool et d'eau	0114	1		Hexafluorosilicate d'ammonium, voir	2854	6.1	
				Hexafluorosilicate de potassium, voir	2655	6.1	
Gutta percha, solution de, voir	1287	3		Hexafluorosilicate de sodium, voir	2674	6.1	
HAFNIUM EN POUDRE HUMIDIFIÉ avec au moins 25% d'eau	1326	4.1		Hexafluorosilicate de zinc, voir	2855	6.1	
				HEXAFLUORURE DE SÉLÉNIUM	2194	2	
HAFNIUM EN POUDRE SEC	2545	4.2		HEXAFLUORURE DE SOUFRE	1080	2	
Halogénures d'alkylaluminium liquides, voir	3394	4.2		HEXAFLUORURE DE TELLURE	2195	2	
Halogénures d'alkylaluminium solides, voir	3393	4.2		HEXAFLUORURE DE TUNGSTÈNE	2196	2	
Halogénures de métaux-alkyles hydroréactifs, n.s.a. / Halogénures de métaux-aryles hydroréactifs, n.s.a., voir	3394	4.2		Hexahydrocrésol, voir	2617	3	
				Hexahydrométhylphénol, voir	2617	3	
				Hexahydropyrazine, voir	2579	8	
HÉLIUM COMPRIMÉ	1046	2		HEXALDÉHYDE	1207	3	
HÉLIUM LIQUIDE RÉFRIGÉRÉ	1963	2		HEXAMÉTHYLÈNEDIAMINE SOLIDE	2280	8	
HEPTAFLUOROPROPANE	3296	2		HEXAMÉTHYLÈNEDIAMINE EN SOLUTION	1783	8	
n-HEPTALDÉHYDE	3056	3					
n-Heptanal, voir	3056	3		HEXAMÉTHYLÈNEIMINE	2493	3	
HEPTANES	1206	3		HEXAMÉTHYLÈNE-TÉTRAMINE	1328	4.1	
Heptanone-4, voir	2710	3					
HEPTASULFURE DE PHOSPHORE exempt de phosphore jaune ou blanc	1339	4.1		Hexamine, voir	1328	4.1	
				HEXANES	1208	3	
n-HEPTÈNE	2278	3		HEXANITRATE DE MANNITOL, HUMIDIFIÉ avec au moins 40% (masse) d'eau ou d'un mélange d'alcool et d'eau	0133	1	
HEXACHLORACÉTONE	2661	6.1					
HEXACHLOROBENZÈNE	2729	6.1					
HEXACHLOROBUTADIÈNE	2279	6.1		HEXANITRODIPHÉNYL-AMINE	0079	1	
Hexachlorobutadiène-1,3, voir	2279	6.1		HEXANITROSTILBÈNE	0392	1	
HEXACHLOROCYCLO-PENTADIÈNE	2646	6.1		HEXANOLS	2282	3	
				HÉXÈNE-1	2370	3	
HEXACHLOROPHÈNE	2875	6.1					

Nom et description	No ONU	Classe	Note	Nom et description	No ONU	Classe	Note
HEXOGENE DÉSENSIBILISÉE, voir	0483	1		HYDRAZINE EN SOLUTION AQUEUSE avec au plus 37% (masse) d'hydrazine	3293	6.1	
HEXOGÈNE EN MÉLANGE AVEC DE LA CYCLOTÉTRAMÉTHY-LÈNETÉTRANITRAMINE DÉSENSIBILISÉE avec au moins 10% (masse) de flegmatisant, voir	0391	1		HYDRAZINE EN SOLUTION AQUEUSE contenant plus de 37% (masse) d'hydrazine ayant un point d'éclair supérieur à 60 °C	2030	8	
HEXOGÈNE EN MÉLANGE AVEC DE LA CYCLOTÉTRAMÉTHYLÈNE-TÉTRANITRAMINE HUMIDIFIÉE avec au moins 15% (masse) d'eau, voir	0391	1		HYDRAZINE EN SOLUTION AQUEUSE, INFLAMMABLE contenant plus de 37% (masse) d'hydrazine	3484	8	
HEXOGÈNE HUMIDIFIÉE, avec au moins 15% (masse) d'eau, voir	0072	1		HYDROCARBURES GAZEUX EN MÉLANGE COMPRIMÉ, N.S.A.	1964	2	
HEXOLITE, sèche ou humidifiée avec moins de 15% (masse) d'eau	0118	1		HYDROCARBURES GAZEUX EN MÉLANGE LIQUÉFIÉ, N.S.A. comme mélange A, A01, A02, A1, B1, B2, B ou C, voir	1965	2	
HEXOTOL, sèche ou humidifiée avec moins de 15% (masse) d'eau, voir	0118	1		HYDROCARBURES LIQUIDES, N.S.A.	3295	3	
HEXOTONAL	0393	1		HYDROCARBURES TERPÉNIQUES, N.S.A.	2319	3	
Hexotonal, coulé, voir	0393	1		Hydrogène arsenié, voir	2188	2	
HEXYL, voir	0079	1		HYDROGÈNE COMPRIMÉ	1049	2	
HEXYLTRICHLOROSILANE	1784	8		HYDROGÈNE DANS UN DISPOSITIF DE STOCKAGE À HYDRURE MÉTALLIQUE	3468	2	
HMX, voir	0391	1		HYDROGÈNE DANS UN DISPOSITIF DE STOCKAGE À HYDRURE MÉTALLIQUE CONTENU DANS UN ÉQUIPEMENT	3468	2	
HMX DÉSENSIBILISÉE, voir	0484	1					
HMX HUMIDIFIÉE avec au moins 15% (masse) d'eau, voir	0226	1					
HUILES D'ACÉTONE	1091	3		HYDROGÈNE DANS UN DISPOSITIF DE STOCKAGE À HYDRURE MÉTALLIQUE EMBALLÉ AVEC UN ÉQUIPEMENT	3468	2	
Huile d'aniline, voir	1547	6.1					
HUILE DE CAMPHRE	1130	3					
HUILE DE CHAUFFE LÉGÈRE	1202	3					
HUILE DE COLOPHANE	1286	3		Hydrogène germanié, voir	2192	2	
HUILE DE FUSEL	1201	3		HYDROGÈNE LIQUIDE RÉFRIGÉR	1966	2	
HUILE DE PIN	1272	3		HYDROGÈNE ET MÉTHANE EN MÉLANGE COMPRIMÉ	2034	2	
HUILE DE SCHISTE	1288	3		Hydrogène phosphoré, voir	2199	2	
HYDRATE D'HEXAFLUORACÉTONE, LIQUIDE	2552	6.1		Hydrogène silicié, voir	2203	2	
HYDRATE D'HEXAFLUORACÉTONE, SOLIDE	3436	6.1		HYDROGÉNODIFLUORURE D'AMMONIUM SOLIDE	1727	8	
				HYDROGÉNODIFLUORURE DE POTASSIUM EN SOLUTION	3421	8	
HYDRAZINE ANHYDRE	2029	8		HYDROGÉNODIFLUORURE DE POTASSIUM, SOLIDE	1811	8	

Nom et description	No ONU	Classe	Note	Nom et description	No ONU	Classe	Note
HYDROGÉNODIFLUORURE DE SODIUM	2439	8		HYDROXYDE DE PHÉNYLMERCURE	1894	6.1	
HYDROGÉNO-DIFLUORURES EN SOLUTION, N.S.A.	3471	8		HYDROXYDE DE POTASSIUM EN SOLUTION	1814	8	
HYDROGÉNO-DIFLUORURES SOLIDES, N.S.A.	1740	8		HYDROXYDE DE POTASSIUM SOLIDE	1813	8	
HYDROGÉNOSULFATE D'AMMONIUM	2506	8		HYDROXYDE DE RUBIDIUM	2678	8	
Hydrogénosulfate d'éthyle, voir	2571	8		HYDROXYDE DE RUBIDIUM EN SOLUTION	2677	8	
HYDROGÉNOSULFATE DE NITROSYLE LIQUIDE	2308	8		HYDROXYDE DE SODIUM EN SOLUTION	1824	8	
HYDROGÉNOSULFATE DE NITROSYLE SOLIDE	3456	8		Hydroxyde de sodium et borohydrure de sodium en solution contenant au plus 12% (masse) de borohydrure de sodium et au plus 40% (masse) d'hydroxyde de sodium, voir	3320	8	
HYDROGÉNOSULFATE DE POTASSIUM	2509	8					
HYDROGÉNOSULFATES EN SOLUTION AQUEUSE	2837	8					
HYDROGÉNOSULFITES EN SOLUTION AQUEUSE, N.S.A.	2693	8		HYDROXYDE DE SODIUM SOLIDE	1823	8	
HYDROGÉNOSULFURE DE SODIUM avec moins de 25% d'eau de cristallisation	2318	4.2		HYDROXYDE DE TÉTRA-MÉTHYLAMMONIUM, EN SOLUTION	1835	8	
HYDROGÉNOSULFURE DE SODIUM HYDRATÉ avec au moins 25% d'eau de cristallisation	2949	8		HYDROXYDE DE TÉTRA-MÉTHYLAMMONIUM, SOLIDE	3423	8	
Hydrolithe, voir	1404	4.3		Hydrures d'alkyl-aluminium, voir	3394	4.2	
HYDROSULFITE DE CALCIUM, voir	1923	4.2		HYDRURE D'ALUMINIUM	2463	4.3	
HYDROSULFITE DE POTASSIUM, voir	1929	4.2		Hydrure d'antimoine, voir	2676	2	
HYDROSULFITE DE SODIUM, voir	1384	4.2		HYDRURE DE CALCIUM	1404	4.3	
HYDROSULFITE DE ZINC, voir	1931	9		HYDRURE DE LITHIUM	1414	4.3	
Hydroxy-3 butanone-2, voir	2621	3		HYDRURE DE LITHIUM-ALUMINIUM	1410	4.3	
HYDROXYBENZOTRIAZOLE MONOHYDRATÉ	3474	4.1		HYDRURE DE LITHIUM-ALUMINIUM DANS L'ÉTHER	1411	4.3	
1-HYDROXYBENZOTRIAZOLE ANHYDRE, sec ou humidifié avec moins de 20% (masse) d'eau	0508	1		HYDRURE DE LITHIUM SOLIDE, PIÈCES COULÉES	2805	4.3	
HYDROXYDE DE CÉSIUM	2682	8		HYDRURE DE MAGNÉSIUM	2010	4.3	
HYDROXYDE DE CÉSIUM EN SOLUTION	2681	8		Hydrures de métaux-alkyles hydroréactifs, n.s.a. / Hydrures de métaux-aryles hydroréactifs, n.s.a., voir	3394	4.2	
HYDROXYDE DE LITHIUM	2680	8		HYDRURES MÉTALLIQUES HYDRORÉACTIFS, N.S.A.	1409	4.3	
HYDROXYDE DE LITHIUM EN SOLUTION	2679	8		HYDRURES MÉTALLIQUES INFLAMMABLES, N.S.A.	3182	4.1	
				HYDRURE DE SODIUM	1427	4.3	
				HYDRURE DE SODIUM-ALUMINIUM	2835	4.3	

Nom et description	No ONU	Classe	Note
HYDRURE DE TITANE	1871	4.1	
HYDRURE DE ZIRCONIUM	1437	4.1	
HYPOCHLORITE DE BARYUM contenant plus de 22% de chlore actif	2741	5.1	
HYPOCHLORITE DE CALCIUM HYDRATÉ avec au moins 5,5% mais au plus 16% d'eau	2880	5.1	
HYPOCHLORITE DE CALCIUM HYDRATÉ, CORROSIF avec au moins 5,5% mais au plus 16% d'eau	3487	5.1	
HYPOCHLORITE DE CALCIUM EN MÉLANGE HYDRATÉ avec au moins 5,5% mais au plus 16% d'eau	2880	5.1	
HYPOCHLORITE DE CALCIUM EN MÉLANGE HYDRATÉ, CORROSIF avec au moins 5,5% mais au plus 16% d'eau			
HYPOCHLORITE DE CALCIUM SEC	1748	5.1	
HYPOCHLORITE DE CALCIUM SEC, CORROSIF	3485	5.1	
HYPOCHLORITE DE CALCIUM EN MÉLANGE SEC contenant plus de 39% de chlore actif (8,8% d'oxygène actif)	1748	5.1	
HYPOCHLORITE DE CALCIUM EN MÉLANGE SEC, CORROSIF contenant plus de 39% de chlore actif (8,8% d'oxygène actif)	3485	5.1	
HYPOCHLORITE DE CALCIUM EN MÉLANGE SEC, contenant plus de 10% mais 39% au maximum de chlore actif	2208	5.1	
HYPOCHLORITE DE CALCIUM EN MÉLANGE SEC, CORROSIF contenant plus de 10% mais 39% au maximum de chlore actif	3486	5.1	
HYPOCHLORITES INORGANIQUES, N.S.A.	3212	5.1	
HYPOCHLORITE DE LITHIUM EN MÉLANGE	1471	5.1	
HYPOCHLORITE DE LITHIUM SEC	1471	5.1	
HYPOCHLORITE DE tert-BUTYLE	3255	4.2	Transport interdit
HYPOCHLORITE EN SOLUTION	1791	8	
IMINOBISPROPYLAMINE-3,3'	2269	8	

Nom et description	No ONU	Classe	Note
INFLAMMATEURS	0121	1	
	0314	1	
	0315	1	
	0325	1	
	0454	1	
IODE	3495	8	
IODO-2 BUTANE	2390	3	
Iodométhane, voir	2644	6.1	
IODOMÉTHYLPROPANES	2391	3	
IODOPROPANES	2392	3	
alpha-Iodotoluène, voir	2653	6.1	
IODURE D'ACÉTYLE	1898	8	
IODURE D'ALLYLE	1723	3	
IODURE DE BENZYLE	2653	6.1	
IODURE D'HYDROGÈNE ANHYDRE	2197	2	
IODURE DE MERCURE	1638	6.1	
IODURE DE MÉTHYLE	2644	6.1	
IODURE DOUBLE DE MERCURE ET DE POTASSIUM	1643	6.1	
IPDI, voir	2290	6.1	
ISOBUTANE	1969	2	
ISOBUTANOL	1212	3	
Isobutène, voir	1055	2	
ISOBUTYLAMINE	1214	3	
ISOBUTYLÈNE	1055	2	
ISOBUTYRALDÉHYDE	2045	3	
ISOBUTYRATE D'ÉTHYLE	2385	3	
ISOBUTYRATE D'ISOBUTYLE	2528	3	
ISOBUTYRATE D'ISOPROPYLE	2406	3	
ISOBUTYRONITRILE	2284	3	
ISOCYANATE D'ÉTHYLE	2481	6.1	
ISOCYANATE D'ISOBUTYLE	2486	6.1	
Isocyanate d'isocyanatométhyl-3 triméthyl-3,5,5 cyclohexyle, voir	2290	6.1	
ISOCYANATE D'ISOPROPYLE	2483	6.1	
ISOCYANATE DE n-BUTYLE	2485	6.1	
ISOCYANATE DE tert-BUTYLE	2484	6.1	
ISOCYANATE DE CHLORO-3 MÉTHYL-4 PHÉNYLE, LIQUIDE	2236	6.1	

Nom et description	No ONU	Classe	Note	Nom et description	No ONU	Classe	Note
ISOCYANATE DE CHLORO-3 MÉTHYL-4 PHÉNYLE, SOLIDE	3428	6.1		ISOTHIOCYANATE DE MÉTHYLE	2477	6.1	
Isocyanate de chlorotoluylène, voir	2236	6.1		Isovaléraldéhyde, voir	2058	3	
ISOCYANATE DE CYCLO-HEXYLE	2488	6.1		ISOVALÉRATE DE MÉTHYLE	2400	3	
ISOCYANATE DEMÉTHOXYMÉTHYLE	2605	6.1		KÉROSÈNE	1223	3	
ISOCYANATE DE MÉTHYLE	2480	6.1		KRYPTON COMPRIMÉ	1056	2	
ISOCYANATE DE PHÉNYLE	2487	6.1		KRYPTON LIQUIDE RÉFRIGÉRÉ	1970	2	
ISOCYANATE DE n-PROPYLE	2482	6.1		LACTATE D'ANTIMOINE	1550	6.1	
ISOCYANATE EN SOLUTION, INFLAMMABLE, TOXIQUE, N.S.A.	2478	3		Lactate d'antimoine (III), voir	1550	6.1	
				LACTATE D'ÉTHYLE	1192	3	
ISOCYANATES DE DICHLOROPHÉNYLE	2250	6.1		Laque, voir	1263 3066 3469 3470	3 8 3 8	
ISOCYANATES INFLAMMABLES, TOXIQUES, N.S.A.	2478	3		Laque, matière de base pour ou particules pour, humidifiées avec de l'alcool ou du solvant, voir	1263 2059 2555 2556	3 3 4.1 4.1	
ISOCYANATE TOXIQUE EN SOLUTION, N.S.A.	2206	6.1		Laque, matière de base pour ou particules pour, sèches avec nitrocellulose, voir	2557	4.1	
ISOCYANATE TOXIQUE, INFLAMMABLE, EN SOLUTION, N.S.A.	3080	6.1		Liants routiers, ayant un point d'éclair d'au plus 60 °C ,, voir	1999	3	
ISOCYANATES TOXIQUES, INFLAMMABLES, N.S.A.	3080	6.1		Liants routiers ayant un point d'éclair supérieur à 60 °C, à une température égale ou supérieure à son point d'éclair, voir	3256	3	
ISOCYANATES TOXIQUES, N.S.A.	2206	6.1					
ISOHEPTÈNES	2287	3		Liants routiers à une température égale ou supérieure à 100 °C et inférieur à son point d'éclair	3257	9	
ISOHEXÈNES	2288	3					
Isooctane, voir	1262	3		Ligroïne, voir	1268	3	
ISOOCTÈNES	1216	3		Limonène actif, voir	2052	3	
Isopentane, voir	1265	3		LIQUIDE ALCALIN CAUSTIQUE, N.S.A.	1719	8	
ISOPENTÈNES	2371	3					
Isopentylamine, voir	1106	3		LIQUIDE AUTORÉACTIF DU TYPE B	3221	4.1	
ISOPHORONEDIAMINE	2289	8					
ISOPRÈNE STABILISÉ	1218	3		LIQUIDE AUTORÉACTIF DU TYPE B, AVEC RÉGULATION DE TEMPÉRATURE	3231	4.1	
ISOPROPANOL	1219	3					
ISOPROPÉNYLBENZÈNE	2303	3		LIQUIDE AUTORÉACTIF DU TYPE C	3223	4.1	
ISOPROPYLAMINE	1221	3					
ISOPROPYLBENZÈNE	1918	3		LIQUIDE AUTORÉACTIF DU TYPE C, AVEC RÉGULATION DE TEMPÉRATURE	3233	4.1	
Isopropyléthylène, voir	2561	3					
ISOTHIOCYANATE D'ALLYLE STABILISÉ	1545	6.1		LIQUIDE AUTORÉACTIF DU TYPE D	3225	4.1	

Nom et description	No ONU	Classe	Note	Nom et description	No ONU	Classe	Note
LIQUIDE AUTORÉACTIF DU TYPE D, AVEC RÉGULATION DE TEMPÉRATURE	3235	4.1		LIQUIDE INORGANIQUE AUTO-ÉCHAUFFANT, CORROSIF, N.S.A.	3188	4.2	
LIQUIDE AUTORÉACTIF DU TYPE E	3227	4.1		LIQUIDE INORGANIQUE AUTO-ÉCHAUFFANT, N.S.A.	3186	4.2	
LIQUIDE AUTORÉACTIF DU TYPE E, AVEC RÉGULATION DE TEMPÉRATURE	3237	4.1		LIQUIDE INORGANIQUE AUTO-ÉCHAUFFANT, TOXIQUE, N.S.A.	3187	4.2	
LIQUIDE AUTORÉACTIF DU TYPE F	3229	4.1		LIQUIDE INORGANIQUE CORROSIF, ACIDE, N.S.A.	3264	8	
LIQUIDE AUTORÉACTIF DU TYPE F, AVEC RÉGULATION DE TEMPÉRATURE	3239	4.1		LIQUIDE INORGANIQUE CORROSIF, BASIQUE, N.S.A.	3266	8	
LIQUIDE COMBURANT, CORROSIF, N.S.A.	3098	5.1		LIQUIDE INORGANIQUE PYROPHORIQUE, N.S.A.	3194	4.2	
LIQUIDE COMBURANT, N.S.A.	3139	5.1		LIQUIDE INORGANIQUE TOXIQUE, CORROSIF, N.S.A.	3289	6.1	
LIQUIDE COMBURANT, TOXIQUE, N.S.A.	3099	5.1		LIQUIDE INORGANIQUE TOXIQUE, N.S.A.	3287	6.1	
LIQUIDE CORROSIF, AUTO-ÉCHAUFFANT, N.S.A.	3301	8		LIQUIDE ORGANIQUE AUTO-ÉCHAUFFANT, CORROSIF, N.S.A.	3185	4.2	
LIQUIDE CORROSIF, COMBURANT, N.S.A.	3093	8		LIQUIDE ORGANIQUE AUTO-ÉCHAUFFANT, N.S.A.	3183	4.2	
LIQUIDE CORROSIF, INFLAMMABLE, N.S.A.	2920	8		LIQUIDE ORGANIQUE AUTO-ÉCHAUFFANT, TOXIQUE, N.S.A.	3184	4.2	
LIQUIDE CORROSIF, N.S.A.	1760	8		LIQUIDE ORGANIQUE CORROSIF, ACIDE, N.S.A.	3265	8	
LIQUIDE CORROSIF, HYDRORÉACTIF, N.S.A.	3094	8		LIQUIDE ORGANIQUE CORROSIF, BASIQUE, N.S.A.	3267	8	
LIQUIDE CORROSIF, TOXIQUE, N.S.A.	2922	8		LIQUIDE ORGANIQUE PYROPHORIQUE, N.S.A.	2845	4.2	
LIQUIDE EXPLOSIBLE DÉSENSIBILISÉ, N.S.A.	3379	3		LIQUIDE ORGANIQUE TOXIQUE, CORROSIF, N.S.A.	2927	6.1	
LIQUIDE HYDRORÉACTIF, CORROSIF, N.S.A.	3129	4.3		LIQUIDE ORGANIQUE TOXIQUE, INFLAMMABLE, N.S.A.	2929	6.1	
LIQUIDE HYDRORÉACTIF, N.S.A.	3148	4.3		LIQUIDE ORGANIQUE TOXIQUE, N.S.A.	2810	6.1	
LIQUIDE HYDRORÉACTIF, TOXIQUE, N.S.A.	3130	4.3		LIQUIDE TOXIQUE À L'INHALATION, N.S.A., de CL_{50} inférieure ou égale à 200 ml/m^3 et de concentration de vapeur saturée supérieure ou égale à 500 CL_{50}	3381	6.1	
LIQUIDE INFLAMMABLE, N.S.A.	1993	3					
LIQUIDE INFLAMMABLE, CORROSIF, N.S.A.	2924	3		LIQUIDE TOXIQUE À L'INHALATION, N.S.A., de CL_{50} inférieure ou égale à 1000 ml/m^3 et de concentration de vapeur saturée supérieure ou égale à 10 CL_{50}	3382	6.1	
LIQUIDE INFLAMMABLE, TOXIQUE, CORROSIF, N.S.A.	3286	3					
LIQUIDE INFLAMMABLE, TOXIQUE, N.S.A.	1992	3					

Nom et description	No ONU	Classe	Note	Nom et description	No ONU	Classe	Note
LIQUIDE TOXIQUE À L'INHALATION, COMBURANT, N.S.A., de CL_{50} inférieure ou égale à 200 ml/m^3 et de concentration de vapeur saturée supérieure ou égale à 500 CL_{50}	3387	6.1		LIQUIDE TOXIQUE À L'INHALATION, HYDRORÉACTIF, N.S.A., de CL_{50} inférieure ou égale à 1000 ml/m^3 et de concentration de vapeur saturée supérieure ou égale à 10 CL_{50}	3386	6.1	
LIQUIDE TOXIQUE À L'INHALATION, COMBURANT, N.S.A., de CL_{50} inférieure ou égale à 1000 ml/m^3 et de concentration de vapeur saturée supérieure ou égale à 10 CL_{50}	3388	6.1		LIQUIDE TOXIQUE À L'INHALATION, HYDRORÉACTIF, INFLAMMABLE, N.S.A., de CL_{50} inférieure ou égale à 200 ml/m^3 et de concentration de vapeur saturée supérieure ou égale à 500 CL_{50}	3490	6.1	
LIQUIDE TOXIQUE À L'INHALATION, CORROSIF, N.S.A., de CL_{50} inférieure ou égale à 200 ml/m^3 et de concentration de vapeur saturée supérieure ou égale à 500 CL_{50}	3389	6.1		LIQUIDE TOXIQUE À L'INHALATION, HYDRORÉACTIF, INFLAMMABLE, N.S.A., de CL_{50} inférieure ou égale à 1000 ml/m^3 et de concentration de vapeur saturée supérieure ou égale à 10 CL_{50}	3491	6.1	
LIQUIDE TOXIQUE À L'INHALATION, CORROSIF, N.S.A., de CL_{50} inférieure ou égale à 1000 ml/m^3 et de concentration de vapeur saturée supérieure ou égale à 10 CL_{50}	3390	6.1		LIQUIDE TOXIQUE, COMBURANT, N.S.A.	3122	6.1	
LIQUIDE TOXIQUE À L'INHALATION, INFLAMMABLE, N.S.A., de CL_{50} inférieure ou égale à 200 ml/m^3 et de concentration de vapeur saturée supérieure ou égale à 500 CL_{50}	3383	6.1		LIQUIDE TOXIQUE, HYDRORÉACTIF, N.S.A.	3123	6.1	
LIQUIDE TOXIQUE À L'INHALATION, INFLAMMABLE, N.S.A., de CL_{50} inférieure ou égale à 1000 ml/m^3 et de concentration de vapeur saturée supérieure ou égale à 10 CL_{50}	3384	6.1		LIQUIDE TRANSPORTÉ À CHAUD, INFLAMMABLE, N.S.A., ayant un point d'éclair supérieur à 60 °C, à une température égale ou supérieure à son point d'éclair et inférieure à 100°C	3256	3	
LIQUIDE TOXIQUE À L'INHALATION, INFLAMMABLE, CORROSIF, N.S.A., de CL_{50} inférieure ou égale à 200 ml/m^3 et de concentration de vapeur saturée supérieure ou égale à 500 CL_{50}	3488	6.1		LIQUIDE TRANSPORTÉ À CHAUD, INFLAMMABLE, N.S.A., ayant un point d'éclair supérieur à 60 °C, à une température égale ou supérieure à son point d'éclair et égale ou supérieure à 100°C	3256	3	
LIQUIDE TOXIQUE À L'INHALATION, INFLAMMABLE, CORROSIF, N.S.A., de CL_{50} inférieure ou égale à 1000 ml/m^3 et de concentration de vapeur saturée supérieure ou égale à 10 CL_{50}	3489	6.1		LIQUIDE TRANSPORTÉ À CHAUD, N.S.A. (y compris métal fondu, sel fondu, etc.) à une température égale ou supérieure à 100 °C et inférieure à son point d'éclair	3257	9	
LIQUIDE TOXIQUE À L'INHALATION, HYDRORÉACTIF, N.S.A., de CL_{50} inférieure ou égale à 200 ml/m^3 et de concentration de vapeur saturée supérieure ou égale à 500 CL_{50}	3385	6.1		LITHIUM	1415	4.3	
				MACHINES FRIGORIFIQUES contenant des gaz non inflammables et non toxiques ou des solutions d'ammoniac (No ONU 2672)	2857	2	
				MACHINES FRIGORIFIQUES contenant un gaz liquéfié inflammable et non toxique	3358	2	

Nom et description	No ONU	Classe	Note	Nom et description	No ONU	Classe	Note
Magnésium, alliages de, contenant plus de 50% de magnésium, sous forme de granulés, de tournures ou de rubans, voir	1869	4.1		MATIÈRE DANGEREUSE DU POINT DE VUE DE L'ENVIRONNEMENT, LIQUIDE, N.S.A.	3082 9006	9	Dangereux uniquement en cas de transport en bateaux-citernes
Magnésium, alliages de, en poudre, voir	1418	4.3					
Magnésium, granulés de, enrobés, d'une granulométrie d'au moins 149 microns, voir	2950	4.3		MATIÈRE DANGEREUSE DU POINT DE VUE DE L'ENVIRONNEMENT, SOLIDE, N.S.A.	3077	9	
MAGNÉSIUM EN POUDRE	1418	4.3					
MAGNÉSIUM, sous forme de granulés, de tournures ou de rubans	1869	4.1		MATIÈRE DANGEREUSE DU POINT DE VUE DE L'ENVIRONNEMENT, SOLIDE, N.S.A., FONDUE	9005	9	Dangereux uniquement en cas de transport en bateaux-citernes
MALONITRILE	2647	6.1					
Malonodinitrile, voir	2647	6.1					
MANÈBE	2210	4.2		MATIÈRES DONT LE POINT D'ÉCLAIR EST SUPÉRIEUR À 60 °C MAIS INFÉRIEUR OU ÉGAL À 100 °C, qui ne sont pas affectées à une autre classe	9003	9	Dangereux en bateau-citerne seulement
Manèbe, préparation de, contenant au moins 60% de manèbe, voir	2210	4.2					
Manèbe, préparation de, stabilisée contre l'auto-échauffement, voir	2968	4.3		MATIÈRES DONT LE POINT D'ÉCLAIR EST SUPÉRIEUR À 60 °C, transportées à chaud à une température PLUS PRÈS QUE 15 K DU POINT D'ÉCLAIR	9001	3	Dangereux en bateau-citerne seulement
MANÈBE STABILISÉ contre l'auto-échauffement	2968	4.3					
Marchandises dangereuses contenues dans des machines ou marchandises dangereuses contenues dans des appareils	3363	9	Non soumis à l'ADN (voir aussi 1.1.3.1 b)	MATIÈRES DONT LA TEMPÉRATURE D'AUTO-INFLAMMATION EST INFÉRIEURE OU ÉGALE À 200 °C, n.s.a.	9002	3	Dangereux en bateau-citerne seulement
Masses magnétisées	2807	9	Non soumis à l'ADN	MATIÈRES, ETPS, N.S.A., voir	0482	1	
Matériel animal, voir	3373	6.2		MATIÈRES EXPLOSIVES, N.S.A.	0357	1	
MATIÈRES APPARENTÉES AUX ENCRES D'IMPRIMERIE (y compris solvants et diluants pour encres d'imprimerie), inflammables	1210	3			0358 0359 0473 0474 0475 0476 0477 0478 0479 0480 0481 0485	1 1 1 1 1 1 1 1 1 1 1 1	
MATIÈRES APPARENTÉES AUX PEINTURES (y compris solvants et diluants pour peintures)	1263 3066 3469 3470	3 8 3 8					
Matières Autoréactives (liste)			Voir 2.2.41.4	MATIÈRES EXPLOSIVES TRÈS PEU SENSIBLES, N.S.A.	0482	1	
MATIÈRE BIOLOGIQUE, CATÉGORIE B	3373	6.2		MATIÈRE INFECTIEUSE POUR L'HOMME	2814	6.2	
MATIÈRE BIOLOGIQUE, CATÉGORIE B (matériel animal uniquement)	3373	6.2		MATIÈRE INFECTIEUSE POUR LES ANIMAUX uniquement	2900	6.2	

Nom et description	No ONU	Classe	Note	Nom et description	No ONU	Classe	Note
MATIÈRE INTERMÉDIAIRE LIQUIDE POUR COLORANT, CORROSIVE, N.S.A.	2801	8		MATIÈRE SOLIDE SERVANT À LA PRODUCTION DE GAZ LACRYMOGÈNES, N.S.A.	3448	6.1	
MATIÈRE INTERMÉDIAIRE LIQUIDE POUR COLORANT, TOXIQUE, N.S.A.	1602	6.1		MATIÈRE MÉTALLIQUE HYDRORÉACTIVE, AUTO-ÉCHAUFFANTE, N.S.A.	3209	4.3	
MATIÈRE INTERMÉDIAIRE SOLIDE POUR COLORANT, CORROSIVE, N.S.A.	3147	6.1		MATIÈRE MÉTALLIQUE HYDRORÉACTIVE, N.S.A.	3208	4.3	
MATIÈRE INTERMÉDIAIRE SOLIDE POUR COLORANT, TOXIQUE, N.S.A.	3143	6.1		MATIÈRES PLASTIQUES À BASE DE NITRO-CELLULOSE, AUTO-ÉCHAUFFANTES, N.S.A.	2006	4.2	
Matière liquide réglementée pour l'aviation n.s.a.	3334	9	Non soumis à l'ADN	MATIÈRE PLASTIQUE POUR MOULAGE en pâte, en feuille ou en cordon extrudé, dégageant des vapeurs inflammables	3314	9	
MATIÈRE LIQUIDE SERVANT À LA PRODUCTION DE GAZ LACRYMOGÈNES, N.S.A.	1693	6.1		MATIÈRES RADIOACTIVES, APPAREILS EN COLIS EXCEPTÉS	2911	7	
MATIÈRE ORGANOMÉTALLIQUE LIQUIDE HYDRORÉACTIVE	3398	4.3		MATIÈRES RADIOACTIVES DE FAIBLE ACTIVITÉ SPÉCIFIQUE (LSA-I) non fissiles ou fissiles exceptées	2912	7	
MATIÈRE ORGANOMÉTALLIQUE LIQUIDE HYDRORÉACTIVE, INFLAMMABLE	3399	4.3		MATIÈRES RADIOACTIVES DE FAIBLE ACTIVITÉ SPÉCIFIQUE (LSA-II), non fissiles ou fissiles exceptées	3321	7	
MATIÈRE ORGANOMÉTALLIQUE LIQUIDE PYROPHORIQUE	3392	4.2		MATIÈRES RADIOACTIVES DE FAIBLE ACTIVITÉ SPÉCIFIQUE (LSA-II), FISSILES	3324	7	
MATIÈRE ORGANOMÉTALLIQUE LIQUIDE PYROPHORIQUE, HYDRORÉACTIVE	3394	4.2		MATIÈRES RADIOACTIVES DE FAIBLE ACTIVITÉ SPÉCIFIQUE (LSA-III), non fissiles ou fissiles exceptées	3322	7	
MATIÈRE ORGANOMÉTALLIQUE SOLIDE AUTOÉCHAUFFANTE	3400	4.2		MATIÈRES RADIOACTIVES DE FAIBLE ACTIVITÉ SPÉCIFIQUE (LSA-III), FISSILES	3325	7	
MATIÈRE ORGANOMÉTALLIQUE SOLIDE HYDRORÉACTIVE	3395	4.3		MATIÈRES RADIOACTIVES, EMBALLAGES VIDES COMME COLIS EXCEPTÉS	2908	7	
MATIÈRE ORGANOMÉTALLIQUE SOLIDE HYDRORÉACTIVE, AUTO-ÉCHAUFFANTE	3397	4.3		MATIÈRES RADIOACTIVES EN COLIS DE TYPE A, FISSILES, qui ne sont pas sous forme spéciale	3327	7	
MATIÈRE ORGANOMÉTALLIQUE SOLIDE HYDRORÉACTIVE, INFLAMMABLE	3396	4.3		MATIÈRES RADIOACTIVES EN COLIS DE TYPE A, qui ne sont pas sous forme spéciale, non fissiles ou fissiles exceptées	2915	7	
MATIÈRE ORGANOMÉTALLIQUE SOLIDE PYROPHORIQUE	3391	4.2		MATIÈRES RADIOACTIVES EN COLIS DE TYPE A, SOUS FORME SPÉCIALE, FISSILES	3333	7	
MATIÈRE ORGANOMÉTALLIQUE SOLIDE PYROPHORIQUE, HYDRORÉACTIVE	3393	4.2		MATIÈRES RADIOACTIVES EN COLIS DE TYPE A, SOUS FORME SPÉCIALE, non fissiles ou fissiles exceptées	3332	7	

Nom et description	No ONU	Classe	Note
MATIÈRES RADIOACTIVES EN COLIS DE TYPE B(M), non fissiles ou fissiles exceptées	2917	7	
MATIÈRES RADIOACTIVES EN COLIS DE TYPE B(M), FISSILES	3329	7	
MATIÈRES RADIOACTIVES EN COLIS DE TYPE B(U), non fissiles ou fissiles exceptées	2916	7	
MATIÈRES RADIOACTIVES EN COLIS DE TYPE B(U), FISSILES	3328	7	
MATIÈRES RADIOACTIVES EN COLIS DE TYPE C, non fissiles ou fissiles exceptées	3323	7	
MATIÈRES RADIOACTIVES EN COLIS DE TYPE C, FISSILES	3330	7	
MATIÈRES RADIOACTIVES, HEXAFLUORURE D'URANIUM, non fissiles ou fissiles exceptées	2978	7	
MATIÈRES RADIOACTIVES, HEXAFLUORURE D'URANIUM, FISSILES	2977	7	
MATIÈRES RADIOACTIVES, OBJETS CONTAMINÉS SUPERFICIELLEMENT (SCO-I ou SCO-II) non fissiles ou fissiles exceptés	2913	7	
MATIÈRES RADIOACTIVES, OBJETS CONTAMINÉS SUPERFICIELLEMENT (SCO-I ou SCO-II), FISSILES	3326	7	
MATIÈRES RADIOACTIVES, OBJETS EN COLIS EXCEPTÉS	2911	7	
MATIÈRES RADIOACTIVES, OBJETS MANUFACTURÉS EN THORIUM NATUREL, COMME COLIS EXCEPTÉS	2909	7	
MATIÈRES RADIOACTIVES, OBJETS MANUFACTURÉS EN URANIUM APPAUVRI, COMME COLIS EXCEPTÉS	2909	7	
MATIÈRES RADIOACTIVES, OBJETS MANUFACTURÉS EN URANIUM NATUREL, COMME COLIS EXCEPTÉS	2909	7	
MATIÈRES RADIOACTIVES, QUANTITÉS LIMITÉES EN COLIS EXCEPTÉS	2910	7	
MATIÈRES RADIOACTIVES TRANSPORTÉES SOUS ARRANGEMENT SPÉCIAL, non fissiles ou fissiles exceptées	2919	7	
MATIÈRES RADIOACTIVES, TRANSPORTÉES SOUS ARRANGEMENT SPÉCIAL, FISSILES	3331	7	
Matière solide réglementée pour l'aviation, n.s.a.	3335	9	Non soumis à l'ADN
MÈCHE À COMBUSTION RAPIDE	0066	1	
MÈCHE NON DÉTONANTE	0101	1	
MÈCHE LENTE, voir	0105	1	
MÈCHE DE MINEUR	0105	1	
MÉDICAMENT LIQUIDE INFLAMMABLE, TOXIQUE, N.S.A.	3248	3	
MÉDICAMENT LIQUIDE TOXIQUE, N.S.A.	1851	6.1	
MÉDICAMENT SOLIDE TOXIQUE, N.S.A.	3249	6.1	
MÉLANGE ANTIDÉTONANT POUR CARBURANTS ayant un point d'éclair supérieur à 60 °C	1649	6.1	
MÉLANGE ANTIDÉTONANT POUR CARBURANTS, INFLAMMABLE	3483	6.1	
MÉLANGE D'ÉTHANOL ET D'ESSENCE contenant plus de 10% d'éthanol	3475	3	
MEMBRANES FILTRANTES EN NITROCELLULOSE d'une teneur en azote ne dépassant pas 12,6 % (rapportée à la masse sèche)	3270	4.1	
MERCAPTAN AMYLIQUE	1111	3	
MERCAPTAN BUTYLIQUE	2347	3	
MERCAPTAN CYCLO-HEXYLIQUE	3054	3	
MERCAPTAN ÉTHYLIQUE	2363	3	
MERCAPTAN MÉTHYLIQUE	1064	2	
MERCAPTAN MÉTHYLIQUE PERCHLORÉ	1670	6.1	
Mercaptan isopropylique, voir	2402	3	
MERCAPTAN PHÉNYLIQUE	2337	6.1	
Mercaptan propylique, voir	2402	3	
MERCAPTANS EN MÉLANGE LIQUIDE INFLAMMABLE, N.S.A.	3336	3	

Nom et description	No ONU	Classe	Note
MERCAPTANS EN MÉLANGE LIQUIDE, INFLAMMABLE, TOXIQUE, N.S.A.	1228	3	
MERCAPTANS EN MÉLANGE LIQUIDE, TOXIQUE, INFLAMMABLE, N.S.A.	3071	6.1	
MERCAPTANS LIQUIDES INFLAMMABLES, N.S.A.	3336	3	
MERCAPTANS LIQUIDES INFLAMMABLES, TOXIQUES, N.S.A.	1228	3	
MERCAPTANS LIQUIDES TOXIQUES, INFLAMMABLES, N.S.A.	3071	6.1	
Mercapto-2 éthanol, voir	2966	6.1	
MERCURE	2809	8	
Mercure, composé liquide du, n.s.a, voir	2024	6.1	
Mercure, composé solide du, n.s.a, voir	2025	6.1	
MERCURE CONTENU DANS DES ARTICLES MANUFACTURÉS	3506	8	
Mercurol, voir	1639	6.1	
Mésitylène, voir	2325	3	
MÉTALDÉHYDE	1332	4.1	
MÉTAL PYROPHORIQUE, N.S.A.	1383	4.2	
Métaux alcalino-terreux, alliage de, n.s.a, voir	1393	4.3	
Métaux alcalino-terreux, amalgame liquide de, voir	1392	4.3	
Métaux alcalino-terreux, amalgame solide de, voir	3402	4.3	
Métaux alcalino-terreux, dispersion de, inflammable, voir	3482	4.3	
Métaux alcalins, alliage liquide de, n.s.a., voir	1421	4.3	
Métaux alcalins, amalgame liquide de, voir	1389	4.3	
Métaux alcalins, amalgame solide de, voir	3401	4.3	
Métaux alcalins, amidures de, voir	1390	4.3	
Métaux alcalins, dispersion de, voir	1391	4.3	
Métaux alcalino-terreux, dispersion de, voir	1391	4.3	

Nom et description	No ONU	Classe	Note
Métaux alcalino-terreux, dispersion de, inflammable, voir	3482	4.3	
Métaux-alkyles hydroréactifs, n.s.a. / Métaux-aryles, hydroréactifs, n.s.a., voir	3393	4.2	
MÉTAUX-CARBONYLES, LIQUIDES, N.S.A.	3281	6.1	
MÉTAUX-CARBONYLES, SOLIDES, N.S.A.	3466	6.1	
Métaux ferreux (rognures, copeaux, tournures ou ébarbures de) sous forme auto-échauffante, voir	2793	4.2	
MÉTAVANADATE D'AMMONIUM	2859	6.1	
MÉTAVANADATE DE POTASSIUM	2864	6.1	
MÉTHACRYLATE DE n-BUTYLE STABILISÉ	2227	3	
MÉTHACRYLATE DE 2-DIMÉTHYL-AMINOÉTHYLE	2522	6.1	
MÉTHACRYLATE D'ÉTHYLE STABILISÉ	2277	3	
MÉTHACRYLATE D'ISOBUTYLE STABILISÉ	2283	3	
MÉTHACRYLATE DE MÉTHYLE MONOMÈRE STABILISÉ	1247	3	
MÉTHACRYLONITRILE STABILISÉ	3079	6.1	
MÉTHANE COMPRIMÉ	1971	2	
MÉTHANE LIQUIDE RÉFRIGÉRÉ	1972	2	
Méthanethiol, voir	1064	2	
MÉTHANOL	1230	3	
MÉTHOXY-4 MÉTHYL-4 PENTANONE-2	2293	3	
Méthoxy-1 nitro-2 benzène, voir	2730 3458	6.1 6.1	
Méthoxy-1 nitro-3 benzène, voir	2730 3458	6.1 6.1	
Méthoxy-1 nitro-4 benzène, voir	2730 3458	6.1 6.1	
MÉTHOXY-1 PROPANOL - 2	3092	3	
MÉTHYLACÉTYLÈNE ET PROPADIÈNE EN MÉLANGE STABILISÉ comme le mélange P1, le mélange P2, voir	1060	2	

Nom et description	No ONU	Classe	Note	Nom et description	No ONU	Classe	Note
MÉTHYLACROLÉINE STABILISÉE	2396	3		MÉTHYLPENTADIÈNES	2461	3	
bêta-Méthylacroléine, voir	1143	3		Méthylpentanes, voir	1208	3	
MÉTHYLAL	1234	3		MÉTHYL-2 PENTANOL-2	2560	3	
MÉTHYLAMINE ANHYDRE	1061	2		Méthyl-4 pentanol-2, voir	2053	3	
MÉTHYLAMINE EN SOLUTION AQUEUSE	1235	3		3-Méthylpent-2-èn-4-yol, voir	2705	8	
2-MÉTHYLBUTANAL	3371	3		MÉTHYLPHÉNYL-DICHLOROSILANE	2437	8	
Méthylamylcétone, voir	1110	3		MÉTHYL-1 PIPÉRIDINE	2399	3	
N-MÉTHYLANILINE	2294	6.1		Méthyl-2 phényl-2 propane, voir	2709	3	
MÉTHYLATE DE SODIUM	1431	4.2		MÉTHYLPROPYLCÉTONE	1249	3	
MÉTHYLATE DE SODIUM EN SOLUTION dans l'alcool	1289	3		Méthylpyridines, voir	2313	3	
MÉTHYL-3 BUTANONE-2	2397	3		Méthylstyrène, voir	2618	3	
MÉTHYL-2 BUTÈNE-1	2459	3		alpha-Méthylstyrène, voir	2303	3	
MÉTHYL-2 BUTÈNE-2	2460	3		MÉTHYLTÉTRAHYDRO-FURANNE	2536	3	
MÉTHYL-3 BUTÈNE-1	2561	3		MÉTHYLTHIO-3 PROPANAL, voir	2785	6.1	
N-MÉTHYLBUTYLAMINE	2945	3		MÉTHYLTRICHLORO-SILANE	1250	3	
MÉTHYLCHLOROSILANE	2534	2		alpha-MÉTHYL-VALÉRALDÉHYDE	2367	3	
MÉTHYLCYCLOHEXANE	2296	3		Méthylvinylbenzène, voir	2618	3	
MÉTHYLCYCLOHEXANOLS inflammables	2617	3		MÉTHYLVINYLCÉTONE, STABILISÉE	1251	6.1	
MÉTHYLCYCLOHEXANONE	2297	3		MICRO-ORGANISMES GÉNÉTIQUEMENT MODIFIÉS	3245	9	
MÉTHYLCYCLOPENTANE	2298	3		MINES avec charge d'éclatement	0136	1	
MÉTHYLDICHLOROSILANE	1242	4.3			0137	1	
MÉTHYLÉTHYLCÉTONE, voir	1193	3			0138	1	
					0294	1	
MÉTHYL-2 ÉTHYL-5 PYRIDINE	2300	6.1		Missiles guidés, voir	0180	1	
2-MÉTHYL-2-HEPTANETHIOL	3023	6.1			0181	1	
MÉTHYL-2 FURANNE	2301	3			0182	1	
MÉTHYL-5 HEXANONE-2	2302	3			0183	1	
MÉTHYLHYDRAZINE	1244	6.1			0295	1	
MÉTHYLISOBUTYLCÉTONE	1245	3			0397	1	
					0398	1	
MÉTHYLISOPROPÉNYL-CÉTONE STABILISÉE	1246	3			0436	1	
					0437	1	
					0438	1	
bêta-Méthylmercapto-propionaldéhyde, voir	2785	6.1		Alpha-MONO-CHLORHYDRINE DU GLYCÉROL	2689	6.1	
4-MÉTHYLMORPHOLINE	2535	3		MODULES DE SAC GONFLABLE	3268	9	
N-MÉTHYLMORPHOLINE, voir	2535	3		MODULES DE SAC GONFLABLE	0503	1	

Nom et description	No ONU	Classe	Note	Nom et description	No ONU	Classe	Note
MONOCHLORHYDRINE DU GLYCOL	1135	6.1		MUNITIONS ÉCLAIRANTES avec ou sans charge de dispersion, charge d'expulsion ou charge propulsive	0171 0254 0297	1 1 1	
Monochlorobenzène, voir	1134	3					
Monochlorodifluorométhane, voir	1018	2		Munitions à charge séparée, Munitions encartouchées, Munitions semi-encartouchées, voir	0005 0006 0007 0321 0348 0412	1 1 1 1 1 1	
Monochlorodifluorométhane et monochloropenta-fluoréthane en mélange à point d'ébullition fixe contenant environ 49% de monochlorodifluorométhane, voir	1973	2					
Monochlorodifluoromono-bromométhane, voir	1974	2		MUNITIONS D'EXERCICE	0362 0488	1 1	
Monochloropentafluor-éthane, voir	1020	2		MUNITIONS FUMIGÈNES avec ou sans charge de dispersion, charge d'expulsion ou charge propulsive	0015 0016 0303	1 1 1	
MONOCHLORURE D'IODE SOLIDE	1792	8					
MONOCHLORURE D'IODE LIQUIDE	3498	8		Munitions fumigènes (engins hydroactifs) sans phosphore blanc ou phosphures, avec charge de dispersion, charge d'expulsion ou charge propulsive, voir	0248 0249	1 1	
Monoéthylamine, voir	1036	2					
MONONITRATE-5 D'ISOSORBIDE	3251	4.1		MUNITIONS FUMIGÈNES AU PHOSPHORE BLANC avec charge de dispersion, charge d'expulsion ou charge propulsive	0245 0246	1 1	
Monopropylamine, voir	1277	3					
MONO-NITROTOLUIDINES	2660	6.1		Munitions fumigènes au phosphore blanc (engins hydroactifs) avec charge de dispersion, charge d'expulsion ou charge propulsive, voir	0248 0249	1 1	
MONOXYDE D'AZOTE COMPRIMÉ	1660	2					
MONOXYDE D'AZOTE ET DIOXYDE D'AZOTE EN MÉLANGE, voir	1975	2		MUNITIONS INCENDIAIRES avec ou sans charge de dispersion, charge d'expulsion ou charge propulsive	0009 0010 0300	1 1 1	
MONOXYDE D'AZOTE ET TÉTROXYDE DE DIAZOTE EN MÉLANGE	1975	2					
MONOXYDE DE CARBONE COMPRIMÉ	1016	2		Munitions incendiaires (engins hydroactifs) avec charge de dispersion, charge d'expulsion ou charge propulsive, voir	0248 0249	1 1	
MONOXYDE DE POTASSIUM	2033	8					
MONOXYDE DE SODIUM	1825	8		MUNITIONS INCENDIAIRES AU PHOSPHORE BLANC avec charge de dispersion, charge d'expulsion ou charge propulsive	0243 0244	1 1	
MORPHOLINE	2054	8					
Moteur à combustion interne	3166	9	Non soumis à l'ADN	MUNITIONS INCENDIAIRES à liquide ou à gel, avec charge de dispersion, charge d'expulsion ou charge propulsive	0247	1	
Moteur pile à combustible contenant du gaz inflammable	3166	9	Non soumis à l'ADN				
				MUNITIONS LACRYMOGÈNES avec charge de dispersion, charge d'expulsion ou charge propulsive	0018 0019 0301	1 1 1	
Moteur pile à combustible contenant du liquide inflammable	3166	9	Non soumis à l'ADN				
				MUNITIONS LACRYMOGÈNES NON EXPLOSIVES sans charge de dispersion ni charge d'expulsion, non amorcées	2017	6.1	
Munitions à blanc, voir	0014 0326 0327 0338 0413	1 1 1 1 1		MUNITIONS POUR ESSAIS	0363	1	

Nom et description	No ONU	Classe	Note	Nom et description	No ONU	Classe	Note
MUNITIONS TOXIQUES avec charge de dispersion, charge d'expulsion ou charge propulsive	0020 0021	1 1	Transport interdit	NITRANISOLES LIQUIDES	2730	6.1	
				NITRANISOLES SOLIDES	3458	6.1	
Munitions toxiques (engins hydroactifs) avec charge de dispersion, charge d'expulsion ou charge propulsive, voir	0248 0249	1 1		NITRATE D'ALUMINIUM	1438	5.1	
				NITRATE D'AMMONIUM contenant au plus 0,2% de matières combustibles totales (y compris les matières organiques exprimées en équivalent carbone), à l'exclusion de toute autre matière	1942	5.1	
MUNITIONS TOXIQUES NON EXPLOSIVES, sans charge de dispersion ni charge d'expulsion, non amorcées	2016	6.1					
				NITRATE D'AMMONIUM contenant plus de 0,2% de matière combustible (y compris les matières organiques exprimées en équivalent carbone), à l'exclusion de toute autre matière	0222	1	
MUSC-XYLÈNE, voir	2956	4.1					
Mysorite, voir	2212	9					
NAPHTALÈNE BRUT	1334	4.1					
NAPHTALÈNE FONDU	2304	4.1		Nitrate d'ammonium, engrais au, voir	2067	5.1	
NAPHTALÈNE RAFFINÉ	1334	4.1					
Naphte, voir	1268	3		Nitrate d'ammonium, engrais au, voir	2071	9	
Naphte, essence lourde, voir	1268	3					
NAPHTÉNATES DE COBALT EN POUDRE	2001	4.1		Nitrate d'ammonium, explosif au, voir	0082 0331	1 1	
Alpha-NAPHTYLAMINE	2077	6.1		NITRATE D'AMMONIUM, EN ÉMULSION, servant à la fabrication des explosifs de mine, liquide	3375	5.1	
bêta-NAPHTYLAMINE EN SOLUTION	3411	6.1					
bêta-NAPHTYLAMINE, SOLIDE	1650	6.1		NITRATE D'AMMONIUM, EN ÉMULSION, servant à la fabrication des explosifs de mine, solide	3375	5.1	
NAPHTYLTHIOURÉE	1651	6.1					
Naphtyl-1 thio-urée, voir	1651	6.1		NITRATE D'AMMONIUM, EN GEL, servant à la fabrication des explosifs de mine, liquide	3375	5.1	
NAPHTYLURÉE	1652	6.1					
Neige carbonique, voir	1845	9	Non soumis à l'ADN	NITRATE D'AMMONIUM, EN GEL, servant à la fabrication des explosifs de mine, solide	3375	5.1	
Néohexane, voir	1208	3		NITRATE D'AMMONIUM, EN SUSPENSION, servant à la fabrication des explosifs de mine, liquide	3375	5.1	
NÉON COMPRIMÉ	1065	2					
NÉON LIQUIDE RÉFRIGÉRÉ	1913	2					
Néopentane, voir	2044	2		NITRATE D'AMMONIUM, EN SUSPENSION, servant à la fabrication des explosifs de mine, solide	3375	5.1	
Nickel, catalyseur au, voir	1378 2881	4.2 4.2					
NICKEL-TÉTRACARBONYLE	1259	3		NITRATE D'AMMONIUM LIQUIDE, solution chaude concentrée	2426	5.1	
NICOTINE	1654	6.1					
Nicotine, composé liquide de la, n.s.a, voir	3144	6.1		NITRATES D'AMYLE	1112	3	
Nicotine, composé solide de la, n.s.a, voir	1655	6.1		NITRATE D'ARGENT	1493	5.1	
				NITRATE DE BARYUM	1446	5.1	
NITRANILINES (o-, m-, p-)	1661	6.1		NITRATE DE BÉRYLLIUM	2464	5.1	

Nom et description	No ONU	Classe	Note	Nom et description	No ONU	Classe	Note
NITRATE DE CALCIUM	1454	5.1		NITRATE D'URÉE HUMIDIFIE avec au moins 10% (masse) d'eau	3370	4.1	
NITRATE DE CÉSIUM	1451	5.1					
NITRATE DE CHROME	2720	5.1		NITRATE D'URÉE sec ou humidifié avec moins de 20% (masse) d'eau	0220	1	
Nitrate de chrome (III), voir	2720	5.1					
NITRATE DE DIDYME	1465	5.1		NITRATE DE ZINC	1514	5.1	
NITRATE DE FER III	1466	5.1		NITRATE DE ZIRCONIUM	2728	5.1	
NITRATE DE GUANIDINE	1467	5.1		NITRATES INORGANIQUES EN SOLUTION AQUEUSE, N.S.A.	3218	5.1	
NITRATE D'ISOPROPYLE	1222	3		NITRATES INORGANIQUES, N.S.A.	1477	5.1	
NITRATE DE LITHIUM	2722	5.1					
NITRATE DE MAGNÉSIUM	1474	5.1		Nitrile acrylique, voir	1093	3	
NITRATE DE MANGANÈSE	2724	5.1		Nitrile malonique, voir	2647	6.1	
Nitrate de manganèse (II), voir	2724	5.1		Nitrile propionique, voir	2404	3	
Nitrate manganeux, voir	2724	5.1		NITRILES INFLAMMABLES, TOXIQUES, N.S.A.	3273	3	
NITRATE DE MERCURE I	1627	6.1		NITRILES TOXIQUES, INFLAMMABLES, N.S.A.	3275	6.1	
NITRATE DE MERCURE II	1625	6.1					
NITRATE DE NICKEL	2725	5.1		NITRILES LIQUIDES TOXIQUES, N.S.A.	3276	6.1	
Nitrate de nickel (II), voir	2725	5.1					
Nitrate nickeleux, voir	2725	5.1		NITRILES SOLIDES TOXIQUES, N.S.A.	3439	6.1	
NITRATE DE PHÉNYLMERCURE	1895	6.1		NITRITES D'AMYLE	1113	3	
NITRATE DE n-PROPYLE	1865	3		NITRITES DE BUTYLE	2351	3	
NITRATE DE PLOMB	1469	5.1		Nitrite de dicyclohexylamine, voir	2687	4.1	
Nitrate de plomb (II), voir	1469	5.1		NITRITE DE DICYCLO-HEXYLAMMONIUM	2687	4.1	
NITRATE DE POTASSIUM	1486	5.1					
NITRATE DE POTASSIUM ET NITRITE DE SODIUM EN MÉLANGE	1487	5.1		NITRITE D'ÉTHYLE EN SOLUTION	1194	3	
Nitrate de potassium et nitrate de sodium en mélange, voir	1499	5.1		Nitrite d'isopentyle, voir	1113	3	
Nitrate de rubidium, voir	1477	5.1		NITRITE DE MÉTHYLE	2455	2	Transport interdit
NITRATE DE SODIUM	1498	5.1		NITRITE DE NICKEL	2726	5.1	
NITRATE DE SODIUM ET NITRATE DE POTASSIUM EN MÉLANGE	1499	5.1		Nitrite de nickel (II), voir	2726	5.1	
				NITRITE DE POTASSIUM	1488	5.1	
NITRATE DE STRONTIUM	1507	5.1		NITRITE DE SODIUM	1500	5.1	
NITRATE DE THALLIUM	2727	6.1		Nitrite de sodium et nitrate de potassium en mélange, voir	1487	5.1	
Nitrate de thallium (I), voir	2727	6.1		NITRITE DE ZINC AMMONIACAL	1512	5.1	
NITRATE D'URÉE HUMIDIFIÉ avec au moins 20% (masse) d'eau	1357	4.1		NITRITES INORGANIQUES, N.S.A.	2627	5.1	

Nom et description	No ONU	Classe	Note	Nom et description	No ONU	Classe	Note
NITRITES INORGANIQUES EN SOLUTION AQUEUSE, N.S.A.	3219	5.1		NITROGLYCÉRINE DÉSENSIBILISÉE avec au moins 40% (masse) de flegmatisant non volatil insoluble dans l'eau	0143	1	
Nitrite nickeleux, voir	2726	5.1					
NITROAMIDON HUMIDIFIÉ avec au moins 20% (masse) d'eau	1337	4.1		NITROGLYCÉRINE EN MÉLANGE, DÉSENSIBILISÉE, LIQUIDE, INFLAMMABLE, N.S.A., avec au plus 30% (masse) de nitroglycérine	3343	3	
NITROAMIDON sec ou humidifié avec moins de 20% (masse) d'eau	0146	1					
NITROBENZÈNE	1662	6.1		NITROGLYCÉRINE EN MÉLANGE, DÉSENSIBILISÉE, LIQUIDE, N.S.A., avec au plus 30% (masse) de nitroglycérine	3357	3	
Nitrobenzine, voir	1662	6.1					
NITRO-5 BENZOTRIAZOL	0385	1					
NITROBROMOBENZÈNES LIQUIDES	2732	6.1		NITROGLYCÉRINE EN MÉLANGE, DÉSENSIBILISÉE, SOLIDE, N.S.A., avec plus de 2% mais au plus 10% (masse) de nitroglycérine	3319	4.1	
NITROBROMOBENZÈNES SOLIDES	3459	6.1					
NITROCELLULOSE AVEC au moins 25% (masse) d'EAU	2555	4.1		NITROGLYCÉRINE EN SOLUTION ALCOOLIQUE avec au plus 1% de nitroglycérine	1204	3	
NITROCELLULOSE sèche ou humidifiée avec moins de 25% (masse) d'eau (ou d'alcool)	0340	1					
NITROCELLULOSE AVEC au moins 25% (masse) d'ALCOOL et une teneur en azote ne dépassant pas 12,6% (rapportée à la masse sèche)	2556	4.1		NITROGLYCÉRINE EN SOLUTION ALCOOLIQUE avec plus de 1% mais au maximum 10% de nitroglycérine	0144	1	
				NITROGLYCÉRINE EN SOLUTION ALCOOLIQUE avec plus de 1% mais pas plus de 5% de nitroglycérine	3064	3	
NITROCELLULOSE non modifiée ou plastifiée avec moins de 18% (masse) de plastifiant	0341	1					
NITROCELLULOSE EN MÉLANGE d'une teneur en azote ne dépassant pas 12,6% (rapportée à la masse sèche) AVEC ou SANS PLASTIFIANT, AVEC ou SANS PIGMENT	2557	4.1		NITROGUANIDINE HUMIDIFIÉE avec au moins 20% (masse) d'eau	1336	4.1	
				NITROGUANIDINE sèche ou humidifiée avec moins de 20% (masse) d'eau	0282	1	
NITROCELLULOSE EN SOLUTION INFLAMMABLE contenant au plus 12,6 % (rapporté à la masse sèche) d'azote et 55% de nitrocellulose	2059	3		NITROMANNITE, HUMIDIFIÉ, voir	0133	1	
				NITROMÉTHANE	1261	3	
				NITRONAPHTALÈNE	2538	4.1	
NITROCELLULOSE HUMIDIFIÉE avec au moins 25% (masse) d'alcool	0342	1		NITROPHÉNOLS (o-, m-, p-)	1663	6.1	
NITROCELLULOSE PLASTIFIÉE avec au moins 18% (masse) de plastifiant	0343	1		NITROPHÉNOL SUBSTITUÉ PESTICIDE LIQUIDE, INFLAMMABLE, TOXIQUE, ayant un point d'éclair inférieur à 23 °C	2780	3	
NITROCRÉSOLS, LIQUIDES	3434	6.1		NITROPHÉNOL SUBSTITUÉ PESTICIDE LIQUIDE, TOXIQUE	3014	6.1	
NITROCRÉSOLS, SOLIDES	2446	6.1		NITROPHÉNOL SUBSTITUÉ PESTICIDE LIQUIDE, TOXIQUE, INFLAMMABLE, ayant un point d'éclair égal ou supérieur à 23 °C	3013	6.1	
Nitrochlorobenzène, voir	1578 3409	6.1 6.1					
NITROÉTHANE	2842	3					

Nom et description	No ONU	Classe	Note
NITROPHÉNOL SUBSTITUÉ PESTICIDE SOLIDE TOXIQUE	2779	6.1	
NITRO-4 PHÉNYLHYDRAZINE, contenant au moins 30% (masse) d'eau	3376	4.1	
NITROPROPANES	2608	3	
p-NITROSODIMÉTHYL-ANILINE	1369	4.2	
Nitroso-4 N,N-diméthylaniline, voir	1369	4.2	
NITROTOLUÈNES LIQUIDES	1664	6.1	
NITROTOLUÈNES SOLIDES	3446	6.1	
Nitrotoluidines(mono), voir	2660	6.1	
NITRO-URÉE	0147	1	
NITROXYLÈNES LIQUIDES	1665	6.1	
NITROXYLÈNES SOLIDES	3447	6.1	
NITRURE DE LITHIUM	2806	4.3	
Noir de carbone (d'origine animale ou végétale), voir	1361	4.2	
NONANES	1920	3	
NONYLTRICHLOROSILANE	1799	8	
NORBORNADIÈNE-2,5 STABILISÉ, voir	2251	3	
NUCLÉINATE DE MERCURE	1639	6.1	
OBJETS EEPS, voir	0486	1	
OBJETS EXPLOSIFS, N.S.A.	0349	1	
	0350	1	
	0351	1	
	0352	1	
	0353	1	
	0354	1	
	0355	1	
	0356	1	
	0462	1	
	0463	1	
	0464	1	
	0465	1	
	0466	1	
	0467	1	
	0468	1	
	0469	1	
	0470	1	
	0471	1	
	0472	1	
OBJETS EXPLOSIFS, EXTRÊMEMENT PEU SENSIBLES	0486	1	
OBJETS PYROPHORIQUES	0380	1	

Nom et description	No ONU	Classe	Note
OBJETS PYROTECHNIQUES à usage technique	0428	1	
	0429	1	
	0430	1	
	0431	1	
	0432	1	
OBJETS SOUS PRESSION HYDRAULIQUE ou PNEUMATIQUE (contenant un gaz non inflammable)	3164	2	
OCTADÉCYLTRICHLO-ROSILANE	1800	8	
OCTADIÈNES	2309	3	
OCTAFLUOROBUTÈNE-2	2422	2	
OCTAFLUOROCYCLOBUTANE	1976	2	
OCTAFLUOROPROPANE	2424	2	
OCTANES	1262	3	
OCTOGÈNE, voir	0226	1	
	0391	1	
	0484	1	
OCTOGÈNE DÉSENSIBILISÉE	0484	1	
OCTOGÈNE HUMIDIFIÉE avec au moins 15% (masse) d'eau	0226	1	
OCTOL sec ou humidifié avec moins de 15% (masse) d'eau, voir	0266	1	
OCTOLITE sèche ou humidifiée avec moins de 15% (masse) d'eau	0266	1	
OCTONAL	0496	1	
Tert-Octylmercaptan, voir	3023	6.1	
OCTYLTRICHLOROSILANE	1801	8	
Oenanthol pur, voir	3056	3	
OLÉATE DE MERCURE	1640	6.1	
ONTA, voir	0490	1	
ORGANISMES GÉNÉTIQUEMENT MODIFIÉS	3245	9	
ORTHOFORMIATE D'ÉTHYLE	2524	3	
Orthoformiate de triéthyle, voir	2524	3	
ORTHOSILICATE DE MÉTHYLE	2606	6.1	
ORTHOTITANATE DE PROPYLE	2413	3	
Orthotitanate tétrapropylique, voir	2413	3	
OXALATE D'ÉTHYLE	2525	6.1	

Nom et description	No ONU	Classe	Note
OXYBROMURE DE PHOSPHORE	1939	8	
OXYBROMURE DE PHOSPHORE FONDU	2576	8	
Oxychlorure de carbone, voir	1076	2	
OXYCHLORURE DE PHOSPHORE	1810	6.1	
OXYCHLORURE DE SÉLÉNIUM	2879	8	
OXYCYANURE DE MERCURE DÉSENSIBILISÉ	1642	6.1	
Oxyde d'arsenic (III), voir	1561	6.1	
Oxyde d'arsenic (V), voir	1559	6.1	
OXYDE DE BARYUM	1884	6.1	
Oxyde de bis (chloro-2 éthyle), voir	1916	6.1	
Oxyde de bis (chlorométhyle), voir	2249	6.1	Transport interdit
Oxyde-2,2'de bis (chloro-1 propyle), voir	2490	6.1	
Oxyde de butène-1,2, voir	3022	3	
Oxyde de butyle et de vinyle (stabilisé), voir	2352	3	
OXYDE DE BUTYLÈNE-1,2 STABILISÉ	3022	3	
Oxyde de calcium	1910	8	Non soumis à l'ADN
Oxyde de chloréthyle, voir	1916	6.1	
Oxyde de chlorométhyle et d'éthyle, voir	2354	3	
Oxyde de dibutyle, voir	1149	3	
Oxyde de diéthyle, voir	1155	3	
Oxyde de diisopropyle, voir	1159	3	
Oxyde de diméthyle, voir	1033	2	
Oxyde de dipropyle, voir	2384	3	
Oxyde de divinyle stabilisé, voir	1167	3	
Oxyde d'éthyle et de bromo-2 éthyle, voir	2340	3	
Oxyde d'éthyle et de butyle, voir	1179	3	
Oxyde d'éthyle et de propyle, voir	2615	3	
Oxyde d'éthyle et de vinyle, (stabilisé), voir	1302	3	
OXYDE D'ÉTHYLÈNE	1040	2	
OXYDE D'ÉTHYLÈNE AVEC DE L'AZOTE jusqu'à une pression totale de 1 MPa (10 bar) à 50 °C	1040	2	
OXYDE D'ÉTHYLÈNE ET CHLOROTÉTRAFLUOR-ÉTHANE EN MÉLANGE contenant au plus 8,8% d'oxyde d'éthylène	3297	2	
OXYDE D'ÉTHYLÈNE ET DICHLORODIFLUORO-MÉTHANE EN MÉLANGE contenant au plus 12,5% d'oxyde d'éthylène	3070	2	
OXYDE D'ÉTHYLÈNE ET DIOXYDE DE CARBONE EN MÉLANGE contenant au plus 9% d'oxyde d'éthylène	1952	2	
OXYDE D'ÉTHYLÈNE ET DIOXYDE DE CARBONE EN MÉLANGE contenant plus de 87% d'oxyde d'éthylène	3300	2	
OXYDE D'ÉTHYLÈNE ET DIOXYDE DE CARBONE EN MÉLANGE contenant plus de 9% mais pas plus de 87% d'oxyde d'éthylène	1041	2	
OXYDE D'ÉTHYLÈNE ET OXYDE DE PROPYLÈNE EN MÉLANGE contenant au plus 30% d'oxyde d'éthylène	2983	3	
OXYDE D'ÉTHYLÈNE ET PENTAFLUORÉTHANE EN MÉLANGE contenant au plus 7,9% d'oxyde d'éthylène	3298	2	
OXYDE D'ÉTHYLÈNE ET TÉTRAFLUORÉTHANE EN MÉLANGE contenant au plus 5,6% d'oxyde d'éthylène	3299	2	
OXYDE DE FER RÉSIDUAIRE provenant de la purification du gaz de ville	1376	4.2	
Oxyde d'isobutyle et de vinyle, (stabilisé), voir	1304	3	
OXYDE DE MERCURE	1641	6.1	
OXYDE DE MÉSITYLE	1229	3	
Oxyde de méthyle et d'allyle, voir	2335	3	
Oxyde de méthyle et de n-butyle, voir	2350	3	
Oxyde de méthyle et de tert-butyle, voir	2398	3	
Oxyde de méthyle et de chlorométhyle, voir	1239	6.1	

Nom et description	No ONU	Classe	Note	Nom et description	No ONU	Classe	Note
Oxyde de méthyle et d'éthyle, voir	1039	2		PENTACHLORURE D'ANTIMOINE LIQUIDE	1730	8	
Oxyde de méthyle et de propyle, voir	2612	3		PENTACHLORURE DE MOLYBDÈNE	2508	8	
Oxyde de méthyle et de vinyle, stabilisé, voir	1087	2		PENTACHLORURE DE PHOSPHORE	1806	8	
OXYDE DE PROPYLÈNE	1280	3		PENTAFLUORÉTHANE	3220	2	
OXYDE DE TRIS-(AZIRIDINYL-1) PHOSPHINE EN SOLUTION	2501	6.1		Pentafluoroéthane, trifluoro-1,1,1 éthane et tétrafluoro-1,1,1,2 éthane, mélange zéotropique avec environ 44% de pentafluoroéthane et 52% de trifluoro-1,1,1 éthane, voir	3337	2	
Oxyde nitrique et tétroxyde d'azote en mélange, voir	1975	2		PENTAFLUORURE D'ANTIMOINE	1732	8	
OXYDE NITRIQUE COMPRIMÉ, voir	1660	2		PENTAFLUORURE DE BROME	1745	5.1	
OXYGÈNE COMPRIMÉ	1072	2		PENTAFLUORURE DE CHLORE	2548	2	
OXYGÈNE LIQUIDE RÉFRIGÉRÉ	1073	2		PENTAFLUORURE D'IODE	2495	5.1	
OXYNITROTRIAZOLE	0490	1		PENTAFLUORURE DE PHOSPHORE	2198	2	
Oxysulfate de vanadium (IV), voir	2931	6.1		PENTAMÉTHYLHEPTANE	2286	3	
Oxysulfure de carbone, voir	2204	2		n-PENTANE, voir	1265	3	
OXYTRICHLORURE DE VANADIUM	2443	8		PENTANEDIONE-2,4	2310	3	
Paille	1327	4.1	Non soumis à l'ADN	PENTANES, liquides	1265	3	
Papier carbone, voir	1379	4.2		Pentanethiol, voir	1111	3	
PAPIER TRAITÉ AVEC DES HUILES NON SATURÉES, incomplètement séché	1379	4.2		PENTANOLS	1105	3	
				Pentanol-3, voir	1105	3	
PARAFORMALDÉHYDE	2213	4.1		PENTASULFURE DE PHOSPHORE exempt de phosphore jaune ou blanc	1340	4.3	
PARALDÉHYDE	1264	3					
PCB, liquides, voir	2315	9		PENTÈNE-1	1108	3	
	3432	9		PENTHRITE, voir	0150	1	
PEINTURES (y compris peintures, laques, émaux, couleurs, shellac, vernis, cirages, encaustiques, enduits d'apprêt et bases liquides pour laques)	1263	3			0411	1	
	3066	8			3344	4.1	
	3469	3		PENTOL-1	2705	8	
	3470	8		PENTOLITE sèche ou humidifiée avec moins de 15% (masse) d'eau	0151	1	
PENTABORANE	1380	4.2					
PENTABROMURE DE PHOSPHORE	2691	8		PENTOXYDE DE PHOSPHORE, voir	1807	8	
PENTACHLORÉTHANE	1669	6.1		PENTOXYDE D'ARSENIC	1559	6.1	
PENTACHLOROPHÉNATE DE SODIUM	2567	6.1		PENTOXYDE DE VANADIUM sous forme non fondue	2862	6.1	
PENTACHLOROPHÉNOL	3155	6.1		PERBORATE DE SODIUM MONOHYDRATÉ	3377	5.1	
PENTACHLORURE D'ANTI-MOINE EN SOLUTION	1731	8					

Nom et description	No ONU	Classe	Note	Nom et description	No ONU	Classe	Note
PERCHLORATE D'AMMONIUM	0402	1		PERMANGANATES INORGANIQUES EN SOLUTION AQUEUSE, N.S.A.	3214	5.1	
	1442	5.1					
PERCHLORATE DE BARYUM EN SOLUTION	3406	5.1		PERMANGANATES INORGANIQUES, N.S.A.	1482	5.1	
PERCHLORATE DE BARYUM, SOLIDE	1447	5.1		PEROXOBORATE DE SODIUM ANHYDRE	3247	5.1	
PERCHLORATE DE CALCIUM	1455	5.1		PEROXYDE DE BARYUM	1449	5.1	
PERCHLORATE DE MAGNÉSIUM	1475	5.1		PEROXYDE DE CALCIUM	1457	5.1	
PERCHLORATE DE PLOMB, EN SOLUTION	3408	5.1		PEROXYDE D'HYDROGÈNE EN SOLUTION AQUEUSE contenant au minimum 8%, mais moins de 20% de peroxyde d'hydrogène (stabilisée selon les besoins)	2984	5.1	
PERCHLORATE DE PLOMB, SOLIDE	1470	5.1					
Perchlorate de plomb (II), voir	1470	5.1		PEROXYDE D'HYDROGÈNE EN SOLUTION AQUEUSE contenant au moins 20% mais au maximum 60% de peroxyde d'hydrogène (stabilisée selon les besoins)	2014	5.1	
	3408	5.1					
PERCHLORATE DE POTASSIUM	1489	5.1					
PERCHLORATE DE SODIUM	1502	5.1		PEROXYDE D'HYDROGÈNE EN SOLUTION AQUEUSE STABILISÉE contenant plus de 70 % de peroxyde d'hydrogène	2015	5.1	
PERCHLORATE DE STRONTIUM	1508	5.1					
PERCHLORATES INORGANIQUES EN SOLUTION AQUEUSE, N.S.A.	3211	5.1		PEROXYDE D'HYDROGÈNE EN SOLUTION AQUEUSE STABILISÉE contenant plus de 60% de peroxyde d'hydrogène mais au maximum 70% de peroxyde d'hydrogène	2015	5.1	
PERCHLORATES INORGANIQUES, N.S.A.	1481	5.1					
Perchloréthylène, voir	1897	6.1					
Perchlorobenzène, voir	2729	6.1		PEROXYDE D'HYDROGÈNE ET ACIDE PEROXYACÉTIQUE EN MÉLANGE avec acide(s), eau et au plus 5% d'acide peroxyacétique, STABILISÉ	3149	5.1	
Perchlorocyclopentadiène, voir	2646	6.1					
Perchlorure d'antimoine, voir	1730	8					
Perchlorure de fer, voir	1773	8		PEROXYDE DE LITHIUM	1472	5.1	
Perchlorure de fer en solution, voir	2582	8		PEROXYDE DE MAGNÉSIUM	1476	5.1	
Perfluorocyclobutane, voir	1976	2		PEROXYDE DE POTASSIUM	1491	5.1	
Perfluoropropane, voir	2424	2		PEROXYDE DE SODIUM	1504	5.1	
PERFORATEURS À CHARGE CREUSE pour puits de pétrole, sans détonateur	0124	1		PEROXYDE DE STRONTIUM	1509	5.1	
	0494	1		PEROXYDE DE ZINC	1516	5.1	
PERMANGANATE DE BARYUM	1448	5.1		PEROXYDE ORGANIQUE DE TYPE B, LIQUIDE	3101	5.2	
PERMANGANATE DE CALCIUM	1456	5.1		PEROXYDE ORGANIQUE DE TYPE B, LIQUIDE, AVEC RÉGULATION DE TEMPÉRATURE	3111	5.2	
PERMANGANATE DE POTASSIUM	1490	5.1					
PERMANGANATE DE SODIUM	1503	5.1		PEROXYDE ORGANIQUE DE TYPE B, SOLIDE	3102	5.2	
PERMANGANATE DE ZINC	1515	5.1					

Nom et description	No ONU	Classe	Note	Nom et description	No ONU	Classe	Note
PEROXYDE ORGANIQUE DE TYPE B, SOLIDE, AVEC RÉGULATION DE TEMPÉRATURE	3112	5.2		PEROXYDES INORGANIQUES, N.S.A.	1483	5.1	
				PERSULFATE D'AMMONIUM	1444	5.1	
PEROXYDE ORGANIQUE DE TYPE C, LIQUIDE	3103	5.2		PERSULFATE DE POTASSIUM	1492	5.1	
				PERSULFATE DE SODIUM	1505	5.1	
PEROXYDE ORGANIQUE DE TYPE C, LIQUIDE, AVEC RÉGULATION DE TEMPÉRATURE	3113	5.2		PERSULFATES INORGANIQUES EN SOLUTION AQUEUSE, N.S.A.	3216	5.1	
PEROXYDE ORGANIQUE DE TYPE C, SOLIDE	3104	5.2		PERSULFATES INORGANIQUES, N.S.A.	3215	5.1	
PEROXYDE ORGANIQUE DE TYPE C, SOLIDE, AVEC RÉGULATION DE TEMPÉRATURE	3114	5.2		Peroxydes organiques (liste)			Voir 2.2.52.4
PEROXYDE ORGANIQUE DE TYPE D, LIQUIDE	3105	5.2		PESTICIDE ARSENICAL LIQUIDE INFLAMMABLE, TOXIQUE, ayant un point d'éclair inférieur à 23 °C	2760	3	
PEROXYDE ORGANIQUE DE TYPE D, LIQUIDE, AVEC RÉGULATION DE TEMPÉRATURE	3115	5.2		PESTICIDE ARSENICAL LIQUIDE TOXIQUE	2994	6.1	
PEROXYDE ORGANIQUE DE TYPE D, SOLIDE	3106	5.2		PESTICIDE ARSENICAL LIQUIDE TOXIQUE, INFLAMMABLE ayant un point d'éclair égal ou supérieur à 23 °C	2993	6.1	
PEROXYDE ORGANIQUE DE TYPE D, SOLIDE, AVEC RÉGULATION DE TEMPÉRATURE	3116	5.2		PESTICIDE ARSENICAL SOLIDE TOXIQUE	2759	6.1	
PEROXYDE ORGANIQUE DE TYPE E, LIQUIDE	3107	5.2		PESTICIDE AU PHOSPHURE D'ALUMINIUM	3048	6.1	
PEROXYDE ORGANIQUE DE TYPE E, LIQUIDE, AVEC RÉGULATION DE TEMPÉRATURE	3117	5.2		PESTICIDE BIPYRIDYLIQUE LIQUIDE INFLAMMABLE, TOXIQUE, ayant un point d'éclair inférieur à 23 °C	2782	3	
PEROXYDE ORGANIQUE DE TYPE E, SOLIDE	3108	5.2		PESTICIDE BIPYRIDYLIQUE LIQUIDE TOXIQUE	3016	6.1	
PEROXYDE ORGANIQUE DE TYPE E, SOLIDE, AVEC RÉGULATION DE TEMPÉRATURE	3118	5.2		PESTICIDE BIPYRIDYLIQUE LIQUIDE TOXIQUE, INFLAMMABLE, ayant un point d'éclair égal ou supérieur à 23 °C	3015	6.1	
PEROXYDE ORGANIQUE DE TYPE F, LIQUIDE	3109	5.2		PESTICIDE BIPYRIDYLIQUE SOLIDE TOXIQUE	2781	6.1	
PEROXYDE ORGANIQUE DE TYPE F, LIQUIDE, AVEC RÉGULATION DE TEMPÉRATURE	3119	5.2		PESTICIDE COUMARINIQUE LIQUIDE INFLAMMABLE, TOXIQUE, ayant un point d'éclair inférieur à 23 °C	3024	3	
PEROXYDE ORGANIQUE DE TYPE F, SOLIDE	3110	5.2		PESTICIDE COUMARINIQUE LIQUIDE TOXIQUE, INFLAMMABLE, ayant un point d'éclair égal ou supérieur à 23 °C	3025	6.1	
PEROXYDE ORGANIQUE DE TYPE F, SOLIDE, AVEC RÉGULATION DE TEMPÉRATURE	3120	5.2		PESTICIDE COUMARINIQUE LIQUIDE TOXIQUE	3026	6.1	
				PESTICIDE COUMARINIQUE SOLIDE TOXIQUE	3027	6.1	

Nom et description	No ONU	Classe	Note	Nom et description	No ONU	Classe	Note
PESTICIDE CUIVRIQUE LIQUIDE INFLAMMABLE, TOXIQUE, ayant un point d'éclair inférieur à 23 °C	2776	3		PESTICIDE ORGANOPHOSPHORÉ LIQUIDE TOXIQUE	3018	6.1	
PESTICIDE CUIVRIQUE LIQUIDE TOXIQUE	3010	6.1		PESTICIDE ORGANOPHOSPHORÉ LIQUIDE TOXIQUE, INFLAMMABLE, ayant un point d'éclair égal ou supérieur à 23 °C	3017	6.1	
PESTICIDE CUIVRIQUE LIQUIDE TOXIQUE, INFLAMMABLE, ayant un point d'éclair égal ou supérieur à 23 °C	3009	6.1		PESTICIDE ORGANOPHOSPHORÉ SOLIDE TOXIQUE	2783	6.1	
PESTICIDE CUIVRIQUE SOLIDE TOXIQUE	2775	6.1		PESTICIDE ORGANOSTANNIQUE LIQUIDE INFLAMMABLE, TOXIQUE, ayant un point d'éclair inférieur à 23 °C	2787	3	
PESTICIDE LIQUIDE INFLAMMABLE, TOXIQUE, N.S.A., ayant un point d'éclair inférieur à 23°C	3021	3		PESTICIDE ORGANOSTANNIQUE LIQUIDE TOXIQUE	3020	6.1	
PESTICIDE LIQUIDE TOXIQUE, INFLAMMABLE, N.S.A., ayant un point d'éclair égal ou supérieur à 23 °C	2903	6.1		PESTICIDE ORGANOSTANNIQUE LIQUIDE TOXIQUE, INFLAMMABLE, ayant un point d'éclair égal ou supérieur à 23 °C	3019	6.1	
PESTICIDE LIQUIDE TOXIQUE, N.S.A.	2902	6.1		PESTICIDE ORGANOSTANNIQUE SOLIDE TOXIQUE	2786	6.1	
PESTICIDE MERCURIEL LIQUIDE INFLAMMABLE, TOXIQUE, ayant un point d'éclair inférieur à 23 °C	2778	3		PESTICIDE SOLIDE TOXIQUE, N.S.A.	2588	6.1	
PESTICIDE MERCURIEL LIQUIDE, TOXIQUE	3012	6.1		PÉTARDS DE CHEMIN DE FER	0192	1	
					0193	1	
					0492	1	
PESTICIDE MERCURIEL LIQUIDE TOXIQUE, INFLAMMABLE, ayant un point d'éclair égal ou supérieur à 23 °C	3011	6.1			0493	1	
PESTICIDE MERCURIEL SOLIDE TOXIQUE	2777	6.1		PETITS APPAREILS À HYDROCARBURES GAZEUX avec dispositif de décharge	3150	2	
PESTICIDE ORGANOCHLORÉ LIQUIDE INFLAMMABLE, TOXIQUE, ayant un point d'éclair inférieur à 23 °C	2762	3		Petits feux de détresse, voir	0191	1	
					0373	1	
PESTICIDE ORGANOCHLORÉ LIQUIDE TOXIQUE	2996	6.1		PETN, voir	0411	1	
					0150	1	
PESTICIDE ORGANOCHLORÉ LIQUIDE TOXIQUE, INFLAMMABLE, ayant un point d'éclair égal ou supérieur à 23 °C	2995	6.1			3344	4.1	
				PÉTROLE BRUT	1267	3	
PESTICIDE ORGANOCHLORÉ SOLIDE TOXIQUE	2761	6.1		PÉTROLE BRUT ACIDE, INFLAMMABLE, TOXIQUE	3494	3	
PESTICIDE ORGANOPHOSPHORÉ LIQUIDE INFLAMMABLE, TOXIQUE, ayant un point d'éclair inférieur à 23 °C	2784	3		Pétrole, distillats de, n.s.a, voir	1268	3	
				Pétrole lampant, voir	1223	3	
				PHÉNÉTIDINES	2311	6.1	
				PHÉNOL EN SOLUTION	2821	6.1	
				PHÉNOL FONDU	2312	6.1	

Nom et description	No ONU	Classe	Note	Nom et description	No ONU	Classe	Note
PHÉNOL SOLIDE	1671	6.1		PHOSPHORE BLANC SEC	1381	4.2	
PHÉNOLATES LIQUIDES	2904	8		Phosphore jaune fondu, voir	2447	4.2	
PHÉNOLATES SOLIDES	2905	8		PHOSPHORE JAUNE EN SOLUTION	1381	4.2	
PHÉNYLACÉTONITRILE LIQUIDE	2470	6.1		PHOSPHORE JAUNE RECOUVERT D'EAU	1381	4.2	
Phényl-1 butane, voir	2709	3		PHOSPHORE JAUNE SEC	1381	4.2	
Phényl-2 butane, voir	2709	3		Phosphore rouge, voir	1338	4.1	
PHÉNYLÈNEDIAMINES (o-, m-, p-)	1673	6.1		PHOSPHURE D'ALUMINIUM	1397	4.3	
PHÉNYLHYDRAZINE	2572	6.1		PHOSPHURE DE CALCIUM	1360	4.3	
Phénylmercurique, composé, n.s.a, voir	2026	6.1		PHOSPHURE DE MAGNÉSIUM	2011	4.3	
Phénylméthylène, voir	2055	3		PHOSPHURE DE MAGNÉSIUM-ALUMINIUM	1419	4.3	
Phényl-2 propène, voir	2303	3		PHOSPHURE DE POTASSIUM	2012	4.3	
PHÉNYLTRICHLORO-SILANE	1804	8		PHOSPHURE DE SODIUM	1432	4.3	
PHOSGÈNE	1076	2		PHOSPHURE DE STRONTIUM	2013	4.3	
PHOSPHA-9 BICYCLO-NONANES	2940	4.2		PHOSPHURE DE ZINC	1714	4.3	
PHOSPHATE ACIDE D'AMYLE	2819	8		PHOSPHURES STANNIQUES	1433	4.3	
PHOSPHATE ACIDE DE BUTYLE	1718	8		PICOLINES	2313	3	
PHOSPHATE ACIDE DE DIISOOCTYLE	1902	8		PICRAMATE DE SODIUM HUMIDIFIÉ avec au moins 20% (masse) d'eau	1349	4.1	
PHOSPHATE ACIDE D'ISOPROPYLE	1793	8		PICRAMATE DE SODIUM sec ou humidifié avec moins de 20% (masse) d'eau	0235	1	
Phosphate de tolyle, voir	2574	6.1		PICRAMATE DE ZIRCONIUM HUMIDIFIÉ avec au moins 20% (masse) d'eau	1517	4.1	
PHOSPHATE DE TRICRÉSYLE avec plus de 3% d'isomère ortho	2574	6.1		PICRAMATE DE ZIRCONIUM sec ou humidifié avec moins de 20% (masse) d'eau	0236	1	
PHOSPHINE	2199	2		PICRAMIDE, voir	0153	1	
Phosphite d'éthyle, voir	2323	3		PICRATE D'AMMONIUM HUMIDIFIÉ avec au moins 10% (masse) d'eau	1310	4.1	
Phosphite de méthyle, voir	2329	3		PICRATE D'AMMONIUM sec ou humidifié avec moins de 10% (masse) d'eau	0004	1	
PHOSPHITE DE PLOMB DIBASIQUE	2989	4.1					
PHOSPHITE DE TRIÉTHYLE	2323	3		PICRATE D'ARGENT HUMIDIFIÉ avec au moins 30% (masse) d'eau	1347	4.1	
PHOSPHITE DE TRIMÉTHYLE	2329	3					
PHOSPHORE AMORPHE	1338	4.1		Picrotoxine, voir	3172	6.1	
PHOSPHORE BLANC FONDU	2447	4.2			3462	6.1	
PHOSPHORE BLANC EN SOLUTION	1381	4.2		Pièces coulées d'hydrure de lithium solide, voir	2805	4.3	
PHOSPHORE BLANC RECOUVERT D'EAU	1381	4.2					

Nom et description	No ONU	Classe	Note
PIGMENTS ORGANIQUES AUTO-ÉCHAUFFANTS	3313	4.2	
PILES AU LITHIUM IONIQUE (y compris les piles au lithium ionique à membrane polymère)	3480	9	
PILES AU LITHIUM IONIQUE CONTENUES DANS UN ÉQUIPEMENT (y compris les piles au lithium ionique à membrane polymère)	3481	9	
PILES AU LITHIUM IONIQUE EMBALLÉES AVEC UN ÉQUIPEMENT (y compris les piles au lithium ionique à membrane polymère)	3481	9	
PILES AU LITHIUM MÉTAL (y compris les piles à alliage de lithium)	3090	9	
PILES AU LITHIUM MÉTAL CONTENUES DANS UN ÉQUIPEMENT (y compris les piles à alliage de lithium)	3091	9	
PILES AU LITHIUM MÉTAL EMBALLÉES AVEC UN ÉQUIPEMENT (y compris les piles à alliage de lithium)	3091	9	
Piles au nickel-hydrure métallique	3496	9	Non soumis à l'ADN
Pine oil, voir	1272	3	
alpha-PINÈNE	2368	3	
PIPÉRAZINE	2579	8	
PIPÉRIDINE	2401	8	
Plomb-tétraéthyle, voir	1649	6.1	
POLYAMINES INFLAMMABLES, CORROSIVES, N.S.A.	2733	3	
POLYAMINES LIQUIDES CORROSIVES, N.S.A.	2735	8	
POLYAMINES LIQUIDES CORROSIVES, INFLAMMABLES, N.S.A.	2734	8	
POLYAMINES SOLIDES CORROSIVES, N.S.A.	3259	8	
POLYMÈRES EXPANSIBLES EN GRANULÉS dégageant des vapeurs inflammables	2211	9	
Polystyrène expansible en granulés, voir	2211	9	
POLYSULFURE D'AMMONIUM EN SOLUTION	2818	8	

Nom et description	No ONU	Classe	Note
POLYVANADATE D'AMMONIUM	2861	6.1	
POTASSIUM	2257	4.3	
Potassium, alliages métalliques liquides de, voir	1420	4.3·	
Potassium, alliages métalliques solides de, voir	3403	4.3	
Potassium et sodium, alliages liquides de, voir	1422	4.3	
Potassium et sodium, alliages solides de, voir	3404	4.3	
POUDRE ÉCLAIR	0094	1	
	0305	1	
POUDRE MÉTALLIQUE AUTO-ÉCHAUFFANTE, N.S.A.	3189	4.2	
POUDRE MÉTALLIQUE INFLAMMABLE, N.S.A.	3089	4.1	
POUDRE NOIRE sous forme de grains ou de pulvérin	0027	1	
POUDRE NOIRE COMPRIMÉE	0028	1	
POUDRE NOIRE EN COMPRIMÉS	0028	1	
Poudres propulsives à simple base, double base ou triple base, voir	0160	1	
	0161	1	
POUDRE SANS FUMÉE	0160	1	
	0161	1	
	0509	1	
Poudre sans fumée coulée ou comprimée, voir	0242	1	
	0271	1	
	0272	1	
	0279	1	
	0414	1	
	0415	1	
POURPRE DE LONDRES	1621	6.1	
POUSSIÈRE ARSENICALE	1562	6.1	
PRÉPARATION LIQUIDE DE LA NICOTINE, N.S.A.	3144	6.1	
PRÉPARATIONS DE MANÈBE contenant au moins 60% de manèbe	2210	4.2	
PRÉPARATIONS DE MANÈBE, STABILISÉES contre l'auto-échauffement	2968	4.3	
PRÉPARATION SOLIDE DE LA NICOTINE, N.S.A.	1655	6.1	
PRODUIT CHIMIQUE SOUS PRESSION, N.S.A.	3500	2	

Nom et description	No ONU	Classe	Note	Nom et description	No ONU	Classe	Note
PRODUIT CHIMIQUE SOUS PRESSION, INFLAMMABLE, N.S.A	3501	2		Propène, voir	1077	2	
PRODUIT CHIMIQUE SOUS PRESSION, TOXIQUE, N.S.A.	3502	2		PROPIONATES DE BUTYLE	1914	3	
				PROPIONATE D'ÉTHYLE	1195	3	
PRODUIT CHIMIQUE SOUS PRESSION, CORROSIF, N.S.A	3503	2		PROPIONATE D'ISOBUTYLE	2394	3	
PRODUIT CHIMIQUE SOUS PRESSION, INFLAMMABLE, TOXIQUE, N.S.A.	3504	2		PROPIONATE D'ISOPROPYLE	2409	3	
				PROPIONATE DE MÉTHYLE	1248	3	
PRODUIT CHIMIQUE SOUS PRESSION, INFLAMMABLE, CORROSIF, N.S.A	3505	2		PROPIONITRILE	2404	3	
				PROPULSEURS	0186	1	
					0280	1	
					0281	1	
PRODUITS DE PRÉSERVATION DES BOIS, LIQUIDES	1306	3		PROPULSEURS À PROPERGOL LIQUIDE	0395	1	
					0396	1	
PRODUITS PÉTROLIERS, N.S.A.	1268	3		PROPULSEURS CONTENANT DES LIQUIDES HYPERGO-LIQUES, avec ou sans charge d'expulsion	0250	1	
PRODUITS POUR PARFUMERIE contenant des solvants inflammables	1266	3			0322	1	
PROJECTILES avec charge d'éclatement	0167	1		PROPYLAMINE	1277	3	
	0168	1		n-PROPYLBENZÈNE	2364	3	
	0169	1		PROPYLÈNE	1077	2	
	0324	1					
	0344	1		PROPYLÈNE-1,2 DIAMINE	2258	8	
PROJECTILES avec charge de dispersion ou charge d'expulsion	0346	1		PROPYLÈNEIMINE STABILISÉE	1921	3	
	0347	1					
	0426	1		Propylène trimère, voir	2057	3	
	0427	1					
	0434	1		PROPYLTRICHLOROSILANE	1816	8	
	0435	1		Protochlorure d'iode, voir	1792	8	
Projectiles éclairants, voir	0171	1		Protochlorure de soufre, voir	1828	8	
	0254	1					
	0297	1		PROTOXYDE D'AZOTE	1070	2	
PROJECTILES inertes avec traceur	0345	1		PROTOXYDE D'AZOTE LIQUIDE RÉFRIGÉRÉ	2201	2	
	0424	1					
	0425	1		PYRÉTHROÏDE PESTICIDE LIQUIDE INFLAMMABLE, TOXIQUE, ayant un point d'éclair inférieur à 23 °C	3350	3	
PROPADIÈNE STABILISÉ	2200	2					
Propadiène et méthylacétylène en mélange stabilisé, voir	1060	2					
PROPANE	1978	2		PYRÉTHROÏDE PESTICIDE LIQUIDE TOXIQUE	3352	6.1	
PROPANETHIOLS	2402	3					
n-PROPANOL	1274	3		PYRÉTHROÏDE PESTICIDE LIQUIDE TOXIQUE, INFLAMMABLE	3351	6.1	
PROPERGOL LIQUIDE	0495	1					
	0497	1		PYRÉTHROÏDE PESTICIDE SOLIDE TOXIQUE	3349	6.1	
PROPERGOL SOLIDE	0498	1					
	0499	1		PYRIDINE	1282	3	
	0501	1					
Propergols, voir	0160	1					
	0161	1					

Nom et description	No ONU	Classe	Note	Nom et description	No ONU	Classe	Note
Pyromécanismes, voir	0275	1		RÉSINATE DE COBALT PRÉCIPITÉ	1318	4.1	
	0276	1					
	0323	1		RÉSINATE DE MANGANÈSE	1330	4.1	
	0381	1					
Pyrosulfate de mercure, voir	1645	6.1		RÉSINATE DE ZINC	2714	4.1	
Pyroxyline en solution, voir	2059	3		RÉSINE EN SOLUTION, inflammable	1866	3	
	2060	3					
PYRROLIDINE	1922	3		RÉSORCINOL	2876	6.1	
QUINOLÉINE	2656	6.1		RÉTRACTEURS DE CEINTURE DE SÉCURITÉ	0503	1	
Quinone ordinaire, voir	2587	6.1			3268	9	
R … (voir GAZ RÉFRIGÉRANT)				RIVETS EXPLOSIFS	0174	1	
Raffinat de pétrole, voir	1268	3		ROGNURES DE MÉTAUX FERREUX sous forme auto-échauffante	2793	4.2	
RDX, voir	0072	1					
	0391	1					
	0483	1		ROQUETTES LANCE-AMARRES	0238	1	
RECHARGES D'HYDRO-CARBURES GAZEUX POUR PETITS APPAREILS, avec dispositif de décharge	3150	2			0240	1	
					0453	1	
				RUBIDIUM	1423	4.3	
				SALICYLATE DE MERCURE	1644	6.1	
RECHARGES POUR BRIQUETS contenant un gaz inflammable	1057	2		SALICYLATE DE NICOTINE	1657	6.1	
				Salpêtre, voir	1486	5.1	
RÉCIPIENTS DE FAIBLE CAPACITÉ CONTENANT DU GAZ, sans dispositif de détente, non rechargeables	2037	2		Salpêtre du Chili, voir	1498	5.1	
				SÉLÉNIATES	2630	6.1	
				SÉLÉNITES	2630	6.1	
Récipients vides, non nettoyés			Voir 5.1.3 et 5.4.1.1.6	SÉLÉNIURE D'HYDROGÈNE ANHYDRE	2202	2	
Relais détonants avec cordeau détonant, voir	0360	1		SELS D'ALCALOÏDES LIQUIDES, N.S.A.	3140	6.1	
	0361	1					
Relais détonants sans cordeau détonant, voir	0029	1		SELS D'ALCALOÏDES SOLIDES, N.S.A.	1544	6.1	
		1					
RENFORÇATEURS AVEC DÉTONATEUR	0225	1		SELS DE L'ACIDE DICHLORO-ISOCYANURIQUE	2465	5.1	
	0268	1					
RENFORÇATEURS sans détonateur	0042	1		SELS DE STRYCHNINE	1692	6.1	
	0283	1		SELS MÉTALLIQUES DE COMPOSÉS ORGANIQUES, INFLAMMABLES, N.S.A.	3181	4.1	
RÉSERVOIR DE CARBURANT POUR MOTEUR DE CIRCUIT HYDRAULIQUE D'AÉRONEF (contenant un mélange d'hydrazine anhydre et de monométhylhydrazine) (carburant M86)	3165	3					
				SELS MÉTALLIQUES DÉFLAGRANTS DE DÉRIVÉS NITRÉS AROMATIQUES, N.S.A.	0132	1	
				Sesquioxyde d'azote, voir	2421	2	
RÉSINATE D'ALUMINIUM	2715	4.1		SESQUISULFURE DE PHOSPHORE exempt de phosphore jaune ou blanc	1341	4.1	
RÉSINATE DE CALCIUM	1313	4.1					
RÉSINATE DE CALCIUM FONDU	1314	4.1					

Nom et description	No ONU	Classe	Note	Nom et description	No ONU	Classe	Note
Shellacs, voir	1263	3		SOLIDE AUTORÉACTIF DU TYPE D, AVEC RÉGULATION DE TEMPÉRATURE	3236	4.1	
	3066	8					
	3469	3		SOLIDE AUTORÉACTIF DU TYPE E	3228	4.1	
	3470	8					
SIGNAUX DE DÉTRESSE de navires	0194	1		SOLIDE AUTORÉACTIF DU TYPE E, AVEC RÉGULATION DE TEMPÉRATURE	3238	4.1	
	0195	1					
	0505	1					
	0506	1		SOLIDE AUTORÉACTIF DU TYPE F	3230	4.1	
Signaux de détresse de navires (hydroactifs), voir	0248	1					
	0249	1		SOLIDE AUTORÉACTIF DU TYPE F, AVEC RÉGULATION DE TEMPÉRATURE	3240	4.1	
SIGNAUX FUMIGÈNES	0196	1					
	0197	1		SOLIDE COMBURANT AUTO-ÉCHAUFFANT, N.S.A.	3100	5.1	Transport interdit
	0313	1					
	0487	1		SOLIDE COMBURANT, CORROSIF, N.S.A.	3085	5.1	
	0507	1					
SILANE	2203	2		SOLIDE COMBURANT, HYDRORÉACTIF, N.S.A.	3121	5.1	Transport interdit
Silicate d'éthyle, voir	1292	3		SOLIDE COMBURANT, INFLAMMABLE, N.S.A.	3137	5.1	Transport interdit
SILICATE DE TÉTRAÉTHYLE	1292	3					
Silicate tétraéthylique, voir	1292	3		SOLIDE COMBURANT, N.S.A.	1479	5.1	
SILICIUM EN POUDRE AMORPHE	1346	4.1		SOLIDE COMBURANT, TOXIQUE, N.S.A.	3087	5.1	
SILICIURE DE CALCIUM	1405	4.3		SOLIDES CONTENANT DU LIQUIDE CORROSIF, N.S.A.	3244	8	
SILICIURE DE MAGNÉSIUM	2624	4.3					
SILICO-ALUMINIUM EN POUDRE NON ENROBÉ	1398	4.3		SOLIDES OU MÉLANGES DE SOLIDES CONTENANT DU LIQUIDE INFLAMMABLE, N.S.A., ayant un point d'éclair inférieur à 60 °C (tels que préparations et déchets)	3175	4.1	
Silico-calcium, voir	1405	4.3					
Silicochloroforme, voir	1295	4.3					
SILICO-FERRO-LITHIUM	2830	4.3					
SILICO-LITHIUM	1417	4.3					
SILICO-MANGANO-CALCIUM	2844	4.3		SOLIDES CONTENANT DU LIQUIDE TOXIQUE, N.S.A.	3243	6.1	
SODIUM	1428	4.3					
SOLIDE AUTO-ÉCHAUFFANT, COMBURANT, N.S.A.	3127	4.2	Transport interdit	SOLIDE CORROSIF, AUTO-ÉCHAUFFANT, N.S.A.	3095	8	
SOLIDE AUTORÉACTIF DU TYPE B	3222	4.1		SOLIDE CORROSIF, COMBURANT, N.S.A.	3084	8	
SOLIDE AUTORÉACTIF DU TYPE B, AVEC RÉGULATION DE TEMPÉRATURE	3232	4.1		SOLIDE CORROSIF, HYDRORÉACTIF, N.S.A.	3096	8	
SOLIDE AUTORÉACTIF DU TYPE C	3224	4.1		SOLIDE CORROSIF, INFLAMMABLE, N.S.A.	2921	8	
				SOLIDE CORROSIF, N.S.A.	1759	8	
SOLIDE AUTORÉACTIF DU TYPE C, AVEC RÉGULATION DE TEMPÉRATURE	3234	4.1		SOLIDE CORROSIF, TOXIQUE, N.S.A.	2923	8	
SOLIDE AUTORÉACTIF DU TYPE D	3226	4.1		SOLIDE EXPLOSIBLE DÉSENSIBILISÉ, N.S.A.	3380	4.1	

Nom et description	No ONU	Classe	Note	Nom et description	No ONU	Classe	Note
SOLIDE HYDRORÉACTIF, AUTO-ÉCHAUFFANT, N.S.A.	3135	4.3		SOLIDE ORGANIQUE CORROSIF, ACIDE, N.S.A.	3261	8	
SOLIDE HYDRORÉACTIF, COMBURANT, N.S.A.	3133	4.3	Transport interdit	SOLIDE ORGANIQUE CORROSIF, BASIQUE, N.S.A.	3263	8	
SOLIDE HYDRORÉACTIF, CORROSIF, N.S.A.	3131	4.3		SOLIDE ORGANIQUE INFLAMMABLE, CORROSIF, N.S.A.	2925	4.1	
SOLIDE HYDRORÉACTIF, INFLAMMABLE, N.S.A.	3132	4.3		SOLIDE ORGANIQUE INFLAMMABLE FONDU, N.S.A.	3176	4.1	
SOLIDE HYDRORÉACTIF, N.S.A.	2813	4.3		SOLIDE ORGANIQUE INFLAMMABLE, N.S.A.	1325	4.1	
SOLIDE HYDRORÉACTIF, TOXIQUE, N.S.A.	3134	4.3		SOLIDE ORGANIQUE INFLAMMABLE, TOXIQUE, N.S.A.	2926	4.1	
SOLIDE INFLAMMABLE COMBURANT, N.S.A.	3097	4.1	Transport interdit	SOLIDE ORGANIQUE PYROPHORIQUE, N.S.A.	2846	4.2	
SOLIDE INORGANIQUE AUTO-ÉCHAUFFANT, CORROSIF, N.S.A.	3192	4.2		SOLIDE ORGANIQUE TOXIQUE, CORROSIF, N.S.A.	2928	6.1	
SOLIDE INORGANIQUE AUTO-ÉCHAUFFANT, N.S.A.	3190	4.2		SOLIDE ORGANIQUE TOXIQUE, INFLAMMABLE, N.S.A.	2930	6.1	
SOLIDE INORGANIQUE AUTO-ÉCHAUFFANT, TOXIQUE, N.S.A.	3191	4.2		SOLIDE ORGANIQUE TOXIQUE, N.S.A.	2811	6.1	
SOLIDE INORGANIQUE CORROSIF, ACIDE, N.S.A.	3260	8		SOLIDE TOXIQUE, AUTO-ÉCHAUFFANT, N.S.A.	3124	6.1	
SOLIDE INORGANIQUE CORROSIF, BASIQUE, N.S.A.	3262	8		SOLIDE TOXIQUE, COMBURANT, N.S.A.	3086	6.1	
SOLIDE INORGANIQUE INFLAMMABLE, CORROSIF, N.S.A.	3180	4.1		SOLIDE TOXIQUE, HYDRORÉACTIF, N.S.A.	3125	6.1	
SOLIDE INORGANIQUE INFLAMMABLE, N.S.A.	3178	4.1		SOLIDE TRANSPORTÉ À CHAUD, N.S.A., à une température égale ou supérieure à 240 °C	3258	9	
SOLIDE INORGANIQUE INFLAMMABLE, TOXIQUE, N.S.A.	3179	4.1		SOLUTION D'ENROBAGE (traitement de surface ou enrobages utilisés dans l'industrie ou à d'autres fins, tels que sous-couche pour carrosserie de véhicule, revêtement pour fûts et tonneaux)	1139	3	
SOLIDE INORGANIQUE PYROPHORIQUE , N.S.A.	3200	4.2					
SOLIDE INORGANIQUE TOXIQUE, CORROSIF, N.S.A.	3290	6.1		Solvant-naphte, voir	1268	3	
SOLIDE INORGANIQUE TOXIQUE, N.S.A.	3288	6.1		SOUFRE	1350	4.1	
SOLIDE ORGANIQUE AUTO-ÉCHAUFFANT, CORROSIF, N.S.A.	3126	4.2		Solvants, voir	1263 3066 3469 3470	3 8 3 8	
SOLIDE ORGANIQUE AUTO-ÉCHAUFFANT, N.S.A.	3088	4.2		SOUFRE FONDU	2448	4.1	
SOLIDE ORGANIQUE AUTO-ÉCHAUFFANT, TOXIQUE, N.S.A.	3128	4		SOUS-PRODUITS DE LA FABRICATION DE L'ALUMINIUM	3170	4.3	

Nom et description	No ONU	Classe	Note
SOUS-PRODUITS DE LA REFUSION DE L'ALUMINIUM	3170	4.3	
Squibs, voir	0325	1	
	0454	1	
STIBINE	2676	2	
STRYCHNINE	1692	6.1	
Strychnine, sels de, voir	1692	6.1	
STYPHNATE DE PLOMB HUMIDIFIÉ avec au moins 20% (masse) d'eau ou d'un mélange d'alcool et d'eau	0130	1	
STYRÈNE MONOMÈRE STABILISÉ	2055	3	
Styrol, voir	2055	3	
Styrolène, voir	2055	3	
SUCCÉDANÉ D'ESSENCE DE TÉRÉBENTHINE	1300	3	
Sulfate acide d'éthyle, voir	2571	8	
Sulfate acide de nitrosyle, voir	2308	8	
SULFATE DE DIÉTHYLE	1594	6.1	
SULFATE DE DIMÉTHYLE	1595	6.1	
Sulfate diéthylique, voir	1594	6.1	
Sulfate diméthylique, voir	1595	6.1	
Sulfate d'éthyle, voir	1594	6.1	
SULFATE DE MERCURE	1645	6.1	
Sulfate de mercure (I), voir	1645	6.1	
Sulfate de mercure (II), voir	1645	6.1	
Sulfate de méthyle, voir	1595	6.1	
SULFATE DE NICOTINE EN SOLUTION	1658	6.1	
SULFATE DE NICOTINE SOLIDE	3445	6.1	
SULFATE DE PLOMB contenant plus de 3% d'acide libre	1794	8	
SULFATE DE VANADYLE	2931	6.1	
SULFATE NEUTRE D'HYDROXYLAMINE	2865	8	
Sulfhydrate de sodium, voir	2318	4.2	
	2949	8	
SULFURE D'AMMONIUM EN SOLUTION	2683	8	
Sulfures d'arsenic, n.s.a, voir	1556	6.1	
	1557	6.1	

Nom et description	No ONU	Classe	Note
Sulfure de carbone, voir	1131	3	
SULFURE DE CARBONYLE	2204	2	
SULFURE DE DIPICRYLE HUMIDIFIÉ avec au moins 10% (masse) d'eau	2852	4.1	
SULFURE DE DIPICRYLE sec ou humidifié avec moins de 10% (masse) d'eau	0401	1	
SULFURE D'ÉTHYLE	2375	3	
SULFURE D'HYDROGÈNE	1053	2	
SULFURE DE MÉTHYLE	1164	3	
Sulfure de phosphore (V) exempt de phosphore jaune ou blanc, voir	1340	4.3	
SULFURE DE POTASSIUM ANHYDRE	1382	4.2	
SULFURE DE POTASSIUM avec moins de 30% d'eau de cristallisation	1382	4.2	
SULFURE DE POTASSIUM HYDRATÉ avec au moins 30% d'eau de cristallisation	1847	8	
SULFURE DE SODIUM ANHYDRE	1385	4.2	
SULFURE DE SODIUM avec moins de 30% d'eau de cristallisation	1385	4.2	
SULFURE DE SODIUM HYDRATÉ avec au moins 30% d'eau	1849	8	
SUPEROXYDE DE POTASSIUM	2466	5.1	
SUPEROXYDE DE SODIUM	2547	5.1	
Talc avec de la trémolite et/ou l'actinolite, voir	2590	9	
TARTRATE D'ANTIMOINE ET DE POTASSIUM	1551	6.1	
TARTRATE DE NICOTINE	1659	6.1	
TEINTURES MÉDICINALES	1293	3	
TERPHÉNYLES POLY-HALOGÉNÉS LIQUIDES	3151	9	
TERPHÉNYLES POLY-HALOGÉNÉS SOLIDES	3152	9	
TERPINOLÈNE	2541	3	
TÊTES MILITAIRES POUR ENGINS AUTOPROPULSÉS avec charge d'éclatement	0286	1	
	0287	1	
	0369	1	

Nom et description	No ONU	Classe	Note	Nom et description	No ONU	Classe	Note
TÊTES MILITAIRES POUR ENGINS AUTOPROPULSÉS avec charge de dispersion ou charge d'expulsion	0370 0371	1 1		TÉTRAHYDROFURANNE	2056	3	
				TÉTRAHYDROFUR-FURYLAMINE	2943	3	
Têtes militaires pour missiles guidés, voir	0286 0287 0369 0370 0371	1 1 1 1 1		TÉTRAHYDRO-1,2,3,6 PYRIDINE	2410	3	
				TÉTRAHYDROTHIOPHÈNE	2412	3	
				TÉTRAMÉTHYLSILANE	2749	3	
TÊTES MILITAIRES POUR TORPILLES avec charge d'éclatement	0221	1		TÉTRANITRANILINE	0207	1	
				TÉTRANITRATE DE PENTAÉRYTHRITE avec au moins 7% (masse) de cire	0411	1	
TÉTRABROMÉTHANE	2504	6.1					
Tétrabromométhane, voir	2516	6.1		TÉTRANITRATE DE PENTAÉRYTHRITE, DÉSENSIBILISÉ avec au moins 15% (masse) de flegmatisant	0150	1	
Tétrabromure d'acétylène, voir	2504	6.1					
TÉTRABROMURE DE CARBONE	2516	6.1					
1,1,2,2-TÉTRACHLORÉTHANE	1702	6.1		TÉTRANITRATE DE PENTAÉRYTHRITE (TÉTRANITRATE DE PENTAÉRYTHRITOL, PENTHRITE; PETN) EN MÉLANGE DÉSENSIBILISÉ, SOLIDE, N.S.A., avec plus de 10% mais au plus 20% (masse) de PETN	3344	4.1	
TÉTRACHLORÉTHYLÈNE	1897	6.1					
Tétrachlorure d'acétylène, voir	1702	6.1					
Tétracyanomercurate de potassium (II), voir	1626	6.1					
TÉTRACHLORURE DE CARBONE	1846	6.1		TÉTRANITRATE DE PENTAÉRYTHRITE, HUMIDIFIÉ avec au moins 25% (masse) d'eau	0150	1	
TÉTRACHLORURE DE SILICIUM	1818	8					
TÉTRACHLORURE DE TITANE	1838	6.1		TÉTRANITRATE DE PENTAÉRYTHRITOL, voir	0150 0411 3344	1 1 4.1	
TÉTRACHLORURE DE VANADIUM	2444	8		TÉTRANITROMÉTHANE	1510	6.1	
TÉTRACHLORURE DE ZIRCONIUM	2503	8		TÉTRAPHOSPHATE D'HEXAÉTHYLE	1611	6.1	
Tétraéthoxysilane, voir	1292	3		TÉTRAPHOSPHATE D'HEXAÉTHYLE ET GAZ COMPRIMÉ EN MÉLANGE	1612	2	
TÉTRAÉTHYLÈNE-PENTAMINE	2320	8					
TÉTRAFLUORÉTHYLÈNE STABILISÉ	1081	2		Tétraphosphate hexaéthylique, voir	1611	6.1	
				TÉTRAPROPYLÈNE	2850	3	
TÉTRAFLUORO-1,1,1,2 ÉTHANE	3159	2		TÉTRAZÈNE HUMIDIFIÉ avec au moins 30% (masse) d'eau ou d'un mélange d'alcool et d'eau, voir	0114	1	
TÉTRAFLUORO-MÉTHANE	1982	2					
Tétrafluorure de carbone, voir	1982	2		1H-TÉTRAZOLE	0504	1	
TÉTRAFLUORURE DE SILICIUM	1859	2		TÉTROXYDE DE DIAZOTE	1067	2	
				TÉTROXYDE D'OSMIUM	2471	6.1	
TÉTRAFLUORURE DE SOUFRE	2418	2		TÉTRYL, voir	0208	1	
				Thallium, composé du, n.s.a, voir	1707	6.1	
TÉTRAHYDRO-1,2,3,6 BENZALDÉHYDE	2498	3		4-THIAPENTANAL	2785	6.1	

Nom et description	No ONU	Classe	Note	Nom et description	No ONU	Classe	Note
THIOCARBAMATE PESTICIDE LIQUIDE, INFLAMMABLE, TOXIQUE, ayant un point d'éclair inférieur à 23°C	2772	3		TOLITE , voir	0209	1	
				TOLITE EN MÉLANGE AVEC DE L'HEXANITROSTILBÈNE, voir	0388	1	
THIOCARBAMATE PESTICIDE LIQUIDE, TOXIQUE	3006	6.1		TOLITE EN MÉLANGE AVEC DU TRINITROBENZÈNE, voir	0388	1	
THIOCARBAMATE PESTICIDE LIQUIDE, TOXIQUE, INFLAMMABLE, ayant un point d'éclair égal ou supérieur à 23 °C	3005	6.1		TOLITE EN MÉLANGE AVEC DU TRINITROBENZÈNE ET DE L'HEXANITRO-STILBÈNE, voir	0389	1	
THIOCARBAMATE PESTICIDE SOLIDE, TOXIQUE	2771	6.1		TOLITE HUMIDIFIÉE, voir	1356 3366	4.1 4.1	
THIOCYANATE DE MERCURE	1646	6.1		TOLUÈNE	1294	3	
THIOGLYCOL	2966	6.1		TOLUIDINES LIQUIDES	1708	6.1	
THIOPHÈNE	2414	3		TOLUIDINES SOLIDES	3451	6.1	
Thiophénol, voir	2337	6.1		Toluol, voir	1294	3	
THIOPHOSGÈNE	2474	6.1		m-TOLUYLÈNE-DIAMINE EN SOLUTION	3418	6.1	
TISSUS D'ORIGINE ANIMALE imprégnés d'huile, N.S.A.	1373	4.2					
TISSUS D'ORIGINE SYNTHÉTIQUE imprégnés d'huile, N.S.A.	1373	4.2		m-TOLUYLÈNE-DIAMINE, SOLIDE	1709	6.1	
				Tolyléthylène, voir	2618	3	
TISSUS D'ORIGINE VÉGÉTALE imprégnés d'huile, N.S.A.	1373	4.2		Torpilles Bangalore, voir	0136 0137 0138 0294	1 1 1 1	
TISSUS IMPRÉGNÉS DE NITROCELLULOSE FAIBLEMENT NITRÉE, N.S.A.	1353	4.1		TORPILLES avec charge d'éclatement	0329 0330 0451	1 1 1	
Titane, éponge de, sous forme de granulés, voir	2878	4.1		TORPILLES À COMBUSTIBLE LIQUIDE avec ou sans charge d'éclatement	0449	1	
Titane, éponge de, sous forme de poudre, voir	2878	4.1		TORPILLES À COMBUSTIBLE LIQUIDE avec tête inerte	0450	1	
TITANE EN POUDRE HUMIDIFIÉ avec au moins 25% d'eau	1352	4.1		TORPILLES DE FORAGE EXPLOSIVES sans détonateur pour puits de pétrole	0099	1	
TITANE EN POUDRE SEC	2546	4.2		TOURTEAUX DE RICIN	2969	9	
TNT, voir	0209	1		TOURNURE DE FER RÉSIDUAIRE provenant de la purification du gaz de ville	1376	4.2	
TNT EN MÉLANGE AVEC DE L'HEXANITRO-STILBÈNE, voir	0388	1		TOURNURES DE MÉTAUX FERREUX sous forme auto-échauffante	2793	4.2	
TNT EN MÉLANGE AVEC DU TRINITROBENZÈNE, voir	0388	1		TOURTEAUX contenant au plus 1,5 % (masse) d'huile et ayant 11% (masse) d'humidité au maximum	2217	4.2	
TNT EN MÉLANGE AVEC DU TRINITROBENZÈNE ET DE L'HEXANITRO-STILBÈNE, voir	0389	1					
TNT HUMIDIFIÉ, voir	1356 3366	4.1 4.1					
Toile enduite de nitrocellulose (industrie de la chaussure), voir	1353	4.1					

Nom et description	No ONU	Classe	Note	Nom et description	No ONU	Classe	Note
TOURTEAUX contenant plus de 1,5% (masse) d'huile et ayant 11% (masse) d'humidité au maximum	1386	4.2		TRICHLORURE DE BORE	1741	2	
TOXINES EXTRAITES D'ORGANISMES VIVANTS, LIQUIDES, N.S.A.	3172	6.1		TRICHLORURE DE PHOSPHORE	1809	6.1	
				TRICHLORURE DE TITANE EN MÉLANGE	2869	8	
TOXINES EXTRAITES D'ORGANISMES VIVANTS, SOLIDES, N.S.A.	3462	6.1		TRICHLORURE DE TITANE EN MÉLANGE PYROPHORIQUE	2441	4.2	
TRACEURS POUR MUNITIONS	0212 0306	1 1		TRICHLORURE DE TITANE PYROPHORIQUE	2441	4.2	
Trémolite, voir	2590	9		TRICHLORURE DE VANADIUM	2475	8	
TRIALLYLAMINE	2610	3		TRIÉTHYLAMINE	1296	3	
TRIAZINE PESTICIDE LIQUIDE INFLAMMABLE, TOXIQUE, ayant un point d'éclair inférieur à 23°C	2764	3		TRIÉTHYLÈNE-TRÉTRAMINE	2259	8	
				Trifluorobromométhane, voir	1009	2	
				TRIFLUORO-1,1,1 ÉTHANE	2035	2	
TRIAZINE PESTICIDE LIQUIDE TOXIQUE	2998	6.1		TRIFLUORO-CHLORÉTHYLÈNE STABILISÉ	1082	2	
TRIAZINE PESTICIDE LIQUIDE TOXIQUE, INFLAMMABLE, ayant un point d'éclair égal ou supérieur à 23 °C	2997	6.1		Trifluorochlorométhane, voir	1022	2	
				TRIFLUOROMÉTHANE	1984	2	
				TRIFLUOROMÉTHANE LIQUIDE RÉFRIGÉRÉ	3136	2	
TRIAZINE PESTICIDE SOLIDE TOXIQUE	2763	6.1		TRIFLUOROMÉTHYL-2 ANILINE	2942	6.1	
TRIBROMURE DE BORE	2692	8		TRIFLUOROMÉTHYL-3 ANILINE	2948	6.1	
TRIBROMURE DE PHOSPHORE	1808	8					
TRIBUTYLAMINE	2542	6.1		TRIFLUORURE D'AZOTE	2451	2	
TRIBUTYLPHOSPHANE	3254	4.2		TRIFLUORURE DE BORE	1008	2	
Trichloracétaldéhyde, voir	2075	6.1		TRIFLUORURE DE BORE DIHYDRATÉ	2851	8	
TRICHLORACÉTATE DE MÉTHYLE	2533	6.1		Trifluorure de bore et d'acide acétique, complexe liquide de, voir	1742	8	
TRICHLORÉTHYLÈNE	1710	6.1		Trifluorure de bore et d'acide propionique, complexe liquide de, voir	1743	8	
TRICHLOROBENZÈNES LIQUIDES	2321	6.1					
TRICHLOROBUTÈNE	2322	6.1		TRIFLUORURE DE BROME	1746	5.1	
TRICHLORO-1,1,1 ÉTHANE	2831	6.1		TRIFLUORURE DE CHLORE	1749	2	
Trichloronitrométhane, voir	1580	6.1		TRIISOBUTYLÈNE	2324	3	
TRICHLOROSILANE	1295	4.3		TRIMÉTHYLAMINE ANHYDRE	1083	2	
Trichloro-2,4,6 triazine-1,3,5, voir	2670	8		TRIMÉTHYLAMINE EN SOLUTION AQUEUSE contenant au plus 50% (masse) de triméthylamine	1297	3	
Trichloro- 1,3,5 s-triazine trione-2,4,6, voir	2468	5.1					
TRICHLORURE D'ANTIMOINE	1733	8		TRIMÉTHYL-1,3,5 BENZÈNE	2325	3	
TRICHLORURE D'ARSENIC	1560	6.1		TRIMÉTHYLCHLOROSILANE	1298	3	

Nom et description	No ONU	Classe	Note	Nom et description	No ONU	Classe	Note
TRIMÉTHYLCYCLO-HEXYLAMINE	2326	8		TRINITROTOLUÈNE EN MÉLANGE AVEC DE L'HEXANITROSTILBÈNE	0388	1	
TRIMÉTHYLHEXA-MÉTHYLÈNEDIAMINES	2327	8		TRINITROTOLUÈNE EN MÉLANGE AVEC DU TRINITROBENZÈNE	0388	1	
Triméthyl-2,4,4 pentanethiol-2, voir	3023	6.1		TRINITROTOLUÈNE EN MÉLANGE AVEC DU TRINITROBENZÈNE ET DE L'HEXANITRO-STILBÈNE	0389	1	
TRINITRANILINE	0153	1					
TRINITRANISOLE	0213	1		TRINITROTOLUÈNE HUMIDIFIÉ avec au moins 30% (masse) d'eau	1356	4.1	
TRINITROBENZÈNE HUMIDIFIÉ avec au moins 30% (masse) d'eau	1354	4.1		TRINITROTOLUÈNE HUMIDIFIE avec au moins 10% (masse) d'eau	3366	4.1	
TRINITROBENZÈNE HUMIDIFIE avec au moins 10% (masse) d'eau	3367	4.1		TRINITROTOLUÈNE sec ou humidifié avec moins de 30% (masse) d'eau	0209	1	
TRINITROBENZÈNE sec ou humidifié avec moins de 30% (masse) d'eau	0214	1					
TRINITROCHLORO-BENZÈNE	0155	1		TRIOXOSILICATE DE DISODIUM	3253	8	
TRINITROCHLORO-BENZÈNE HUMIDIFIE avec moins de 10% (masse) d'eau	3365	4.1		TRIOXYDE D'ARSENIC	1561	6.1	
TRINITRO-m-CRÉSOL	0216	1		TRIOXYDE D'AZOTE	2421	2	Transport Interdit
TRINITROFLUORÉNONE	0387	1					
TRINITRONAPHTALÈNE	0217	1		TRIOXYDE DE CHROME ANHYDRE	1463	5.1	
TRINITROPHÉNÉTOLE	0218	1		TRIOXYDE DE PHOSPHORE	2578	8	
TRINITROPHÉNOL HUMIDIFIÉ (ACIDE PICRIQUE) avec au moins 30% (masse) d'eau	1344	4.1		TRIOXYDE DE SOUFRE STABILISÉ	1829	8	
TRINITROPHÉNOL HUMIDIFIE avec au moins 10% (masse) d'eau	3364	4.1		TRIPROPYLAMINE	2260	3	
				TRIPROPYLÈNE	2057	3	
TRINITROPHÉNOL sec ou humidifié avec moins de 30% (masse) d'eau	0154	1		TRISULFURE DE PHOSPHORE exempt de phosphore jaune ou blanc	1343	4.1	
TRINITROPHÉNYL-MÉTHYLNITRAMINE	0208	1		TRITONAL	0390	1	
TRINITRORÉSORCINATE DE PLOMB, voir	0130	1		Tropilidène, voir	2603	3	
TRINITRORÉSORCINE, voir	0219	1		TROUSSE CHIMIQUE	3316	9	
TRINITRORÉSORCINOL HUMIDIFIÉ avec au moins 20% (masse) d'eau (ou d'un mélange d'alcool et d'eau)	0394	1		TROUSSE DE PREMIERS SECOURS	3316	9	
				TROUSSES DE RÉSINE POLYESTER	3269	3	
TRINITRORÉSORCINOL sec ou humidifié avec moins de 20% (masse) d'eau (ou d'un mélange d'alcool et d'eau)	0219	1		Tubes porte-amorces, voir	0319 0320 0376	1 1 1	
				UNDÉCANE	2330	3	
				URÉE-PEROXYDE D'HYDROGÈNE	1511	5.1	

Nom et description	No ONU	Classe	Note	Nom et description	No ONU	Classe	Note
VALÉRALDÉHYDE	2058	3		VINYLTRICHLOROSILANE	1305	3	
VANADATE DOUBLE D'AMMONIUM ET DE SODIUM	2863	6.1		White spirit, voir	1300	3	
Véhicule à propulsion par gaz inflammable	3166	9	Non soumis à l'ADN	XANTHATES	3342	4.2	
				XÉNON	2036	2	
				XÉNON LIQUIDE RÉFRIGÉRÉ	2591	2	
Véhicule à propulsion par liquide inflammable	3166	9	Non soumis à l'ADN	XYLÈNES	1307	3	
				XYLÉNOLS LIQUIDES	3430	6.1	
Véhicule à propulsion par pile à combustible contenant du gaz inflammable	3166	9	Non soumis à l'ADN	XYLÉNOLS SOLIDES	2261	6.1	
				XYLIDINES LIQUIDES	1711	6.1	
Véhicule à propulsion par pile à combustible contenant du liquide inflammable	3166	9	Non soumis à l'ADN	XYLIDINES SOLIDES	3452	6.1	
				Zinc, cendres de, voir	1435	4.3	
Véhicule-batterie vide, non nettoyé			Voir 4.3.2.4 de l'ADR, 5.1.3 et 5.4.1.1.6	ZINC EN POUDRE	1436	4.3	
				ZINC EN POUSSIÈRE	1436	4.3	
				Zirconium, déchets de, voir	1932	4.2	
				ZIRCONIUM EN POUDRE HUMIDIFIÉ avec au moins 25% d'eau	1358	4.1	
Véhicule mû par accumulateurs	3171	9	Non soumis à l'ADN	ZIRCONIUM EN POUDRE SEC	2008	4.2	
Véhicule vide, non nettoyé			Voir 5.1.3 et 5.4.1.1.6	ZIRCONIUM EN SUSPENSION DANS UN LIQUIDE INFLAMMABLE	1308	3	
Vernis, voir	1263	3		ZIRCONIUM SEC, sous forme de feuilles, de bandes ou de fil	2009	4.2	
	3066	8					
	3469	3		ZIRCONIUM SEC, sous forme de fils enroulés, de plaques métalliques ou de bandes (d'une épaisseur de moins de 254 microns mais au minimum 18 microns)	2858	4.1	
	3470	8					
Vinylbenzène, voir	2055	3					
VINYLPYRIDINES STABILISÉES	3073	6.1					
VINYLTOLUÈNES STABILISÉS	2618	3					

DISPOSITIONS SPÉCIALES APPLICABLES À UNE MATIÈRE OU À UN OBJET PARTICULIERS

3.3.1 On trouvera dans le présent chapitre les dispositions spéciales correspondant aux numéros indiqués dans la colonne (6) du tableau A du chapitre 3.2 en regard des matières ou objets auxquels ces dispositions s'appliquent.

16 Des échantillons de matières ou objets explosibles nouveaux ou existants peuvent être transportés conformément aux instructions des autorités compétentes (voir sous 2.2.1.1.3), aux fins, entre autres, d'essai, de classement, de recherche et développement, de contrôle de qualité ou en tant qu'échantillons commerciaux. La masse d'échantillons explosibles non mouillés ou non désensibilisés est limitée à 10 kg en petits colis, selon les prescriptions des autorités compétentes. La masse d'échantillons explosibles mouillés ou désensibilisés est limitée à 25 kg.

23 Cette matière présente un risque d'inflammabilité, mais ce dernier ne se manifeste qu'en cas d'incendie très violent dans un espace confiné.

32 Cette matière n'est pas soumise aux prescriptions de l'ADN lorsqu'elle est sous toute autre forme.

37 Cette matière n'est pas soumise aux prescriptions de l'ADN lorsqu'elle est enrobée.

38 Cette matière n'est pas soumise aux prescriptions de l'ADN lorsqu'elle contient au plus 0,1 % de carbure de calcium.

39 Cette matière n'est pas soumise aux prescriptions de l'ADN lorsqu'elle contient moins de 30 % ou au moins 90 % de silicium.

43 Lorsqu'elles sont présentées au transport en tant que pesticides, ces matières doivent être transportées sous couvert de la rubrique pesticide pertinente et conformément aux dispositions relatives aux pesticides qui sont applicables (voir 2.2.61.1.10 à 2.2.61.1.11.2).

45 Les sulfures et les oxydes d'antimoine qui contiennent au plus 0,5 % d'arsenic par rapport à la masse totale ne sont pas soumis aux prescriptions de l'ADN.

47 Les ferricyanures et les ferrocyanures ne sont pas soumis aux prescriptions de l'ADN.

48 Cette matière n'est pas admise au transport lorsqu'elle contient plus de 20 % d'acide cyanhydrique.

59 Ces matières ne sont pas soumises aux prescriptions de l'ADN lorsqu'elles ne contiennent pas plus de 50 % de magnésium.

60 Cette matière n'est pas admise au transport si la concentration dépasse 72 %.

61 Le nom technique qui doit compléter la désignation officielle de transport doit être le nom commun approuvé par l'ISO (voir aussi ISO 1750:1981 "*Produits phytosanitaires et assimilés - Noms communs*" tel que modifié), les autres noms figurant dans les "*Lignes directrices pour la classification des pesticides par risque recommandée par l'OMS*" ou le nom de la matière active (voir aussi 3.1.2.8.1 et 3.1.2.8.1.1).

62   Cette matière n'est pas soumise aux prescriptions de l'ADN lorsqu'elle ne contient pas plus de 4 % d'hydroxyde de sodium.

65   Les solutions aqueuses de peroxyde d'hydrogène contenant moins de 8 % de cette matière ne sont pas soumises aux prescriptions de l'ADN.

103   Le transport de nitrites d'ammonium et de mélanges contenant un nitrite inorganique et un sel d'ammonium est interdit.

105   La nitrocellulose correspondant aux descriptions des Nos ONU 2556 ou 2557 peut être affectée à la classe 4.1.

113   Le transport des mélanges chimiquement instables est interdit.

119   Les machines frigorifiques comprennent les machines ou autres appareils conçus spécifiquement en vue de garder des aliments ou d'autres produits à basse température, dans un compartiment interne, ainsi que les unités de conditionnement d'air. Les machines frigorifiques et les éléments des machines frigorifiques ne sont pas soumis aux prescriptions de l'ADN s'ils contiennent moins de 12 kg d'un gaz de la classe 2, groupe A ou O selon 2.2.2.1.3, ou moins de 12 l de solution d'ammoniac (No ONU 2672).

122   Les risques subsidiaires, et, s'il y a lieu, la température de régulation et la température critique, ainsi que les numéros ONU (rubriques génériques) pour chacune des préparations de peroxydes organiques déjà affectées sont indiqués au 2.2.52.4.

123   *(Réservé)*

127   D'autres matières inertes ou d'autres mélanges de matières inertes peuvent être utilisés, pour autant que ces matières inertes aient des propriétés flegmatisantes identiques.

131   La matière flegmatisée doit être nettement moins sensible que le PETN sec.

135   Le sel de sodium dihydraté de l'acide dichloro-isocyanurique n'est pas soumis aux prescriptions de l'ADN.

138   Le cyanure de p-bromobenzyle n'est pas soumis aux prescriptions de l'ADN.

141   Les produits qui, ayant subi un traitement thermique suffisant, ne représentent aucun danger en cours de transport ne sont pas soumis aux prescriptions de l'ADN.

142   La farine de graines de soja ayant subi un traitement d'extraction par solvant, contenant au plus 1,5 % d'huile et ayant au plus 11 % d'humidité, et ne contenant pratiquement pas de solvant inflammable, n'est pas soumise aux prescriptions de l'ADN.

144   Une solution aqueuse ne contenant pas plus de 24 % d'alcool (volume) n'est pas soumise aux prescriptions de l'ADN.

145   Les boissons alcoolisées du groupe d'emballage III, lorsqu'elles sont transportées en récipients d'une contenance ne dépassant pas 250 *l,* ne sont pas soumises aux prescriptions de l'ADN.

152   Le classement de cette matière variera en fonction de la granulométrie et de l'emballage, mais les valeurs limites n'ont pas été déterminées expérimentalement. Les classements appropriés doivent être effectués conformément au 2.2.1.

153   Cette rubrique est applicable seulement s'il a été démontré par des essais que ces matières, au contact de l'eau, ne sont pas combustibles, qu'elles ne présentent pas de tendance à l'inflammation spontanée et que le mélange de gaz émis n'est pas inflammable.

163   Une matière nommément mentionnée dans le tableau A du chapitre 3.2 ne doit pas être transportée au titre de cette rubrique. Les matières transportées au titre de cette rubrique peuvent contenir jusqu'à 20 % de nitrocellulose, à condition que la nitrocellulose ne renferme pas plus de 12,6 % d'azote (masse sèche).

168   L'amiante immergé, ou fixé dans un liant naturel ou artificiel (ciment, matière plastique, asphalte, résine, minéral, etc.), de telle manière qu'il ne puisse pas y avoir libération en quantités dangereuses de fibres d'amiante respirables pendant le transport, n'est pas soumis aux prescriptions de l'ADN. Les objets manufacturés contenant de l'amiante et ne satisfaisant pas à cette disposition ne sont pas pour autant soumis aux prescriptions de l'ADN pour le transport, s'ils sont emballés de telle manière qu'il ne puisse pas y avoir libération en quantités dangereuses de fibres d'amiante respirables au cours du transport.

169   L'anhydride phtalique à l'état solide et les anhydrides tétrahydrophtaliques ne contenant pas plus de 0,05 % d'anhydride maléique, ne sont pas soumis aux prescriptions de l'ADN. L'anhydride phtalique fondu à une température supérieure à son point d'éclair, ne contenant pas plus de 0,05 % d'anhydride maléique, doit être affecté au No ONU 3256.

172   Pour les matières radioactives qui présentent un risque subsidiaire :

a)   les colis doivent être étiquetés avec les étiquettes correspondant à chaque risque subsidiaire présenté par les matières ; des plaques-étiquettes correspondantes seront apposées sur les véhicules, wagons ou conteneurs conformément aux dispositions pertinentes du 5.3.1 ;

b)   les matières doivent être affectées aux groupes d'emballage I, II ou III, suivant le cas, conformément aux critères de classification par groupe énoncés dans la partie 2 correspondant à la nature du risque subsidiaire prépondérant.

La description prescrite au 5.4.1.2.5.1 b) doit inclure une mention de ces risques subsidiaires (par exemple : "Risque subsidiaire : 3, 6.1"), le nom des composants qui contribuent de manière prépondérante à ce(s) risque(s) subsidiaire(s) et, le cas échéant, le groupe d'emballage. Pour l'emballage, voir aussi le 4.1.9.1.5 de l'ADR.

177   Le sulfate de baryum n'est pas soumis aux prescriptions de l'ADN.

178   Cette désignation ne doit être utilisée que lorsqu'il n'existe pas d'autre désignation appropriée dans le tableau A du chapitre 3.2, et uniquement avec l'approbation de l'autorité compétente du pays d'origine (voir 2.2.1.1.3).

181   Les colis contenant cette matière doivent porter une étiquette conforme au modèle No 1 (voir 5.2.2.2.2), à moins que l'autorité compétente du pays d'origine n'accorde une dérogation pour un emballage spécifique, parce qu'elle juge que, d'après les résultats d'épreuve, la matière dans cet emballage n'a pas un comportement explosif (voir 5.2.2.1.9).

182 Le groupe des métaux alcalins comprend le lithium, le sodium, le potassium, le rubidium et le césium.

183 Le groupe des métaux alcalino-terreux comprend le magnésium, le calcium, le strontium et le baryum.

186 Pour déterminer la teneur en nitrate d'ammonium, tous les ions nitrate pour lesquels il existe dans le mélange un équivalent moléculaire d'ions ammonium doivent être calculés en tant que masse de nitrate d'ammonium.

188 Les piles et batteries présentées au transport ne sont pas soumises aux autres dispositions de l'ADN si elles satisfont aux conditions énoncées ci-après :

  a) Pour une pile au lithium métal ou à alliage de lithium, le contenu de lithium n'est pas supérieur à 1 g, et pour une pile au lithium ionique, l'énergie nominale en wattheures ne doit pas dépasser 20 Wh ;

  b) Pour une batterie au lithium métal ou à alliage de lithium, le contenu total de lithium n'est pas supérieur à 2 g, et pour une batterie au lithium ionique, l'énergie nominale en wattheures ne doit pas dépasser 100 Wh. Dans le cas des batteries au lithium ionique remplissant cette disposition, l'énergie nominale en wattheures doit être inscrite sur l'enveloppe extérieure, sauf pour celles fabriquées avant le 1er janvier 2009;

  c) Chaque pile ou batterie satisfait aux dispositions du 2.2.9.1.7 a) et e);

  d) Les piles et les batteries, sauf si elles sont installées dans un équipement, doivent être placées dans des emballages intérieurs qui les enferment complètement. Les piles et batteries doivent être protégées de manière à éviter tout court-circuit. Ceci inclut la protection contre les contacts avec des matériaux conducteurs, contenus à l'intérieur du même emballage, qui pourraient entraîner un court-circuit. Les emballages intérieurs doivent être emballés dans des emballages extérieurs robustes conformes aux dispositions des 4.1.1.1, 4.1.1.2 et 4.1.1.5 de l'ADR;

  e) Les piles et les batteries, lorsqu'elles sont montées dans des équipements, doivent être protégées contre les endommagements et les courts-circuits, et l'équipement doit être pourvu de moyens efficaces pour empêcher leur fonctionnement accidentel. Cette prescription ne s'applique pas aux dispositifs intentionnellement actifs pendant le transport (transmetteurs de radio-identification, montres, capteurs, etc.) et qui ne sont pas susceptibles de générer un dégagement dangereux de chaleur. Lorsque des batteries sont installées dans un équipement, ce dernier doit être placé dans des emballages extérieurs robustes, construits en matériaux appropriés, et d'une résistance et d'une conception adaptées à la capacité de l'emballage et à l'utilisation prévue, à moins qu'une protection équivalente de la batterie ne soit assurée par l'équipement dans lequel elle est contenue;

  f) À l'exception des colis contenant des piles boutons montées dans un équipement (y compris les circuits imprimés) ou au plus quatre piles montées dans un équipement ou au plus deux batteries montées dans un équipement, chaque colis doit porter les marquages suivants:

    i) une indication que le colis contient des piles ou des batteries "au lithium métal" ou "au lithium ionique" comme approprié;

- 400 -

ii)   une indication que le colis doit être manipulé avec soin et qu'un risque d'inflammabilité existe si le colis est endommagé;

iii) une indication que des procédures spéciales doivent être suivies dans le cas où le colis serait endommagé, y compris une inspection et un réemballage si nécessaire;

iv)   un numéro de téléphone à consulter pour toute information supplémentaire;

g)   Chaque envoi d'un colis ou de plusieurs colis marqués conformément à l'alinéa f) doit être accompagné d'un document comprenant les informations suivantes:

i)   une indication que le colis contient des piles ou des batteries "au lithium métal" ou "au lithium ionique" comme approprié;

ii)   une indication que le colis doit être manipulé avec soin et qu'un risque d'inflammabilité existe si le colis est endommagé;

iii) une indication que des procédures spéciales doivent être suivies dans le cas où le colis serait endommagé, y compris une inspection et un réemballage si nécessaire;

iv)   un numéro de téléphone à consulter pour toute information supplémentaire;

h)   Sauf lorsque les batteries sont montées dans un équipement, chaque colis doit pouvoir résister à une épreuve de chute d'une hauteur de 1,2 m, quelle que soit son orientation, sans que les piles ou batteries qu'il contient soient endommagées, sans que son contenu soit déplacé de telle manière que les batteries (ou les piles) se touchent, et sans qu'il y ait libération du contenu; et

i)   Sauf lorsque les batteries sont montées dans un équipement ou emballées avec un équipement, la masse brute des colis ne doit pas dépasser 30 kg.

Ci-dessus et ailleurs dans l'ADN, l'expression "contenu de lithium" désigne la masse de lithium présente dans l'anode d'une pile au lithium métal ou à alliage de lithium.

Des rubriques séparées existent pour les batteries au lithium métal et pour les batteries au lithium ionique pour faciliter le transport de ces batteries pour des modes de transport spécifiques et pour permettre l'application des actions d'intervention en cas d'accident.

190   Les générateurs d'aérosols doivent être munis d'un dispositif de protection contre une décharge accidentelle. Les générateurs d'aérosols d'une contenance ne dépassant pas 50 ml, contenant seulement des matières non toxiques, ne sont pas soumis aux prescriptions de l'ADN.

191   Les récipients de faible capacité d'une contenance ne dépassant pas 50 ml, contenant seulement des matières non toxiques, ne sont pas soumis aux prescriptions de l'ADN.

193   Cette rubrique ne doit être utilisée que pour les mélanges homogènes à base de nitrate d'ammonium du type azote/phosphate, azote/potasse ou azote/phosphate/potasse contenant au plus 70 % de nitrate d'ammonium et au plus 0,4 % de matières combustibles totales/matières organiques exprimées en équivalent carbone, ou contenant au plus 45 % de nitrate d'ammonium sans limitation de teneur en matières

combustibles. Les engrais ayant cette composition et ces limites de teneur ne sont pas soumis aux prescriptions de l'ADN si les résultats de l'épreuve de combustion (voir *Manuel d'épreuves et de critères*, troisième partie, sous-section 38.2) montrent qu'ils ne sont pas sujets à une décomposition spontanée.

194   La température de régulation et la température critique, le cas échéant, ainsi que le numéro ONU (rubrique générique) de toutes les matières autoréactives actuellement affectées sont indiqués au 2.2.41.4.

196   Une préparation qui, lors d'épreuves de laboratoire, ne détone pas à l'état cavité, ne déflagre pas, ne réagit pas au chauffage sous confinement et a une puissance explosive nulle peut être transportée sous cette rubrique. La préparation doit être aussi thermiquement stable (c'est-à-dire avoir une température de décomposition auto-accélérée (TDAA) égale ou supérieure à 60 °C pour un colis de 50 kg). Une préparation ne répondant pas à ces critères doit être transportée conformément aux dispositions s'appliquant à la classe 5.2 (voir 2.5.52.4).

198   Les solutions de nitrocellulose ne contenant pas plus de 20 % de nitrocellulose peuvent être transportées en tant que peintures, produits pour parfumerie ou encres d'imprimerie, selon le cas (voir les Nos ONU 1210, 1263, 1266, 3066, 3469 et 3470).

199   Les composés du plomb qui, mélangés à 1:1000 avec l'acide chlorhydrique 0,07 M et agités pendant une heure à 23 °C ± 2 °C, présentent une solubilité de 5 % ou moins (voir norme ISO 3711:1990 "Pigments à base de chromate et de chromomolybdate de plomb - Spécifications et méthodes d'essai") sont considérés comme insolubles et ne sont pas soumis aux prescriptions de l'ADN sauf s'ils satisfont aux critères d'inclusion dans une autre classe ou division de risque.

201   Les briquets et recharges pour briquets doivent satisfaire aux dispositions en vigueur dans le pays où ils ont été remplis. Ils doivent être protégés contre toute décharge accidentelle. La partie liquide du contenu ne doit pas représenter plus de 85 % de la capacité du récipient à 15 °C. Les récipients, y compris les fermetures, doivent pouvoir résister à une pression interne représentant deux fois la pression du gaz de pétrole liquéfié à 55 °C. Les mécanismes de soupape et les dispositifs d'allumage doivent être fermés de manière sûre, fixés avec un ruban adhésif ou bloqués autrement ou encore conçus pour empêcher tout fonctionnement ou fuite du contenu pendant le transport. Les briquets ne doivent pas contenir plus de 10 g de gaz de pétrole liquéfié, et les recharges pas plus de 65 g.

    NOTA: *S'agissant des briquets mis au rebut, recueillis séparément, voir le chapitre 3.3, disposition spéciale 654.*

203   Cette rubrique ne doit pas être utilisée pour les diphényles polychlorés liquides (No ONU 2315) ni pour les diphényles polychlorés solides (No ONU 3432).

204   *(Réservé)*

205   Cette rubrique ne doit pas être utilisée pour le PENTACHLOROPHÉNOL, No ONU 3155.

207   Les polymères en granulés et les matières plastiques pour moulage peuvent être du polystyrène, du poly(méthacrylate de méthyle) ou un autre matériau polymère.

208 L'engrais au nitrate de calcium de qualité commerciale, consistant principalement en un sel double (nitrate de calcium et nitrate d'ammonium) ne contenant pas plus de 10 % de nitrate d'ammonium, ni moins de 12 % d'eau de cristallisation, n'est pas soumis aux prescriptions de l'ADN.

210 Les toxines d'origine végétale, animale ou bactérienne qui contiennent des matières infectieuses, ou les toxines qui sont contenues dans des matières infectieuses, doivent être affectées à la classe 6.2.

215 Cette rubrique ne s'applique qu'à la matière techniquement pure ou aux préparations qui en découlent dont la TDAA est supérieure à 75 °C et ne s'applique donc pas aux préparations qui sont des matières autoréactives, pour les matières autoréactives voir 2.2.41.4. Les mélanges homogènes ne contenant pas plus de 35% en masse d'azodicarbonamide et au moins 65 % de matière inerte ne sont pas soumis aux prescriptions de l'ADN, à moins qu'ils ne répondent aux critères d'autres classes.

216 Les mélanges de matières solides non soumises aux prescriptions de l'ADN et de liquides inflammables peuvent être transportés au titre de cette rubrique sans que les critères de classification de la classe 4.1 leur soient d'abord appliqués, à condition qu'aucun liquide excédent ne soit visible au moment du chargement de la marchandise ou de la fermeture de l'emballage, du véhicule, du wagon ou du conteneur. Les paquets et les objets scellés contenant moins de 10 ml d'un liquide inflammable des groupes d'emballage II ou III absorbé dans un matériau solide ne sont pas soumis aux prescriptions de l'ADN, à condition que le paquet ou l'objet ne contienne pas de liquide libre.

217 Les mélanges de matières solides non soumises aux prescriptions de l'ADN et de liquides toxiques peuvent être transportés au titre de cette rubrique sans que les critères de classification de la classe 6.1 leur soient d'abord appliqués, à condition qu'aucun liquide excédent ne soit visible au moment du chargement de la marchandise ou de la fermeture de l'emballage, du véhicule, du wagon ou du conteneur. Cette rubrique ne doit pas être utilisée pour les solides contenant un liquide relevant du groupe d'emballage I.

218 Les mélanges de matières solides non soumises aux prescriptions de l'ADN et de liquides corrosifs peuvent être transportés au titre de cette rubrique sans que les critères de classification de la classe 8 leur soient d'abord appliqués, à condition qu'aucun liquide excédent ne soit visible au moment du chargement de la marchandise ou de la fermeture de l'emballage, du véhicule, du wagon ou du conteneur.

219 Les micro-organismes génétiquement modifiés (MOGM) et organismes génétiquement modifiés (OGM) emballés et marqués conformément à l'instruction d'emballage P904 du 4.1.4.1 de l'ADR ne sont soumis à aucune autre prescription de l'ADN .

Si des MOGM ou OGM répondent aux critères pour l'inclusion dans la classe 6.1 ou 6.2 (voir 2.2.61.1 et 2.2.62.1), les prescriptions de l'ADN pour le transport des matières toxiques ou des matières infectieuses s'appliquent.

220 Seul le nom technique du liquide inflammable faisant partie de cette solution ou de ce mélange doit être indiqué entre parenthèses immédiatement après la désignation officielle de transport.

221 Les matières qui relèvent de cette rubrique ne doivent pas appartenir au groupe d'emballage I.

224 La matière doit rester liquide dans les conditions normales de transport à moins que l'on puisse prouver par des essais que la matière n'est pas plus sensible à l'état congelé qu'à l'état liquide. Elle ne doit pas geler aux températures supérieures à -15 °C.

225 Les extincteurs relevant de cette rubrique peuvent être équipés de cartouches assurant leur fonctionnement (cartouches pour pyromécanismes, du code de classification 1.4C ou 1.4 S), sans changement de classification dans la classe 2, groupe A ou O selon 2.2.2.1.3, si la quantité totale de poudre propulsive agglomérée ne dépasse pas 3,2 g par extincteur.

226 Les compositions de cette matière, qui contiennent au minimum 30 % d'un flegmatisant non volatil, non inflammable, ne sont pas soumises aux prescriptions de l'ADN.

227 Lorsque cette matière est flegmatisée avec de l'eau et une matière inorganique inerte, la teneur en nitrate d'urée ne doit pas dépasser 75 % (masse) et le mélange ne doit pas pouvoir détoner lors des épreuves du type a) de la série 1 de la première partie du *Manuel d'épreuves et de critères*.

228 Les mélanges ne satisfaisant pas aux critères concernant les gaz inflammables (voir 2.2.2.1.5) doivent être transportés sous le No ONU 3163.

230 Les piles et batteries au lithium peuvent être transportées sous cette rubrique si elles satisfont aux dispositions du 2.2.9.1.7.

235 Cette rubrique s'applique aux objets contenant des matières explosibles relevant de la classe 1 et pouvant aussi contenir des marchandises dangereuses relevant d'autres classes. Ces objets sont utilisés dans les véhicules à des fins de protection individuelle comme générateurs de gaz pour sac gonflable ou modules de sac gonflable ou rétracteurs de ceintures de sécurité sur les véhicules.

236 Les trousses de résine polyester sont composées de deux constituants : un produit de base (classe 3, groupe d'emballage II ou III) et un activateur (peroxyde organique). Le peroxyde organique doit être des types D, E ou F, ne nécessitant pas de régulation de température. Le groupe d'emballage est II ou III, selon les critères de la classe 3 appliqués au produit de base. La quantité limite indiquée dans la colonne (7a) du tableau A du chapitre 3.2 s'applique au produit de base.

237 Les membranes filtrantes, telles qu'elles sont présentées au transport (avec, par exemple, les intercalaires en papier, les revêtements ou les matériaux de renfort), ne doivent pas pouvoir transmettre une détonation lorsqu'elles sont soumises à l'une des épreuves de la série 1, type a) de la première partie du *Manuel d'épreuves et de critères*.

En outre, sur la base des résultats des épreuves appropriées de vitesse de combustion tenant compte des épreuves normalisées de la sous-section 33.2.1 de la troisième partie du *Manuel d'épreuves et de critères*, l'autorité compétente peut décider que les membranes filtrantes en nitrocellulose, telles qu'elles sont présentées au transport, ne sont pas soumises aux dispositions applicables aux solides inflammables de la classe 4.1.

238 a) Les accumulateurs peuvent être considérés comme inversables s'ils sont capables de résister aux épreuves de vibration et de pression différentielle indiquées ci-après, sans fuite de leur liquide.

Épreuves de vibration : L'accumulateur est assujetti rigidement au plateau d'un vibrateur qui est soumis à une oscillation harmonique simple de 0,8 mm d'amplitude (soit 1,6 mm de course totale). On fait varier la fréquence, à raison de 1 Hz/min entre 10 Hz et 55 Hz. Toute la gamme des fréquences est traversée, dans les deux sens, en 95 ± 5 minutes pour chaque position de montage de l'accumulateur (c'est-à-dire pour chaque direction des vibrations). Les épreuves sont faites sur un accumulateur placé en trois positions perpendiculaires les unes par rapport aux autres (et notamment dans une position où les ouvertures de remplissage et les trous d'évent, si l'accumulateur en comporte, sont en position inversée) pendant des périodes de même durée.

Épreuves de pression différentielle : À la suite des épreuves de vibration, l'accumulateur est soumis pendant 6 heures à 24 °C ± 4 °C à une pression différentielle d'au moins 88 kPa. Les épreuves sont faites sur un accumulateur placé en trois positions perpendiculaires les unes par rapport aux autres (et notamment dans une position où les ouvertures de remplissage et les trous d'évent, si l'accumulateur en comporte sont en position inversée) et maintenu pendant au moins 6 heures dans chaque position.

b) Les accumulateurs inversables ne sont pas soumis aux prescriptions de l'ADN si d'une part, à une température de 55 °C, l'électrolyte ne s'écoule pas en cas de rupture ou de fissure du bac et il n'y a pas de liquide qui puisse s'écouler et si, d'autre part, les bornes sont protégées contre les courts-circuits lorsque les accumulateurs sont emballés pour le transport.

239 Les accumulateurs ou les éléments d'accumulateur ne doivent contenir aucune matière dangereuse autre que le sodium, le soufre ou des composés du sodium (par exemple les polysulfures de sodium et le tétrachloroaluminate de sodium). Ces accumulateurs ou éléments ne doivent pas être présentés au transport à une température telle que le sodium élémentaire qu'ils contiennent puisse se trouver à l'état liquide, à moins d'une autorisation de l'autorité compétente du pays d'origine et selon les conditions qu'elle aura prescrites. Si le pays d'origine n'est pas un pays partie à l'ADN, l'autorisation et les conditions fixées doivent être reconnues par l'autorité compétente du premier pays partie à l'ADN touché par l'envoi.

Les éléments doivent être composés de bacs métalliques hermétiquement scellés, renfermant totalement les matières dangereuses, construits et clos de manière à empêcher toute fuite de ces matières dans des conditions normales de transport.

Les accumulateurs doivent être composés d'éléments assujettis et entièrement renfermés à l'intérieur d'un bac métallique, construit et clos de manière à empêcher toute fuite de matière dangereuse dans des conditions normales de transport.

240 Voir le dernier NOTA du 2.2.9.1.7.

241 La préparation doit être telle qu'elle demeure homogène et qu'il n'y ait pas séparation des phases au cours du transport. Les préparations à faible teneur en nitrocellulose qui ne manifestent pas de propriétés dangereuses lorsqu'elles sont soumises à des épreuves pour déterminer leur aptitude à détoner, à déflagrer ou à exploser lors du chauffage sous confinement, conformément aux épreuves du type a) de la série 1 ou des types b) ou c) de la série 2 respectivement, prescrites dans la première partie du *Manuel d'épreuves et de critères*, et qui n'ont pas un comportement de matière inflammable

lorsqu'elles sont soumises à l'épreuve No 1 de la sous-section 33.2.1.4 de la troisième partie du *Manuel d'épreuves et de critères* (pour cette épreuve, la matière en plaquettes doit si nécessaire être broyée et tamisée pour la réduire à une granulométrie inférieure à 1,25 mm) ne sont pas soumises aux prescriptions de l'ADN.

242   Le soufre n'est pas soumis aux prescriptions de l'ADN lorsqu'il est présenté sous une forme particulière (exemple : perles, granulés, pastilles ou paillettes).

243   L'essence destinée à être utilisée comme carburant pour moteurs d'automobiles, moteurs fixes et autres moteurs à allumage commandé doit être classée sous cette rubrique indépendamment de ses caractéristiques de volatilité.

244   Cette rubrique englobe par exemple les crasses d'aluminium, le laitier d'aluminium, les cathodes usées, le revêtement usé des cuves et les scories salines d'aluminium.

247   Les boissons alcoolisées titrant plus de 24 % d'alcool en volume mais pas plus de 70 %, lorsqu'elles font l'objet d'un transport intervenant dans le cadre de leur fabrication, peuvent être transportées dans des tonneaux en bois d'une contenance supérieure à 250 l et d'au plus 500 l satisfaisant aux prescriptions générales du 4.1.1 de l'ADR, dans la mesure où elles s'appliquent, à condition que:

   a)   L'étanchéité des tonneaux ait été vérifiée avant le remplissage ;

   b)   Une marge de remplissage suffisante (au moins 3 %) soit prévue pour la dilatation du liquide ;

   c)   Pendant le transport, les bondes des tonneaux soient dirigées vers le haut ;

   d)   Les tonneaux soient transportés dans des conteneurs qui répondent aux dispositions de la CSC. Chaque tonneau doit être placé sur un berceau spécial et calé à l'aide de moyens appropriés afin qu'il ne puisse en aucune façon se déplacer en cours de transport.

249   Le ferrocérium, stabilisé contre la corrosion, d'une teneur en fer de 10 % au minimum n'est pas soumis aux prescriptions de l'ADN.

250   Cette rubrique ne vise que les échantillons de substances chimiques prélevées à des fins d'analyse en relation avec l'application de la Convention sur l'interdiction de la mise au point, de la fabrication, du stockage et de l'emploi des armes chimiques et sur leur destruction. Le transport de matières au titre de cette rubrique doit se faire conformément à la chaîne de procédures de protection et de sécurité prescrites par l'Organisation pour l'interdiction des armes chimiques.

L'échantillon chimique ne peut être transporté qu'après qu'une autorisation a été accordée par l'autorité compétente ou par le Directeur général de l'Organisation pour l'interdiction des armes chimiques et à condition que l'échantillon satisfasse aux dispositions suivantes :

   a)   être emballé conformément à l'instruction d'emballage 623 (voir S-3-8 du Supplément) des Instructions techniques de l'OACI ; et

   b)   pendant le transport, un exemplaire du document d'autorisation de transport, indiquant les quantités limites et les prescriptions d'emballage doit être attaché au document de transport.

251 La rubrique TROUSSE CHIMIQUE ou TROUSSE DE PREMIERS SECOURS s'étend aux boîtes, cassettes, etc., contenant de petites quantités de marchandises dangereuses diverses utilisées par exemple à des fins médicales, d'analyse, d'épreuve ou de réparation. Ces trousses ne peuvent pas contenir de marchandises dangereuses pour lesquelles la quantité "0" figure dans la colonne (7a) du tableau A du chapitre 3.2.

Leurs constituants ne doivent pas pouvoir réagir dangereusement les uns avec les autres (voir sous "réaction dangereuse" au 1.2.1). La quantité totale de marchandises dangereuses par trousse ne doit pas dépasser 1 litre ou 1 kg. Le groupe d'emballage auquel est affecté l'ensemble de la trousse doit être celui de la matière contenue dans la trousse qui relève du groupe d'emballage le plus sévère.

Les trousses qui sont transportées à bord de véhicules à des fins de premiers secours ou opérationnelles ne sont pas soumises aux prescriptions de l'ADN.

Les trousses de produits chimiques et les trousses de premier secours contenant des marchandises dangereuses placées dans des emballages intérieurs qui ne dépassent pas les limites de quantité pour les quantités limitées applicables aux matières en cause telles qu'elles sont indiquées dans la colonne (7a) du tableau A du chapitre 3.2, peuvent être transportées conformément aux dispositions du chapitre 3.4.

252 Les solutions aqueuses de nitrate d'ammonium ne contenant pas plus de 0,2 % de matières combustibles et dont la concentration ne dépasse pas 80 % ne sont pas soumises aux prescriptions de l'ADN, pour autant que le nitrate d'ammonium reste en solution dans toutes les conditions de transport.

266 Cette matière, lorsqu'elle contient moins d'alcool, d'eau ou de flegmatisant qu'il est spécifié, ne doit pas être transportée, sauf sur autorisation spéciale de l'autorité compétente (voir sous 2.2.1.1).

267 Les explosifs de mine du type C qui contiennent des chlorates doivent être séparés des explosifs qui contiennent du nitrate d'ammonium ou d'autres sels d'ammonium.

270 Les solutions aqueuses de nitrates inorganiques solides de la classe 5.1 sont considérées comme ne répondant pas aux critères de la classe 5.1, si la concentration des matières dans la solution à la température minimale que l'on peut atteindre en cours de transport n'excède pas 80 % de la limite de saturation.

271 Le lactose, le glucose ou des matières analogues, peuvent être utilisés comme flegmatisant à condition de contenir au moins 90 % (masse) de flegmatisant. L'autorité compétente peut autoriser l'affectation de ces mélanges à la classe 4.1, sur la base d'épreuves du type c) de la série 6 de la section 16, de la première partie du *Manuel d'épreuves et de critères*, effectuées sur trois emballages au moins, tels que préparés pour le transport. Les mélanges contenant au moins 98 % (masse) de flegmatisant ne sont pas soumis aux prescriptions de l'ADN. Il n'est pas nécessaire d'apposer une étiquette conforme au modèle No 6.1 sur les colis emplis de mélanges contenant au moins 90 % (masse) de flegmatisant.

272 Cette matière ne doit pas être transportée selon les dispositions de la classe 4.1, à moins que cela ne soit autorisé explicitement par l'autorité compétente (voir No ONU 0143 ou No ONU 0150, selon qu'il convient).

273 Il n'est pas nécessaire d'affecter à la classe 4.2 le manèbe stabilisé et les préparations de manèbe stabilisées contre l'auto-échauffement lorsqu'il peut être prouvé par des épreuves qu'un volume de 1 m^3 de matière ne s'enflamme pas spontanément et que

la température au centre de l'échantillon ne dépasse pas 200 °C lorsque l'échantillon est maintenu à une température d'au moins 75 °C ± 2 °C pendant 24 heures.

274   Les dispositions du 3.1.2.8 s'appliquent.

278   Ces matières ne doivent être ni classées ni transportées, sauf autorisation de l'autorité compétente compte tenu des résultats des épreuves de la série 2 et du type c) de la série 6 de la première partie du *Manuel d'épreuves et de critères* exécutées sur des colis tels qu'ils sont préparés pour le transport (voir 2.2.1.1). L'autorité compétente doit affecter le groupe d'emballage en se fondant sur les critères du 2.2.3 et du type d'emballage utilisé pour l'épreuve 6 c).

279   Cette matière a été classée ou affectée à un groupe d'emballage compte tenu de ses effets connus sur l'homme plutôt que de l'application stricte des critères de classification définis dans l'ADN.

280   Cette rubrique s'applique aux objets qui sont utilisés dans les véhicules à des fins de protection individuelle comme générateurs de gaz pour sac gonflable ou modules de sac gonflable ou rétracteurs de ceintures de sécurité et qui contiennent des marchandises dangereuses relevant de la classe 1 ou d'autres classes, lorsqu'ils sont transportés en tant que composants et lorsque ces objets tels qu'ils sont présentés au transport ont été éprouvés conformément à la série d'épreuve 6 c) de la première partie du *Manuel d'épreuves et de critères*, sans qu'il soit observé d'explosion du dispositif, de fragmentation de l'enveloppe du dispositif ou du récipient à pression, ni de risque de projection ou d'effet thermique qui puissent entraver notablement les activités de lutte contre l'incendie ou autres interventions d'urgence au voisinage immédiat.

283   Les objets contenant du gaz destinés à fonctionner comme amortisseurs, y compris les dispositifs de dissipation de l'énergie en cas de choc, ou les ressorts pneumatiques ne sont pas soumis aux prescriptions de l'ADN, à condition que :

   a)   chaque objet ait un compartiment à gaz d'une contenance ne dépassant pas 1,6 litres et une pression de chargement ne dépassant pas 280 bar lorsque le produit de la contenance (en litres) par la pression de chargement (en bars) ne dépasse pas 80 (c'est-à-dire compartiment à gaz de 0,5 litres et pression de chargement de 160 bar, ou compartiment à gaz de 1 litre et pression de chargement de 80 bar, ou compartiment à gaz de 1,6 litres et pression de chargement de 50 bar, ou encore compartiment à gaz de 0,28 litres et pression de chargement de 280 bar) ;

   b)   chaque objet ait une pression d'éclatement minimale quatre fois supérieure à la pression de chargement à 20 °C lorsque la contenance du compartiment à gaz ne dépasse pas 0,5 litres et cinq fois supérieure à la pression de chargement lorsque cette contenance est supérieure à 0,5 litres ;

   c)   chaque objet soit fabriqué avec un matériau qui ne se fragmente pas en cas de rupture ;

   d)   chaque objet soit fabriqué conformément à une norme d'assurance de la qualité acceptable pour l'autorité compétente ; et

   e)   le modèle type ait été soumis à une épreuve d'exposition au feu démontrant que l'objet est protégé efficacement contre les surpressions internes par un élément fusible ou un dispositif de décompression de sorte qu'il ne puisse ni éclater ni fuser.

Voir aussi 1.1.3.2 d) de l'ADR pour l'équipement utilisé pour le fonctionnement des véhicules.

284   Un générateur chimique d'oxygène contenant des matières comburantes doit satisfaire aux conditions suivantes :

a)   S'il comporte un dispositif d'actionnement explosif, le générateur ne doit être transporté au titre de cette rubrique que s'il est exclu de la classe 1 conformément aux dispositions du NOTA sous 2.2.1.1.1 b) ;

b)   Le générateur, sans son emballage, doit pouvoir résister à une épreuve de chute de 1,8 m sur une aire rigide, non élastique, plane et horizontale, dans la position où un endommagement résultant de la chute est le plus probable, sans perdre de son contenu et ni se déclencher ;

c)   Lorsqu'un générateur est équipé d'un dispositif d'actionnement, il doit comporter au moins deux systèmes de sécurité directs, le protégeant contre tout actionnement involontaire.

286   Quand leur masse n'excède pas 0,5 g, les membranes filtrantes en nitrocellulose de cette rubrique ne sont pas soumises aux prescriptions de l'ADN si elles sont contenues individuellement dans un objet ou dans un paquet scellé.

288   Ces matières ne doivent être ni classées, ni transportées, sauf autorisation de l'autorité compétente sur la base des résultats des épreuves de la série 2 et d'une épreuve de la série 6 c) de la première partie du *Manuel d'épreuves et de critères* sur les colis prêts au transport (voir 2.2.1.1).

289   Les générateurs de gaz pour sacs gonflables, les modules de sac gonflable ou les rétracteurs de ceinture de sécurité montés sur des véhicules, des wagons, des bateaux ou des aéronefs ou sur des sous-ensembles tels que colonnes de direction, panneaux de porte, sièges, etc., ne sont pas soumis aux prescriptions de l'ADN.

290   Lorsque cette matière radioactive répond aux définitions et aux critères d'autres classes tels qu'ils sont énoncés dans la partie 2, elle doit être classée conformément aux dispositions suivantes :

a)   Lorsque la matière répond aux critères qui s'appliquent aux marchandises dangereuses transportées en quantités exceptées indiquées dans le chapitre 3.5, les emballages doivent être conformes au 3.5.2 et satisfaire aux prescriptions relatives aux épreuves du 3.5.3. Toutes les autres prescriptions applicables aux colis exceptés de matières radioactives, énoncées au 1.7.1.5, doivent s'appliquer sans référence à l'autre classe ;

b)   Lorsque la quantité dépasse les limites définies au 3.5.1.2, la matière doit être classée conformément au risque subsidiaire prédominant. Le document de transport doit contenir une description de la matière et mentionner le numéro ONU et la désignation officielle de transport qui s'appliquent à l'autre classe, ainsi que le nom applicable au colis radioactif excepté conformément à la colonne (2) du tableau A du chapitre 3.2. La matière doit être transportée conformément aux dispositions applicables à ce numéro ONU. Un exemple des renseignements pouvant figurer dans le document de transport est donné ci-après :

UN 1993, liquide inflammable, n.s.a. (mélange d'éthanol et de toluène), matières radioactives, quantités limitées en colis exceptés, 3, GE II.

En outre, les prescriptions du 2.2.7.2.4.1 doivent être appliquées;

c) Les dispositions du chapitre 3.4 relatives au transport de marchandises dangereuses emballées en quantités limitées ne doivent pas être appliquées aux matières classées conformément à l'alinéa b) ;

d) Lorsque la matière répond à une disposition spéciale exemptant cette matière de toutes les dispositions concernant les marchandises dangereuses des autres classes, elle doit être classée conformément au numéro ONU de la classe 7 applicable et toutes les prescriptions définies au 1.7.1.5 s'appliquent.

291 Les gaz liquéfiés inflammables doivent être contenus dans des composants de la machine frigorifique qui doivent être conçus pour résister à au moins trois fois la pression de fonctionnement de la machine et avoir été soumis aux épreuves correspondantes. Les machines frigorifiques doivent être conçues et construites pour contenir le gaz liquéfié et exclure le risque d'éclatement ou de fissuration des composants pressurisés dans des conditions normales de transport. Lorsqu'ils contiennent moins de 12 kg de gaz, les machines frigorifiques et éléments de machines frigorifiques ne sont pas soumis aux prescriptions de l'ADN.

292 (*Supprimé*)

293 Les définitions ci-après s'appliquent aux allumettes :

a) Les allumettes-tisons sont des allumettes dont l'extrémité est imprégnée d'une composition d'allumage sensible au frottement et d'une composition pyrotechnique qui brûle avec peu ou pas de flamme mais en dégageant une chaleur intense ;

b) Les allumettes de sûreté sont des allumettes intégrées ou fixées à la pochette, au frottoir ou au carnet, qui ne peuvent être allumées que par frottement sur une surface préparée ;

c) Les allumettes non de sûreté sont des allumettes qui peuvent être allumées par frottement sur une surface solide ;

d) Les allumettes-bougies sont des allumettes qui peuvent être allumées par frottement soit sur une surface préparée soit sur une surface solide.

295 Il n'est pas nécessaire de marquer ni d'étiqueter individuellement les accumulateurs si la palette porte le marquage et l'étiquette appropriés.

296 Ces rubriques s'appliquent aux engins de sauvetage tels que canots de sauvetage, engins de flottaison individuels et toboggans autogonflables. Le No ONU 2990 s'applique aux engins autogonflables et le No ONU 3072 s'applique aux engins de sauvetage qui ne sont pas autogonflables. Les engins de sauvetage peuvent contenir les éléments suivants:

a) Artifices de signalisation (classe 1) qui peuvent comprendre des signaux fumigènes et des torches éclairantes placés dans des emballages qui les empêchent d'être actionnés par inadvertance;

b) Pour le No ONU 2990 seulement, des cartouches et des cartouches pour pyromécanismes de la division 1.4, groupe de compatibilité S, peuvent être incorporées comme mécanisme d'autogonflage à condition que la quantité totale de matières explosibles ne dépasse pas 3,2 g par dispositif;

c) Gaz comprimés ou liquéfiés de la classe 2, groupe A ou O, conformément au 2.2.2.1.3;

d) Accumulateurs électriques (classe 8) et piles au lithium (classe 9);

e) Trousses de premiers secours ou nécessaires de réparation contenant de petites quantités de matières dangereuses (par exemple, matières des classes 3, 4.1, 5.2, 8 ou 9); ou

f) Des allumettes non "de sûreté" placées dans des emballages qui les empêchent d'être actionnées par inadvertance.

Les engins de sauvetage emballés dans un emballage extérieur rigide robuste d'une masse brute totale maximale de 40 kg, ne contenant pas de marchandises dangereuses autres que des gaz comprimés ou liquéfiés de la classe 2, groupe A ou groupe O, dans des récipients d'une capacité ne dépassant pas 120 ml et montés uniquement aux fins du déclenchement de l'engin, ne sont pas soumis aux prescriptions de l'ADN.

300   La farine de poisson, les déchets de poisson et la farine de krill ne doivent pas être chargés si leur température au moment du chargement est supérieure à 35 °C, ou à 5 °C au-dessus de la température ambiante, la valeur la plus élevée étant retenue.

302   Les engins de transport sous fumigation ne contenant pas d'autres marchandises dangereuses sont soumis uniquement aux dispositions du 5.5.2.

303   Le classement de ces récipients doit se faire en fonction du code de classification du gaz ou du mélange de gaz qu'ils contiennent conformément aux dispositions de la section 2.2.2.

304   Cette rubrique ne doit être utilisée que pour le transport d'accumulateurs non-activés qui contiennent de l'hydroxyde de potassium sec et qui sont destinés à être activés avant utilisation par l'adjonction d'une quantité appropriée d'eau dans chaque élément.

305   Ces matières ne sont pas soumises aux prescriptions de l'ADN lorsque leur concentration ne dépasse pas 50 mg/kg.

306   Cette rubrique n'est applicable qu'aux matières qui ne présentent pas de propriétés explosives relevant de la classe 1 lorsqu'elles sont soumises aux épreuves des séries 1 et 2 de la classe 1 (voir *Manuel d'épreuves et de critères*, première partie).

307   Cette rubrique ne doit être utilisée que pour les mélanges homogènes contenant comme principal ingrédient du nitrate d'ammonium dans les limites suivantes :

a)   Au moins 90% de nitrate d'ammonium avec au plus 0,2% de matières combustibles totales/matières organiques exprimées en équivalent carbone et, le cas échéant, avec toute autre matière inorganique chimiquement inerte par rapport au nitrate d'ammonium ; ou

b)   Moins de 90% mais plus de 70% de nitrate d'ammonium avec d'autres matières inorganiques, ou plus de 80% mais moins de 90% de nitrate d'ammonium en mélange avec du carbonate de calcium et/ou de la dolomite et/ou du sulfate de calcium d'origine minérale et avec au plus 0,4% de matières combustibles totales/matières organiques exprimées en équivalent carbone ; ou

c) Engrais au nitrate d'ammonium du type azoté contenant des mélanges de nitrate d'ammonium et de sulfate d'ammonium avec plus de 45% mais moins de 70% de nitrate d'ammonium et avec au plus 0,4% de matières combustibles totales/matières organiques exprimées en équivalent carbone, de telle manière que la somme des compositions en pourcentage de nitrate d'ammonium et de sulfate d'ammonium soit supérieure à 70%.

309 Cette rubrique s'applique aux émulsions, suspensions et gels non sensibilisés se composant principalement d'un mélange de nitrate d'ammonium et d'un combustible, destiné à produire un explosif de mine du type E, mais seulement après un traitement supplémentaire précédant l'emploi.

Pour les émulsions, le mélange a généralement la composition suivante: 60-85 % de nitrate d'ammonium, 5-30 % d'eau, 2-8 % de combustible, 0,5-4 % d'émulsifiant, 0-10 % d'agents solubles inhibiteurs de flamme, ainsi que des traces d'additifs. D'autres sels de nitrate inorganiques peuvent remplacer en partie le nitrate d'ammonium.

Pour les suspensions et les gels, le mélange a généralement la composition suivante: 60-85 % de nitrate d'ammonium, 0-5 % de perchlorate de sodium de potassium, 0-17 % de nitrate d'hexamine ou nitrate de monométhylamine, 5-30 % d'eau, 2-15 % de combustible, 0,5-4 % d'agent épaississant, 0-10 % d'agents solubles inhibiteurs de flamme, ainsi que des traces d'additifs. D'autres sels de nitrate inorganiques peuvent remplacer en partie le nitrate d'ammonium.

Les matières doivent satisfaire aux épreuves de la série 8 du Manuel d'épreuves et de critères, première partie, section 18, et être approuvées par l'autorité compétente.

310 Les prescriptions des épreuves de la sous-section 38.3 du *Manuel d'épreuves et de critères* ne s'appliquent pas aux séries de productions se composant d'au plus 100 piles et batteries ou aux prototypes de pré-production des piles et batteries lorsque ces prototypes sont transportés pour être éprouvés si :

a) les piles et batteries sont transportées dans un emballage extérieur de fûts en métal, en plastique ou en contre-plaqué ou avec une caisse extérieure en bois, en métal ou en plastique répondant aux critères pour le groupe d'emballage I ; et

b) chaque pile ou batterie est individuellement emballée dans un emballage intérieur placé dans l'emballage extérieur et entourée d'un matériau de rembourrage non combustible et non-conducteur.

311 Les matières ne doivent pas être transportées sous cette rubrique sans que l'autorité compétente ne l'ait autorisé sur la base des résultats des épreuves effectuées conformément à la 1ère partie du *Manuel d'épreuves et de critères*. L'emballage doit assurer que le pourcentage de diluant ne tombe pas en dessous de celui pour lequel l'autorité compétente a délivré une autorisation, à aucun moment pendant le transport.

312 (*Réservé*)

313 (*Supprimé*)

314 a) Ces matières sont susceptibles de décomposition exothermique aux températures élevées. La décomposition peut être provoquée par la chaleur ou par des impuretés

(par exemple, métaux en poudre (fer, manganèse, cobalt, magnésium) et leurs composés);

b) Pendant le transport, ces matières doivent être protégées du rayonnement direct du soleil ainsi que de toute source de chaleur et placées dans une zone à l'aération adéquate.

315   Cette rubrique ne doit pas être utilisée pour les matières de la classe 6.1 qui répondent aux critères de toxicité à l'inhalation pour le groupe d'emballage I, tels que décrits au 2.2.61.1.8.

316   Cette rubrique s'applique seulement à l'hypochlorite de calcium sec, lorsqu'il est transporté sous forme de comprimés non friables.

317   La désignation "Fissiles-exceptés" ne s'applique qu'aux colis conformes au 6.4.11.2 de l'ADR.

318   Aux fins de la documentation, la désignation officielle de transport doit être complétée par le nom technique (voir 3.1.2.8). Lorsque les matières infectieuses à transporter sont inconnues, mais que l'on soupçonne qu'elles remplissent les critères de classement dans la catégorie A et d'affectation aux Nos ONU 2814 ou 2900, la mention "Matière infectieuse soupçonnée d'appartenir à la catégorie A" doit figurer entre parenthèses après la désignation officielle de transport sur le document de transport.

319   Les matières emballées et les colis marqués conformément à l'instruction d'emballage P650 de l'ADR ne sont soumis à aucune autre prescription de l'ADN.

321   Ces systèmes de stockage doivent être considérés comme contenant de l'hydrogène.

322   Lorsqu'elles sont transportées sous forme de comprimés non friables, ces marchandises sont affectées au groupe d'emballage III..

323   *(Réservé)*

324   Cette matière doit être stabilisée lorsque sa concentration ne dépasse pas 99%.

325   Dans le cas de l'hexafluorure d'uranium non fissile ou fissile excepté, la matière doit être affectée au No ONU 2978.

326   Dans le cas de l'hexafluorure d'uranium fissile, la matière doit être affectée au No ONU 2977.

327   Les générateurs d'aérosol mis au rebut envoyés conformément au 5.4.1.1.3 peuvent être transportés sous cette rubrique aux fins de recyclage ou d'élimination. Ils n'ont pas besoin d'être protégés contre les fuites accidentelles, à condition que des mesures empêchant une augmentation dangereuse de la pression et la constitution d'atmosphères dangereuses aient été prises. Les générateurs d'aérosol mis au rebut, à l'exclusion de ceux qui présentent des fuites ou de graves déformations, doivent être emballés conformément à l'instruction d'emballage P207 de l'ADR et à la disposition spéciale PP87 de l'ADR, ou encore conformément à l'instruction d'emballage LP02 de l'ADR et à la disposition spéciale L2 de l'ADR. Les générateurs d'aérosol qui présentent des fuites ou de graves déformations doivent être transportés dans des emballages de secours, à condition que des mesures appropriées soient prises pour empêcher toute augmentation dangereuse de la pression.

NOTA: Pour le transport maritime, les générateurs d'aérosol mis au rebut ne doivent pas être transportés dans des conteneurs fermés.

328   Cette rubrique s'applique aux cartouches pour pile à combustible, y compris celles qui sont contenues dans un équipement ou emballées avec un équipement. Les cartouches pour piles à combustibles installées dans ou faisant partie intégrante d'un système de piles à combustible sont considérées comme contenues dans un équipement. On entend par cartouche pour pile à combustible un objet contenant du combustible qui s'écoule dans la pile à travers une ou plusieurs valves qui commandent cet écoulement. La cartouche, y compris lorsqu'elle est contenue dans un équipement, doit être conçue et fabriquée de manière à empêcher toute fuite de combustible dans des conditions normales de transport.

Les modèles de cartouche pour pile à combustible qui utilisent des liquides comme combustibles doivent satisfaire à une épreuve de pression interne à la pression de 100 kPa (pression manométrique) sans qu'aucune fuite ne soit observée.

À l'exception des cartouches pour pile à combustible contenant de l'hydrogène dans un hydrure métallique, qui doivent satisfaire à la disposition spéciale 339, chaque modèle de cartouche pour pile à combustible doit satisfaire à une épreuve de chute de 1,2 m réalisée sur une surface dure non élastique selon l'orientation la plus susceptible d'entraîner une défaillance du système de rétention sans perte du contenu.

Lorsque les piles au lithium métal ou les piles au lithium ionique sont contenues dans un système de pile à combustible, l'envoi doit être expédié sous cette rubrique et sous les rubriques appropriées des Nos ONU 3091 PILES AU LITHIUM MÉTAL CONTENUES DANS UN ÉQUIPEMENT ou 3481 PILES AU LITHIUM IONIQUE CONTENUES DANS UN ÉQUIPEMENT.

329   *(Réservé)*

331   *(Réservé)*

332   Le nitrate de magnésium hexahydraté n'est pas soumis aux prescriptions de l'ADN.

333   Les mélanges d'éthanol et d'essence destinés à être utilisés comme carburant pour moteurs d'automobiles, moteurs fixes et autres moteurs à allumage commandé doivent être classés sous cette rubrique indépendamment de leur caractéristiques de volatilité.

334   Une cartouche pour pile à combustible peut contenir un activateur à condition qu'il soit équipé de deux moyens indépendants de prévenir un mélange accidentel avec le combustible pendant le transport.

335   Les mélanges de matières solides non soumises aux prescriptions de l'ADN et de liquides ou solides dangereux du point de vue de l'environnement doivent être classés sous le No ONU 3077 et peuvent être transportés au titre de cette rubrique à condition qu'aucun liquide excédent ne soit visible au moment du chargement de la matière ou de la fermeture de l'emballage ou du véhicule, wagon ou conteneur. Chaque véhicule ou conteneur doit être étanche lorsqu'il est utilisé pour le transport en vrac. Si du liquide excédent est visible au moment du chargement du mélange ou de la fermeture de l'emballage ou du véhicule, wagon ou conteneur, le mélange doit être classé sous le No ONU 3082. Les paquets et les objets scellés contenant moins de 10 ml d'un liquide dangereux du point de vue de l'environnement, absorbé dans un matériau solide mais ne contenant pas de liquide excédent, ou contenant moins de 10 g d'un solide dangereux pour l'environnement, ne sont pas soumis aux prescriptions de l'ADN.

336	Un seul colis de matières LSA-II ou LSA-III solides non combustibles, s'il est transporté par voie aérienne, ne doit pas contenir une quantité d'activité supérieure à 3 000 A_2.

337	S'ils sont transportés par voie aérienne, les colis du type B(U) et du type B(M) ne doivent pas contenir des quantités d'activité supérieures:

a)	Dans le cas des matières radioactives faiblement dispersables: à celles qui sont autorisées pour le modèle de colis comme spécifié dans le certificat d'agrément;

b)	Dans le cas des matières radioactives sous forme spéciale: à 3 000 A_1 ou à 100 000 A_2 si cette dernière valeur est inférieure; ou

c)	Dans le cas de toutes les autres matières radioactives: à 3 000 A_2.

338	Toute cartouche pour pile à combustible transportée sous cette rubrique et conçue pour contenir un gaz liquéfié inflammable:

a)	Doit pouvoir résister, sans fuite ni éclatement, à une pression d'au moins deux fois la pression d'équilibre du contenu à 55 °C;

b)	Ne doit pas contenir plus de 200 ml de gaz liquéfié inflammable dont la pression de vapeur ne doit pas dépasser 1 000 kPa à 55 °C ; et

c)	Doit subir avec succès l'épreuve du bain d'eau chaude prescrite au 6.2.6.3.1 de l'ADR.

339	Les cartouches pour pile à combustible contenant de l'hydrogène dans un hydrure métallique transportées sous cette rubrique doivent avoir une capacité en eau d'au plus 120 ml.

La pression dans la cartouche ne doit pas dépasser 5 MPa à 55 °C. Le modèle de cartouche doit pouvoir résister, sans fuite ni éclatement, à une pression de deux fois la pression de calcul de la cartouche à 55 °C ou de 200 kPa au-dessus de la pression de calcul de la cartouche à 55 °C, la valeur la plus élevée étant retenue. La pression à laquelle cette épreuve est exécutée est mentionnée dans les dispositions concernant l'épreuve de chute et l'épreuve de cyclage en pression à l'hydrogène en tant que "pression minimale de rupture".

Les cartouches pour pile à combustible doivent être remplies conformément aux procédures spécifiées par le fabricant. Ce dernier doit fournir des informations sur les points suivants avec chaque cartouche:

a)	Opérations d'inspection à exécuter avant le remplissage initial et la recharge de la cartouche;

b)	Mesures de précaution et risques potentiels à prendre en compte;

c)	Méthode pour déterminer le point où la capacité nominale est atteinte;

d)	Plage de pression minimale et maximale;

e)	Plage de température minimale et maximale; et

f)   Toutes autres conditions auxquelles il doit être satisfait pour le remplissage initial et la recharge, y compris le type d'équipement à utiliser pour ces opérations.

Les cartouches pour pile à combustible doivent être conçues et fabriquées pour éviter toute fuite de combustible dans des conditions normales de transport. Chaque modèle type de cartouche, y compris les cartouches faisant partie intégrante d'une pile à combustible, doit subir avec succès les épreuves suivantes:

Épreuve de chute

Épreuve de chute de 1,8 m de hauteur sur une surface rigide selon quatre orientations différentes:

a)   Verticalement, sur l'extrémité portant la vanne d'arrêt;

b)   Verticalement, sur l'extrémité opposée à celle portant la vanne d'arrêt;

c)   Horizontalement, sur une pointe en acier de 38 mm de diamètre, celle-ci étant orientée vers le haut;

d)   Sous un angle de 45° à l'extrémité portant la vanne d'arrêt.

Il ne doit pas être observé de fuite lors d'un contrôle effectué avec une solution savonneuse ou par une autre méthode équivalente en tous les points de fuite possibles, lorsque la cartouche est chargée à sa pression de remplissage nominale. La cartouche doit ensuite être soumise à un essai de pression hydrostatique jusqu'à destruction. La pression de rupture enregistrée doit dépasser 85% de la pression minimale de rupture.

Épreuve du feu

Une cartouche pour pile à combustible remplie à sa capacité nominale d'hydrogène doit être soumise à une épreuve d'immersion dans les flammes. Le modèle type, qui peut comporter un dispositif d'évent de sécurité intégré, est considéré comme ayant subi l'épreuve avec succès:

a)   S'il y a chute de la pression interne jusqu'à zéro sans rupture de la cartouche;

b)   Ou si la cartouche résiste au feu pendant une durée minimale de 20 min sans rupture.

Épreuve de cyclage en pression à l'hydrogène

Cette épreuve vise à garantir que les limites de contrainte de calcul de la cartouche ne soient pas dépassées en service.

La cartouche doit être soumise à des cycles de pression d'une valeur de 5% au plus de la capacité nominale d'hydrogène et à 95% au moins de celle-ci, avec retour à la valeur inférieure. La pression nominale de remplissage doit être utilisée pour le remplissage et les températures doivent être maintenues dans l'intervalle des températures opératoires. Il doit être exécuté au moins 100 cycles de pression.

Après l'épreuve de cyclage en pression, la cartouche doit être chargée et le volume d'eau déplacé par la cartouche doit être mesuré. Le modèle type de la cartouche est considéré comme ayant subi avec succès l'épreuve de cyclage en pression à l'hydrogène si le volume d'eau déplacé par la cartouche après l'épreuve ne dépasse pas celui mesuré sur une cartouche n'ayant pas subi l'épreuve chargée à 95% de sa capacité nominale et pressurisée à 75% de sa pression minimale de rupture.

Épreuve d'étanchéité en production

Chaque cartouche pour pile à combustible doit être soumise à une épreuve de contrôle de l'étanchéité à 15 °C ± 5 °C, alors qu'elle est pressurisée à sa pression nominale de remplissage. Il ne doit pas être observé de fuite lors d'un contrôle effectué avec une solution savonneuse ou par une autre méthode équivalente en tous les points de fuite possibles.

Chaque cartouche pour pile à combustible doit porter un marquage permanent indiquant:

a)   La pression nominale de remplissage en MPa;

b)   Le numéro de série du fabricant ou numéro d'identification unique de la cartouche;

c)   La date d'expiration de validité sur la base de la durée de service maximale (année en quatre chiffres; mois en deux chiffres).

340   Les trousses chimiques, trousses de premiers secours ou trousses de résine polyester contenant des marchandises dangereuses dans des emballages intérieurs en quantités ne dépassant pas, pour chaque matière, les limites pour quantités exceptées fixées dans la colonne (7b) du tableau A du chapitre 3.2 pour lesdites matières, peuvent être transportées conformément aux dispositions du chapitre 3.5. Les matières de la classe 5.2, bien qu'elles ne soient pas individuellement autorisées en tant que quantités exceptées dans la colonne (7b) du tableau A du chapitre 3.2, le sont dans ces trousses et sont affectées au code E2 (voir 3.5.1.2).

341   (*Réservé*)

342   Les récipients intérieurs en verre (tels que les ampoules ou les capsules) destinés uniquement à l'utilisation dans des stérilisateurs, lorsqu'ils contiennent moins de 30 ml d'oxyde d'éthylène par emballage intérieur, avec un maximum de 300 ml par emballage extérieur, peuvent être transportés conformément aux dispositions du chapitre 3.5, que l'indication E0 figure ou non dans la colonne (7b) du tableau A du chapitre 3.2, à condition que :

a)   après le remplissage, chaque récipient intérieur en verre ait été soumis à une épreuve d'étanchéité dans un bain d'eau chaude ; la température et la durée de l'épreuve doivent être telles que la pression interne atteigne la valeur de la pression de vapeur de l'oxyde d'éthylène à 55 °C. Tout récipient intérieur en verre dont cette épreuve démontre qu'il fuit, qu'il se déforme ou présente un autre défaut ne peut être transporté en vertu de la présente disposition spéciale ;

b)   outre l'emballage prescrit au 3.5.2, chaque récipient intérieur en verre soit placé dans un sac en plastique scellé compatible avec l'oxyde d'éthylène et capable de retenir le contenu en cas de rupture ou de fuite de l'emballage intérieur en verre ; et

c)   chaque récipient intérieur en verre soit protégé par un moyen d'empêcher le verre de perforer le sac en plastique (par exemple des manchons ou du rembourrage) au cas où l'emballage serait endommagé (par exemple par écrasement).

343   Cette rubrique s'applique au pétrole brut renfermant du sulfure d'hydrogène en concentration suffisante pour que ses émanations puissent présenter un risque par inhalation. Le groupe d'emballage attribué doit être déterminé en fonction du danger d'inflammabilité et du danger par inhalation, conformément au degré de danger présenté.

344   Les dispositions du 6.2.6 de l'ADR doivent être satisfaites.

345   Le gaz contenu dans des récipients cryogéniques ouverts ayant une contenance maximale de 1 litre et comportant deux parois en verre séparées par du vide n'est pas soumis à l'ADN, à condition que chaque récipient soit transporté dans un emballage extérieur suffisamment rembourré ou absorbant pour le protéger des chocs.

346   Les récipients cryogéniques ouverts conformes aux prescriptions de l'instruction d'emballage P203 du 4.1.4.1 de l'ADR qui ne contiennent pas de marchandises dangereuses à l'exception du No ONU 1977 (azote liquide réfrigéré) totalement absorbé dans un matériau poreux, ne sont soumis à aucune autre prescription de l'ADN.

347   Cette rubrique ne doit être utilisée que lorsque les résultats de l'épreuve de type 6 d) de la première partie du Manuel d'épreuves et de critères ont démontré que tout effet dangereux résultant du fonctionnement demeure contenu à l'intérieur du colis.

348   L'énergie nominale en wattheures doit être inscrite sur l'enveloppe extérieure des piles fabriquées après le 31 décembre 2011.

349   Les mélanges d'un hypochlorite avec un sel d'ammonium ne sont pas admis au transport. L'hypochlorite en solution (No ONU 1791) est une matière de la classe 8.

350   Le bromate d'ammonium et ses solutions aqueuses ainsi que les mélanges d'un bromate avec un sel d'ammonium ne sont pas admis au transport.

351   Le chlorate d'ammonium et ses solutions aqueuses ainsi que les mélanges d'un chlorate avec un sel d'ammonium ne sont pas admis au transport.

352   Le chlorite d'ammonium et ses solutions aqueuses ainsi que les mélanges d'un chlorite avec un sel d'ammonium ne sont pas admis au transport.

353   Le permanganate d'ammonium et ses solutions aqueuses ainsi que les mélanges d'un permanganate avec un sel d'ammonium ne sont pas admis au transport.

354   Cette matière est toxique par inhalation.

355   Les bouteilles d'oxygène pour utilisation d'urgence transportées au titre de cette rubrique peuvent être équipées de cartouches assurant leur fonctionnement (cartouches pour pyromécanismes, de la division 1.4, groupe de compatibilité C ou S), sans changement de classification dans la classe 2, si la quantité totale de matière explosive déflagrante (propulsive) ne dépasse pas 3,2 g par bouteille. Les bouteilles équipées de cartouches assurant leur fonctionnement, telles que préparées pour le transport, doivent être équipées d'un moyen efficace les empêchant d'être actionnées par inadvertance.

356   Les dispositifs de stockage à hydrure métallique montés sur des véhicules, des wagons, des bateaux ou des aéronefs ou sur des sous-ensembles ou destinés à être montés sur des véhicules, des wagons, des bateaux ou des aéronefs doivent être agréés par l'autorité compétente du pays de fabrication[1], avant d'être acceptés pour le transport. Le document de transport doit mentionner que le colis a été agréé par l'autorité compétente du pays de fabrication[1] ou bien un exemplaire de l'agrément délivré par l'autorité compétente du pays de fabrication[1] doit accompagner chaque envoi.

357   Le pétrole brut contenant du sulfure d'hydrogène en concentration suffisante pour libérer des vapeurs présentant un danger par inhalation doit être transporté sous la rubrique No ONU 3494 PÉTROLE BRUT ACIDE, INFLAMMABLE, TOXIQUE.

358   La nitroglycérine en solution alcoolique avec plus de 1% mais pas plus de 5% de nitroglycérine peut être classée dans la classe 3 et affectée au No ONU 3064 à condition que toutes les prescriptions de l'instruction d'emballage P300 du 4.1.4.1 de l'ADR soient respectées.

359   La nitroglycérine en solution alcoolique avec plus de 1% mais pas plus de 5% de nitroglycérine doit être classée dans la classe 1 et affectée au No ONU 0144 si toutes les prescriptions de l'instruction d'emballage P300 du 4.1.4.1 de l'ADR ne sont pas respectées.

360   Les véhicules mus uniquement par des batteries au lithium métal ou au lithium ionique doivent être classés sous la rubrique ONU 3171 véhicule mû par accumulateurs.

361   Cette rubrique s'applique aux condensateurs électriques à double couche avec une capacité de stockage d'énergie supérieure à 0,3 Wh. Les condensateurs avec une capacité de stockage d'énergie inférieure ou égale à 0,3 Wh ne sont pas soumis à l'ADN. Par capacité de stockage d'énergie, on entend l'énergie retenue par un condensateur, telle que calculée en utilisant la tension et la capacité nominales. Tous les condensateurs auxquels cette rubrique s'applique, y compris les condensateurs contenant un électrolyte qui ne répond pas aux critères de classification dans une classe de marchandises dangereuses, doivent remplir les conditions suivantes :

        a)   Les condensateurs qui ne sont pas installés dans un équipement doivent être transportés à l'état non chargé. Les condensateurs installés dans un équipement doivent être transportés soit à l'état non chargé ou être protégés contre les court-circuits ;

        b)   Chaque condensateur doit être protégé contre un risque potentiel de court-circuit lors du transport de la manière suivante :

                i) Lorsque la capacité de stockage d'énergie du condensateur est inférieure ou égale à 10 Wh ou lorsque la capacité de stockage d'énergie de chaque condensateur dans un module est inférieure ou égale à 10 Wh, le condensateur ou le module doit être protégé contre les court-circuits ou être muni d'une bande métallique reliant les bornes ; et

                ii) Lorsque la capacité de stockage d'énergie d'un condensateur ou d'un condensateur dans un module est supérieure à 10 Wh, le condensateur ou le module doit être muni d'une bande métallique reliant les bornes ;

---

[1]   *Si le pays de fabrication n'est pas un pays Partie contractante à l'ADN, l'autorisation doit être reconnue par l'autorité compétente d'un pays Partie contractante à l'ADN.*

c)   Les condensateurs contenant des marchandises dangereuses doivent être conçus pour résister à une différence de pression de 95 kPa ;

d)   Les condensateurs doivent être conçus et fabriqués de manière qu'une augmentation de la pression qui pourrait se produire au cours de l'utilisation puisse être compensée par décompression en toute sécurité à l'aide d'un évent ou d'un point de rupture dans l'enveloppe du condensateur. Tout liquide qui est rejeté lors de la mise à l'air libre doit être contenu par l'emballage ou l'équipement dans lequel le condensateur est placé ; et

e)   Les condensateurs doivent être marqués avec la capacité de stockage d'énergie en Wh.

Les condensateurs contenant un électrolyte ne répondant pas aux critères de classification dans une classe de marchandises dangereuses, y compris lorsqu'ils sont installés dans un équipement, ne sont pas soumis aux autres dispositions de l'ADN.

Les condensateurs contenant un électrolyte répondant aux critères de classification dans une classe de marchandises dangereuses, avec une capacité de stockage d'énergie de 10 Wh ou moins ne sont pas soumis aux autres dispositions de l'ADN lorsqu'ils sont capables de subir une épreuve de chute de 1,2 mètre, non emballés, sur une surface rigide sans perte de contenu.

Les condensateurs contenant un électrolyte répondant aux critères de classification dans une classe de marchandises dangereuses, qui ne sont pas installés dans un équipement et avec une capacité de stockage d'énergie supérieure à 10 Wh sont soumis à l'ADN.

Les condensateurs installés dans un équipement et contenant un électrolyte répondant aux critères de classification dans une classe de marchandises dangereuses ne sont pas soumis aux autres dispositions de l'ADN, à condition que l'équipement soit emballé dans un emballage extérieur robuste fabriqué en un matériau approprié, présentant une résistance suffisante et conçu en fonction de l'usage auquel il est destiné et de manière à empêcher tout fonctionnement accidentel des condensateurs lors du transport. Les grands équipements robustes contenant des condensateurs peuvent être présentés au transport non emballés ou sur des palettes lorsque les condensateurs sont munis d'une protection équivalente par l'équipement dans lequel ils sont contenus.

NOTA : Les condensateurs qui, de par leur conception, maintiennent un voltage terminal (par exemple, les condensateurs asymétriques) ne font pas partie de cette rubrique.

362   *(Réservé)*

363   Cette rubrique s'applique également aux combustibles liquides autres que ceux exemptés en vertu du 1.1.3.3, en quantités supérieures à celle indiquées dans la colonne (7a) du tableau A du chapitre 3.2, dans des moyens de confinement intégrés dans du matériel ou dans une machine (par exemple générateurs, compresseurs, modules de chauffage, etc.) de par la conception originale de ce matériel ou de cette machine. Ils ne sont pas soumis aux autres dispositions de l'ADN si les prescriptions suivantes sont satisfaites :

a) Le moyen de confinement est conforme aux prescriptions de construction de l'autorité compétente du pays de fabrication[2] ;

b) Toute soupape ou ouverture (par exemple dispositifs d'aération) du moyen de confinement contenant des marchandises dangereuses est fermée pendant le transport ;

c) La machine ou le matériel est orienté de manière à éviter toute fuite accidentelle de marchandises dangereuses et est arrimé par des moyens permettant de retenir la machine ou le matériel pour éviter tout mouvement pendant le transport qui pourrait modifier son orientation ou l'endommager ;

d) Lorsque le moyen de confinement a une contenance supérieure à 60 litres mais ne dépassant pas 450 litres, la machine ou le matériel sont étiquetés sur un côté extérieur conformément au 5.2.2 et lorsque la contenance est supérieure à 450 litres mais ne dépasse pas 1 500 litres, la machine ou le matériel sont étiquetés sur les quatre côtés extérieurs conformément au 5.2.2 ; et

e) Lorsque le moyen de confinement a une contenance supérieure à 1 500 litres, la machine ou le matériel portent des plaques-étiquettes sur les quatre côtés extérieurs conformément au 5.3.1.1.1, les prescriptions du 5.4.1 s'appliquent et le document de transport contient la mention supplémentaire " Transport selon la disposition spéciale 363".

364 Cet objet ne peut être transporté selon les dispositions du chapitre 3.4 que si le colis, tel que présenté pour le transport, est capable de subir avec succès l'épreuve 6 (d) de la Partie I du *Manuel d'épreuves et de critères* tel que déterminé par l'autorité compétente.

365 Pour les appareils et objets manufacturés contenant du mercure, voir le No ONU 3506.

366 Les appareils et objets manufacturés contenant au plus 1 kg de mercure ne sont pas soumis à l'ADN.

367-499 (*Réservés*)

500 (*Supprimé*)

501 Pour le naphtalène fondu, voir le No ONU 2304.

502 Les matières plastiques à base de nitrocellulose, auto-échauffantes, n.s.a. (No ONU 2006) et les déchets de celluloïd (No ONU 2002) sont des matières de la classe 4.2.

503 Pour le phosphore blanc, fondu, voir le No ONU 2447.

504 Le sulfure de potassium hydraté contenant au moins 30 % d'eau de cristallisation (No ONU 1847), le sulfure de sodium hydraté contenant au moins 30 % d'eau de cristallisation (No ONU 1849) et l'hydrogénosulfure de sodium hydraté contenant au moins 25 % d'eau de cristallisation (No ONU 2949) sont des matières de la classe 8.

---

[2] *Par exemple, conformité avec les dispositions appropriées de la Directive 2006/42/CE du Parlement Européen et du Conseil du 17 mai 2006 relative aux machines et modifiant la directive 95/16/CE (Journal officiel de l'Union européenne No L 157 du 9.06.2006, p. 0024 – 0086).*

505   Le diamidemagnésium (No ONU 2004) est une matière de la classe 4.2.

506   Les métaux alcalino-terreux et les alliages de métaux alcalino-terreux sous forme pyrophorique sont des matières de la classe 4.2.

    Le magnésium ou les alliages de magnésium contenant plus de 50 % de magnésium, sous forme de granulés, de tournures ou de rubans (No ONU 1869) sont des matières de la classe 4.1.

507   Les pesticides au phosphure d'aluminium (No ONU 3048), contenant des additifs empêchant le dégagement de gaz inflammables toxiques sont des matières de la classe 6.1.

508   L'hydrure de titane (No ONU 1871) et l'hydrure de zirconium (No ONU 1437) sont des matières de la classe 4.1. Le borohydrure d'aluminium (No ONU 2870) est une matière de la classe 4.2.

509   Le chlorite en solution (No ONU 1908) est une matière de la classe 8.

510   L'acide chromique en solution (No ONU 1755) est une matière de la classe 8.

511   Le nitrate de mercure II (No ONU 1625), le nitrate de mercure I (No ONU 1627) et le nitrate de thallium (No ONU 2727) sont des matières de la classe 6.1. Le nitrate de thorium, solide, l'hexahydrate de nitrate d'uranyle en solution et le nitrate d'uranyle, solide sont des matières de la classe 7.

512   Le pentachlorure d'antimoine, liquide (No ONU 1730), le pentachlorure d'antimoine en solution (No ONU 1731), le pentafluorure d'antimoine (No ONU 1732) et le trichlorure d'antimoine (No ONU 1733) sont des matières de la classe 8.

513   L'azoture de baryum sec ou humidifié avec moins de 50% (masse) d'eau (No ONU 0224) est une matière de la classe 1. L'azoture de baryum humidifié avec au moins 50% (masse) d'eau (No ONU 1571) est une matière de la classe 4.1. Les alliages pyrophoriques de baryum (No ONU 1854) sont des matières de la classe 4.2. Le chlorate de baryum, solide (No ONU 1445), le nitrate de baryum (No ONU 1446), le perchlorate de baryum, solide (No ONU 1447), le permanganate de baryum (No ONU 1448), le peroxyde de baryum (No ONU 1449), le bromate de baryum (No ONU 2719), l'hypochlorite de baryum contenant plus de 22 % de chlore actif (No ONU 2741), le chlorate de baryum en solution (No ONU 3405) et le perchlorate de baryum en solution (No ONU 3406), sont des matières de la classe 5.1. Le cyanure de baryum (No ONU 1565) et l'oxyde de baryum (No ONU 1884) sont des matières de la classe 6.1.

514   Le nitrate de béryllium (No ONU 2464) est une matière de la classe 5.1.

515   Le bromure de méthyle et la chloropicrine en mélange (No ONU 1581) et le chlorure de méthyle et la chloropicrine en mélange (No ONU 1582) sont des matières de la classe 2.

516   Le mélange de chlorure de méthyle et de chlorure de méthylène (No ONU 1912) est une matière de la classe 2.

517   Le fluorure de sodium, solide (No ONU 1690), le fluorure de potassium, solide (No ONU 1812), le fluorure d'ammonium (No ONU 2505), le fluorosilicate de sodium (No ONU 2674), les fluorosilicates, n.s.a. (No ONU 2856), le fluorure de sodium en

solution (No ONU 3415) et le fluorure de potassium en solution (No ONU 3422), sont des matières de la classe 6.1.

518   Le trioxyde de chrome anhydre (acide chromique solide) (No ONU 1463) est une matière de la classe 5.1.

519   Le bromure d'hydrogène anhydre (No ONU 1048) est une matière de la classe 2.

520   Le chlorure d'hydrogène anhydre (No ONU 1050) est une matière de la classe 2.

521   Les chlorites et les hypochlorites solides sont des matières de la classe 5.1.

522   L'acide perchlorique en solution aqueuse, contenant en masse plus de 50 % mais au maximum 72 % d'acide pur (No ONU 1873) est une matière de la classe 5.1. Les solutions d'acide perchlorique contenant en masse plus de 72 % d'acide pur, ou les mélanges d'acide perchlorique contenant un liquide autre que l'eau, ne sont pas admis au transport.

523   Le sulfure de potassium anhydre (No ONU 1382) et le sulfure de sodium anhydre (No ONU 1385) ainsi que leurs hydrates, contenant moins de 30 % d'eau de cristallisation, ainsi que l'hydrogénosulfure de sodium contenant moins de 25 % d'eau de cristallisation (No ONU 2318) sont des matière de la classe 4.2.

524   Les produits finis en zirconium (No ONU 2858) d'une épaisseur au moins égale à 18 μm sont des matières de la classe 4.1.

525   Les solutions de cyanure inorganique ayant une teneur totale en ions cyanure supérieure à 30 % sont affectées au groupe d'emballage I, les solutions dont la teneur totale en ions cyanure est supérieure à 3 % sans dépasser 30 % sont affectées au groupe d'emballage II et les solutions dont la teneur en ions cyanure est supérieure à 0,3 % sans dépasser 3 % sont affectées au groupe d'emballage III.

526   Le celluloïd (No ONU 2000) est affecté à la classe 4.1.

527   (*Réservé*)

528   Les fibres ou les tissus imprégnés de nitrocellulose faiblement nitrée, non auto-échauffants (No ONU 1353) sont des matières de la classe 4.1.

529   Le fulminate de mercure, humidifié contenant, en masse, au moins 20 % d'eau ou d'un mélange d'alcool et d'eau est une matière de la classe 1 (No ONU 0135). Le chlorure mercureux (calomel) est une matière de la classe 9 (No ONU 3077).

530   L'hydrazine en solution aqueuse ne contenant en masse pas plus de 37 % d'hydrazine (No ONU 3293) est une matière de la classe 6.1.

531   Les mélanges dont le point d'éclair est inférieur à 23 °C et qui contiennent plus de 55 % de nitrocellulose, quelle que soit sa teneur en azote, ou qui ne contiennent pas plus de 55 % de nitrocellulose ayant une teneur en azote supérieure à 12,6 % (masse sèche) sont des matières de la classe 1 (voir No ONU 0340 ou 0342) ou de la classe 4.1.

532   L'ammoniac en solution, contenant entre 10 % et 35 % d'ammoniac (No ONU 2672) est une matière de la classe 8.

533 Les solutions de formaldéhyde inflammable (No ONU 1198) sont des matières de la classe 3. Les solutions de formaldéhyde, non inflammables et contenant moins de 25 % de formaldéhyde ne sont pas soumises aux prescriptions de l'ADN.

534 Nonobstant que l'essence peut, sous certaines conditions climatiques, avoir une pression de vapeur à 50 °C supérieure à 110 kPa (1,10 bar), sans dépasser 150 kPa (1,50 bar), elle doit continuer à être assimilée à une matière ayant une pression de vapeur à 50 °C ne dépassant pas 110 kPa (1,10 bar).

535 Le nitrate de plomb (No ONU 1469), le perchlorate de plomb, solide (No ONU 1470) et le perchlorate de plomb en solution (No ONU 3408) sont des matières de la classe 5.1.

536 Pour le naphtalène solide, voir le No ONU 1334.

537 Le trichlorure de titane en mélange (No ONU 2869), non pyrophorique, est une matière de la classe 8.

538 Pour le soufre (à l'état solide), voir le No ONU 1350.

539 Les solutions d'isocyanate dont le point d'éclair est au moins égal à 23 °C sont des matières de la classe 6.1.

540 L'hafnium en poudre humidifié, (No ONU 1326), le titane en poudre humidifié (No ONU 1352) et le zirconium en poudre humidifié (No ONU 1358) contenant au moins 25 % d'eau sont des matières de la classe 4.1.

541 Les mélanges de nitrocellulose dont la teneur en eau, en alcool ou en plastifiant est inférieure aux limites prescrites sont des matières de la classe 1.

542 Le talc contenant de la trémolite et/ou de l'actinolite est couvert par cette rubrique.

543 L'ammoniac anhydre (No ONU 1005), l'ammoniac en solution contenant plus de 50 % d'ammoniac (No ONU 3318) et l'ammoniac en solution contenant plus de 35 % mais au maximum 50 % d'ammoniac (No ONU 2073) sont des matières de la classe 2. Les solutions d'ammoniac ne contenant pas plus de 10 % d'ammoniac ne sont pas soumises aux prescriptions de l'ADN.

544 La diméthylamine anhydre (No ONU 1032), l'éthylamine (No ONU 1036), la méthylamine anhydre (No ONU 1061) et la triméthylamine anhydre (No ONU 1083) sont des matières de la classe 2.

545 Le sulfure de dipicryle humidifié, contenant en masse au moins 10 % d'eau (No ONU 0401) est une matière de la classe 1.

546 Le zirconium sec, sous forme de feuilles, de bandes ou de fil d'une épaisseur inférieure à 18 µm (No ONU 2009) est une matière de la classe 4.2. Le zirconium sec, sous forme de feuilles, de bandes ou de fil d'une épaisseur de 254 µm ou plus n'est pas soumis aux prescriptions de l'ADN.

547 Le manèbe (No ONU 2210) ou les préparations de manèbe (No ONU 2210) sous forme auto-échauffante sont des matières de la classe 4.2.

548 Les chlorosilanes qui, au contact de l'eau, dégagent des gaz inflammables sont des matières de la classe 4.3.

549   Les chlorosilanes dont le point d'éclair est inférieur à 23 °C et qui, au contact de l'eau, ne dégagent pas de gaz inflammables sont des matières de la classe 3.

        Les chlorosilanes dont le point d'éclair est égal ou supérieur à 23 °C et qui, au contact de l'eau, ne dégagent pas de gaz inflammables sont des matières de la classe 8.

550   Le cérium, en plaques, lingots ou barres (No ONU 1333) est une matière de la classe 4.1.

551   Les solutions de ces isocyanates dont le point d'éclair est inférieur à 23 °C sont des matières de la classe 3.

552   Les métaux et les alliages de métaux sous forme de poudre ou sous une autre forme inflammable, susceptibles d'inflammation spontanée, sont des matières de la classe 4.2. Les métaux et les alliages de métaux sous forme de poudre ou sous une autre forme inflammable qui, au contact de l'eau, dégagent des gaz inflammables sont des matières de la classe 4.3.

553   Ce mélange de peroxyde d'hydrogène et d'acide peroxyacétique ne doit, lors d'épreuves de laboratoire (voir le *Manuel d'épreuves et de critères*, deuxième partie, section 20), ni détoner à l'état cavité, ni déflagrer, ni réagir au chauffage sous confinement, ni avoir de puissance explosive. La préparation doit être thermiquement stable (température de décomposition auto-accélérée d'au moins 60 °C pour un colis de 50 kg) et avoir comme diluant de désensibilisation une matière liquide compatible avec l'acide peroxyacétique. Les préparations ne satisfaisant pas à ces critères doivent être considérées comme des matières de la classe 5.2 (voir le *Manuel d'épreuves et de critères*, deuxième partie, par. 20.4.3 g)).

554   Les hydrures de métal qui, au contact de l'eau, dégagent des gaz inflammables sont des matières de la classe 4.3.

        Le borohydrure d'aluminium (No ONU 2870) ou le borohydrure d'aluminium contenu dans des engins (No ONU 2870) est une matière de la classe 4.2.

555   La poussière et la poudre de métaux sous forme non spontanément inflammable, non toxiques mais qui cependant, au contact de l'eau, dégagent des gaz inflammables sont des matières de la classe 4.3.

556   Les composés organométalliques et leurs solutions spontanément inflammables sont des matières de la classe 4.2. Les solutions inflammables contenant des composés organométalliques à des concentrations telles qu'elles ne dégagent pas de gaz inflammables en quantités dangereuses au contact de l'eau ni s'enflamment spontanément sont des matières de la classe 3.

557   La poussière et la poudre de métaux sous forme pyrophorique sont des matières de la classe 4.2.

558   Les métaux et les alliages de métaux sous forme pyrophorique sont des matières de la classe 4.2. Les métaux et les alliages de métaux qui, au contact de l'eau, ne dégagent pas de gaz inflammables et ne sont ni pyrophoriques ni auto-échauffants, mais qui s'enflamment facilement sont des matières de la classe 4.1.

559   (*Supprimé*)

560   Un liquide transporté à chaud, n.s.a., à une température d'au moins 100 °C (y compris les métaux fondus et les sels fondus) et, pour une matière ayant un point d'éclair, à

une température inférieure à son point d'éclair est une matière de la classe 9 (No ONU 3257).

561   Les chloroformiates ayant des propriétés corrosives prépondérantes sont des matières de la classe 8.

562   Les composés organométalliques spontanément inflammables sont des matières de la classe 4.2. Les composés organométalliques hydroréactifs inflammables sont des matières de la classe 4.3.

563   L'acide sélénique (No ONU 1905) est une matière de la classe 8.

564   L'oxytrichlorure de vanadium (No ONU 2443), le tétrachlorure de vanadium (No ONU 2444) et le trichlorure de vanadium (No ONU 2475) sont des matières de la classe 8.

565   Les déchets non spécifiés qui résultent d'un traitement médical/vétérinaire appliqué à l'homme ou aux animaux ou de la recherche biologique, et qui ne présentent qu'une faible probabilité de contenir des matières de la classe 6.2, doivent être affectés à cette rubrique. Les déchets d'hôpital ou de la recherche biologique décontaminés qui ont contenu des matières infectieuses ne sont pas soumis aux prescriptions de la classe 6.2.

566   Le No ONU 2030 hydrazine en solution aqueuse contenant plus de 37% (masse) d'hydrazine est une matière de la classe 8.

567   (*Supprimé*)

568   L'azoture de baryum ayant une teneur en eau inférieure à la limite prescrite est une matière de la classe 1, No ONU 0224.

569-579   (*Réservés*)

580   Les véhicules-citernes, wagons-citernes, véhicules et wagons spécialisés et véhicules et wagons spécialement équipés pour vrac doivent porter sur les deux côtés et à l'arrière, la marque mentionnée au 5.3.3. Les conteneurs-citernes, les citernes mobiles, les conteneurs spéciaux et les conteneurs spécialement équipés pour vrac doivent porter cette marque de chaque côté et à chaque extrémité.

581   Cette rubrique couvre les mélanges de méthylacétylène et de propadiène avec des hydrocarbures qui, comme :

Mélange P1, ne contiennent pas plus de 63% de méthylacétylène et de propadiène en volume, ni plus de 24% de propane et de propylène en volume, le pourcentage d'hydrocarbures –C_4 saturés n'étant pas inférieur à 14% en volume ;

Mélange P2, ne contiennent pas plus de 48% de méthylacétylène et de propadiène en volume, ni plus de 50% de propane et de propylène en volume, le pourcentage d'hydrocarbures –C_4 saturés n'étant pas inférieur à 5% en volume ; ainsi que les mélanges de propadiène avec 1 à 4% de méthylacétylène.

Le cas échéant, afin de satisfaire aux prescriptions relatives au document de transport (5.4.1.1), il est permis d'utiliser le terme "Mélange P1" ou "Mélange P2" en tant que nom technique.

582   Cette rubrique couvre, entre autres, les mélanges de gaz, indiqués par "R..." qui, comme :

Mélange F1, ont à 70 °C une pression de vapeur ne dépassant pas 1,3 MPa (13 bar) et à 50 °C une masse volumique au moins égale à celle du dichlorofluorométhane (1,30 kg/l) ;

Mélange F2, ont à 70 °C une pression de vapeur ne dépassant pas 1,9 MPa (19 bar) et à 50 °C une masse volumique au moins égale à celle du dichlorodifluorométhane (1,21 kg/l) ;

Mélange F3, ont à 70 °C une pression de vapeur ne dépassant pas 3 MPa (30 bar) et à 50 °C une masse volumique au moins égale à celle du chlorodifluorométhane (1,09 kg/l).

NOTA : Le trichlorofluorométhane (réfrigérant R11), le trichloro-1,1,2 trifluoro- 1,2,2 éthane (réfrigérant R113), le trichloro-1,1,1 trifluoro-2,2,2 éthane (réfrigérant R113a), le chloro-1 trifluoro-1,2,2 éthane (réfrigérant R133) et le chloro-1 trifluoro-1,1,2 éthane (réfrigérant R133b) ne sont pas des matières de la classe 2. Ils peuvent cependant entrer dans la composition des mélanges F1 à F3.

Le cas échéant, afin de satisfaire aux prescriptions relatives au document de transport (5.4.1.1), il est permis d'utiliser le terme "Mélange F1", "Mélange F2" ou "Mélange F3" en tant que nom technique.

583   Cette rubrique couvre, entre autres, les mélanges qui, comme :

Mélange A, ont à 70 °C une pression de vapeur ne dépassant pas 1,1 MPa (11 bar) et à 50 °C une masse volumique d'au moins à 0,525 kg/l ;

Mélange A01, ont à 70 °C une pression de vapeur ne dépassant pas 1,6 MPa (16 bar) et à 50 °C une masse volumique d'au moins 0,516 kg/l ;

Mélange A02, ont à 70 °C une pression de vapeur ne dépassant pas 1,6 MPa (16 bar) et à 50 °C une masse volumique d'au moins 0,505 kg/l ;

Mélange A0, ont à 70 °C une pression de vapeur ne dépassant pas 1,6 MPa (16 bar) et à 50 °C une masse volumique d'au moins 0,495 kg/l ;

Mélange A1, ont à 70 °C une pression de vapeur ne dépassant pas 2,1 MPa (21 bar) et à 50 °C une masse volumique d'au moins 0,485 kg/l ;

Mélange B1, ont à 70 °C une pression de vapeur ne dépassant pas 2,6 MPa (26 bar) et à 50 °C une masse volumique d'au moins 0,474 kg/l ;

Mélange B2, ont à 70 °C une pression de vapeur ne dépassant pas 2,6 MPa (26 bar) et à 50 °C, une masse volumique d'au moins 0,463 kg/l ;

Mélange B, ont à 70 °C une pression de vapeur ne dépassant pas 2,6 MPa (26 bar) et à 50 °C une masse volumique d'au moins 0,450 kg/l ;

Mélange C, ont à 70 °C une pression de vapeur ne dépassant pas 3,1 MPa (31 bar) et à 50 °C une masse volumique d'au moins 0,440 kg/l.

Le cas échéant, afin de satisfaire aux prescriptions relatives au document de transport (5.4.1.1), il est permis d'utiliser un des termes ci-après en tant que nom technique :

–   "Mélange A" ou "Butane" ;

–   "Mélange A01" ou "Butane" ;

–   "Mélange A02" ou "Butane" ;

–   "Mélange A0" ou "Butane" ;

–   "Mélange A1" ;

–   "Mélange B1" ;

–   "Mélange B2" ;

–   "Mélange B" ;

–   "Mélange C" ou "Propane".

Pour le transport en citernes, les noms commerciaux "butane" ou "propane" ne peuvent être utilisés qu'à titre complémentaire.

584   Ce gaz n'est pas soumis aux prescriptions de l'ADN lorsque :

–   il ne contient pas plus de 0,5 % d'air à l'état gazeux;

–   il est contenu dans des capsules métalliques (sodors, sparklets) qui sont exemptes de défauts de nature à affaiblir leur résistance ;

–   l'étanchéité de la fermeture de la capsule est garantie ;

–   une capsule n'en contient pas plus de 25 g ;

–   une capsule n'en contient pas plus de 0,75 g par cm^3 de capacité.

585   Le cinabre n'est pas soumis aux prescriptions de l'ADN.

586   Les poudres de hafnium, de titane et de zirconium doivent contenir un excès d'eau apparent. Les poudres de hafnium, de titane et de zirconium humidifiées, produites mécaniquement, d'une granulométrie d'au moins 53 μm, ou produites chimiquement et d'une granulométrie d'au moins 840 μm, ne sont pas soumises aux prescriptions de l'ADN.

587   Le stéarate de baryum et le titanate de baryum ne sont pas soumis aux prescriptions de l'ADN.

588   Les formes hydratées solides de bromure d'aluminium et de chlorure d'aluminium ne sont pas soumises aux prescriptions de l'ADN.

589   (*Supprimé*)

590   L'hexahydrate de chlorure de fer n'est pas soumis aux prescriptions de l'ADN.

591   Le sulfate de plomb ne contenant pas plus de 3 % d'acide libre n'est pas soumis aux prescriptions de l'ADN.

592   Les emballages vides, y compris les GRV vides et les grands emballages vides, véhicules-citernes vides, wagons-citernes vides, citernes démontables vides, citernes mobiles vides, conteneurs-citernes vides et petits conteneurs vides ayant renfermé cette matière ne sont pas soumis aux prescriptions de l'ADN.

593   Ce gaz, conçu pour le refroidissement par exemple d'échantillons médicaux ou biologiques, lorsqu'il est contenu dans des récipients à double cloison qui satisfont aux dispositions de l'instruction d'emballage P203 6), Prescriptions applicables aux récipients cryogéniques ouverts, du 4.1.4.1 de l'ADR, n'est pas soumis aux prescriptions de l'ADN excepté tel qu'indiqué au 5.5.3.

594   Les objets ci-dessous, s'ils sont fabriqués et remplis conformément aux règlements appliqués par l'État de fabrication et s'ils sont placés dans des emballages extérieurs solides, ne sont pas soumis aux prescriptions de l'ADN :

–   extincteurs (No ONU 1044) munis d'une protection contre les ouvertures intempestives ;

–   objets sous pression pneumatique ou hydraulique (No ONU 3164), conçus pour supporter des contraintes supérieures à la pression intérieure du gaz grâce au transfert des forces, à leur résistance intrinsèque ou aux normes de construction.

596   Les pigments de cadmium, tels que les sulfures de cadmium, les sulfoséléniures de cadmium et les sels de cadmium tirés d'acides gras supérieurs (par exemple le stéarate de cadmium) ne sont pas soumis aux prescriptions de l'ADN.

597   Les solutions d'acide acétique ne contenant en masse pas plus de 10 % d'acide pur ne sont pas soumises aux prescriptions de l'ADN.

598   Les objets ci-dessous ne sont pas soumis aux prescriptions de l'ADN :

a)   Les accumulateurs neufs, à condition :

–   qu'ils soient assujettis de telle manière qu'ils ne puissent glisser, tomber, s'endommager ;

–   qu'ils soient munis de moyens de préhension, sauf en cas de gerbage, par exemple sur palettes ;

–   qu'ils ne présentent extérieurement aucune trace dangereuse d'alcalis ou d'acides ;

–   qu'ils soient protégés contre les courts-circuits ;

b)   Les accumulateurs usagés, à condition :

–   qu'ils ne présentent aucun endommagement de leurs bacs ;

–   qu'ils soient assujettis de telle manière qu'ils ne puissent fuir, glisser, tomber, s'endommager, par exemple par gerbage sur palettes ;

–   qu'ils ne présentent extérieurement aucune trace dangereuse d'alcalis ou d'acides ;

–   qu'ils soient protégés contre les courts-circuits.

Par "accumulateurs usagés", on entend des accumulateurs transportés en vue de leur recyclage en fin d'utilisation normale.

599   *(Supprimé)*

600   Le pentoxyde de vanadium, fondu et solidifié, n'est pas soumis aux prescriptions de l'ADN.

601   Les produits pharmaceutiques (médicaments) prêts à l'emploi, fabriqués et conditionnés pour la vente au détail ou la distribution pour un usage personnel ou domestique ne sont pas soumis aux prescriptions de l'ADN.

602   Les sulfures de phosphore contenant du phosphore jaune ou blanc ne sont pas admis au transport.

603   Le cyanure d'hydrogène anhydre non conforme à la description du No ONU 1051 ou du No ONU 1614 n'est pas admis au transport. Le cyanure d'hydrogène (acide cyanhydrique) contenant moins de 3 % d'eau est stable si son pH est égal à $2,5 \pm 0,5$ et si le liquide est clair et incolore.

604-606   *(Supprimés)*

607   Les mélanges de nitrate de potassium et de nitrite de sodium avec un sel d'ammonium ne sont pas admis au transport.

608   *(Supprimé)*

609   Le tétranitrométhane contenant des impuretés combustibles n'est pas admis au transport.

610   Cette matière n'est pas admise au transport lorsqu'elle contient plus de 45% de cyanure d'hydrogène.

611   Le nitrate d'ammonium contenant plus de 0,2 % de matières combustibles (y compris les matières organiques exprimées en équivalents carbone) n'est pas admis au transport, sauf en tant que constituant d'une matière ou d'un objet de la classe 1.

612   *(Réservé)*

613   L'acide chlorique en solution contenant plus de 10 % d'acide chlorique et les mélanges d'acide chlorique avec tout liquide autre que l'eau ne sont pas admis au transport.

614   Le tétrachloro-2,3,7,8-dibenzo-p-dioxine (TCDD), en concentrations considérées comme très toxiques d'après les critères définis au 2.2.61.1, n'est pas admis au transport.

615   *(Réservé)*

616   Les matières contenant plus de 40 % d'esters nitriques liquides doivent satisfaire à l'épreuve d'exsudation définie au 2.3.1.

617   En plus du type d'explosif, le nom commercial de l'explosif en question doit être marqué sur le colis.

618 Dans les récipients contenant du butadiène-1,2, la teneur en oxygène en phase gazeuse ne doit pas dépasser 50 ml/m^3.

619-622 *(Réservés)*

623 Le trioxyde de soufre (No ONU 1829) doit être stabilisé par ajout d'un inhibiteur. Le trioxyde de soufre pur à 99,95 % au moins peut être transporté sans inhibiteur en citernes à condition qu'il soit maintenu à une température égale ou supérieure à 32,5 °C. Pour le transport de cette matière, sans inhibiteur en citernes à une température minimale de 32,5 °C, la mention **"Transport sous température minimale du produit de 32,5 °C"** doit figurer dans le document de transport.

625 Les colis contenant ces objets doivent porter clairement la marque suivante : **"UN 1950 AEROSOLS"**

626-631 *(Réservés)*

632 Matière considérée comme spontanément inflammable (pyrophorique).

633 Les colis et les petits conteneurs contenant cette matière doivent porter la marque suivante : **"Tenir à l'écart d'une source d'inflammation"**. Cette marque sera rédigée dans une langue officielle du pays d'expédition et, en outre, si cette langue n'est ni l'allemand, ni l'anglais ni le français, en allemand, en anglais ou en français, a moins que les accords, s'il en existe, conclus entre les pays concernés par l'opération de transport n'en disposent autrement.

635 Pour les colis contenant ces objets, l'étiquette conforme au modèle No 9 n'est pas nécessaire, sauf si un des objets est complètement masqué par l'emballage, une caisse ou autre chose et ne peut donc être directement identifié.

636 a) Les piles contenues dans un équipement ne doivent pas pouvoir être déchargées pendant le transport au point que la tension à circuit ouvert soit inférieure à 2 volts ou aux deux tiers de la tension de la pile non déchargée, si cette dernière valeur est moins élevée;

   b) Les piles et batteries au lithium usagées, dont la masse brute ne dépasse pas 500 g par unité, qu'elles soient contenues ou non dans un équipement, collectées et présentées au transport en vue de leur élimination, en mélange ou non avec des piles ou batteries autres qu'au lithium, ne sont pas soumises, jusqu'aux lieux de traitement intermédiaire, aux autres dispositions de l'ADN si elles satisfont aux conditions suivantes:

   i) Les dispositions de l'instruction P903b de l'ADR sont respectées;

   ii) Un système d'assurance de la qualité est mis en place garantissant que la quantité totale de piles et batteries au lithium dans chaque engin de transport ne dépasse pas 333 kg;

   iii) Les colis portent la marque: "PILES AU LITHIUM USAGÉES".

637 Les micro-organismes génétiquement modifiés et les organismes génétiquement modifiés sont ceux qui ne sont pas dangereux pour l'homme ni pour les animaux, mais qui pourraient modifier les animaux, les végétaux, les matières microbiologiques et les écosystèmes d'une manière qui ne pourrait pas se produire dans la nature.

Les micro-organismes génétiquement modifiés et les organismes génétiquement modifiés ne sont pas soumis aux prescriptions de l'ADN lorsque les autorités compétentes des pays d'origine, de transit et de destination en autorisent l'utilisation[3].

Les animaux vertébrés ou invertébrés vivants ne doivent pas être utilisés pour transporter des matières affectées à ce No ONU, à moins qu'il soit impossible de transporter celles-ci d'une autre manière.

Pour le transport de matières facilement périssables sous ce numéro ONU, des renseignements appropriés doivent être donnés, par exemple : "**Conserver au frais à +2/+4 °C**" ou "**Ne pas décongeler**" ou "**Ne pas congeler**".

638   Cette matière est apparentée aux matières autoréactives (voir 2.2.41.1.19).

639   Voir 2.2.2.3, code de classification 2F, No ONU 1965, Nota 2.

640   Les caractéristiques physiques et techniques mentionnées dans la colonne (2) du tableau A du chapitre 3.2 déterminent l'attribution de codes-citernes différents pour le transport de matières du même groupe d'emballage dans des citernes conformes au chapitre 6.8 du RID ou de l'ADR.

Pour permettre d'identifier les caractéristiques physiques et techniques du produit transporté dans la citerne, les indications suivantes doivent être ajoutées, seulement en cas de transport dans des citernes conformes au chapitre 6.8 du RID ou de l'ADR, aux mentions à inscrire dans le document de transport:

"Disposition spéciale 640X", où "X" est l'une des majuscules apparaissant après la référence à la disposition spéciale 640 dans la colonne (6) du tableau A du chapitre 3.2.

On pourra toutefois se dispenser de cette mention dans le cas d'un transport dans le type de citerne qui répond au minimum aux exigences les plus rigoureuses pour les matières d'un groupe d'emballage donné d'un numéro ONU donné.

643   L'asphalte coulé n'est pas soumis aux prescriptions applicables à la classe 9.

644   Le transport de cette matière est admis, à condition que :

– le pH mesuré d'une solution aqueuse à 10% de la matière transportée soit compris entre 5 et 7 ;

– la solution ne contienne pas plus de 0,2% de matière combustible ou de composés du chlore en quantité telles que la teneur en chlore dépasse 0,02%.

645   Le code de classification mentionné à la colonne (3b) du tableau A du chapitre 3.2 ne doit être utilisé qu'avec l'accord de l'autorité compétente d'une partie contractante à l'ADN avant le transport. L'agrément doit être délivrée par écrit sous la forme d'un certificat d'agrément de classification (voir 5.4.1.2.1 g)) et doit recevoir une référence unique. Lorsque l'affectation à une division est faite conformément à la procédure énoncée au 2.2.1.1.7.2, l'autorité compétente peut demander que la classification par

---

[3]   *Voir notamment la partie C de la Directive 2001/18/CE du Parlement européen et du Conseil relative à la dissémination volontaire d'organismes génétiquement modifiés dans l'environnement et à la suppression de la Directive 90/220/CEE (Journal officiel des Communautés européennes, No L.106, du 17 avril 2001, pp. 8 à 14) qui fixe les procédures d'autorisation dans la Communauté européenne.*

défaut soit vérifiée sur la base des résultats d'épreuve obtenus à partir de la série d'épreuve 6 du Manuel d'épreuves et de critères, première partie, section 16.

646 Le charbon activé à la vapeur d'eau n'est pas soumis aux prescriptions de l'ADN.

647 Sauf pour le transport en bateaux-citernes, le transport de vinaigre et d'acide acétique de qualité alimentaire contenant au plus 25% (en masse) d'acide pur est soumis uniquement aux prescriptions suivantes :

a) Les emballages, y compris les GRV et les grands emballages, ainsi que les citernes doivent être en acier inoxydable ou en matière plastique présentant une résistance permanente à la corrosion du vinaigre ou de l'acide acétique de qualité alimentaire ;

b) Les emballages, y compris les GRV et les grands emballages, ainsi que les citernes doivent faire l'objet d'un contrôle visuel par le propriétaire au moins une fois par an. Les résultats de ces contrôles doivent être consignés et conservés pendant au moins un an. Les emballages, y compris les GRV et les grands emballages, ainsi que les citernes endommagés ne doivent pas être remplis ;

c) Les emballages, y compris les GRV et les grands emballages, ainsi que les citernes doivent être remplis de telle façon que le contenu ne déborde ni reste collé sur la surface extérieure ;

d) Le joint et les fermetures doivent résister au vinaigre et à l'acide acétique de qualité alimentaire. Les emballages, y compris les GRV et les grands emballages, ainsi que les citernes doivent être hermétiquement scellés par la personne responsable de l'emballage et/ou du remplissage, de telle sorte qu'en condition normale de transport aucune fuite ne se produise ;

e) L'emballage combiné avec emballage intérieur en verre ou en plastique (voir l'instruction d'emballage P001 du 4.1.4.1 de l'ADR répondant aux prescriptions générales d'emballage des 4.1.1.1, 4.1.1.2, 4.1.1.4, 4.1.1.5, 4.1.1.6, 4.1.1.7 et 4.1.1.8 de l'ADR est autorisé.

Les autres dispositions de l'ADN, excepté celles relatives au transport en bateaux-citernes, ne s'appliquent pas.

648 Les objets imprégnés de ce pesticide, tels que les assiettes en carton, les bandes de papier, les boules d'ouate, les plaques de matière plastique, dans des enveloppes hermétiquement fermées, ne sont pas soumis aux prescriptions de l'ADN.

649 (*Supprimé*)

650 Les déchets comprenant des restes d'emballages, des restes solidifiés et des restes liquides de peinture peuvent être transportés en tant que matières du groupe d'emballage II. Outre les dispositions du No ONU 1263, groupe d'emballage II, les déchets peuvent aussi être emballés et transportés comme suit :

a) Les déchets peuvent être emballés selon l'instruction d'emballage P002 du 4.1.4.1 de l'ADR ou selon l'instruction d'emballage IBC06 du 4.1.4.2 de l'ADR;

b) Les déchets peuvent être emballés dans des GRV souples des types 13H3, 13H4 et 13H5, dans des suremballages à parois pleines ;

c) Les épreuves sur les emballages et GRV indiqués aux a) et b) peuvent être conduites selon les prescriptions du chapitre 6.1 ou 6.5 de l'ADR comme il convient, pour les solides et pour le niveau d'épreuve du groupe d'emballage II.

Les épreuves doivent être effectuées sur des emballages ou des GRV remplis avec un échantillon représentatif des déchets tels que remis au transport ;

d) Le transport en vrac est permis dans des wagons bâchés, des wagons couverts/véhicules bâchés, des conteneurs fermés ou des grands conteneurs bâchés, tous à parois pleines. Les wagons, les conteneurs ou la caisse des véhicules doivent être étanches ou rendus étanches, par exemple au moyen d'un revêtement intérieur approprié suffisamment solide;

e) Si des déchets sont transportés suivant les prescriptions de cette disposition spéciale, ils doivent être déclarés dans le document de transport, selon le 5.4.1.1.3 comme suit : "UN 1263 DÉCHETS PEINTURES, 3, II", ou "UN 1263 DÉCHETS PEINTURES, 3, GE II".

651 La disposition spéciale V2 (1) de l'ADR s'applique seulement lorsque le contenu net de matière explosible dépasse 3 000 kg (4 000 kg avec remorque).

652 (*Réservé*)

653 Le transport de ce gaz dans des bouteilles dont le produit de la pression d'épreuve par la capacité est de 15,2 MPa.litre (152 bar.litre) au maximum n'est pas soumis aux autres dispositions de l'ADN si les conditions suivantes sont satisfaites :

- Les prescriptions de construction et d'épreuve applicables aux bouteilles sont respectées;

- Les bouteilles sont emballées dans des emballages extérieurs qui satisfont au moins aux prescriptions de la Partie 4 pour les emballages combinés. Les dispositions générales d'emballage des 4.1.1.1, 4.1.1.2 et 4.1.1.5 à 4.1.1.7 de l'ADR doivent être observées;

- Les bouteilles ne sont pas emballées en commun avec d'autres marchandises dangereuses;

- La masse brute d'un colis n'est pas supérieure à 30 kg; et

- Chaque colis est marqué de manière distincte et durable de l'inscription "UN 1006" pour l'argon comprimé, "UN 1013" pour le dioxyde de carbone, "UN 1046" pour l'hélium comprimé ou "UN 1066" pour l'azote comprimé; ce marquage est entouré d'une ligne qui forme un carré placé sur la pointe et dont la longueur du côté est d'au moins 100 mm x 100 mm.

654 Les briquets mis au rebut, recueillis séparément et expédiés conformément au 5.4.1.1.3, peuvent être transportés sous cette rubrique aux fins de leur élimination. Ils ne doivent pas être protégés contre une décharge accidentelle à condition que des mesures soient prises pour éviter l'augmentation dangereuse de la pression et les atmosphères dangereuses.

Les briquets mis au rebut, autres que ceux qui fuient ou sont gravement déformés, doivent être emballés conformément à l'instruction d'emballage P003 de l'ADR. En outre, les dispositions suivantes s'appliquent:

-   seuls des emballages rigides d'une contenance maximale de 60 litres doivent être employés;

-   les emballages doivent être remplis avec de l'eau ou tout autre matériau de protection approprié pour éviter l'inflammation;

-   dans des conditions normales de transport, l'ensemble des dispositifs d'allumage des briquets doit être entièrement recouvert d'un matériau de protection;

-   les emballages doivent être convenablement aérés pour éviter la création d'une atmosphère inflammable et l'augmentation de la pression;

-   les colis ne doivent être transportés que dans des wagons/véhicules ou conteneurs ventilés ou ouverts.

Des briquets qui fuient ou sont gravement déformés doivent être transportés dans des emballages de secours, des mesures appropriées devant être prises pour assurer qu'il n'y a pas d'augmentation dangereuse de la pression.

NOTA: *La disposition spéciale 201 et les dispositions spéciales d'emballage PP84 et RR5 de l'instruction d'emballage P002 au 4.1.4.1 de l'ADR ne s'appliquent pas aux briquets mis au rebut.*

655   Les bouteilles et leurs fermetures conçues, fabriquées, agréées et marquées conformément à la Directive 97/23/CE [4] et utilisées pour des appareils respiratoires, peuvent être transportées sans être conformes au chapitre 6.2 de l'ADR, à condition qu'elles subissent les contrôles et épreuves définis au 6.2.1.6.1 de l'ADR et que l'intervalle entre les épreuves défini dans l'instruction d'emballage P200 du 4.1.4.1 de l'ADR ne soit pas dépassé. La pression utilisée pour l'épreuve de pression hydraulique est celle marquée sur la bouteille conformément à la Directive 97/23/CE.

656   *(Supprimé)*

657   Cette rubrique doit être utilisée uniquement pour la matière techniquement pure; pour les mélanges de constituants du GPL, voir le No ONU 1965 ou le No ONU 1075 et le NOTA 2 du 2.2.2.3.

658   Les BRIQUETS de No ONU 1057 conformes à la norme EN ISO 9994:2006 + A1:2008 "Briquets – Spécifications de sécurité" et les RECHARGES POUR BRIQUETS de No ONU 1057 peuvent être transportés en étant soumis aux dispositions des paragraphes 3.4.1 a) à f), 3.4.2 (à l'exception de la masse brute totale de 30 kg), 3.4.3 (à l'exception de la masse brute totale de 20 kg), 3.4.11 et 3.4.12 sous réserve que les conditions suivantes soient réunies:

a)   La masse brute totale de chaque colis ne dépasse pas 10 kg;

b)   Au maximum 100 kg de masse brute sous forme de colis de ce type sont transportés dans un wagon ou véhicule;

---

[4]   *Directive 97/23/CE du Parlement européen et du Conseil du 29 mai 1997, relative au rapprochement des législations des États membres concernant les équipements sous pression (PED) (Journal officiel des Communautés européennes No L 181 du 9 juillet 1997, p. 1 à 55)*

c) Chaque emballage extérieur est clairement et durablement marqué comme suit: "UN 1057 BRIQUETS" ou "UN 1057 RECHARGES POUR BRIQUETS", selon le cas.

659 Les matières auxquelles les dispositions spéciales PP86 ou TP7 sont affectées dans la colonne (9a) et la colonne (11) du tableau A du chapitre 3.2 de l'ADR et qui nécessitent donc que l'air soit éliminé de la phase vapeur ne doivent pas être utilisées pour le transport sous ce numéro ONU mais doivent être transportés sous leurs numéros ONU respectifs tels qu'énumérés dans le tableau A du chapitre 3.2.

NOTA : *Voir aussi 2.2.2.1.7.*

660 Pour le transport des systèmes de confinement des gaz combustibles qui sont conçus pour être installés sur des véhicules automobiles et qui contiennent ce gaz, il n'y a pas lieu d'appliquer les dispositions de la sous-section 4.1.4.1 et des chapitres 5.2, 5.4 et 6.2 de l'ADR si les conditions ci-après sont satisfaites:

a) Les systèmes de confinement des gaz combustibles doivent satisfaire aux prescriptions des Règlements ECE Nos 67 Révision 2[5], 110 Révision 1[6] ou 115[7] de la CEE ou du Règlement CE No 79/2009[8] associées à celles du Règlement (UE) No 406/2010[9], selon qu'il convient.

b) Les systèmes de confinement des gaz combustibles doivent être étanches et ne présenter aucun dommage externe susceptible d'affecter la sécurité.

NOTA 1: *Les critères sont énoncés dans la norme ISO 11623:2002 Bouteilles à gaz transportables − Contrôles et essais périodiques des bouteilles à gaz en matériau composite (ou ISO DIS 19078 Bouteilles à gaz − Inspection de l'installation des bouteilles, et requalification des bouteilles haute pression pour le stockage du gaz naturel, utilisé comme carburant, à bord des véhicules automobiles).*

2: *Si les systèmes de confinement des gaz combustibles ne sont pas étanches ou sont trop remplis ou s'ils présentent des dommages qui pourraient affecter la sécurité, ils ne peuvent être transportés que dans des récipients à pression de secours conformes à l'ADN.*

---

[5] *Règlement ECE No 67 (Prescriptions uniformes relatives a l'homologation : I. des équipements spéciaux pour l'alimentation du moteur au gaz de pétrole liquéfiés sur les véhicules; II. des véhicules munis d'un équipement spécial pour l'alimentation du moteur aux gaz de pétrole liquéfiés en ce qui concerne l'installation de cet équipement).*

[6] *Règlement ECE No 110 (Prescriptions uniformes relatives a l'homologation : I. des organes spéciaux pour l'alimentation du moteur au gaz naturel comprimé (GNC) sur les véhicules; II. des véhicules munis d'organes spéciaux d'un type homologue pour l'alimentation du moteur au gaz naturel comprimé (GNC) en ce qui concerne l'installation de ces organes).*

[7] *Règlement ECE No 115 (Prescriptions uniformes relatives a l'homologation : I. des systèmes spéciaux d'adaptation au GPL (gaz de pétrole liquéfié) pour véhicules automobiles leur permettant d'utiliser ce carburant dans leur système de propulsion ; II. des systèmes spéciaux d'adaptation au GNC (gaz naturel comprimé) pour véhicules automobiles leur permettant d'utiliser ce carburant dans leur système de propulsion).*

[8] *Règlement (CE) N° 79/2009 du Parlement européen et du Conseil du 14 janvier 2009 concernant la réception par type des véhicules à moteur fonctionnant à l'hydrogène et modifiant la directive 2007/46/CE.*

[9] *Règlement (UE)N° 406/2010 de la Commission du 26 avril 2010 portant application du Règlement (CE) N° 79/2009 du Parlement européen et du Conseil concernant la réception par type des véhicules à moteur fonctionnant à l'hydrogène.*

c)   Si le système de confinement des gaz est équipé d'au moins deux robinets intégrés en série, deux robinets doivent être obturés de manière à être étanches au gaz dans les conditions normales de transport. Si un seul robinet existe ou fonctionne correctement, toutes les ouvertures, à l'exception de celles du dispositif de décompression, doivent être obturées de façon à être étanches aux gaz dans les conditions normales de transport.

d)   Les systèmes de confinement des gaz combustibles doivent être transportés de façon à éviter toute obstruction du dispositif de décompression et tout endommagement des robinets et de toute autre partie sous pression des systèmes de confinement des gaz combustibles et tout dégagement accidentel de gaz dans les conditions normales de transport. Le système de confinement des gaz combustibles doit être fixé de façon à ne pas glisser, à ne pas rouler et à ne pas subir de déplacements verticaux.

e)   Les systèmes de confinement des gaz combustibles doivent satisfaire aux dispositions des alinéas a), b), c), d) ou e) du 4.1.6.8 de l'ADR.

f)   Les dispositions du chapitre 5.2 relatives au marquage et à l'étiquetage doivent être appliquées, sauf si les systèmes de confinement des gaz combustibles sont expédiés dans un dispositif de manutention. Si tel est le cas, les marquages et étiquettes de danger doivent être apposés sur ledit dispositif.

g)   Documentation

Chaque lot qui est transporté conformément à cette disposition spéciale doit être accompagné d'un document de transport comportant au moins les informations ci-après:

i)   Le numéro ONU du gaz contenu dans les systèmes de confinement des gaz combustibles, précédé des lettres "UN";

ii)   La désignation officielle de transport du gaz;

iii)   Le numéro de modèle de l'étiquette;

iv)   Le nombre de systèmes de confinement des gaz combustibles;

v)   Dans le cas des gaz liquéfiés, la masse nette du gaz en kg pour chaque système de confinement de gaz combustibles et, dans le cas de gaz comprimés, la contenance nominale en litres de chaque système de confinement des gaz combustibles, suivie de la pression nominale de service;

vi)   Les noms et adresses de l'expéditeur et du destinataire.

Les éléments i) à v) doivent apparaître comme dans l'un des exemples ci-après:

Exemple 1: UN 1971 gaz naturel, comprimé, 2.1, 1 système de confinement de gaz combustibles d'une capacité totale de 50 l, sous une pression de 200 bar

Exemple 2: UN 1965 hydrocarbures gazeux en mélange, liquéfié, N.S.A., 2.1, 3 systèmes de confinement des gaz combustibles pour véhicule, la masse nette de gaz étant pour chacun de 15 kg

NOTA : Toutes les autres dispositions de l'ADN doivent être appliquées.

661 Le transport de batteries au lithium endommagées qui ne sont pas collectées et présentées au transport en vue de leur élimination conformément à la disposition spéciale 636, n'est autorisé que dans les conditions supplémentaires définies par l'autorité compétente d'une Partie contractante à l'ADN qui peut également reconnaître l'approbation par l'autorité compétente d'un pays qui ne serait pas Partie contractante à l'ADN à condition que cette approbation ait été accordée conformément aux procédures applicables selon l'ADN, RID ou ADR.

Seules les méthodes d'emballage qui sont approuvées pour ces marchandises par l'autorité compétente peuvent être utilisées.

Chaque envoi doit être accompagné d'une copie de l'approbation de l'autorité compétente ou le document de transport doit inclure la référence à l'approbation de l'autorité compétente.

L'autorité compétente de la Partie contractante à l'ADN qui délivre une approbation conformément à cette disposition spéciale doit notifier le secrétariat de la Commission économique des Nations Unies pour l'Europe qui rendra cette information accessible au public sur son site internet.

NOTA: Toute recommandation faite par les Nations Unies concernant les prescriptions techniques pour le transport de batteries au lithium endommagées doit être prise en compte lors de la délivrance de l'approbation.

Par "batteries au lithium endommagées" on entend en particulier:

- les batteries identifiées par le fabriquant comme défectueuses pour des raisons de sécurité,

- les batteries dont les caisses sont endommagées ou fortement déformées,

- les batteries présentant des fuites de liquides ou de gaz, ou

- les batteries présentant des défaillances qui ne peuvent pas être diagnostiquées avant leur transport vers le lieu où une analyse peut être effectuée.

800 Les graines oléagineuses, graines égrugées et tourteaux contenant de l'huile végétale, traités aux solvants, non sujets à l'inflammation spontanée, sont affectées au No. ONU 3175. Ces matières ne sont pas soumises à l'ADN lorsqu'elles ont été préparées ou traitées pour que des gaz dangereux ne puissent se dégager en quantités dangereuses (pas de risque d'explosion) pendant le transport et que mention en est faite dans le document de transport.

801 Le ferrosilicium dont la teneur en masse de silicium est comprise entre 25 et 30 % ou supérieure à 90 % est une matière dangereuse de la classe 4.3 pour le transport en vrac ou sans emballage par bateau de navigation intérieure.

802 voir 7.1.4.10.

CHAPITRE 3.4

MARCHANDISES DANGEREUSES EMBALLÉES EN QUANTITÉS LIMITÉES

3.4.1   Le présent chapitre donne les dispositions applicables au transport des marchandises dangereuses de certaines classes emballées en quantités limitées. La quantité limitée applicable par emballage intérieur ou objet est spécifiée pour chaque matière dans la colonne (7a) du tableau A du chapitre 3.2. Lorsque la quantité "0" figure dans cette colonne en regard d'une marchandise énumérée dans la liste, le transport de cette marchandise aux conditions d'exemption du présent chapitre n'est pas autorisé.

Les marchandises dangereuses emballées dans ces quantités limitées, répondant aux dispositions du présent chapitre, ne sont pas soumises aux autres dispositions de l'ADN, à l'exception des dispositions pertinentes :

a)   de la partie 1, chapitres 1.1, 1.2, 1.3, 1.4, 1.5, 1.6, 1.8, 1.9 ;

b)   de la partie 2 ;

c)   de la partie 3, chapitres 3.1, 3.2, 3.3 (à l'exception des dispositions spéciales 61, 178, 181, 220, 274, 625. 633 et 650 e)) ;

d)   de la partie 4, paragraphes 4.1.1.1., 4.1.1.2, 4.1.1.4 à 4.1.1.8 de l'ADR ;

e)   de la partie 5, 5.1.2.1 a) i) et b), 5.1.2.2, 5.1.2.3, 5.2.1.9 et 5.4.2 ; et

f)   de la partie 6, prescriptions de fabrication du 6.1.4. et paragraphes 6.2.5.1 et 6.2.6.1 à 6.2.6.3 de l'ADR.

3.4.2   Les marchandises dangereuses doivent être exclusivement emballées dans des emballages intérieurs placés dans des emballages extérieurs appropriés. Des emballages intermédiaires peuvent être utilisés. En outre, pour les objets de la division 1.4, groupe de compatibilité S, il doit être entièrement satisfait aux dispositions de la section 4.1.5 de l'ADR. L'utilisation d'emballages intérieurs n'est pas nécessaire pour le transport d'objets tels que des aérosols ou des "récipients de faible capacité contenant du gaz". La masse totale brute du colis ne doit pas dépasser 30 kg.

3.4.3   Sauf pour les objets de la division 1.4, Groupe de compatibilité S, les bacs à housse rétractable ou extensible conformes aux dispositions des 4.1.1.1, 4.1.1.2 et 4.1.1.4 à 4.1.1.8 de l'ADR peuvent servir d'emballages extérieurs pour des objets ou pour des emballages intérieurs contenant des marchandises dangereuses transportées conformément aux dispositions de ce chapitre. Les emballages intérieurs susceptibles de se briser ou d'être facilement perforés, tels que les emballages en verre, porcelaine, grès, certaines matières plastiques etc., doivent être placés dans des emballages intermédiaires appropriés qui doivent satisfaire aux dispositions des 4.1.1.1, 4.1.1.2 et 4.1.1.4 à 4.1.1.8 de l'ADR et être conçus de façon à satisfaire aux prescriptions relatives à la construction énoncées au 6.1.4 de l'ADR. La masse totale brute du colis ne doit pas dépasser 20 kg.

3.4.4   Les marchandises liquides de la classe 8, groupe d'emballage II, contenues dans les emballages intérieurs en verre, porcelaine ou grès doivent être placées dans un emballage intermédiaire compatible et rigide.

3.4.5 et 3.4.6   *(Réservés)*

3.4.7   À l'exception du transport aérien, les colis contenant des marchandises dangereuses en quantités limitées doivent porter le marquage représenté dans la figure ci-après.

Le marquage doit être facilement visible et lisible et doit pouvoir être exposé aux intempéries sans dégradation notable.

Les parties supérieure et inférieure et la bordure doivent être noires. La partie centrale doit être blanche ou d'une couleur offrant un contraste suffisant. Les dimensions minimales doivent être de 100 mm × 100 mm. et l'épaisseur minimale de la ligne formant le losange de 2 mm. Si la dimension du colis l'exige, la dimension peut être réduite jusqu'à 50 mm × 50 mm à condition que le marquage reste bien visible.

3.4.8   Les colis contenant des marchandises dangereuses présentées à l'expédition pour le transport aérien conformément aux dispositions du chapitre 4 de la partie 3 des Instructions techniques pour la sécurité du transport aérien des marchandises dangereuses de l'OACI doivent porter le marquage représenté dans la figure ci-dessous.

Le marquage doit être facilement visible et lisible et doit pouvoir être exposé aux intempéries sans dégradation notable. Les parties supérieure et inférieure et la bordure doivent être noires. La partie centrale doit être blanche ou d'une couleur offrant un contraste suffisant. Les dimensions minimales doivent être de 100 mm × 100 mm et l'épaisseur minimale de la ligne formant le losange de 2 mm. Le symbole "Y" doit être placé au centre de la marque et être bien visible. Si la dimension du colis l'exige, la dimension peut être réduite jusqu'à 50 mm × 50 mm à condition que le marquage reste bien visible.

3.4.9   Les colis contenant des marchandises dangereuses portant le marquage représenté au 3.4.8 sont réputées satisfaire aux dispositions des sections 3.4.1 à 3.4.4 du présent chapitre et il n'est pas nécessaire d'y apposer le marquage représenté au 3.4.7.

3.4.10   *(Réservé)*

3.4.11   Lorsque des colis contenant des marchandises dangereuses en quantités limitées sont placés dans un suremballage, les dispositions du 5.1.2 s'appliquent. De plus, le suremballage doit porter les marquages requis au présent chapitre à moins que les marques représentatives de toutes les marchandises dangereuses contenues dans le suremballage soient visibles. Les dispositions des 5.1.2.1 a) ii) et 5.1.2.4 s'appliquent uniquement si d'autres marchandises dangereuses, qui ne sont pas emballées en quantités limitées, sont contenues dans le suremballage. Ces dispositions s'appliquent alors uniquement en relation avec ces autres marchandises dangereuses.

3.4.12 Préalablement au transport, les expéditeurs de marchandises dangereuses emballées en quantités limitées doivent informer de manière traçable le transporteur de la masse brute totale de marchandises de cette catégorie à transporter.

3.4.13 a) Les unités de transport de masse maximale supérieure à 12 tonnes transportant des marchandises dangereuses emballées en quantités limitées doivent porter un marquage conforme au 3.4.15 à l'avant et à l'arrière, sauf dans le cas d'unités de transport contenant d'autres marchandises dangereuses pour lesquelles une signalisation orange conforme au 5.3.2 est prescrite. Dans ce dernier cas, l'unité de transport peut porter uniquement la signalisation orange prescrite ou porter, à la fois, la signalisation orange conforme au 5.3.2 et le marquage conforme au 3.4.15.

b) Les wagons transportant des colis contenant des marchandises dangereuses en quantités limitées doivent porter un marquage conforme au paragraphe 3.4.15 sur les deux côtés, sauf s'ils portent déjà des plaques-étiquettes conformes à la section 5.3.1.

c) Les conteneurs transportant des marchandises dangereuses emballées en quantités limitées, sur les unités de transport d'une masse maximale dépassant 12 tonnes, doivent porter un marquage conforme au 3.4.15 sur les quatre côtés, sauf dans le cas de conteneurs contenant d'autres marchandises dangereuses pour lesquelles un placardage conforme au 5.3.1 est prescrit. Dans ce dernier cas, le conteneur peut porter uniquement les plaques-étiquettes prescrites ou porter, à la fois, les plaques-étiquettes conformes au 5.3.1 et le marquage conforme au 3.4.15.

Si les conteneurs sont chargés sur une unité de transport ou un wagon, il n'est pas nécessaire de porter le marquage sur l'unité de transport ou le wagon, sauf lorsque le marquage apposé sur les conteneurs n'est pas visible de l'extérieur de ceux-ci. Dans ce dernier cas, le même marquage doit également figurer à l'avant et à l'arrière de l'unité de transport, ou sur les deux côtes du wagon porteur.

3.4.14 Le marquage prescrit au 3.4.13 n'est pas obligatoire si la masse brute totale des colis contenant des marchandises dangereuses emballées en quantités limitées transportés ne dépasse pas 8 tonnes par unité de transport ou wagon.

3.4.15 Le marquage est le même que celui prescrit au 3.4.7, à l'exception des dimensions minimales qui sont de 250 mm × 250 mm.

CHAPITRE 3.5

MARCHANDISES DANGEREUSES EMBALLÉES EN QUANTITÉS EXCEPTÉES

3.5.1   **Quantités exceptées**

3.5.1.1   Les quantités exceptées de marchandises dangereuses autres que des objets relevant de certaines classes qui satisfont aux dispositions du présent chapitre ne sont soumises à aucune autre disposition de l'ADN, à l'exception:

     a)   Des prescriptions concernant la formation énoncées au chapitre 1.3;

     b)   Des procédures de classification et des critères appliqués pour déterminer le groupe d'emballage (partie 2);

     c)   Des prescriptions concernant les emballages des 4.1.1.1, 4.1.1.2, 4.1.1.4 et 4.1.1.6 de l'ADR.

     NOTA: Dans le cas d'une matière radioactive, des prescriptions relatives aux matières radioactives en colis exceptés figurant au 1.7.1.5 s'appliquent.

3.5.1.2   Les marchandises dangereuses admises au transport en quantités exceptées, conformément aux dispositions du présent chapitre, sont indiquées dans la colonne (7b) du tableau A du chapitre 3.2 par un code alphanumérique, comme suit:

Code	Quantité maximale nette par emballage intérieur (en grammes pour les solides et ml pour les liquides et les gaz)	Quantité maximale nette par emballage extérieur (en grammes pour les solides et ml pour les liquides et les gaz, ou la somme des grammes et ml dans le cas d'emballage en commun)
E0	Non autorisé en tant que quantité exceptée	
E1	30	1000
E2	30	500
E3	30	300
E4	1	500
E5	1	300

     Dans le cas des gaz, le volume indiqué pour l'emballage intérieur représente la contenance en eau du récipient intérieur alors que le volume indiqué pour l'emballage extérieur représente la contenance globale en eau de tous les emballages intérieurs contenus dans un seul et même emballage extérieur.

3.5.1.3   Lorsque des marchandises dangereuses en quantités exceptées et auxquelles sont affectés des codes différents sont emballées ensemble, la quantité totale par emballage extérieur doit être limitée à celle correspondant au code le plus restrictif.

3.5.1.4   Les quantités exceptées de marchandises dangereuses auxquelles sont affectés les codes E1, E2, E4 et E5 avec une quantité maximale nette de marchandises dangereuses par récipient intérieur limitée à 1 ml pour les liquides et les gaz et à 1 g pour les solides et avec une quantité maximale nette de marchandises dangereuses par emballage extérieur ne dépassant pas 100 g pour les solides ou 100 ml pour les liquides et les gaz sont uniquement soumises :

     a)   Aux dispositions du 3.5.2, sauf en ce qui concerne l'emballage intermédiaire qui n'est pas requis lorsque les emballages intérieurs sont solidement emballés dans un emballage extérieur rembourré de façon à éviter, dans des conditions normales de transport, qu'ils ne se brisent, soient perforés ou laissent échapper leur contenu; et dans le cas des liquides, que l'emballage extérieur contienne suffisamment de matériau absorbant pour absorber la totalité du contenu des emballages intérieurs ; et

b)   Aux dispositions du 3.5.3.

3.5.2   Emballages

Les emballages utilisés pour le transport de marchandises dangereuses en quantités exceptées doivent satisfaire aux prescriptions ci-dessous:

a)   Ils doivent comporter un emballage intérieur qui doit être en plastique (d'une épaisseur d'au moins 0,2 mm pour le transport de liquides) ou en verre, en porcelaine, en faïence, en grès ou en métal (voir également 4.1.1.2 de l'ADR). Le dispositif de fermeture amovible de chaque emballage intérieur doit être solidement maintenu en place à l'aide de fil métallique, de ruban adhésif ou de tout autre moyen sûr; les récipients à goulot fileté doivent être munis d'un bouchon à vis étanche. Le dispositif de fermeture doit être résistant au contenu;

b)   Chaque emballage intérieur doit être solidement emballé dans un emballage intermédiaire rembourré de façon à éviter, dans les conditions normales de transport, qu'il se brise, soit perforé ou laisse échapper son contenu. L'emballage intermédiaire doit être capable de contenir la totalité du contenu en cas de rupture ou de fuite, quel que soit le sens dans lequel le colis est placé. Dans le cas des liquides, l'emballage intermédiaire doit contenir une quantité suffisante de matériau absorbant pour absorber la totalité du contenu de l'emballage intérieur. Dans ce cas-là, le matériau de rembourrage peut faire office de matériau absorbant. Les matières dangereuses ne doivent pas réagir dangereusement avec le matériau de rembourrage, le matériau absorbant ou l'emballage ni en affecter les propriétés;

c)   L'emballage intermédiaire doit être solidement emballé dans un emballage extérieur rigide robuste (bois, carton ou autre matériau de résistance équivalente);

d)   Chaque type de colis doit être conforme aux dispositions du 3.5.3;

e)   Chaque colis doit avoir des dimensions qui permettent d'apposer toutes les marques nécessaires;

f)   Des suremballages peuvent être utilisés, qui peuvent aussi contenir des colis de marchandises dangereuses ou de marchandises ne relevant pas des prescriptions de l'ADN.

3.5.3   Épreuves pour les colis

3.5.3.1   Le colis complet préparé pour le transport, c'est-à-dire avec des emballages intérieurs remplis au moins à 95% de leur contenance dans le cas des matières solides ou au moins à 98% de leur contenance dans le cas des matières liquides, doit être capable de supporter, comme démontré par des épreuves documentées de manière appropriée, sans qu'aucun emballage intérieur ne se brise ou ne se perce et sans perte significative d'efficacité:

a)   Des chutes libres d'une hauteur de 1,8 m, sur une surface horizontale plane, rigide et solide:

i)   Si l'échantillon a la forme d'une caisse, les chutes doivent se faire dans les orientations suivantes:

–   à plat sur le fond;
–   à plat sur le dessus;
–   à plat sur le côté le plus long;
–   à plat sur le côté le plus court;
–   sur un coin;

ii)   Si l'échantillon a la forme d'un fût, les chutes doivent se faire dans les orientations suivantes:

–   en diagonale sur le rebord supérieur, le centre de gravité étant situé directement au-dessus du point d'impact;
–   en diagonale sur le rebord inférieur;
–   à plat sur le côté;

NOTA: Les épreuves ci-dessus peuvent être effectuées sur des colis distincts à condition qu'ils soient identiques.

b)   Une force exercée sur le dessus pendant une durée de 24 heures, équivalente au poids total de colis identiques empilés jusqu'à une hauteur de 3 m (y compris l'échantillon).

3.5.3.2   Pour les épreuves, les matières à transporter dans l'emballage peuvent être remplacées par d'autres matières, sauf si les résultats risquent de s'en trouver faussés. Dans le cas des matières solides, si l'on utilise une autre matière, elle doit présenter les mêmes caractéristiques physiques (masse, granulométrie, etc.) que la matière à transporter. Dans le cas de l'épreuve de chute avec des matières liquides, si l'on utilise une autre matière, sa densité relative (masse spécifique) et sa viscosité doivent être les mêmes que celles de la matière à transporter.

3.5.4   Marquage des colis

3.5.4.1   Les colis contenant des marchandises dangereuses en quantités exceptées en vertu du présent chapitre doivent porter, de façon durable et lisible, la marque présentée au 3.5.4.2. Le premier ou seul numéro d'étiquette indiqué dans la colonne (5) du tableau A du chapitre 3.2 pour chacune des marchandises dangereuses contenues dans le colis doit figurer sur cette marque. Lorsqu'il n'apparaît nulle part ailleurs sur le colis, le nom de l'expéditeur ou du destinataire doit également y figurer.

3.5.4.2   Cette marque doit mesurer au minimum 100 mm × 100 mm.

Marque pour quantités exceptées
Hachurage et symbole, de même couleur, noir ou rouge,
sur un fond blanc ou contrastant approprié

*   *Le premier ou seul numéro d'étiquette indiqué dans la colonne (5) du tableau A du chapitre 3.2 doit être indiqué à cet endroit.*
**   *Le nom de l'expéditeur ou du destinataire doit être indiqué à cet endroit s'il n'est pas indiqué ailleurs sur le colis.*

3.5.4.3   La marque prescrite au 3.5.4.1 doit être apposée sur tout suremballage contenant des marchandises dangereuses en quantités exceptées, à moins que celles présentes sur les colis contenus dans le suremballage ne soient bien visibles.

3.5.5   Nombre maximal de colis dans tout véhicule, wagon ou conteneur

Le nombre maximal de colis dans tout véhicule, wagon ou conteneur ne doit pas dépasser 1 000.

3.5.6   Documentation

Si un document ou des documents (tel que connaissement, lettre de transport aérien, ou lettre de voiture CMR/CIM) accompagne(nt) des marchandises dangereuses en quantités exceptées, au moins un de ces documents doit porter la mention "Marchandises dangereuses en quantités exceptées" et indiquer le nombre de colis.